U0370310

马塞尔·鲁福教授 （Pr Marcel Rufo）

医学博士、儿童精神科医师、儿童心理学家，曾是巴黎青少年之家负责人、马赛公共援助医院 Espace Arthur 部门主任，现任马赛大学名誉教授。

在医学院就读时主修精神科及小儿科，后来专精于儿童及青少年精神科，1975 年在马赛大学获得医学博士学位。几十年来专注于儿童及青少年心理领域，是法国非常具有影响力的育儿权威。他的著作极受法国读者欢迎，往往一出版就高踞畅销书排行榜，引起读者热烈讨论。

2004 年和 2013 年，马塞尔·鲁福教授两度获得法国政府颁发的荣誉勋位勋章。

虾米妈咪

原名余高妍，知名儿科医生、科普作者，著有科普畅销书《育儿正典》。为中国科普作家协会医学科普专委会委员、中华预防医学会儿童保健分会环境与儿童健康学组委、中国医疗自媒体联盟儿科顾问专家。

长期热心公益科普，为宝宝代言心声，为家长答疑解惑，是媒体上最受家长信赖的儿科医生妈妈。先后荣获微博母婴最具推动力育儿大 V、微博十大影响力医疗大 V、搜狐医疗行业最佳自媒体人、腾讯育儿千万妈妈信赖的专家等。

克里斯蒂娜·施勒特 （Christine Schilte）

孕育专栏记者、畅销书籍作者。曾与马塞尔·鲁福合著《您子女的青春期》，与勒内·弗里德曼合著《怀胎九月》《备孕指南》《初为人父》，这四本著作均由法国阿歇特集团出版。

价值**299**元的知名儿科医生虾米妈咪
独家育儿音频课程

1小时掌握20个育儿技巧，从新手父母升级育儿达人。
微信扫一扫，即刻收听。

图书在版编目(CIP)数据

养育圣典：0~6岁实用养育百科 / (法) 马塞尔·鲁福著；王萍译. — 武汉：长江少年儿童出版社，2018.10
ISBN 978-7-5560-5910-2

Ⅰ.①养… Ⅱ.①马… ②王… Ⅲ.①婴幼儿–哺育 Ⅳ.①TS976.31

中国版本图书馆CIP数据核字(2017)第030718号
著作权合同登记号：图字17-2015-071

养育圣典：0~6岁实用养育百科

[法]马塞尔·鲁福　克里斯蒂娜·施勒特 / 著　　王　萍 / 译
责任编辑 / 傅一新　佟　一　谌　银
特约审稿人 / 虾米妈咪
装帧设计 / 钮　灵　美术编辑 / 魏孜子
出版发行 / 长江少年儿童出版社
经销 / 全国新华书店
印刷 / 恒美印务（广州）有限公司
开本 / 787×1092　1 / 16　42.125印张
版次 / 2018年10月第1版第1次印刷
书号 / ISBN 978-7-5560-5910-2
定价 / 198.00元

Elever son enfant 0-6 ans

By Marcel Rufo and Christine Schilte

Elever son enfant 0-6 ans, © Hachette Livre(Hachette Pratique)2014

Simplified Chinese editions arranged through Dakai Agency Limited

Simplified Chinese copyright © 2018 Dolphin Media Co., Ltd.

本书中文简体字版权经法国HACHETTE LIVRE授予海豚传媒股份有限公司，
由长江少年儿童出版社独家出版发行。

策划 / 海豚传媒股份有限公司
网址 / www.dolphinmedia.cn　邮箱 / dolphinmedia@vip.163.com
阅读咨询热线 / 027-87391723　销售热线 / 027-87396822
海豚传媒常年法律顾问 / 湖北珞珈律师事务所　王清　027-68754966-227
图片来源 / 123RF　　视觉中国

养育圣典

0~6岁实用养育百科

〔法〕马塞尔·鲁福　克里斯蒂娜·施勒特 / 著

虾米妈咪 / 审定　　王 萍 / 译

长江出版传媒 | 长江少年儿童出版社

推荐序

一年多前，海豚传媒有位编辑联系到我，希望请我审读一本法国的育儿百科，当时觉得自己的时间、精力非常有限，无法承担一本大部头书稿的审读工作，就婉拒了。时隔半年，又有一位编辑找到我，说有一本从国外引进的育儿百科想要请我审读，了解之后才发现，竟然就是同一本书。冥冥之中，似乎有一种奇妙的缘分将我和此书联系起来。

后来，负责此书的编辑告诉我，为了契合这本书的气质和内容，希望能找一位儿童保健专业能力强、重视并且熟悉儿童心理的医生来做这本书的审读工作，但这并不容易，所以才会几次三番找到我。我当时实言告之，因为自己的书稿和工作本来就很多，不愿意把时间和精力浪费在"口水书"上，如果这是一本市场上多一本不多、少一本不少的书，我是绝对不会接手的……但编辑很肯定地告诉我：这将是市场上一本绝无仅有的育儿书。怀着一份好奇和一种对缘分的莫名感知，我让编辑先拿一部分稿子给我看看。

拿到部分书稿之后，我发现编辑所言非虚，此书颇具亮点。如此全面而又深入浅出地对婴幼儿心理进行阐述，这是目前市面上育儿书中几乎未曾见到的。中国的孩子一出生就被寄予厚望，但身边的父母、亲人、老师、医生，却往往忽视了孩子心理和情感上的需求……此书正是当今社会亟需的。思虑再三，我决定将手中其他工作暂时延后，专心全面审读该书。同时，我告诉编辑，我做事很较真，审稿会比较慢，这本书什么时候能够上市，得看我的审稿速度。

在无数次"挑灯"读稿、批稿的过程中，我对该书的内容谨慎地给出了修改意见：对翻译得不够科学的内容进行了删减，对不够严谨的论述进行了修改，对不够确切的数据进行了核实和更新，还建议调整了部分容易引起误解的章节次序……作为一本法国专家写的"纯正"的法式育儿书，书中的一些建议和做法必然会受到其地域文化的影响，引入国内后，可能会引发一定的争议，但我考虑到这些内容还是颇具启发和借鉴之处，所以还是最大程度地保留了原貌。

在我审改完毕之后，我又将稿件送至我的两位恩师——著名儿科和儿童保健专家、《小儿内科学》第三版主编许积德教授和上海新华医院儿科主任颜崇淮教授处，请他们对一些审读意见再次给出指导。两位教授秉持着一贯的严谨细致、精益求精的态度，提出了很多宝贵的建议，并对这本书给予了高度评价。在此感谢恩师们的指导并特别致敬！

作为一位母亲、一名儿科医生、一名科普作者、一个一字不漏看完这本接近64万字的巨作的读者，我觉得自己有资格来评价这本书了！

首先，该书足够权威。作为法国阿歇特集团的当家孕产育儿书，此书自1998年出版以来，已经数次修订，如今呈现的是全新修订版。主要负责撰写该书的作者马塞尔·鲁福教授是法国一位知名的儿童精神科医生，在儿童心理学领域有着30年的丰富经验。

其次，该书相当全面。按月龄详细阐述了0~6岁孩子在不同成长阶段的方方面面，从体格生长到智能发育，从心理发展到启蒙教育，包括了你所关心的疾病、饮食、睡眠、二胎、家庭关系、入托入学，等等。

最重要的是，这是一本充满了人文关怀的书。书中关注到的不仅仅是孩子，还包括出现在孩子成长过程中的每一个人。它语言通俗、亲切，就像一位友爱的智者，与你娓娓讲述有关孩子的一切，帮你读懂孩子的内心和表现，教你如何恰当地回应和引导，同时还能照顾到你自己和你身边人的感受。

最后，虽然这是一本从法国引进的育儿书，但是不管法国的孩子还是中国的孩子，他们的成长规律是一致的，父母、家庭、学校所面临的情况也是相似的，因此，书中绝大部分内容都适用于中国。不过，仍有部分属于法国特色，比如法国的饮食、医疗、托儿所及幼儿园等，需要你有取舍、有借鉴，做出符合自己实际需求的选择。另外，需要提醒你的是，书中的信息并不能完全取代医生的建议，一些检查、用药两国尚有不同，在对孩子进行任何医学诊疗之前，请务必咨询儿科医生。

综上，这是一部引导成年人去关注孩子心理和情感发展需求的温情而又理性的育儿百科，一部真正的用心之作！愿你打开这本书，开启你和孩子幸福的人生！

虾米妈咪（余高妍）
2018年9月14日

前　言

　　请把您的手给我，我将带领您一同走进 0 ~ 6 岁儿童的奇妙世界。对于儿童而言，他们的智力、思想、与他人交往的能力在这一阶段形成了基本的雏形。这一阶段最有利于也最值得研究，因为此阶段儿童内心的热情与激情空前绝后。现如今，父母们都已经意识到自己是孩子成长过程中的引导者，因此他们开始利用这一角色优势与孩子进行尽可能多的游戏互动。随着时光的流逝，那依偎在父母臂弯中的小人儿终究会习得影响自己未来发展的各种技能。父母应该不断地激发孩子的各种兴趣爱好，只有这样做，孩子的羽翼才会更加丰满。此时，我的思绪不禁飘到了古时的伊特鲁里亚、罗马以及高卢，那时这三个国家的孩子们不懂得如何与他人互动，因为当时的早教体系尚不完善。

　　近三十年来，父母们在孩子早教方面所做的努力令我惊叹不已：他们越来越善于激发孩子身上的各种潜力。当今社会的父母不再止步于关心孩子身心的健康发展，他们同样还注重孩子新技能的培养。他们时刻关注着孩子的一举一动，因为在他们看来，孩子的一颦一笑都意味深长。随着时间的推移，婴儿睁眼的时间一天比一天长，过不了几周，他便能够用手抓握他人生中的第一件玩具了。了解婴儿不同动作的含义有助于他的心理发育。父母养儿育女不能完全只依靠生活经验，还需要了解相关的育儿理论，尽管这些理论偶尔晦涩难懂。很多人都没有阅读过雷诺·史必兹 (René Spitz)、唐纳德·温尼科特 (Donald Winnicott)、安娜·弗洛伊德 (Anna Freud)、梅兰妮·克莱因 (Mélanie Klein) 或玛格丽特·马勒 (Margaret Malher) 这些第二代精神分析学家们的相关书籍。然而，大家对心理学的热情却一直有增无减，甚至儿科咨询都开始涉及心理学问题了。就连美国著名的儿科医生托马斯·贝里·布雷泽尔顿 (Thomas Berry Brazelton)（其编写的《新生儿情感心理发展评估等级》风靡世界）也证实道，现如今 96% 的新手父母咨询的问题都涉及婴儿的精神运动发育，只有4%的新手父母只关注婴儿的体格发育。

一般而言，所有的家庭成员都会时刻关注婴儿的生长发育，比如：爸爸妈妈、爷爷奶奶，甚至其他亲朋好友。此外，所有面向儿童开放的场所也开始根据相关的儿童心理学理论以及儿童精神分析理论，对自己的服务设施进行整改，以便更好地激发儿童的潜能，增强父母与孩子之间、儿童与儿童之间的互动性。之所以要增强儿童与儿童之间的互动性，是因为儿童会时不时地被父母送往托儿所请人照看，就算在婴儿期内婴儿不会过于频繁地接触这些集体场所，等至学前期时，他终究需要前往幼儿园学习。

依托我多年的经验以及研究的案例，可以断定"6岁定终生"这一说法完全不成立。在人生的起始阶段，任何事情都不能直接决定儿童的未来，任何伤害都可以想办法修复。不管出生时遭遇多大的痛苦，只要内心世界健全美好，婴儿就能拥有灿烂的明天。

我在本书中的任务是带领您走进儿童的世界。作为一名儿童精神科（儿童精神科是一门专门研究儿童生长发育规律以及成长障碍的学科）的研究人员，我会始终陪伴在您左右，帮助您与您的孩子进行沟通，告诉您孩子如何生长发育：微笑、坐立、迈步、牙牙学语、第一次说谎……随着阅读的深入，您还将学会如何更好地承受与孩子的离别之苦，如何让孩子借此分别之际学会自立。

我们已身处一场史无前例的革命之中，这场革命关系着儿童身心的发育。因此，请允许我陪伴您以及您的孩子一起奔向美好的世界。

探索之旅已然开始，请温柔地将此消息告诉您的孩子，对于他而言，您的轻声细语即是安慰。

马塞尔·鲁福　教授

阅读指南

每一项主题都会用两页进行简洁明了的讲解。

横线框中的内容以另外一种独特的视角对相关主题进行补充。

本书中的信息，若无特殊说明，适用于任何性别的孩子。

每两页阐述一个共同的话题。左上角用颜色标记的文字有助于您迅速地翻找自己想查阅的话题。此外，本书还特意增设了"主题目录"以供查阅。

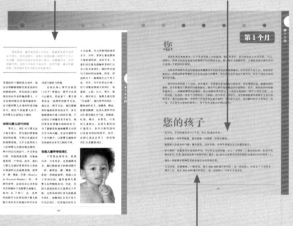

彩色方框中的内容是作者根据相关主题所阐述的个人观点。

各年龄段日常饮食仅供参考，可酌情调整食物的分量和种类。

关于婴儿日常的护理知识，本书以图文的形式，一步一步地进行详细的解释与演示。

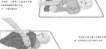

切口颜色据儿童年龄的不同而改变，以便于您查找。

"生活实用指南"旨在向您介绍日常生活中的实用技巧及注意事项，如：医学专用术语、室内危险区域、婴儿的一日三餐以及儿童身体质量指数曲线图的使用。

时间目录

4~5 个月

6~7 个月

8~9 个月

10~11 个月

2 岁半

3 岁

4 岁

5~6 岁

生活实用指南

主题目录

健 康

饮 食

睡 眠

日常生活

照看方式

学校生活

第1个月

您

　　您现在肯定身处家中，少了专业母婴人士的指导，面对宝宝时，您可能有点儿手足无措。不过，别担心，您身边的宝宝会成为您意想不到的精神支柱。看！他正注视着您呢，正调整身姿以便在您怀中找到一个舒适的位置呢。

　　这些无声的肢体语言和其他所有健康宝宝的肢体语言都是相通的。出生后的几周之内，您的宝宝就会以一种更加简单易懂的方式来表达自己的需求，因此他的哭声也会千变万化。他会不遗余力地试着和您沟通。

　　孩子出生后的第1个月内，作为母亲，您需要多多观察自己的宝宝。您会慢慢发现，随着时间的推移，孩子盯着自己看的时间越来越长，他也可以更好地抓着您的手指把玩，此外，他吮吸的时候越来越用力。一切都进展得如此顺利！那么恭喜您成功度过了心理学中所谓的"初为人母忧虑期"，这一阶段是一位母亲一生中十分特殊的一个阶段，因为在这一阶段中，母亲能够极其快速地学会如何观察宝宝。最开始的时候，不管孩子的语言表达能力如何、互动能力如何，妈妈都时刻关注着他的一举一动。也正是因为您的时刻关心，孩子的交流能力才得以进步。

您的孩子

· 出生时，平均体重约为 3.2 千克，身长 50 厘米左右。

· 对抚摸这一动作很敏感，喜欢接触一切温暖、轻柔的事物。

· 能够辨认出母亲的气味。喜欢甜食，讨厌苦味。会用手势表达自己的喜怒哀乐。

· 听力很好，但最喜欢听母亲的声音。可以把目光转向某一点上，当物体 / 人靠近的时候，会适时地做出反应。但是，他的目光并不能很好地汇聚在一起，而且只能看见距离他眼睛 30 厘米以内的物体 / 人。

· 拥有一些能够证明神经系统发育完全的原始反射。

· 日常饮食：按需喂养，一般来说，每天 100~400 毫升的母乳（或一段奶粉），分成 6~7 次或更多；满月之后，每天 550~650 毫升的母乳（或一段奶粉），分成 6 次或更多。

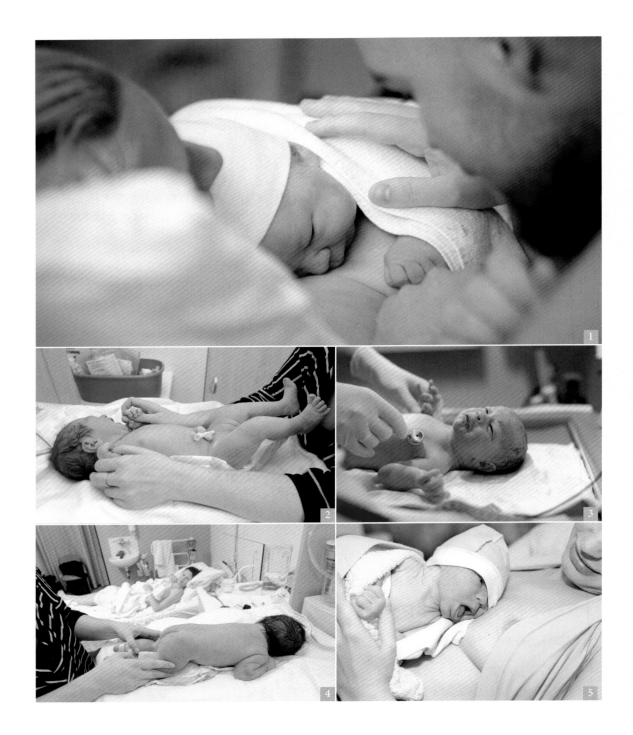

1：出生之后，孩子被安放在母亲怀里。这是母子之间的初次相逢，实在是令人感动的神奇时刻。2：剪断脐带意味着孩子的第一次独立：从此，宝宝拥有了独立的血液循环功能以及呼吸能力。3~4：离开产房之前，医生会在父母的注视之下仔细地检查孩子的身体状况，尤其要检查孩子的主要生理功能是否正常。所有的这些检查数据都会记录在孩子医疗本的首页。5：所谓的"原始反射"，如觅食、爬行以及吮吸，都有助于孩子迅速地找到妈妈的乳房，喝到第一口奶，而如您所知，初乳营养极其丰富，并且具备免疫及抗感染功效。

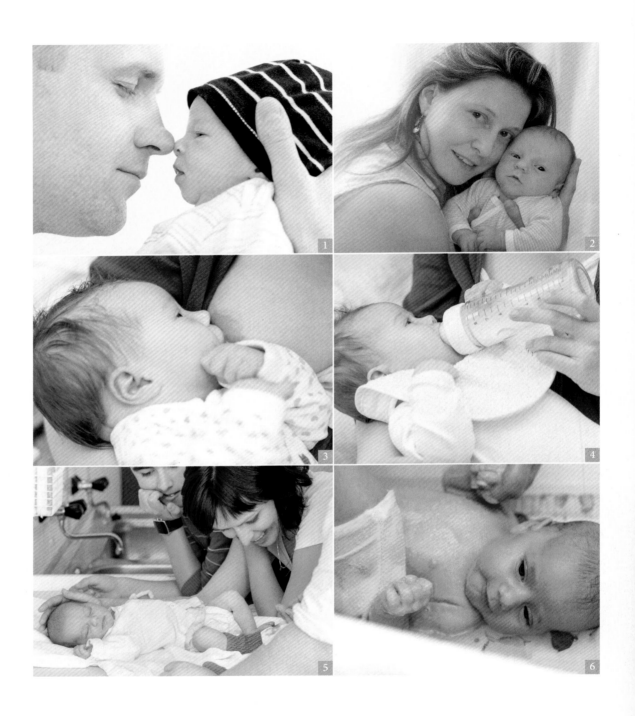

1：越来越多的男士参与到妻子的分娩过程中，因为他们想以这种方式来迎接自己的孩子，并且迅速进入父亲这个角色。2：因为抵挡不住孩子的可爱魅力，所以在怀孕初期就已萌生的母爱会在孩子出生后的前几个月变得更充沛。3~4：如何以最好的方式养育孩子是父母们最操心的一件事。但是，父母不应该只关注何种奶源最好，而应该更多地学习如何在喂奶时和婴儿建立稳固的感情基础。5：在医院时，在医生和护士的指导下，新手父母会学习基础的婴儿护理知识。之后，父母们就可以化被动为主动，渐渐地自己照顾孩子。6：对于婴儿而言，洗澡往往意味着放松，因为在此过程中，他可以享受到温水轻抚自己皮肤的触感，而父母也会惊叹于孩子此刻那满足的面部表情。

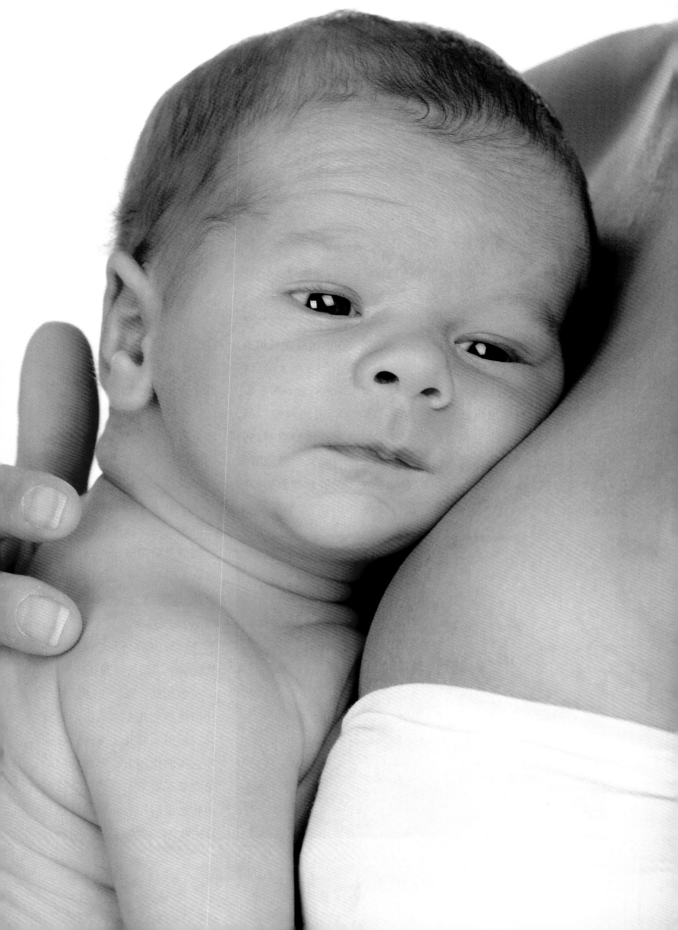

欢迎降临

出生之后不一会儿，与宝宝生命息息相关的两大功能——腹式呼吸与血液循环——便开始运作。这两大功能是在宝宝吸入第一口空气后启动的。

第一声啼哭

通过哭声，您的宝宝宣告了他的降临。哭声往往意味着婴儿身体状况良好，呼吸功能正常。事实上，在子宫里的时候，胎儿的支气管、细支气管以及肺泡都充满了液体，当他出生经过产道时，胸腔受到挤压，大部分液体会被排出，其后婴儿吸入的前几口空气会立即取代液体此前占据的位置。液体排出后 20 秒内，吸入的第一口空气会引起两大反射动作：声门张开及呼吸肌的剧烈收缩。之后胸腔内会出现负压，并迅速被空气填满。

吸入的空气分两个阶段将支气管树末端的肺泡舒展开来：第一口空气会使肺泡壁脱落，第二口空气则会使肺泡壁得到充分的扩张。自此，与宝宝生命息息相关的肺部呼吸功能稳固了下来。

依偎着母亲的身体，宝宝很快安静了下来，只是时不时地发出哼哼声。这类声音是由吸入的空气所导致的声带振动引起的。

血液循环

分娩之后的脐带剪断是婴儿血液循环方式转变的决定性因素。在子宫里的时候，通过胎盘及脐带内的血管，胎儿与母亲的血液循环紧密相联。胎儿出生之后，在吸入的第一口空气以及脐带被医用钳钳住的双重作用下，胎盘失去了用途。自此，婴儿的血液循环在封闭空间中进行。

血液流动产生的强压会导致医学上所谓的卵圆孔的闭合。而在胎儿期，隔膜上卵圆孔的开口使得胎儿左右心房的血液得以相通。婴儿出生时，在动脉血压的作用下，形如阀门的隔膜最终紧紧贴住开口。这一动脉血压同样也会引起动脉导管的收缩（在胎儿期，动脉导

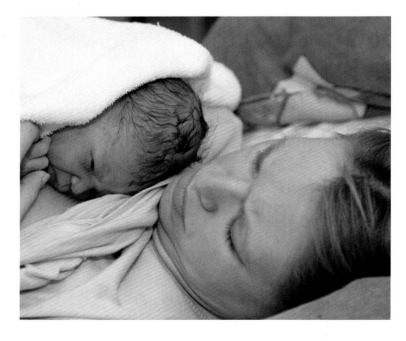

脐带在婴儿出生时被剪断。医生或助产士会在距离婴儿脐部 10 厘米的地方放置两个脐带夹以免剪断过程中脐带动脉及静脉出血。之后，医生或助产士会在切口处涂抹某种防腐灭菌的药物。在接下来的照料过程中，婴儿的脐带会再次被剪断，此次会在距离脐部 1 厘米左右的地方进行剪断并放置另一个脐带夹，以帮助切口尽快愈合并形成一个漂亮的肚脐。

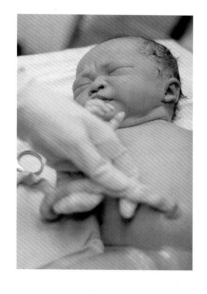

管同时连接胎儿的肺循环及体循环）。自此，与胎儿呼吸紧密相关的血液循环在几秒之内便形成了。

个头小，嗓门大

怎么解释新生儿出生时的哭声呢？对于某些研究人员而言，这类哭声是一种重要的反射；还有些研究人员通过观察动物发现，同样用肺部呼吸的动物出生时并不会发出任何啼哭声，因此，他们认为新生儿的哭声是为了表达自身的惊讶与不满：因为他突然降临到一个陌生、冰冷、喧嚣的世界。简而言之，他通过哭声来抗议这一切也是再正常不过的了。

还有一些研究人员认为，出生是一次痛苦、剧烈的精神考验。因为在其心理还未成熟之前，过去一直生活在母体里的胎儿就不得不作为一个独立个体存在并融入社会。

保　暖

一离开母体，婴儿的体温就会迅速下降以适应产房的温度（产房的温度通常在 25℃ 左右）。婴儿通常需要 8 个小时才能使自身的体温达到正常的 37℃。当婴儿浑身湿透并且尚未具备调节自身内在体温能力的时候，保暖就显得尤为重要。为避免婴儿着凉，必须准备好一切应对措施，比如将婴儿的身体轻轻擦干，然后让他依偎在母亲身边。当然了，通常还会给他戴顶小帽，裹块毛巾或是略带温度的毯子。母亲的体温也能帮助婴儿的体温提升。

渐渐地，婴儿那略微泛蓝的皮肤开始变粉。出生时，婴儿皮肤上会覆着一层白色的油腻物质，即胎脂，该物质的作用可能在于保护胎儿的皮肤免受羊水中不良成分的污染。一般情况下，医生不会立即将婴儿身上的胎脂除去。

> 66 前几年，产科医生还习惯让父亲们来剪断新生儿的脐带，因为这种参与方式会让父亲们更有责任感。但是在今天，这一做法不再被提倡了，因为不少男人在经历妻子分娩的过程以及听到孩子的哭声之后，直接惊喜交加得晕过去了。然而，从心理学角度来看，父亲剪断脐带的这种做法还是很有象征意义的：它代表着父亲第一次以第三者的身份"插足"到母子关系当中。99

初次相见

这将是您会用一生去铭记的温馨时刻。您等待孩子的出生已经整整 9 个月。而此刻，您幻想过无数次的孩子真真切切地出现在了您及您丈夫眼前。您小心翼翼地轻抚着，轻吻着。

亲密相依

您此刻的内心肯定是百感交集，既为自己顺利分娩感到骄傲，又为上天的造物能力感到钦佩；既为孩子的手舞足蹈感到激动，又为他的生龙活虎感到震惊。渐渐地，孩子的哭声平息了，他睁着大大的双眼环顾着周围的世界。面对这样一番景象，您怎能抑制满腔的柔情？不过，这满腔的柔情并非形成于朝夕之间，而是花费了好几个月的时间，有的妈妈甚至从怀孕初期开始就已经爱上了肚子里的小家伙。母子亲情在孩子还在子宫里的时候就已经建立起来了，在孩子出生以后，母亲会对他表现出越来越多的爱。

身体检查

您要好好利用这初次相聚的时光来仔细观察孩子的身体。婴儿的体态还是很有特征的。一般来说，婴儿的肚子大，脊椎和背都很直，胸腔和肩膀相对而言比较窄。不过请放心，这是再正常不过的生理现象了，因为出生不足 1 个小时的婴儿还来不及让他的肺部功能充分运行。婴儿的小腿向内弯曲，双脚可以神奇地向内或向外翻转。这一切都是因为他在子宫内保持的蜷缩姿势造成的，没办法，谁让那个"家"太小呢？此外，婴儿的双脚以及总是紧握的双拳的皮肤通常有点儿皱。

相对于身体而言，宝宝的

> 有时，母子之间的初次相见可能并非那么温馨。因为，对于有些妈妈而言，在经历了漫长而痛苦的分娩过程之后，她们会觉得内心极度空虚。她们更喜欢怀孕的状态，可能需要一点儿时间来适应母亲这个角色。而对于孩子而言，有些婴儿显得过于好动或是焦躁不安，或许，这也是那漫长而痛苦的分娩过程造成的。因此，无论是母亲还是孩子，可能都需要一些时间来平复自己的情绪。

头往往显得比较大，他的头围通常为32~36厘米。头顶可能会有轻微血肿或者医疗器械留下的"吻痕"，不过不用担心，这可是他千辛万苦爬过"生命通道"来到新世界的证明。婴儿的眼睛通常都是大大地睁着，不过眼神可能有点儿迷茫。有时候，他的眼睛也会因为结膜的零星出血而变成微红色。通常，婴儿的头发比较浓密，不过也有些婴儿的头顶上可能只有少许毛发。

新生儿的皮肤一般都皱巴巴的，并且轻微泛蓝，尤其是手脚这两处部位。但是，随着呼吸功能和血液循环系统的正常运行，这一现象会得到缓解。不过，因为孩子的血管系统没有发育完全，所以在很长一段时间内，他的手脚都会比较凉。此外，新生儿的耳部、下巴以及前额处也会出现皮肤泛蓝这一现象。有时，婴儿身体上会

婴儿偎依在您身旁，与您目光交融，并缓缓地蹭至您胸前。如果此刻爸爸也在的话就更好了。在享受这温馨时刻的同时，请别忘了给刚出生的宝宝喂奶，妈妈的气味以及母子之间的肌肤接触有助于开发宝宝的互动能力。他能听见妈妈在他耳边轻声哼唱，也能够感受到爸爸的声音。并且，他很享受父母对他的爱抚。人们觉得宝宝能够辨认出母亲的气味，其实他也能辨认出父亲的气味。除此之外，他还能分辨出父亲抚摸他时的那种触感。

布满白色的微粒，不过不用担心，这些皮脂性的微粒是粟丘疹，会自动消失不见的。有时，父母会在宝宝的脸颊上、额头上发现少许"汗毛"（背上和大腿上更多），这些"汗毛"是婴儿胎毛的残余物。胎毛是婴儿在子宫里用于保护身体的毛发，会随着母亲妊娠月份的增长而脱落。"汗毛"数量的多少往往因人而异。少数婴儿的皮肤一碰就会出现红斑。此外，您还会发现婴儿的呼吸频率以及幅度都不规律，不过别担心，他只是需要多加练习而已。通常，新生儿的呼吸频率为每分钟35~50次，并且婴儿的呼吸属于腹式呼吸，只借助鼻子来完成。随着他慢慢长大，他会变成胸式呼吸并提高自己的呼吸能力。

第一次喝奶

有时，为了喝到第一口奶，婴儿会本能地把嘴伸向妈妈的乳房。不过，绝大部分的婴儿需要依靠助产士或是妈妈的帮助才能吸到乳头。如果您决定用母乳喂养孩子的话，建议您尽早让宝宝吮吸乳头，因为这一做法有利于产乳，尤其是在孩子出生半小时内，这个时候是婴儿吮吸反射最强烈的时候。而后，该反射会慢慢变弱。

刚开始，孩子喝奶的过程不会特别顺利，因为他需要花费一些时间熟悉自己的母亲。所以，当您第一次哺乳时，如果遇到了困难，请不要着急，您的孩子会主动把自己的脸埋在您胸前。您也可以向助产士倾诉内心的困惑，这些坚信母乳对婴儿身体有益的助产士会帮助您成功哺乳。初乳有以下功效：确保乳汁在吮吸的刺激下成功分泌；促进子宫收缩；为婴儿提供各种具有保护功能的抗体。

健康检查

　　婴儿出生后不久，相关医护人员便会对他进行健康检查。这一系列的检查都是为了对他以后的身体发育状况进行评估。通常，婴儿的首次体检会在父母的注视之下，由医生或是助产士在产房完成。

量化评估

　　婴儿的首次体检以阿氏评分（Apgar）为衡量标准，旨在以一种客观、直观的评分方式来衡量婴儿在失去了胎盘的支持之后，在母体之外的生存能力。

　　该评分标准于 1952 年由美国的一位女性麻醉师维吉尼亚·阿普加（Virginia Apgar）所创立。基于此项评分标准，婴儿需要在出生后 10 分钟内接受一系列不同的身体检查：心率、呼吸、皮肤颜色、肌肉张力以及对刺激的反应。每项检查得分为 0~2 分。

　　健康婴儿的得分一般在 8~10 分。当然，最理想的得分是 10 分。10 分意味着婴儿的心率高于每分钟 100 次，呼吸正常，出生时啼哭声清脆响亮，皮肤红润，肢体动作强而有力。大部分婴儿的得分往往在 7~10 分，因为如果生产时间过长，婴儿的皮肤可能会泛蓝；又或

者如果婴儿喉咙被黏液堵塞，我们便可能听不到他出生时的啼哭声。因此，为了确保分数的准确度，医生会在新生儿出生后 1 分钟、5 分钟以及 10 分钟时分别进行一次阿氏评分。如有必要，医生会对婴儿进行输氧或输液，这样的话，该婴儿的阿氏评分便能在几分钟之内迅速增至 8 分。即使您的宝宝没能得到满分 10 分，也请别担心，毕竟这并不意味着孩子

将来的身体发育状况就会不尽如人意。

　　如果新生儿的阿氏评分为 3~7 分，那么毫无疑问，他肯定在出生过程中受尽了苦楚。因此，医生会小心翼翼地把他喉咙里的黏液抽干，然后给他输氧以便他能呼吸顺畅。

　　如果新生儿的心跳频率异常，医生则会对其进行简单的心肺复苏。几分钟之后，他的阿氏评分便能回归正常值。如果

　　婴儿出生 3 天之后，医生会在其脚后跟处抽取少许血液以便检查他是否患有最常见的 5 种疾病。首先，医生会进行 Guthrie 细菌抑制试验以检测婴儿是否存在苯丙氨酸代谢异常，该类异常往往是因为肝脏严重缺乏某种酶类物质而引起的。不过，严格食疗便能避免该类异常可能导致的大脑病变。

　　如今，新生儿筛查也包含检测先天性甲状腺功能减低症（简称"甲低"），该疾病是因为甲状腺激素分泌不足所导致的。不过，及时的治疗也同样可以避免该疾病所引起的严重危害，比如精神发育迟缓。此外，医生还要检测新生儿是否患有先天性肾上腺皮质增生症、地中海贫血以及黏多糖病。

新生儿出现了其他异常状况，那就不得不对其进行特殊治疗了。

预防性护理

医生会借助一根硅胶管（一次性医疗器械）来帮助新生儿疏通口腔、喉咙及鼻腔。通过这种方法，出生时并未怎么啼哭的婴儿得以大声啼哭。如果孩子看起来呼吸困难的话，则需要对其进行输氧。之后，视医院的具体情况，由医务人员或者婴儿父母给孩子洗澡以便清理他身上残留的黏液。不过，孩子身上的胎脂并不需要去除，因为这层泛白的油腻物质可以帮助孩子保护皮肤。

在许多医院，医生都会让新生儿口服或者注射维生素 K₁以避免出现凝血功能异常现象，甚至是出血症状。

全面检查

为了确认婴儿身上是否存在潜在的畸形症状，医生或者助产士会对其进行一次全面的体检。通过检查他的脸部外观以及口腔内部，来确认是否存在唇腭裂现象。此外，医生还会测试婴儿的吮吸反射，检查

其双侧股骨头在髋臼中的位置是否正确，检查其颈部，来确认是否存在血肿现象。最后，还要检查其锁骨及生殖器官是否完整。

另外，为了测试婴儿的咳嗽反射，医生会往孩子的每个鼻孔内放入一根探条，并将其伸至咽部；为了检查是否存在食管闭锁现象，医生则会往消化道内放入另一根探条，并将其伸至胃部；为了检查婴儿肛门的通透性，医生会在其肛门处插入一根肛温计，肛温计同样也可以用于测量婴儿的体温。如果体温在 36℃ 以下，则需要把婴儿放置在保温箱内。最后，医生会测量婴儿的体重、身长、头围以及胸围。

医疗本

这一系列的检查结果以及阿氏评分都会记录在婴儿的医疗本上，当您出院时，该医疗本会交还于您，并一直用于记录孩子的就医情况，直至其成年。

这些检查结果对于孩子将来的身体发育状况而言，具有很好的参考价值，并且将来对孩子进行跟踪治疗的医生们也会定期查阅这些检查数据。

如果您的孩子阿氏评分为 8 分，请别担心，这并不会成为影响孩子未来的障碍。此外，在大多数情况下，后来采取的其他措施都能收到很好的成效。

有些医院也许会提出带您的孩子去游泳，如果是这样的话，请别犹豫！因为这对于您及您的孩子而言，绝对是一次探索与沟通的大好机会。

大部分婴儿喜欢温水轻拂他们的皮肤。在水中时，他们任由四肢晃动漂浮，自由自在地享受着从前在子宫内的那种失重生活。瞧！此时他们的脸上正洋溢着幸福的笑容呢！您也可以仔细地观察一下您的孩子，然后，您会惊讶地发现当您和他说话时，他也同样在注视着您。婴儿游泳是建立亲子关系的重要一步。

母 爱

过去的数百年间，人们一直在谈论着与生俱来的母爱，但是如今，却没有人再这么认为了。因为，正如其他所有的人类情感一样，母亲对孩子的爱其实也是一种积累过程下的产物：怀孕、分娩、互动……

漫长的学习过程

要想成为一位合格的母亲，并非挥一下魔法棒就能实现，而是需要经历数月的学习。9个月的妊娠期让准妈妈对自己有了更深刻的了解：她观察着自己，聆听并憧憬着腹中的胎儿。自己的童年记忆也不禁浮现出来。准妈妈小时候与自己母亲的感情会深深地影响到她对自己未来宝宝的感情。所以，许多年轻女性需要重温与自己母亲在一起时的感受，因为她们也即将为人母。人们认为母爱是从女性妊娠心理中迸发出来的。母爱似乎形成于妊娠期的最后几个月，尤其是在第一次感受到胎动之后。婴儿出生之后，母亲则应该努力试着去接受这个真实存在的孩子，因为他和自己想象中的婴儿肯定存在着一定的差距。至于新手爸爸呢？他需要陪伴在新手妈妈身旁，帮助她平复初为人母的激动心情。

面对新生儿，有些妈妈会当即表现得惊叹不已，而另一些妈妈则可能需要一些时间来培养自己对婴儿的爱意。在此，我们不得不提及一下伊丽莎白·巴丹德(Elisabeth Badinter)女士，并向她致以崇高的敬意，因为她曾告诫各位女性"母爱主要是被培养起来的，它可能是不确定的、脆弱的、不完美的"。

相遇的魔力

母亲把新生儿放在自己肚子上的那一刻是母子关系中最重要的一刻。您可以随时观察您的宝宝，感受他的身体状况。您会不由自主地低声和他说话，轻抚其手指及手掌。此时，相遇的魔力开始显现，与此同时，最令人惊喜的事情发生了：您和宝宝目光交汇，相互凝视着对方。这满满的幸福令孩子不禁做出了自己的回应：啼哭、微笑、凝视着您的双眼，而您

在婴儿出生后的前几天，您的内心可能会百感交集：您既觉得孩子仍是您身体的一部分，又觉得他其实已然是一个独立的个体。您不由自主地逗弄他，看着他凝视着您的眼睛，对您做鬼脸……不知不觉中，您与孩子正编织着未来的情感联系。母子之间维系良好关系的秘诀在于保持亲密与疏离之间的平衡。这一诀窍能够帮助您忘却分娩时的痛苦、疲惫以及产后的各种不快。许多妈妈认为与抚养孩子相比，其他一切事情都显得微乎其微。

也将更加深情地拥抱您的孩子。

但精神分析学家认为，此情此景完全是世人的误解。宝宝的行为或多或少是出于本能，却被自己的母亲误解为喜爱的表现。孩子天生寻求依恋感，而他的依恋对象 70% 是自己的母亲。孩子不会自创依恋对象，他只有在长期接触周围的亲朋好友之后，内心才会慢慢萌生出特别的爱恋。多项研究表明，母亲会根据孩子的哭声、性别以及身体状况表现出不同的动作和情感。比如，她们抱男孩和女孩的方式不同。此外，母亲向婴儿展示的第一个微笑直接影响未来母子之间关系的走向，因为它是一种认可的标志。

一些研究人员认为，激素是母爱产生的关键。此外，母爱的迸发也有可能是受到了催产素的左右。催产素能在分娩时引发子宫收缩，刺激乳汁排出。每当母亲搂抱着自己的孩子时，催产素便会大量释放，继而刺激母爱四处洋溢。

无止无尽的母爱

即使初次怀孕的经历会永

> 我们应该感谢美国儿童精神科医生、精神分析学家丹尼尔·斯特恩（Daniel Stern），他让我们详细了解到早期母子关系是如何建立形成的。这位医生还创建了一些极其重要的心理学概念，比如：初期人际沟通。婴儿一出生便已经拥有了初期人际沟通能力，这意味着他知晓他人的存在，如自己的母亲或其他负责照顾自己的人。
>
> 新生儿的生活由四大原始动力所驱使。首先是自我保护动力，它促使婴儿自主呼吸、自主索取食物；其次是依恋动力，该动力促使婴儿寻找自己人生中的依恋对象，但是在确定目标之后，他会尽量与对方保持一定的他认为安全的空间距离；再次便是人际沟通动力，在与他人沟通的过程中，婴儿会与对方保持一定的安全心理距离；最后是快乐动力，该动力促使婴儿追求快乐。这四大动力推动婴儿的人生不断向前。
>
> 通过观察研究多对母子之间的相处模式，丹尼尔·斯特恩发现母子双方能在婴儿 6 个月大时实现情感上的融洽。当妈妈或孩子发出某一信号寻找对方时，对方会自然而然地进行同等形式的回应。比如：当婴儿发出言语信号时，妈妈会用言语来进行回应。通过平时的观察，婴儿最终能够确定母亲与自己之间的互动模式。

远铭刻在您的脑海之中，但这并不会影响您对二胎的感情。每次分娩都会重新唤醒一次母爱。母爱是无止无尽的，母亲的心胸宽广无边，以至任何一位亲生孩子都能沐浴在她的爱意之中。

毫无疑问，二胎与头胎的性格并不一定会完全相同，母亲能够很快地辨别出他们之间性格的差异，并乐在其中。请记住，长子 / 女也是集各种优点于一身的，只要您不将其与次子 / 女进行比较。

婴儿的依恋之情

婴儿天生需要寻找自己的依恋对象。依恋之情有利于婴儿未来的情感发育，且在其出生后与父母初次相见时便已开始发芽生长。多年以来，许多儿童专家都试图揭开这一情感之谜，但是他们之间的观点并不一致。

一种独特的情感联系

精神分析学鼻祖西格蒙德·弗洛伊德（Sigmund Freud）认为，依恋的出现是为了满足某种内在驱动力，该驱动力促使婴儿吮吸母亲的乳头以满足自己的力比多（libido）。换言之，对于婴儿来说"我之所以爱你，是因为你为我提供了食物"。

弗洛伊德的这一解释受到了英国儿科医生、精神分析学家约翰·鲍比（John Bowlby）的质疑。他一直致力于研究儿童对自己母亲的依恋心理，但是他并不认为依恋源于母亲的喂食行为。他更倾向于将儿童看成一个情感个体。

约翰·鲍比认为，人类幼儿的生长发育与动物幼崽的生长发育一脉相承，尤其是哺乳动物和鸟类。此外，鲍比借鉴了奥地利动物行为学家康拉德·洛伦茨（Konrad Lorenz，1973 年诺贝尔医学奖得主）的相关研究，提出了"婴儿印刻"这一概念。人类

幼儿之所以不能像动物幼崽那样直观地表达自己对母亲的依恋之情，是因为他缺乏运动能力。但这并不意味着人类幼儿就各方面都不如动物幼崽。出生伊始，婴儿会做出一些本能的举动，如抓握、视线移动或为了吸引父母的注意力而哭闹等。一段时间之后，婴儿便开始眷恋最常出现在自己身边的人的脸庞、声音及气味，这个人通常是自己的妈妈。婴儿与母亲的互动越频繁，对其依恋之情便越深。因此，过不了多久，婴儿便能清楚地区分亲友的容貌以及陌生人的容貌。熟悉的脸庞能给婴儿带来安全感。约翰·鲍

比率先提出："儿童依恋之所以产生并非为了满足弗洛伊德所谓的'生存需要以及口欲需要'，而是出于自身的情感需要。"

母亲、父亲或其他亲人对婴儿而言是安全的标志，他们的存在能够让婴儿毫无顾忌地发展自己的各项生理机能，并帮助婴儿在以后的人生道路上直面困境。

它日益加深

在弗朗索瓦兹·多尔多（Francoise Dolto）看来，母子之间的依恋之情由来已久。当婴儿尚在母亲子宫内时，他便

> ❝ 婴儿会主动地与母亲建立依恋之情，过不了多久，母子之间的感情便会迅速升温。但是，这种依恋之情需要全家人的共同努力才能维持下去。有些婴儿不愿与人互动，有些妈妈则因为生产时所遭遇的痛苦不愿亲近孩子。因此，产科的工作人员应竭尽全力，创造条件以巩固早期母子之间的依恋之情。❞

一直到1岁之前，儿童都处于口欲期阶段。口欲期这一理论由弗洛伊德提出。在他看来，口欲期是人类性欲发展的第一阶段。在该阶段，所有的快乐都是通过口腔以及吮吸这一动作而获取。随着时间的流逝，婴儿还会向母亲寻求其他感官方面的快乐，如触觉、视觉、听觉等。另外一位精神分析学家卡尔·亚伯拉罕（Karl Abraham）将口欲期分为两阶段：0~6个月为口欲早期，在此阶段，一切快乐皆源于吮吸；而在口欲晚期，婴儿因为出牙的需要总想啃咬各种物品。我们还注意到在出生伊始（即口欲期），婴儿就已经发现了生殖器（小男孩的阴茎以及小女孩的阴蒂）能为自己带来快乐。虽然婴儿年纪尚小，但是他们仍会探索自己的身体，把玩自己的生殖器并从中发现乐趣。

能通过脐带以及羊水和母亲进行完美的沟通。此外，胎儿还能透过子宫内壁聆听外界的声音，感受外界的气氛。

一些心理治疗案例表明，母亲的忽视会影响到孩子。因此，依恋的缺失会引发婴儿许多身心问题。

法国心理学家勒内·扎左（René Zazzo）认为，母子之间的和谐交流能够改善他们之间的情感关系。对于婴儿而言，情感建立在交流之上，也就意味着建立在良好的状态之上。要想获取良好的状态，婴儿需要紧贴母亲的身体。与此同时，母亲则会用日益精湛的搂抱技术来回应。渐渐地，母子之间的互动会越来越频繁，越来越和谐。

贝特朗·克莱默（Bertrand Cramer）认为，这一始于童年初期，终于童年末期的母子关系需要花费一段时间来经营。这份感情并非一成不变，它总是起起伏伏（通常出生时母子情最为强烈），有时甚至会出现减退现象。因此，父母与孩子之间的依恋之情并非与生俱来，也非一蹴而就。它是父母情感需求、交际能力与孩子的天性、交际能力发展需要下的综合产物。

它会转化为信任和默契

儿童精神科医生菲利普·让迈（Philippe Jeammet）认为，婴儿对父母的信任能让他发自内心地感觉安全。童年时期的安全感会陪伴儿童一生，同时有利于其心理的健康发展。

与早产儿建立感情联系

有一部分妈妈希望能够拥有一个"符合预期"的孩子，尤其是当她们的孩子提前出生时。因此，需要帮助她们和孩子之间建立感情基础，尽管这个孩子可能不是她们所期待以及意料之中的。

梦想的破碎

早产儿的妈妈和自己孩子之间存在情感沟通障碍往往得归咎于妊娠期的突然终止。因为，对于准妈妈们而言，她们需要 9 个月的时间才能做好心理上的准备以迎接孩子的到来，尤其是在最后几个月当中，随着自身体重的增长以及胎动的频繁，准妈妈们开始为孩子的未来做各种设想。总之，这几个月激发了她们前所未有的想象力。除了妊娠期的提前终止之外，分娩带来的心理创伤以及出生时母子之间肌肤接触的缺失无疑也会令他们之间的关系更加生疏。

从体型方面而言，早产儿与妈妈们所幻想的孩子之间有一定的差距。出于本能反应，年轻妈妈们都不愿意过多关注生命体征微弱的早产儿。毕竟，看着自己的孩子躺在保温箱内，身上插满各种医疗仪器，这种画面实在是令人难以承受。于是，妈妈们的感情天平便开始在想象中的孩子与现实中的孩子之间来回摆动。如果此时您的感情天平太过倾向于某一方，那么最好开诚布公地和心理专家谈一谈，毕竟这也不算是一个难以启齿的话题。

父亲的角色

对于这些早产儿的母亲而言，分娩并非一件幸事。她们当中许多人都不能在孩子出生

> 有些医疗机构会在婴儿监护区域为产妇设立病房，以便促进母子早期关系的培养。对于那些早产儿、畸形儿、重病新生儿以及患有心理疾病的产妇而言，医疗机构的这一设置使得母子在住院期间能够生活在同一片区域。
>
> 婴儿的出现对于患有心理疾病的产妇而言无疑是一剂治愈良药。而对于患病婴儿而言，母亲的声音同样是一种新型有效的药物。即使母子暂时分离，但是只要能听见母亲的轻声哼唱，母子之间的早期情感联系便不会受到丝毫影响。
>
> 最后，医疗机构的这一设置能够让父母深刻体会到对于患病婴儿而言，自己承担着父母和护理人员的双重角色。父母这一角色主要在于负责对婴儿进行情感滋养，而护理人员这一角色主要在于负责其身体健康。这两种角色之间并不存在竞争关系，相反，是合作关系。两种角色的相互协作有利于帮助患病婴儿尽快康复。

时和他们好好接触，因为在孩子被送往保温箱前，她们往往还来不及多看几眼。大部分情况下，孩子都会被送往新生儿科看管。情况好的话，新生儿科可能离自己只有几步之遥；情况不好的话，可能就离自己几公里之远。这种情况下，父亲的角色就不容忽视了，因为他往往是第一个去看望孩子的亲人，也是他负责告知母亲孩子的身体状况如何。如果母亲面对孩子时感觉陌生，甚至手足无措，那么父亲则应该接替母亲照顾自己的孩子。

婴儿对人际关系的感知

一旦早产儿的母亲能够自己下地走路（如果是剖腹产的话，产妇可以坐在轮椅上让别人推着去），医生会建议她尽可能多地去看看自己的孩子，陪他说说话，甚至帮护士一起照顾他。

如今，各大医院都提倡对早产儿进行人文关怀，认为父母的探望有利于增强他们的求生意志。此外，父母的轻声诉说、温柔抚摸以及贴心擦洗都有利于建立与孩子之间的感情联系。同样，我们曾经也注意到护士那些不带任何感情色彩的医疗护理行为可能会引起婴儿内心的恐慌。因此，现在相关的医疗机构都会要求护士们在照顾婴儿的同时陪其说说

话，并时不时地对其进行轻抚。有些新生儿科甚至邀请音乐家来演奏。

促进母爱关怀

医疗机构会尽力帮助母亲与婴儿之间建立稳固的感情基础。他们往往会建议"远程哺乳"，即新手妈妈们把自己的乳汁挤出来，然后装瓶让医护人员带给孩子，因为母乳富含各种维生素以及铁元素，有利于孩子的身体发育，并有助于提高免疫力。有些医院甚至提倡录制父母的声音，以便孩子能够在保温箱内听听这曾经在子宫内听过的声音。熟悉的声音能给孩子的内心带去一丝慰藉。

父爱的油然而生

所有的男人都希望别人能够认可自己父亲这一身份。他们说："正如女人总是母爱四溢一样，我们男人也同样散发着浓浓的父爱。"对于男人而言，初为人父意味着对自我身份的重新思考。

情感冲击

虽然父爱与母爱同属人类的情感，但是它们的感情基础并非同等牢固。因为婴儿出生伊始，人们往往看重的是母子之间的感情联系。父亲的存在显得可有可无，以至于他们十分不满，强烈要求他人正视自己的地位，让自己能够与孩子建立深厚的早期情感交流。幸运的是，现如今，妈妈们给予了爸爸们最大的自由空间，让他们能够如愿以偿地待在婴儿身边。

妊娠期间，女性喜欢让自己的丈夫陪同自己去做超声波检查。此外，她们还会邀请准爸爸们参与到分娩过程之中。这样的话，准爸爸们便能以他们自己的方式陪伴妻子度过整个孕产期。

一次全新的探索与发现

男性与自己孩子的第一次相见往往发生在产房。在分娩

> 很多人都认为当今社会的新手爸爸们越来越称职。男性十分享受自己的新身份，以至于您会发现育婴经验交流会上，参会的男性人数与女性人数不相上下。并且，会议过程中，第一个提问的往往是男性。
>
> 父爱与母爱形成的过程并不一样。女孩一般从小时候开始就会表达自己渴望当妈妈的心愿，但是男孩一般不会产生"我想当爸爸"的想法。只有当男孩成家立业之后，在自己妻子的影响下，他才会慢慢地想成为一名父亲。
>
> 随着时光的流逝，许多事情都发生了改变：曾经，父亲这一角色被人定义为母子二人的守护者；但是现如今，父亲往往直接参与到婴儿的成长过程之中。最完美的证据莫过于以下举动：当婴儿早产，母亲却尚在病房中时，父亲便须化身为"母乳使者"，将母亲挤好的乳汁送至孩子身边。然而，职能的转变有时也会给这类父亲带来一些烦恼，精神科专家将这些烦恼称为"父－母竞争烦恼"，因为此类父亲往往会和母亲一起争抢着照顾孩子。不过请您放心，毕竟担任"母乳使者"的父亲数量并不多。一般情况下，男性主要负责照顾孕期中的妻子，陪伴其分娩。因此，父亲的职责主要在于巩固母子之间的关系。

在法国，男性享有 11 天的陪产假（含节假日与周末），如果产妇分娩的是多胞胎的话，那么男性可享有 18 天的陪产假。因此，不管男性员工签署的是短期合同还是长期合同，也不管其与产妇是婚姻关系、契约同居关系（PACS），还是普通同居关系，只要他的孩子出生，他便有权停薪休假。除陪产假外，法国劳动法还规定男性享有 3 天的带薪生产假。孩子出生后的前 4 个月，法国家庭补助金管理机构（CAF）会向新爸爸发放一笔育儿补助金。最后，爸爸和妈妈一样，同样也可以享有"教育幼儿假"。

过程中，他们十分钦佩女性为新生命的诞生而做出的各种努力，但是，分娩时的画面却让他们的内心受到了巨大的冲击。

最初，父爱以夫妻之爱的形式出现，然而，婴儿的出生打乱了一切。当父亲抚摸着这既会哭又会笑的小小身躯时，满腔的父爱不禁油然而生。

父子之间关系是否深厚取决于母亲为他们所留空间的大小，因为父亲这一角色往往负责缓和母子之间的紧张气氛，以便孩子将来能够获得更多的自主权以及独立权。父亲与母亲要想维持彼此之间感情的平衡就必须共同分担所有的责任，不论大小。精神科医生认为，父亲这一角色旨在帮助女性克服产后的退行现象，并帮助其成为一名合格的母亲。此外，父亲的存在有利于婴儿摆脱母亲对其的绝对控制。当今社会的男性与自己刚出生孩子的互动越来越频繁，他们完全能够很好地胜任父亲这一角色。

各司其职

在养儿育女这一点上，父亲与母亲的职责不尽相同。通过辨认气味、体型以及声音，婴儿能够很好地区分对方是自己的母亲还是父亲。

美国的一些研究表明，婴儿面对自己的父亲以及母亲时，会表现出不同的反应。当听见父亲的声音时，婴儿会耸肩、挑眉、微微张口并且双眼发亮：此时的他已经做好和爸爸一起玩耍的准备了。此外，研究也表明父亲对待儿子与女儿的态度并不一样。对待儿子时，父亲往往秉着一种"劳其筋骨"的态度；而对于女儿，则更多地秉着保护的态度。

角色定位

现如今，父亲都在寻找自己的全新身份。每位男性意识到自己新身份的时间都不一样。有些男性会在女性检查是否怀孕时内心产生一丝异样；有些会在陪同妻子做第一次超声波检查时激动落泪；有些只有在妻子分娩时才敢相信自己真的要做爸爸了；有些则是在与新生儿嬉戏玩耍时才感觉到自己新身份的存在。

有些男性在面对自己的新身份时表现得手足无措。因此，您需要告诉您的丈夫要想成为一名合格的父亲，需要慢慢摸索，慢慢从错误中积累经验。当上父亲以后，男性需要完成一些自己以前从来没有接触过的事情。此时，他的内心可能会百感交集，他甚至可能会回忆起自己的童年经历。

哺乳的最佳条件

如果您选择母乳喂养，那么请在孩子出生之后的几分钟内就开始您的首次尝试吧。越早尝试就越能刺激乳汁的分泌，并提高哺乳的成功率。此外，前几周分泌的母乳在提高孩子的免疫功能以及消化功能方面都具有很明显的优势。

早刺激

婴儿吮吸乳头，您的大脑脑下垂体前叶分泌催乳素，催乳素经血液到达乳房，使乳房中泌乳细胞制造乳汁。因此，越早刺激乳头，便会催生越多的乳汁。婴儿的吮吸还会促使产生另一种激素——催产素，它会促使乳汁排到体外。婴儿吮吸的"第一口奶"，亦称初乳，其实是一种十分特别的液体，它有助于婴儿提高自身的免疫功能，因为它富含各种抗体，而这些抗体在接下来的几天之内会迅速地布满婴儿的口腔黏膜以及消化道黏膜。当然了，婴儿之后所吮吸的母乳同样具有相同的功效，其所含的糖类成分——乳糖有利于人体体内肠道菌群的建立。

错误认识

有些女性总担心自己是不是不能用母乳喂养孩子，因为她们觉得自己的乳房太小。然而，乳汁分泌的多少和胸围没有任何关系，真正的决定性因素其实是乳腺。还有一些女性认为自己乳汁的颜色过于清浅，不适合喂养。其实，初乳颜色浅是正常的现象，有时候，初乳表面可能还会微微泛蓝。尽管如此，这种略带甜味的乳汁仍然能够很好地满足婴儿的各种营养需求。

分娩后的 3~6 天内，您可能会经历生理性乳胀。此时，您会觉得乳房紧绷肿胀。请不用担心，您孩子的吮吸会帮助您缓解这一症状。不过他必须"大口"吮吸才有效，必须完完全全地含住乳头和乳晕两部分。

如果您发现您的乳头内陷，请别担心，因为这并不意味着您就不能进行母乳喂养了。另外，新手妈妈们需要明白的是，第一胎如果没有成功母乳喂养并不意味着第二胎也不能成功母乳喂养，毕竟时间改变了许多外在因素，您不再是以前的那个您，

首次哺乳时，您孩子喝到的第一口奶往往呈黄色或橘黄色。初乳较稠，分量也不多，但是富含各种蛋白质、矿物质以及其他免疫成分。人们一般认为初乳的主要功效在于抗感染以及通便，因为它有助于新生儿排泄胎便（胎便是指胎儿在子宫内时堵塞其消化道的某种暗绿色物质）。从乳汁分泌的第 3 天开始，初乳消失，取而代之的是"过渡乳"，之后"过渡乳"则会被"成熟乳"所代替。从哺乳的第 20 天开始，乳汁所含的营养成分种类基本固定下来，但是不同时段母乳所含的营养成分不尽相同。

绝不要气馁！有些医院为了让新生儿尽快停止哭泣，会建议原本打算全程母乳喂养的新手妈妈在"必要时"给婴儿喝奶粉。如果是这样的话，请您不要采纳这个建议。因为，您只是需要一点点时间来学习正确的哺乳方式而已，同样，您的孩子也需要一些时间来学习如何快速地找到"奶源"。另外，请时刻谨记婴儿的吮吸可以刺激乳汁的分泌，您的孩子吮吸得越频繁，他就越能正确地吮吸，您的乳房也会变得越轻松。

孩子也不再是以前的那个孩子。不管怎样，您都应该尝试着去母乳喂养，否则乳汁会在生产后的第 7 天或是第 8 天停止分泌，时不待人呀！

没有确实的禁忌

即使您是剖腹产并且为了减轻痛苦被医生注射了吗啡，您也可以亲自给孩子喂奶，这一举动甚至可以弥补您因为没有完全参与到迎接新生命诞生的过程中而产生的失落感。如果您剖腹产过程中采用的是硬膜外麻醉，那么在您生产完之后就可以立刻给孩子喂奶；但如果您采用的是全身麻醉，那就必须得等到您苏醒以后，孩子才能喝上第一口奶。当然了，也有可能您醒着，但是孩子却昏昏欲睡，这种情况下，也请放宽心，一旦孩子完全清醒之后，他自己会哭喊着找奶喝的。另外，喂奶之前，请先找准最舒服、最合适的哺乳姿势以免撕扯到您的伤口。

如果您生的是双胞胎，也并不意味着母乳喂养就增加了太大难度。不过，您可能需要变得更加有条理性才行。首先您得决定到底是一起给他们喂奶还是分开喂。另外，建议您先给吮吸比较熟练的孩子喂奶，因为这样更有利于刺激双乳的乳汁分泌。为了避免乳腺堵塞，我们还建议您同一天内最好固定让两个孩子分别吮吸一只乳房，第二天再让他们交换。此外，为了保证乳汁正常分泌，您应该多喝水，并保持作息规律。

母乳——一种理想的食粮

研究表明，母乳对于新生儿而言是一种不可取代的生活食粮。它不仅能保护婴儿免受肠道感染，而且还能帮助预防某些过敏性疾病。此外，母乳中所含的营养成分能够完全满足新生儿的各种基本需求。

一种巧妙的合成物

母乳由 87% 以上的水分、脂肪酸、蛋白质以及矿物质组成。其中，脂肪酸能被婴儿的胃液所吸收，矿物质的含量则在婴儿尚未发育完全的肝脏以及肾脏所能承受的范围之内。此外，母乳中还含有促进脑部组织发育的半乳糖以及维生素 A、B、C、D、E。需要指出的是，母乳中维生素以及氨基酸的含量要比牛奶中的含量高出 2 倍。其中，为了满足成长中宝宝的需求，氨基酸的含量会在母乳喂养的第 1 个月之后有所增长。

因此，科学家认为某些氨基酸在婴儿的身体发育过程中占据着举足轻重的地位，比如牛磺酸。另外，科学家还认为母乳中似乎含有一些天然的镇静成分，这也就解释了为什么婴儿在吃饱喝足之后便能倒头呼呼大睡。总之，母乳绝对是一种营养丰富的物质食粮。

难以置信地完美

我们除了需要了解母乳中的营养成分对婴儿的成长至关重要之外，还需要关注另外一个神奇的现象：为了满足婴儿的身体发育需求，这些营养成分在一天之内会随着时段的不同而变化，甚至会在婴儿的吮吸过程中发生改变。在婴儿的吮吸过程中，母乳的脂肪含量可以从 1 倍升至 4 倍。刚开始吮吸时，母乳相对浓稠，以便填饱婴儿的肚子，之后母乳开始变稀以便帮助婴儿补充体内的水分。其实，营养成分的变动在一天之中的不同时段体现得更为明显。早上 6 点至 10 点期间，为了给婴儿提供充满活力的一餐，母乳最浓稠，其所含的脂肪量也最高，而晚上的时候，为了帮助消化，母乳则变得相对稀薄。

产妇最初几天所分泌的初乳虽然看着比较浓稠，但是其所含的脂肪以及乳糖比例较小。此外，母乳的外观会随着时间的推移而发生改变。刚开始的时候，您可能会觉得不管是从颜色还是流动性来看，母乳与牛奶都特别相似。但是一两个月之后，您就会发现，尽管此时的母乳看着呈苍白色，有时

> 66 虽然有些不合时宜，但我还是不得不在此处从心理学角度解释一下母乳喂养：母乳喂养有利于母子之间的互动，建立良好的亲子依恋关系，也有助于妈妈更好地观察宝宝的各项生理能力。当然了，即使您选择奶瓶喂养，也可以培养起您与孩子之间的互动关系，甚至还能让爸爸有机会参与孩子的就餐过程。99

从心理层面来讲，母乳喂养其实是孕期的一种延续。妈妈不再用自己体内的鲜血孕育孩子，而是开始用乳汁喂养了。乳汁就像羊水一样散发着妈妈的味道。此外，很多年轻妈妈们在哺乳的过程中，会产生一种与孩子融为一体的感觉。

甚至会微微泛蓝，但是营养极为丰富。

每位妈妈分泌乳汁的速度不一样，有快有慢；每位宝宝吮吸的力度也不一样，有重有轻。但是不管怎样，婴儿吮吸的前5分钟其实就已经获取了他所需营养的90%。

在免疫功能上发挥作用

一直以来，人们都认为母乳在婴儿的免疫功能方面扮演着极其重要的角色，因为相比之下，由母乳喂养的孩子肠胃感染或是呼吸道感染的概率更低。但是为什么母乳具备此项功能，科研人员还不能完全解释清楚。目前的研究表明，可能是因为母乳中含有淋巴细胞，这种淋巴细胞正是机体免疫系统的一个重要组成部分。其中一些淋巴细胞具有免疫记忆，当病毒入侵时，它们能立即开启防御模式。因此，母乳中所含的一些成分可能正好可以弥补婴儿脆弱免疫系统的不足之处。

初乳以及最初几天分泌的乳汁含有极为丰富的抗体，但是这些抗体是否有效则取决于一种罕见的糖类成分——低聚糖。低聚糖并不会直接和疾病"面对面"做斗争，而是选择在"幕后"默默地推进婴儿自身免疫系统的加速发展。此外，母乳中的某些蛋白质也能够提高宝宝的免疫力，比如乳铁蛋白，它可以夺走细菌生长所需的铁质，从而抑制细菌的生长与繁殖。科研人员目前正在进行一些生物研究以便更好地诠释所有的相关现象。

之后几天分泌的母乳同样具有重要的功效，因为其所包含的糖类成分——乳糖有利于人体体内发酵菌丛的生长。

苏格兰教授皮特·霍伊（Peter Howie）曾经专门研究过母乳喂养在婴儿抗感染方面所扮演的角色。其结论如下：如果婴儿喝过至少13周的母乳，那么他第1年可以免受肠胃感染；但是如果少于13周的话，那么只能保证婴儿在母乳喂养期间免受肠胃感染。相比之下，母乳在呼吸道感染防御方面就显得没那么奏效了，它只能稍微降低婴儿呼吸道感染的概率。

乳汁分泌的原理

曾经很长一段时间内，母体乳汁的产生以及分娩后乳腺的激增都是个谜。而今，激素的发现为我们提供了答案。

乳腺的作用

激素是一种由内分泌腺分泌、血液传输的物质，其作用在于促进人体器官的正常运行。而乳汁分泌所需要的激素，即催乳素，则是由垂体前叶所分泌的。催乳素的作用主要在于促使泌乳细胞制造乳汁。此外，催乳素并不能单独催生乳汁，它需要和胎盘激素、卵巢激素以及肾上腺素一起作用才能最终生成母乳。与此同时，垂体后叶则会分泌另一种与催乳素齿唇相依的激素，即催产素。催产素有利于乳腺泡周围的肌肉收缩，它还有助于将生成的乳汁从腺泡细胞移至输乳管，最后送至乳头。

众所周知，乳汁分泌需要依靠婴儿的吮吸才能顺利实现。吮吸会给乳头带来一定的压强，从而促使腺泡中贮存的乳汁排出母体。与此同时，乳头所感受到的神经刺激会被传送至大脑，然后是脑垂体，在接收到

乳房在性生活中同样也扮演着重要的角色，但是，对于哺乳期的新手妈妈们而言，情况变得有些复杂了。此时的双乳变得又大又沉，甚至因为乳汁分泌的缘故而有些胀痛，这些变化无形当中影响了夫妻之间的性生活。有些女性的乳房可能还会在性生活进行过程中不由自主地分泌出些许乳汁。然而，对于另外一些女性而言，哺乳是一种快乐的体验，当孩子含住乳头的时候，她们甚至会体验到一种近似性高潮的快感。

信息之后，作为回应，脑垂体会分泌催乳素和催产素。

刺激乳汁分泌

的确，乳汁分泌的原理看似很简单，但是其实激素含量的多少极易受到外在因素和内在因素的影响，从而导致乳汁分泌减少，比如疲劳、情绪波动以及压力。这一异常现象往往发生在那些刚出院返家的产妇身上。因为不知如何妥善照顾婴儿以及如何尽职履行为人母的义务，所以有时她们会表现得手足无措、过分担心，甚

至是抑郁。

此时，频繁地让孩子吮吸乳头可以刺激乳腺，让乳汁分泌重回正轨。您也可以选择自己定期用手或是吸乳器挤压乳头以便将乳汁排出。这些多余的乳汁可以送给母乳供应站以帮助其他急需母乳的婴儿。当然了，其实刺激乳汁分泌的最好办法是多摄入水分以及多休息。按摩也能在一定程度上刺激乳汁分泌，还可以防止乳腺堵塞。手法如下：先将双手张开，然后放在乳房上，沿着乳房的线条以画圆的手法轻轻按

> 由生母进行母乳喂养其实是近代才兴起的。上个世纪，许多婴儿都被托付给乳母，乳母的职责就是喂养（以及照看）这些孩子，他们的生母可能已经去世，可能工作缠身，也可能被社交活动所困（假如生母是资产阶级或贵族的话）。有时候，乳母可能一次喂养好几个孩子，这些孩子则被称为同乳兄弟。当人们发现母乳喂养有利于增进母子之间的情感关系之后，乳母这一职业便逐渐消失。

摩。按摩结束之后乳汁就会渐渐地开始分泌。

适应环境

母乳喂养并不意味着您就被牢牢地禁锢在家中了，因为您可以提前挤一瓶母乳保存在冰箱中。晚上您要是觉得特别疲惫的话，可以让您的丈夫负责给孩子喂奶。

这些哺乳小诀窍能够帮助年轻妈妈们重获自由甚至能帮助她们重返职场。混合喂养、纯母乳喂养、纯奶瓶喂养，不管您选择哪种方式，您都应该确保孩子在一天之内的某一时段能够喝上母乳，早上也好，晚上也罢，都可以。但是请别忘了，乳汁是在吮吸的刺激下分泌的，如果您的乳汁变得越来越少，那说明吮吸不够频繁。此外，哺乳过程中您还应该时刻关注婴儿的饮食均衡问题，以免他出现生理紊乱。

断 奶

有些妈妈希望给孩子断奶，尤其是当她们患病或想重返职场的时候。

任何时候，您都可以选择断奶，除了婴儿身患疾病时，因为在此情况下，我们一般会建议您等孩子痊愈后再开始断奶计划。不管您选择何时断奶，断奶的方法都是一样的。孩子从喝母乳到喝一段奶粉适应期为 10~15 天（表 1）。

对于妈妈们而言，为了断奶而服用含有合成雌激素的药物是有一定风险的，比如说可能会出现静脉炎、恶心或头晕等副作用。

表 1：断奶适应期婴儿一天五餐的饮食安排

时间	饮食安排
第 1~3 天	4 次母乳喂养，1 次奶瓶喂养
第 4~6 天	3 次母乳喂养，2 次奶瓶喂养
第 7~9 天	2 次母乳喂养，3 次奶瓶喂养
第 10~12 天	1 次母乳喂养，4 次奶瓶喂养
之后	5 次奶瓶喂养

如何保证乳汁的正常分泌

如何大量分泌优质的乳汁是所有新手妈妈们都关注的一个问题。哺乳期的妈妈们根本不需要遵守那些复杂的饮食规定，也不需要特别刻意地去忌口，需要注意的是，一定要保证摄入足够多的水分。

蛋白质与乳制品

您不需要过分担心自己的饮食。其实哺乳期的食谱只是比平时的食谱稍微丰富了一些而已。您可以享用几乎所有的食物，除了一些蔬菜及香料，因为它们会影响您乳汁的口感。不过一般来说，婴儿并不会因为乳汁口感的问题而大发脾气。尽管如此，您还是应该优先食用一些富含蛋白质以及钙元素的食物，以保证自己营养充足，如牛奶、酸奶和奶酪等。建议您每天服用 750 毫升至 1 升的脱脂牛奶。另外，适当地食用一些鸡蛋、红肉以及鱼肉也有利于蛋白质的吸收。不饱和脂肪酸含量较高（即油脂较少）的瘦肉以及植物油（相比动物油而言，植物油的不饱和脂肪酸含量更高），如葵花籽油、玉米油、菜籽油、橄榄油，同样也是哺乳期食谱上必不可少的食材。这些食材可以提高母乳中有助于促进新生儿神经系统发育的脂肪酸的含量。

哺乳过程中，只有两类禁忌物质：酒精和烟草。此外，如果一些有毒物质或者药物成分流入乳汁中，也会导致母乳不可食用。您可以偶尔喝一杯葡萄酒、啤酒或香槟，但是一定不能经常喝，因为酒精会流入乳汁，进而导致婴儿生长发育缓慢，甚至出现生理创伤。哺乳期间也禁止吸烟，因为尼古丁同样会流入乳汁当中。一位每天吸 10~20 根香烟的女性，其乳汁中的尼古丁含量为 0.4 毫克 / 升。您还可以要求您的丈夫及家人不要当着自己以及孩子的面吸烟，因为被动吸烟的危害同样很大。当然，哺乳期间，您还应该避免过量服用药物。

大量地饮用液体

在整个哺乳期，我们建议您每天饮用的液体量应为 1.5~2 升。这一数值不仅指饮水量，而且还包括其他液体的饮用量，建议您最好饮用不含气泡的水，如白开水、矿泉水。当然了，除了水，您还可以吃一些新鲜的蔬果，喝一些牛奶、粥或是汤。

增加食物摄入量

为了保持营养均衡，一名女性正常每天需要摄取 2000 卡路里。对哺乳期女性来说，不管怎样，都不能低于 1500 卡路里，否则有可能会影响乳汁的正常分泌。一般来说，哺乳期的女性每天所摄取的卡路里量应为 2500。图 1 为哺乳期每日推荐的食物。

暂时性营养不良

有些年轻妈妈不仅贫血而且容易抽筋，这些症状都是由孕期持续性疲劳所引起的，尤其是如果生产以后没有得到足够休息的话。缺铁性贫血是最常见的一种症状，它会导致身体虚弱（体力减弱）以及抵抗力下降。研究表明，年轻妈妈们需要好几个月的时间才能恢复由怀孕所造成的铁元素的损耗。

为了尽快恢复体力，我们建议您服用适量的铁元素、叶酸（一种能在大部分植物以及动物肝脏中找到的维生素）以及利于铁元素吸收的维生素 C。大约 66% 的女性声称她们在生产以后经常觉得很累，其中 1/3 的人直言这种疲惫感比预想的还要猛烈一些（此项结果来源于一家制药厂在巴黎的一所大型医院针对 200 位已经顺利分娩的年轻妈妈们所做的一次问卷调查）。其实，这种疲惫感既由心理因素（产后情绪低落）所造成，同样也由生理因素所造成。孕期以及生产后的前 3 个月服用铁、钙、硒、镁、锌、铜、叶酸、维生素 B_1 和 B_2 可以缓解这种疲惫感所带来的不适。

哺乳与饮食

如今，哺乳期的妈妈们偶尔会情绪低落，因为她们发现自己和广告中妈妈们的形象完全不一样。她们的身体仍然有点笨重，乳房硕大并隐约可见青筋。此外，因为时不时溢出的乳汁，她们总觉得自己黏糊糊的。总之，她们的心情无疑受到了些许打击，但是，她们并没有因此而自暴自弃。

即使您现在觉得自己身形太过圆润，也请不要马上就开始节食减肥。您首先应该试着保证饮食均衡，不摄取过量的糖分和脂肪，换言之，您应该优先食用富含蛋白质和钙元素的食物。卡路里的贮存其实是和哺乳息息相关的一种生理现象，您不可能违背这一生理规律，所以当您觉得自己体重过重时，也请等一段时间再减肥。不过，有些选择长时间母乳喂养的女性声称哺乳有助于她们保持身材。由此可见，体重的问题其实和每个人的新陈代谢有关。

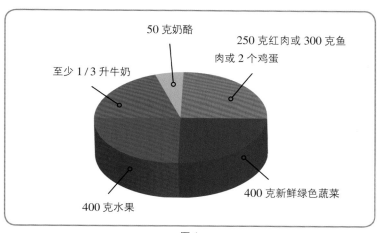

图 1

疲劳或者压力都有可能导致乳汁分泌减少。然而，这种压力往往是由母子二人共同造成的。新手妈妈总害怕自己做得不对，她时而觉得自己的乳汁不够，时而觉得自己乳汁的质量不高……而孩子能够感觉到母亲的情绪，因此，吮吸的时候便不如以往那么专心了。如果您遭遇了同样的情况，请您在哺乳之前放松心情，如有必要，可以咨询当地的哺乳培训机构。

按需喂养

如今，不管是哪种喂养方式，只要婴儿饿了，父母就会给他们喂奶。因为每个婴儿的身体状况不一样、喊饿的时间点也不一样，因此，这种按需喂养的方法最安全、最保险。一段时间过后，父母可以固定婴儿喝奶的时间以便适应全家的生活节奏。

没有过度饮食的风险

如果您选择母乳喂养，请不用担心过度饮食这一问题。因为婴儿能够很好地调节自身身体所需，并且他会根据自己胃口的大小吮吸适量的母乳。

月龄不同，婴儿吮吸的母乳量也不同。出生时体重为 2.5 千克的婴儿与出生时体重为 3.5 千克的婴儿，他们的食量并不一样。

按需喂养能够有效地避免乳胀。因为，如果您哺乳的时间间隔过长，您的乳房就会变得紧绷且伴有痛感。此外，按需喂养还能有效地避免乳头皲裂，因为乳汁能够随时"滋润"您的乳头。如果您选择奶瓶喂养，喂养步骤会有所不同。一段奶粉是根据科学配方调制而成，能够很好地满足 5 个月以下婴儿的营养需求及消化需求。新生儿每日所需要的一段奶粉量由儿科医生决定。儿科医生会参考婴儿的体重，计算出他一天所需的奶粉量。医生

婴儿吐奶属于正常现象。有些婴儿的肠胃比较敏感，会将多余的奶吐出。一般婴儿打嗝的时候会发生吐奶现象，吐奶的量通常比较大，且气味不好闻。吐奶往往发生在奶瓶喂养的婴儿身上：橡胶奶嘴口过大，导致婴儿喝奶速度过快。有时，吐奶也意味着婴儿的肠道尚未发育完全，因此前 3 个月吐奶完全属于正常现象。

还会建议您将此奶粉总量平分成 6~7 次喂给孩子喝。随着孩子身长和体重的增长，其一天所需的奶粉量也会增加。

灵活控制

即使您孩子刚出生时胃口极大，也请别太在意，因为您会渐渐地发现他的用餐时间越来越固定。毫无疑问，那是因为婴儿能够越来越熟练地控制自己的饥饿感。在刚出生的前 2 周内，婴儿差不多每 3 个小时就会喊饿，但是您会发现他每次的食量并不大。

喂养孩子的过程中，您需要注意以下几点：首先，婴儿哭并不意味着他就一定饿了，

如果您是母乳喂养的话，每次喂奶的时间不要超过 15 分钟，上一顿与下一顿的时间间隔至少需为 2 个小时；如果您是奶粉喂养，上一顿与下一顿的时间间隔则至少需为 2.5~3 个小时，以便婴儿消化。如果您孩子每次都喝不完一次的量，且体重也没有下降，请不用担心，因为这是正常现象。与此相反，如果您的孩子连续两三天都把奶瓶里的奶粉喝光了，那么您需要在原来配方的基础上增加 1/2 的奶以及 15 毫升水，并且及时将此情况反映给儿科医生。最后，请不要为了让婴儿喝奶而将其从睡梦中唤醒，因为如果他一直熟睡的话，那说明他

婴儿打嗝属于正常现象，一般发生在喝奶过程中或喝完奶之后。婴儿之所以打嗝是因为他在喝奶的过程中不小心把空气吸进了肠道。如果孩子一直打嗝，您可以让他肚子朝下，趴上几秒钟。如果他继续打嗝，可以再次重复该动作。俗话说"打嗝的小孩长得好"，这句话其实有一定的道理。因为打嗝意味着婴儿胃部积聚了过量的食物，暂时性地压迫了膈神经。打嗝不会导致不良后果，并且会慢慢消失。当然了，婴儿喝完奶之后不一定非要打嗝。请不要在婴儿喝完奶之后就立即让他平躺。

根本不饿。不过，上一顿与下一顿的时间间隔最好不要超过5个小时。

合适的奶量

母乳喂养的婴儿一般根据自己的需求吮吸一定的母乳，但是有的时候妈妈们会担心孩子吃不饱或吃太多。因为在她们看来，婴儿怎么知道自己到底应该喝多少呢？有人曾经做过一个实验：让妈妈称一称婴儿喝奶前与喝奶后的体重。但这一举措毫无意义，因为婴儿每次所吮吸的母乳量都不一样，他只根据自己当时的需求吮吸一定的量。我们认为只要婴儿的粪便量充足，生长曲线正常，那就证明他所喝的母乳量充足。出生后的前几天，婴儿喝一次

奶排一次便，因此，您每天大约需要为其更换5~6次纸尿裤，之后则每天排一次便。婴儿喝奶时，脸颊、太阳穴甚至耳朵都会随着他吮吸的节奏晃动。刚开始喝奶时，婴儿吮吸的动作比较急切，之后则会变缓变轻。如果婴儿在喝奶的过程中睡着了，那证明他已经喝饱了。

夜间哺乳

如今，我们不再认为3个月以下的婴儿夜间需要喝奶就意味着其体质差。夜间哺乳其实是婴儿生长发育所需。

心理学家认为，父母如果夜间不安慰婴儿而任其啼哭，会对其造成一定的伤害。即使婴儿清楚父母不管怎样都不会安慰自己，他也不会主动停止哭泣。如果他停止哭泣，重新入睡，那说明他哭累了。如果父母不及时安抚婴儿，那么渐渐地，婴儿会将因饥饿而产生的焦躁感转变为对黑暗的恐惧，从而影响父母接下来几个月的睡眠质量。

任何为避免夜间哺乳而做出的尝试都是徒劳。最简单的办法就是当婴儿啼哭时，为其加一顿餐。不过请注意，一定要等婴儿夜醒之后，再喂其喝奶。

母乳喂养中可能出现的小问题

除了日常的清洁之外，哺乳过程中不需要采取其他特殊护理措施。不过要避免乳头过于湿润和过度干燥。尽管如此，哺乳过程中还是可能会存在一些令人担忧的小问题。

奶水过多

一些妈妈在哺乳过程中会惊讶地发现另一只未哺乳的乳头有大量奶水溢出，其实这是正常现象，说明乳腺通畅。年轻妈妈的奶水量因人、因时而异，还与乳腺功能有关。在这种情况下，应该考虑用纱布保护不哺乳的那只乳房。

此外，这些妈妈们还要注意避免乳汁淤积，她们可以在淋浴时将多余的乳汁挤掉，或者将多余的乳汁送往母乳供应站，该机构会竭尽所能地收集奶水，用以帮助那些需要母乳的婴儿。事实上，母乳对于某些宝宝的存活是必不可少的，尤其是孕龄为28~32周的早产儿。

乳腺堵塞

乳头遍布神经，非常敏感。宝宝用力吮吸会令乳头特别疼痛，尤其在产后前三四天。乳头要经一段时间后才能适应，那时候喂奶就没那么不适了。需要注意的是，这种过度敏感可能会引起乳腺堵塞：因为喂奶辛苦，妈妈会减少给宝宝喂奶的时间和频率。妈妈会因此产生焦虑情绪，焦虑又会导致刺激乳汁分泌的激素减少，从而影响乳汁的顺利输送。以上种种因素都会导致乳腺堵塞。

我们还建议，只要乳汁分泌尚未完全稳定，就应该每次都用两个乳房喂奶，尤其是奶水很多的妈妈们，以此来防止乳房内乳汁太多。方法在于要让宝宝吸空一个乳房后再给他吸另一只乳房的奶水。下次喂奶时，宝宝就先吸后一只乳房。

不少乳腺堵塞都是由于妈妈不开心或焦虑引起。建议以下面的姿势来尽可能地放松身体和心情：侧卧，用一个枕头略微垫高头部，一条腿抬起当支撑，另一条腿伸开。

哺乳的妈妈要懂得分辨乳

为了您和宝宝的舒适，您可以使用哺乳靠垫。它让宝宝与妈妈的乳房齐高，能够让妈妈在整个喂奶期间保持最合适的姿势。吃完奶后靠垫可以变成柔软的宝宝座椅，宝宝可以在里面舒舒服服地消化。宝宝要舒服自在才能吃足奶。

妈妈和宝宝很快就能找到各自合适的位置：宝宝面朝妈妈胸部，嘴巴与乳头齐平，妈妈和宝宝的身体平行。如果妈妈坐着，宝宝也坐着，妈妈躺着，宝宝也躺着。如果妈妈坐着，最好坐在较直、有扶手的椅子上，用小凳子或几本厚书将脚略微垫高。喂奶时，用食指和中指扶住乳头，不让它堵住宝宝的鼻子。轻轻按压有助于奶水流出。不论怎样喂奶，最好在家中找一个相对安静的地方。

腺堵塞的初期征兆：乳房胀满、变硬、疼痛。最好的预防措施仍然是在早期经常给宝宝喂足奶。如果宝宝每次吃奶时不能完全吸空双乳，就要用双手将奶挤出。手法是：双手平摊，从胸部向乳头轻轻按压。如果按压不能挤出奶水，可以在热水淋浴时以上述手法重复按压。

整个哺乳期间都必须穿文胸。因为如果没有支撑，乳房突增的重量会使皮肤弹性纤维断裂，留下萎缩纹，进而导致胸部下垂。如果胸部很大，那么不管是白天还是晚上都需要文胸支撑。

前面有开口的哺乳专用文胸最为方便。也可以选择运动专用文胸：弹性后背和肩部使文胸能够在哺乳时向上掀起或从侧面滑下。还有些文胸的搭扣在两个文胸兜之间，也可选择这类文胸。建议最好选择棉质文胸。不要佩戴塑料乳头保护膜或带有塑料层的防溢乳垫，这些会阻碍湿气排出，从而加大乳头皲裂的可能。

乳头皲裂

乳头皲裂是由于过于湿润引起的。最好的预防方法是在母乳喂养的最初几天不要延长喂奶时间，要等到宝宝掌握正确的含乳方式。宝宝在这里还可以帮助妈妈：当妈妈把整个乳晕递给宝宝时，宝宝的吮吸会刺激妈妈乳房的皮脂腺分泌出一种可以防止皲裂形成的润滑液体。如果皲裂还是出现了，要马上处理，避免乳头裂开。建议使用富

含维生素 A、E 的软膏，非常有效，对宝宝也没有任何危害。

乳房脓肿

这是医生要求妈妈不再哺乳的少数情况之一：脓肿乳房的乳汁中可能含有对宝宝有危害的病原体，比如金黄色葡萄球菌。如果妈妈有能力而且希

望在治愈后重新给宝宝哺乳，就要每天挤出奶水直到脓肿消失，以保持乳汁分泌机制的正常。如果只有一只乳房出现脓肿现象，另外一只正常的乳房还可以继续给宝宝喂奶。

乳头形状不好

乳头形状不好并不意味着妈妈不能哺乳。为了便于吸奶，宝宝要将整个乳晕含在口中。宝宝吮吸有助于乳头展开从而使乳头成型。不过对乳头影响最大的是激素，激素促使乳房发育，便于哺乳。尽管如此，畸形乳头仍然存在，比如乳头内陷、乳头扁平。如果妈妈哺乳有困难，可以使用吸奶器将母乳吸出来再喂给宝宝喝，或向哺乳专家寻求建议。

母乳——一种易受影响的食物

母乳质量常因很多药品和污染而降低，所摄入物质的危害与不同因素相关：药品的类型、质量以及服用时间。尽管有些药物可以轻松排出，但仍有一些会残留并产生不良影响。

区别对待药物

长期以来人们都建议哺乳期女性如果需要服用药物，就停止哺乳，哪怕只是感冒。现在，专家认为应该多加区分。必须禁用的药物只有化疗类、碘类、氯金酸钠和抗生素。事实上，大部分其他药物进入母乳的含量极少，对宝宝没有危害，妈妈和宝宝只需多加注意即可。以阿司匹林为例，每日服用量不超过 2 克是没有问题的，醋氨酚一般也比较安全，关于一些抗抑郁药和抗癫痫治疗则请遵医嘱。相反的，要谨慎使用植物疗法，因为我们不知道植物的活性成分是否会进入乳汁。

口服避孕药

很多年轻妈妈担心服用口服避孕药会使其中的激素进入乳汁，对婴儿的成长产生不利影响。然而，到目前为止，所有的研究都得出一致结论：哺乳期妈

法国健康高级总署（HAS）建议医生在给哺乳期妇女开处方时，先问自己三个问题：病人是否一定需要治疗？治疗的作用是否相当于将婴儿置于一种极其微小的风险中？这种风险是否高于婴儿母乳喂养的优势？

妈口服避孕药，乳汁中的激素含量从未超过 1%，比胎儿通过胎盘所吸收的含量要少很多。口服避孕药中的激素（雌孕激素）可能会降低乳汁中蛋白质、乳糖、脂肪、钙和磷的含量。如果我们相信最近的一些相关研究，建议

最好使用微丸类短效口服避孕药，即持续服用微量孕激素。但它也有不便之处：该药要求规律服用，甚至每 24 小时按时服用。

污染与饮食

现在我们知道年轻妈妈的

有些婴儿对妈妈的乳汁过敏，这种现象非常罕见，但值得注意。有人认为这主要是由于乳母摄入过多的奶类或奶制品，例如奶油、酸奶和奶酪，奶制品中的蛋白质通过血液进入母乳，而这些孩子刚好对牛奶蛋白过敏。不过有些医生认为，考虑到与过敏相关的心理因素，过敏也可反映出亲子关系出现严重问题。

乳汁比那些年长且已经生育过的妈妈们的要"干净"。难道免疫力与年龄相关？对于抵抗污染物的能力来说，是的。然而，所有女性在泌乳前期的几个月都非常脆弱。人们还发现母乳污染程度与乳母饮食方式可能存在某种关系。居住在加拿大北部的因纽特妈妈们，因为以食用海豹和独角鲸为主，她们的乳汁是全球受污染最严重的乳汁之一。她们乳汁中的多氯联苯（一种聚集在鱼肉上的工业污染物），比魁北克妈妈多5倍。所以，法国国家食品、环境及劳动卫生署（ANSES）建议哺乳期妈妈每周最多食用一次脂肪含量高的野生鱼类（金枪鱼、海鲈鱼、鲷鱼等），并且避免食用某些种类。

还有一些物质最近才被指控会扰乱内分泌。双酚A因为有可能引起众多神经及内分泌紊乱，已被禁止用于制造奶瓶及适用于3岁以下儿童的食品容器。它还存在于很多食品包装、一些罐头和易拉罐的内面及一些化妆品中。同样，最好不要食用工业制成菜肴，因为我们还不太清楚菜中的防腐剂和染色剂会有什么影响。谨慎起见，很多专家建议优先食用"绿色食品"，尤其是哺乳期女性。

家用杀虫剂和农药的危害

母乳不可避免地会将污染物质传给宝宝。尤其要注意家用杀虫剂和农药：滴滴涕和灭菌酚十分危险。研究表明，母乳中的农药残留比牛奶至少高5倍。与之后几个月相比，哺乳期第1个月的乳汁对污染物最为敏感，这可能是因为在后续几个月中形成了对抗外部侵袭的抗体。污染物在人体累积，聚集在脂肪和组织上，然后从乳汁排出。因此我们在母乳中可以找到微量杀虫剂，它们就来自散发在房屋里的气雾剂和蚊香片。所以最好使用一些"基础性"的家用产品（如黑肥皂、碳酸氢盐、白醋）或是贴有"环保标签"的产品。

母乳中也经常发现二噁英，该污染物主要是工业生产和露天焚烧的气体残余。它在食物链中，尤其是动物脂肪中累积，超过90%存在于肉类、奶制品、鱼类和海鲜中。人类脂肪也未能幸免，尤其是参与母乳分泌的脂肪，这就是母乳中的污染物二噁英含量相对较高的原因。不过，母乳中二噁英对婴儿毒害的显现，需要宝宝接触数年时间，即便哺乳期被延长，也远远超过整个哺乳时间。

一切喂养方式皆宜

对您来说最重要的是把最好的食物给宝宝。母乳喂养还是人工喂养？哪个才是正确的决定？这个问题已经考虑了好几周，或许您已做好决定，又或许现在处在您和宝宝共同生活的开端，您犹豫不决。您全部的愿望就是成为最好的妈妈。

每个方法都是好的

如果您已决定人工喂养宝宝，不要有负罪感，这丝毫不会影响您对宝宝的爱。其实，最重要的是自由选择喂养方式，这个决定只取决于您，与您的家庭和医生都没有关系。而且，为了符合家庭或社会观念而强迫自己

母乳喂养往往不会成功。不要认为母乳喂养是与宝宝建立稳固情感关系的唯一方法。您也可以充满爱意地给宝宝喂奶瓶，重要的是妈妈能全心全意地照顾宝宝。人工喂养宝宝也能建立很好的亲子关系。喂养宝宝的方法和给宝宝吃什么一样重要。

> ❝是否给孩子哺乳也关系到回归家庭和恢复夫妻生活。让别人看到自己哺乳，闻到自己身上的奶味儿，而且随时待命准备为宝宝服务。妈妈们都曾问自己这些问题：哺乳会把我束缚在母亲的角色中，还是即便出现了这些异常的改变，我依然是一个有性吸引力的女人？有多少女性会问她们的伴侣：看着她给孩子喂奶，他是否会感到不适？乳房功能的转变也使得它在性生活中起到的作用发生了改变。在我看来，夫妻之间很少会讨论这些问题。不过可以肯定的是，那些不管出自何种不好明说的理由而不母乳喂养的妈妈不必再自责了，而那些选择母乳喂养的妈妈更加有女人味了，身上的母性更浓了。❞

追求融合

现在，超过一半的妈妈选择给宝宝母乳喂养，主要出于健康和情感两方面原因。她们知道母乳是宝宝最有营养的食物，它易于消化，能够提供宝宝所需的一切，且不需要任何准备。母乳能够保护宝宝免受一些感染，而且随时可取。情感上的考虑也会使这些妈妈们做出这个选择。很多年轻妈妈

渴望并且需要感知自己的宝宝紧挨着她，身子贴着身子，她希望总是与宝宝融为一体。

不过，哺乳根本不是义务，它也不是一个好妈妈的绝对证明。强迫自己哺乳是让自己永远无法体会其中乐趣的最好方法。注意：您随时都可以停止母乳喂养，但是，一旦断奶，要想继续哺乳就不容易了。

不管是母乳喂养还是人工喂养，父母与宝宝的关系都一样紧密，这种亲密联结可以在几个月内建立和发展起来。选择一个安静的地方，关掉电视，放点儿轻柔的音乐，如果房间过亮，那就稍微调暗一点儿。坐在扶手椅或沙发上，让宝宝靠着你，闻到你的气息。和宝宝低声说话，给他讲一个你编

哺乳通常不会损伤乳房，不过您要注意不能让体重增加过多，也不能太过突然地停止哺乳，并且要通过体操运动恢复向上提拉乳腺的颈阔肌。

的故事，或是唱一小段童谣。宝宝喝完奶后，不要让他马上睡觉，抱着他在房间里散散步。

从理想到现实

母乳喂养并不容易，您是唯一能做这件事的人，不要指望爸爸或任何人的帮助。要有足够的乳汁分泌也并不简单，而且乳房往往很敏感，甚至疼痛。

很多女性赋予自己的身体很多女人味，因此很难相信和接受自己的乳房变成盛放婴儿食物的容器。她们错误地担忧持续哺乳会损害乳房。看着自己

的胸部胀大一倍，青筋明显，她们被吓住了。她们也不喜欢总是有点湿乎乎、黏糊糊的感觉，还有那让人有点儿恶心的淡甜味。她们还经常担心做不好哺乳这件事，宝宝吃不好，或者像她们的妈妈或姐妹一样，感觉付出努力却一场徒劳，从而放弃哺乳。还有些女性难以接受宝宝，觉得养孩子像是在受折磨。

人工喂养常常也只是因为对妈妈的行动约束较少，因为妈妈完全可以来去自由。出于健康原因也会需要人工喂养，比如妈妈极度劳累。

一段奶粉

如果选择人工喂养宝宝，我们需要用到婴幼儿一段奶粉。让宝宝在温馨的氛围中进食，他会安稳地待在您的怀里。

精心研制的食物

您装进奶瓶中的奶以牛奶为基质，并且根据婴儿的营养需求以及消化能力进行了改良。一段奶粉照顾了 0~6 个月婴儿的需求。经过特殊研制的蛋白质、糖类、脂类，旨在确保给婴儿提供最大能量补充。一段奶粉和二段奶粉的成分遵从了一个规律，即它们富含维生素以及必需脂肪酸，并且为了照顾婴儿实际需求和预防佝偻病，还加入了少量的维生素 D，不过这只占很少比例。

各式各样不同的可供选择的奶粉，迎合了一些婴儿的特殊需求。一段奶粉一般尽可能接近母乳，适应婴儿肾脏和肝脏的负担能力，并含有少量的蛋白质和矿物质盐。唯一的糖类是乳糖；脂肪中有 40% 是乳脂，其他则来自添加在奶粉中的植物油；亚油酸的含量提高了；一些此类奶还富含牛磺酸，

以大豆为基质的奶被推荐给那些对牛奶完全不耐受的婴儿们食用，它以植物蛋白质、少量的乳糖和变异脂肪为主要成分。医生发现，30% 的婴儿会同时对牛奶蛋白和大豆蛋白过敏。此外，法国国家食品、环境及劳动卫生署（ANSES）建议，在婴儿 1 岁之前，不要食用豆奶，因为这样会引起严重的营养不良。

有助于脂肪的吸收。

有些婴儿奶粉的配方被研发出来预防一些消化方面的小毛病，例如回流、反胃、便秘和腹泻等，而这些不良反应往往与喂食方式有关。法国的有些配方奶是含有玉米淀粉的增稠奶，并且含有丰富的能促进肠道运动的双歧杆菌。还有一些更为特殊的防回流的奶粉，以及一些乳状的促进肠道运输的能避免便秘的奶粉，而那些不含乳糖或含有水解蛋白的奶粉，能治疗腹泻。应该给孩子选择何种奶粉，最好还是听一听医生的建议。最后，还有专门为早产儿设计的婴儿奶粉。

真正的不耐受性

只有在两种情况下，宝宝会对婴儿奶粉产生完全不耐受：对牛奶蛋白质过敏和对乳糖不耐受。对牛奶蛋白质过敏的婴儿，要么从出生开始就发病，要么在消化问题出现 15 天到 1 个月之后，伴随着腹泻（偶尔会有便血）和呕吐。另外一些患有荨麻疹的孩子反应更为严重：呼吸困难、水肿，严重时会引起休克，需要立刻住院治疗。对于这些孩子，医生准备了一种低敏奶粉，也叫作"水解蛋白配方奶粉"。这种低敏奶粉，简称"HA"，也越来越被推荐在断奶后使用，或者在婴儿出现上述两种过敏反应时用来代替母乳。

对于另外一些对奶粉中的乳糖不耐受的婴儿，只需给他们喂食不含乳糖的奶，或以糊精为基质的奶。

不含乳糖的奶粉是专为对乳糖不耐受或有严重腹泻的婴儿设计的。这种奶粉需要一直食用到病症消失。

根据需求

由儿科医生来规定给婴儿喂的第一口奶，以及喂多少。喂奶量的多少与此时婴儿的月龄关系不大，而是跟他的体重有关。很明显，一个出生体重为 2.5 千克的婴儿和一个出生体重为 3.5 千克的婴儿，他们的需求是不一样的。一般情况下，喂奶的频率是 1 天 6 次，每隔 3 小时 1 次。但是有时候，孩子特别饿，会喝任何递给他的东西，而有时候，他又总是喝不完奶瓶中的奶。只有婴儿体重在短短几天内迅速下降时，才令人担忧。

当然，哺乳量和孩子的月龄有关，但月龄并不是唯一的影响因素。事实上影响婴儿奶量的因素是多方面的，同样月龄、同样体重的婴儿的能量摄入以及需求不尽相同，有时甚至会有高达 1 倍之多的差异。

遵守步骤

如今，奶粉罐上一般都会标明冲泡奶粉的方法和步骤，您要特别注意。一般来说，一平勺（与勺子齐平即可）的奶粉兑 30 毫升水。要一勺一勺地倒入奶粉，保持摇晃奶瓶，避免奶粉结块。取用完毕后及时盖上盖子，将奶粉罐存放在一个阴凉、干燥的地方。

您的宝宝可以喝他想喝的东西，但是一定要严格遵守用量。如果您想让他增重，可能会犯过量喂食的错误，这会引起宝宝腹泻、呕吐或食欲不振。

奶瓶的消毒引起了争议。一些儿科医生认为，把奶瓶放在洗碗机里清洗就足够了，而且婴儿食品方面消毒的效率从未被证实是科学的；还有一些儿科医生则表明，直到婴儿 6 个月大，奶瓶的消毒都是必不可少的，因为这可以预防肠胃炎，这是一种在新生儿初期很常见的病。不过，所有专家都坚称要仔细清洁奶瓶的瓶身、奶头以及连接两者的环圈。

发达的反射运动

和其他哺乳动物幼崽相比，小宝贝们似乎没有能力自我移动。这并不是完全正确的，因为新生婴儿具有先天的反射反应。在 3~4 个月之后，这些反射反应会被自发的运动机能所代替。

原始反射

在您的婴儿出生后的几天，产科医生会在您离开医院之前为他制定医疗检查计划。这些检查会补充之前检查的不足，目的是确认婴儿神经系统的正常运行及排除某些疾病。

当在某一刻反射强烈时，医生才能确认您的宝贝拥有一定数量的反射。这些反射被定义为"原始反射"，因为它们自发地出现在婴儿的生活中。这些天生的反射行为会使婴儿在今后的生活中做出一系列必不可少的动作。反射会持续 3~4 个月，在这段时间里，指挥运动机能的神经会促使婴儿运动机能的发展，在婴儿满 1 岁时，其运动机能将会成熟。从反射运动到自发运动这一过程是循序渐进的。人们已经确认了 70 多种反射，其中只有一些是可控制的。

完美的**吮吸反射**可以保证婴儿的食物供给。医生很容易就可以确认这一反射。用手轻触婴儿的嘴唇时，他会自发地张开嘴巴，伸出舌头，并且有节奏地用力吮吸。

为了确认**抓握反射**的存在，儿科医生会用手指轻触婴儿的脚掌和手掌。他的脚趾会合拢，手指会紧紧抓住医生的手指。婴儿可以如此用力地抓着，以至于医生可以轻轻地抬高孩子的身体。这一反射在联系父母与婴儿亲密关系中扮演着重要的角色，父母也把这种反射当作一种爱的体现。然而，自发的紧握要在婴儿 3 个月大后才能实现。

莫罗反射是自我保护的一个动作，也被称作"拥抱反射"。它指的是在面对噪音或是突如其来的位置移动时，婴儿做出像拥抱的动作。婴儿仰卧，儿科医生一手托住婴儿的颈背部，一手托住婴儿的枕部，托住枕部的手稍微下移几厘米，让婴儿头颈部稍微"后倾"。婴儿表现为双上肢外展伸直，然后

> ❝反射及感官是相互联系的，目的是刺激婴儿的食物需求。爬行反射是由于受到母乳味道的吸引，以到达母亲的胸部，再通过吮吸反射获得母乳。一些研究表明了这一感官在开始母乳喂养阶段的重要性及展示了母乳味道对婴儿味觉的刺激能力。另外，人们发现出生不满 3 天的婴儿的喂食以相同方式被初乳及羊水的味道所吸引。然而在第 4 天，他们会选择母乳。而在同样的年纪，如果婴儿用奶瓶进食，他会自发地靠近羊水的味道，而忽略初乳的味道。❞

阿尔贝·格日涅（Albert Grenier）教授的研究对新生儿有不一样的看法。在保持头部不动的情况下，婴儿也会变换动作。原始反射会如婴儿自发的肌肉紧张一样消失。他的运动机能是自然的、放松的、柔软的。注意力集中及警惕的婴儿也同样可以有一些肢体动作。

屈曲内收，手指张开就好像要抓东西一样，之后他会像要保护自己一样把双臂收拢在胸前，紧接着就开始放声大哭。拥抱反射反映了某种原始的平衡感。

对于父母来说，**踏步反射**是令人印象最深刻的反射。儿科医生用双手撑在婴儿的腋窝下使他保持站立，并让他向前倾斜迈步。当婴儿的双脚接触到检查桌面时，他会自发走一步，有时是两步。如果检查者在他双腿前放置一个坚硬的东西，他会抬起双脚就好像要跨过这个障碍一样。婴儿在行走时，通常都是脚跟先着地，然后才是脚尖。这一反射通常在第6周时会消失。通常要等到1周岁时婴儿才能自发地走出第一步，同时引导他今后的行走。

当婴儿出生后趴在妈妈肚子上时，他会用到**爬行反射**。为了确认这些反射的存在，儿科医生会让婴儿俯卧着，双臂靠后伸直，小宝贝会快速地变换位置。他会首先从侧面伸出一只手臂，紧接着是另一只，然后非常自然地开始努力爬行。如果医生阻止婴儿的双脚，他只用他的双臂和大腿也可以往前挪动。

四肢的反射在帮助婴儿找到妈妈的乳头及奶嘴中扮演着重要的角色。医生轻触婴儿的嘴角，他会转过头，面对这最近的刺激，努力地张开嘴巴。

其他生命反射

还有一些发现让我们了解到婴儿肌肉紧张度及神经系统的信息。比如，医生发现婴儿可以保持头抬起几秒钟，还可以在身体位置有轻微地向后倾斜时保持坐立，并且在身体倾斜的情况下，成功地抬起头。另外，医生还确认了婴儿**脖子的两种紧张性反射**。一种是不对称的强直性颈部反射：婴儿仰卧着时，当医生把他的头转向一边时，他会伸展与他头同一边的手并且收拢另一边的手，呈现拉弓或射箭状。这一反射对于视觉及动作之间的良好配合必不可少。另一种是对称的强直性颈部反射，存在于婴儿的坐姿中：当婴儿的头部向前低下时，他会弯曲他的手臂及伸展大腿；当婴儿的头部伸直抬起时，他会做出相反的动作。这一反射在5~7个月时会消失，以保证婴儿能坐稳、行走及在各种位置上保持平衡。

为了阐述清楚**交叉伸展反射**，在保持婴儿其中一条腿伸直的情况下，医生轻挠他的脚掌心，他会移动另外一只腿并且使脚靠近那一只受刺激的脚。

最后，当婴儿在检查桌上时，他俯卧着，并且双手伸直放在身体两侧。很快，他会转动脑袋，露出鼻子以便更好地呼吸，然后弯曲和他的脸同一边的手臂，把手伸进嘴里。这是**手臂伸缩反射**。

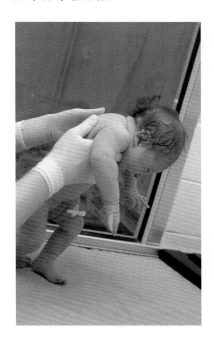

正在苏醒的感官能力

在妈妈子宫里时，胎儿就已经拥有了所有与这个世界交流必不可少的感官。出生后，有些婴儿的感官会比其他婴儿的更加发达，这是因为他们在妈妈子宫里时有更好的训练机会。但婴儿其他的感官能力在周围新环境的影响下，会很快弥补上这些差距。

触觉首当其冲

在出生前，胎儿就对抚摸这一动作很敏感。到怀孕的第6周时，触觉细胞就会自动发育。胎儿的触觉体验是在羊水里开始的。在羊水里，胎儿可以感受到舒适的温度及一些使他有轻触感觉的细小移动。我们知道当妈妈抚摸肚皮时，胎儿会有所反应。当婴儿出生时，他已经具备了完美的触觉感官。

他的皮肤能够察觉不同的感觉。所有的感觉信号都会通过神经末梢传回大脑，其中有些神经末梢感受的是与外界的接触，有一些是感受来自外界的刺激，如冷、热或疼痛。

味觉：甜味一马当先

在怀孕第3个月时味觉细胞出现。根据马蒂·西娃（Matty Chiva）的研究表明，婴儿自出生起就能够辨别4种基本的味道：酸、甜、苦、咸。他能很好地区分甜味和苦味。羊水的甜味解释了新生儿对这种味道的偏爱。这个偏好从他开始呼吸甚至在他进食之前就有了。当他接触到甜味时，他会有快乐及放松的表情。所以，为了减轻孩子的紧张，特别是在生病的情况下，建议可以使用"甜味药"。

当婴儿第一次吮吸母乳时，他会被母乳的甘甜所吸引，这种甘甜味激励他继续吮吸。然而，每个婴儿不尽相同。有些宝宝会比其他宝宝更快、更强烈、更敏锐地感受到这种味道。

非常灵敏的嗅觉

胎儿接收嗅觉刺激主要通过羊水和血液，后者还没有得到确认。嗅觉的传送可能是靠着相近的感觉神经细胞及输送血液的毛细血管。血液中的气

> 66 新生婴儿会辨认出声音的音色，他不能意识到具体说的词，但可以听出歌词，所以也能分辨出音调及语言的结构，所有这一切都会成为他自己的语言。最近的一项研究表明，婴儿从出生至1~2个月时，能够对他的周遭有一个基本的"区分"，尤其是对人们的谈话，他还能够辨别出细小语音之间的不同。他能够分辨出母语的不同音节，甚至还可以分辨出一个词的元音与辅音的组成顺序。不管什么语言，当他听到由2个或3个音节组成的"假词"时，会表现得特别惊奇。99

对小宝宝来讲，在子宫里接收到的外界刺激能为他今后面对新环境时做出回应做好准备。这些刺激也会促进大脑细胞的联系。每个大脑细胞平均包含 10000 个神经轴突触，它们其中的大部分会在出生后的 6 个月里连接并编织成网。没有哪个时期能比得上这个时期大脑细胞结构的多样变化。

味性物质会到达这些神经元，所以新生婴儿能够在他出生的第一刻就完美地嗅到这个世界。不管是好闻的还是刺鼻的气味，在不同气味面前，他可以表现出不同的反应。

宝宝对不同味道的区分，不仅根据味道的强烈和复杂，还会根据给他的直观感受、熟悉度及是否带来快乐来辨别。因为对自己的味道有所偏好，一个出生仅几天的新生儿可以区分与他身上羊水气味不同的另一位宝宝。一位丹麦的研究者发现，在宝宝出生后第 6 天起，就已经拥有了一个灵敏的嗅觉，可以很好地辨别出自己的母亲。

已经敏锐的听觉

在怀孕第 22 周时，胎儿就能对听力刺激做出反应。当宝宝出生时，听觉会更加敏感。首先，很多父母都发现，一个突然而强有力的声音会吵醒或惊吓到孩子，而其他一些有节奏的声音会让孩子安静下来。其次，最新的研究表明，新生婴儿更喜欢听到人类的尤其是妈妈的声音，但不喜欢陌生女人的声音。他不能够区分爸爸与另外一个男人的声音。当然，这也和缺少与父亲声音的实验有关。最后，孩子更喜欢听到母语，而不是其他语言。

许多研究都已经证实：从

婴儿出生后的第 2 天或第 4 天起，在听到一些之前在子宫里就接触到的听力刺激时，他会更快地平静下来，或者转动脑袋与双肩，表现出极大的兴趣。

视觉：从聚焦到探索

在胎儿到第 7 个月时，视觉系统开始发育。从他一出生起，当他的头部转动时，他的眼睛能在他所处的空间里自由转动，并始终保持水平的目光。然而，即使眼睛能不停转动，他还是不能有一个好的视觉聚焦。而且，他的视觉调节能力还很差。

刚出生的宝宝还无法看清楚东西，因为人的眼睛要看清任何在 40 厘米以外的东西，都需要眼球晶状体的弧度弯曲。但是，他能够感觉到光亮并且能很好地辨识光亮强度。还有可能自他出生起，他便可以将目光汇聚至一个固定的点。不过只有在出生后的第 2 个月，由于视距提前，他的目光才会真正追随着一个移动的物体。

从出生后第 2 周起，孩子会对一个距他较近的物体做出反应，这是他第一次意识到他周围视野的深度。接近第 4 周时，不管是近还是远，他可以聚焦一个物体，但他的目光不会在此物体上停留过长时间。

个性初现

全球知名的美国儿科专家贝里·布雷泽尔顿（T. Berry Brazelton）通过观察新生儿的不同个性，产生了设计新生儿行为测定量表的想法，主要目的在于帮助父母适应新生儿，使双方的生活更加愉快。

他会成为怎样的宝宝

波士顿儿童医院儿科中心主任贝里·布雷泽尔顿一生中见过无数婴儿。对新生儿的观察让他发现一个现象：仅仅几周大的婴儿就有明显的个性。他认为，不少婴儿照料中的问题是由于父母的照顾不符合婴儿的需求。为了缩小两者的不一致，他设计了一个从出生到1个月可随时进行的测试，该测试试图确定刚出生宝宝的能力和资质。该行为评估测试在世界各地使用，通常作为新生

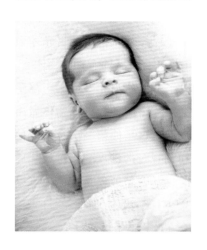

宝宝已经具备的各项能力总是让有机会在场观看28项新生儿行为测试的父母惊叹不已。该测试可以在宝宝尚未出院或出院后的1个月内进行。医生、护士或者受过专业培训的保育员都可进行。进行测试的时候，最好选择一个不喂奶的时间，将宝宝放置在安静和弱光的房间内。

儿神经测试的补充。

所有收集整理的数据明确、可靠地指出新生儿可能会成为的宝宝类型。学会解读宝宝发出的信息，父母能够懂得如何更好地满足宝宝的身体、情感需求。通过让宝宝开心，父母渐渐地对自己产生信心。

现在，乔舒亚·斯帕罗（Joshua D. Sparrow）（医学博士，哈佛大学医学院附属波士顿儿童医院精神科教授）在继续布雷泽尔顿博士的工作。

评估婴儿的适应能力

该测试事实上是回答以下问题：婴儿用什么方法和周围的

人互动？他如何适应？面对过度的视觉或听力刺激，他是否会自然而然地寻求自我保护？婴儿寻找自己的大拇指，或者把头转向母亲的安抚声，是否能够本能地恢复平静？他是否乐意配合测试当中的各种操作（把婴儿拉成坐位，把婴儿抱起，让婴儿保持走路的姿势）？当父母让他处于一个姿势时，他是否能够让他们明白他是否舒适？他用什么方法表示他看得见、听得到，表示他所注意到的刺激让他高兴还是不高兴？

布雷泽尔顿测试包含其他18项肌张力测试以及婴儿对身体刺激反应能力的测试，即自

动踏步反应、足弓刺激、半坐半躺运动时头部的伴随。人们观察婴儿是否认真参加测试，睡眠和觉醒是否转换自如，婴儿的疲倦速度也要记录。

自我保护能力

在确认新生儿看得见、听得到后，检查新生儿睡眠时对外部环境干扰的自我保护能力：用手电筒照射新生儿闭着的眼睛，婴儿首先会惊跳，随着刺激重复，反应越来越小，渐渐适应直到没有反应。对光的习惯形成能力证明婴儿身体健康，神经系统良好。检查婴儿的听力功能，会用铃铛来进行测试。重复刺激数十次，检查新生儿远离声音干扰的能力。

其他常规检查项目还包括：哭泣和寻求安慰。新生儿

哭闹时，头转向一边，一只胳膊伸开，然后收回伸向嘴边。通常婴儿能够自己采取这种安慰姿势，但也有些婴儿需要帮助。有些动作可以帮助婴儿恢复平静。

满足婴儿的需求

医生首先会在婴儿耳边低

声说些安慰的话，婴儿听到后会把手伸进嘴里。如果话语无法安慰婴儿，医生会抓住婴儿的双臂，使其保持在胸前交叉，从而打破哭泣、叹息循环。身体上的压力加上安慰通常可以止住哭声。医生还有第三个方法：抱起婴儿，柔声安抚，让宝宝把手伸向嘴边。婴儿对以上测试的反应方式可以确定安抚他哭泣需要什么程度的个人帮助。即便医生得出结论，所测试的宝宝不属于"易于安抚"类型，也可以通过向家长示范安抚动作让他们安心。测试期间，医生邀请家长认真观察婴儿的各项表现，以便今后更好地解读和应对婴儿的反应。这样，每种状况通常都会得到缓和，父母和孩子都会更开心。

> 66 医生将婴儿的优势和弱处一一呈现，观察并记录婴儿的行为，同时鼓励家长多加注意，以便以后能够更好地解读。在 28 项检查内容中，主要研究婴儿的睡眠质量、被安慰能力、疲劳性、对爱抚的需要或敏感性……此外还有 18 项反射项目检查。总之，医生能够告诉家长，他们的宝宝是喜欢在暖和的地方被抱着睡觉，还是相反的，他喜欢一个人睡。宝宝吃奶时是要安安静静的，还是十分需要被抱在怀中摇晃着。99

出院检查

新生儿在出生后 8 天内必须进行一次临床检查，目的在于确保婴儿主要生理功能正常，若发现任何异常，可尽早开始特殊看护或紧急治疗。

生理检查

通常该项检查会在即将出院前且您在场时进行，往往与宝宝的原始反射检查先后进行。您可趁此提出所有担心的问题，医生也会给您很多育婴建议。

按照宝宝习惯的顺序，医生先检查血液循环器官和呼吸器官的功能，接着边观察婴儿全身的表现，边从头到脚检查婴儿身体。该检查还包括视觉、听觉感知能力两项测试。体检结果都会记入健康档案。在法国，凭该检查结果可获得《婴儿第 8 日健康证明》，并可以享有家庭补助。

维持生命所必需的功能

血液循环机能检查可通过

心脏听诊和大动脉触诊进行。医生首先用听诊器听心率，安静时婴儿心脏每分钟规律跳动 120~170 次，成年人的心跳每分钟只有 60~80 次。其他跳动可在腋下和背部感知。然后医生通过大动脉触诊判断血液流动情况。接着医生用听诊器检查婴儿呼吸情况，检测是否存在妨碍婴儿腹式呼吸的异常。医生也要检查呼吸的间隔时间，呼吸的规律性很重要。如果您的宝宝目前只能用鼻呼吸也是很正常的。

从头到脚

头颅检查也很重要。医生触摸前后囟门，检查是否存在颅内压异常。医生通过自己的手触摸检查可以找到艰难的分娩所留下的痕迹，比如说使用了器械。这可能是皮下水肿（产瘤）与头骨缝线交迭，或是某块头骨血肿（头部血肿）。两者都不严重，大部分症状几天后会消退。做该检查时，还要核

> 听力缺陷是最常见的问题：在法国每年有 800 名婴儿出生时有听力障碍。为了建立普遍的初期医疗报销制度，从 2013 年起，法国法律规定新生儿出生后几天内要进行系统筛查。筛查过程中会使用自动听觉诱发技术（PEAA），准确率高达 97%。婴儿佩戴播放短促声音的耳机，额头、颈部和肩部的电极记录婴儿的反应并把它转化成曲线，然后与标准曲线做比较。如果检查人员发现异常，会告知父母婴儿有耳聋的可能性。这时就要通过在检测定向和跟踪治疗中心（CDOS）做进一步检查来确定结果。如果确诊为耳聋，婴儿要在前 3 个月内开始接受治疗。早期治疗主要是为了在语言习得和智力发展上帮助婴儿。可能也要考虑植入 1~2 个人工耳蜗。"

新生儿全身肌肉都肌张力高，足月新生儿仰卧的正常姿势应为上肢弯曲。如果我们把婴儿双臂打直，他会恢复这个姿势。围巾征（评价新生儿肌张力的一种方法）可以检查肌张力的高低：检查者试着将新生儿的手拉向对侧肩部。足月婴儿无法完成这个动作，因为肌张力过高。

对出生时已经测量的头围。

检查四肢是为了寻找断掌纹（它表示婴儿可能患有唐氏综合征），所有可能的足部畸形都做记录，如两个或多个脚趾并趾畸形，形状异常（脚趾内翻、外翻或者两个脚趾相对）。

将婴儿双腿绕关节移动来检查髋部的灵活性，从而确认不会出现可疑的骨折或脱白。如有可疑，医生会要求在婴儿快满月时做髋部超声波检查。

有些婴儿可能会有先天性髋关节脱位，这往往是由于家庭病史或是分娩时足先露所造成的。医生还会检查锁骨状况，它有时会在分娩的最后时刻受到损伤。比如一只胳膊沿着身体垂下，或者弯曲不正常，这些都是出生时四肢伸展过度的表现。

接着就该检查生殖器官了。男婴要检查阴茎和阴囊的大小，并且确认有两个睾丸。至于女婴，则要分别检查外阴、阴蒂和小阴唇的大小。

最后，宝宝应该皮肤红润，但可能会有胎记和血管瘤，前者很正常，后者的严重性则要看大小和外观。

检测视觉和听觉

医生观察婴儿的眼睛，查看虹膜，确认两侧瞳孔对光的反射对称。如果灯光刺眼，婴儿会闭上眼睛。医生还会继续另一项测试，该测试可通过两种方式进行，重要的是宝宝要保持清醒并且周围环境要安静。一种方式是让婴儿保持半坐姿势，检查者一只手扶稳婴儿脖子，面对婴儿，相距20~30厘米，注视婴儿。然后把脸从左到右、从右到左移动。视觉良好的婴儿会自然地用目光追随检查者的移动。另一种方式是使用循环的黑白带子来进行。

间歇性斜视很常见但并不严重，永久性斜视需要经过专科医生的诊断。

听觉检查首先会观察婴儿对突然出现的声音的反应：婴儿会闭上眼睛，惊跳或者用手势表示不开心。最早的听觉评估现在已被更加科学可靠的听力检测所取代。

返回家中

当您踏入家门时，有一种奇怪的感觉。您很幸福，但有点儿担忧。您将要和伴侣一起，完全承担父母这一新的角色。

不要高估您的能力

在医院时，人们围着您，对您嘘寒问暖。医务人员就在身边预防任何问题的发生，并帮助照料宝宝、哺乳、给宝宝清洗和进行脐带护理。现在，您要独自照顾宝宝了。当然，无可避免地您会感到无助，但是请别担心，年轻妈妈们都能很快学会对宝宝进行日常护理。

即使您状态良好，也要记得，哪怕是完全正常进行的分娩，都是一场高强度的体能考验，人体会保留记忆。请尽可能地避免体力劳动，比如提重物或长时间步行。

产后激素水平急剧下降并不仅仅是因为过度劳累。宝宝晚上的哭闹和人工喂养使您的睡眠时间大大缩短。如果宝宝白天睡得很多，就有了很多空闲时间，您可以趁机休息一会

儿。无论白天还是晚上，您大概每 3 小时就要喂一次奶。喂奶、换尿布、轻柔地爱抚，时间过得很快，疲倦随之而来，还往往伴随着情绪突变和背痛。

疲倦是很正常的，尤其是如果产后没有马上得到充分的休息。不要把精力白白消耗在家务上。选择送货到家的网上购物。别急着拜访所有的家庭成员，或是把朋友们都聚集在您的宝贝身边。如果您一个人在家吃饭，不要应付了事，给自

> "出院跟分娩一样是个重要时刻。母亲从被医务人员和家人围绕、嘘寒问暖的"蜂后"身份中脱离出来，要转变成负责管理家庭的"工蜂"。法国有 15% 的女性患有产后抑郁，我认为这是一个严重的公共健康问题。因此，您出院时应该有熟悉的亲友伴随：伴侣、爸爸妈妈和一些朋友。
>
> 宝宝适应这个变化也很重要：他要离开刚刚适应的医院病房，去适应另一个空间。良好的家庭护理条件可以预防或减轻孩子的睡眠障碍。最后，潜意识与家紧密相连：房间的回忆、窗帘、阳光下的尘埃……所有压抑我们至今的儿时回忆，早在我们回到父母家时就开始形成了。"

现在，法国所有女性都有 3 个月产假，应该考虑做些调整了。比如把哺乳女性的假期延长 3 个月，这样妈妈们就能把宝宝喂到 6 个月大，然后慢慢地让宝宝饮食多样化。为什么不为爸爸妈妈各设立 3 个月的产后假呢？也是 6 个月。这样的话，每个家长都能成为宝宝成长的帮手，并且有机会创造为人父母的美好回忆。

己做点简单而营养均衡的食物，如果有可能的话，使用可以让您获得和保留体力的新鲜食材。

通常年轻妈妈们会在回到家中 1~2 个月后感到十分疲劳：睡眠不足和每天照顾宝宝积聚的疲劳压倒了她。所以，从现在开始就保存体力吧！

让宝宝做主

在医院时，宝宝睡觉和吃奶的时间几乎都是规律的。因为环境改变，宝宝可能会完全改变作息，比如上午连睡 5 小时，下午每 2 小时醒一次，然后哭闹一晚上。不要一开始就想控制宝宝，而要努力了解宝宝的节奏。有两件事需要知晓：一是不要弄醒睡觉的宝宝；二是注意宝宝的喂食次数要足够，至少每天 5 次。不过，对于贪吃的宝宝，要遵守 2 小时间隔。有些宝宝吃得很起劲，有些则需要鼓励。

一旦宝宝吃饱、换洗好，他肯定喜欢睡一小会儿。宝宝这时候也可能不会安安稳稳睡觉。如果您刚把他放下他就哭了，那么他可能需要拍拍嗝，也可能他只是太热了。这个阶段吐奶是很常见的，请记得一定要让宝宝一直仰卧。

妈妈要懂得休息

白天宝宝睡觉的时候，您就休息一会。安排您的日程，不要让不必要的疲劳累积。尽量让人帮忙，最后还要避免宝宝喂食和家中一日三餐撞在一起。

白天，让宝宝独自待着，他可以好好睡觉，你们也不会被打扰。如果宝宝晚上要喝奶，那么把他留在您的房间对您来说似乎是明智的。如果您决定把宝宝放到独立的房间，可以在您的床头装一个监听器，以便自己更为放心。

不要操之过急，要适应宝宝的节奏。宝宝天生是充满善意的。如果您抱怨自己的孩子，可能是他正通过自己的轻微不安，来试图告诉您哪里出问题了。要知道宝宝有很多方法知道妈妈不在最好的状态。

嗜睡的宝宝

您可能会惊讶地发现宝宝最喜欢的事儿就是睡觉。确实，几周大的婴儿平均每天要睡 19 个小时。别担心，对宝宝来说，好好睡觉就是好好长大。嘘，别把宝宝吵醒了！

安静！宝宝在长大

宝宝之所以要睡那么久，是为了促使大脑成熟和身体发育。事实上，人们发现婴儿睡眠时分泌的激素最多，这些激素对于成长来说是必不可少的。

宝宝睡觉的方式并不总是一样：夜晚和白天的睡眠分成深度睡眠（安静睡眠）和浅睡眠（活动睡眠）。安静睡眠时，宝宝双眼紧闭，呼吸均匀，只有手指和嘴唇有轻微活动。活动睡眠的特点是有很多眼睑下活动，宝宝还会做怪相，手臂、脚甚至整个身体都有活动。这些活动是活跃的大脑活动和建立神经联结的表现。婴儿的活动睡眠时间持续特别长。

婴儿的睡眠周期一般持续 50 分钟，总是以活动睡眠开始。婴儿满月时，仍有 70% 的时间用于睡眠。觉醒和睡眠间有个过渡状态：宝宝半睡半醒，甚至会张大眼睛。新生儿的睡眠还有另一个特点：从觉醒到睡眠，婴儿几乎是无意识的。

不过宝宝之所以睡这么久，也因为他还不知道昼夜的区别。宝宝的生物钟还没有形成 24 小时的作息时间，它会在接下来的几周内渐渐形成。清醒时间和晚上的睡眠时间都会慢慢延长，通常 3~4 周左右的宝宝会按照 24 小时昼夜规律来调节自身。

在此之前，宝宝白天和夜晚的睡眠时间一样多，而他什么时候醒来并不一定。前 3 个月，家长应该在宝宝自己醒来时照顾宝宝。

不平静的夜晚

事实上，这么小的宝宝不存在真正的睡眠障碍。大部分情况下婴儿不合时宜地醒来是因为父母对婴儿行为的错误解读。家长常常以为宝宝正在醒来，因为宝宝在动，发出咕噜声或低叫声，家长往往会忍不住在宝宝开始哭之前就把他抱起。事实上，这种温柔的关注反而会扰乱宝宝的睡眠，让宝宝哭闹。这个嗜睡的小家伙其实很讨厌被打扰。打乱宝宝的睡眠

婴儿睡袋又开始流行了。现在人们正在研究如何用这些睡袋对婴儿进行"科学"包裹。的确，这种曾风靡世界的古老方法有助于婴儿入睡：睡袋能够限制宝宝手脚的活动，使宝宝身心平静，进而入睡。那这个方法重新流行起来又有何不可呢？毕竟它还可以预防关节脱位，只要不把婴儿包得过紧，他的四肢仍然可以自由活动即可。

节奏可能会造成真正的麻烦，尤其是在夜晚一再打扰宝宝，导致他醒来和哭闹。宝宝会每天晚上每 2 个小时醒过来一次，这是因为他的大脑已经记下做完梦后就要醒来。我们可以得出结论：不要为了换尿布、查看是否一切正常，或者给宝宝喂奶瓶而弄醒睡着的宝宝。让他睡吧！

不管爸爸妈妈怎么做，小宝宝还是常常在大半夜自己醒来。这没什么异常，也不严重，他只是饿了。给宝宝喂次奶或者喝点儿奶粉就可以让他重新安然入睡。别担心，这额外的一餐不会造成营养过剩。通常，到了第 4 周的晚上，宝宝就不一定非要吃奶瓶了，2 个月左右这种行为就会自然消失。宝宝会慢慢延长夜间两次吃奶的间

每个宝宝，或者绝大多数宝宝都有自己的睡眠节奏。我们一开始就可以非常清楚地区分嗜睡的宝宝和很容易醒来的神经敏感度高的宝宝。虽然宝宝的睡眠需求不同，但这并不会影响他们的大脑发育。

每个婴儿很快就能形成自己的睡眠特点。有些睡眠专家认为婴儿是否爱睡觉，30% 取决于遗传。要让新生儿自己找到睡眠节奏，自己调节睡眠时间，自己决定是要吃奶还是更想睡觉。

隔，略微减少吃奶频率。而之前，他每 3 小时就要吃一次奶。

夜间的哭闹

还有其他一些混乱的情况。人们往往错误地把宝宝夜间的哭闹归咎于饥饿和消化功能紊乱。但在专家看来，宝宝之所以哭闹，是因为他让苏醒系统完全"超速运行"，却不知道如何让它停下来。只有一个办法：不要想尽办法安慰宝宝或者想要给他吃奶，更加不要用奶瓶喂糖水，而是尽快让宝宝入睡。

进入睡眠状态

大部分新生儿吃完奶就会入睡。一切都有助于宝宝入睡：他不再感到饥饿，吮吸乳房或奶嘴令他疲倦，暖暖地躺在爸

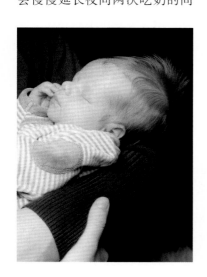

爸或妈妈的臂弯里，被熟悉和令人安心的气息所包围。宝宝吃得心满意足，享受着满足感。

如果轻轻摇晃怀抱里的宝宝，那就更好了。确实，摇晃因为有助于安抚宝宝而被人所知。所有宝宝都喜欢这个温柔的动作，他们在母亲的腹中早已感受过。这个现象也解释为婴儿可以通过摇晃来调节呼吸和心率。需要注意的是，来回摆动的动作要缓慢而明显。

摇晃常常伴随着摇篮曲。全世界给不满周岁宝宝的摇篮曲都有相似的内容和效果。摇篮曲徐缓、重复，歌词温柔。它可以让婴儿安静，因为婴儿听到摇篮曲，心率会减慢。妈妈们都知道这些抚慰的歌词："睡吧，宝宝睡吧，宝宝马上就要睡着了。"

安全的睡眠

宝宝应该仰卧，这是所有医生都建议的睡姿，也是预防婴儿猝死的最好方法。自父母使用这一方法以来，不明原因的婴儿猝死数量已大大减少。

必须仰卧

婴儿猝死无法预见，一半以上的死亡发生在周岁前。尽管原因还未完全明确，它可能与大脑异常有关，但人们已经找到一个有效的预防措施，那就是在宝宝还不能自己翻身（5个月左右）前，让他仰卧就可以了。医生对这一点很肯定，并且认为父母完全不用担心宝宝会因为吐奶而窒息。

大量与此相关的信息在妇产医院、妇幼保健中心和医疗诊所广泛传播。很少有预防措施能够如此见效迅速，猝死婴儿的数量十年内减少了75%。

一定要舒适

其他建议也要遵循。婴儿应睡在硬床垫上，不要使用枕头和羽绒被。房间的合适温度为19℃左右。除此之外，如果空气非常干燥，加湿房间空气也是必要的。同时建议不要把婴儿床放在热源、散热器或朝南的窗边。房间应经常通风并严禁吸烟。

连体睡衣、睡袋和露胳膊的包裹衣是婴儿睡觉时最合适的着装。如果很冷，可以加一条薄毯，宝宝觉得太热时可以推开。您还可以使用安全系数高的用品，比如透气良好的床垫可确保爱动的宝宝呼吸顺畅，因为他们可能会在睡觉时改变姿势。如果宝宝患有胃食管反流，医生会建议让宝宝侧卧，可使用宝宝专用小靠垫让宝宝保持这个姿势。

如果您的宝宝睡在有围栏的婴儿床上，您可能会想要安装床围，以保护宝宝不被坚硬

> 宝宝睡觉时您要让自己保持平静。只要记得不时查看下宝宝是否平躺好，呼吸是否匀称，有没有盖得太厚即可。如果您夜里因为担心而醒来，"远远地"看下睡着的宝宝，然后回来继续睡觉。

圣艾蒂安医科教学及医疗中心（CHU）新生儿救治中心主任雨果·帕度夏教授（Pr Hugues Patural）指出，法国每年至少有 600 名婴儿猝死，主要发生在出生后的前 5 个月，一般发生在睡眠时，且没有任何预兆，婴儿看起来身体状况良好，也没有任何已知的病史。从 2009 年开始，在医疗领域，医疗术语"婴儿未知猝死（MSIN）"被"婴儿意外死亡（MIN）"所代替。为了揭开婴儿猝死的谜团，大量研究在世界各地进行，人们做出种种推测，但都不够有说服力。一些因素似乎很重要，但也不是决定性的，比如呼吸和心脏调节不良，以及早产。目前，医生建议有风险的家庭，尤其是已经发生过猝死悲剧的家庭，在前 6 个月使用监测报警器看护婴儿。

的木围栏磕碰，不过这未必是个好主意。因为宝宝乱动时，可能会把头塞进床围和床垫之间。宝宝自己无法摆脱状况，可能真的会引起呼吸困难。同样建议不要在婴儿床上放置宝宝喜欢的毛绒玩具。新生儿科医生认为，如果父母更加谨慎，婴幼儿用品制造商不生产可能对婴儿有害的产品，那么仰卧减少婴儿猝死的数量可能还会增加。

理想的婴儿床

不管是买的还是自己家里做的婴儿床都应符合以下标准：支脚坚固分开，可保证婴儿床的稳定性；足够的深度，能够避免爱动的宝宝爬出婴儿床外。维护问题也要考虑：配件最好选择可清洗的布料。床垫最好是植物纤维、塑料泡沫的硬床垫，或弹簧床垫，宝宝不应该陷进去。床垫与宝宝的大小要相适应。至于被子，要排除羽绒被。因为宝宝可能会把被子拉到脸上，让自己处于危险的状况。而且，被子里填充的羽毛可能会成为过敏源。应选择轻薄的棉被，绗缝或手工编织。避免使用安哥拉山兔毛或羊毛做成的被子，这两种材质可能会引起呼吸问题。

亲子同睡的危险

为了让自己睡得更好的同时还能够随时照顾宝宝，一些父母选择让宝宝睡在他们中间。这种被称为"亲子同睡"的做法源自美国。它的初衷是让父母安心，但对婴儿来说有可能是危险的：不少新生儿的死亡是由于窒息和体温过热。一项来自英国的研究似乎可以证明，亲子同睡使婴儿猝死风险提高了 5 倍。医生甚至建议妈妈们不要在床上哺乳。

亲子同睡还可能引起婴儿睡眠问题。两三人同床，很容易互相影响，比如打鼾、睡觉"不老实"。特别是对神经系统尚在发育中的宝宝来说，可能会导致他睡眠不稳、半夜惊醒。

从心理方面来看，人们的看法并不一致。有人认为父母和孩子应该有各自的空间，还有一些人觉得父母与孩子紧挨着，身子贴着身子，可以很好地解决婴儿的焦虑问题。

为了实现父母的愿望，在最靠近孩子的地方睡觉并且保障孩子的安全，婴幼儿用品制造商将婴儿床进行了改造。把这种床的一侧打开，就可以和父母的床拼接在一起。这样每个人都能在自己的床上安全舒适地睡觉。

令您吃惊的事

您长久注视着宝宝，发现一些小细节，往往没缘由地为此吃惊或担心。这些感觉说明您想成为一个关注宝宝健康的好妈妈。

身体特征

您是不是觉得宝宝的头特别大？的确如此，因为新生儿的头部占他身体的 1/4，他的头围跟胸围一样甚至更大。这种不协调会持续很久。

宝宝的头颅很奇怪，多少有点儿像变形的糖面包？这是由于分娩时头颅经过产道受到挤压所致，它会在几天后变圆一点儿。挤压很强烈以至于宝宝头颅上出现肿块（称为头颅血肿），尤其是如果为了帮助宝宝出生而使用了胎头吸引器的话。该肿块是头皮血肿，有轻微出血，它并不严重并且会在几天后消失。与此相反，有些宝宝出生后几天内后脑勺扁平，且常常没有头发，这是由于宝宝长时间平躺在床垫上睡觉所致。这些都问题不大，只要宝宝多移动头部，头颅就能变得正常。

宝宝脸上长满小疙瘩？最常见的是白色丘疹，如针头大小，最常发于额头和两侧鼻翼。丘疹是由于皮脂过剩所致，不需治疗，会自行消退。带白色小点的红色斑点则是婴儿痤疮，最常发于两颊。这是婴儿出生 3 周后真菌感染所致，一般 3 周后会自行消失。

宝宝的舌头总是发白？这是由于唾液分泌仍然有限，无法正常清洁口腔，因此舌头上布满奶水残留。宝宝出生 3 个月之后，唾液腺才会真正开始分泌。

宝宝嘴唇上有小疱？有些宝宝上下唇有水疱，这是由于吮吸所引起的，不应刺破。

宝宝双乳鼓起？乳腺轻微鼓起甚至会出奶，这种现象是由于母体激素传输到了宝宝身上。建议不要按压宝宝的乳房挤出奶水，这种奇怪现象应在 10~15 天后消失。但是一旦出现任何炎症都应告知医生。另外，女婴有时会受母体激素影响出现淡白色阴道分泌物。

宝宝身上有斑点？"先天"的斑点相对常见，大部分会在 1~2 年后消失。它们可能有不同类型，鲜红斑痣发于鼻根到眼睑，有时甚至会蔓延到额头。血管扩张导致这种斑痣呈粉红色，通常会在第一年内变淡。葡萄酒色斑是最为人熟知的，它是由皮下的血管系统形成的。青灰色的蒙古斑是棕色或深色皮肤宝宝特有的斑点，尤其是地中海沿岸的宝宝

宝宝的下巴和四肢有时会轻微颤动，尤其是在吃奶、洗澡或换衣服后。这是因为神经系统发育不完善，对微小刺激做出过激反应。这种偶然的颤动很正常。

和亚洲宝宝。蒙古斑总是发于腰部或臀部，是由于色素细胞增多造成，会在出生头两年自行消退。

出人意料的一些姿势和行为

宝宝经常打喷嚏？这并不表示宝宝感冒了。这是宝宝排出堵塞鼻孔黏液的正常方法。只要宝宝还不会擤鼻子，就会一直保持这个习惯。

宝宝哭的时候没有眼泪？这再正常不过了。因为宝宝刚出生时，泪腺还没有打开。

覆盖囟门的皮肤随着心脏跳动？这块头骨间还没有缝合的地方很柔软，上面的皮肤虽然看起来很薄但非常坚实。观

宝宝的目光有点儿特别。双眼的颜色由基因决定，但深浅差异随虹膜色素的逐渐沉淀而改变。眼睛的颜色在整个儿童期都在变化直到青春期时才确定。宝宝经常斜视，是因为他还无法协调眼部动作，通过斜视才能使双眼看到的画面重合。您的宝宝可能会出现这样一种情况：两眼之间的距离又平又宽，瞳孔周边露出少量眼白，尤其是内眼角。这种情况下请尽早咨询儿科医生。

察到的囟门跳动就是头颅血液循环波动，位于头顶的囟门跳动尤其明显。覆盖该囟门的皮肤应该是紧绷的，囟门皮肤凹陷是脱水迹象，鼓起则表明宝宝可能是发烧了。囟门会随着时间慢慢闭合，后囟门在2~3周闭合，最大的前囟门要等到宝宝12~18个月大才闭合。

宝宝大汗淋漓？一般在两种情况下会这样：一是吸完母乳或者喝完奶瓶后，这很正常，吮吸确实需要身体和肌肉用力。而且，摄入温热液体会使体内温度暂时升高。二是宝宝睡得很沉时，头上也会出汗。在这两种情形下，出汗现象是身体通过排汗来调节体内温度。宝宝一旦觉得热，在头部分布特别密集的汗腺就开始排汗降温。

宝宝睡觉时呼吸声很大，有时甚至会打鼾？这也不是感冒，而是因为宝宝鼻道狭窄，很容易被阻塞从而引起呼吸声大。每天用生理盐水清洗宝宝的鼻孔数次，可以让宝宝半躺着，一切就会恢复正常。此外，记得保持宝宝房间的空气足够湿润。

为何啼哭不止

这是宝宝常见的问题，经常让妈妈束手无策或者非常担心。慢慢地，您会发现宝宝的哭声有不同的强度和音调。学会解读宝宝的哭声，能更好地理解他的哭闹，当然也能更好地给予回应。

不适甚至不安

宝宝还不会用语言来进行表达，眼泪和哭叫只是一种沟通方法。宝宝的哭声总是有合理的理由，这些理由往往很平常。只有找到原因才能迅速平息宝宝的哭闹。

以下是几种最常见的情况。

如果宝宝是按需喂养，那么饥饿时自然会哭。对于还未曾挨过饿的身体来说，饥饿感是痛苦的，它让宝宝开始啼哭，然后很快变成信号。宝宝很快会把哭声、乳汁以及爸爸妈妈坚定温暖的怀抱联系起来。如果您的宝宝深夜哭醒，很可能是因为饿了。这是完全正常的生理需求。不要以为他会自己安静下来，只要没有吃饱，他就会继续哭闹。如果吃完之后，宝宝重新躺下后又开始哭闹，那么你可能需要帮他拍拍嗝，这会让他感到舒适。

很多宝宝会抗议身上湿乎乎的感觉，他们不喜欢穿着脏尿布。唯一的解决方法是给宝宝换尿布。如果宝宝换过尿布重新躺下后又哭了，他可能需要您的爱抚。

如果宝宝太热，也常常会用哭声来表达不适。错误判断宝宝的卧室温度会扰乱宝宝的睡眠。18~20℃对宝宝来说是舒适安全的。需要注意的是，在宝宝睡觉的前几个小时不要盖太多，因为宝宝的体温会出现轻微上升。

另一个常见问题：黄昏哭。有些宝宝在夜晚降临时会变得忧伤，为白天的离去而伤心啼哭，也许他们是害怕一点一点包围他们的这片黑色帷幕。可能有一天医生会找到造成所谓"婴儿忧郁症"的生理原因。目前的理论解释是，新生儿发育不成熟的神经系统无法应对外界的信息，从而产生疲倦。

给宝宝换尿布或者清洗时的必要动作也会引起哭闹。很多宝宝不喜欢脱衣服，衣服能够保护他们。宝宝通常不喜欢人们打乱能够保护他的东西。

注意，克制自己，绝对不要用力摇晃婴儿！即使他的哭闹已让您筋疲力尽。这是一种严重的虐待。事实上，婴儿的头部较重，脆弱的颈部肌肉无法给予牢固的支撑。因此，宝宝被用力摇晃时，主要是头部在晃动，大脑撞击头颅内壁可能造成血管破裂引起出血，身体组织严重受损，脑颅肿起。未满周岁的婴儿大脑与脑膜之间空间很大，男婴比女婴更甚，因此脑血管更易破裂。婴儿越小，摇晃越用力，损伤越严重：不同程度的损伤可能会造成瘫痪、智力低下、失明和癫痫。据估计，约10%被用力摇晃的婴儿会有生命危险。

有人声称婴儿什么都能适应，吃奶和睡觉的时间也可以不规律，不要太相信他们的话。宝宝有自己的话要说，他会用"狂哭"来表示。

几乎用哭来说明一切

作为一名儿童精神病科医生和法国国家科学研究中心（CNRS）的研究员，阿兰·娜扎赫狄格（Alain Lazartigues）倾听过数百个宝宝的哭声，他强调了5种类型的哭声：饥饿的、愤怒的、疼痛的、沮丧的和高兴的。除了这些哭声外，还要加上3周左右为了吸引注意力而发出的哭声。

宝宝饥饿时的哭声：第一声响亮，然后吸气，短促的尖叫声后一阵屏息。

宝宝生气时的哭声有几种音色，这都取决于空气通过声

> 宝宝用叫喊和啼哭来"说话"，全家人都在玩猜谜游戏。父母会自然地采取一些具有魔力的行为，只要把宝宝抱在怀中，彼此紧贴着就能让宝宝平静下来。爸爸妈妈的镇定会让这种方法更有效：宝宝会马上平静下来。您要尽可能地保持平静，向宝宝解释说您没有完全明白他不安的原因，但是您会帮助他，在他身边照顾他，这样可以避免宝宝进入哭闹的恶性循环。"

带时的力度。这种哭声易于辨认：非常尖锐，在听觉上难以忍受。

妈妈经常可以辨认出宝宝疼痛时的哭声：先哭一声，停顿一下，吸气，然后开始一阵哭啼。

宝宝沮丧时的哭是疼痛时哭的一个变化：表现为先哭一声，然后发出长长的高声尖叫，不断重复。比如收起奶瓶就会引起沮丧啼哭。

最后还要加上高兴时的哭：

相当强烈，这是一种开心的叫声。每当宝宝想要我们照料他时，就会有意识地使用这些声音。

恰当的回应

您一定要对宝宝的哭声做出回应，这是必须的。如果置之不理，宝宝可能会觉得自己的哭诉是徒劳的，从而对您不抱任何期望。有时宝宝只是觉得孤独，想要融入周边的世界，这再正常不过了。别犹豫，跟宝宝说说话，抚摸他，握住他的手，或者把您的手紧紧地贴在宝宝肚子上。如果这还不行，把宝宝抱起，轻轻晃动，或者让宝宝靠在您的肩膀上，头埋在您的脖子里。需要提醒您的是，把宝宝从摇篮里抱起前，请先跟宝宝说说话，这种初步接触会避免宝宝受惊。当然，所有动作都要非常轻柔。

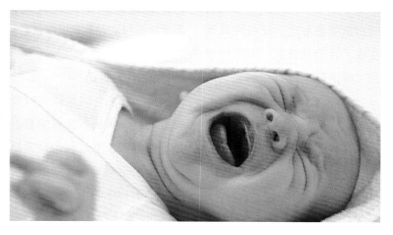

宝宝的第一次微笑

宝宝与外界沟通的方式有限，除了哭声，微笑也是最早的沟通方式之一。微笑是人类一种独特的表达方式，宝宝的微笑让人无法抵挡，它让爸爸妈妈被幸福融化。

他爱你们

宝宝出生后最初的几天、几周就会微笑了：他闭起双眼，嘴唇以多少有点僵硬的方式咧开。宝宝最常在熟睡时表现出这个动作，有时吃完奶后也会。这种微笑反应可能是内心幸福的一种表达。

有些发育快的宝宝醒着时，也会在面颊和腹部被轻轻抚摸时微笑，但这还不是对外部刺激的有意识回应。事实上，处于这个发育阶段的宝宝还没有意识到什么是自身的，什么是身体之外的。他喜欢这种感觉，但不知道为什么。宝宝看起来如此幸福，让您也充满了幸福感。现在您可以放心了，

您是个宝宝已经认得，并且喜欢的好妈妈。自然而然地，您向宝宝弯下腰，温柔地说话，亲吻宝宝的额头。宝宝也心满意足了，他闻到您的味道，听到您的说话声，感受到您温柔的爱抚。妈妈的想象力把宝宝的"反射性"微笑变成了"交际性"微笑。

他热爱生活

2~3周之后，宝宝会发现自己的微笑几乎总能带来温柔的回馈，它会让对方开心并对他还以微笑。因此他很快就能明白微笑的好处，反射性微笑变成了社会性微笑。微笑可能是"哑语"中最有效的表达信

号之一。宝宝在吃饱后，经常微笑着睁大双眼看着您，发出轻轻的咯咯声，一颤一颤地晃动胳膊和腿。

如果宝宝躺在摇篮里，您一定会觉得他在对您说："抱抱我吧。"那就说抱就抱吧！现在，你们彼此对视……只要宝宝离您足够近，他会冲着您的脸，尤其是看着您的眼睛微笑。这一刻虽然很短暂，但感情却如此强烈！当宝宝看着妈妈时，他看见妈妈也正看着他，漫长的镜像交流游戏由此展开。天伦之乐才刚刚开始，宝宝将会开始牙牙学语和试着有意识地微笑。

不断变化的表达

最初几天，宝宝微笑时要费力地咧开嘴唇，您可能有点儿难以辨认，不过它会慢慢地变得越来越明显。通常最早的微笑是不对称的，宝宝缩起一侧嘴角，但脸上的肌肉一点没动，双眼也一直睁得大大的。

发生一些意外的愉快事情，或者宝宝一个人玩得兴致勃勃时，他也会微笑。这类微笑的涵义因持续时间的不同而不同：短暂的微笑，只是开始显露，表示不确定；长时间大笑，期待某件愉悦的事，对自己充满信心。不管笑的强度如何，双唇的动作是不变的，只是嘴角扬起的高低不同。

> 人们曾经长期认为只有在 1 个月左右时宝宝的微笑才会出现。近期的研究表明宝宝刚出生就会微笑：这是一种在活动性睡眠时的神经反应，父母往往将这种"鬼脸式"微笑解读为"人际关系"微笑。随着时间的推移，宝宝的微笑会先后成为一个信号和一种情感表现。事实上，微笑是人类独有的表达方式，它会让父母和子女在最早期就建立关系。在神经反应的基础上，想象力为彼此的未来建立起联系。一个人是从童年开始慢慢长大的，就像父母和子女关系的发展是从对宝宝微笑的理解开始的。

第 5 周左右出现称为"增长式"的微笑：宝宝微笑时，将两侧嘴角扬起，眯起双眼，脸上容光焕发。他甚至会把脸转向给他带来愉悦刺激的人。宝宝最喜欢被人爱抚和温柔愉快的话语。有人把脸庞靠近宝宝时，他也会微笑，不过他并不能真正区分父母的脸和陌生人的脸。这类微笑用术语来表达就是"无选择的社会性微笑"。

4 个月左右，微笑变得明显：两侧嘴角轻微扬起，收缩，双唇微微张开。这类微笑的意思是"你好"或者"我想玩耍"。如果宝宝被挠痒或者听到用嘴发出亲吻声，他有时会从微笑变成大笑。

6 个月左右，宝宝学会了"简单"微笑，这就是我们使用的微笑。它表现为嘴角上扬，眼睛也在"笑"。宝宝像大人一样，向他喜欢的人表示喜悦和开心。这是一种神奇的沟通方式。

他更喜欢人脸

自然状态就是最好的。您知道吗？当您抱着宝宝时，你们之间的脸部距离，刚好是宝宝可以看清楚的距离。微笑的强度取决于视线方向、口腔和双唇动作的大小、微笑持续的时间以及眼睛眯起的程度。大量实验表明宝宝会被人脸所吸引。跟其他图像相比，宝宝更喜欢看人脸，这是因为他们被人脸的弧度和圆润度、眉毛的弯曲弧度、投下的阴影和有神的目光深深吸引。

当您温柔地跟宝宝说话时，您的嘴巴在动；您会用微笑回应宝宝的微笑……相反的，如果您无动于衷，或者充满哀伤地看着宝宝，他会感觉得到。如果您保持对宝宝的冷漠态度，宝宝会吃惊继而崩溃大哭。这证明，宝宝在摇篮中就能感知到妈妈的感情。

敏感而娇嫩的皮肤

无与伦比地柔软、细腻，但也容易发生过敏反应，一个足月出生的婴儿的皮肤一定是结构分明的。然而，我们不能把它与一个成年人的皮肤相比，因为在4岁之前，婴儿的皮肤都极其容易受到伤害。

特殊的生理结构

首先，婴儿的皮肤缺少先天的防御：任何病变，只要它没有被治愈，就会导致感染。其次，婴儿的汗腺还不能正常运转。一个新生儿天生就患有我们所说的汗水不足，这意味着不能排出体内废物、毒素，调节身体温度。缺少汗水的润滑，他的皮肤也会更加干燥。

相反，婴儿的皮脂腺在妊娠阶段就受母体的激素影响，自出生以来就十分活跃，例如乳痂的形成就跟皮脂分泌过剩有关。皮肤血管生成则要等到出生1个月后才会结束。随着时间推移，皮肤的属性会发生变化，它变得干燥，非常干燥……直到青春期。

您还会发现，宝宝的皮肤对外界的刺激特别敏感，例如风、热、床和衣物的摩擦。这种脆弱源于一张薄的、抵抗力差的水脂膜。而且，宝宝皮肤中负责上色的黑色素细胞包含的黑素体很少。这就解释了为什么大部分婴儿出生时肤色较白，即使这跟他们父母的肤色不相符。同样，宝宝皮肤的黑色素生成少，而它正是抵御紫外线的"保护伞"，这就使得宝宝对太阳光格外敏感。至于宝宝的角质层，它不仅薄而且易被外物渗透。宝宝的真皮组织要比成人薄，由极细的弹性纤维和胶原纤维组成。

极易被渗透

新生儿的皮肤还未完全发育成熟，还不是身体的有效保护屏障，但它会逐渐发育，从4岁起就比较完善了。但在此之前，它还是很容易发炎，化学因子也很容易渗透到皮肤当中，婴儿皮肤表面积和体重的比例尤其会加剧这种渗透现象，这就是为什么不能给婴儿随便乱抹东西的原因。对于婴儿来说，他的皮肤表面积相对于体重来说太大了。因此，给婴儿身体的某个部位涂抹某种产品，就会超过他皮肤表面积的20%~30%，这会引起药物过量，也会加剧产品的毒性。

专家认为，在婴儿皮肤表面，每平方厘米就存在5千万~6千万菌落，它们组成了皮肤菌群。某些病菌（如腐生菌）

婴儿身体的某些部位相比其他部位来说，会更加容易发炎，因为那些部位的表皮层更为薄弱，如眼皮和阴囊。其他部位则更经常接触到刺激性事物，如屁股、性器官。这些部位的皮肤会持续不断地受衣物摩擦、尿液刺激和炎热潮湿的坐垫的影响。这就是尿布疹经常出现在宝宝身上的原因。

湿疹，或者说特应性皮炎，是婴儿最常见的皮肤病。这种干性皮肤的慢性炎症，由皮肤过敏或呼吸道过敏的遗传体质诱发。发病率将近1/5。婴儿在出生近3个月后开始发病，并可能一直持续到4~6岁。这种病每次突发都伴随着奇痒的症状。虽然这种病是良性的，但是十分不舒服，困扰着婴儿的生活，尤其是睡眠。

对于维护皮肤平衡来讲是必不可少的，并帮助皮肤对抗外部感染，而有些病菌（如病原菌）则是感染的源头。

洗浴用品

清洁乳液，特别是专为婴儿设计的清洁乳，是现今美容业研究的成果，是无过敏反应的。这意味着它们所有的成分都经过测试，既不会引起过敏，也不会引起不耐受。为了预防皮肤发炎，所有成分都被均衡至 pH 值呈中性，也就是说它们和皮肤的酸碱度是一样的。因为是无毒产品，如果意外吞食，也不会产生危险。

对于大多数产品来说，它们的清洁力源于表面活性剂，使用之后要冲洗干净，否则可能会引起皮肤发炎。而制造商尝试通过向市场推出免洗清洁

乳来解决这个困扰。清洁乳一般在换尿布时使用，或者用来稍微清洁一下婴儿的面部。

婴儿油可以用作婴儿抚触按摩时的润滑剂，又或者，有必要的话，可以用来帮助肛门栓剂和体温计的使用。婴儿油还可以用于除去新生儿头上的乳痂。把少量婴儿油倒在棉片上，轻柔地擦拭直到去除所有乳痂。期间如果棉片变脏就更换新的。

在清洁身体其他部位时，假如清洁乳需要冲洗，千万不能忘记弄干婴儿的皮肤，特别是在一些小的皮肤褶皱中，不能有一丁点儿的湿东西。最好还是选择带有泵头或者瓶盖包装的瓶装产品，这样在换尿布的时候，假如有突发状况，也能避免污染整个容器。

在某些情况下，我们不能使用清洁乳液，尤其是当婴儿患有尿布疹、水痘、猩红热、新生儿痤疮、皮肤炎症、由食用蘑菇引起的皮肤病等疾病时。当婴儿生病时，妈妈切记不要吃得太油腻。现在年轻妈妈使用的大部分湿纸巾，都含有清洁成分。在使用这些湿纸巾的时候，应该遵循和普通清洁乳液一样的注意事项。

宝宝既怕冷又怕热

新生儿的体温调节系统还不成熟，这意味着他的体温会受外部环境的影响而无法保持恒定。婴儿的身体温度需要等到 2 个月之后，才不会随外部温度变化而变化。

未成熟的体温调节系统

在宝宝出生的最初几个月，由于特殊的生理结构，加上体温调节系统还未发育成熟，他对温差特别敏感。

人体温度通过感觉神经元自我调节，分布在皮下靠近血管处的感觉神经末梢负责温度感应，它们根据感受冷热的不同而各有特点。热感受器在脸部分布更密集，数量上比冷感受器更少。除了皮肤中存在温度感受器外，人体腹腔的某些内脏以及脊髓也存在能感受温度变化的神经元。接收到的刺激以被转化为神经冲动的形式，传向下丘脑。

这些复杂的生理机制要求大脑和神经系统发育成熟，而这都是需要时间的。

冷，是敌人

人们总认为婴儿的御寒能力很差。的确，由于婴儿身体表面积和体重比例不协调，他感受到的寒冷是成年人的 3 倍。而且，与成年人相反，婴儿不能通过多动、多吃、给自己多穿衣来抵御寒冷。甚至，他都不知道表达自己的感觉，您只能通过观察他的行为来觉察。但这并不能成为冬天不让孩子出门的理由，只要气温不是很极端，没有起雾结霜，婴儿在冬天还是能出门的，但是要根据外部温度来决定出门时间的长短。

在宝宝还很小时带他出门，

在汽车里时，孩子越小，越容易中暑。当车内温度飙升至 40℃甚至更高时，他的脸要么是苍白的，要么是通红的，他半睡半醒，眼睛通常是闭着的，不再流汗。最好的预防措施是不要把孩子一个人留在温度过高的地方，尤其是车内。就算外部温度只有 20℃，停着的车辆的驾驶室温度也会达到 45℃。在离开车子前，即使您很着急，也千万要检查一下，确保您没有把宝宝落在车内，他的生命取决于此。假如您担心宝宝中暑，测量一下他的体温，如果过高，就以最快的速度开车前往医院急症室。体温过高会引起很严重的后果，让宝宝出现生命危险。

最好还是用腹部婴儿背带，宝宝可以蜷缩成一团靠着您取暖。您也可以用自己的衣服包裹着宝宝，再给宝宝戴上一顶小帽子。2 个月大时，您可以将宝宝放在婴儿车内，支起顶篷，尤其是起风的时候。冷的时候，就给宝宝穿上棉衣、羊毛小外套或连体保暖衣。衣服要足够大，有一连串空气层，加强隔冷，也可以盖一个毯子。总之，给他做一个柔软的可躺之处。绝对不要忘记，宝宝在婴儿车里也好，在背带里也好,他都是不能动的,他不能通过体力消耗来使自己暖和。

最后,您要知道,和成人一样,宝宝在喝了一些热奶之后,抗寒能力会更好一些。所以,餐后带婴儿去散步是完全合理的。只需要保持细心,时时检查一下他的手和头有没有太冷。

不论是冬天还是夏天,宝宝要出门时,最好戴顶帽子,尽管很难让宝宝一直戴着。天气寒冷时,一定要遮住宝宝的耳朵和头,直到他们7~8个月大(严寒的话甚至要更久)。事实上,我们身体的热量很大一部分都是通过颅顶散发的。即使在春天和秋天,也最好给3个月以下的宝宝带上帽子;夏天给宝宝带上布帽或者草帽防晒,避免暴晒造成中暑,还能给脸部遮挡阳光。

热,也是敌人

与寒冷相比,小宝宝更怕热。他的体内温度调节很大一部分靠出汗完成。假如他出很多汗并且用力呼吸,就说明需要把他带到阴凉处,或者脱掉一些衣服了。

夏天天气很炎热时,最好给宝宝穿少一点儿衣服。不过宝宝也有自己的降温方法:呼吸。他会加快呼吸,有点儿像动物喘气,加速肺部气体交换,降低体内温度。给您的宝宝选择棉质的衣物,流汗的时候会更舒服,这种材质比人工合成的织物要更为透气。当天气实在是特别热时,宝宝可以不穿衣服,只要他不在风口。白天和晚上,要经常让宝宝喝水。假如有可能的话,让宝宝在一个凉爽的地方待上几个小时。

我们不建议大热天带宝宝出门,这可能会引起宝宝脱水。请让宝宝待在通风的、空气清新的房子里,不要带他去闷热的花园阴影处。您还需知道,在城市里,高温会引起大气污染。

身处室内

要避免温度过高。专家建议,如果想让宝宝有好的睡眠,最好把室内温度控制在19℃左右。假如您不能调节温度,那么给宝宝少盖一点儿被子。

当宝宝在暖和的房间里睡觉时,穿一套小睡衣或者套个睡袋就足够了。温度特别高时,让宝宝简单地穿着内衣就够了。如果床垫上面有塑料垫单,在床单下面垫一块毛巾,防止宝宝出汗太多。假如您觉得夜里有点儿凉,也可以用一条薄毯子盖住宝宝。您哄宝宝入睡时,不要立即给他盖被子,因为刚睡着时宝宝出汗很多。您可以自己检查一下,宝宝是否经常满头大汗。先轻轻地给孩子穿一件衣服,比如只穿睡衣的裤子,然后在您自己去睡觉时,再小心地给他穿上其他的衣服。

如何选择合适的儿科医生

找到一个能够听您说，让您安心，尤其能让您百分百放心地把宝宝交给他照料的人，这很不容易，更何况您还要求他承担一定的责任。无论您的选择是什么，最主要的是父母和医生之间要建立良好的沟通。

儿科专家

对于那些喜欢咨询儿科医生的妈妈们来说，她们的选择是根据儿科医生的特殊能力做出的，她们认为这种能力是照顾好宝宝所必需的。她们觉得只有专业的、有驻院经验的儿科医生才是最合适的。而对有些妈妈们来讲，按照家庭传统，她们更偏爱通科医生。据调查显示，儿科医生更常做跟踪治疗。同样，在婴儿成长的几个关键阶段（8天、9个月、2岁、3~4岁等）要做的检查，构成了城市中儿科医生的基本工作。

相反，急性病只占他们工作量的一半，通科医生还分担了大部分。在慢性病方面，往往是驻院儿科医生负责照顾孩子。

在数据方面，失衡是很明显的：在法国3600个全职或兼职的自由儿科医生和10万个自由通科医生形成鲜明的对比。医学院培养的儿科医生越来越少，而现有的儿科医生处于担忧的状态，因为他们察觉到现在的儿童疾病越来越多了。

影响您选择的因素

您可以选择您分娩时所在

产科的儿科医生，只要他的诊所离您的住所不是太远。无论如何，在您为宝宝选择一位医生之前，向您分娩时所在机构的人事处打听清楚他的情况吧。不要犹豫，咨询该医生服务的其他父母他是如何照顾孩子的。尝试弄清楚他的治疗方法是否保守，是否涉猎其他科目。同样，您还要弄清楚他的空闲时间：他一直很忙吗？要等很久吗？我们能在有紧急情况的当天来吗？等等。

对候诊室做个测试，观察您看好的医生的候诊室，因为它通常是这个医生所特有的。假如您在那里的病人身上看到了自己的特征，那么您就做出了正确的选择。反之，您就要等待医生的问诊来做出自己的判断了。

一个好的医生应该适合您的宝宝，对您的观察很感兴趣，愿意花时间来解答您的疑惑，帮助您解决困难。儿科医生和通科医生拥有不同的才能及优点。通科医生了解您和您家人的病史，他能识别一些反复的病症。他会来您家中出诊，观察宝宝生活的环境。而儿科医生接受了儿童疾病方面的专业培训。妇幼保健院既有通科医生，也有儿科专家，他们的专业促使他们关注儿童的成长。

儿科医生或通科医生

儿科医生——孩子的医生

> **""** 儿科医生、通科医生，为什么没有神经科医生？一门关注儿童发育和心理健康的儿童医学专业或许是解决方法。它结合了妇科学、儿科学、儿童精神病学，并纳入通科医生。选择医生的关键，在于他接受教育的好坏、他对成长研究的偏好、他的能力，以及他对宝宝一些早期现象的分析。从婴儿时期就开始照顾您的孩子，医生会与孩子建立一段长久的关系，有时甚至会延续到青春期。**""**

是唯一适合照顾孩子、跟踪孩子成长的人吗？毫无疑问，在宝宝出生后最初的几个月，最好向专家咨询，解答您关于哺乳、喂奶频率、喂什么奶以及睡眠等等疑惑。一段时间后，对于那些日常的小毛病（例如那些不可避免的鼻咽炎、中耳炎等），请一位通科医生做家庭医生并定期拜访就足够了。您还可以把宝宝放在妇幼保健中心，但是那里只负责照看健康的宝宝。您还要知道，一些儿科医生愿意接受小范围的电话咨询。

一种信任关系

假如您找到的医生不具备所有必要条件，或者您对他没有信心，那么再找一个医生吧。一种方法是找受到自己小区妈妈们一致好评的专家。另一种方法就是，选择那个离您住所最近的儿科医生：当您的宝宝生病，而医生又不能出诊时，这一点很重要。最后，您还可以向一些幼儿园的园长或者育婴保姆咨询，询问一些公认的能干的儿科医生的联系方式。

记住，当您觉得医生不能让您满意时，请立刻更换医生：您和医生建立一种良好并且和谐的联系是很重要的。假如您很信任您的医生，您的宝宝也会信任他，他也能更从容地处理宝宝生活中将要遇到的问题（生病、疫苗接种等）。

相对空闲

但是，无论您选择的是谁，都不要抱有幻想，觉得儿科医生不论白天晚上都有空，这很少见。白天的时候，他们通常都很忙碌，候诊室总是坐着各种不同年纪的小病人。

在中大型城市里，您还可以向医院的急救中心求助。假如可能的话，还可以向儿科机构或者紧急医疗救援中心求助。在这些地方，您可能找不到一个儿科医生，但您可以找到一个通科医生。

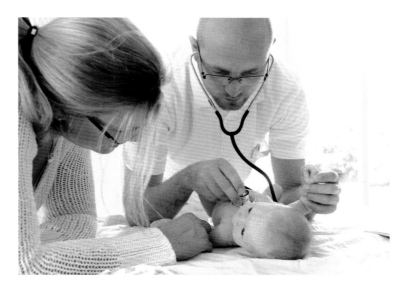

医疗本

医疗本旨在监测婴儿的身体健康。从孩子出生开始，医疗本便会发放至父母手中。孩子每次就医时都会用上，不管是做发育期检查，还是进行疾病诊断。

医疗检查必备

在法国，给新生儿的医疗本有 100 页左右，分为 8 大章，会在父母离开医院前进行发放，适用于从刚出生到成年的孩子。医疗本用来记录孩子遇到的大大小小的医疗史。在征得家长同意的情况下，我们可以从中获得很多信息：它或多或少地记录了婴儿之前就医的相关信息。医疗本所记录的内容详细、真实。每一次就医时，医生都会将各种疾病情况、疫苗接种情况等信息记录在案。您可以在上面找到孩子儿童时期需完成的各项健康检查项目的结果。

66 医疗本不仅记录了孩子所患的疾病，而且能够让父母全程参与到孩子的医学跟踪检查中来。它记录着孩子的精神运动、语言、性格以及运动机能的发展进程。很明显，其中的一个重点是对身高和体重的监测。此外，医疗本有助于发现潜在的病变，该病变的根源可能是医学方面的，也可能是精神方面的。最后，这本小册子将会是您孩子 18 岁生日时一份绝佳的礼物：当他看到自己出生时测量的体重时，会感动不已。99

从出生到 6 岁，孩子的健康及成长是通过 20 多项必要的检查来进行监控的。这些检查有着共同的目的：监测儿童的成长进程以及对可能出现的病理或障碍进行排查，以便尽早地进行治疗。这些检查的费用全部由医疗保险机构承担。

第一次检查的时间是出生后的 8 天内。之后，宝宝每个月都要进行体检，直到第 6 个月。第 9 个月的时候，婴儿需要接受一次重要的检查，第 10 个月直至第 12 个月期间，则需要接受

2 次重要的检查。出生后的第 2 年，孩子要接受 3 项检查，其中一项必须在第 24 个月的时候进行。6 岁之前，宝宝每年需要接受 2 次以上的健康检查。6 岁后则不再有任何强制性的检查。

孩子的医疗本中有 1~2 页用于记录一系列必要检查的检查结果、各个阶段的体重曲线、精神运动的发育状况，以及孩子的进食模式。医疗本还会记载宝宝所患的"慢性病"的病历，以及各种遗传疾病、家族史中对药物的一些过敏反应、接种、

传染性疾病、住院、生物放射性检查等。

健康建议

医疗本提供了很多有关健康的重要建议，父母可以根据不同的状况采取正确的措施。例如，如果出现以下症状：呼吸困难、反胃、莫名哭泣、持续腹泻、体温高于38℃或低于36℃，您就需要去咨询医生。另外，医疗本有助于在早期发现婴儿感觉、神经和心理方面的障碍，而父母可能是最先觉察到这些障碍的人。父母还能在里面找到有关口腔卫生以及牙科检查的基本信息。医疗本的最后几页主要用于介绍疫苗接种。

帮助建立亲子关系

医疗本就如何建立良好的亲子关系为父母提供了各种建议。它建议父母要注意婴儿的生活节奏，尤其要注意婴儿的进食和睡眠是否规律。医疗本还明确指出，婴儿哭泣是一种求救信号，父母应及时做出回应。

医疗本还提供了一些重要的方法及步骤以确保婴儿的饮食营养均衡。

预防事故

自宝宝出生以来，他的安

任何关于孩子的文件也比不上详细记录的健康档案。档案需要据实记录。通常情况下，只有值得信任的人才能查看和医学保密相关的信息。在把宝宝托付给近亲的时候，不要忘记告诉他，在紧急情况下，档案会提供宝贵的帮助。事实上，档案能够让出诊医生快速了解小病患的健康状态。另外，没有什么能阻止您把档案放在密封的信封中"旅行"。孩子进托儿所、幼儿园、小学时都要进行体检，这时候健康档案都是必不可少的。

全就是我们不得不关注的问题，要注意的是：绝对不要把婴儿独自一人留在家中、汽车中、襁褓中或者浴盆中。另外，还需要预防婴儿猝死综合征以及婴儿摇晃综合征。

家庭中发生的事故是造成婴幼儿死亡的第一大原因，因此，健康档案不能不提及。此外，户外事故也被广泛提及。摔落是1岁以下婴儿主要发生的事故；烧伤、中毒、溺水或者咬伤则主要发生在1~5岁幼儿身上。请牢记正确的紧急救护措施！

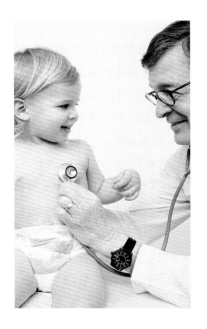

无可挑剔的管理

健康档案可以长时间陪伴在您的孩子左右。因此，请小心保存。让医生在档案上记录孩子所患疾病、各种小手术以及疫苗接种时间。孩子身体不适时，请详细记录所患疾病，这是客观了解其是否患有复发

性耳炎或者咽峡炎的有效方法。要求医生用同样的方式记录（或者自己记录）有关孩子身长、体重或者肥胖的所有数据。这些数据能够很好地反映出孩子的成长状况。父母应该尽量按时做记录，如鼻咽炎的治疗或者婴幼儿疾病发生的日期。当然，长期治疗也应记录。

一家三口的生活

您可能已经准备好回家了，但是您不可能考虑到所有的事情，总会有意料之外的状况发生。在几个小时内，您就不再只是一个妻子，还成为了一个妈妈，这两个角色之间需要做些安排。

解决最迫切的需求

很少会有夫妻利用怀孕的时间来安排他们之后新的家庭生活，可能他们都太过于关注怀孕的进程。有时候过分执着甚至会打乱怀孕前对未来生活的预想。但是现在，已经刻不容缓了。您需要关心具体的意外情况，特别是当您没有那些对于您和宝宝的健康必不可少的物品时。

把这个任务交给您身边的人吧！您需要一些盥洗用品、床上用品、哺乳靠垫、奶瓶、卫生巾、一次性内裤，除此之外，还有分娩之后产科医生开的处方药。当然，大部分东西您都可以在网上采购，直接送货上门。又或者，如果您想要更快一点儿，可以使用超市"网上下单，到时取货"服务，您下单之后1个半小时，超市就会准备好您的订单，随时可以过去取，幸福的爸爸可以负责取货和整理。

请求帮助

当然，您的丈夫除了能做一些家务，还能帮忙照顾宝宝。假如您不亲喂，他可以帮忙瓶喂，还可以让他换尿布，给宝宝洗漱。渐渐地，让他叫宝宝起床。偶尔您会觉得他笨手笨脚，没有做好您事先交代的事情，但这不重要。况且，假如这是您的第一个宝宝，您也是一步步学会如何照顾婴儿的。

您要表达您的意愿，很多爸爸没有帮忙，是因为他们根本就没有想到能帮忙。从一开始就分担照顾宝宝的任务，是建立良好习惯的最好方法，也利于培养爸爸和宝宝的感情，这对宝宝的成长很重要。经过一段训练期之后，您就可以让您的丈夫单独照顾宝宝了，而您就会有一点儿自己的闲暇时光。

轻微抑郁

年轻妈妈在产后，特别是生下她的第一个孩子之后，回到家中，经常会感觉到孤独。她的时间都排得满满的，但每天都是一些重复的事情，尽管有了宝宝很幸福，但是这也不能让她完全地开心起来。况且，朝夕之间，她的需求、她的愿望，跟宝宝的比起来，都变成次要的了。客观来说，生孩子

在法国，假如丈夫或者其他家人不能帮助忙不过来的年轻妈妈，而导致她的健康或者她与宝宝的关系处于危险的境地，一些家庭补助中心会为这些家长提供帮助。专家们分析每个年轻妈妈的情况，给她最好的建议。如果情况非常严重，社工就会出动。

意味着极大的体力消耗，母亲的身体受到损伤，她会失血，这些都加剧了她的疲劳。并且，她处在一个完全陌生的状况中，这会给她造成困扰。分娩后最初 10 天，她都处于一种心理极度幸福和身体极度疲劳交织的状态。这种状态令她十分脆弱。

有一些妈妈回到家后，甚至会陷入抑郁状态，这是由怀孕时期的心理困难造成的，多发于怀孕近 8 个月的时候，并持续影响到她生完孩子回到家中。

通常来讲，宝宝的出世并不能完全消除她们的忧虑，只有心理上的陪伴才能帮到她们。她最有可能需要的，是来自丈夫和家人情感上的帮助。

不管怎样，重要的是要有人在妈妈疲惫的时候接替她照顾宝宝。

一些小建议

首先，为了消除疲劳，您要和宝宝一样，晚上早早睡觉，中午小睡一会儿。不论是母乳还是奶粉，都要按需喂养。宝宝能够自我调节，而您则能够逃开一大段辛苦的时间，等待他下次喝奶。

当您用婴儿背带抱着宝宝的时候，您也可以做不少事情。宝宝能够感受到充分的安全感，

他能感觉到您的气味、您的体温，他很好，而您的双手也空出来了。

在日常生活中，尤其是生完后回家的最初几周内，最好最大限度地简化家务。过一段时间后，就正好拿出一天时间来大扫除，请一位家人或朋友来帮您，或者叫来专业的家政人员。

不要犹豫，上网购物吧，您能找到所有的东西，而且还有很大的选择空间，特别是婴儿衣物和育儿设备。

您还可以考虑购买家电，这会让您节省时间，今天的投资可以惠及接下来的很多年。

最后，列一些清单吧，这是最有效的办法，让您不会忘记任何事情，并把自己的精力从那些一点儿都不重要的忧愁中解放出来。

维护好夫妻关系

在一对夫妻刚有孩子的最初几周，他们的生活往往被安排得满满的，而且还特别缺少睡眠。

这一切并不利于夫妻关系。只有宝宝没有完全占据他们所有的时间，他们才能找回一点儿默契。尝试着空出一些只属于你们俩的时刻，即使只有几分钟。

给你们自己留出一些沟通的时间，像以前那样，像还没有成为父母时一样。给你们自己安排一些活动，比如一起运动、计划一起出门。

而你们的宝宝，在这段时间就安静地睡在他的婴儿床里，在一个你们信任的人的照料之下。如果您是母乳喂养，那么在出门之前，挤出一些乳汁到奶瓶里，放在冰箱里保存。这样，您的宝宝随时都能喝到奶了。

您的家人和朋友必然会在您回家之后来拜访您。不要去赴那些晚餐的约会，喝下午茶更容易实现。不要借口有客人还没有见过孩子，就把您的小天使叫醒，这样能避免很多麻烦，特别是可以避免宝宝晚上焦躁不安。很明显，您会被各种来电所困扰。为了保证休息，您可以用电话应答机来过滤来电。这样也能避免打断宝宝吃奶。即使是移动电话，也要适度使用。保护好您和宝宝及伴侣间的亲密时刻吧！

不同以往的夫妻情欲

宝宝的到来或多或少会影响您和伴侣的性生活，这取决于你们是如何度过妊娠期的。如果出现问题，向对方吐露您的忧虑和不适，从而找回亲密的感觉。

往往是心理问题

通常妊娠期关系没有发生任何改变的夫妻，在产后也不会出现任何问题。问题只出现在那些认为怀孕后就要改变行为的夫妻身上，而这些往往是心理问题。有些女性很难从富有魅力的女性角色转变到母亲和有魅力的女性这两个角色上，

她们很难做到让两者融合。她们不知道自己真正想成为的是哪一个，因此常常用咄咄逼人的态度来表达自己的苦恼。事实上，很多女性在恢复性行为时会有些担忧，她们觉得痛苦、疲倦、意志消沉。这些感觉不利于夫妻关系的发展。要知道，越晚恢复性生活，之后的问题就越

多。但另外一方面，没有性欲也是很正常的，您不必自责。

如果您的性欲存在问题，要知道您的配偶同样会遇到困难，他的力比多（libido，即性力）会经受严峻考验。有些男性很难接受伴侣的新身份，甚至会觉得这个为他带来孩子的身体很陌生。此外，他还要做细致的思想工作，来承担作为父亲的责任，并跟另一个人分享妻子的爱和空闲时间。

如果妻子或伴侣过于频繁地拒绝对方的亲近，他可能会觉得自己被这个新家庭排除在外，开始质疑夫妻关系。这种不安往往会让他疏远。重要的是双方应该及时沟通以避免产生误会，夫妻要花时间分析生活上和感情上的变化，找到满足需要的新的平衡。有些人要在远离孩子的情况下，通过二人世界找到这种平衡。为了重寻一些之前的快乐，把新生宝宝交给爷

> 由于生理、心理等各方面原因，产后性生活从来都不容易，男女双方的性欲都发生了改变。对于父亲而言，他现在要爱的是孩子的母亲。母亲则要让自己孩子的父亲爱她。我们可以理解这种转变可能会给年轻夫妇带来的一种对乱伦这个问题的害怕和禁忌，尤其当这个问题还涉及自己的父母时，一种俄狄浦斯情结便出现了。我们很清楚产后性生活障碍不过是些借口，是一面反映产前问题的镜子。与此相反的是，有些夫妻会在这种新的情况下找到更完整的性爱。当一对夫妻有了宝宝后，要把生活区和睡眠区很好地分开。如果宝宝一直在身边，如何和另一半过亲密的性生活呢？要把卧室当作夫妻相聚的私密场所来保护。

从严格的医学角度来说，即使是在产后几天内就恢复性生活也是完全可以的。但大部分医生建议至少等待 2~3 周再恢复正常规律的性关系。如果妈妈经历了外科手术，如会阴切开或剖腹产，那么可能要再延长 8~15 天。任何情况下，都要等到没有出血、子宫敏感度降低、会阴肌肉稍微恢复紧张度（完全恢复要等好几周）后进行。只有到那时，您和您的伴侣才能找到跟产前经历的相似的快感。

爷奶奶照料几天很正常。

激发性欲

对有些妈妈来说，宝宝的出生带给她们如此大的幸福感，她们的性欲被激发，很快就感到自己拥有了一种新的女人味，觉得与以前相比，性生活更加愉悦了。通常这些女性的孕期都很圆满，分娩和产褥期也很顺利。而且，她们在怀孕期间仍然会有性生活。分娩常常让她们觉得自由和重新变得轻盈。

当然，伴侣的态度很重要，他越是对年轻妈妈有信心，让她安心，夫妻生活就能越早恢复。宝宝的到来会让性生活愉悦的夫妻感情加深，让他们觉得爱情故事有了圆满的结局。年轻妈妈所做的会阴部肌肉锻炼往往会给他们带来更大的身体快感。

选择避孕方式

女性曾经长期以为哺乳可以让自己避免第二次受孕，事实上并非绝对如此。一些研究指出了哺乳频率的作用：哺乳促进催乳素（泌乳激素）在血液中的分泌，该激素抑制排卵。哺乳次数越多，催乳素的含量越高。这可以解释我们在改变婴儿饮食，尤其是减少母乳供给时的重新排卵现象。

产后进行母乳喂养的女性排卵会暂停 5~6 周，也有一些女性的排卵会在分娩后 3 周恢复。无论是哪种情况，考虑避孕方式都很重要。

大部分医生建议不要在分娩后马上使用宫内节育器，最好是在 1 个月到 6 周子宫恢复正常大小后使用。如果您采取母乳喂养，可以使用带铜或释放孕激素的宫内节育器。

口服避孕药对哺乳的年轻妈妈们没有风险：婴儿摄入的激素含量没有危险，因为从未超过 1%。孕激素药丸对泌乳也没有太大影响，产后 1~3 周即可服用。一般来说，医生首先会建议使用小剂量的微丸类短效口服避孕药，然后才是含有雌孕激素的长效口服避孕药。

您也可使用局部避孕，除了阴道隔膜和子宫帽外，还可以用各种形状的杀精剂代替这两类避孕用品：蛋形、海绵状、膏状、凝胶。年轻妈妈产后 3 周可使用植入性避孕药、避孕贴和节育环。

最后，夫妻避孕也可让男性佩戴安全套。

产后抑郁

产后抑郁，说好听一点儿叫"婴儿忧郁症"，是一种被广泛认可的心理障碍。幸运的是它没有触及所有年轻妈妈，抑郁的程度也因人而异。但无论如何都不应忽视它的存在，因为那些本就十分脆弱的妈妈们的未来可能会因此受到严重影响。

前 兆

初期迹象往往出现在分娩后最初几天或是返回家中后的1~2周。表现为早起疲倦、失眠、焦虑症、自尊心降低、极度敏感、经常无故哭泣、腰部疼痛和胃口不佳。对宝宝十分冷漠或者过于担心也可能是产后抑郁的征兆。

对抑郁症做过研究的专家估计1/10的妈妈患有产后抑郁，其中1/3是真正的抑郁。生活的社会环境差，年纪过小

的妈妈或是与家人和配偶存在问题的女性也会真正抑郁。没有精神衰弱病史的妈妈也可能遭受产后抑郁。不能轻视早期

宝宝可能会出现与妈妈的产后抑郁相关的问题。宝宝疏远妈妈，因为妈妈的动作缺乏温情，甚至机械、粗暴，他们之间的感情也会出现问题。宝宝会出现睡眠和饮食障碍，这会导致宝宝真的发生抑郁。很多医院的医疗团队中拥有心理治疗团队，他们可以尽早干预。如果妈妈的抑郁状况持续，应该进行专业咨询以便该情况不会影响母子间的互动。尽早治疗可以让妈妈尽快摆脱抑郁。诉说感受、诉说恐惧和焦虑常常可以帮助一个人看清自己。

的不适表现，而要寻找原因。产后抑郁一般并不严重也不需要特殊治疗，但需要身边的人多一点儿关心和爱护。必要时年轻妈妈可以求助于心理医生，可以是分娩时所在的妇产医院或是所属的妇幼保健中心（PMI）下属的医生。通常跟心理专家进行一两次谈话就可以让悲观情绪有所缓解。

别担心，产后抑郁不会一直持续。不过也有可能会延续几天，最坏的情况是延续几周。如果这样，也要深入追寻原因。

> 不要忽视产后抑郁。如果您遇到困难，不要担心。可能这个孩子不完全是您期待的那样。亲友的关心，尤其是伴侣充满爱意的行为可以驱散乌云。如果您抑郁，您会觉得没有能力照顾宝宝。这时候应该向专业人士求助，以免母子关系出现障碍。有精神衰弱病史的女性容易患上抑郁，社会环境差或是孕期不安稳也会加重抑郁。但是，怎么解释没有"问题"的女性得抑郁症呢？想象中的宝宝和现实中的宝宝总是有一定差距的：亲眼看到的小宝宝不符合自己孕期的想象，母亲会自责，觉得自己不够"好"。她把抑制的糟糕情绪，尤其是没有能力照顾宝宝的无力感，投回了自身。

多种原因

产后抑郁症可能是由于多种因素共同作用造成的。分娩是一场体力考验，必须进行必要的休息以恢复体力。然而妈妈们并不总是有时间"喘口气"，并稍微为自己考虑一下。宝宝吸引了她们全部的注意力，所以疲倦是很自然的。此外，黄体激素，即孕激素也会急剧下降。

其他生理原因可能是长期缺少微量元素钙和镁。它会引起某种程度的疲倦或是产后激素失衡。

在心理方面，年轻女性在成为妈妈时永远失去了孩子的身份。这会有意无意地给她带来一段多少有些愉快的自省期：她回忆起自己的童年。不过，她也可能会因此而有点儿忧伤，面对为人父母的新职责，她会感到有些焦虑，甚至是恐慌。要寻找夫妻和家庭生活中新的平衡也令她担忧。生育是生命中的重要阶段，会让人为将来担忧，因为产前的时光被极度完美化。所以，父亲在帮助妻子或伴侣成功度过这个阶段的过程中有决定性的作用。

除了所有这些心理问题外，常常还要考虑现实困难。如果妈妈决定去工作，她得重新寻找一种看护幼儿的方式，而这并不容易。她左右为难，既想继续工作，又不得不考虑要和宝宝较长时间的分别。哭泣常常会让她感到好受些，带着成为母亲的喜悦，两三天后，一切都会恢复正常。

求助他人

如果女性为母亲这个即将到来的职业感到担忧，那么她们可以提前向专业保育员寻求帮助。

在法国，保育员隶属于妇幼保健中心（PMI），她们前往各处，帮助女性准备好各种用品，为是进行母乳喂养还是人工喂养提供建议，指导妈妈们学习换尿布，告诉妈妈们该如何布置宝宝的角落。她们还可以在精神上介入，尤其是在年轻妈妈需要建议和倾听时。保育员通常会持续一段时间的拜访，这是对妈妈这份艰辛工作的启蒙和帮助。

独自抚养婴儿

不管是出于自愿，还是因为情感破裂，有些妈妈会选择独自抚养孩子。单身妈妈都很关心宝宝，会全心全意地照顾宝宝。欠缺之处在于很多单身妈妈的生活都不稳定。

成为母亲

即便单身妈妈能顺利度过孕期，但产后的那几周往往更艰难。成为母亲的愿望常常出于肉体的冲动，但是母爱具有另一种天性：温情和责任感的融合。与有伴侣支持的女性相比，单身妈妈似乎需要稍微长一点的适应期。她们要孤零零一个人建起一个家，所有与孩子相关的事情都落在她们的肩膀上，所承担的责任可能会突然变得沉重。另外，有时母子关系会被痛苦回忆"玷污"。对于夫妻而言，孩子是结晶，是爱情故事的建设性阶段。但对于单身妈妈而言，尽管她不愿意，孩子还是常常会让她想起一段失败的关系，至少让她想起一段虽然强烈，却没有持久的关系。

单亲妈妈的角色

至少在孩子出生后的最初几年，单身妈妈的社会生活也是同样有限的。如果她们想要获得自由，就要在财政上有能力花钱请人照看孩子，或者是向亲人寻求帮助。除此之外，在教育方面承担父亲和母亲两个角色并不简单。奇怪的是，心理学家发现单身妈妈似乎把父亲的角色扮演得更好，这可能是因为担心孩子太过想念父亲的缘故。跟其他人相比，单身妈妈觉得照料孩子让她更加心力交瘁。不过，通常所有的困难都不会让她们后悔自己的决定。甚至有数据表明越来越多的单身妈妈仍然决定再要一个孩子。

> "妈妈独自抚养的孩子，跟和父母一起生活的孩子一样成长。但是，要区分一直跟母亲生活在一起的孩子，和之后与养父及兄弟姐妹一起生活的孩子。第一种情况下的孩子，由于一直和母亲生活在一起，会对母亲产生强烈的依赖感，这种心理常常会给孩子带来危险。孩子长大需要离开时，他们可能会感觉自己抛弃了妈妈。而且，经济和文化的融合所带来的混乱会影响儿童认知与智力的发展。不过，临时看护或长期看护的托儿所和幼儿园提供了对社会生活的补充。另外，单身妈妈要有可以依靠的强大的家庭支持。"

寻找"父亲"

通常单身妈妈做出自愿生育的选择时会告知对方。即使对方不主动配合，她也想要满足自己和相爱的人生孩子的愿望。通常她们已经跟孩子的父亲维持了比较长久的恋爱关系。大部分这样"被选中"的男性如果您是单身妈妈，那么在法国有将近 200 万妈妈跟您一样。知道吗？也许您是自愿做出这个选择的。精神分析学家认为，这样的决定有植根于意识深处的原因：家庭情感挫败，想要认同自己的母亲，或者刚好相反，想要证明自己能做得比母亲更好。如果您的孤独感来自失败的婚姻，那么它也许会让您更加难以忍受。最后，法国 200 万单身妈妈中大概有 4000 名还是少女。成为妈妈有时是避孕措施不当的结果，比如说忘记服用迷你避孕丸。不过，这也可能是一种获得自由的方式：长大成人，她们确认了自己身为女性的事实。然而在母亲角色和女性角色之间，她们还是感到困惑。孩子对于她们而言更多是意味着一次自我疗愈的过程，而造成伤痛的原因是因为她们缺乏关爱。

她们觉得自己的孩子会跟其他孩子一样稳重和守规矩，她们也相信孩子会在学业上获得成功。

单身母亲往往更操心物质和财政状况。在考虑现在和将来的处境时，一半以上的单身母亲感到焦虑。事实上，即便有专门的特殊补助，单亲家庭仍非常不稳定。

如果母亲从事职业活动，就需要支付昂贵的看护费用，这很可能使得预算更加紧张。因此，需要承担一家人的日常开支又没有高薪收入的单身母亲，月末往往过得很拮据。有时处境如此艰难，以至于有些单身母亲不得不把孩子委托给家人，通常是她们的母亲，但这又常常会引起情感和教育冲突。

拒绝接受父亲身份，但也不会通过分手表示反对。女性总是把这种模糊态度解读为某种赞同。事实上，法国有 18% 的非婚生子女不被父亲承认。有时候，男性一得知孩子出生就会立刻逃避，因为觉得自己无法担当父亲的角色。

心理学上认为，如果"第三者"介入，可以使母子关系稳定。通常情况下，这是分配给父亲的角色。因此，我们建议单身母亲在身边找一位可以承担分离作用的男性，亲属或朋友都可以，唯一的要求是要经常出现在孩子身边。尽早跟孩子解释为什么有这些特殊情况是非常必要的，尤其要解释促使他出生的状况，同时要避免把缺席的亲生父亲塑造成反面形象。知情往往比

疑惑更让人平静。

摇摆于确信和担忧之间

绝大部分单身母亲对自己的教育能力有信心，觉得有能力向孩子传输正确的价值观，设立生活准则并给他们设限。

如何协调新生儿与其他子女的关系

当哥哥姐姐并不容易，即便已经让他对弟弟妹妹的到来有了心理准备。因为不得不分享父母的爱，大孩子几乎总要经历剧烈的心理动荡。他情感矛盾，喜悦和嫉妒交加。

为共同生活做准备

与"新来者"的见面应该提前做好准备，让大孩子参与宝宝的出生是有必要的。如果医院规章许可，他可以来同时看看您和宝宝。他需要知道您在哪儿，看到一切顺利，好让自己放心。简单地向他介绍弟弟妹妹，要有节制，关心您不在家时他做了什么。如果医院禁止探望，用手机拍一张照片发送给他。当面或者打电话告诉他您想念他，并且您会尽快回家。

让大孩子放心

回到家中往往是个艰难时刻。大孩子看到您被这个小婴儿独占，很快会明白自己不再是全家的焦点了。这可能会让他一度想变回小宝宝，这就是有名的退行现象：尿床（他原本已经可以自我控制）、睡眠困难、吃饭问题（他想我们喂他吃饭，他还要重新吃奶瓶）。所有这些冲突都不必担忧，它们只说明一件事：您的大孩子想要我们关心他。您要做点什么让他安心。

> " 嫉妒是一种完全正常的情感，但父母常常会认为这种情感是不好的，因为他们往往把家庭理想化，而没有意识到家庭就是建立在差异之上的。孩子无法理解弟弟妹妹以同样的方式被爱，他把时间花在了确定和发展差异上。要从心理上去关怀大孩子，用美好回忆为他编织故事。婴儿时期的照片可以帮他明白，在弟弟妹妹到来之前他和爸爸妈妈一起度过的时光是永远属于他自己的。他的嫉妒是必然的，但过去的美好回忆和爱的保证有助于他接受这个"入侵者"的到来。父母要非常清楚嫉妒令人痛苦。注意，不要用过于严厉的说教让原本正常和短暂的嫉妒"生根"。"

嫉妒是必然的

有人认为大孩子的咄咄逼人越早显露，就会越早恢复。不论如何，这都很正常，它只不过表达了孩子的焦虑情绪，这种情绪让他产生您不会再爱他了的想法。事实上，孩子会揣摩爱的差异。他数着亲吻的个数，衡量爱抚的力度。重要的是要让他放心，让他明白您非常爱他，宝宝的到来不会改变任何事情，爸爸妈妈的爱是无限的，他们可以同时爱好几个孩子。

一些需要避免的错误做法，以下是最常见的：

· 宝宝要出生时，把大孩子送到爷爷奶奶家。想象一下他回家时的反应，他会简单地认为宝宝取代了他的位置。

· 把大孩子的房间给宝宝，把他安置到一个同样漂亮的新房间。这肯定不是恰当的时间。

· 生育当月把他送到学校。

· 过度保护宝宝，总是觉得小的有道理，让大孩子委屈。孩子讨厌不公平！

· 因为大孩子的嫉妒而恼火。痛苦的是他，他不开心，需要您的温情。

保护大孩子的既得利益

不要让他因为有"坏"的感情而感到内疚，告诉他产生嫉妒是很正常的。更加关心孩子，留下专有时间给他，尤其不能因为没有时间而不履行已经承诺过他的事。您要有耐心，他会重新恢复对自己的信心。当他明白自己没有被遗忘，您一直爱着他时，他会不再装宝宝而重新成为您的大孩子，只是可能还会时不时倒退，而这仅仅是为了得到更多的关爱！

一些微妙时刻

在大孩子和新来者的暧昧关系中，一天当中有些时刻比其他时候更紧张，特别是您给宝宝喂奶的时候。你们共享这亲密的一刻令大孩子难受，所以他可能会做些荒唐事来吸引您的注意力。如果您被迫放下宝宝去照顾他，他就会心满意足。如果身边有成人，特别是如果您的配偶在场，叫他去陪孩子做一件他最喜欢的事。

如果您给宝宝喂奶粉，您可以根据大孩子的年龄让他多少参与其中。4~5岁的孩子已经足够大了，能够把奶水倒进奶瓶，或者数奶粉的勺数。最后，大孩子都会很自豪地承担给宝宝喂奶瓶的职责，当然，要在父母的严密监管下进行。

换尿布也是一个让大孩子更被看重，让他有责任心的有趣时刻。这个把尿布弄得脏兮兮的宝宝实在太小，还不能够成为一个干净孩子的竞争对手。大孩子在把干净尿布递给您的时候，充满了同情。

亲朋好友看望新生宝宝对于大孩子来说是难以忍受的：宝宝有那么多优点，真让人受不了！提高他"大孩子"的地位，让他介绍宝宝，借此称赞或奖励他，他会感激您。

合理的年龄间隔

实验表明，孩子年龄相近往往有益处，不过间隔生育可以解决完全不同的问题。如果孩子们的年龄差距很小，即使有嫉妒心，也可能不会产生公开冲突。如果孩子的年龄差距很大，大孩子能够更容易地适应大哥哥或大姐姐的角色，并主动照顾宝宝。中间情形就没那么乐观了。

事实上，如果年龄差距不大不小（3岁），情况会更紧张。大孩子享受了几年单独跟父母在一起的时光，他无法忍受这个要偷走这项特权的闯入者。而且，这个年龄差距正好是大孩子上幼儿园的年纪，他会感觉被排斥。

6岁是成为家中哥哥姐姐的理想年纪，但是现在女性成为母亲的时间越来越晚，很难让头个孩子和第二个孩子有这个年龄间隔。30岁第一次生育，迫使她们相对迅速地规划第二次生育。

新生儿与其家族文化

身份信息与遗传特征是表明一个婴儿属于某一个家庭最明显的两个因素。然而，婴儿与家庭的联结不仅在于此，父母的道德观、文化观和宗教观也将影响婴儿。婴儿可以通过很多方式融入家庭。

一切从出生登记开始

婴儿出生一个月内，需在出生地进行身份注册。如果父母的婚姻合法，或者父亲承认婴儿为其子女，婴儿便可以冠父姓正式注册身份了。法律允许婴儿冠母姓，但这种情况不太常见。2013 年，法国 83% 的婴儿冠父姓，6.5% 的婴儿冠母姓，6.5% 的婴儿同时冠父母双方的姓氏。

完整的姓名通常有两个或好几个字。从法律上讲，这种选择是比较自由的，但由于父母各有自己的意愿，就没有那么好选了。父母选的名字表达了对孩子的期望，有时也反映了家庭的历史。法国有些家庭跟美国家庭的传统一样，孩子的名字是一代一代传下来的。长孙使用祖父的名字，长孙女使用祖母和外祖母的名字作为第二个和第三个名字。精神分析学家可以从名字一窥家族的历史：英勇的祖先、令人钦佩的英雄、父亲或者母亲的初恋。

无论如何，名字是一个象征符号，取名几乎是父母与婴儿发生联系的第一个也是唯一一个既出于自愿又是强制的行为：名字使婴儿独一无二、无可替代。

孩子的名字表明他是家庭中的一员：新生儿既是您过去生活的回顾，也代表着未来的希望。名字能表明人的出身。为了纪念祖先，可以多起几个名字。除了您为孩子起的名字，后面还可以加上同性别的（外）祖父母的名字，不同性别的也可以加。这样，孩子一下子就成为家庭中的一员了。人类就是由经验构成的啊！

遗传基础

孩子的遗传基因在授精时便已决定。精子和卵子同等贡献 DNA（脱氧核糖核酸）结合而成的新生儿获得父母的遗传基因，因此他的相貌与父母相似：鼻子和耳垂的形状、嘴唇的厚度、下巴的类型、头发和眼睛的颜色。

基因有显性隐性之分。显性基因决定的遗传过程，称为显性遗传。决定遗传深色眼睛和头发的基因是显性基因，反之，决定遗传浅色眼睛和头发的是隐性基因。另外，还有一种记忆遗传：（外）祖父母、叔伯姑姑、舅舅阿姨的某些特征会隔代遗传，有些人们认为已经消失的遗传病也会以这种方式遗传给孩子。

最后，孩子更像父亲还是母亲，也与他的心理身份认同有关：孩子会认真观察与自己同性别的父母，模仿他（她）

的表情手势、姿态动作、语音语调。遗传再加上心理身份认同，使孩子与父母惊人地相似。

看孩子长得像谁对孩子融入家庭特别有帮助，每个人都从孩子身上寻找孩子家人的印记：小家伙的眼睛像妈妈，嘴巴像爸爸，鼻子一定是像奶奶！他们慢慢忘记了那个自己想象中的孩子，认识了眼前真正的孩子。事实上，所有给孩子找特征的尝试都能让父母更加了解那个一开始有点陌生的小家伙。

宗教与文化

当了父母之后，您会希望把自己人格形成过程中起到重要作用的东西传达给孩子，宗教便是其中的一部分。父母想把正确的道德观传递给孩子，除此之外，也希望他的生命有根基、有文化参照。传统的天主教家庭，孩子往往在刚出生

> 66 所有的父母都想找到与孩子的相似之处。相似的优点当然好，但令人咋舌的是，即便是相似的缺陷，父母也愿意接受！有糖尿病的家长，孩子也得了糖尿病，即便是在病历上，也能感受到亲子关系的传承。既然父母眼睛的颜色和鼻子的形状会遗传给孩子，那疾病为什么不可能遗传给孩子？也许对孩子某些行为特质的研究才是让父母最感兴趣的吧。这个小男孩如你一般坚决果敢，让人怎能不欣赏？这个小女孩目光温和、可爱迷人，让人怎能不喜欢？这是多么了不起的"成就"，您感到非常自豪。
>
> 那么，他是否像您一样思考？是否与您欣赏一样的事物？是否在最细微处与您审美一致？以后，他是否会和您的政治倾向一致？可惜，精神上的相似总是隐秘的，不是那么容易确认的。不过，似乎大多数父母和孩子在审美和哲学上的选择都是相似的。您和您的孩子之所以如此相似是因为内心的认同，他喜欢您，所以才像您。 99

的头几周或者头几个月受洗。法国大革命之后出现了国民洗礼仪式，但市政府没有组织国民洗礼的义务，这场非宗教的

洗礼也没有法律效力。

一代传一代的不止有宗教信仰，还有文化习惯。众所周知，如果父母和祖父母经常读书，孩子一定会热爱读书。同样，出身于音乐世家的孩子也因从小耳濡目染而热爱音乐，他希望像父母一样演奏乐器，为家庭带来欢乐。另外，家庭的饮食习惯也会为孩子刻下印记，在子宫里就开始感受和品尝的味道、菜肴，一生都不会忘记。

您与您的母亲

女儿与母亲之间的亲密关系非同寻常，因为她们都能够传承生命。因此，怀孕时和生育后，作为新妈妈的女儿会自然而然地寻求母亲的帮助，新生儿是母爱的延续。

默 契

通常，母亲不仅是您怀孕之后的密友，也是最早知道孩子出生的人之一。孩子的出生颠覆了从前的母女关系，会唤起或好或坏的回忆，这一切都取决于您的母亲如何看待自己的新身份——外婆。

大多数情况下，母亲从心理上接受了外婆的身份，母女之间便多了一份从前没有的默契与融洽：母亲不再是生命唯一的传承者，她也不否认女儿生育的权利。这表明从女儿童年时代起，她们的母女关系一直很融洽。但也有一些家庭，女儿怀孕的消息则是难言之隐，也许会激发旧日的矛盾。怀孕的过程中，女儿与母亲分享喜悦，也倾诉情感和担忧。即便母女之间的关系过去有些紧张，此时的女儿也会向母亲提很多问题。母亲的回答可能拉近母女之间的距离，也可能让彼此

> 是的，大多数情况下，孩子的出生会拉近母女之间的距离，甚至能促进母女和解，但有时却没有帮助。原因常常在于母亲的态度：过度热情，几乎要取代女儿；太过专横，她们的观点不容置疑；太过自恋，只是表面上的外婆，不能让人信任。新妈妈受够了这种混乱的状况之后，转而寻找另一名有经验的母亲来充当自己的榜样：可能是身体硬朗尚且神志清醒的外婆，也可能是养育过孩子的姐姐，或者是年长的女性朋友。要知道，母爱是慢慢学习养成的，不要因为自觉没有母爱本能而不断自责。

之间的关系更紧张。新外婆不能太热情，也不能太冷漠。尽管新生儿的到来让整个家庭欢欣，但也可能会让家里的老年人想起衰老和死亡。

中转站

在这样一个慌乱的过渡时刻，新妈妈充满迷茫，希望有人做她的榜样。母亲会引领她、帮助她成为一名母亲。尽管曾经是妈妈疼爱的女儿，是大家都关心的孕妇，但此时，她需要很快地适应新角色，成为母爱的付出者。孕育和照顾孩子令她想起自己也曾被人这样殷殷期盼和悉心照料。这也解释了为什么几乎所有的新妈妈都喜欢翻看幼时的照片并且听人讲自己童年的故事。成为母亲，意味着前所未有地要在几个月之内长大。曾经是女儿，如今已

2015 年，法国约有 1500 万（外）祖父母。2013 年 OpinionWay 的调查显示：男人 54 岁当（外）祖父，女人 56 岁当（外）祖母 70 岁的人群中，80% 当上了（外）祖父母；75 岁以上的人平均有 5 个孙子；2.95% 的父母希望自己的父母向年轻一代传达老一辈的价值观和为人处世的方式。

成为妈妈，因此更有必要用心地去维系自己与母亲的感情。从前，女儿分娩的时候，经常是母亲在场陪伴的；现在，这项工作很多都由丈夫承担了，但母亲们依然会第一时间出现在新生儿的摇篮旁。女儿会非常期待自己母亲的反应和态度，但也有特别敏感的新妈妈会有些担忧。她们会根据怀孕期间与母亲相处的经验来判断她此时的话语和动作是温柔、古怪还是粗暴。

新妈妈应该顾及自己母亲此时的复杂心态，并克制情感，因为即使她已经接受了新身份，但初为外婆是不容易的。这意味着她会通过女儿来回忆与自己母亲的相处时光；意味着之前她有一个或多或少受自己管束的女儿，如今她是一名母亲的母亲了；意味着她要开始喜爱一个亲近又疏远、不属于自己的孩子。

令人安心的建议

新妈妈的各种第一次尝试都是充满犹豫的，她的问题特别多：这个动作对不对？这种行为是否合适？怎么做是正常的？怎么做是不正常的？谁能比养育了自己的母亲更有资格回答这些问题呢？她有经验，也了解新妈妈的一切，了解她的缺点与优点，因此新妈妈通常愿意相信自己的母亲。

新生儿的到来让母女关系越来越平等，母亲帮助女儿成为母亲。新妈妈希望母亲能教给自己一些诀窍，特别是第一次生孩子的时候。只要母女双方处事成熟、相互理解就能顺利度过这个过渡期。

事实上，尽管新妈妈缺乏经验，但她并不会不加考虑地听从母亲的所有建议，甚至有些新妈妈希望摆脱母亲的约束。这种情况下，新妈妈要在保持家庭关系和睦的前提下说明原因。她会认为，自己的母亲可以并且应该提供建议，但不能侵犯自己的"领地"，即便遭到批评，也愿意继续传授经验。

早产儿

如果您是在没有新生儿病房的产科早产分娩，婴儿马上会被转移到特护病房，早产而体重过轻的婴儿会在那里得到细致专业的照顾，渡过人生的第一个难关。

发育不良

早产儿是指在预产期之前出生的婴儿。造成早产的原因有很多：孕期困难或者服用药物引发意外，胎位不正危及到婴儿生命，产妇生命垂危，等等。从外表上看，除了个头和重量，婴儿已经发育完全，但他的一些内部器官可能还没有发育好。按照遗传学的说法，从产妇受孕的那天开始，婴儿的器官开始逐步发育，经过 9 个月之后，才能发育完好，尤其是呼吸器官和大脑。消化器官相对来说发育较早，因为大量的酶是生命所必需的。

早产婴儿住在恒温箱中，并辅以适当的医疗护理，可以像在子宫里一样继续发育。

密切监控

20 年来，早产儿护理取得了巨大的进步，几乎已经做到最好。从此以后，早产儿从出生地转移到新生儿特护病房要保持温度恒定。几项重大发现显著地提高了早产儿的存活率，尤其是辅助计算血液中氧含量的供氧服务；严格根据婴儿所需营养，肠外营养连续直接入胃的技术；以及能加快肺成熟的合成肺部表面活性剂的研发。

早产儿出生后便被安置在无菌恒温箱中以保持体温恒定、躲避细菌的侵袭。保温箱的内部安装了起保护作用的有机玻璃，或者直接在婴儿身体上盖一层塑料薄膜。

有时，医护人员会给婴儿戴一个小小的眼罩，把他放在蓝光环境中，这是为了避免婴儿因肝脏发育不成熟而导致胆红素升高。

婴儿经不起一丁点儿热损耗，所以要穿戴着毛料的小帽子、小袜子。相反，如果需要调节婴儿的呼吸和皮肤颜色，就不能穿太多，只盖一层尿布就好。

每个早产儿的情况都很特殊

医学界把早产儿分为三类：胎龄 32~36 周出生的早产儿、不足 29 周且出生体重低

很多新生儿病房采用一种叫作 NECAP 的新护理方法：医护人员仔细观察每个婴儿后，根据他们各自的情况进行护理。这样可以避免在婴儿睡觉的时候制造不必要的光线和噪音吵醒婴儿，也可以对每一种病痛进行治疗。9~12 个月之后，这些婴儿恢复良好，比别的婴儿发育更健康。布列斯特大学医疗中心（CHU de Brest）是最早使用这种护理方法的医疗机构之一。

> 如今，生育护理技术越来越先进，出现了"袋鼠"护理法，也叫"母婴"护理法。所有的新生儿病房都可以用这种方法护理新生儿。"袋鼠"护理法出现在哥伦比亚，由于当地缺乏恒温箱而研发使用。早产婴儿一出生，母亲便把他抱在怀里，皮肤贴皮肤，让婴儿贴紧母亲的胸膛。用自己的心跳和周围环境低沉的声音抚慰婴儿，使婴儿保持37℃的恒定体温。婴儿一天24小时都待在母亲怀里，需要进食时就母乳喂养。在法国，医生让恒温箱里的早产儿尽可能多地与母亲待在一起，他们睡在自己的房间，受到充分的照料护理，母亲定时抱他们一会儿（每天至少1小时）。皮肤接触的好处多多：能够减少婴儿呼吸暂停和心动过缓的风险；还能保持婴儿睡眠、体温稳定；有助于保持温暖、体重增长；重要的是还可以培养母子关系。在医护人员的关心鼓励和科学建议下，母亲能够没有担忧地了解、照料自己的孩子。早产的母亲或多或少会有挫败感、会自责，这种护理方法可以让她们重新找回自信。

于1千克的低体重儿、不足28周且出生体重低于1千克的超未成熟儿。一名美国医生曾成功挽救了一个胎龄26周、出生体重仅244克的婴儿。但手术成功并不意味着婴儿将来没有生命危险，因为，早产儿越早于预产期出生，体重越低，生命开始得就越艰难。英国一项为期已有10年的研究表明，26周出生的婴儿只有50%的存活率，其中41%在认知方面有严重的障碍，只有20%健康发育。

出生时间接近预产期的婴儿存活率较高：28~30周出生的婴儿存活率有60%；32周，75%；36周以上，95%。然而，护理的困难在于每个早产儿的状况都不同，即使他们的胎龄和体重一样。

或多或少会有些脆弱

胎龄不同，出生时情况不同，早产儿要发育到正常身长和体重所要花费的时间也不同，有的婴儿需要几个月，有的甚至需要两年。有些早产儿会比其他人更容易呼吸道感染或者消化功能紊乱。尽管新生儿医学不断进步，医生也一直在与新生儿疾病做斗争，依然有20%的早产儿存在运动障碍、精细运动困难、认知问题，长大后表现出学习障碍。

早产儿刚出生时生命非常脆弱，必须住院一段时间以便确保发育健康。回到父母身边时，他已经和正常孩子相差无几。早产儿的住院时间有长有短，视婴儿出生时的状况而定，短则数周，长则数月。出院时，婴儿的体重应达到2.4千克，并且能够用奶瓶喝水。不过，早产儿出生后第1年，他的发育状况有别于足月儿，母亲应做好心理准备。12~15个月之后，这种差别会渐渐消失。

评价早产儿的发育情况，并不是以出生日期为准来算月龄，而是需要运用矫正月龄计算。计算方法如下：矫正月龄＝月龄－（40－实际孕周）÷4。比如宝宝32周早产，现出生后4个月，他的矫正月龄应是2个月。算法是：4－（40－32）÷4＝2。

双胞胎与三胞胎

随着超声波检查的出现，多胞胎的出生不再像从前一样令人意外。通常情况下，您有时间为他们的到来做好准备，但现实与想象之间往往存在差距。您的日常生活会充满骄傲，也会充满忧虑。

被推迟的会面

首先，您必须从分娩中恢复。也许您是剖腹产的，这种手术会带来一些小麻烦。通常，您第一次与宝宝们见面的时间十分短暂，因为多胞胎很少能足月出生：45%的双胞胎和90%的三胞胎都是早产儿。这些孩子一出生就被放进了保温箱。如果出生体重正常，宝宝们只需在保温箱中待几个小时，如果早产的状况需要护理，则要住长得多的时间。因此，您需要等待一段时间才能真正把孩子抱在怀里。

66 双胞胎会出现"双重身"的问题，即既是自己也是别人。从出生之日开始，父母便尝试区分他们，但这种区分往往是基于想象而非事实。区分的意识很好，因为尽早且长时间地区分双胞胎十分重要，可以避免他们变得一模一样。比如，可以采取不同的养育方法。同卵双胞胎更难区分，因为他们长得几乎一模一样。对于担忧自己教育状况的父母，建议不要犹豫，请及早咨询专家。正如勒内·扎左（René Zazoo）所说，几个小措施便能证明"这对双胞胎不存在"，一对双胞胎中的每个孩子都能发现和创造不同。这位双胎妊娠专家还提出了双胞胎"情侣"的概念。他有一位年轻的朋友，双胞胎哥哥要结婚了，弟弟却感到非常痛苦，如同要跟恋人分手一般。99

管理亲密关系

那一天到来的时候，您要正视它，并且学着与他们相处。有些妈妈说在他们渴望疼爱的目光中感觉到了沮丧。怎么做才能把"众多的"宝宝一一照顾好呢？您把一个抱在胸前，另一个也大声嚷着要妈妈。您总是顾此失彼，因此而感到内疚。所以，一离开产房回到家，别犹豫，让爸爸来帮忙，好的习惯应该尽快养成。如果您的丈夫时间有限，请家人和朋友共同分担。

有人帮忙，您就不需常备不懈。偶尔把双胞胎中的一个委托给乐意帮忙的亲朋，您可以更轻松地照顾另外一个。从最初的几周起，合理安排与他们相处的时间，这样有助于建立独特的亲密关系。别犯错误，比如，总是把双胞胎中的同一个给爸爸，自己照看另外一个。因为，不管哪个宝宝，都既需要父亲也需要母亲。

双胞胎的出生对于大孩子来说是个大烦恼，特别是在他还没准备好的情况下。面对双胞胎他可能会感到孤独。此外，双胞胎占用了父母太多时间和精力，老大会觉得没有自己的空间。这时，父亲作用重大，应该跟大孩子保持独特的亲密关系，帮助他和妈妈轻松相处。有时，必须要请人帮忙照顾双胞胎，好留出一些时间来陪伴大孩子。

随之而来的家务活

无疑，父亲是第一次休陪产假，祖母和外祖母都被拉来帮忙。每天要喂 14 次奶，换 14 次尿布，脏衣服堆成了山，夜里一再被"二重奏"吵醒。

希望双胞胎睡觉、喝奶的时间一致，不然工作量要增加 1 倍。您可能没算过，要知道您每天大约要花 12.5 个小时来给孩子换尿布、洗晾衣服！

您可能会选择母乳喂养。如果您的孩子出生时状况不好，母乳是非常有益的，因为它有很多功效，比如，容易消化。您的双胞胎会频繁地要奶喝。如果您不堪重负，可以给妇幼保健中心打电话求助，保健中心会派一名保育员去您家里为您提供宝贵的建议。

区别对待

双胎妊娠专家认为，每个婴儿都是独一无二的，成为一模一样的双胞胎只是因为别人的看法。这说明周围环境非常重要，会促进（或阻碍）两个孩子个性的发展。

这里有一些建议可以帮助您：不要给双胞胎起读音接近的名字，比如柯丽娜和卡琳娜（Coline, Carine），朱利安和达米安（Julien, Damien）。叫他们各自的名字，而不是笼统地喊一声"双胞胎"。此外，哺乳时间也至为关键，最好给双胞胎轮流喂奶，喂完一个再喂另一个。跟每一个孩子都保持特别的母子亲密关系。同样，别给他们穿同样的衣服，婴儿服也要穿不一样的颜色。另外，尽可能地为每个宝宝安排属于他自己的角落。让他们每个人都有自己的床、衣服和玩具。这样，您将促使宝宝拥有不同的表现，形成自己独特的个性。

共生关系

快速地观察一下双胞胎，您会发现，他们能够互相满足。两个小伙伴一起游戏、一起聊天，互相陪伴，互相理解。这就是幸福！也可以说这对双胞胎很孤僻：如果父母不留意，他们往往会离开人群，两个人一起玩。二人组合的运行相当完美：一个策划，另一个跟上。他们按照自己的能力来划分任务：一个更强壮，另一个则更机灵；一个筹划游戏，另一个则充当发言人。如果是龙凤胎，一般是女孩占主导地位。有人会觉得这种互相配合令人振奋，实则不然，因为这种情况可能会耽误孩子早期的学习。

残疾婴儿

在 9 个月的时间里，您梦想过，想象过您的宝贝是一个完美的宝宝。您为他取名字，挑选新生婴儿的衣服，把他的房间布置得像安乐窝一样，所有一切都是为了准备迎接他。但当他出生那一刻，您所有的梦想都坍塌了。这个刚出生的小孩与别人不同。

晴天霹雳

根据不同的情况，在分娩之前，或孩子出生时，或出生后的几个月里，孩子身上的残缺会被发现。医生们会尽力去确认这一诊断。他们会寻找残缺的性质、严重性及原因。医生会尽可能很谨慎地告知残缺的存在，但这也不能减轻作为父母面对这一情感冲击及老天如此不公平的待遇时的痛苦。不管是何种残缺或是何时被告知，这一过程通常是缓慢和痛苦的。心理变化的过程就如同参加葬礼一样：对孩子的到来有所期待而孩子却没有如期赴约的悲伤，这悲伤甚至会伴随终身。

基因的残缺会让父母认为，由于一些基因的谜团及规律，使得他们身上的某种疾病遗传给了自己的孩子，他们要负主要责任。这是其中一种最艰难的情况，特别是计划要另一个小孩的想法也变得不可能了。有残缺小孩的父母经常描述他们的生活充满了痛苦、悲伤和孤立无助。对他们来说，这是一个很难愈合的伤口，一种不能摆脱的负罪感，以及面对别人异样眼光时的难以忍受。

> 66 围绕在这个有残缺的小孩及他的家庭身边的工作人员应该要结成同盟。也就是说，残疾科专家医生、普通医生或是儿科医生要每天紧跟这个孩子的状况；小孩的功能恢复训练师、神经科医生、心理专家应该要聚集起来形成一个良好的合作关系，以高效的工作来给予父母希望。正是由于这些早期的干预，这个小孩在今后的生活中将会少一点儿艰难。即使是一点点进步，也会给他以最快的速度融入童年生活环境的机会。如果医生不那么悲观，且只要父母能够承受得了事实及不否认残缺的存在，所有的一切都有可能实现。在法国，有残缺的小孩自 2005 年起能进入幼儿园和小学就是一个很大的社会进步。即便如此，精神上的融入又是另外一回事。很多父母可以适应孩子有残缺这一事实，却不能很好地处理随孩子长大而出现的诸多情况。这样的家庭里的其他孩子都很敏感，因为父母会对他们要求更多。这也正常，在家庭关系中，总是会有一些比较和竞争存在。99

理解并接受

每对夫妇会根据他们的不

微小或是中度的残缺是经常碰到的情况。由于日益精进的超声波检查，很多残缺可以在出生前被诊断出来。有些可以直接在子宫里接受治疗，而有些则需要出生后通过药物或手术进行干预。由于产前的诊断，医生团队可以提前做好干预准备，并能够在最理想的条件下实现治疗。原来非常严重的残疾情况，有可能在头几个小时或几天中危及孩子的生命，现在已经可以让孩子很快地接受手术，得到治疗。婴儿出生后所做的检查，能够使之后的诊断及治疗尽可能地减少残疾对于孩子的健康及今后生活质量的影响。

同期待而做出不同反应。当听到这个晴天霹雳时，有些父母会自我防御而否认残缺的存在，然后在第 1 个月里拒绝承认。另外一些父母会接受这一事实，然后找到医生并且希望听到，治疗或是手术可能去除这一残缺。很不幸的是，往往并不存在奇迹。研究表明，如果父母理解和接受这一现实并且愿意帮助孩子战胜困难，所有的一切将会变得乐观。一个有残缺的小孩需要父母更多的帮助和爱，只有这样他才能够发挥无限的可能。当然，他同样也需要理解。虽然每天看着这个未来并不明朗的小孩可能会心碎，但父母应该要尽最大的努力不让他感觉到。所有的这一切取决于整个家庭的态度：要么认为他与其他普通孩子一样，要么认为他完全是个例外。

衡量残缺情况

相对来说，外表畸形是经常遇见的。其中一些可以通过超声波检查而得知。父母要提前做好准备来迎接这个与别人不同的小孩的到来。例如有的小孩一出生时就有唇裂（也被叫作"兔唇"），这可以通过做手术来修复。

其他可见的畸形还有双脚的位置不正常：如足内翻和跛脚。而阴茎、外阴和阴道的畸形应该要尽快做手术，因为这会让父母觉得他们的小孩既不是男孩也不是女孩，而且，在向政府机关申请人口报备之前，应该要先确定小孩的性别。

有一些畸形不会立马显现出来。如法国 10% 的新生婴儿有尿道畸形，每年大约有 6000 个婴儿有心脏方面的疾病。通常来说，在婴儿出生后的第 1 周里做手术会让他有生命危险。一些先进的专家团队正在发展危险系数低的治疗措施。

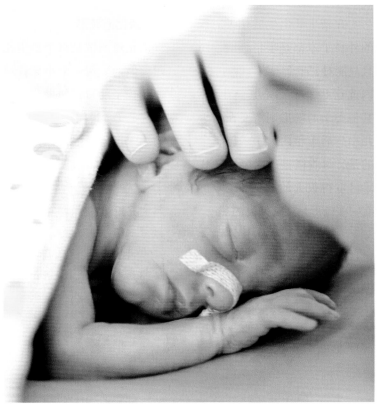

新生儿的生理缺陷

法国约有 1% 的新生儿出生时有畸形。可见的畸形可以用超声波检测，在这种情况下新生儿的父母会有心理准备，从而能够更好地应对手术的压力。不可见的、危及新生儿生命的畸形就另当别论了。

外科手术

就算碰上在新生儿出生后几个月就能治好的畸形，很多父母还是认为这是一件很不公平的事。接受需要一个过程，也需要医学团队对于畸形的治疗及其对日常生活的影响给出详细具体的解释。

在新生儿出生后几天进行的外科手术都是很精细的，而且只能对"生命器官"动手术，因此这些手术都是紧急手术。其他类型的畸形则需要在新生儿出生后 1 年内动手术。不幸的是，尽管微型手术领域的技术已取得很大的进步，至今仍有一些畸形是无法修复的。

"可修复"的畸形
• 心脏畸形

法国每年约有 6000 名新生儿出生时有心脏畸形，但其中只有一半是比较严重的。值得注意的是，由畸形引起的心脏病会让体循环和肺循环发生错乱。手术要在新生儿出生后的前几个星期内进行。有一些心脏畸形有皮肤乌青的症状，比如说主动脉错位暴露在心脏外。这种情况要在新生儿出生后头几天进行开心手术将主动脉复位。

• 消化道畸形

消化道测试是每个新生儿必须要做的。用一个小导管一直通到孩子的胃，如果存在阻塞也就是"食道闭锁"，孩子就要动手术了。新生儿外科技术的进步给这种手术的微型化提供了条件。新生儿的肠道畸形在刚出生时就会被诊断出来，在条件允许的情况下，需要立即动手术。

• 呼吸道畸形

呼吸道畸形通常是部分畸形阻碍到呼吸，需要立即手术除掉呼吸道畸形的部分。肺的再生功能很强，手术后婴儿永远不会因此出现呼吸衰竭的状况。

• 尿道畸形

尿道畸形也就是从肾输送尿液到排泄口的通道的畸形，

在不远的将来，基因技术可能会在某些疾病的治疗中得到应用，特别是某些比较罕见的病。基因治疗的显著疗效已经在"完全缺乏免疫力"婴儿的治疗中得以展现，这些婴儿天生缺少抵御外来感染的免疫系统的细胞。基因疗法就是植入一组健康基因到新生儿的体内。其他的基因疾病同样也可以用这样的方法得到治疗。基因技术的进步也为预测医学的发展开辟了道路。鉴于现如今人们越来越关心病情潜伏期的问题，基因技术已经应用在一些新生儿病情的检测上，尤其是内分泌问题的预测上。

所有的手术都需要技术人员（不少于6人）和预防措施的支持。手术一般在日间医院进行。所有的用品都是婴儿的大小：特制的手术台，微型器械，连手术纱布都是特制的。

多数情况下都会对婴儿实施局部麻醉。婴儿的肝还没有发育完全，有些药物无法化解，因此在麻醉药的使用上也是定剂量的或者特制的，与成人的标准不同。

占新生儿畸形情况的10%。经过精准的放射性监测后，可以用带有微型摄像头的内窥镜来完成修复性手术。

• 腭　裂

这无疑是新生儿外科中最先进的领域。如今，各种程度的腭裂都能在婴儿1岁前修复。腭裂通常在母体中就能被超声波检测出来，出生后马上做手术。腭裂是婴儿在母体内第2个月面部组织的错误组合造成的。腭裂分为三种：单侧性腭裂、双侧性腭裂和完全性腭裂。有些腭裂只是唇部裂开，而完全性腭裂是牙龈和软腭的裂开，双侧性腭裂是上嘴唇往两个方向裂开。程度轻的腭裂只需要做一次修复手术，而双侧的或者触及到软腭的腭裂则需要两次修复手术。嘴唇上的手术在刚出生后就会做，这样就不会影响婴儿的吮吸功能，也能减轻家人的心理压力。牙弓和腭帆的手术在婴儿出生后第1年末进行。如有需要，在腭裂婴儿出生前，婴儿的家人就可以寻求心理上的支持。一些专业的医疗服务机构在孩子还在子宫里的时候，就安排父母和孩子出生后手术的主刀医生以及有同样经历的父母见面。如今，各种程度的腭裂都能很完美地修复。

• 生殖系统畸形

阴茎、外阴、阴道，这些器官的畸形都能够被超声波检测出来，但不应该借此确定婴儿的性别。基因学、生理学和内分泌学的检测能够确定婴儿是男孩还是女孩，但父母想不想知道才是最重要的。父母这时通常需要一些心理疏导。无论孩子性别是什么都应该被父母双方接受，而不是等到孩子出生后再讨论接不接受的问题。

• 足部畸形

新生儿的脚是有点儿向内翻或者向脚背部翻的。这种形状会在婴儿出生几天或者几周后消失。常见的跖内翻、内翻足和前脚内翻，都是胎位不正造成的。需要在出生后的几天内用运动疗法和固定器械进行治疗。

从另一方面来说，有一种畸形足是有点儿难治的：脚掌和脚尖都向着里面。治疗主要通过运动和夹板，而且要从婴儿出生后第1天就开始治疗。这样才能避免或者推迟手术治疗。

日常清洁

在日常的洗浴后，为了预防皮肤感染和过敏，需要对婴儿身体的一些部位比如眼睛、鼻子、耳朵里的正常分泌物进行特别清洗。

日常洗浴

在给您的孩子洗澡之前，自己必须要先洗手。给孩子喂饭前及换尿布前后也是需要洗手的。

具体洗浴细节

● 鼻 子

只要孩子还不会擤鼻涕（2 岁或 2 岁半之前），就应该主动检查孩子鼻孔内是否清洁。用生理盐水沾湿棉球，轻轻湿润孩子鼻腔内的分泌物，这样孩子打着喷嚏就能把鼻涕带出来了。

● 耳 朵

用一个干的小棉棒清洁耳廓，棉棒不能深入至耳道里，每周 1~2 次。别忘了耳朵后面也需要清洁。千万不能用小木棒，因为这样会把耳垢推进耳道，造成耳垢的堆积，更有可能伤到孩子的耳朵。

● 眼 睛

每只眼睛分别用一块生理盐水沾湿的棉纱从里侧向外侧轻轻擦拭。

● 指 甲

前几个月最好还是不要动孩子的指甲，因为稍微剪一下都可能会引起指甲组织的创伤。为了不在洗澡时刮伤孩子的脸，您需要把您的尖指甲小心地剪成圆形。

● 皮 肤

用天然的肥皂，如有条件可用防过敏的或者 pH 值是中性的。洗澡时的水一定要充足。不要用带香味或者掺色素的肥皂。

孩子身体的每一个缝隙都要洗到，比如：脖子、颈背、肘关节、腋窝以及大腿和胯部之间。

● 生殖器官

用沾湿水的纱布清洗就可以了。给小女婴清洗时，把阴唇分开，从尿道口到肛门擦拭。给小男婴清洗时，在 4 个月前千万不要显露龟头！因为对于小男婴来说，包皮和龟头粘连是十分正常的现象。只要卫生条件好，就能避免所有类型的感染。过早地显露龟头对于孩子来说没什么用，应该等待它们自然分开。医生认为包皮在男婴无法做好自我清洁的时候保护了龟头不受尿液的感染。他们建议在孩子 6 个月之后清除包皮垢，也就是包皮上的一

> ❝ 每当您照顾小孩觉得很开心的时候，把洗澡当作一次交流、玩耍和分享温柔的机会吧！您会发现这时候您的孩子会发出最美妙的咿呀学语声。最好是爸爸妈妈轮流给孩子洗澡。当然，如果爸爸不喜欢做这件事，那还是尊重他的选择吧。❞

婴儿专用的乳液、霜和沐浴露能够保证其化学成分的剂量适用于孩子娇嫩的皮肤，其中很多都是通过了皮肤科和儿科医生的测试的。而且，此类产品受到专管工业产品化学成分的 ANSM（法国国家药品与健康产品安全局）的监管。在此领域还有一些品牌（比如 Cosmebio 和 Ecocert）能够保证至少 97% 的成分是天然的。

些脂溢性分泌物。

● 头 部

人们常常会看到婴儿的头皮上有乳痂，这是皮脂过剩的产物。把凡士林或者杏仁油用棉布均匀地涂在头皮上，一个晚上它就会自动脱落了。

衣物的清洗

至于衣服，您可以给自己减个负，所有衣服交给洗衣机就好了（把需要冷水洗的羊毛衫分开来）。尤其是在孩子出生的头 2 个月，建议还是把他的衣服和您的衣服分开洗。要选用比较轻柔的、无磷的、不含能引起过敏的柔顺剂的洗衣粉。

贴身衣物需要每天清洗，但睡衣和婴儿连体衣如果不脏的话可以两天洗一次。床单要一个星期换一次。要经常检查床、床垫是否干净。别忘了，孩子的玩具也需要定期清洗。木头和塑料用清水涮洗，毛绒或者布玩具要用洗衣机才能把上面的细菌和过敏原洗干净。

纸尿裤的选择

要购买刚好合适您孩子的尿布，不能太大也不能太小。为了防止侧漏，可以把纸尿裤的腰带往里面扎一下。要确保您孩子的长袖内衣或者衬衣在纸尿裤外面。

男婴和女婴的纸尿裤是不一样的，区别在于吸水棉的位置不同，男婴纸尿裤的吸水棉在中间往上的位置，而女婴纸尿裤的吸水棉在中间。

为了避免起红疹而去看医生，还是建议您选用棉的纸尿裤，而不是纤维的。棉质比较适合婴儿臀部娇嫩的肌肤。几乎全部用一次性纸尿裤的法国妈妈们也开始小心地尝试可清洗的尿裤了。这种尿裤的一部分是布，里面有一层用防过敏可降解材料（竹子、麻和棉）制成的纱网来吸收孩子的排泄物。一个防水的三角裤把孩子的整个胯部包得严严实实的，不会侧漏。三角裤是由涂着聚氨酯的布料做成的。

这种可清洗的尿裤外形各异，但都能在洗衣机里以 40℃ 温度清洗。它有两个优点：从可用的时长上来看十分实惠；从使用的材料上来看十分环保，因为这种尿裤是完全用可降解的材料做的。

香皂的选择

因为婴儿皮肤的特殊性，并不是每一款洗浴产品都适用于婴儿。

建议您使用简单一点儿的香皂，没有香味也没有色素的，这样您的孩子才不会有过敏反应。通常来说，一块简单的马赛牌香皂就足够了。但这种香皂会降低皮肤的 pH 值，部分孩子用后会皮肤干燥。

因此，您还可以选择"反香皂"的产品，pH 值是中性的，也就是中性香皂。这种大块的香皂能够有效防止皮肤干燥现象的产生。

您也可以选用燕麦牛奶香皂，固态的和液态的都有。

美妙的沐浴时光

对于婴儿来说，洗澡是日常所需。在给他洗澡的过程中，您不能被不相干的人所打扰，特别是电话。要知道，发生事故的可能性还是相当大的！

早上或晚上

皮肤是一个有生命的有机体，由皮层组织构成，通过自然的微生物现象，最深处的皮层组织推动表面皮层组织，使后者脱落，清洗可以用来清除残留物。

每天的洗澡对保护婴儿的皮肤必不可少，因为婴儿的皮肤具有特殊性：皮下脂肪层（皮肤下的皮层细胞用以聚集脂肪）非常细小，但拥有非常大的吸收能力，并且皮肤的血液循环非常表面化，这使得婴儿的皮肤呼吸是成年人的2倍。

对于婴儿第一次洗澡的时间，有两种不同的看法。有些医生认为，婴儿出生后的第一天就可以洗澡；另一些医生认为，最好要等到肚脐伤口完全愈合后。相反的是，没有一项医学说明建议是早上还是晚上洗澡。一般认为，以个人舒适为主，但晚上洗澡有使婴儿镇静的功效。仅仅要注意一点：要在进食之前给您的宝贝洗澡，

如果是饭后，可能会打乱他消化功能的运行。

快乐的5分钟

洗澡水的温度和浴室的温度至少要分别达到37℃和22℃。请提前准备好所有您需要的东西：襁褓垫、尿布、毛巾、肥皂（建议是泡沫多的肥皂，因为不会使婴儿皮肤干燥）、卫生手套、婴儿洗发水、浴衣。

新生婴儿的洗澡时间不要超过5分钟，而且千万不要擅自离开。摘下电话或是连接电话录音，您将不会有接电话的想法。洗澡是一个非常重要的交流时刻，不仅是孩子与妈妈之间的交流，同样也是与爸爸之间的交流。如果是第一次给孩子洗澡，您可能会感觉到紧张或手忙脚乱，不过很快您将会发现并知道您的宝贝在浴盆里漂浮着是多么快乐：摆脱了重力，他开心地挥动着双臂、踢着双腿。在婴儿3~4个月时，要尝试给他洗头。

因为您的孩子会大量流汗，他的头皮会变得油腻。如果您洗到婴儿的囟门，不要害怕，这个部位比你想象的要坚固。不要一直使孩子的上半身高出水面，要慢慢地浸湿他的颈背让他习惯。注意不要弄湿了他的脸颊，因为这可能会让他很不喜欢。

需要特别提醒的是，由于婴儿洗澡的时间很短，在洗澡的过程中没有任何理由再加热水，而且，这个动作通常都是极其危险的。

在洗澡时，婴儿经常注视着俯看他的成年人，对于他来说，这是一个练习发声的机会。找一个对您和您的宝贝来说都是很理想的洗澡时间。当您感到婴儿不愉快时，最好还是另选时间洗澡。

别忘了经常建议爸爸也参与这个时刻。就像您一样，他将会见证您的宝贝如此放松与幸福，挥舞着他的双臂，踢动着双腿，试图第一次发声。

戴着面具的朋友——浴盆

　　很多浴盆款式很新潮，但是在使用时要做好防护措施。已经发生过很多事故，因为婴儿浴盆给父母一种错误的安全感。浴盆可以支撑着婴儿，但它不能阻止婴儿翻转或滑落水中。父母对于浴盆的使用不能掉以轻心。

给婴儿洗澡的步骤

　　在给婴儿洗澡之前，要仔细地清洗您的手。脱去孩子的衣服，先给他清洗臀部：首先清洗臀部周围，然后用湿的棉纱擦拭。千万不要忘记了擦拭褶皱缝隙处，因为那里会留着脏东西。如果是女孩，从前面往后面清洗，这样可以避免肛门病原体入侵阴道。

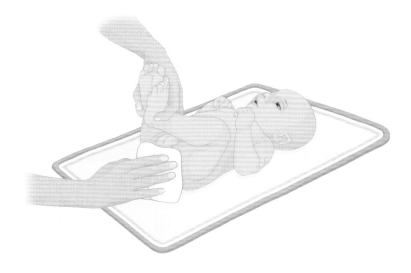

　　左手托着颈部，右手托着臀部（如果您是左撇子，那么左右手交换位置）。将婴儿滑入水中。

　　当他开始习惯了洗澡，慢慢放开支撑臀部的手，让他自由地在水中踢动。如果您感到轻松，那么他也一样。

　　用您的手轻轻地给孩子全身涂上肥皂，从颈部开始，不要忘记了褶皱缝隙处。然后清洗他的双臂、胸部、肚子、屁股和大腿，最后为他冲洗全身。

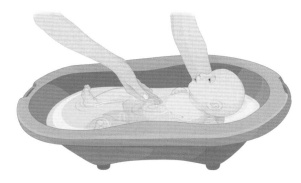

穿衣的正确手法

在第 1 周，把婴儿的手臂伸进衣袖或是给他套一件衬衣，您可能会感到手足无措。但是很快，您给他穿衣的动作会越来越熟练。这里还有一些建议可以帮助您更快地学会给婴儿穿衣。

穿衣服的时刻

当您给您的宝贝穿衣服时，要使他仰躺着面对您。请您利用好这个时刻，紧紧跟随他的目光，并且告诉他身体各个部位的名称。渐渐地，他将会知道他有一个脑袋，两只手臂，两条腿。通过这个方式，您可以帮助他建立自己身体的一个完整构图。穿衣服的时刻对于母亲与孩子之间的关系非常重要。

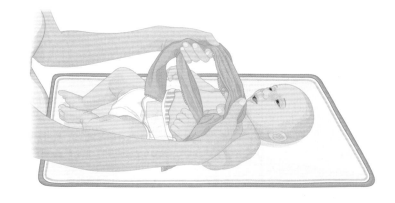

怎样穿套头上衣？

将婴儿仰躺面对着您；
卷起领子以使领口扩大到最大；
快速地让婴儿的头部穿过领子；
轻轻地抬起孩子把衣服扯到孩子的肩膀。

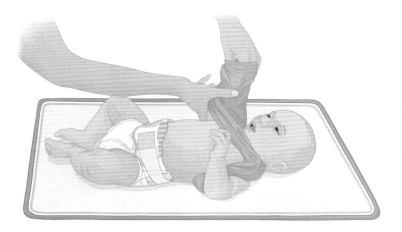

将您的手伸进袖子，将它卷起并扩大到最大；
抓住婴儿的手并将手穿过卷起的袖子；
将袖子从肩膀处放下。

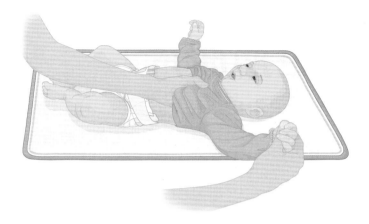

用相同的方法通过另一只手臂。

怎样穿连体衣?

卷起衣服的裤腿放置于婴儿的脚边;

将他的一只脚滑入已经卷好的裤腿,然后将裤腿提至腿肚中间;

另一只脚也是如此。

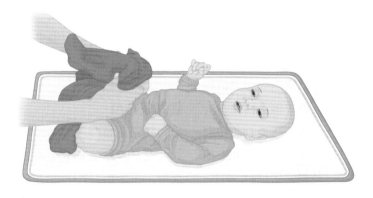

将连体衣提至婴儿的腹部及胸部。

用上面同样的方法将手臂穿过衣袖。

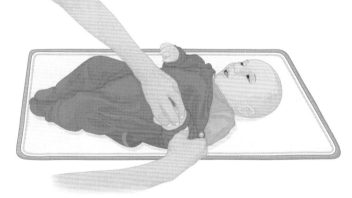

将您的孩子轻轻翻转,让他俯趴着,扣上衣服背面的扣子。

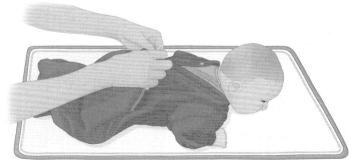

如何正确地更换尿片

给婴儿换纸尿裤是母亲照管中一个普通的、经常性的动作，但也同样需要您的注意。即使是婴儿，他也有可能在 15 秒内从婴儿尿布台上翻转和滑落。这是婴儿跌落的一个主要原因。

合适的时间

理想的时间是在给孩子喂食之前或喂食之后换纸尿裤。在喂食之前换的话，不至于太过打扰到一个刚刚喝完奶的孩子。但如果他很饿，换尿布对他来说会不舒服。而且，特别是对于还在喝母乳的婴儿，他身上有一种胃结肠反射，刚好在进食时会引起排便。在这种情况下，为了保证他在消化食物阶段能够熟睡，人们建议在喂食后换纸尿裤。

好的技巧

用水和肥皂清洗您的宝贝。要擦干他的皮肤，您还可以用防水药膏来保护小孩的肌肤，这可以在药店买到。这些防护措施可以防止由于婴儿肌肤脆弱而引起的尿布疹。一天之中您要给孩子换大约 6~7 次尿布。尿布或纸尿裤会直接接触到他的皮肤，上面的棉网托着小孩的臀部及生殖器官。对于小男孩，建议在包上尿布之前，将他的生殖器朝下放置，这是为了防止他由于撒尿而引起皮肤过敏。

婴儿尿布台

婴儿尿布台总是那么不尽如人意，因为很多婴儿从上面掉落。在婴儿 1 个月大的时候，他就已经非常好动了，有可能在几秒内，他会自我翻转、爬行和滑落。即使有的婴儿尿布台配备了所谓良好的安全系统，当婴儿在盥洗或在换纸尿裤时还是需要被长时间地固定住。婴儿尿布台的材料要符合一些安全准则及要有"符合安全规定"的安全标贴。固定婴儿的腰带必须可调节，宽度要大于或等于 25 毫米。折叠桌的配件在售卖之前就被检测了上千次。婴儿尿布台上的浴盆应该能耐热、耐寒和抵抗突发情况。在婴儿尿布台的外包装上要提醒父母注意：不要单独将孩子留在桌子上。

您也可以用一个简单的婴儿床垫。选择一款两边高度至少 15 厘米，且有能固定住婴儿的腰带的床垫。腰带同样需要有一个内置金属固定在床垫上。

> 66 在给婴儿换纸尿裤时，可以让家中的哥哥或姐姐帮忙。为了防止家中大孩子们的遗尿现象，可以让他们参与婴儿的洗澡和换纸尿裤，他们大部分会觉得恶心而拒绝。根据他们所看到的，他们会极力保持自己的清洁。这同样也向他们展示了，这个婴儿的确不能自理。对于家中年长的哥哥或姐姐来说，这个时期正是渴望自理的时期，这样可以尽可能减轻他们的嫉妒心理。99

床垫的背面必须防滑，可以防止婴儿腰部扭动时垫子移动或滑动。婴儿床垫的安全支架两边是硬直的，可以阻止婴儿来回滚动。床垫是用塑料泡沫做的，可以被固定在某种家具上。塑料泡沫中的聚苯乙烯可以被粘住并且很难凿穿。也可以选择以聚氯乙烯为原材料的两边高凸的充气床垫，厚度是前者的2倍。这种材料平滑、好清洗，已经在医院被检测过了。它还有一个安全拉钩来拉住气门，防止气门突然打开而漏气。

时刻看护

　　为了孩子的安全，千万不要将您的孩子单独留在婴儿尿布台上，甚至几秒钟都不行。一不注意，他就有可能翻滚、掉落，这样会很疼。把所有您需要的东西都准备好，万一有电话打进来，抱着孩子去接电话，或是把他放在地上。为了免于打扰，您最好启动电话录音。特别是在需要紧急换尿布或是在一个您不熟悉的地方时，要更加小心。在不熟悉的婴儿尿布台或是沙发的一角紧急换纸尿裤时，不要过于自信。如果可能，尽量在地上完成。在外面的公共服务区，用之前请考虑清洁下婴儿床垫。请用消毒布条或浸了肥皂水的棉花来清洁。

逐步更换纸尿裤

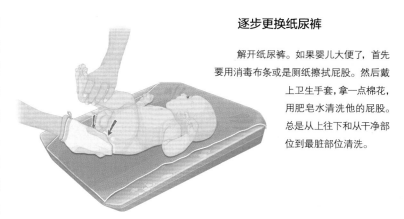

解开纸尿裤。如果婴儿大便了，首先要用消毒布条或是厕纸擦拭屁股。然后戴上卫生手套，拿一点棉花，用肥皂水清洗他的屁股。总是从上往下和从干净部位到最脏部位清洗。

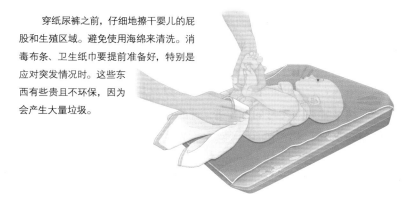

穿纸尿裤之前，仔细地擦干婴儿的屁股和生殖区域。避免使用海绵来清洗。消毒布条、卫生纸巾要提前准备好，特别是应对突发情况时。这些东西有些贵且不环保，因为会产生大量垃圾。

当孩子皮肤干爽时，给孩子穿上新的纸尿裤。注意不要太紧。

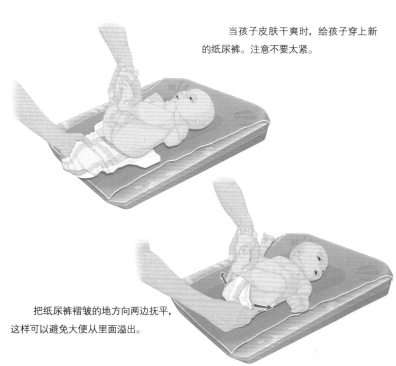

把纸尿裤褶皱的地方向两边抚平，这样可以避免大便从里面溢出。

理想的房间

您的婴儿，即使很小，也应该有他自己的房间。所有儿科专家、医生及心理学家都赞成这一观点。为了您与丈夫的舒适及小孩的舒适，为他准备一个理想的房间。

专门属于他的一角

如果您的房子太小而不能为他准备一个单独的房间，那么至少尝试给他找专门属于他的一角。为了方便照看小孩，他的房间最好要与父母的紧挨着，但要避开房子当中吵闹、通风及向阳的房间。不要经常变换他房间内的装饰，也不要相信房间的四面墙全是白色会使小孩得白盲症。为了适应他的房间，您的孩子需要一些标记：气味和一个有吸引力的不规则装饰可以让他很好地享受自己的空间。随着年龄的增长，他会逐渐自己决定他周围的环境。

装饰及墙面粉刷

婴儿房间的墙面及地板要是可以清洗的。对于装饰，这是个品味问题。对于墙面，您可以只选择白色，或者是明亮的粉色，这样可以让房间更加光亮。如果墙面粉刷还没有完成，请您再等 1~2 个月再继续粉刷，尽可能不要让您的孩子睡在新粉刷的房间里，必须要等到墙面上的挥发性物质消失后。请选择自然的丙烯酸涂料。在买油漆之前，请仔细阅读油漆桶上的信息，确保产品符合环保标准，且挥发性有机化合物（VOC）含量较低。如果您选择墙纸，不要选择太过花里胡哨的图案，这会使您的小孩眼花缭乱。

唯一一条须认真执行的建议：请尽量选择棉织品或混合棉织品，特别是宝宝摇篮上或床上的装备。这样您清洗起来不会费劲。

安全和方便

宝宝的房间要绝对安全。还是少放一些家具为好：床或摇篮是不可少的；一个可以放置衣物的抽屉衣柜，并且在这上面可以放置婴儿床垫，可以快速地换洗尿布；一张扶手椅，这样您可以坐在那给孩子喂奶；一个简单的篮子装着一些小玩具；还有一张折叠式躺椅，给宝宝醒着时用的；如果您选择一款带有浴盆的婴儿尿布台，最好将它放入浴室，这样可以使您的宝宝有个完美的盥洗过程。以上所有东西，都要符合必不可少的卫生及安全

> **❝** 不要经常变换宝宝房间的装饰。他需要自己在房间里辨识一些标志：如墙和家具的颜色，或者是根据时间变化在墙上的反映来判断光明和昏暗。正是这些才能保证他安然入睡。慢慢地，他会喜欢上这个地方并且会认为在这里睡觉非常舒适。**❞**

规定。最好选择可洗的、坚固的及合理的材料。要知道，婴儿尿布台是一个相对危险的家具，它是造成婴儿跌落的一个很重要的原因。所以，请您选择稳定及宽大的婴儿尿布台。

合适的温度

房间里的暖气设备要保证充足且均衡，使房间温度在宝宝睡觉时达到 18~19℃，当宝宝离开了床时，温度为 21℃最合适。不要忘记要保持适合的空气湿度，这样小宝宝们可以更好地呼吸。方式可以是放置一桶水在暖气旁或是安装加湿器。记得确定加湿器里水的多少，并且为了卫生，经常换水，因为如果不这样做，加湿器会发霉而滋生细菌。只要一有机会，打开窗户使空气对流。在冬天也不例外，不流通的空气会使细菌和微生物蔓延。

房间的朝向也是需要考虑的，因为使房间变热比变冷更容易。房间朝向东南方是最好的选择。床的位置也尤其重要：由于磁场的原因，人们发现婴儿头朝北能睡得更好。

安乐窝

对于摇篮，一些规定已经说过，建议用稍微硬一点的床垫，选择用植物纤维，或是塑料泡沫材质，或是弹簧床。有些床垫的套子是防螨虫的，而且冬天和夏天可以自由更换。为了更好地清洁卫生，建议选择不透水的柳条材质的床垫，同时它也可以耐 90℃的高温洗涤。宝宝不吐奶或是尿液不溢出是很少见的。床单的选择您可以随心所欲，只要准备好至少 3 条用来换就可以。买枕头就浪费了，宝宝们最好平躺着睡觉。至于被子，最好还是选择呢绒材质的。对于那些一直都想探索发现、好动的宝宝，可以让他们在睡袋里睡觉或者用睡衣式被子。

您可以决定让您的宝宝从他出生那天起就住进一个"趣味乐园"。选择一张一侧可以放下来且可以调节高度的床，这样可以方便您抱起宝宝。注意：这种类型的床也是有安全规定的，记住要选择符合国家标准的样式。当您将宝宝放入床中，他可能会不知所措，可能会有把头朝向固定方向的习惯，甚至紧贴着护栏，以此来减少他活动的位置，让他更有安全感。如果他的头靠着护栏，您不需要太担心，它足够结实，可以承受木材的硬度。

有许多父母觉得用"婴儿监视器"可以更好地照顾宝宝。但必须知道这种机器会释放出多少电磁波，这些电磁波对婴儿身体健康的影响尚不清楚。如果释放过量的电磁波，意味着必须要离宝宝的床远一点儿。

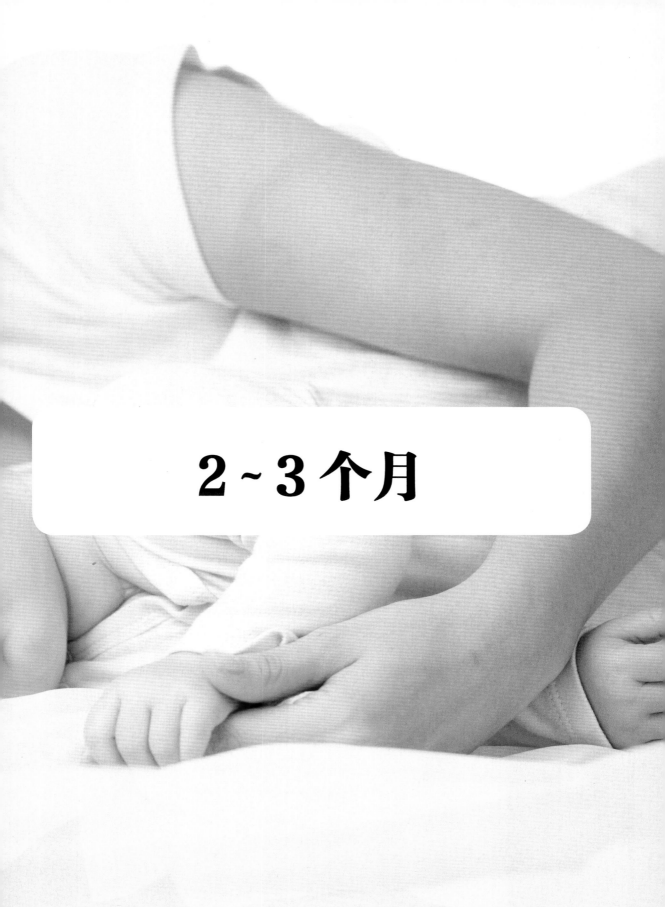

2~3个月

您

"我的宝贝,自从你出生以后,我觉得你的妈妈就在你的周边筑起了一道爱的栅栏。好像她不相信我有做爸爸的天赋!那她到底相信什么呢?为什么在照顾孩子方面,爸爸的能力比不上妈妈?其实我也一样,我会朝你微笑、会轻轻地抚摸你。此外,你也能马上认出我。我想成为对你而言,和她一样重要的人。当她转过身时,我就靠近你,和你说话,但她非常生气!她非常希望我能帮她,但却又事事争先。你们两个看上去相处得那么愉快,有时候我觉得自己与你们格格不入。

在育儿方面,爸爸应该和妈妈享有同等的权利。我不明白,其他爸爸们也一样不明白,为什么我们没有 3 个月的产假,如果有的话,我们便能与妈妈们一决高低。我发现在宝宝出生后的前几个月里,妈妈们为做到'原始母爱的全神贯注'痛并快乐着,我想说,其实爸爸们也想贡献他们'原始父爱的全神贯注'。"

您的孩子

- 平均体重约为 5 千克,身长约为 60 厘米。

- 能越来越好地竖起头。趴着时,他能将前臂贴在地上,然后将头部以及肩膀抬起。同时,他还能够从仰卧翻转到侧卧。

- 能紧紧抓住被单并往自己身边拉,也能拿得住较轻的物体并无意识地摇晃。他会玩弄自己的手,也会随着物体的移动而转动自己的头。

- 如果是人工喂养的宝宝,看到奶瓶,他会兴奋地抿嘴。

- 他开始离开摇篮接触婴儿游戏床了。此外,他还发现了洗澡真正的乐趣,因为他喜欢被人轻轻地抚摸与按摩。

- 白天的时候,他能离开妈妈待在托儿所或育婴保姆家中。

- 日常饮食:每天 700~800 毫升的母乳(或一段奶粉),分成 5~6 次。

小万人迷的诞生

在这个年龄阶段，宝宝已经能够认出妈妈。随着时间的推移，宝宝的这种意识也将不断完善。从宝宝出生的那一刻起，他和妈妈之间就建立起了紧密的联系。只要妈妈教宝宝如何去爱，宝宝就能很快学会，因为宝宝就是这么一名有天赋的学生。

交流需求

妈妈对宝宝的爱是一段漫长的历史，可以追溯到妈妈怀孕的阶段。在宝宝刚出生的时候，在新的环境里，即宝宝脱离母体的时候，宝宝虽然不能够进行基本的交流，然而却有基本意识：本能反应和感官。把宝宝放到妈妈的肚子上，他会自然而然地爬到妈妈的胸前，依偎在妈妈的怀里，并表现出自己可以很好地吸奶。与此同时，宝宝还锻炼自己的感官：触觉、嗅觉和味觉。于是变化就发生了。几个月来一直盼着宝宝到来的妈妈从宝宝最初的行为中看到了他对爱和呵护的需求。妈妈引导着宝宝，给予他关怀。随着月龄的增加，他们之间最初的关系不断加深。发现这个脆弱的小生命具有人性的同时，他们的关系得到进一步发展。

无法抵挡的魅力

宝宝对妈妈的爱最初是建立在所有哺乳动物的共同需求上的：被喂养和受呵护。宝宝又有一种特殊的期待：他等待妈妈教他如何去爱，同时为了得到母爱又奉献出所有的爱。从出生的那一刻开始，宝宝与妈妈之间就建立了优先关系。

接着，更加令人惊讶的事情出现了：宝宝开始吸引妈妈，哭啊、笑啊，依偎在妈妈的臂弯里，两眼盯着妈妈。妈妈就这样融化在宝宝的甜蜜乡里，一有空就看看宝宝，关注宝宝对外部刺激的反应，同时也注意那些围绕在宝宝身边的人，包括自己的家人和其他成年人。从出生开始，宝宝就好像对照顾他或者更简单地说和他说话

的人特别感兴趣。人们甚至认为婴儿爱的能力和他对那些靠近他摇篮的人的固有的兴趣是有关的。大部分研究表明婴儿在出生5天后，只要有人直视他，他也可以集中目光看着这个人。因此，小家伙一来到世上就已经准备好用双眼探索世界了。

游戏引领者

所有妈妈都喜欢和宝宝"玩"，但这并不总由她们来决定，更多时候她们只是回应"刺激"。宝宝的态度决定了"刺激"的程度，他的目光、身体紧张度奠定了这种互动关系的基调。
丹尼尔·斯特恩（Daniel Stern）

一出生，婴儿就回应他的妈妈。婴儿知道通过声音和举动来表现他的高兴或生气、赞成或反对。婴儿疯狂地摆动手脚就是在说："抱抱我。"他发出咯咯的声音来引起大人的注意。相反，从很小的时候开始，如果婴儿觉得不被理解，就会转过头，避开大人的目光。

不同性别的宝宝有不同的吸引人注意的方式：爸爸和女儿之间、妈妈和儿子之间只要一个眼神的交流就能够相互理解。宝宝还能根据不同的状况来调整和选择不同的吸引人注意的方式。在父母或者祖父母的怀抱里，宝宝会根据声音的语调和音色来辨别他们。同时，宝宝能认知自己吸引人注意的能力，因为他能从父母或者祖父母那儿感受到他们无意识发出的充满爱意的气息。尤其是妈妈们，她们的行为显得很"贪婪"：使劲地亲宝宝，恨不得把他含在嘴里。宝宝和妈妈之间的和谐的爱在最初的几个月里显得尤为重要。这是一段美好的时光，久而久之总会遇到问题，要做得更好就显得更加复杂。

认为，由于宝宝好奇又无比聪明，他总在不断寻求新的体验。

这些令人吃惊的"适应"能力使妈妈不断地去想象惊喜、创造惊喜、丰富惊喜。为了持续带给宝宝新鲜感，妈妈通过听觉、视觉和触觉的主题，设计出许多不同的游戏。这时，宝宝笑了，高兴得手舞足蹈。看到宝宝开心，妈妈也满心欢喜。他们的感情完美地融合在一起。他们之间的互动通过共鸣体系进行：一个人用信号回应另一个人发出来的信号。

妈妈还扮演着调整关系的角色。因为刚开始，宝宝会感到兴奋，会变得越来越高兴、越来越活跃。之后，这种表现会平稳下来，因为宝宝对这样的互动游戏已经厌倦，他会安静下来，并经常转过头来表示不满。

渐渐地，宝宝会辨别出谁能给他带来快乐，谁会让他不开心。这是一个非常重要的阶段，因为这些观念会伴随他一生。

镜像交流

父母与孩子之间最初的关系基本是通过语言来维持的。这里的语言包括话语、手势、其他肢体动作、声音。

如果这种对爱的需求是与生俱来的，那么，妈妈作为一个"爱的主体"的选择，在70%的情况下是宝宝漫长成长过程中的产物。宝宝不能单独创造这个"爱的主体"：他只有通过长期与妈妈以及身边的人互动和交流才能产生这种特别的爱。当妈妈看着宝宝的时候，宝宝也会看着妈妈。于是，漫长的镜像交流游戏就这样开始了。

和所有其他友好的关系一样，这种爱的关系也是建立在交流与互动之上的。在妈妈无微不至的关怀下，在与妈妈亲密接触下，宝宝享受着这份安逸，也会更加依赖与妈妈亲密的身体接触。

作为回应，妈妈总是多多地抱他、多多地爱他、赞美他，用关怀不断证明她对他的爱：宝宝长得真漂亮，真惹人爱！于是，宝宝做出反应：他微笑着，试着和妈妈交流。

日积月累，他们沉浸在日常的小幸福里，关系也越来越亲密。和其他的爱一样，这种依恋终归恢复平静。有时候，宝宝表现得冷淡；有时候，妈妈又觉得力不从心。

宝宝喜欢被抚摸

宝宝能够感觉到所有触碰或者抚摸他的人，因为他的肌肤非常敏感。而抚摸作为一种爱的举动，能消除宝宝的不安，让他觉得有安全感，并证实他是被爱的。这种幸福的感觉有助于宝宝的身心发展。

温柔的抚摸

早在出生之前，宝宝就感受过抚摸，特别是当父母刚学会触摸手法的时候。实际上，在孕育阶段，胎儿感知触碰的能力就在不断增强。从怀孕的第 6 个月开始，胎儿就能对触碰做出反应。起初，胎儿能模糊地感知到一些东西，在经验的帮助下，渐渐地，这些感觉越来越清晰、明显。此外，人们还发现胎儿对妈妈腹部外的触觉刺激也能够做出反应。

宝宝出生后，他的肌肤能感知不同的触摸。神经系统把这些触摸刺激发送到大脑，之后大脑会分析这些触摸的本质属性。它们是温柔的，还是有力的？是热情的，还是冷淡的？是舒适的，还是让人感到难受的？随着环境的变化，宝宝体验到了不同的触觉：被单在脸或手上产生的摩擦，在额头上轻轻的一个吻，妈妈的乳头在宝宝双唇上的触碰。凭借其超强的吸收能力，宝宝的经验日益丰富。人类的手通过触摸来感受物体的能力是非比寻常的。因为人类的手每平方厘米就有两百条神经末梢，几乎和人们的舌头及嘴唇一样，并且指腹和末指骨的敏感度是身体其他部位的 2 倍。

其他感官所带来的信息与触觉相结合，它们的总和赋予了所有感官一个新的信号，这个信号可以用两个形容词概括：舒服的或难受的。抚摸产生的感觉与宝宝所感受到的温情和他已知的人的气息有关。人们在整个孩童时期都在追寻这种感觉。宝宝从出生的那一刻起就需要这种接触。只要看看宝宝执着地沿着妈妈的身体攀爬并依偎在妈妈胸膛上的决心，就可以知道宝宝对抚摸的需求。

优先关系

在抚摸或按摩的情况下，宝宝的身体产生 5- 羟色胺、内

> 父母都非常好奇，想知道宝宝是如何感受他们的爱抚的。毫无疑问，这温柔的抚摸让宝宝身心愉悦。我们抚摸宝宝的方式，和我们抚摸一只小猫咪一样。我们伸出手来轻轻抚摸宝宝，当宝宝开始打呼噜的时候，我们会感到欣慰、满足。在爱抚之下，宝宝很开心，双眼闪闪发光，依偎在妈妈的怀里微笑着，好像在说："我还要抓痒痒！"面对这种充满爱意的举动，宝宝也积极主动地做出了回应。

啡肽，特别是后叶催产素。这些分子传输给大脑信息：舒适。此外，抚摸的人也会出现同样的情况。我们知道后叶催产素是一种激素，它能够促进人们的友好行为，同时决定着两个面对面的人彼此之间的感情同化度。

在法国国家科学研究中心（CNRS）研究心理学的莫妮卡·罗宾（Monique Robin）研究了妈妈用不同的姿势或不同的方式触碰宝宝时，宝宝所产生的反应。她发现，宝宝的性别不同，其行为反应也不同。女婴似乎比男婴更容易感受到妈妈迷人的姿势和触碰。此外，女婴更喜欢把脸朝外或者保持与妈妈的脸相垂直的状态，也就是横着。

莫妮卡·罗宾也注意到，最初的触碰并非真正的抚摸，而是指尖的轻触，而这轻触只接触婴儿的手脚。因为当我们意识到自己面对一个如此小的生灵，而且他完全依赖他人时，这种奇妙的感觉致使我们只是轻轻地触碰一下婴儿的手脚。

平静感

宝宝喜欢被抚摸。宝宝哭的时候，把头埋在妈妈柔软又温暖的脖颈里，便能一下子安

妈妈牢牢地抱着宝宝，而爸爸则把宝宝举得老高，宝宝可以清楚地感觉到两者之间的区别。他能判断出是谁温柔地抚摸他。他的意识如此清晰以至于父母总是在相同的状况、相同的地点和时间抚摸宝宝。回想一下您抚摸孩子的方式，您会发现这是一幅可以回味一生的"唯美画卷"。回想一下当您还是个孩子的时候，您所享受过的抚摸：您会重新体验到妈妈的温柔，爸爸的小心翼翼，祖父母的满心欢喜。您会发现自己是如此热爱这些久远的爱抚与温存。家人的爱抚对精神病孩子也很有益，因为愉悦的感觉有助于孩子康复，也使父母更容易接受不同的孩子。

静下来。同样，宝宝要睡的时候，吮吸着拇指，用织物一角轻轻摩擦鼻子就能平静下来。为了让宝宝安然入睡，妈妈的身体要与宝宝分开，就好像宝宝的身体只属于他自己。妈妈用双手抚摸宝宝的身体，让他感受到安稳的气息，这样宝宝就感到自在、舒适。抚摸能让宝宝感受到妈妈的温情。为了让哭

泣的宝宝入睡，轻轻的抚摸再好不过了。在宝宝这么大的时候，皮肤是极其重要的器官。通过皮肤，宝宝可以立即感受到外部环境。皮肤起着联系外界的媒介作用。正是通过接触，才得以建立真正的"对话"。而宝宝的背部是身体中最易接受触碰和抚摸的部分，因为背部面积宽大，容易抚摸。

未成熟的视觉系统

毫无疑问，婴儿也有视觉。当您把他抱在怀里时，他那睁得大大的眼睛会盯着您的眼睛。只是，宝宝的视觉和成人的不一样，因为孩子在这么大的时候，神经连接尚未成熟。

模糊的视力

虽然宝宝的生理没有任何问题，但是他的视觉系统尚未完全成熟。他可以很好地辨别黑暗和光亮，甚至是细微的光线变化。只要有东西吸引宝宝的注意力，他就会集中目光。如果这个东西的吸引力比较大，他的目光甚至会随着物体的移动而移动，但是这个时候宝宝的视线还是保持水平的。

要让宝宝移动目光是有条件的：要么人或物离宝宝非常近，要么我们给宝宝看的东西非常有趣，能够吸引宝宝。事实上，眼科医生发现，尽管双眼能同时移动，但宝宝的双眼还不能很好地聚焦。此外，宝宝也不能很好地调节视线。此时，视觉系统受到阻碍，宝宝只能看清离自己 15~30 厘米远的东西。虽然眼球的晶状体很灵活，但是此时神经之间的信息传输效率不高。

探索第一

宝宝对一切复杂事物以及人们的面孔的好奇是难以抑制的，这和人类与生俱来的探索欲望相匹配。人们也发现，比起单调的表面，宝宝更喜欢看有纹路的表面。在 2 周大的时候，宝宝会盯着他眼前的物体，这证明了宝宝感知到了他周边的环境。在 4 周大的时候，宝宝可以盯着吸引人的物体几秒钟，不管这物体是近还是远。

宝宝看东西的能力进步神速。他所看事物的复杂性决定了他保持注意力的能力。目光的移动几乎同时伴随着头部的转动。事实上，研究已表明，前 6 周目光的移动只是由一系列的目光固定反射构成的。只有在等到 2 个月大的时候，宝宝才能真正用目光跟随一个移动的物体，甚至预测其运动。

> **❝**什么最吸引宝宝的眼球？宝宝在这么大的时候最喜欢看的要属妈妈的脸了。他窥伺妈妈面部表情的变化，然后再来做鬼脸。甚至有时候宝宝模仿我们，我们都没发现：许多宝宝的手势和面部动作是父母表情简单而真实的映射。在您不知道的情况下，那聪明的模仿者捕捉到您的表情，并再现您的面部动作。为了锻炼宝宝的视力，请把他的头放在您的前面、和他说话、对他微笑、模仿他的面部表情：于是，日复一日，您会看到宝宝模仿、识别和再创造的天赋。**❞**

虽然其他感官可以部分弥补视力缺陷，但我们知道天生视力受损的宝宝精神运动发育也相对较慢。事实上，他是缺少一些信息，这些信息能让宝宝很好地认识环境及其身边人的行为。通过微笑、模仿来与父母互动还是不够的，除了视觉游戏以外，父母还要通过其他方式与宝宝互动。多学科医疗团队和父母尽早联盟起来训练宝宝其他感官给盲婴更好的发育提供了最好的出路。

这时的宝宝能够看清他周边的环境，也知道双眼的用处。

慢慢调节

由于物体本身不大，离宝宝也有段距离，依靠神经系统里的"构图"，宝宝拥有了三维视觉空间感受，并试图抓住物体。可以拿东西之后，宝宝便能清楚地辨别物体的每一个部分，包括物体表面的凹凸不平。

现在宝宝的目光已经可以跟随这些物体移动。在快2个月的时候，这种能力已经娴熟，目光能够追赶上物体的移动。通过视觉，宝宝可以感知空间。眼睛的运动性能及手眼关系与其感知空间的能力紧密相关。离宝宝越近的物体对宝宝越有吸引力，之后宝宝才对离自己越来越远的事物感兴趣。当然，宝宝是从离自己最近的事物开始探索的。宝宝越长大，这种调节能力越得到提高，在3个

半月大的时候，达到最高峰并超过成人。这时候的宝宝能看到离自己5厘米远的物体。然而，只有在接近5个月的时候，宝宝的立体感才建立，在将近6个月的时候，宝宝才可以察觉物体的远离。

手眼协调

两名法国科学家发现，宝宝一出生就能联系视觉信息和触觉信息。他们的结论建立在这样一个事实之上：只要宝宝

拿着一个物体的时间足够长，之后，他就可以识别这个物体。这可能是手眼协调能力的基础。随着宝宝的长大，宝宝开始协调眼和手来抓住物体。在眼睛的指引下，宝宝利用手来抓住物体。手眼协调是一个基础阶段，这对宝宝的智力发展尤其重要。在5个半月到8个月的时候，宝宝对非常小的物体很感兴趣，他能追视直径6毫米的滚珠。

这时的宝宝也能够区分不同的颜色。通过在底色上画上相同亮度的另一种颜色，并把这两种颜色放在宝宝眼前，他就能区分这两种颜色。宝宝一开始对深色比较敏感，也能区分三原色：蓝、红、黄。在4个月的时候，宝宝区分颜色的能力和成人不相上下。但是宝宝的视力发育完善需要整整4年。

肠绞痛

令人印象深刻和痛苦不堪的肠绞痛发作是再正常不过的，很多婴儿都会出现这种状况。发作时，腹痛的症状很明显，宝宝也会显得很烦躁。面对这种情形，父母经常措手不及。其实，父母们不必担心，因为这种症状在几个月以后会自发消失。

很好鉴别

宝宝一天哭超过 3 小时，一周超过 3 天，那就说明宝宝可能是肠绞痛。在傍晚的时候，宝宝歇斯底里地开始哭起来，脸变得通红。有时候，他的肚子鼓鼓的，并排放气体。他不停地动，把双腿缩到肚子上：毫无疑问，他难受不堪。于是，宝宝不停地哭，父母感到无能为力，爱莫能助。在这里，请不要混淆肠绞痛和腹泻：前者指腹部剧烈的疼痛，它与腹泻无关。肠绞痛的宝宝，其大便

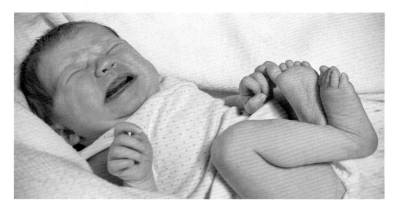

也可能是正常的。

面对如此令人印象深刻和痛苦不堪的肠绞痛，妈妈们一定要稳住，要耐心地等待，总有一天，宝宝的腹痛会消失。这是 3 个月以下宝宝常见的问题，当宝宝到 6 个月大的时候，这种绞痛会自然消失。

多种原因

儿科医生和儿童精神病科医生对这一症状的原因进行了激烈的讨论。人们首先想到的是肠道问题，因为婴幼儿奶粉

不利于肠道消化。为了弥补奶粉的不足之处，专家已经研发出了“改良”奶粉或配方奶粉。儿科医生还发现消化器官的不成熟也同样会造成腹痛。还有一些专家发现喝母乳的婴儿也易遭受肠绞痛，这是因为母乳中含有丰富的乳糖，而乳糖又不总能被肠道完全吸收，尤其在宝宝刚开始喝奶的时候。另外，医生建议妈妈们要注意饮食：不要吃甘蓝、生的蔬菜沙拉、酸奶、汽水等，因为这些食物都会在宝宝身体里产生气体。专家建议喂宝宝的时候要把宝宝稍微竖着，这样可以妨止他吞咽更多气体。

心理障碍也可能是原因之一。肠绞痛也表明了宝宝不能适应周边的人或事物，比如宝宝不能忍受妈妈照顾不周或者太过粗糙的生活。建立妈妈与宝宝之间融洽的关系是需要学

习的，并不是我们与生俱来就会的。

如何让宝宝平静下来

您有很多选择：把温水袋轻放在宝宝的肚子上，轻轻地给宝宝按摩，也可以温柔地抚摸他。宝宝哭的时候，不能置之不理，任其独自忍受痛苦和不安。首先，可以尝试着给他按摩。一边跟他说话，一边抚摸他的手、脚和脸，把您的手放在宝宝的肚子上，从肚脐向两边以画圆的方式轻轻地给他按摩。

如果不起效，就把宝宝抱起来。布雷泽尔顿（Brazelton）医生有良方：让宝宝平躺着，将他的双手交叉放在胸前，并轻轻地对他说话。这种方法经常奏效。您也可以让宝宝的头靠在您的肩上，肚子靠在您的胸上，用手托住宝宝的下背部。或者用您的前臂托住宝宝的身体，让他的头枕在您的臂弯里，并把您的手放在宝宝的两腿之间，轻轻地摇宝宝，然后把他抱到房间里。最后，您可以坐下，把宝宝放在您的膝盖上，背靠着您，一只手支撑着宝宝，另外一只手放到宝宝的前臂下面。

同时也不要忘了轻轻地跟他讲话，告诉他您爱他。这样宝宝就会慢慢安静下来，他的疼痛也会很快消失。

您要保持冷静

父母有时候难以容忍宝宝几乎无法安慰的啼哭：为了让宝宝能感到舒适，他们焦急万分，为宝宝做尽一切，可是宝宝还是哭个不停，他们不理解

这种"忘恩负义"。于是一些父母抓狂了，使劲地摇晃宝宝，示意宝宝超越了他们的容忍限度。这是一种完全无效且危险的行为。因为肠绞痛的婴儿通常非常敏感，再细微不过的刺激也会引起他的反应。音乐盒和运动的物体会让宝宝很快感到疲倦。为了平复他紧张的神经，建议最好减弱周边的光线和噪音的强度。

> 66 一些腹痛是由食物引起的。父母提出很多关于奶瓶温度、食物质量、过敏反应的问题。但婴儿处于身体发育的重要阶段，他总还是要吃东西，这样他才会长大。一次排除身体器官原因引起的腹痛的医学实验表明一些疼痛是由身心不适而引起的症状。如果孩子长大，而这种症状没有得到缓解，孩子的体质也会下降。肚子不舒服是在婴儿和成人中都很常见的问题。突发性的腹痛是婴儿身心紊乱的症状之一：15%的婴儿都会焦虑，并用身体语言表现他的不适和不安。在每天固定的时间，他开始嚎啕大哭，好像被疼痛折磨着，这让所有人都感到痛苦。尽管他用这种特殊的方式表达自己的焦虑，我们还是要保持他周边环境的安静。通常，通过母婴之间的"交谈"，会重新找到和谐。一次简单的"对话"或者对关系变化的定位就可以让所有这些迹象消失。宝宝加入到"对话"中，当人们谈论他肚子的疼痛时，他总会好奇地集中注意力来听。如果这种症状一直存在，为了不影响宝宝今后的发育，建议进行专业的治疗和看护。99

尿布疹

在婴儿使用尿不湿的阶段，80% 的宝宝至少会得一次尿布疹。一般情况下，这种症状需要 4~5 天消退。为了不让其转变成感染性病症，需要小心处理。

多种原因

通常情况下，这种皮肤炎症是由尿液、大便与皮肤接触而造成的。两大因素导致了这种皮肤炎症：宝宝的皮肤很薄（成人皮肤的厚度是婴儿的 4 倍）、很细腻，因而也非常脆弱；同时，由于缺乏皮脂膜，宝宝的皮肤对外部刺激不能起到很好的保护作用。只有等到皮脂腺成熟的时候，皮脂层才能充分发挥作用。因此，婴儿的皮肤很容易干燥并且对最轻的摩擦也很敏感。尿布疹是指出现在臀部、大腿内侧及生殖器官上的炎症。尿布包住的部位通常会长红斑。尿布或尿不湿的功能是尽可能地包住宝宝的排泄物——尿和大便。因此宝宝的臀部处在一个燥热和潮湿的环境中，而尿中的氨及大便中的消化酶会刺激皮肤。此外，尿和大便的混合物会改变皮肤表层的 pH 值。

不够卫生、腹泻、使用爽身粉、用油腻的乳状液体洗屁股（这种液体会促使大便中细菌的滋长）都可能造成尿布疹。除了上述原因之外，对清洗剂、柔软剂、尿不湿松紧带及有吸收能力的纤维棉的过敏反应也同样会引起尿布疹。这些过敏很罕见但也易于辨别，因为皮肤炎症通常是由皮肤与过敏原接触造成的。

尿布疹的两种形式

尿布疹有两种临床表现形式：隆起性皮炎和褶皱性皮炎。前者更常见，在皮肤凸起的部分，如屁股、大腿上部、腹部、生殖器官，都会因皮炎而变红，同样，身体的凹处也容易得这种红疹。后者出现在生殖器官周围以及股沟处，大腿褶皱处的皮肤也会很快变红。过几个小时，它就会破开并渗出脓水。若不及时有效地进行清洁，在白色念珠菌、葡萄球菌或者链球菌的作用下，皮肤很快就会被感染。很快，我们在皮肤褶皱处就可以看到红色的肿块、水疱或脓包。白色念珠菌引起的感染会造成发炎部位的整片红肿。

最好的预防措施

毫无疑问，预防尿布疹的最佳措施就是勤换尿布，给宝宝勤洗屁股，之后再小心地把屁股擦干。洗的时候注意不要擦，而是用干净的棉帕轻拍，并注意褶皱处。使用散热透气的尿布能减少尿布疹的病发。

喝奶粉的宝宝比喝母乳的宝宝更容易得尿布疹。因为喝母乳的宝宝排便更少。患湿疹或异位性皮炎的宝宝也容易得尿布疹。

患尿布疹会让宝宝感到非常疼痛。因此，患了尿布疹的宝宝特别易怒。在换尿布，特别是在给宝宝洗屁股的时候，宝宝会痛得哭起来。

尿布疹并发症

顽固性的尿布疹会转变为落屑性红皮病。如果这种并发症在最初的时候得到很好的护理，红疹就只会长在屁股上。相反，若未及时得到处理，它会渐渐地扩散到身体其他部位，持续8~10周，并迅速蔓延。首先红疹会扩散到整个屁股，然后是背部，之后会蔓延到腋窝、脖子、耳后等部位。厚厚的、油腻的痂盖渐渐长到眉毛和头皮上。虽然这会导致宝宝外表难看，但是宝宝的身体状况总体还算良好。

一些儿科医生建议晚上使用吸水贴对抗夜晚长时间的尿液浸泡。还有一些医生建议不要使用湿纸巾给宝宝清洁屁股。根据法国消费者权益组织 UFC-Que Choisir 的相关调查，湿纸巾可能会引起过敏，甚至是其他不良后果，特别是如果在皮肤上使用后没有及时冲洗的话。

简单的护理

尽管做了上述的预防措施，宝宝还是会得尿布疹，最好的治疗方法就是尽可能地让宝宝的屁股露出来与空气接触，尽量少用尿不湿，或者用一层薄棉布松松地包住宝宝的屁股，这样宝宝的屁股可以保持干爽。在皮疹处涂上一层薄薄的氧化锌软膏可以保护皮肤不受细菌的感染。两天之后，如果症状未见好转或者红疹扩散，最好去看医生，医生会确定宝宝是否二度感染或者合并真菌感染。

为了预防尿布疹并发症的发生，首先要保持良好的卫生。经常给宝宝换尿不湿，如果条件允许，尽可能让宝宝的屁股露在外面。如果不方便这样做，就使用更有效的药膏来避免皮肤与脏尿布直接接触。同时，只给宝宝穿棉质衣物，并用婴儿专用的洗衣液来清洗衣物。为了治疗，医生会嘱咐您使用稀释10000倍的高锰酸钾，即把0.5克的剂量加入到5升水中，来给宝宝洗澡。之后，在患处涂上氧化锌软膏。除了涂药膏以外，口服抗菌药也是必要的。

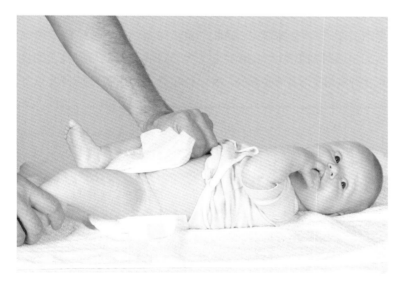

接种疫苗

如今，在法国越来越少的疫苗是必须接种的。不要把疫苗接种要求看成是对您自由的限制，因为正是通过保护您的宝宝，医疗组织保护着人们的健康。

走向未来的通行证

注射疫苗会产生某种不可见的，作用温和的"小疾病"，为了治愈这种"小疾病"，人体会产生抗体。此后，当人体再碰到这种疾病时，抗体就会提前做好防御准备。接种疫苗可以避免许多严重的并发症，并使宝宝对许多疾病产生免疫功能。然而，一些父母对这种医疗行为保持缄默，人们对此举的争论也一直存在。他们担心接种疫苗会引起严重的反应，他们也认为孩子的疾病并不严重，如果不接种疫苗，身体的免疫力反而会更好，宝宝也会恢复得更快。事实上，所有的这些争论都是没有科学依据的。

不同种类的疫苗

有的疫苗是由杀死或无活性的微生物制成的，而有的疫苗是由具有活性的微生物制成的，但是这种微生物不具有伤害力且仍具有部分保护功能。疫苗的功效各不相同：有些疫苗效果显著，比如对抗破伤风和脑膜炎的

疫苗，它们可以提供 100% 的保护。而 ROR 疫苗（麻疹、腮腺炎、风疹疫苗)的性能要稍微低些。除此之外，每个宝宝特有的感知能力也会或多或少地起到良好的免疫作用。3%~5% 的婴儿不会产生抗体，因而也不受到抗体的保护。

不同疫苗的免疫性能持续的时间也不同，随着时间的推移，疫苗的免疫作用也会减退。此外，婴幼儿时期的疾病是通过与流行性疾病接触而产生的，如今它已渐渐消失，变得越来越少。因此在固定的时期提醒大家给宝宝再接种疫苗是非常有必要的。因

为这种再接种可以使抗体重新获得记忆。现在，人们同时接种多种的疫苗，因为这样不仅更方便而且更有效：几种不同疫苗的结合功效能增强每种疫苗的功效。

大部分的疫苗是通过皮下或肌肉注射接种的，而只有卡介苗是通过皮内注射接种的。

强制的还是非强制的

住在法国的宝宝，只有 3 种疫苗是必须接种的：白喉疫苗、破伤风疫苗及脊髓灰质炎疫苗。如今，这三种疫苗被简称为 DTP 疫苗。这三种疫苗的接种包含了初次疫苗接种及重复

有关疫苗的使用说明：在疫苗接种显著延误的情况下，只要重新接种中断的疫苗即可。但请注意，只有当宝宝及其周围的人，尤其是他的哥哥和姐姐，都接种疫苗的时候，疫苗才能发挥作用。比如，人们认为宝宝感染百日咳，77% 是因为周边的人通过咳嗽和喷嚏传播疾病造成的。这就是为什么医疗机构要求 6 个月以下婴儿的父母及其他亲人注射对抗百日咳的疫苗。同时要记住，只有全部接受了 3 次"疫苗接种"，宝宝才会受到疫苗保护，也就是说在宝宝 2 个月、3 个月、4 个月大的时候都要去注射疫苗。

疫苗接种。其他种类疫苗的接种都是非必须的，建议宝宝要接种抵抗百日咳、风疹、麻疹、腮腺炎、水痘、乙型肝炎的疫苗以及具有传染性的 B 型流感嗜血杆菌疫苗、肺炎双球菌及脑膜炎双球菌疫苗。把这些疫苗联合在一起的疫苗，被称为五联疫苗。接种五联疫苗要分 4 次，宝宝 2 月龄、3 月龄、4 月龄、18 月龄时各一次。同时建议家长也要给宝宝接种其他疫苗。

很久以来，宝宝在刚出生或者第 1 个月的时候就要接种卡介苗。如今，被认为处在恶劣环境中的宝宝仍需接种卡介苗：住在法兰西岛或者法属圭亚那地区的宝宝、有家族病史的宝宝、父母来自结核病高发国家或地区的宝宝或者父母无稳定生活环境的宝宝。如果妈妈是乙型肝炎抗原的携带者，那就强烈要求宝宝接种乙肝疫苗。目前，还有两种疫苗是针对宝宝的：对抗水痘的疫苗以及对抗轮状病毒的疫苗，后者

会引起急性胃肠炎。是否接种这两种疫苗主要根据父母或者主治医生的意见。

接种疫苗后的反应

在某些情况下，接种疫苗后的 24~48 个小时内宝宝有可能会发烧，而有的时候是在 7~10 天内出现这种状况。这种反应说明机体对疫苗产生了良好的反应。有时候，父母可以在孩子接种疫苗的地方看到一个小硬包，而这个硬包会自发消失。然而，接种卡介苗会在接种处留下一个小疤痕，即卡疤，这个疤痕会保留一生。但是，一

般来说，卡介苗不会引起任何不良反应。医生建议最好在宝宝身体状况良好的情况下给他接种疫苗。如果宝宝生病，那就把接种疫苗的日期推迟，但是不要推后太久，好让宝宝接种疫苗有个固定的时间。

未来的疫苗

大部分研究致力于将疫苗接种简单化。这样的话，宝宝在出生的时候就可以通过简单地涂点儿药膏来接种百日咳及胃肠炎疫苗。其他的研究在于根据基因工程改造植物，让其产生蛋白疫苗。因此，在未来，孩子可能只要吃一根香蕉就可以接种抵抗多种疾病的疫苗。使用香蕉的原因是：许多发展中国家都生长香蕉，且香蕉不需加工就可以吃，此外，大部分宝宝都喜欢香蕉，可以很快被吃掉。这样的话，疫苗保存和运输的问题就解决了。

发 烧

父母通常都很担心宝宝发烧，因为对婴儿而言，发高烧是需要引起重视的。发烧并不是一种疾病，而是一种症状。它是身体对外界刺激的一种反应，而这刺激通常是由病毒或一些其他微生物引起的。

寻找病因

高烧在宝宝中发生的速度及突发性是非常惊人的。然而，请不要担心，因为度数的升高与导致高烧的疾病严重程度没有直接的关系。此外，在多数情况下，发烧是良性的，它在3天之内就会消退。气温在任何状况下都保持在38℃以上，才会导致体温升高并使发烧症状变得更严重。高烧达到将近40℃的时候，会引起并发症，如严重脱水及痉挛（3%~5%的宝宝都有过这种状况）。

不同宝宝的发烧症状是不一样的：有的宝宝显得很虚弱，而有的则行为正常。在未被察觉的感冒之后，宝宝在好几周内都出现热失衡。如果未对宝宝进行治疗，微生物和病毒就会一直存在其体内。

看医生

如果您的宝宝还没到6个月，即使体温不是很高，最好还是尽快去看医生。如果宝宝大一点儿，体温超过38.5℃，也同样需要尽快去看医生。如果高烧持续2天还没退，在等待医生期间，不时地给宝宝量体温，尤其是在休息之后或者饭后一段时间。宝宝房间的气温不要超过20℃。即使宝宝冷，也不要给他盖被子。如果宝宝出汗或者想呕吐，就多给他喝水，少量多次。如果汗水弄湿了衣服和被子，就把它们换掉。宝宝生病的时候，如果您把握不好合适的水温和室温，最好不要盲目地给他洗澡。

在医生到达之前，不要仅凭自己的经验给宝宝吃任何药。医生给同样大的同时又有相同症状的宝宝，开的药方也不尽相同。甚至医生给同一宝宝开的药方在另一状况下也是无效的。不看医生而自行用药非常危险：用量不当、食物与药物相克或药物相克（如果宝宝正在接受另一治疗）都会导致严重的后果。现在越来越少的医生会上门看诊，他们要求您把宝宝带到他们的诊所去看病。请您别太担心，即使在大冬天，即使宝宝烧得厉害，他一般都

您可以选用三种体温计给宝宝量体温，这三种体温计都很安全并且精确。第一种：电子直肠温度计，它在几秒内就可以显示体温。它精细、柔软的末端非常适合婴儿使用。第二种：耳温枪，它通过耳膜及血流提供的周边组织来测量红外线的温度。而左耳和右耳的温度有时候会不一样，所以最好是量同一只耳朵的温度。轻轻拉住耳廓保持耳道笔直，因为宝宝的耳道很窄小，然后轻轻插入探头。第三种：非接触性体温计，也叫额温计。把额温计放在额头正前方一小段距离，2秒钟之内体温就会显示出来。

会有惊无险地康复起来的。

选择正确的药

在中度发烧的情况下，如果宝宝行为正常，既能吃也能喝，最好等医生来治疗，但要时刻注意宝宝的体温。让烧退下来的药叫退热剂。大部分儿科医生喜欢用对乙酰氨基酚，因为其副作用小。需根据宝宝的体重来用药，每 1 千克吃 15 毫克，并以此类推，两次使用需间隔 4~6 个小时。

使用正确的药量

在选择了正确药物情况下，要按规定剂量给宝宝吃药，因为药物过量可引起副作用（肝中毒、肠胃发炎、头痛等）。同时，要使用同一种药，要么对

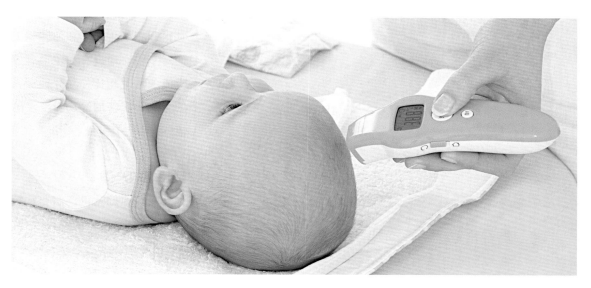

"当然，我们要寻找病因，并用退烧药的惯用方法治疗。有时宝宝会发低烧，这可能是由于身心紊乱造成的，也可能是是宝宝身体对成人身上细微的感染做出的反应。父母是宝宝身体健康的第一守卫者，他们应该以平和的心态对待宝宝发烧这样的插曲。"

乙酰氨基酚要么布洛芬。药量及喂药方式要与宝宝的年龄和体重相符。如果发烧时宝宝伴随有呕吐，可以使用栓剂。

药物作用

药物进入血液后就变得具有活性。这个吸收的过程是通过生物膜实现的：肠道内膜、液体或油脂表面的薄膜等。

喝下药以后，药物就进入人体，渗入组织。由于宝宝体内组织中的含水量高于成人，且脂肪更少，这使得宝宝体内组织的功能减弱。药物也会被肝脏吸收。由于宝宝的肝脏功能尚未成熟，不能像成人一样运作，致使他要花比成人多 2~4 倍的时间吸收药物。如果用药不当或用药过量，药也会变成毒。因此儿科医生会规定足够的药量使其达到预期的效果，同时又使其副作用最低。要知道药物更易对宝宝产生副作用，且其副作用的严重程度在宝宝身上也更大。

妈妈与工作

产假结束之后，如果您决定重返职场，也就意味着您选择了快节奏的生活。这时您就要考虑如何在有效工作与照顾宝宝之间取得平衡。

作为一名在职妈妈

也许您该先研究一下如何安排工作时间：兼职、自由职业、在家工作，同时也不要忘了父母育儿假。无论您做了哪种选择，最好把您的决定告诉您的老板。有了孩子往往会限制妈妈们的事业心。但同时也有另外一个事实：一些雇主不给她们晋升的机会。他们认为有小宝宝的年轻妈妈们经常缺勤，至少在一两年内，她们会把心思都花在宝宝身上而非事业上。对她们而言，扮演好母亲的角色比干一番事业更重要。

新的生活节奏

可以肯定，在宝宝刚出生的前几年，生活会很不易。如果您像 80% 的法国产妇一样在产后选择重新投入工作，请不要有任何自责！因为所有的照看方式都是好的，很多研究已经证明了这一点。然而，有一个原则您需要遵守：您所做出的选择要与您的家庭条件、工作时间、家庭收入、住宅、教育选择（去托儿所还是请家庭保姆）、孩子的健康状况（身体健康还是虚弱，是否残疾）相适应。一旦做出了选择，请不要在孩子小的时候随意改变您的选择，因为宝宝良好的成长需要一个相对稳定的环境。

研究表明，尽管妈妈要工作，平时宝宝都由他人看管（在家里或外面），但只要和宝宝在一起时全情投入，宝宝就不会觉得和妈妈生疏。和那些整天面对宝宝，却没有和宝宝有效交流的情况相比，几分钟深入的交流和丰富的互动对宝宝的情感发育更有益处。

> 比起其他宝宝的妈妈，因宝宝而感到焦虑的妈妈更应该继续她们的职业生涯。因为这是避免宝宝过度依赖妈妈的最好方法。将宝宝放在日托托儿所或者街区临时托儿所也是有益的。当然，这也不容易，因为宝宝对这样的分开会感到不安。于是很多妈妈觉得自己除了能考虑宝宝的事情以外，她们无法再去想其他任何事。但是我们不能一直生活在焦虑之中。妈妈必须学会调整焦虑情绪，坦然面对和孩子的分离。

延长您的产假

一些产妇觉得产假非常短

暂。通常，感受最明显的是那些急于重新工作的产后妈妈。她们既想成为"好妈妈"又想成为负责、自立的女性，这种左右为难会让她们认为产假终究还是太短暂了。无论如何，如果您觉得还没有好好享受和宝宝在一起的美好时光，根据法律：针对产褥期的加长假，您可以将产假延长2~4周。您也可以利用储备带薪休假来延长产假。

关于爸爸们

妈妈们在工作上的投入与爸爸们的工作投入是没有可比性的。第一个孩子的出生几乎不会给爸爸的工作带来太大的改变。只有1%的爸爸们会停下工作来照顾3岁以下的宝宝，而有25%的妈妈们会这么做。有2个宝宝的爸爸们会花71%的时间在工作上，而妈妈们只花29%。有1~2个孩子、又上班的妈妈们不愿牺牲任何一方面，她们周旋在这两者之间。有1个孩子的妈妈，75%都去上班；而有2个孩子的，只有65%的妈妈上班；有3个孩子的，仅有35%参加工作。

在家里，父母的分工也是不平衡的。如果年轻的爸爸们在陪产假的前11天致力于照顾宝宝，他们很快就会喘不过气。法国就业部曾有调查表明在宝宝出生的4~6个月里，只有6%的爸爸会照顾宝宝，18%的爸爸既不给宝宝换尿布，也不给宝宝喂奶，更不做其他妈妈们"该做的事"。至于家务，爸爸们一天才花1个多小时在上面，而妈妈们要花3~4个小时。此外，一个世纪以来，爸爸们陪宝宝的时间已经翻了两番。

安排工作时间

年轻的妈妈们会有选择地安排她们的工作时间。她们当中有很多人向老板提出上半天班，还有些人要求每周增加1天休息日。但是劳动合同的更改一般需要符合以下两项：

第一，老板是最终决策者；第二，在孩子出生时，您在公司的资历应该满1年。在法国通常情况下，在产假结束前的一个月要以挂号信的方式发出申请。如果申请发出的比较晚，也可以与老板协商。这些调整会引起新劳动合同的谈判。

一些公司允许年轻妈妈采取灵活、自由的方式工作。其形式具有多样性：增加平日的工作量来获得加长假，或者在管理阶层制定出的进度计划里做一个选择。最后，多亏远程办公，一些公司同意她们部分时间在家工作。

法国公务员的待遇要更好一些。因为法规规定公务员可以选择不同的工作时间：自由安排时间、供选择时间、个性化时间及规划型时间。

法国的全职妈妈：法国就业部研究局的一项调查表明，繁重的家务使80%的家庭中女性放弃了工作。2015年，有250万女性待在家里，这些女性中有25%已为人母，她们当中有很大一部分人要照顾好几个孩子。这是她们自愿做出的选择，育儿津贴在这方面发挥了很大的作用：不低于75%的女性享受育儿津贴。然而，一段时间以来，我们也发现了一些男性待在家里。2015年，法国将近有10000名爸爸选择全职照顾宝宝。

第一次母子分离

产假即将结束，您需要准备好把时间分给工作、宝宝以及家里其他的成员。您和宝宝的感情如此深厚以至于你们的分离会是一个艰难的时刻。因此母婴分离的心理"创伤"不可避免。

做好准备

实际上，对您来说，第一次和宝宝分离会很困难。像所有妈妈一样，您会自问宝宝是否会受到影响和干扰。对此您也会深感内疚。由于缺乏经验，当照顾宝宝的方式不是那么令人满意的时候，您会感到更加自责。有些妈妈面临着是否要做全职妈妈的艰难选择。解决这个内部冲突只有一个办法：面对自己的选择，同时也要知道做到一切都完美是不可能的，做完美的父母更是难上加难。当然，当我们把宝宝交到自己信赖的人的手里，和宝宝分离的时候就不会那么内疚。

在这方面，临床心理学家娜塔莉·露特赫－杜·帕斯基耶尔（Nathalie Loutre-Du Pasquier）就协调职业活动和生育的难度进行了调查。当一名职场妈妈怀孕的时候，就应该在宝宝出生前想象一下未来和宝宝的分离，否则到时候一点儿心理准备也没有。同样，她指出很多妈妈会尽可能长时间地逃避这一刻。因此，这名女研究员建议妈妈们在宝宝出生后，好好思考下这一问题，而不是等到要回到工作岗位的那一刻才匆忙地做决定。

适 应

有准备地分阶段和宝宝分离可减缓宝宝和妈妈分离时的不安。在将宝宝一整天交给保姆或者托儿所之前，最好让宝宝和他们接触几次。前几次碰面最好是在您的陪伴下进行，然后，将宝宝交给保姆或托儿所带半天，再慢慢过渡到一整天。实际上，几乎所有的集体托儿所都是以这种方式组织的。这种方式也完全适用于父母托儿所或家庭保姆。实际上，没有好或坏的看管方式，最主要的是要与父母需求相适应，特别是与工作负荷相适应，尤其是当父母工作繁忙或者由于会面时间推迟而导致您没能在约定好的时间接送宝宝的时候。您可以采纳以下一些重要的建议。关于住所与托儿所之间的距离：两者离得越近，就越有利于您和宝宝的沟通。此外还要遵循唯一一个原则：除了搬家或其他严重的情况以外，不要改变照顾宝宝的方式。因为，孩子越小，就需要花越多的时间建立安全感，任何的环境改

没有必要刻意给宝宝断奶。刚开始的时候，您只要在早上醒来时给宝宝喂一次母乳，晚上睡觉前再喂一次。当然，这一过程也许会遇到一些困难。宝宝也许会表现得很不情愿将奶嘴含在嘴里。在周末的时候，如果可以的话，就尽量多喂母乳。

变都需要他做很多努力来适应。

相互信任的关系

妈妈、宝宝及将要照顾宝宝的人接下来会很快相互认识。现在，您需要和将要照顾宝宝的人谈论一下您的宝宝（他的玩具或者习惯）以及您所选择的要实行的教育原则。不要害怕提出问题和表露您的担忧。将要照顾宝宝的人会向您解释她一天的安排、照顾的方式以及所要遵循的要求，这样每个人都可以更好地扮演好自己的角色。至于宝宝，他会发现一个不同的环境，那里有陌生的成年人，如果宝宝是去托儿所，那么他会发现一个同龄人的世

"与宝宝分离要以循序渐进的方式进行，比如，把宝宝交给爸爸。爸爸可以在分离前几周就开始着手照顾宝宝，之后至少在每个重要的发育时期，爸爸都需要照顾宝宝。让爸爸事先体验一下宝宝和妈妈分开的情形是非常重要的。当妈妈把宝宝送到幼儿园或者托儿所，宝宝不愿和妈妈分开时也需要采取一些措施。将宝宝托于他人照顾，并不是抛弃他。另外，正是通过与别人相处，宝宝开始认识世界。"

界，那里有许多和他年纪相仿的宝宝。这一切对宝宝都是有挑战的。几周之内，他会很快学会交流并结识朋友。

幸福及健康成长的宝宝

很少有宝宝会不适应新的照顾模式，反倒是妈妈们不能忍受和宝宝的分离，会焦虑、紧张。她们甚至会嫉妒照顾宝宝的人，因为这个人和她们分享着同一种感情，并且宝宝会更依赖这个人。而夜晚，妈妈们温柔的爱抚会抚平这爱的烦恼。

如今，通常是为了个人的需要，妈妈们决定产后重新工作。她对此感到很开心，而宝宝也将会从中受益。瑞士著名的儿童精神科医生克拉默（Cramer）教授认为，正是妈妈对宝宝无法言语的爱才使得宝宝如此幸福。这种爱发自内

心，不由自主，消极的情绪永远不会诞生爱。另外，著名儿童精神科医生丹尼尔·斯特恩（Daniel Stern）认为妈妈的工作会影响宝宝的生活，尤其是在意识方面。这一点在较忙的妈妈们身上体现得更明显，她们像锯齿一样被动地和宝宝交流。面对这种行为，宝宝会"自我调节"，他会学会和没时间、有时候又没耐心的妈妈进行"谈判"。这种对接受与拒绝的认识会持续一生地影响他与别人的关系。

由于妈妈工作的原因，宝宝很早就学会与别人分享自己的情感。交由别人照顾的宝宝主导着他自己的情感：他感受到快乐和痛苦（而这并非妈妈导致的），很快，他就会知道这种感情是可以分享的，是可以向别人倾诉的。

离开妈妈

应该在什么时候把宝宝托付给集体托儿所或家庭式托儿所？对于那些不能离开工作岗位又没有人来帮忙照顾孩子的在职妈妈来说，就不存在这样的问题。因为在产假要结束时，也就是在宝宝 2 个半月大（法国产假是产后 2 个半月）的时候，她就需要把宝宝托由他人照顾。

平稳地融入

对于一个孩子而言，要融入一个小团体，和小伙伴们和平相处，去适应新的环境、新的声音、新的味道，这需要慢慢去过渡并注意一些常见事项。当妈妈——这个对宝宝来说是他安全的保障的人——离开时，所有对新环境、新声音、新味道的发现都会变得充满意义。

为了使宝宝更容易地适应新环境，妈妈可以先和宝宝分开几个小时，然后是半天，最后是一整天，这个过程最好能为期 1 周。这样父母与其他人也有时间相互认识。这样的准备对于由保姆照顾的宝宝同样是必要的。

团聚的重要性

在父母离开之前，通常会和宝宝一起待一会儿。他们大部分时间其实都是在被迫补偿宝宝，因为等待着他们的家庭重任，已经把他们压得喘不过气来。然而，和宝宝分离时应该柔和些。因为宝宝需要从一种熟悉的环境过渡到另一种熟悉的环境里：从家到托儿所或者保姆的家。他高兴地依偎在您的怀里，看到并听到那个将和他度过一天的人时也会感到愉快。

处理好这两种依赖的关系并不容易。宝宝有时候甚至会拒绝您的拥抱。不，这并不是一次心血来潮，也不是宝宝想要表达他想抛弃您的方式，他只是简单地想要进一步的接触。

成熟而良好的母婴关系

通常，父母，尤其是妈妈，一方面需要把宝宝托付给他人照顾，一方面又会陷入此举引起的痛苦之中。但是，如果父母的形象已经很好地树立起来，或者宝宝非常了解他们，面对这些变化时，他们会更好受些。

对宝宝而言，他需要意识

把宝宝交给街区临时托儿所照顾的同时，您也可以选择待在家里。不论这个托儿所是公立的还是私人的，它的功能和半托托儿所一样：由保育员、护士或者助产士负责，临时看管那些妈妈在家的、年龄在 2 个月~6 岁的宝宝。工作的妈妈也可以与其达成特殊的协议：按小时照顾宝宝，或者照看宝宝半天时间。此外，托儿所也提供膳食。这样，对在家的妈妈而言，她们就有几个小时的自由时间；而对独生子女来说，他们就可以与其他宝宝接触，并通过照顾比他还小的宝宝，使他有更健全的人格。但是需要注意的是，您要提前 48 小时预约。

到他是独自生活。但只有在以下情况中宝宝才会有这种想法：他知道父母是爱他的，他懂得父母只是扮演安慰者的角色，或者父母向他表达自豪的感情—这是个乖宝宝。最后，为了使母婴分离顺利进行，应该有成熟并良好的母婴关系。这就是为什么很难断定该何时将宝宝交予他人照顾的原因。

合适的年龄段

在法国，很多宝宝在 2 个半月大的时候就进入托儿所。一些心理学家认为这对一个还需要妈妈照顾的宝宝来说有点早了。他们建议妈妈们不要把宝宝送入全日托儿所。他们认为，宝宝在七八个月的时候会对托儿所适应得更好，因为在这个时期宝宝开始会爬并开始对其他宝宝感兴趣。

也有研究表明，宝宝在

八九个月大的时候不适合进入托儿所，因为这个时候宝宝进入了怕生的焦虑期。似乎在宝宝 1 岁左右的时候进入托儿所比较理想，因为这与宝宝真正社会化的开端相适应：宝宝开始学会说话。

美国儿科医生贝里·布雷泽尔顿（T. Berry Brazelton）认为，选择何种托儿方式取决于宝宝的年龄。在第一年，最好的方法就是在家照顾宝宝，不管是妈妈带还是请人照顾。

法国的育儿假

育儿假让家长可以轻松地实行儿科医生的建议。享有育儿假的父母在这期间完全或部分地与他们的工作脱节。目前，95% 的产后妈妈都享有育儿假，但在将来，新型的关系将会改变这个数据，也就是说，到那时 25% 的爸爸也可享有育儿假。因此，生一胎的时候，

如果父母轮流中断他们的工作，可享受 1 年的育儿津贴。在生二胎的时候，如果还是父母照顾宝宝，他们就可享受 2 年半到 3 年的育儿津贴。

通常都是根据经济因素来决定谁暂时停下工作去照顾宝宝。在停下工作照顾宝宝的爸爸们当中，有 75% 是因为配偶的收入比他们的要高。他们当中 85% 都是工人或者公司职员，通常从事所谓的"女性职业"，如贸易、教育、健康或者社会工作。育儿假为无薪假期，但可享有育儿津贴。只有在公司的资历满 1 年，才可以申请育儿假并享受津贴。育儿假可在产假结束后开始，也可以推迟。育儿假结束后，父母会重返工作岗位，或者找到相似的工作。员工数量超过100 名的企业不能拒绝父母申请育儿假，但如果是小公司，那就另当别论了。

托儿所的生活

这是大部分职场父母喜欢的托儿方式。因此，当他们在托儿所注册成功时，他们是如此高兴。但其实很多人都没有意识到，托儿所也是一个开发儿童智力、观察能力及把宝宝社会化的场所。

谁照顾宝宝

法国的集体托儿所是按照非常严格的规范来操作的，工作人员通常都很专业：由一个多学科团队负责照顾宝宝。儿科护士，也可能是医生或者幼师胜任主要职能。在有40多名宝宝的托儿所，宝宝的日常生活由保育员或者幼师负责，后者主要针对2岁以上的宝宝。主管保育员通常受过护士、助产士和新生儿及婴儿健康的专业培训。幼师通常在高考后，通过一场选拔考试再接受3年的专业教育。同样，保育员会接受1年的专业培训：3岁以下儿童的看护及启蒙。其他专业人员，如心理学家、精神运动训练专家、营养师、医生，在主管的要求下都会准时出现。每个托儿所都要有1名儿科医生，他负责宝宝的医疗监督及托儿所的日常卫生。另外，这个团队当中，也包括厨师和清洁工。

如何安排日常生活

一般情况下，托儿所的每位保育员要负责照顾5个不会走路及8个会走路的宝宝。她每天照顾同一组宝宝，这些宝宝处于同一年龄阶段或者发育水平差不多。一些托儿所有时会选择把不同年龄阶段的宝宝分在一组，这样就像一个家庭一样。不论是以哪种方式，保育员都要尽力做到让所有宝宝都有安全感。

保育员照顾宝宝如厕、喂奶，监督更大一点儿的小孩吃饭，像妈妈一样照顾那些需要照顾的小孩，哄宝宝睡觉。在托儿所，每个宝宝都有自己的床、毛巾以及存放个人物品的储物柜。他可以玩游戏，玩托儿所里的玩具，也可以玩他自己的毛绒玩具。托儿所组织活动，旨在培养宝宝的运动技能和创造性。

如今，越来越多的托儿所邀请父母参与到托儿所的工作中。参与方式有很多种。托儿所可以询问父母关于其看管方案的看法，而这些方案每年都在托儿所的引导下实行；也可以选择召开托儿所会议，其目的是让父母了解宝宝在托儿所的生活、征求他们的意见，更好地了解他们的需求，并促进所有父母相互之间的信息沟通。这种会议每年召开3次。很大一部分的托儿所建立了家长与看顾人员之间的联络笔记本，并每天向父母反馈宝宝日常生活的情况。父母也可以向托儿所反馈宝宝在家的情况：失眠、呕吐、摔跤、烦躁等等。

托儿所不会自主拒收生病的宝宝，而是由所长决定是否接收。这取决于疾病的严重程度及其传染性。只要医疗条件允许，继续去托儿所的生病宝宝将接受治疗。渐渐地，人们发现托儿所也接收越来越多的残疾宝宝。巴黎一所市立托儿所甚至愿意接收 1/3 的残疾儿童。

当托儿所开门的时候，一切已准备就绪，以迎接您孩子的到来。为了给宝宝一个固定的印象，每天都是保育员来迎接宝宝，在一天结束的时候，也是她把孩子交到您的手里。几个轻轻的吻、一个小小的拥抱，就这样，他的集体生活开始了。根据宝宝的心情及他是否疲倦，保育员建议宝宝是否参与活动，或者当宝宝想远离其他宝宝待在自己床上的时候，保育员带宝宝去睡觉。有的宝宝在摇篮里玩耍，有的探索着帆布躺椅里的世界，有的则蹒跚地走到游戏毯上。最大的宝宝则被分成 3~4 组来玩游戏：搭积木、拼图、画画、戏水或玩沙。每个孩子都可以选择自己喜欢的游戏。11 点 30 分开始用午餐，之后就午休。醒来之后，宝宝们渐渐地进入游戏、听儿歌或者与他们的保育员"交流"等活动中。

过一会儿就是重聚的时候了——家长来接孩子。保育员花几分钟时间向家长讲述一天中的重大事情。宝宝们依依不舍地离开他的"保姆"，而"保姆"则希望结束这让她忙碌了一天的活动。

开发儿童智力、观察能力及将宝宝社会化的地方

托儿所通常被认为是开发儿童智力和观察能力及将宝宝社会化的地方。研究表明，去过托儿所的孩子比其他孩子更容易融入校园生活。

托儿所的运行是建立在一些基本原则之上的。它应该给宝宝提供一个安全的环境，在这里，宝宝可以根据与自己发展阶段相适应的能力及他的所需找到他想要的东西。第一个目标就是帮助他长大，标记宝宝能力的改变（布置空间和安排活动）是不可缺少的部分。实际上，托儿所的环境比较稳定，这使得宝宝可以接触新鲜事物，并让他乐于发现。但这也不排除偶然的变化。

尽管集体生活有所限制，但它为不同的宝宝提供不同的照顾，提供不同的开发儿童智力及观察能力的活动，提供不同的接待宝宝的方式。

十年以来，法国托儿所的管理人员每年都要起草一次管理方案。这是整个团队的反思工作，其目的是完善活动的运行方式并改善与家长之间的关系。这个团队要研究宝宝日常生活的不同时刻以及家庭的陪伴。比如，方案可以规定早上看护人员接宝宝的最好方式，为保育员提供建议以改善其和家长的关系，主张买一些设备，建议改变膳食或者改变游戏活动等。

托儿所的不同类型

您希望宝宝可以在同龄人中长大，并由照顾小孩的专业人士照顾。但是如果您家附近的托儿所已经满员了，您该怎么办？别担心，还有其他的解决方案。

家庭式托儿所

实际上，家庭式托儿所是一些保姆在保育员主管的负责下组织起来的。这位负责人往往要管理 40 名保姆。她要监督宝宝的生活条件、卫生状况、饮食及情感心理的发展等。她每周要去保姆家里 1 次，并让她们带着宝宝们一起每周集合 2~3 次，以协助宝宝社会化，并使宝宝们接触到自己的同龄人。

保姆应接受由专门的组织提供的专业培训。她们和父母协商照顾宝宝的时间，雇她们的家庭托儿所会给她们薪酬。

薪酬的多少取决于托儿所的收入，这与集体托儿所是一样的。

家长式托儿所

家长式托儿所依据 1901 年的法律，汇集了一批家长，以应对托儿所的短缺。它的运营需要经法国儿童与健康社会行动部（DASES）的批准。该机构明确规定了场地要达到的卫生标准，同时也指出这种托儿所必须要有 1 名全职的专业人士负责，如保育员或幼师。这种托儿所会照顾孩子一整天，但是父母必须参与到其运行当中。根

> ❝ 我赞成建立企业职工托儿所。我希望所有超过 100 名职员的企业都能有一个托儿所，我也支持在所有大学建立托儿所，这样就可以弥补托儿所的严重不足。同时，这种建在工作场地的托儿所使得父母在工作时间段也可以看到宝宝，而宝宝也可以感受到爸爸、妈妈对他那充满温情的关注。❞

据角色或者他们的能力，有的人负责照顾宝宝，有的人负责管理，有的人负责场地安排。参与情况在各个家长式托儿所是不同的。至于其他方面，是与市政集体托儿所一样的。

通常，这种托儿所接收 20 多名孩子（最多也就 25 名），他们生活在像家一样温馨的环境中。这种托儿所拥有丰富且新颖的开发宝宝智力和观察能力的经验，但同时也面临着挑战：它要求父母有一定的空余时间；另外，这种托儿所很难稳定地运行下来，因为当宝宝到了进入幼儿园的年龄，托儿所就会面临着家长的更新。

私人托儿所

私人托儿所是一种新的趋势。十年以来，两家私人企业对托儿所市场很感兴趣。在 2013 年初，法国已经有 22000 家私人托儿所。有一半的托儿所都是私立的。不论是在人员储备还

如果您知道在您家附近或者在您的工作单位附近有一家企业职工托儿所，也许您的老板会为您的宝宝在那预约一个名额，但也要交费。在法国有一家叫"我的托儿所名额"的公司在申请者（您或您的老板）和企业之间扮演着媒介的作用，因为它们为企业提供企业职工托儿名额。

是安全层面上，这些托儿所和其他类型的托儿所一样，都要遵循同样的规则。但是，在收费问题上，人们谴责它们给予经济条件宽裕的家庭优先权，因为这些家庭支付更高的月薪给它们。同时人们也指责它们不严格按照常规运行规则操作。

有些企业关心那些做父母的员工，其中一些可以为员工的宝宝"买几张床"，即为他们提供名额；还有一些建立了企业职工托儿所来帮助职员解决托儿问题。然而，目前企业职工托儿所为数不多。它们的建立及运营很大一部分受益于家庭津贴。

企业职工托儿所受到了家长们的青睐，因为它减小了早晚的压力。实际上，这些托儿所的时间安排与企业职员的时间安排相适应。只要满足以下两个条件，宝宝就可以很好地适应这种托儿所生活：第一，他们待在托儿所的时间不超过 8 小时；第二，住所与托儿所之间的距离合适。如今也有一些公司专门建立"交钥匙工程"托儿所。

微型托儿所

微型托儿所规模很小，最多只招收 10 名宝宝。它们的开放及运行模式和大的托儿所一样，要遵循一些规则。它们可受管于市镇、省议会、社会行为跨市镇中心、机构或者企业。托儿所场地应达到常规安全标准，同时它们的活动安排要有益于开发宝宝智力及观察能力。此外，它们在监督管理以及人员配备方面更具灵活性。家庭补助机构及全国社会农业医疗保险机构都会参与到微型托儿所的融资里面来。

这些特性赋予了托儿所运营的相对灵活性，尤其在开放时间方面，这一点很受父母们欢迎。结合微型托儿所和家庭看护，职场父母自己抚养孩子成为了可能。在某些情况下，父母还可以享受幼儿看护费补贴（CMG）和照顾幼儿补贴（PAJE）。

您与育婴保姆

虽然这可能不是您中意的看护类型，但是要知道，它也有很多优势。育婴保姆可以提供灵活的看护时间，并更能和宝宝建立良好的情感关系。现在，您要与育婴保姆建立真正相互信任的关系。

知人善任

如今，法国已有将近 30 万育婴保姆在照顾大概 50 万名宝宝。这是接收 3 岁以下儿童人数最多的托儿方式。这并非偶然，因为，除了人性化看护和家庭看护方式之外，这种看护方式在时间安排上更具灵活性。顾名思义，育婴保姆补充着父母的角色。同样，雇用育婴保姆是经过反复权衡的。尽管如此，把宝宝委托给他人照顾对许多妈妈来说是很困难的，对一些宝宝来说也绝非易事。如果双方相互信任，那么在交流中就不会产生碰撞和摩擦。研究发现，父母与育婴保姆之间的矛盾往往集中在照顾宝宝的细节上：使用什么牌子的湿巾、在什么时候睡觉、在什么时候吃饭、组织的教育活动是否有利于宝宝成长等等。

实际上，父母一方面想把所有心思都放在孩子身上，一方面又表现出无能为力。因此，一些妈妈们隐隐地会有一些嫉妒。她们甚至会把育婴保姆看作对手，因为后者和宝宝一起度过更长的时间。她们担心宝宝会跟保姆更亲密。实际上，她们的这种担心是没有依据的：就算宝宝和保姆有着良好的情感关系，那也比不上妈妈和宝宝之间的深厚感情。

一些妈妈会有抛弃宝宝的感觉，这种感觉在整个工作时间会一直浮现在她们的脑海里。直到和宝宝重聚的那一刻她们才得以安心。这些妈妈需要反思一下她们的这种感觉，以及这种感觉的起源：她们自己童年时代有不愉快的插曲？还是对工作的不满引起的（比如，她们在产假后并不乐意重返职场）？如果她们自己处理不好这些问题，那还可以寻求心理医生的帮助，并参考他们的一些建议。实际上，妈妈与保姆之间不信任的关系，不利于宝宝适应这种看护方式。因为宝宝可以感受到这种不和谐的气氛，有时甚至会导致宝宝产生

66 您要相信这个人（育婴保姆）在无微不至地照顾您的宝宝，她会尽一切努力来满足宝宝的需求。如果她成功了，那岂不是更好吗？在对保姆的嫉妒之下往往隐藏着妈妈的内疚。我认为，妈妈们应把保姆看成是一个同盟而不是对手。只有宝宝周围的人相处愉快，保持着良好的气氛，宝宝才能健康成长。99

> 您的育婴保姆应该是通过申报的。打黑工的人不能为宝宝的身心发展提供任何社会服务所要求的安全保障。此外，这种行为是非法的，双方都要受到处罚。最后，想想在发生事故时，您可能面临的处境。

心身疾病。

为了建立宝宝与育婴保姆之间良好的关系，慢慢地把他带到这所新的房子（保姆的家）里：第一天在保姆家待1~2个小时；之后，待2个小时；如此循序渐进。但不要忘记带着他的毛绒玩具，因为它会给他带来安全感。

有资格的人

很大一部分育婴保姆都接受过培训。她们要接受120个小时的培训才具有育婴保姆资格。在她们整个职业生涯中，要不断接受继续教育。有些保姆持有儿童专业技能合格证书，这使得她们与集体托儿所中的一些人有同等资历。

在家庭式托儿所中，她们在具有资格证的保育员的管理下工作。如果不在托儿所工作，她们还可以在保姆中介或者街区妇幼保健中心得到帮助，因为在这里，家长、育婴保姆、保育员等人都会相互交流。

她们都要参加医学考试，同时她们住所的面积、设备及环境必须要符合一定的要求。她们的资历及住所规模决定了她们招收孩子的名额，但3岁以下的孩子不能超过4名。

注意观察,您的宝宝会"告诉"您他是否喜欢他的保姆。当您把他带到保姆家，他是否很高兴再见到保姆？是否要保姆抱？在见面和离开的时候，他是否要给保姆一个吻？

做一名好雇主

为了一切可以进展顺利，遵循你们所签订的劳动合同条款是必不可少的，如工作时间、薪水、休息日、餐补等等。按时给保姆发工资、休息日给她放假等也是您的责任。努力做到守时，在双方约定好的时间接送宝宝。在迟到的情况下，要事先通知保姆。如果宝宝生病或者要去姥爷、姥姥家待几天，也要告知保姆。

您还要懂得日常礼仪。当您去接宝宝的时候，要等她打开门，同时不要以了解宝宝一天的活动内容为借口而停留太久。

同时您还要注意一些小细节。如果她做得好，不要忘记感谢她，比如在节日的时候为她准备一份小礼物，或者在您度假的地方给她寄一张卡片。宝宝会是你们之间良好关系的第一受益者。

解　雇

在双方关系不和，或者您找到其他照顾宝宝的方法的情况下，您可以非常简单地取消这种雇佣关系。在解雇方面，个人雇用的保姆不受益于现行劳动法规。但社会行为及其他法规保护她的合法权益。您可以直接或者用回执挂号信的方式把您的决定告知她，但不需要解释解雇原因。不论保姆的资历如何，都要提前1个月预先通知她。但如果你们之间的雇佣关系不到1年，那可以减少至提前15天。

家庭保姆

如果您在托儿所没有预约到名额，也没有请到育婴保姆，您就应该自己安排看护方式并雇用一个人到您家照顾宝宝。3岁以下宝宝中有一半都是请家庭保姆照顾的。

家庭保姆

请一个人在自己家里照顾宝宝是非常惬意的，但也可能比较麻烦，因为不是所有家庭保姆的性格都适合您。一般情况下，人们更喜欢性格开朗活泼的人，即使由于年龄原因，她没有照顾宝宝的丰富经验。如果您工作繁忙，也没时间教他人如何照顾宝宝，那么您就请一个受过培训并知道如何照顾好幼儿的人。在上述两种情况下，请记住照顾好宝宝需要时间，同时您在要求她做些家务时不要太盛气凌人。

在签订雇佣合同之前，建议您和她确定一下工作时间以及您所要委托她做的事情；明确地告诉她您的教育原则。可以按优先原则把任务分类，并写下来。这样可以帮助您更好地判定您所寻找的保姆应必备的各项素质，并评估她的酬劳。

做出选择以后，您也要给保姆时间来适应。您可以花一个星期时间带宝宝适应：宝宝和保姆都需要时间来相互认识。之后，经常花点儿时间和她交谈：如果您觉得她有什么事情做得不够好，要立即跟她说出来，这比看不顺眼而又缄口不言导致两人关系紧张要好得多。如果您需要她详细的时间表，也要跟她说，因为她也有她的私人生活。但是，您可以暗访以确定一切都进展顺利。

共享保姆

曾经有两家人为他们年纪相仿的两位宝宝找保姆。面对保姆短缺现状及他们的经济状况，他们决定一起雇用保姆。于是，"共享保姆"就这样诞生

在私企的推动之下，照看宝宝的方式越来越多样化。一些专业的家政公司为年轻妈妈提供全职或者兼职的"家长助理"。它们确保每一位员工都受过培训并负责所有烦琐的行政手续。唯一的不足就是这种类型的服务并不是最经济的。

一些公司提供的特殊服务：

为在特殊时间段工作的父母提供保姆，这位保姆在早上会代替父母送宝宝去托儿所或者育婴保姆家。

根据家长的详细标准认真查阅保姆简历，帮助家长选择家庭保姆。

为家长提供他们想要的双语型保姆（英语、西班牙语、德语、汉语等）。

了。一位保姆在某一个人家里照顾所有的宝宝。每个家庭都要和她签订劳动合同，这样，保姆就享有和普通员工相仿的薪资。同时每个家庭都可获得津贴并享受减少税收的待遇。

如何招聘

可以通过报纸或者网站小告示查看或发布招聘信息。一般来说，响应告示比发布告示更好。事实上，一个发布告示的人已经表现出他的动机。如果是您亲自招聘，那就要非常小心，尤其是要说明工作时间、薪水、所要求的能力以及所要照顾的宝宝的年龄。

之后可以把告示放在您所在街区的商人那儿。面包店是最好的选择——很多人会去那，尤其是妈妈们。

在签订劳动合同之前，确认此人信誉良好。如果有必要，还要查验此人的身份证件。在法国，雇主可以用普通雇佣服务支票为保姆支付薪水或者给她开个工资单：社会保险费及家庭补助金征收联合机构的网站可以帮雇主大大地简化这个任务。享受家庭补助金的家庭的消费可以减税，根据个人的家庭经济条件，减税金额不一，最多可达到消费金额的50%。

法国父母的其他选择

一些年龄在18~28岁的外国年轻人来到法国学习（一般为期18个月）。他们是吃、住、洗都包括在内的寄宿者，并且应该得到250欧元左右的酬金。作为回报，他们一周当中有6天时间要照顾所寄宿家庭里的宝宝，每天5个小时，同时，每周有2个晚上要照顾宝宝。

这些能够享受到"家庭救济"政策的实习生的真实名字应该被申报到省级劳工及职业培训部门（DDTEFP）。为了保险起见，他或她会签署公民责任险。

通过特殊的中介机构招收享有膳宿而没有劳动报酬的人更具安全性，但作为回报，父母们需要交一笔注册费。如果需要的话，可以在月末换人。在让他／她到家之前，父母们可以通过电话或者电子邮件来了解一些重要的信息。这也是考查他／她法语水平的好时机。如今，来自英语国家与地区的人越来越少，这些享有膳宿而没有劳动报酬的年轻人大都来自东欧国家、拉丁美洲或中国。对这些年轻人来说，适应不同的文化并非易事。

您的怀抱

父母们喜欢紧紧地抱着孩子，而宝宝也喜欢被父母抱着！这种拥抱让人如此安心，以至于宝宝重新找到了如母亲子宫般的安全与舒适。

公认的好处

从夜幕降临起，抱孩子就像是母子关系开始的第一个动作。它可以看作是孕期宝宝被包裹在妈妈子宫中的延续。在抱孩子的时候，母亲的体温、平稳的呼吸和熟悉的气味都会给孩子带来安稳的感觉。要是没有这种零距离的接触，宝宝可能会感到焦躁不安，尤其是当他饿的时候。

唐纳德·温尼科特（Donald Winnicott），英国著名的儿科医生和精神分析家，同时也是一位研究如何抱孩子的理论家。他专门研究了妈妈们抱孩子的方式，比如抱孩子时的松紧度以及拥抱对孩子的保护作用，他确立了拥抱的情感价值。孩子在被抱时，沉浸在抱他的人的感情和思想里，能很快意识到父母的关爱。温尼科特将抱孩子看作是把宝宝的身体展露在空间中的一个过程，这个过程让宝宝可以调节自己的安全感。在爸爸或妈妈的怀里，新生儿感受着他周围的陌生世界：他体会着新的感觉并感受了各种情感。同时，抱孩子是宝宝与父母互动的纽带，有助于增进父母与宝宝的感情。此外，这也有助于早产宝宝的身体发育。

> ❝抱孩子，不仅仅只是把孩子抱在怀里那么简单，抱孩子时的肌肤接触也会产生好处。就像温尼科特所定义的那样，抱孩子是父母与宝宝之间语言对话的基础。这种对话对成人和孩子来说都是非常新鲜的。抱孩子的姿势及抱孩子时肌肉的紧张度，会引起整个或局部身体的放松，也会造成全身或局部的肌肉紧张。
>
> 通过感受姿势和肌肉紧张度的不同，宝宝会认出抱他的人，并调整他的位置和动作：他会摆动小腿、胳膊、头，或者忽低忽高地挺胸。宝宝通过不同态度表现出被不同的人抱着时的愉快心情。因此，爸爸、妈妈或者是哥哥、姐姐抱他，对他而言都是非常重要的。父母抱孩子的姿势也会因为孩子的性别而有所不同：想象一下，如果您怀里的是个小男孩，您将怎么抱他？父母也会试着相互观察对方抱同一个孩子的方式。有的人喜欢把宝宝的头靠在自己的肩上，也就是把宝宝竖着抱，而有的人让宝宝靠在自己的胸前，还有一些人则放得更低——肚子上。因此，您可以从您的搭档身上学到很多。❞

抱孩子的艺术

多亏了婴儿背带，年轻父母才得以得心应手地抱孩子。他们利用这个育儿工具，带着宝宝在一些年轻的爸妈们会被抱孩子的方法所困扰。他们觉得宝宝非常脆弱，宝宝的头竖不起来而且还会前后摇晃。他们不知道如何正确地抱宝宝，害怕自己笨拙的动作会伤害到宝宝。其实几个简单的动作就可以迅速缓解宝宝的紧张。一开始我们可以通过话语，用几个词便可吸引宝宝的注意力，使其避免受到更大惊吓；接着，用一只手护着孩子的头和颈，另一只手放到宝宝的臀部；最后，轻轻地抱起小孩，用轻柔的动作把孩子竖起来，让他靠在您的怀里或者肩膀上。

大城市里穿梭、在田野和深林中漫步。这样他们的孩子就能心情愉悦且毫无困难地跟随着他们。非常自然地，孩子会把头靠着大人睡觉，而且行走时的摇晃会让宝宝感觉像在摇篮中。同时，我们也注意到在我们穿过街道的时候，很多爸爸或者妈妈都抱着小孩，也有些爸爸会觉得把孩子放在婴儿车中更自在。他们之所以更喜欢后者，是因为把孩子放在婴儿车中，父母既可以保持着个人的独立与自由，又能与宝宝保持着亲密关系。

有些妈妈在家里也会使用婴儿背带，她们会一边抱着孩子一边做家务，这并不值得大力推荐，因为这往往是危险的源头。但她们已经意识到使用婴儿背带有助于安抚一个躁动的、哭闹的宝宝，也有助于宝宝入睡。

合适的婴儿背带

由于婴儿背带如此方便，每个大洲都制作了自己的婴儿背带：缠腰带、背篓或是简单的布结。只要我们遵照使用方法，所有的抱娃工具都是好的。不过，为了宝宝的安全与舒适，有些规则是必须遵循的。

婴儿背带要可以很好地支撑宝宝的头部。工业生产的婴儿背带要求必须有头枕，但这并不是最有效的附属装置。最重要的是把宝宝的头很好地靠在自己的肩上，这样的话，他的头就不会左右摆动。对于2~3个月大的宝宝来说，最理想的婴儿背带应该可以使他处于像在妈妈子宫中那样的青蛙状。对于再稍微大一点儿的宝宝，必须要托起他的胯部并让他在婴儿背带里有活动空间。一些框架型的婴儿背带（背篓）并不像柔软的婴儿背带那样让宝宝感到舒适，同时，使用前者会导致父母与孩子的关系也不是那么温馨，而且父母与宝

宝可能绑得不够紧，还必须要绑一条安全带。

一个好的婴儿背带应该符合新生儿背部生理曲线。无论是把宝宝背在身前还是背上，宝宝的身体重量都要尽可能地分散到最大的身体表面上，这样可以避免腰痛。在抱孩子时，无论是把宝宝抱在身前还是背后，都要把他抱高，以免背部无法挺直或弯下。一般情况下，婴儿背带最多可以承受15千克重的宝宝。

在宝宝4个月大时，把宝宝抱在怀里靠着大人的肚子是最好的姿势。宝宝再稍大一点时，可以让他的脸朝外。因为即使宝宝很小，他也会观察周围的世界。在6~9个月时，可以把宝宝背到背上。

按摩（抚触）的艺术

按摩（抚触）往往是父母与宝宝进行交流的好时机。几个世纪以来，印度妈妈们一直给宝宝按摩（抚触）。人们发现了在宝宝发育期间与孩子进行肌肤接触的重要性，同时随着瑜伽运动的推广，按摩（抚触）得以在法国盛行。

益处多多

按摩（抚触）有很多好处。分娩之后，宝宝从妈妈的体内离开，按摩（抚触）就正好满足了宝宝需要被抚摸的天性。它还有助于让宝宝意识到自己已经离开母体，并促进宝宝对自身身体结构的了解，宝宝也渐渐领悟到自己身体的限制。不要再犹豫把按摩（抚触）作为一种治疗手段了。按摩（抚触）可以帮助宝宝战胜某种困难的考验，比如痛苦的医疗过程。当宝宝肚子痛或者每天晚上哭时，按摩（抚触）可以帮助宝宝缓解不适。

进行。首先帮宝宝脱掉衣服，并把宝宝放在软垫上，使其面对我们，然后跪坐在宝宝面前。按摩（抚触）时，动作要温柔，每个动作重复 4~5 次。同时，我们建议按摩（抚触）宝宝不同的身体部位，先从脚到大腿，接着是背部，然后就是肚子和肩膀，最后是脖子与脸部。最重要的是身体的左右两侧都要按摩（抚触）到。

为避免宝宝产生过敏反应，可以用婴儿油让按摩（抚触）的动作变得顺畅。有时也可以用乳液代替婴儿油。

理想条件

给宝宝按摩（抚触），应该选择一个恰当的时间，比如在宝宝换衣服时或者是洗澡之后。但要确保宝宝此时不是处于饥饿或疲倦的状态。

按摩（抚触）时的温度应不低于 22℃，并在轻松的气氛下

> ❝ 按摩（抚触）表明了身体接触在父母与宝宝关系中的重要性。有一些家庭，不论年龄大小，会把互相按摩作为一种日常活动，相反，有一些家庭会视其为禁忌。而且，按摩有易有难，比如当为早产或者患有湿疹及其他皮肤病的宝宝按摩（抚触）时，就比较困难。同时，病变、伤疤或者因烧伤而留下的疤痕等都会给按摩（抚触）带来困难。❞

因为按摩（抚触）会使宝宝变得疲劳，所以按摩（抚触）的时间要与宝宝的年龄相适应。通常 2 个月大的宝宝，按摩（抚触）5~8 分钟；6 个月以后的宝宝，可以按摩（抚触）15~20 分钟。

按摩（抚触）步骤

第一步：在宝宝的脚底画圈圈并以来回的动作温柔地按摩（抚触）宝宝的脚踝。

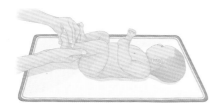

第二步：用手轻轻地从宝宝的膝盖到脚底滑动，接着用手指沿着皮肤慢慢地做反方向运动。

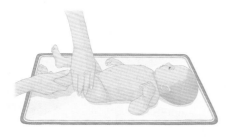

第三步：轻轻按摩（抚触）宝宝腹股沟上的皱褶，这样，你的宝宝将会放松。并且，手掌平放在宝宝腹部，轻轻地以画圈的方式按摩（抚触）宝宝的肚子。

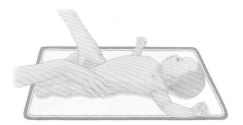

第四步：使宝宝背部朝上，手从宝宝的肩部滑到屁股，注意要打开手掌以覆盖宝宝的背部两侧。

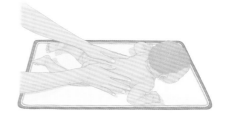

第五步：以十字交替的动作，从宝宝的右肩滑到他的左盆骨，接着从左肩滑到右盆骨。

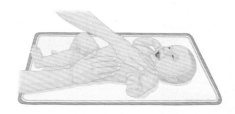

第六步：用拇指按摩（抚触）宝宝的手掌，接着轻轻地按摩（抚触）他的手指。

第七步：双手从脖子两侧开始滑动，慢慢地按摩（抚触）他的肩膀和上臂。

4~5 个月

您

您与您的孩子即将分别。要面对的第一次分别是断奶。断奶在孩子的成长过程中是不可逾越的一个阶段。对于婴儿而言，断奶有利于丰富他的食谱。自此以后，除了一贯的母乳之外，他还可以品尝到其他不同食物的味道，比如蔬菜、水果。渐渐地，您的孩子便会爱上与您或您丈夫口味相近的食物。

如果您决定彻底断奶，请不要有任何负罪感，因为这其实标志着一次巨大的进步，在心理学上，我们将这一过程称为"分离－个体化"阶段。在此之后，您的孩子会明白他不再是您身体的一部分，而是一个独立的个体，他能够脱离母体存在于世。

另一次要面对的分别则是由您重返职场的举动引起的。对于婴儿而言，离开母亲的怀抱其实是有益的，因为他可以借此机会和其他婴儿相处。而从您的角度来看，充实的工作可以减轻"母亲的焦虑"带给您的心理压力。

您的孩子

· 平均体重约为 6.5 千克，身长约为 65 厘米。

· 需要稍微借助外力才能坐直。躺着时，会不停地蹬脚；趴着时，可以轻抬头部以及肩部。他会尝试着用手去抓别人给他的物体。此外，他还会边看边摇身边的拨浪鼓，并且是十分用力地猛摇。

· 当音乐玩具发出声响时，他会回应。当有人叫他时，他会发出笑声并转头去看。他还会对着镜子笑。他不喜欢一个人长时间地待着。

· 可对各种颜色加以区分。

· 每天喝 6~8 次奶，每天 800~1000 毫升。如果他已经开始吃辅食了，午餐时还可以加一点辅食。

学会做一名合格的父亲

升级做父亲意味着男性从此以后踏上了全新的旅途。父母双方都曾在各自的脑海中设想过孩子的模样。相比于女性而言，男性似乎更难把握自己作为父亲的职责定位，因为从一定程度上来讲，男性能否成为一名合格的父亲取决于女性所留给他的空间，他并不能完全主宰自己作为父亲的命运。

在实践中学习

精神病学家认为，在夫妻生活中，"父亲"这一角色是不可或缺的，因为他能够帮助女性度过产后的退行阶段，帮助其从妻子转变为母亲，甚至帮助其修复与孩子之间的关系。有时，父亲还不得不接受年轻妈妈暂时的"蓬头垢面"，此外，他还需要理解妻子渴求被爱的心理，因为在这一微妙阶段，妻子明白自己已然不再是丈夫曾经认识的那个自己了。

选择各自的角色

此时的新手爸爸需要承担以前从未接触过的责任。因此，他的内心可能会五味杂陈，他的脑海中可能会浮现出童年的记忆。就像女性会通过回忆自己与母亲相处时的经历来帮助自己"转型"一样，男性也会通过回忆自己与父亲，甚至是爷爷/外公相处时的经历来帮助自己"转型"。这种方法可能刚开始的时候有点痛苦，但却颇为有效。通过回忆，男性可以想起自己的父亲，自己曾经与他的关系如何。对于男性而言，升级做父亲意味着自己从此以后多了一种身份，也意味着自己对人生的重新审视。

这意味着父亲与母亲的角色可以完全互换吗？那可不一定。毕竟男性没有经历过十月怀胎，也不用母乳喂养孩子。他绝不可能完全明白母子之间的深厚感情。父亲可以通过多种方式建立自己与孩子之间的关系，不管依靠哪种方式，最终父子双方都会相处得其乐融融。这也就是为什么美国有 200 万的男性选择做全职爸爸，而他们的妻子则选择继续外出工作。他们不想错过孩子成长的每一秒。加拿大社会学家安德烈·道塞特（Andrea Doucet）认为这一全新的选择会导致夫妻双方地位的颠倒，此外，还会影响夫妻双方时间（工作时间与家庭时间）的分配。

辨认爸爸妈妈

男性与女性照顾儿童的方式截然不同，比如男性抱孩子的手法与女性抱孩子的手法并

当男性选择做全职爸爸，女性选择外出工作时，我们发现婴儿居然能够分辨出爸爸何时作为"父亲"出场，何时代替"母亲"出场。父亲与母亲的各种行为举止截然不同，尤其是抱孩子的方式：孩子能够立马分辨出自己在谁的怀中。您和您丈夫也可以相互观察一下对方，看看对方是如何抱孩子的。

> 父亲与母亲应该保留自己的个性。因此，父亲不要想着变成母亲，母亲也不要想着变成父亲。在从前，为了树立父亲的威严，家人一般不容许父亲过多地接触孩子或者父亲自己不容许自己过多地接触孩子。现如今，父亲接触自己孩子的机会更多了，他可以帮婴儿换衣服，喂他喝奶，最厉害的一点在于他能帮助婴儿解决睡眠问题。父母一定要分工明确：父亲因为经常进进出出，所以象征着"时间"；母亲因为经常要抱着孩子，所以代表"空间"。父亲的进进出出以及母亲的长期陪伴有助于让婴儿形成"时间"与"空间"的概念。

不一样。男性喜欢让孩子贴着自己的脖子；女性则喜欢将孩子护在怀中。再比如：男性哄孩子睡觉与女性哄孩子睡觉的方式也不一样。男性喜欢纵向（即上下摇摆）哄孩子睡觉；女性则喜欢横向（即左右摇摆）哄孩子睡觉。男性更倾向于鼓励孩子学习站立，并陪其玩耍；女性则更愿意抚摸孩子，陪孩子聊天。这些不同的行为举止使得婴儿能够很好地分辨出谁是爸爸、谁是妈妈。

从第 6 个月开始，婴儿则懂得"看人行事"：如果靠近自己的是妈妈，那他会保持安静；但如果靠近的是爸爸，他则会摆出随时准备玩耍的姿态。父母不同的态度使得婴儿的生活变得丰富多彩。如果父亲经常照顾自己的孩子，那么孩子的心理发育会更健全。父亲唯一需要提防的是妈妈的嫉妒。

小小成就

多年以来，我们一直都在研究家庭之中家务的分配情况。现如今，越来越多的男性希望能够身体力行地参与到家庭生活中，如果给他们机会，他们会很乐意分担家务。此外，（法国）工作时间的缩短（每周工作时间缩短至 35 个小时）也有助于父亲陪伴孩子玩耍。父亲最喜欢做的事情莫过于陪孩子在家玩耍或陪其外出。相比而言，父亲不太擅长一些机械性的工作，因此，这类工作往往仍由母亲负责，如：为孩子洗澡，为孩子准备食物。因此，职场妈妈每天仍需花 3~4 个小时照顾孩子、做家务（花费在家庭上的时间由孩子的年龄以及孩子的数量决定），而爸爸每天只需花费 1~1.5 个小时。男性与女性花费在家庭上的时间差每 10 年会缩小大约 10 分钟，愿意参与到家庭生活中的爸爸往往是接受过高等教育的年轻男性。

混淆性别

心理学家认为婴儿要想与母亲建立正常的母子关系，必须依靠第三者——父亲的介入。最初的时候，心理学家担心婴儿会将父亲与母亲误认为是同一个人。但是貌似婴儿很早便能将这两个人分清。起初，婴儿会与自己的父亲保持一定的距离，之后他会慢慢地意识到父亲的价值与重要性，最后，他会与父亲建立深厚的感情。婴儿可以模仿父母不同的面部表情与肢体动作。最令人惊讶的是男孩与女孩的"表达方式"截然不同，换言之，男孩和女孩与大人沟通的方式不一样。

口味偏甜

当您给孩子食用母乳之外的食物时，您会发现您的孩子已经可以表达自己在食物方面的喜好了。所有婴儿的口味天生就偏甜，这种甜味往往存在于母乳或者奶粉之中。

与生俱来的口味

从遗传学角度来讲，婴儿天生就能够吸收乳汁，并且他特别喜欢母乳中的半乳糖以及牛奶中的乳糖这两种略带甜味的物质，似乎糖类成分能够刺激他的胃口。如果您不信，您可以用手指蘸一些口味偏甜的液体，然后把这根手指放在婴儿的嘴边；作为对比，您之后可以在同一根手指上撒一些盐……最后，您会发现，当手指是甜的时，婴儿十分愿意吮吸；但是当手指变咸时，过不了几秒钟（因为味蕾需要一些时间才能辨别出喜恶的味道）他就不愿再吮吸，甚至表现得十分抗拒，即使这是同一根手指。每位婴儿喜爱的食物都不一样，其味蕾对味道的敏感程度也不一样，有的特别敏感，有的则十分迟钝。因此，对于同一种味道，他们各自所需要的反应时间也不一样。

循序渐进

每个家庭都有属于自己的专有气味和曲调，同样的，每个家庭也有属于自己的独特口味。婴儿从很小的时候就知道自己喜欢什么，不喜欢什么。似乎每位母亲的饮食习惯都会影响自己乳汁的口感，而这些不尽相同的口感则又会影响婴儿的饮食偏好，这也就解释了为什么孩子特别喜欢自己家族的传统菜肴。一般来说，大概第 6 个月的时候，婴儿的饮食偏好就已经完全形成了，虽然此时的他并没有尝尽所有的味道。此外，食物的口感会给婴儿一种心理暗示："他们给我吃的这个东西很好吃 / 难吃。"

如果您想改变婴儿的饮食习惯，请不要着急，最好一步一步来，因为循序渐进才是成功率最高的方法。您可以渐渐地、小份量地在婴儿的食物里添加新的食材。因为只有这样才能让他在不知不觉中习惯所有的味道。

但是如果他抗拒某种味道，也请您不要太坚持，您可以换个时间再让他尝试这种味道。不过不管怎样，总有些孩子要比一般的孩子难对付，或许是因为他们的味蕾更敏感吧。

从反射到学习

似乎胎儿从第 4 个月开始，便开始喜欢甜味了，并且对本地食物的味道特别敏感。实验证明，如果往胎儿赖以生存的羊水里注射少量的葡萄糖，胎儿会立刻出现强有力的吮吸反射。

婴儿的味蕾要比成人的味蕾多，一般分布于腭部、后咽部、扁桃体处、腮部以及舌背上，其中舌背上的味蕾最多，大约有 9000 个。这些味蕾会把"味道"传输给神经，紧接着，神经又会把"味道"传输给大脑。因此，在婴儿味觉形成的过程中，味蕾发挥着最基础的作用。随着婴儿饮食习惯的改变以及年龄的增长，其味觉也会发生变化。

如果让婴儿品尝酸、甜、苦、咸这四种味道，我们不难发现，不同的味道会刺激他做出不同的面部表情，我们将这一表情称为"味觉面部表情反射"。以色列生理学家兼心理学家雅各布·斯坦纳（Jacob Steiner）教授曾经做过一个实验，通过分析对比上千名儿童，最终发现了婴儿身上这一与生俱来的反射。味觉面部表情反射有助于我们观察婴儿是否喜欢我们所提供的食物。不过，这一反射并非一成不变，它会随着时间的推移而发生改变。从出生到第6个月，婴儿的味觉面部表情反射往往一目了然。6~14个月大时，婴儿则会根据周遭的环境有意识地控制该反射。总之，食物的味道会左右婴儿的情绪。

对于出生才几个月的婴儿而言，口味和气味是密不可分的。因此，我们不难发现相比于奶粉的气味，2周大的婴儿更容易被哺乳期的女性所吸引，即使这位女性并非自己母亲。

孩子越是喜欢糖，父母就越是头疼如何处理食物中的糖分。一直以来，糖都被人们妖魔化了，人们总把肥胖症，尤其是儿童肥胖症归咎于它。但事实上只有过量食用糖才会引起肥胖。如果您不想让孩子吃不健康的食品，那么请不要在甜点中添加糖。不过，一份无糖的蛋黄派味道到底如何呢？没有了糖果和甜点的陪伴，孩子的童年应该会缺少一点儿乐趣吧。

随着时间的推移，婴儿最先闻到的往往是他常吃的食物，而非您即将要盛给他的食物。

研究人员发现，相比于儿童及成人而言，婴儿的嗅觉和味觉都更加灵敏。

此外，在品尝某种食物之前，该食物的颜色、气味、形状、构造、浓稠程度以及所处的外部环境都会对婴儿的食欲产生一定的影响。因此，当您想让孩子尝试新食物时，请不要忽略以上几点。

糖？可以，但不宜过量

正如歌曲所吟唱的，"一小块糖会让生活变得不那么苦涩"，当孩子不愿服用略带苦味或者酸味的药物时，您会发现糖可以带来意想不到的效果。我们甚至不难发现，当孩子需要接受某种痛苦的身体治疗时，喝一些糖水可以帮助其减轻痛苦。

然而，您一定要谨慎使用糖，控制好份量，切忌滥用。因为最新研究表明，如果我们前3个月一直往婴儿的奶粉里添加糖分（蔗糖），那么他将来会比同龄人多食用5%~10%的糖，而这无疑会增加他的体重。乳汁（奶粉）本身已经包含了婴儿所需的天然糖分——乳糖，因此，如果再往里面添加糖分，只会有害无益。

对于口渴的婴儿而言，您只需要给他喝水就足够了，完全没有必要给他喝糖水或是蜂蜜水，因为这只会让孩子没食欲吃正餐。

学会熟睡

从第 2 个月或第 3 个月开始，您就可以判断出您的孩子是否是位"睡神"。研究表明，相比于其他婴儿而言，身材瘦小、体重较轻的孩子睡眠时间更短。同理，早熟的孩子睡眠时间也比较短。

睡　眠

从第 4 个月开始，您孩子的作息时间发生了一些改变。一般来说，4 个月大的婴儿晚上能够连续睡 8~9 个小时。白天的时候，他一般睡 3 次，每次睡眠时长约为 1~2 小时。深夜的时候，如果婴儿中途睡醒啼哭，往往不是出于饥饿原因，多半是因为他口渴了。一旦他醒了，想再哄他入睡，可能就需要花费一些时间了。

此时的他已经养成了早醒的习惯，早醒并不仅仅因为他饿了，也有可能是因为日光的照射、生物钟的干扰。另外，请别忘了虽然他年纪还小，但是他能够感受到家庭气氛的变化，紧张的家庭气氛在一定程度上也会影响他的睡眠。总之，

> 我们经常抱怨婴儿睡觉时特别麻烦，但是其实大部分情况下，婴儿苏醒那一刻才最麻烦。我们成年人往往容易失眠，但是婴儿恰恰相反，他们容易夜醒，因为他们的神经系统还未发育完全。大部分婴儿会在父母不知情的情况下一个人突然惊醒，然后又一个人安安静静地再次入睡。但是，有些婴儿会大声啼哭以告诉父母他们现在需要安抚。很多时候，我们遇见的往往是第二种婴儿。只有闻着父母的气味，听着他们的心跳声、呼吸声，婴儿才能再次安然入睡。但是一旦当父母准备把他们放在床上时，他们又会苏醒进而大声啼哭。如果您遇到这种情况的话，请坚定自己的立场，因为这些容易夜醒的婴儿很有可能会剥夺您的睡眠权。

他的睡眠质量越来越容易受到周边环境的影响。您内心的平静能够给孩子带来安全感从而帮助他入睡。

建立睡前仪式

在婴儿的认知里，睡觉只意味着一件事情，那就是与父母分别。为了让孩子不害怕睡觉，您应该建立一个睡前仪式并帮助孩子认识仪式中所有的流程：吃晚饭、脱衣服、洗澡、穿睡衣、睡觉。一旦到了睡觉时间，您可以把他最爱的玩具给他，然后再轻轻地把他放在婴儿床上。您还可以为这个睡前仪式增添一点音乐气氛，比如唱唱歌。虽然这个仪式会耗费您一些时间，但这是帮助婴儿安然入睡的最好方法之一。当您决定离开婴儿房时，请不要因为孩子的啼哭 / 呼唤声而自我妥协。假如孩子啼哭，也请您不要将其抱起进行安抚，您只需静静地站在一旁陪他说话就好。如果您立场不够

坚定的话，会让这次"分别"更加痛苦。一旦孩子适应了这一睡前仪式，也就意味着您从此以后可以安然入睡了。然而，总有些婴儿还是会在深夜突然惊醒啼哭，绝大部分情况下，这种现象的出现是因为他们还没有学会如何在惊醒之后重新入睡。

温柔地把他放在婴儿床上

因为婴儿还不会用言语表达自己的想法，所以当他想睡觉的时候，他就会选择用自己的肢体语言来告诉您。他会停下手中的游戏，不停地打呵欠，哼哼唧唧地嘟囔着，这个时候您就应该抱他上床睡觉了。如果情况恰恰相反，他表现得特别兴奋，大喊大叫，甚至发脾气的话，这同样也代表他想睡觉了。虽然这看起来有些违背常理，但是，有些婴儿就是愿意选择这种反抗的方式来表达自己睡觉的意愿。如果是这种情况的话，要想哄他睡觉可能就有点儿困难了。很明显，婴儿此时肯定筋疲力尽了。为了平

稳他的情绪，您可以帮他洗个热水澡，放点儿音乐，轻抚他的后背。看！现在他不就睡着了吗？一个人安安静静地在角落里睡着。

婴儿一般会找一个令他安心的狭窄空间睡觉，因为这会让他感觉自己仍在母亲的体内。因此，您没必要非得让他平躺在床中央。

温柔地唤醒他

尽量合理地设定婴儿上床睡觉的时间，这样的话，他才能在合适的时间苏醒，一家人的生活节奏才不会被他打乱。在唤醒婴儿之前，请为其营造一个温馨的气氛。这种情况下，您同

样可以选择播放音乐。不过，请选择一些比前一天晚上更响亮的音乐。此外，您还可以将窗帘拉开，以便阳光能够照射进房间将其自然唤醒。如果是阴天的话，您可以选择使用灯光调节器。

请记住春、夏、秋、冬、白昼、黑夜，各有各的职能。如果天气好的话，请将婴儿房的窗户打开通通风，这同样有利于唤醒您的小"睡神"。

有些孩子会比父母苏醒得早，这种情况下，您再让他入睡是不可能的，因为他有自己的生物钟。此时，您可以往他的婴儿床里放些他喜爱的玩具，这样他便会忘记哭闹，转怒为喜，甚至可能还会忘记饥饿。

此外，如果您一直记得自己小时候半夜醒来时的那种焦虑感，您可能会认为您需要整晚陪在孩子身边。但是，请您不要冲动，四五个月大的婴儿还没有到经历午夜噩梦的阶段，此时的他只需要学会如何重新入睡。

深夜的一声啼哭

有些婴儿需要花费一些时间才能明白夜晚是为睡眠而生。他们很容易入睡，但是同样也很容易在深夜惊醒，之后，便很难一个人安安静静地再次入睡。这一令众多父母筋疲力尽的夜醒是由许多原因造成的。

他自认为饿了

4个月大的婴儿不需要再在深夜为其加餐了，但是他自己有可能保留了这一习惯。因此，他常常在深夜惊醒后需要喝奶才会再次入睡。但是，其实他并不饿，他只是"自认为"只有喝完这次奶，他才能重新入睡。此外，从消化的角度来讲，这顿加餐往往会令婴儿感到不适，进而妨碍他再次入睡。渐渐地，他也就分辨不出自己到底是饿了还是困了。同样的道理，如果婴儿养成了含着奶嘴睡觉的习惯，万一中途奶嘴不慎掉落并且找不到了，那么他很有可能就再也睡不着了。当然了，如果是含着大拇指睡觉的话，就不存在这一问题。

引起应激的环境

外在因素同样会影响婴儿的睡眠质量，比如异常的噪音。此外，孩子初次入睡时的外部环境很重要，哄孩子入睡时您应该注意这一点。比如，对于那些只有在妈妈怀抱中或是电视机声音包围下才能入睡的婴儿而言，当他们午夜睡醒后，他们会觉得茫然不知所措，因为此时的他们感知不到初次入睡时的那种外部环境，于是他们自然而然地就会大声啼哭要求恢复原状。

孩子有时还会暴露于刺激性物质之下，比如被动吸食亲友的二手烟。如果婴儿还处于母乳喂养阶段，而他的妈妈抽烟或者喝咖啡、茶甚至是酒精饮料，那么他在一定程度上也会吸收这些对自己身体发育不利的刺激性物质。妈妈即使服用一些常见药物，比如阿司匹林，也可能会对婴儿的健康造成影响。

太多的要求

有些孩子之所以睡眠出现障碍，往往是因为他们的父母不给予他们任何"喘息的时间"，又或者是因为周围环境过于令人兴奋，以致他们常常觉得身心俱疲。此外，还有些父母不尊重孩子自身的作息规律，他

> 您可能不明白为什么熟睡的宝宝会突然半夜惊醒。那是因为您已经习惯了安静的夜晚。但对于这个年龄阶段的婴儿而言，他们往往会深感不安。如果您的孩子夜醒频繁，请不要喂食药物，也请不要把他抱到您的房间，更不要把他放在您的床上。这种困扰您的夜醒现象会一直持续到六七岁。面对夜醒，只有一种解决办法：把孩子放在婴儿床上，然后安安静静地待在一旁。父母安静的存在会让婴儿感觉心安。

英国研究人员就"婴儿的出生对其父母睡眠质量的影响程度"这一命题进行了专门的研究。结论如下：新手父母在婴儿出生以后平均每天要少睡 3 小时，每年失眠 44 天。夜间哺乳／冲泡奶粉、婴儿的啼哭声以及父母自身因为身份转变而引发的忧虑、担心，都是新手爸妈失眠少觉的原因。

们常常会把孩子从睡梦中叫醒，以便让他们去托儿所或幼儿园。虽然这其实也是父母的职责之一，但不管怎样，孩子最终还是被父母给唤醒了！每当孩子房间里传来任何风吹草动，父母都会第一时间冲进去。然而种种证据表明，孩子应该学会独自在自己的房间里安安静静地睡觉。

让孩子哭一哭

如果您的孩子因为某种莫名的原因而不愿去"见周公"，您该怎么办呢？我们提供的建议虽然看着有点残忍，但却行之有效。如果您已经为孩子的睡眠营造了一个舒适的环境，那么接下来您就可以袖手旁观了。孩子可能会在一个晚上，或者两三个晚上有哭闹，但他最终还是会学会一个人独自入睡的。因此，您需要遵循的基本原则就是坚定自己的立场。不过，假如孩子是因为其他原因而哭喊，比如身体不舒服，那么您可以通过他的啼哭声来识别。

如果孩子晚上睡觉时哭泣，您决定不介入，那么请保证您的丈夫也赞成这一做法，以免夫妻之间产生矛盾。如果您实在不愿这样放任孩子继续啼哭，那么也请您不要走进他的房间，您只需要在门外轻声地安慰他就好。请告诉他睡觉时间到了，他该睡觉了。如果这一做法仍然无效，那么您可以走进他的房间，走到他的床边，但是请不要开灯，也请不要拥其入怀，您可以轻抚他的额头或者双手以便安慰他。这样他便知道自己并不孤独，您同样也可以借此机会确认一下他是否觉得闷热。

如果您住单元房的话，请记得提前通知您的左邻右舍，您要对孩子进行睡眠教育了。这样邻居们才不至于误认为您是"恶毒的母亲"。

糖 浆

法国人经常服用安定药物，这也就能解释为什么法国父母为了让孩子乖乖睡觉而常常让其服用糖浆了。这些本用于缓解咳嗽症状的糖浆渐渐被人们另作他用了。幸运的是，越来越多的医生不再为儿童开具此类药物。不过因为许多糖浆并非处方药，因此即便没有医生的处方，很多父母也可以自行前往药店购买。

人们应该认清糖浆的使用范围。这类拥有立竿见影效果的药物会影响儿童的健康。一般而言，只有当人们饱受失眠之苦而别无他法时，才可以选择服用该类药物。此外，这些具有镇定功效的糖浆会让儿童处于无梦的深度睡眠状态之中。然而，梦境对于儿童的心理发育而言是不可或缺的。梦境会帮助其分清现实与虚幻。此外，他们对于夜晚的恐惧则有助于他们更好地化解对于白昼的惧怕。因此，您需要认真思考一下，是否应该为了让孩子睡觉而给他服用糖浆呢？

消化问题

溢奶、吐奶、腹泻、腹痛、便秘，这些都是婴儿早期会遇到的问题。一般来说，这些症状都无关紧要，只要稍微改变饮食就可以解决。不过，如果是肠胃炎的话，则需要医生诊治。

溢 奶

对于婴儿而言，溢奶是再正常不过的生理现象。溢奶有时由"过食"而引起。孩子的胃不能再容下您刚才喂给他的食物，于是就出现了以下结果：食物从胃里溢了出来。更多的时候，导致溢奶发生的原因是胃里的气体：为了排出胃里的气体，婴儿会本能地打嗝，而打嗝这一动作则会导致胃里的一些食物溢出。有时，某些婴儿会在两餐之间溢奶，尤其是那些好动的婴儿。只要您孩子的饮食以液体为主，那他就有可能会出现溢奶现象。如果婴儿喝奶太快，溢奶出现的概率会更大。因此，如果是人工喂养您应该接受橡胶奶嘴固有的输出速度，请不要放大奶嘴上的孔口，也请不要放任宝宝独自喝奶以免胃部被过快填满，因为他还不懂"中场休息"。

吐 奶

与溢奶相比，吐奶发生的过程更为激烈一些。婴儿有可能只吐一次奶，也有可能不规律地吐几次，不过，您无需担心，这只是由轻微的消化问题引起的。事实上，吐奶的出现也有可能是因为出牙、耳炎、感冒（因感冒而产生的黏液会堵塞喉咙）甚至是剧烈的咳嗽。

为了避免吐奶现象的发生，您可以时不时地给婴儿喝些温水。但是，如果吐奶导致婴儿发烧、腹痛或头痛，那么请及时将其送往医院诊治。

胃食管反流

1/5 的婴儿会经历胃食管反流，作为家长，您应该时刻保持警惕。该疾病会引起胃酸逆流、呕吐、失眠、耳炎以及就餐时啼哭。胃食管反流由多种原因引起，如：贲门（食道与胃的接口部分）未发育完全，饮食不当，心身反应或肠道畸形（这种情况比较罕见）。其治疗方法如下：遵从医生的建议，尽量给婴儿食用黏稠糊状食物；婴儿睡觉时尽量将其放置在抗反流床垫上，体位以俯卧前倾30~40度最佳。此外，还可以给婴儿服用两类药物：一种用于促进肠胃动力，另一种则用于止酸。

病毒性肠胃炎极具传染性，它可以通过呕吐物、粪便直接传染给他人；也可以通过被污染过的物品间接地传染给他人，如沐浴手套、杯子、勺子、餐巾以及玩具。最主要的传播载体是手，这也就是为什么医生总是建议大家勤洗手，不仅是洗您自己的手，还有您孩子的手。

便　秘

首先，要明确一点：每天只排便 1 次或者每 2 天才排便 1 次，并不算便秘，尤其是对于尚处于哺乳阶段的婴儿而言。不论您采取何种喂养方式，只有当婴儿的排便次数少于每周 3 次；粪便坚硬、干燥（呈颗粒状）；排便时困难，甚至痛苦，才能确定婴儿真的便秘。如果您的孩子便秘，请勿慌张，您只要定时给他喝些温水（尤其是天气炎热的时候）就可以了。不管怎样，都请勿轻易给孩子服用通便剂。如果在此阶段，您已经开始让孩子尝试各种食物，那么请尽量在婴儿便秘时多挑选一些纤维含量高的食物（绿色蔬菜、水果）。如果便秘症状持续了好几天，孩子的腹部鼓胀且伴有痛感，那么请及时就诊。

腹　泻

腹泻意味着粪便呈液体状，排出时往往飞溅喷射。您只要稍微观察一下，就会发现腹泻时的粪便与平时排出的柔软粪便明显不同。实际上，对于儿童而言，尤其是对于 6 个月以下的婴儿而言，90% 的腹泻都是由食物引起的，但是不会对身体造成伤害。因此，您

请注意！您孩子的胃食管反流是不是总是由同一原因引起？其症状是不是总是一样？如果是的话，那么很有可能是孩子把这种疾病当成了一种自我表达方式。因为他还不会说话，所以，他只能通过肢体语言来"召唤"您。在学会说话之前，疾病所带来的小伤痛便成为了他最原始的沟通工具。因此，您不用担心孩子的消化功能是否病变，毕竟反流也是一种交流模式。

也不用过于担心，您只要稍微调整一下婴儿的饮食，其肠胃功能便能在几日之内恢复正常。

然而，如果腹泻是由细菌或寄生虫导致的，那么请及时就医。该类腹泻一般会持续 3~5 天。此外，您需要时刻警惕脱水现象的发生。如果您是母乳喂养的话，建议您尽量让婴儿少食多餐；如果是奶瓶喂养的话，可以适当稀释并少食多餐。

肠胃炎

肠胃炎有时会导致腹泻、呕吐或发烧。这些症状的出现都是因为肠黏膜以及胃黏膜有炎症。大部分情况下，肠胃炎是由病毒（最常见的是轮状病毒）、寄生虫、真菌、细菌所引起的。一般来说，呕吐会持续 2 天，而腹泻则有可能持续 2 周。如果儿童患上肠胃炎，需要警

惕两种现象的发生：一种是脱水，因为儿童年龄小，往往脱水速度更快；另一种则是尿布疹。生病期间，如果孩子举止异常，请及时就医，医生会为其开具口服补液盐。如果孩子总是呕吐，请时不时地喂他喝些口服补液盐。目前为止，市面上存在两款针对轮状病毒的口服肠胃炎疫苗，婴儿可以在 2 个月大的时候服用。

呼吸问题

不管预防措施做得如何完美，儿童呼吸道都会时不时地受到感染。因为每位儿童自身的身体状况不同，所处的生活环境不同，所以其呼吸道疾病的表现症状以及严重程度也不同。

鼻咽炎

人们一般认为，儿童在6岁之前平均会经历50~60次鼻咽炎。儿童的鼻腔尚未发育完全，所以往往更容易患上鼻咽炎。新生儿的鼻腔既长又窄，因此只要分泌物稍微过量就很容易堵塞。

一般说来，鼻咽炎会在发病3~6天后自动痊愈。即便如此，如果孩子发烧了，医生仍然会为其开具退烧药以便及时退烧，此外，医生还会建议您定期为孩子清理鼻腔。清理时可以使用生理盐水，避免使用抗生素。如果高烧一直不退，且鼻涕越来越浓稠，请及时就诊，以免病毒感染耳部、喉部以及支气管。为了避免这些感染的发生，请每天用生理盐水（药店可买）为孩子清理鼻腔。如有必要，您还可以使用宝宝专用防逆流吸鼻器，以便彻底清理整个鼻腔。此外，建议您尽量不要让儿童生活在干燥、过热的环境

之中。最后，请不要忘记过敏环境以及二手烟也会诱发鼻咽炎。

咽峡炎

咽峡炎是由病毒或细菌引起。如果几个月大的婴儿患上咽峡炎的话，医生很难诊断出来，因为症状往往不太明显。不过，该疾病会导致婴儿吞咽困难，从而拒绝就餐。因此，当婴儿不愿喝奶时，您得考虑一下他是否患上了咽峡炎。此外，咽峡炎还会伴随其他症状，如呕吐、发烧、淋巴结肿大等。当低龄儿童患上咽峡炎时，父母需要给予相当的重视，尤其

是当该疾病是由链球菌引起时。因为链球菌性咽峡炎会诱发更严重的疾病，如急性风湿关节炎、风湿性心脏病等。

喉炎

喉炎的主要症状为干咳以及呼吸困难。虽然其表现症状看着特别令人揪心，但是喉炎却可以被快速治愈，甚至被预防。声音嘶哑往往是喉炎的一种先兆，此时，您可以在孩子房间放置一些盛有热水的容器或者加湿器。此外，在医生到来之前，您还可以往浴缸内放一些热水，其散发的蒸汽能够

宝宝专用防逆流吸鼻器用于清除儿童鼻腔内的黏液，请在适当的时候（即确认孩子真的感冒时）使用该器械。清除黏液时请温柔些，以免弄伤孩子。该器械为电动式，可以保证长效且力度适中。如果孩子仅仅只有鼻腔受阻的话，只要使用宝宝专用鼻耳清洗液或生理盐水进行清理即可。

想让孩子呼吸变得更为顺畅，其实很简单，您只需将其头部抬高即可。抬高角度约为 15 度，据医生的实际建议，有时也可调整为 30 度。您可以将表面平整的靠垫放在床垫下（出于安全考虑），以帮助孩子抬高头部。之后，孩子便可安稳入睡了。

缓解儿童呼吸困难的症状。喉炎治疗过程中可能使用皮质激素及抗生素。

支气管炎

支气管炎意味着呼吸器官，尤其是支气管有炎症。其症状主要表现为发烧、反复咳嗽以及食欲减退。一般说来，支气管炎属于鼻咽炎的并发症。

医生会开具一些药物，并安排几个疗程的呼吸理疗，来治疗病毒所带来的各种病症。如有必要的话，他还会为孩子拍摄一张肺部的 X 光片以便确认肺部没有感染病灶或是确认支气管未被堵塞。

毛细支气管炎

毛细支气管炎往往由合胞病毒（RSV）引起。其症状主要表现为急性毛细支气管发炎以及呼吸困难。合胞病毒传染性极强，它可以通过唾液直接传染给他人，也可以通过双手或者被病毒携带者唾液污染过的物品间接传染给他人，如内衣、玩具、橡胶奶嘴。2 岁以下的婴儿，尤其是几个月大的婴儿特别容易患上毛细支气管炎。该疾病发作时，最初表现症状为重感冒或鼻咽炎，两三天之后，孩子开始咳嗽且呼吸困难。毛细支气管炎发病之前会出现一些先兆，如干咳、气喘（有时喉头甚至会发出哮鸣音）以及鼻翼扇动。发病之后，有些儿童吞咽困难，因此他会拒绝吸食。此外，他还会大声哭闹、睡眠不稳、呕吐、腹泻以及低烧。不过请注意，对于一些新生儿而言，其发病症状并不明显。

90% 的情况下，毛细支气管炎危害性并不大，并会在 8~10 日内自愈。您每天只需在孩子生病期间为其做如下安排即可：任其休息、擦鼻涕、清洁呼吸道、保持所处环境湿润且室温不超过 18~19℃。此外，最好多让患病儿童喝水，因为脱水症状可能会引起胃反流。

面对毛细支气管炎，每位医生所开的处方并不一样。有的医生倾向于采用支气管扩张的办法，有的则更愿意选择使用皮质激素。对于症状较轻的儿童而言，可以采用运动体疗的办法以减轻其痛苦。如果治疗之后病情并未得到缓解，且婴儿身体虚弱或月龄不足 3 个月，必须让其住院。不过请放心，该疾病的致死率仅为 1%。

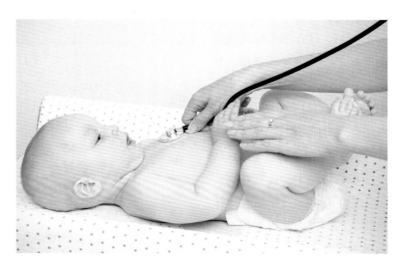

环境污染的危害

人们应该学会与大气污染共存，因为他们并没有其他选择。即便如此，各大城市仍应该建立污染预警机制，以便市民规划出行。

环境污染对儿童影响最大

大部分情况下，儿童外出时都是乘坐婴儿推车，这样一个不利的位置导致其鼻腔往往处于汽车排气管污染的范围之内，所以，相比而言，儿童呼吸的污染物要比成人多30%。因为婴儿的呼吸器官尚处于发育状态，所以其对空气的质量要求很高。刚出生时，新生儿肺部约含2500万~5000万肺泡（肺部气体交换的主要部位）。3岁时，其肺泡数量增至3亿~6亿，即增长了6~10倍！到了8岁的时候，肺泡数量便会稳定下来并停止更新。只有呼吸新鲜纯净的空气才能促进肺泡增殖。如果支气管细胞长期暴露于污染之中，不仅其自身会受到损害，同时还会影响到肺泡的增殖。

您可能会认为无论怎样，孩子最终都得学会在这肮脏的空气中生存。但是您这种想法是错误的，因为您潜意识中刻意回避了患过敏性疾病（如哮喘）的人数增长了这一事实。

这一增长恰恰说明了对于环境污染，儿童并没有所谓的适应，只有受伤害。

城市儿童

当您与孩子生活在城市中时，面对污染该怎么办呢？当然，您可以选择在重度污染期间闭门不出。但是如果实在想外出活动，请尽量挑选风和日丽的日子，不过切记不要太过频繁。这一建议听着可能有些矛盾，但是阳光灿烂往往意味着无风，而一旦无风则又意味着污染物不易扩散，此外，紫外线会促进

一些污染物发生化学反应，从而变得更具伤害性。很遗憾的是夏季时污染现象会变得尤为严重，因为此时工业活动与汽车出行会提早，所以一次污染物（经过紫外线的照射，一次污染物会发生光化学反应变成二次污染物）的数量会增加。您同样还需警惕起雾的日子，因为雾气也不利于污染物的扩散。天气干燥时或者雨过天晴时最利于外出，因为雨水有利于驱散污染物。法国政府颁布了一项新法令，该法令要求所有常住人口超过10万的城市都需建立一套空气

对于城市儿童而言，最大的威胁便是哮喘性支气管炎。当孩子患有该疾病时，佩戴口罩其实是无用的。在此情况下，我建议您平时陪伴孩子出门时，尽量改用婴儿背带而非婴儿推车。这样的话，儿童就能和成人一样，处于同等高度，从而避免吸入过多的汽车尾气。此外，我还建议您仔细想想平时的户外活动范围，以便规划一条最佳出行路线，尤其是从家前往幼儿园的最佳路线，尽可能地减少儿童暴露于污染之中的时间。对于我而言，我心目当中最理想的幼儿园应该建在一片林中空地上。此外，我还建议政府参照自行车道的模式，修建一条无机动车辆的"婴儿推车绿色通道"。

虽然环境污染并不会直接引发过敏，但是它会使过敏原变得更具伤害性，从而加重病情。比如说，当柴油燃烧所产生的微粒附着在花粉上时，花粉这一过敏原就会变得更具攻击性，从而导致对花粉过敏的儿童更加痛苦。从前，过敏儿童从未如此痛苦，但是现如今，环境污染使他们的身体器官变得特别脆弱，从而不足以抵抗外界的攻击。如果您的孩子患有哮喘，那么重度污染期间，他就很有可能复发且症状更加严重。

质量监管系统，该系统可以提前发出污染预警，一旦预警发出，当地行政长官就必须立即采取应对措施，如交通限行（因为污染物中 70% 的氮氧化物、12% 的二氧化硫以及 30% 的臭氧都是由机动车排出的）。

远离城市

如果您希望孩子能够呼吸新鲜空气，那么只有一个办法：尽可能地远离城市（至少远离 50 千米）。如果您外出度假，建议您最好去海边，那里的气候有利于儿童的身体发育，因为海风可以吹散污染物。另外，您还可以选择去海拔至少 1000 米的山区逗留一阵，那里的空气尤为纯净。

重度污染期间该怎么办呢

重度污染期间，如果您不得不带孩子外出的话，那么也请尽量推迟一天。外出的时候，请不要使用婴儿推车，最好选用婴儿背带。此外，尽量早晨出门，因为那时的空气质量相对而言会更好。如果您的孩子年龄比较大，请尽量不要让他做过多运动，以免吸入更多的污染物。哮喘儿童同样要避免剧烈运动。此外，如果您不得不开车出行，请尽量避开高峰期，因为一旦颗粒污染物进入车内便不容易再扩散出去。

室内污染

过敏病学家认为人们不仅需要重视室外污染，同样也应该重视室内污染。他们怀疑室内的粉尘、地毯、沙发、窗帘以及爬满螨虫的被褥都是引起呼吸道疾病的过敏原。消除这些过敏原的唯一办法就是：冬天不开暖气，夏天不开空调。无论春夏秋冬，每天都开窗通风至少 10 分钟。此外，还存在一种需要警惕的过敏原：霉菌。该物质容易在潮湿、不通风的环境中繁衍，如厨房、浴室。建议您经常晾晒床上用品以便除湿。此外，还需多加注意室内植物，因为其所处的地方往往容易滋长霉菌。家用除臭剂、喷雾、油漆以及胶水都会造成室内污染，最常见的室内污染物是二手烟。

妈妈与护士

如果您从小就梦想着成为一名护士的话，那么现在我要恭喜您，您的梦想终于实现了！但是，梦想与现实之间总有一定的差距，而这段差距可能会令您倍感恐慌。大部分情况下，日常护理比较容易学会，您只需记住护理时动作一定要轻柔就行。此外，稍加练习的话，说不定枯燥的日常护理能够瞬间变成您与婴儿之间有趣的互动游戏。

口服药

幸运的是，现如今大部分的糖浆和药丸都是草莓口味、覆盆子口味以及甜杏口味，这样的话，婴儿便不会再那么抗拒服药了。为婴儿准备药物时，请使用标有刻度的注射器或滴管，以便保证药量的精确度。另外，需要注意的是，需冷藏保存的糖浆往往会随着时间的推移而丧失其本身的甜味。服药之前以及服药之后 2 小时内请不要让孩子喝柚子汁（以及任何含柚子汁成分的饮料），因为它会影响药效，甚至可能会导致不良反应。

此外，也请不要将药物混于奶粉之中，因为这会降低药效或消除药效。有些药物甚至会改变奶粉的味道从而影响婴儿的胃口，最终导致婴儿不愿喝奶。

直肠给药

一般而言，除了偶尔会引起婴儿不自觉排便之外，栓剂并不会导致其他不良反应。如果遇到这种特殊情况的话，您只需将栓剂重新塞入婴儿体内即可。此外，请注意，栓剂一般需要冷藏保存。

滴眼液、滴鼻液以及滴耳液

正常情况下，婴儿都特别讨厌别人往自己耳中滴入液体，尤其是当耳朵发炎时。此时，您就必须坚定自己的立场，保证滴入动作快、准。滴液之前，请先用双手将盛放液体的容器捂热，以免液体太凉而刺激到小天使的耳朵。另外，请注意，大部分的滴眼液只能存放 15 天。

" 护理期间，母亲应该告诉自己的孩子她在做什么以及为什么要这么做。这些解释有助于平复孩子内心的焦躁与恐惧。而对于孩子而言，在习惯了这些医疗护理之后，他便会明白母亲所做的一切都只有一个目的：帮助自己减轻痛苦。 "

塞入栓剂

塞入栓剂之前，请先在栓剂上涂抹一些婴儿油，以便栓剂能够更容易地滑进体内；然后将婴儿平放，抬高其双腿，用一只手抓住其脚踝，另一只手将栓剂塞入婴儿肛门。这一身体姿势能使肛门处肌肉得到放松，从而有助于栓剂的顺利滑入；之后，请压住婴儿的臀部，并继续让其保持平躺姿势，以免栓剂从体内滑出。在此期间，您可以试着在他肚子上挠痒痒，以转移他的注意力。

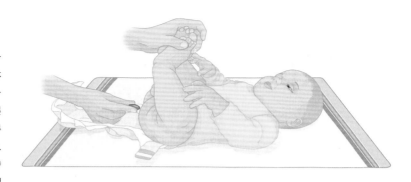

滴入眼液

眼液只适用于干净的双眼。因此滴入眼液之前，请先用蘸有宝宝专用眼部清洗液的无菌医用纱布将眼睛周围从外往内（即从眼角往鼻梁）擦拭一圈；之后，再换另一块干净的纱布将另一只眼睛周围擦拭一圈。接着，请您将手放于孩子额头处，用拇指与食指掰开孩子的眼睛。最后滴入眼液。

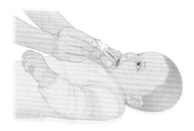

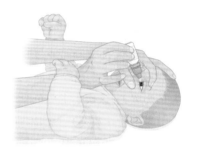

用勺喂药

首先，将孩子抱于怀中或将其平放；然后扶住孩子下巴并使他的嘴巴张开；最后再将勺子放于下唇处，让液体药物慢慢滑入口腔。如果您觉得这样喂药比较麻烦，那么您可以使用迷你奶瓶或奶嘴式喂药器，这样的话，您只需将奶嘴顶端放于婴儿舌头上即可。

滴入鼻液

鼻液只适用于干净的鼻腔，因此滴入鼻液之前，请您先准备两团医用棉花，将其卷成棉条，并蘸些幼儿专用鼻耳清洗液。然后，一只手将孩子的头部固定，另一只手将棉条塞入孩子鼻腔并慢慢转动，清理完毕之后便可以滴入鼻液了。

滴入耳液

首先将孩子平放，用毛巾垫在孩子的头下；然后将手放在他的头顶处，将他的头部转向一侧；最后将液体滴入耳道。在此期间，请不要将头顶处的手松开，以免孩子转动头部。

皮肤问题

婴儿的皮肤都特别脆弱，因此往往更容易被疾病攻击。这些疾病不仅会影响皮肤的美观，还会给婴儿的身体带来不适。

鹅口疮

新生儿是鹅口疮的高发人群，其症状表现为舌部与脸颊出现白色斑块（很容易被误认为是奶斑）。该疾病由白色念珠菌引起，会导致婴儿吞咽困难，影响孩子的吮吸质量。为了改善这一状况，您可以在每次哺乳前，用蘸有小苏打水溶液的纱布抹一下宝宝的嘴，如有必要，您甚至可以涂抹一些抗真菌溶液。这一用药过程最好坚持15天，以免复发。此外，请注意：鹅口疮有可能会传染至整个消化道进而引起腹泻和呕吐。该疾病还会导致肛门、生殖器以及腹股沟周围出现红斑。不过，除非病情特别严重，治疗鹅口疮的方法往往立竿见影：您可以每天用医用消毒液为婴儿擦洗两次，冲洗干净后，涂抹抗真菌抗生素软膏。其实预防鹅口疮的方法很简单，您只要每次喂奶前，将奶瓶以及双手清洗干净就好。

湿疹

一夜之间，您发现孩子的脸上出现了红斑，又过了几天，您发现孩子的膝盖窝里也长了一些红斑。而最近这段时间，孩子的精神状态不是很好，并且总是手脚乱挥。以上种种迹象表明，您的孩子患上了湿疹。这一由多种原因引起的疾病目前正"攻击"越来越多的婴儿。从医学角度来讲，我们认为湿疹属于特应性皮炎。人体皮肤上的油脂能够有效地抵御外界刺激物的攻击，但是婴儿的皮肤往往缺乏这一物质，因此他们便成了湿疹"青睐"的对象。湿疹最常出现的位置分别是双手褶皱处、手腕、肘关节、膝盖以及脚踝，有时也会出现在脸颊以及耳根处。我们认为大约20%的儿童曾经得过湿疹，其中45%的患者年龄不足6个月。一般而言，2岁以后儿童便不会再患湿疹，不过少数情况下，这一病况会持续至青春期。此外，需要注意的是，曾经为湿疹所累的婴儿将来也有可能会出现呼吸道过敏以及食物过敏的症状，并且这一现象并不罕见。湿疹的治疗方法主要为服用抗组胺类药物，并在红斑集中爆发时涂抹含有皮质激素的药膏4~8天。涂抹时，动作一定要轻柔，以免弄疼婴儿。此外，别忘了用不含皂基的清洁用品为孩子洗个温

有些医院开设了"过敏反应处理课程"，以便帮助父母理解为什么儿童会患湿疹，并向父母解释治疗流程。在详细了解到相关信息之后，父母便会更加积极主动地照顾患病儿童。该课程还为父母提供一次答疑机会，他们可以向医护人员询问生活当中所遇到的各种难题。

患有疱疹的父母经常担心会将此疾病传染给自己的孩子。如果您在妊娠期已经患有疱疹，并且已经将情况告诉医生或助产士，那么您可以放心了，因为相关医护人员肯定已经做好了预防措施以避免母婴传播。同样地，患有疱疹的哺乳期妈妈也可以母乳喂养孩子（除非疱疹长在乳房上），因为该病毒不会通过母乳传播。此外，患有疱疹性口腔炎的父母请注意，生病期间，请勿亲吻孩子，也请尽量避免自己的唾液四溅，因为疱疹病毒会通过唾液传染。即使您的病情症状不明显，也请严格遵守以上所给出的建议。

脓疱疮

脓疱疮往往由链球菌或金黄色葡萄球菌引起，传染性较强。病原体一般藏于鼻腔黏膜、口腔黏膜以及会阴黏膜，这也就解释了为什么水疱总是生长在这些身体部位。但水疱也有可能会出现在其他部位，尤其是当孩子接触了另一名患病儿童或是接触了被污染的物品。集体生活被认为是病菌传播的一个因素，但脓疱疮也有可能是擦伤、咬伤等皮肤损伤的并发症。脓疱疮分为两类。最常见的"脓痂型"往往发生在 10 岁以下儿童身上；而"大疱型"则往往发生在新生儿身上。不论是哪种类型的脓疱疮，都要先使用杀菌药物去痂，再使用抗生素药膏消灭病原体。根据实际病情，医生有时会开具口服抗生素。

水澡。最好每两天洗一次澡，每次时间不超过 10 分钟，水温不超过 35℃。如果您家的水质较硬，那么请先用少许水质软化剂将洗澡水软化。请注意，对于儿童而言，软化剂的使用剂量为成人使用剂量的一半。洗完澡后，要及时将孩子的皮肤弄干，但是请不要擦干，而应该轻轻地将其拍干。为了避免再出现新的红斑，请每天为婴儿涂抹两次润肤乳，以弥补其皮肤自身油脂的不足。为孩子穿衣服的时候，也请尽量挑选纯棉衣物而非毛织衣物或化纤衣物。清洗孩子衣物时，也请不要再使用那些去污力极强的洗衣粉及柔顺剂。另外，无论春夏秋冬，都请不要让其出汗，因为汗水会导致其表皮轻度发炎，因此请不要给他穿过多衣服，也不要让他房间的温度过高：室温保持在 19℃ 就好。

对于父母而言，与湿疹的斗争是一场持久战，您需要定期护理才能保证治疗效果。有时候，父母可能会需要一些心理方面的支持与安慰，毕竟患湿疹的婴儿看上去不是他们心目中期盼的那个粉嫩小孩了。

母乳与辅食

在未来的很长一段时间内，母乳仍将是您孩子的主食。不过一旦孩子月龄满 6 个月，便不能再只喂母乳或奶粉了。此时，您还应该为孩子准备辅食。二段奶粉便算是多样化辅食中的一种。

何时选择二段奶粉

如果您孩子之前并不是母乳喂养，那就证明他已经喝过一段奶粉了。一段奶粉的钙含量十分有限，不利于脂肪的消耗。一旦到了添加辅食的阶段，每日食用的奶粉量便会逐渐减少，此时一段奶粉也就越来越不能满足婴儿的营养需求了。而牛奶虽然钙含量丰富，却并不能满足婴儿对亚油酸以及铁元素的巨大需求。营养学家认为 5 个月大的婴儿每天需摄取 1 毫克的亚油酸及铁元素，然而事实上，每服用一次铁元素，婴儿只能吸收其中的 10%，这也就意味着为了满足自身的营养需求，婴儿每天必须服用 10 毫克的铁元素！遗憾的是，富含铁元素的食物并不多：500 毫升的新鲜牛奶或超高温灭菌奶，其所含的铁元素不超过 0.3 毫克；而其他食物（肉类、谷物、蔬菜）每天最多也只能提供 5~6 毫克的铁元素，能吸收到的铁元素只有 5 个月大婴儿所需铁元素总量的一半。因此，我们不得不求助于二段奶粉。二段奶粉的含铁量可以满足婴儿 90% 的需求。此外，与牛奶相比，其所含的蛋白质（3.5~5 克 /100 千卡）与糖分（12 克 /100 千卡，其中蔗糖含量为 20%，乳糖含量少于 50%）都更少。二段奶粉含的钠元素不超过 80 克 / 100 千卡，铁元素不超过 0.75 克 / 100 千卡。无论您购买何种品牌的二段奶粉，其所含的成分都基本相同。不过营养学家建议您尽量购买同一品牌的一段奶粉和二段奶粉，以免婴儿不适应新品牌的口感。所有二段奶粉的成分含量都有严格的标准，其生产流程也是经过严密监控的。何时开始让婴儿食用二段奶粉其实并没有一个明确的时间点，不过最佳时期一般是第 4 个月至第 6 个月之间。

奶粉往往被过早遗弃

一项关于法国新生儿饮食习惯的调查表明，二段奶粉渐渐被家长遗弃。对于六七个月大的婴儿而言，二段奶粉只占其每日饮食定量的 18%。这一比例的下降意味着其他乳制品比重

> 无论是对于母亲而言，还是对于婴儿而言，母乳喂养都是一个正确的选择。它能让孩子觉得心安，还有助于提高母亲的责任感。然而，选择奶瓶喂养的妈妈们一致认为，相比于母乳喂养，她们所选择的喂养方式更省时。

的上升。不过，医生认为过早地遗弃二段奶粉会导致婴儿摄取过量的蛋白质及脂肪，同时还会导致其体内的铁元素以及亚油酸不足。无论如何，婴儿都应该食用二段奶粉直至1岁。父母为孩子挑选食物时，一定要考虑其生长所需，同时也别忘了，婴儿的某些身体功能尚未发育完全，尤其是消化功能。

继续坚持母乳喂养

您可以再坚持母乳喂养孩子几个月（甚至更长时间）。至少在孩子6个月以前，母乳能够满足其各种营养所需。不过6个月之后，除了母乳，您还应该为婴儿准备辅食了。您只需在每次喂完母乳之后，再喂其吃少量的辅食即可，不过请注意，此时辅食一定要搅碎。进入辅食阶段之后，如果您发现自己的乳汁分泌得越来越少，请不要过于担心，因为从第4个月开始，乳汁分泌量会随着婴儿吮吸的力度与时长自动发生改变。刚开始添加辅食时，可以每天少喂婴儿喝一次奶：您可以选择少喂中午那一次或下午那一次。之后，渐渐地，您再每天少喂婴儿喝两次奶，随便剔除哪两次都行，不过请一定保留早晨那一次以及晚上那一次，因为这两次是婴儿最喜欢的。

他的第一顿辅食

当孩子4~6个月的时候，您可以考虑给他添加辅食了。5个月大的婴儿每天至少吃5餐，即3顿奶+2顿半辅食餐。具体饮食安排见表2。

如果婴儿喝不完奶，也请别担心，毕竟每个儿童的食量不一样，有的胃口小，有的胃口大。偶尔食欲不振也是正常的。您只需要观察他下一餐的反应就可以，如果那个时候，他还是不想吃饭，那么请您减少食物的份量。不过请注意，食物可以少吃，但是水不能少喝。

您可以喂孩子喝点蔬菜清汤了。从现阶段开始，您没必要总喂婴儿喝清水，可以开始让其尝试各种各样的口味了，尤其是蔬菜的味道。一般来说，婴儿可以食用所有的蔬菜。蔬菜能为其提供80%的水分以及大量的纤维素。除此之外，还能提供大量的碳水化合物、有机盐以及维生素。

表2：5个月大婴儿的饮食安排

时间	食物
7点	母乳或二段奶 + 速溶营养米粉
10点	母乳或二段奶
13点	半辅食餐：其中包含蔬菜（一小罐）、水果/果泥（一小罐），以及母乳或二段奶
16点30分	母乳或二段奶
19点30分	半辅食餐以及母乳或二段奶

味蕾开发

辅食添加有助于婴儿味觉的开发，此外，辅食还能提供婴儿生长所需的各种营养物质。辅食的口感、浓稠程度、气味以及颜色都会影响婴儿就餐时的心情。

食物多样化

对于断奶，一定不能操之过急，必须要有耐心，毕竟这同时涉及母亲与孩子，双方必须就此事达成一致才行。对于妈妈而言，尤其是对于之前一直母乳喂养的妈妈而言，这一食物转换期（即断奶期）是一段极为敏感的时期，因为这意味着母子间的关系会受到一定程度的影响。尽管如此，当孩子4~6个月的时候，我们可以为孩子添加辅食。添加辅食需要秉承循序渐进的原则，因为婴儿的消化道需要一段时间才能适应新食物。此外，从心理学角度来讲，婴儿也需要一段时间才能接受这一现实。

过渡食物

添加辅食可以分为两个阶段来进行。在初期，为了避免婴儿产生逆反心理，您可以为其准备一些添加了过渡食物（如胡萝卜）的奶糊。

大部分情况下，婴儿谷物不含麸，由米粉、玉米、小麦、大麦或燕麦混合而成，该谷物富含有机盐、植物蛋白、维生素 B 以及淀粉。如果您把谷物添加到母乳／奶粉之中，母乳／奶粉就会变得更稠，这样的话，婴儿就更容易有饱腹感。对于这一月龄的婴儿而言，谷物只有经过"稀释"才能食用，即将谷物溶于母乳／奶粉之中。

水果与蔬菜

添加水果辅食与蔬菜辅食有助于婴儿接受并最终爱上不同的食物。最初的时候，为了迎合婴儿那与生俱来的偏甜口味，您可以先添加一些味道较淡、口味略甜的水果和蔬菜，譬如苹果、胡萝卜，但是，请不要往这些果蔬中添加糖。您可以将水果制成果泥，然后再喂给孩子吃。至于蔬菜，可以添入奶粉之中，添加前请先碾碎。

蔬菜辅食的首选分别是胡

> **❝** 如有可能，请尽量使用同一把汤勺喂食，因为婴儿早已习惯了它的大小、颜色、触感以及重量。这一最开始让婴儿惊诧不已的物品早已成为了他的私人物品，甚至是"口中的玩伴"。此外，用同一把汤勺有助于婴儿认识到让·皮亚杰（Jean Piaget）所提出的"物体恒存性"：随着时间的发展，婴儿最终会明白即使一个物体消失在他的视野范围之内，它也会永久地存在于世界的另一个角落。**❞**

萝卜、西葫芦与青豆，这三种食物口味较淡且易于消化。目前这一阶段，暂时不要喂食土豆、菠菜与芹菜。此外，一定要等到婴儿习惯了一种口味之后再让他尝试另一种口味。蔬菜一定要煮熟或蒸熟，以便稍后制作出来的蔬菜泥能有一种柔滑感。此外，蔬菜泥中不需要添加盐，但可以添加一点点油。

全新的味道有助于开发婴儿尚未发育完全的嗅觉与味觉。不过最开始的时候，新口味对于婴儿来说有点儿奇怪，因此他会不喜欢甚至抗拒这一口味，如果出现这种情况，请您不要过分惊讶。虽然4~6个月大的婴儿对不同的食物有一定的包容度，但是他们仍然有属于自己的食物偏好。而恰恰正是这种食物偏好（而非果蔬的营养价值）决定了辅食的"出场顺序"。如果您想让孩子尝试新的辅食，请尽量将其分开准备，切忌将所有的辅食搅拌在一起，因为只有这样，婴儿才能准确地一一辨识出所有食物的味道。

罐装蔬菜泥有助于婴儿尝遍所有的味道。您只需每天从

中舀取几小勺即可。当然了，您也可以选择用本地新鲜食材或者速冻食材自制蔬菜泥。不过最好不要用罐装蔬菜做蔬菜泥，因为罐装蔬菜往往比较脏。

汤勺喂食

几乎没有婴儿会拒绝汤勺喂食。虽然有些婴儿可能更钟情于奶瓶，但他们总有一天会习惯汤勺。喂食过程中，婴儿有时会出现"挺舌反射"，即舌头习惯性地将块状食物、糊状食物以及汤勺顶出口腔。不过，这一反射会慢慢消失。

大部分的婴儿第一次接触汤勺时，都会先用舌头舔舔汤勺边缘，不过到最后的时候，他们就会明白汤勺的大小足以

伸进口腔。初次尝试汤勺喂食时，请尽量挑选质地较为稠厚的食物。如果婴儿在习惯了汤勺喂食之后又突然表现得十分抗拒，请不要惊讶，因为当他出牙或觉得疲惫时，就会自然而然地想起以前那个"温柔"的奶嘴／乳房，那让他觉得有安全感。

绝不把婴儿独留家中

孩子睡着了，您认为可以利用这段空闲时间做些别的事情，因此，您决定去街角进行一次大采购。所有的父母都有可能会面临这种状况，不过建议您千万不要这么做。

不安稳的睡眠

我们能让熟睡的婴儿独自待在摇篮里吗？孩子究竟睡熟了没有呢？事实上，胃部的不适感、自身的饥饿感以及外界的声音都能把他唤醒。婴儿的睡眠断断续续，最初的时候每次只能睡40分钟，之后，每次能睡约2个小时，不过每次入睡之后都有可能会自动惊醒。

24小时看顾

年龄不同，气温不同，儿童睡醒时的反应也就不同。如果婴儿睡觉时发出哭声，请仔细观察他。如果没有任何迹象表明他彻底睡醒了的话，那么他很快又会进入睡眠状态。但是，如果他的哭声不止（可能是因为饥饿、尿湿、腹痛或其他部位疼痛）并且他发现自己的哭声没有得到任何回应的话，那么他只会更加声嘶力竭地哭喊。哭喊以及挥舞四肢会加快他的心跳并使血管扩张。过不了多久，他便会觉得越来越热继而全身出汗。体能消耗得越来越快，身体痉挛也越来越频繁，之后便会出现脱水。所以如果您长时间外出的话，您能想象孩子会发生什么事情吗？婴儿总是希望自己一哭喊就能有人回应，否则的话，他便会很伤心。

如果您实在想外出，其实也有解决办法：带婴儿一起出去。无论您是把他安置在推车中也好，背在身上也罢，他都能迅速地进入梦乡。如果您想晚上外出约见朋友，也请把孩子带上，4个月大的婴儿总是招人喜欢。婴儿自己也愿意接触不同的面孔，喜欢出门。如果您觉得带他去人多的地方散步不太好，那么请带他去朋友家吧，您只需要在出门时带上孩子喜欢的玩具就好。有的时候，您甚至可以带上一张折叠床以便孩子能够拥有属于自己的空间。

您孩子的睡眠时间越来越短，这也就更加说明了他应该学会一个人独自入睡。当他独自入睡时，为了不让他感觉孤单，请您不要离他太远。这同样也是培养他独立意识的一个先决条件：如果您刻意地让他习惯您的"消失"，那么孩子日后会渐渐地不再强求他所爱之人的存在，当然了，这并不意味着他就会把您忘记，他会靠着回忆与想象维系与您之间的感情。大约2岁半之后，儿童开始形成独立意识，这有助于他社交能力的发展，即不需要依靠游戏与想象便能与他人和睦相处。

邻里互助

如果您实在不方便带孩子外出，那么给钟点保姆打电话吧。如果白天您临时有事需要外出，您也可以将孩子安置在最近的临时托儿所，再或者，您还可以把孩子托付给"互助看顾幼儿系统"中的另一户家庭。该系统中的每户家庭都在婴儿房间里安装了监控设备。该设备能捕捉各种细微的声响，只要婴儿房间稍有动静，安装在隔壁房间的发射器便会发出提醒。所以，只要咱们的小"睡神"一睡醒，负责看顾的邻居便会知晓。这同样也是邻里互助的一种体现。

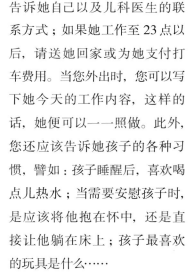

过度哭泣引起的痉挛往往伴有剧烈的打嗝现象。一旦婴儿的悲伤情感宣泄达到了极点，他便会全身发蓝，双眼翻白，呼吸困难，甚至会出现短暂的昏厥。当他苏醒之后，痉挛便消失了。关于痉挛现象产生的原因目前尚无定论。不过我们认为主要的原因在于婴儿情绪的低落——不安、沮丧以及痛苦。婴儿哭闹时，总想引起他最爱之人的关注，大部分情况下，这个"目标"是他的妈妈。虽然婴儿哭闹的场景总是惊心动魄，但是从医学角度来讲，它基本不会对身体造成伤害。不过，如果哭闹经常引起痉挛的话，您最好仔细想想当时的场景，如果您实在担心孩子的状况，那么请及时联系医生。

钟点保姆

在法国，大学生为挣一些零花钱往往会选择做钟点保姆。钟点保姆至少需满16岁，但是出于对心智成熟度以及责任感的考虑，建议您最好选择18岁以上的钟点保姆。此外，为了避免法律纠纷，建议雇用缴纳了"学生社保"的钟点保姆。作为一名钟点保姆，其职责在于：当您外出时，偶尔或者定期地为您排忧解难。她需要负责给婴儿洗澡，喂其吃饭，如果您孩子年龄较大的话，她还需负责给孩子辅导功课。而作为雇主，您的义务在于：如果钟点保姆需要在就餐时间工作，请为她准备一份晚餐；允许她看电视；

告诉她自己以及儿科医生的联系方式；如果她工作至23点以后，请送她回家或为她支付打车费用。当您外出时，您可以写下她今天的工作内容，这样的话，她便可以一一照做。此外，您还应该告诉她孩子的各种习惯，譬如：孩子睡醒后，喜欢喝点儿热水；当需要安慰孩子时，是应该将他抱在怀中，还是直接让他躺在床上；孩子最喜欢的玩具是什么……

出门之前，最好向孩子介绍一下新来的钟点保姆，并预留一些时间让他们彼此了解。如果您需要在孩子的晚餐时间外出，请先为孩子准备好晚餐，并向保姆解释一下孩子的就餐习惯。随着时间的推移，保姆与孩子会成为好朋友。

第一份玩具

一般来说，婴儿往往在出生之前就拥有了自己的玩具。这些玩具可能是别人赠送的，也可能是父母一时心血来潮购买的。玩具不仅仅是童年的标志，而且还是儿童启蒙的重要工具。

启　蒙

对于婴儿而言，玩具有助于锻炼肢体的灵活度，并教会他人生中的第一条推理准则——因果准则。其实玩耍是一件很严肃的事情，这也就是为什么设计玩具时需要充分考虑几个月大婴儿的运动水平与智力水平。通过不断地玩玩具，婴儿的双手越来越灵活，他最终能学会将双手合拢以便牢牢地抓住玩具。

自然而然地，婴儿学会的新技能（即双手越来越灵活）开始引导他去触碰、摆弄各种物体。对于婴儿而言，他人生的第一次游戏其实是发现自我。他喜欢玩自己的双手，抓自己的脚，甚至不停地"玩弄"自己的嗓音。

玩具的声音、颜色与动作

婴儿能紧紧抓住的第一份玩具通常都是拨浪鼓（只要拨浪鼓不是特别重），因为他喜欢这份玩具的颜色和发出的声响。因此，请您尽量挑选颜色鲜艳、声音清脆的拨浪鼓，这样才能刺激婴儿的各种感官。这一年龄段的婴儿能够自主地拿起拨浪鼓，紧握几秒，并尝试着将它放入嘴中。一般而言，恰恰在婴儿将拨浪鼓放进嘴里时，这个玩具从他的手中掉落。

会动的玩具更容易让婴儿着迷，有时候，因观看玩具的各种旋转动作而变得亢奋的婴儿会用肢体干扰其运转。那些悬挂在上空的五彩缤纷、姿态多变的玩具总能牢牢吸引婴儿的目光。此外，婴儿还喜欢那些橡胶音乐动物玩具。不过他们最喜欢的卡通形象无疑是长颈鹿：长颈鹿的脖子特别长，所以他们能轻而易举地将其抓住啃咬。自此之后，婴儿便开始拥有源源不断的各种毛绒玩具。但是，不管他最终爱上哪种玩具，都请您一定要保管好

每一年龄段所需要的玩具都不同。对于几个月大的婴儿而言，玩具必须有助于他运动能力以及感官能力的发育。当婴儿能够依靠靠垫坐稳并试图伸手抓住眼前物体时，您就可以为其准备拨浪鼓、圆球或橡胶动物玩具；如果婴儿趴着时能够轻抬头部以及双肩，您就可以为其准备一张游戏毯。此外，玩具斑斓的色彩以及悦耳的声音有利于增加婴儿的幸福感。目前最畅销的婴儿玩具当属橡胶长颈鹿。这款富有异国风情的玩具之所以如此风靡，得归功于它的启蒙功能：长颈鹿的脖子以及双腿都很长，便于婴儿抓咬；其身上五彩缤纷的斑块能够牢牢吸引婴儿的目光；凹凸的身体部位能激起婴儿的好奇心，让他忍不住伸手去触碰；橡胶的质地且抓捏时能发出清脆的鸣笛声，因此，婴儿总愿意乐此不疲地摆弄；另外，耳朵部位还能勾起婴儿吮吸的欲望。

> 有些玩具具有长存性，它们从人类文明刚起源时就出现了。这些玩具有利于婴儿的精神运动发展、情感发展以及人际关系发展。您知道吗？古埃及时代，当地婴儿的摇篮上方通常会悬挂一只小的活鳄鱼。鳄鱼的肤色、身体形状以及发出的叫声都能深深地吸引婴儿的目光。您或许同样不知道，古希腊时代，整个欧洲大陆最畅销的玩具是摇晃木马。一款玩具如果想要永久流传，那么它首先必须十分柔软，这样才便于婴儿啃咬。其次，必须光滑，比如毛绒玩具。多亏有这些玩具，婴儿才能顺利度过"分离－个体化"阶段。"虽然妈妈不见了，但是我还有玩具，它能一直陪着我。"因此，在母亲从消失到重新出现这一时期内，玩具发挥了过渡和替代的作用。此外，玩具还有助于婴儿成为区别于他人的个体，即世上独一无二的个体。"

他的第一件玩具，因为这是他人生中的情感之源。

第一次接触音乐

出生之前，胎儿便对声音极为敏感，所以他对音乐自然也就敏感了。在子宫里的时候，他便可以通过改变自己的心跳次数来表达自己对某种声音的喜爱或厌恶。因此，这也就不难解释为什么出生之后那些节奏感强的音乐总能让婴儿兴奋。或许人类天生就是个音乐迷。音乐世家并非意味着他们中的成员拥有独特的"音乐基因"，只是说明这些成员接触音乐的时间更早、种类更多。因此，为了激发婴儿的音乐兴趣，请为他准备一些音乐玩具吧！一旦他能独自坐稳之后，可以让他接触一些可敲打的乐器。比如，某些托儿所会为 6 个月大的婴儿准备响板、手鼓以及铜锣。除了为他购买乐器之外，您也可以为他营造一个良好的音乐氛围，不过最好不要播放过于嘈杂的音乐。其实，配有铃铛的拨浪鼓是最佳玩具，它有助于婴儿明白因果之间的联系：只要手臂或手腕轻轻地晃动，声响便会自动出现，并且我们可以调整晃动的幅度以及频率，让声响变得更具节奏感。所以，如果所有玩具运动时都能发出音乐声，那么婴儿的生活会变得非常有韵律。

启蒙游戏毯

现如今，铺在地上的游戏毯是一种时尚的婴幼儿启蒙玩具。当婴儿趴在游戏毯上时，他能在上面发现不少小东西。这些五彩缤纷的、不同质地的小图案不仅能给婴儿带来快乐，还能对他进行启蒙教育。目前最新款的游戏毯完全是按照游戏的渐进历程设计的，它不仅配有强烈的视觉冲击，而且还拥有不凡的声效刺激。

市面上不乏各种精美的游戏毯，不过都比较贵。其实，您可以选择自己制作一张游戏毯。玩具设计中强烈的色彩反差十分重要。您可以将各种颜色不同、质地迥异的材料拼接在一起，如丝绸、天鹅绒、针织物、刺绣布料、羊毛、人造毛皮等。这"百变质地织物拼接大杂烩"有利于婴儿触感的发育，而各种绚丽的色彩能够牢牢吸引婴儿的目光。最后，请别忘了游戏毯的面积一定要足够大，这样婴儿才能在上面自由地玩耍。

吮吸拇指还是安抚奶嘴

对于您的孩子来说，吮吸是一种生理需求。多亏了吮吸反射，婴儿才能够获取食物，此外，当婴儿生气或焦躁不安时，吮吸反射也有助于他恢复平静。超声波检查表明胎儿在子宫内时就已经会吮吸大拇指。婴儿的这一吮吸习惯会一直延续至幼儿期。调查表明，80% 的 2 岁以下儿童仍然会不自觉地吮吸自己的某一根手指。

因满足感而吮吸

吮吸大拇指会让婴儿觉得舒服以及快乐，这也是口欲期最常见的一种肢体动作。前 3 个月时，婴儿每次喝奶都需要吮吸母亲的乳头或奶瓶上的橡胶奶嘴。随着时间的推移，吮吸的间隔时间会慢慢延长，尤其是当婴儿开始使用汤勺就餐时。即使婴儿的午餐以及晚餐仍会依靠吮吸完成，其吮吸欲望依然十分强烈。有时，为了重拾吮吸时的那种满足感，许多婴儿选择吮吸一根 / 多根手指或橡胶奶嘴。而对于那些每天都有机会吃母乳的婴儿而言，他们这方面的欲望显得并不是那么强烈。我们甚至发现，在发达国家，儿童吮吸手指的现象更为普遍，因为他们的母亲常常不在身边。与此同时，亚洲或非洲的儿童似乎并不需要通过吮吸来寻求慰藉，因为他们大部分的时间都和自己的母亲待在一起，并且尚未中断母乳喂养。

因安全感而吮吸

当婴儿的运动能力得到一定的发展之后，他便会发现自己双手的魔力以及吮吸拇指带来的满足感。此外，一些柔软的物品同样能够满足婴儿的吮吸需求，如毛绒玩具、布料、床单或被褥。这些成为婴儿心爱玩具的物品能够有效地减轻孩子对母亲的"相思之苦"，它们熟悉的触感以及气味能够给婴儿带来安全感。当婴儿入睡时、无聊时、试图寻求安慰时，甚至等餐时，都更容易出现吮吸现象。

复杂的选择

到底是吮吸拇指更好，还

> "征服世界"从嘴开始。儿童最先学会吞咽，其次是吮吸，最后是咀嚼。他会把任何能看见的物品都塞进嘴里啃咬，如长颈鹿玩具、拨浪鼓或者橡胶奶嘴。所有这些塞进嘴里的物品都能教会其何为空间、硬度、热度、体积、口味以及气味。您需要关注这些物品的体积，以免体积过大伤了婴儿的口腔。至于物品的卫生问题，稍加留意即可，让婴儿自己探索这个世界吧。

无论是吮吸拇指也好，安抚奶嘴也罢，只要是吮吸，就能有效缓解婴儿与生俱来的焦虑感。一般情况下，为了让婴儿停止哭泣／吵闹，妈妈会让其吮吸拇指或奶嘴。既然如此，那之后您便再无立场指责他的吮吸行为了。从精神学角度来看，儿童即使吮吸拇指直至小学一年级，也还是有其可取之处，那就是能够有效缓解他的焦虑感。此外，这种自发性的爱欲行为能够让儿童忘却周围世界以及自己的母亲：他沉浸在自我世界之中，并开始学会幻想。随着儿童慢慢长大，他便不会再过分关注自己的拇指，他会将目光转向食物以及言语。自此之后，他的嘴只用来说话、唱歌和品尝美食。

是吮吸安抚奶嘴更好？这一亘古不变的话题总能引起各种纷争，不论最后做出哪种选择，总有人拥护或反对。吮吸拇指一定程度上会影响牙齿的正常发育，但是婴儿并不会一直不停地吮吸拇指。

然而，对于安抚奶嘴而言，如果婴儿想一直将其含在口中，那么就必须不停地吮吸。此外，有些人认为奶嘴太脏并会让安抚婴儿变得极其容易。一旦父母习惯了用奶嘴安抚孩子，那么婴儿便很难再将其摆脱，奶嘴的使用频率只会越来越高。长期使用安抚奶嘴会造成婴儿上腭变形、上下齿咬合不正，即上齿过于前倾。另一些人则认为安抚奶嘴有助于婴儿恢复平静，尤其是当他生气或难以入睡时。此外，安抚奶

嘴能够帮助婴儿顺利地度过断奶期，既能满足婴儿吮吸的需求又能给他带来幸福感。最后，为了保证安抚奶嘴的卫生，请您像清理婴儿汤勺一样清理奶嘴，或者您可以像清理奶瓶一样，用开水或者洗洁精将其洗净消毒。另外，也请别忘了定期为婴儿洗手，毕竟婴儿总把双手当成玩具往嘴里塞。

吮吸反射

超声波检查表明，胎儿的第一次吮吸反射大约出现在第10周。胚胎成形的第1个月，胎儿可以轻抬其尚未完全成形的头部；第2个月时，位于鼻腔的舌头滑入口腔，与此同时，鼻腔与口腔的连接处，即上腭，基本成形；第13周时，舌头便能伸出口腔；大约第15周时，胎儿开始出现第一次吞咽动作。此外，研究人员还发现从怀孕第3个月开始，胎儿便能吮吸他的四肢甚至脐带。

从神经病学角度来看，婴儿未出生时便已学会了吮吸，他在子宫内吞咽的羊水容量要比他刚出生前几天吮吸的母乳容量大得多。吮吸反射为婴儿提供了自我觅食的能力，该反射分为三个步骤：吮吸、吞咽以及呼吸。

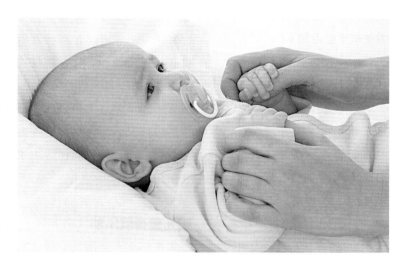

婴儿体操

婴儿喜欢站立，洗澡时会猛蹬双腿，在怀中时懂得身体前倾以便您能够更省力地将他抱住。很显然，他已经是一名"运动健将"了。

惊人的张力

当婴儿坐在您的大腿上时，他脑海里只有一个念头，那就是站起来。于是，他会猛蹬小腿，并拒绝安分地坐着。总之，他会抓住一切可以让他站立的机会。请不用过于担心他的这一举动，因为这些尝试都在他的运动能力以及肌肉张力的承受范围之内。日常反复的站立练习有助于他平衡能力及肌肉的发育。每次练习时，您只需牢牢抓紧婴儿即可，以免他太累。另外，站立练习和走路练习并没太大关联，因此，学会站立并不意味着他就学会走路了。

母婴体操

母婴体操其实是一种玩耍以及相互沟通的方式。练习一些轻柔的体操动作有助于锻炼婴儿的肌肉，继而为他将来练习正确的坐姿以及走路姿势奠定基础。此外，练习母婴体操也为您提供了一次与孩子沟通的机会。如果您选择参加专业人士指导的课程，那么您便能和孩子一起在练功房内做体操了。在初学阶段，母婴体操更像是一款肢体接触的游戏。此外，前几次课力度较小，并不会提升婴儿的生理运动能力，但是新手妈妈能够通过这几次课缓解自身的疲劳并熟悉孩子的身体。上课期间，婴儿也并非完全处于被动地位，他能够探索自己的身体，发展自己的触觉，从而为将来的自立做准备。

精神运动发展学家珍妮·列维（Janine Lévy）曾经发明了一套早教启蒙方法，这一方法已在托儿所使用多年。通过观察运动中儿童的各种行为举止，珍妮·列维编写了一套训练平衡能力以及刺激各项感官能力的教程。这一教程同样适用于残疾儿童。

婴儿健身俱乐部

近年来，法国几乎各地都开设了婴儿"健身"俱乐部。俱乐部内的一切设施均符合安全生产标准，婴儿可以在场馆内安安静静地锻炼自己的精神运动能力。这一锻炼往往采用游戏的形式，需要婴儿的父母一同参与，每次锻炼由 10~15 名婴儿一同进行，持续 45 分钟。场馆内配有巨型皮球（用于训练婴儿的平衡能力）、彩色地毯（用于训练婴儿的翻转能力）、管道（用于训练婴儿的爬行能力）、蹦床（用于训练婴儿的平衡能力）以及迷你秋千（用于安抚婴儿）。

此外，婴儿需要经常把玩（推、扔、抛）一些小物件，这样他才能最终明白自己能够左右物品的走向。在俱乐部中，婴儿能够训练自己的平衡能力以及肢体协调能力。和游泳一样，场馆内的一切活动都是为了让婴儿感受摇摆身体的乐趣。因此，请尊重儿童自身的运动节奏，不要期许其能成为未来的运动健将。

婴儿体操动作示范

1. 双手牢牢地撑住婴儿的腋窝，这样婴儿便能膝盖微微弯曲向前迈步。

2. 当您的孩子平躺在垫子上时，请先用一只手牢牢地抓紧其手腕及手掌，另一只手托住其颈部，再轻轻地抬起其上半身直至坐姿形成。请注意，在此过程中，婴儿的臀部不能离开垫子。之后，将您的脸庞靠近婴儿，凝视数秒。最后，再轻轻地将婴儿放下，让其重新平躺于垫子上。

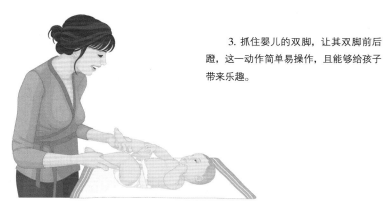

3. 抓住婴儿的双脚，让其双脚前后蹬，这一动作简单易操作，且能够给孩子带来乐趣。

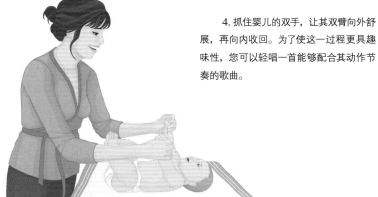

4. 抓住婴儿的双手，让其双臂向外舒展，再向内收回。为了使这一过程更具趣味性，您可以轻唱一首能够配合其动作节奏的歌曲。

5. 当您的孩子趴在垫子上时，请先用双手牢牢撑住其腋窝处，轻轻地将其托起直至其膝盖呈跪地状，之后轻吻其后颈，最后再轻轻地将其放下，让其重新趴在垫子上。

6~7 个月

您

您发现了新大陆：您的孩子开始躺着、趴着、坐着观察自己左右、前面、后面的世界。他的身体发育得如此之快！如果您觉得您孩子某些方面发育过快或过慢，请不要担心。只需要 15 天的时间，一切都会焕然一新。

婴儿的双手变得更加灵敏，他能用拇指以及食指抓捏物体。这一进步有助于其早期空间概念的形成。此外，您的孩子还处于用嘴探索世界的阶段，他通过啃咬形成对整个世界的认知。对于他而言，嘴巴就是外部世界与自己内心世界的天然分界线，要想感知外部世界就一定要先将其"吸入"自己的内心世界才行。

此外，您还会惊讶于婴儿的"喋喋不休"。婴儿对每一个新词都表现得十分贪婪，只要他听见了，他就会不断地重复。为了让他的语言能力获得更好的发展，建议您最好以平常说话的方式教他说一些简单的词语，切忌用所谓的"儿童语气"与他交谈。当孩子听见声音之后，他便会自己不断地重复。

最令人不可思议的无疑是该阶段的婴儿居然知道自己能够在一定程度上左右身边的人 / 物。自此之后，您与孩子之间的关系就变得稍显复杂了，因为你们之间需要"斗智斗勇"。如果您的孩子总是不断地"挑衅"，请保持镇定，微笑面对。

您的孩子

· 平均体重约为 8 千克，身长约为 70 厘米。

· 双腿已经能够承受整个上半身的重量，如果您搀扶着他站立的话，他可以将腿蹬得笔直。此外，他还可以独自坐几秒钟。

· 他可以握紧手中的玩具。如果物品过重，则会先用双手将其拖至嘴边，然后进行啃咬。有时，您的孩子还会将自己的脚丫放入嘴中啃咬。

· 他会一个人自娱自乐、不知疲倦地从喉部发出"呵呵"声。他能从各种声音中辨别出自己的名字，并且还能含糊不清地说几个词语。他对周边的一切事物都很感兴趣，尤其是细小的物品。

· 他喜欢甜食，并长出了第一颗牙。

· 他的日常饮食：每天喝 800 毫升左右的奶，分成 6~8 次，开始添加泥糊状辅食。

一年身长增长25厘米

第一年的时候，您孩子的身长大约会增长25厘米。前3个月的增长速度最快，每月增长约3~4厘米。第4~12个月期间，每月增长约2厘米。因此，婴儿出生时平均身长为50厘米，一年之后，身长会增至75厘米左右。

成长现象

婴儿的身长主要由遗传因素决定，不过后天所处的生长环境以及自身的激素分泌也会在一定程度上影响其身长。人类的身高之所以能够增长，主要是因为四肢骨骼得到了发育及延伸，准确地说，主要是因为四肢长骨得到了发育及延伸。

当儿童处于生长发育期时，其长骨两端，有一种所谓的专门负责骨骼生长的骺软骨。发育期时骺软骨不断增生，骨骼就不断增长；成年后增生停止，身高也就不再增长了。

出生伊始，婴儿的肌肉组织尚未完全发育。在激素、运动以及饮食的刺激之下，他的肌肉组织会越来越强壮。此外，需要指出的是，青春期以前，男孩与女孩的生长发育速度比较一致。

成长的有利条件

骨骼的发育深受各种因素的影响，其中，遗传因素起决定性作用，占比70%。尽管如此，后天的生长环境同样也会影响身高，如饮食（份量及质量）、父母经济水平、体育运动量以及个人情绪状态。相比于从前，当今社会的儿童个子更高，平均要高出4厘米。

儿童的生长发育速度往往由自身的遗传基因决定。有些儿童13岁时身高便已达到了成人高度，而有些儿童则需要等至20岁。进入青春期后，儿童开始分泌性激素，该激素一定程度上会影响身高的发育。需要指出的一点是，儿童身高发育得越早，停止得也就越早，每位儿童都有属于其自身的发育规律。一般而言，青春期以后，女孩普遍比男孩矮小。

> 66 坐着的那一刻是婴儿最享受的时刻。当婴儿坐着时，他能看见别人的到来，如果别人走到他后面，他甚至可以转头去看，他总是以环顾的方式观察周围的世界：他看着妈妈打开了窗户，感受着清风拂过他的脸庞。当他听见声响时，他甚至可以远眺屋外的景象：他会转头去看看刚才那声响是从哪儿传来的。他这窥探远方的欲望一直支撑着他，激励着他努力去寻找支点以便继续保持坐姿。现阶段，他已不再满足于母子之间的凝视了，他开始用目光去探索屋内，甚至屋外的世界。当家人跨过门槛走进屋内时，孩子会紧握双拳张开双臂。可能在您看来，这意味着孩子累了，但这仅仅只是表象而已。您尽管让他自娱自乐吧，孩子需要大量的肢体练习才能锻炼其肌肉力量，才能更好地保持坐姿。 99

理论上讲，我们可以估算儿童成年后的身高。计算公式如下：男性身高=（父亲身高+母亲身高+13厘米）÷2；女性身高=（父亲身高+母亲身高-13厘米）÷2。

激素的作用

激素在儿童的身高发育过程中扮演着非常重要的角色。其中，影响最深的激素被称作生长激素（GH），该激素由垂体细胞分泌，并受其他两种激素［生长激素释放激素（GHRH）和生长激素释放抑制激素（GHIH）］的调节。此外，另一种由胃部所分泌的激素同样会刺激生长激素的分泌。

这第三种激素并不会直接影响骺软骨的发育，它分泌以后会被传输至肝脏进行合成以便释放出类胰岛素1号生长因子（IGF-1），而该因子的作用主要在于促进骨骼的发育与生长。最后，甲状腺激素以及从青春期开始分泌的性激素也会影响儿童的生长发育。儿童的生长发育在睡眠中进行，进入深度睡眠状态后，生长效果尤为明显，这也就是为什么我们总是强调要让孩子有充足的睡眠时间。

骨骼要想得到更好的生长发育，还需要充足的维生素D。维生素D能够通过饮食以及日照进行补充。之所以要补充维生素D，是因为它能够促进肠道对钙的吸收，从而有利于骨钙沉积。

善用生长曲线

监测儿童发育是否良好的最佳办法就是观察其生长曲线图（该图能在儿童医疗本上找到）。只有定期将自己孩子的发育状况与生长曲线图进行对比，方能突显出该图表的作用：幼儿未满3岁时，最好每3个月对比1次；满3岁以后，每6个月对比1次。在孩子的生长过程中，一旦发现异常，请及时查阅生长曲线图以便确认您的怀疑是否合理。如果您孩子3个月内的生长曲线都呈水平状，那么请及时就医。

现如今，除了生长曲线图，还存在其他各种能够有效检测儿童生长发育是否迟缓的方法。比如，通过简单拍摄手腕部的X光片观察不同骨化点的发育程度来确定儿童的骨龄，即骨头的成熟程度。通过将测量者的X光片与标准图库中不同年龄段的男性/女性手腕部X光片进行比对，便能计算出测量者的骨龄。该类检查能够使人获知儿童的骨龄是否与其自身实际年龄相符，该儿童是否还存在长高的可能性。如果生长曲线中出现断层现象，那么请及时就医。断层现象的出现往往意味着激素分泌出现了问题或者儿童自身存在尚未诊断出来的基因缺陷。

身材矮小的儿童

一般而言，早产儿比满月出生的婴儿要矮：没必要大惊小怪，毕竟早产儿比正常婴儿要少几个月的孕育时间。研究表明，早产儿出生之后需要花费2年的时间才能赶上生长曲线的正常发展速度。

大部分"小尺码"的儿童在子宫内时体型就偏小。除了基因的影响之外，妊娠期遭遇的各种不适都会导致胎儿发育迟缓，比如孕妇营养不良、抽烟、酗酒。其中，营养不良是最主要的原因。

当然，其他因素也会导致胎儿发育迟缓，如孕妇患有疾病、内心烦闷抑郁。急性疾病基本不会对胎儿发育造成任何影响，往往是慢性疾病会干扰胎儿的生长。此外，孕妇低落的情绪也会严重地影响胎儿的发育。

80%的"小尺码"儿童能在几个月内恢复到正常体型（7个月大的婴儿平均体重为8千克，身长约为70厘米）。至于其他的"小尺码"儿童，则往往需要接受治疗。

引发儿童的兴趣

儿童总是充满着无限的求知欲，并且他永远都活力四射，时刻准备着去观察世界、吸收信息。最初的时候，儿童一般是通过游戏开启其学习生涯。

永不枯竭的好奇心

对儿童进行启蒙教育其实并不需要借助任何复杂的工具，也没必要求助于具有教师资格证的专业教师。事实上，启蒙教育意味着心灵世界的改变、日常注意力的提高以及生活经验的分享。婴儿探索世界的第一步往往是探索自己的母亲：他会抓您的头发、捏您的鼻子或耳朵。他就像对待玩具一样对待您。请记住，他的好奇心永远都不会枯竭。

其实，婴儿从出生开始便具有理性智慧的种子，之后他会懂得如何将玩具分类，并且无论我们将玩具的哪一面呈现给他，他都能准确地辨认。儿童尤其喜欢色彩缤纷、形态各异、声音千变万化、触感不尽相同的玩具。他接触的玩具越多，他的幸福感就会越强。任何一种环境都可以吸引他的注意力，但只有通过动手操作才能让孩子学得更多。充满好奇心的同时，他的各种感官功能时刻都处于工作状态。比如，散步时，您可以让他看看摇曳的大树，闻闻花香；又或者，在厨房时，您可以让他闻闻各种香料的味道。此外，他还喜欢聆听各种声音，比如玻璃杯清脆的叮铃声、汤勺碰撞的金属声。

不过，请您一定不要一次性让孩子体验太多事物，循序渐进地一一进行展示才能让他更好地接收信息。最好指派儿童信任的人对他进行启蒙教育，这样他才能有安全感，才能学得更好。此外，进行启蒙教育的过程中，要确保儿童穿衣舒适，无饥饿感或其他不适感。

把握时机

进行启蒙教育并非一定要局限于"上课时间"或者强求婴儿安静地坐着。事实上，您可以在婴儿玩耍时对他进行启蒙，这样的话，学习才能成为一种乐趣。比如说，洗澡的时候，就是您教他认识身体部位的最佳时机。一般而言，午休之后是从事智力游戏的理想时间。体力游戏如婴儿保健操、按摩（抚触）等，则可以在一天中的任一时段进行。此外，当儿童开始厌倦一项活动时，您需要通过改变游戏内容来吸引他的眼球，毕竟这一年龄段的儿童保持注意力集中的时间很

神经运动方面的新习得会改变孩子的生活。一旦婴儿学会了坐姿，那么他就可以平视周围的景象，此外，他还可以转动头部，以180度的视角观察整个世界。而一旦婴儿的手部灵活性得到了提升，他便可以轻而易举地抓扔各种物体，甚至还可以尝试着伸长胳膊抓取物体。种种迹象表明他已经学会了许多技能，并且随时准备着学习新的技能。整个世界尽在他的掌握中。

> "您已经发现了自己的孩子拥有着属于他自己的独特个性以及行为。所以从现在开始,您需要仔细观察他独有的探索机制、行为重复机制以及习惯化机制。通过观察,您会发现婴儿对新事物最感兴趣。他总是追逐着陌生的物体,探索着周围的世界。您这几个月反复对他倾诉的话语以及哼唱的歌曲已经成为了他的语言模仿对象。此外,这个年龄段的婴儿已经会用手指指出他所感兴趣的人或物。尽管如此,婴儿仍不能完全脱离自己的母亲或周围的世界而独立存在,他尚处于主体与客体之间的混合阶段。不过随着时间的流逝,他终究会成为一个独立的主体。研究表明,从第4个月开始,只要他人能在肢体上对他进行帮助,您的孩子便能与其他婴儿进行沟通。或许,婴儿成为主体的时间要比我们想象的早。"

习惯化

为了弄清6~7个月大婴儿的内心想法,研究人员一般会采用一种名为"习惯化"的神经生物学测试方法。测试结果表明,无论儿童年龄多大,他观察陌生物体的时间相对而言会更长,并且他更偏好结构复杂的物体。测试中,研究人员反复让儿童面对同一种状况以便刺激他的某一种感官,但是,一旦婴儿习惯了这个状况的出现,他便开始置之不理。但是如果研究人员将另一种新的刺激呈现在他面前,婴儿又会重新出现反应。

研究表明,从第7个月开始,婴儿会模仿从父母身上观察到的面部表情。

短。如果他拒绝配合的话,也请不要过于坚持,因为约束环境下教育的效果并不好。这时候,您只需要让孩子一个人安安静静地跟着他的"玩具老师"学习即可。

循序渐进

每位儿童接受启蒙游戏所需的时间各有不同,这也就是为什么有些儿童面对一款启蒙游戏时会表现得毫无兴趣。

一般而言,儿童不能一次性接受多种新知识。正如体力发育需要经历各种阶段一样,智力发育同样需要经历各种阶段:在成功升级到一个新阶段

之前,儿童需要就所学的知识进行理解、遗忘以及再理解……

从声音到单词

或许您的孩子已经会说"妈妈"这个词了，又或许他还不会说。如果他还不会说的话，也请不要苦恼，因为这个词对他而言根本就毫无意义。事实上，婴儿还需要花费至少 3 年的时间来学习说话。

从"啊-呃"到"妈-妈"

这几个月，婴儿在语言表达能力方面进步显著。刚出生时，您的孩子只会发出一些毫无节奏感的啼哭声。接着，他开始学会发出一些咿呀声（他总是喜欢"卖弄"自己的嗓音，颤动自己的喉咙）。大约第 4 个月的时候，婴儿的语言能力便开始显现，此时他的音调变化已然与成人无异。他不停地重复着"ba ba, da da, pa pa, ma ma"。您看，他说话时的语调以及节奏是不是把握得有模有样？通过研究母子之间的对话，我们发现在对话的过程中，无论是母亲还是婴儿，他们都比较注重自己说话时的语调。而凭借自己出色的模仿天赋，婴儿能够惟妙惟肖地成功模仿说话人的语调。他不停地重复着刚才所听到的话语，依靠自己的记忆，慢慢摸索着、尝试着去模仿说话者发声时的唇部动作。渐渐地，他吐露的话语越来越清晰，越来越准确。自此之后，他便能更加专业地复制他所听到的声音了（尤其是出现频率最高的声音，比如：妈妈）。与此同时，作为家长，您也应该试着去解释您所说的词语。您可以做手势比划或者寻找另一个意思相近的词语来解释，这样的话，婴儿便有机会去学习另一个新词。不过从第 6 个月开始，婴儿发声的机制将变得更为复杂。

对话的开始

这些重复的模仿练习虽然不能让您的孩子即时发音正确，但是渐渐地，它最终会引领孩子走上正确的发音之路。当您和孩子沟通时，您可能会本能地将字与字，甚至是音节与音节断开。这一做法的确有利于婴儿的语音学习，毕竟他尚处于学习元音以及辅音的初级阶段。婴儿除了能够准确辨认出发声人及其嗓音，在沟通过程中，他还懂得如何互动，该聆听的时候他会安安静静地听着，轮到他说话时，他则会咿咿呀呀地表达自己的看法。婴儿会用手探索自己的口腔构造，感

> 一旦婴儿能够咿咿呀呀地说话，父母便开始化身为"寻词狂魔"，在这些含糊不清的音节中疯狂地寻找着那个神奇的双音节单词——"爸爸"或"妈妈"。只要他们听到一丁点儿相似的声音，便会兴奋不已、如痴如狂，因为他们坚信自己已经真真切切地听见了这个单词。与此同时，婴儿也会明白自己刚才给父母带去了幸福。于是，他便会不停地重复刚才那个单词。

显而易见，最先教给婴儿的词汇一般都是单音节或双音节词汇。对话过程中，虽然父母明知婴儿回答不了自己的问题，但他们还是会对其进行提问，毕竟提问有一定的刺激作用。当孩子开始学习说话时，如有可能，建议您最好教一些和他日常生活相关的具体词汇。

受说话时下颌的张合动作。他还会用眼睛观察交谈者说话时的唇部动作。所有的语言最终都会经由耳朵传输给婴儿，不过有的时候会出现传输延时，这可能和婴儿自身的听觉功能有关。相比于其他婴儿而言，有些婴儿会显得过于健谈。

如何与婴儿进行对话

事实上，词汇对于婴儿而言毫无意义，因为他们更重视词语的语调、节奏以及说话者的面部表情。几乎全世界的大人们和婴儿交谈时都会使用一种不同以往的语气：声音更加尖锐、语速刻意变慢、本能地重复同一个单词。此外，他们与婴儿交谈时常常伴有大量的头部动作以及面部表情。碧翠丝·德·博森－巴蒂（Béatrice de Boysson-Bardies）的一项研究表明，法国母亲以及英国母亲更倾向于先教婴儿唇辅音，如 M、B、F 和 V。这一选择性的教学方法更有利于婴儿根据自身的发音机制对所学的单

词进行接收与再现。

法国认知心理学实验室（LSCP）曾就这一教学方法进行过研究，结论如下：婴儿很喜欢这一选择性的教学方法，通过这一教学方法，他们能够很好地接收所有的音节，甚至能够感知音素之间的区别。不过相比于纯辅音音节而言，他们更喜欢清辅音相间的音节。为了能够更好地唤醒婴儿对语言学习的兴趣，发音时请将每个音节断开，以便婴儿能够更容易地听出音节之间的不同。

各国儿童所学的词汇

不管是法国母亲、美国母亲、日本母亲，还是瑞典母亲，她们教给孩子的单词都不一样。碧翠丝·德·博森－巴蒂的一项调查表明，美国人出于实用目的，通常选择先教婴儿各种物体名词。因此，美国儿童说话的方式显得过于早熟，且涉及的词汇多为家庭成员词汇、动物词汇以及日常生活用品词汇，但是他们的发音

不太标准，并且所使用的动词太少。另外，美国儿童也熟知大量欢迎用语。而在日本，儿童们往往最先接触审美词汇以及人际关系词汇。他们学会说句子的时间比较晚，但是，所说的句子一般都很长且千变万化。另外，句中经常会出现一些与诗歌意境相关的词汇，如落雨、云彩、红日、明月、落叶。相对而言，瑞典儿童比较"行动派"，他们所学的词汇一般和动作有关，如跳高、跳远、摇摆或跳舞。法国儿童所学的词汇则充满生活气息，如阅读、吃饭、喝水、真漂亮。与美国儿童相比，法国儿童的词汇量更少，但学会使用冠词以及造句的时间更早。此外，法国儿童还会学习一些食物词汇以及服装词汇。

与婴儿玩耍嬉戏

对于您的孩子而言，和您一起玩耍才是最好的游戏方式。做鬼脸、遮脸、呵痒、在臂弯中摇晃……这些简单的游戏都能让您的孩子觉得无比快乐。

物品游戏

您的孩子会惊喜地发现他所熟悉的物品有时可以变形，而这一小小的改变会让他觉得很有趣。此外，对于这一年龄段的婴儿而言，来回扔捡玩具同样也是一件趣事：当您将汤勺、拨浪鼓、泡沫球捡回递给他时，他会乐此不疲地将该物品再次扔到远处。在这一游戏的过程中，婴儿不禁会好奇："我是否能够操控周围的环境？我扔出去的物品是否能够回来？我是否能够轻而易举地摆脱那些无趣的物品？"而负责捡拾物品的大人们通常以自己的实际行动让孩子明白这个世界上存在两种不同的身份——自我与他人。

真人游戏

遮脸游戏（先用一块布料将脸庞遮住，然后再将脸露出，不过露脸时，别忘了带上您迷人的微笑）的教育意义非凡。该游戏有助于您的孩子明白玩伴的消失只是暂时性的。遮脸

动作做得越多，孩子就会越兴奋，也就会越容易明白这是一个互动游戏，自己应该做出一些回应。于是，他便会自然而然地参与到游戏之中。

婴儿很享受互动游戏所带来的乐趣，您看，他不是笑得正开心吗？这个互动游戏还能

让婴儿明白：即使他看不见自己亲近的人，也不代表对他的情感会随之消逝。

随着婴儿体能以及情感的发育，这个游戏会以另外一些崭新的面貌呈现在孩子眼前。但是不管婴儿处于哪一年龄段，遮脸游戏的教育意义都不会改变：

> 如果您希望自己的孩子进步，那么您就必须陪他一起玩。有些父母对于孩子而言是十分优秀的玩伴，有些则不然，不过这都不大重要。在陪伴婴儿玩耍的过程中，父母双方都应该有各自的强项：最佳呵痒玩伴、最佳洗澡玩伴、最佳陪聊玩伴。只有这样，父母才能更好地利用婴儿的身体部位或其他特点陪他玩耍。而面对父母一系列的"狂轰滥炸"，婴儿则表现出了非凡的竞技能力，他甚至能在父母不自知的情况下模仿他们的面部表情与肢体动作。对于这一年龄段的婴儿而言，他们最喜欢的游戏莫过于"遮脸游戏"。和父母一起做这个游戏有助于婴儿发现世界、明白事物之间的差异（看得见／看不见、一样／不一样）。游戏能让人感受到自由和平等，而对这一美好感受的向往会导致婴儿日后强迫您陪他一起玩耍。如果出现这种情况，您要让他明白您不会对他言听计从，并且游戏的真正意义在于一起分享快乐。

镜中自己的影像让婴儿兴奋不已。最开始的时候，婴儿会觉得镜中所呈现的是另外一个孩子的脸庞，于是他会冲着"他"笑，突然朝"他"大喊，他的行为举止让人感觉他正在和一位真实存在的人交谈。大约第 8 个月的时候，他的态度开始慢慢转变，他不愿再看镜中的影像，也不愿再对"他"微笑，因为当他在镜中看到"他"与自己的父母在一起时，他便明白镜中的那个婴儿并不是真实的。尤其是当他想要触摸镜中人时，触摸到的永远都是冰冷坚硬的镜子，这就更加坚定他此前的推测。著名的精神分析学家雅克·拉康（Jacques Lacan）将这一阶段称为"镜像阶段"。拉康同时还指出，只有父母（或父母一方）陪着一起照镜子，婴儿才能明白镜中之人并非真实存在。这一经历使得婴儿明白真实与虚幻之分。

它有助于婴儿自我身份的建立以及内心安全感的提升。

过不了多久，您的孩子便能一个人独自与玩具嬉戏，他会把玩具藏起来以便自己能够去寻找。

身体游戏

除了与玩具、亲友玩耍之外，婴儿还能与自己的身体部位一起嬉戏，比如呵痒、脸贴爸妈、在父母的臂弯中摇晃，以及其他探索平衡感和体验重力的游戏。这些游戏不仅能让婴儿感觉快乐，还能锻炼他的

体能，帮助他明白身体的完整性以及在人际交往中各个部位的重要性。婴儿对脸庞特别着迷。如果他在镜中看见了自己的脸庞，那么接下来他可能就会无休无止地和自己玩躲猫猫。但是随着认知的发展以及照镜子次数的增多，婴儿最终会意识到那个镜子里的复制品只是和那个能够真实触摸到的"自我"相像而已。大概第 6 个月或第 7 个月的时候，您的孩子开始喜欢和别的婴儿接触。他们相互用目光审视着对方，用双手触摸着对方。

无穷无尽的探索和发现

自接受启蒙教育以来，您的孩子开始变得不愿错过身边任何一点响动以及任何一丝光

亮。他的目光总是追随着移动的物体，尤其是我们递给他的玩具。随着时间的推移，他会对结构复杂的物体表现得更有兴趣。为了更好地满足他的好奇心，让他大饱眼福，建议您平时将他安置在儿童椅内。这样的话，他的视线便能时刻追随着您，能以他自己独特的方式参与到您所从事的活动之中。不过别忘了偶尔帮他改变一下视野范围（比如，您可以将他安置在靠近屋外大树的窗户旁边）。如果他不愿意坐在儿童椅内时，您也别忘了时不时地帮他改变一下身体的姿势(坐、趴、躺)。婴儿要想茁壮成长，离不开一个稳定安全的环境。为了让婴儿更具安全感，您需要帮助他了解周围的环境。当婴儿能够独自一人保持坐姿，且手部抓取能力得到一定提升之后，他就会为自己开辟另一块新的游戏战场。您看，他现在能够牢牢地抓住玩具，能够尝试着将玩具堆叠在一起，更重要的是，他喜欢拍打一切物品。因此，到了该为孩子提供一块智力开发板的时候了。智力开发板布满按钮，婴儿可以随意旋转、拉扯。他的每一次动作都会引起不一样的反应，比如发出响声、出现人 / 动物、出现五彩缤纷的旋涡……

第一颗牙齿

胎儿在子宫内的第 7 周时，牙齿便开始发育，4 个月后，牙齿完成发育。出生之后，大约第 6 个月时，婴儿开始出牙，最先长出的是下齿槽中间的 2 颗切牙。

牙齿小、白、密

20 颗乳牙在 6 个月至 2 岁之间长完。婴儿的出牙顺序大致一致，但时间间隔不一致。长出的第一颗牙是下齿槽中间左边（有时是右边）的切牙。牙齿长出顺序为：8 颗切牙、4 颗乳尖牙、4 颗乳磨牙和 4 颗第二乳磨牙。人的牙齿长在颌骨处，由牙冠和牙根组成，且出牙顺序一般从外往内。

相比恒牙，乳牙比较特殊：乳牙更白（因为缺少矿物质）、更小（1.5~1.8 厘米）并且出奇地密。不过，乳牙比较脆弱，因为它们的牙根尚未完全钙化（需要等至第 18 个月牙根才能完全钙化）。如果乳牙刚开始长得不齐整，不够坚硬，不代表换牙之后牙齿也会不齐整，不坚硬。

一般而言，婴儿长出第一颗牙的时候，您需要带他去医院检查牙齿的发育情况。

痛苦的出牙过程

长牙时，牙齿首先要强行穿破周围的牙肉以及牙龈黏膜。这一过程可能会引起发炎且发炎的牙蕾往往容易遭受病原菌的攻击。因此，有的时候，婴儿出牙时可能会同时出现轻微感冒、腹泻，甚至是尿布疹的症状。不过请别担心，随着时间的推移，婴儿这方面的抵抗力会越来越强。

出牙时，婴儿可能会流口水、脸颊发红、不停啼哭，尤其是当您让他平躺时，他的反应会更加激烈。这是因为平躺的姿势会导致其血压升高，因此，如果您想让他平躺的话，最好将他的头部轻微抬高，这样能减轻他的痛苦。

简单的局部疗法可以减轻婴儿出牙时的痛苦，比如用冰水冷敷出牙处，这样能造成局部麻醉。您还可以使用 Dolodent 洗剂或 Delabarre 凝胶。您只需要将这些药膏涂抹在婴儿的牙龈上再加以按摩即可（每天 4 次）。按摩也具有一定的安抚效果，因此您可以尽量长时间地为他按摩牙龈。

您可以定期为孩子清洗牙齿。但是，该如何清洗呢？首先，准备一团吸水性较好的棉花，然后将其浸湿，或者您也可以准备一块纱布，浸湿后缠于食指之上。如果您愿意的话，也可以给孩子使用一些婴儿专用牙膏。请放心，这类牙膏即便被吞进体内也并无大碍。接着，让婴儿斜靠着坐在您的大腿上，慢慢地让他张开嘴，然后轻轻地擦拭他的牙齿和牙龈。一般而言，清洗牙齿的最佳时间为吃完早餐之后以及晚上睡觉之前。

龋 齿

对于儿童以及成人而言，牙齿最大的天敌是糖分。从第18个月开始，您有时可能会发现孩子的牙齿有所损坏，这一状况其实不足为奇，因为母乳以及奶粉都含有乳糖（从字面看，即乳汁中的糖分）。此外，有些家长为了安抚婴儿，会让其含着蘸满蜂蜜或糖水的奶嘴睡觉，而这往往是直接导致龋齿出现的罪魁祸首。因此，请您一定不要让婴儿养成晚上喝糖水或含奶嘴的习惯。这一"奶瓶综合征"最终会导致婴儿的牙齿一个接一个地龋坏。一旦出现龋齿，就不得不将其拔除然后再植入假牙直至新牙长出。另外需要注意的一点就是，如果您给孩子服用过止咳糖浆，别忘了睡觉之前帮其清理牙齿。最后，如果您自己长有龋齿，请不要和孩子共用同一根汤勺，因为您会将龋原性细菌传染给他。任何龋洞都应该得到及时的治疗，即使是乳牙上的龋洞。

维生素D与氟

维生素 D 在牙齿矿化过程中占据着举足轻重的地位。缺少维生素 D 会导致牙齿发黄或长白斑。这不仅影响美观，而且还意味着牙齿十分脆弱，因为矿化不足的牙齿更容易被蛀蚀。不过请不用担心，及时补充维生素D能够改善这一状况。而对于婴儿来说，要想拥有一口坚固的漂亮牙齿，除了需要维生素 D 之外，还需要补充适量的铁蛋白。该类蛋白质有助于调节人体内铁元素的含量。

众所周知，氟能预防龋齿，因为它不仅能增强牙釉质的抵抗能力，还能有效地清除牙菌斑。但是，请注意，如果无节制地使用氟，会造成慢性氟中毒（即血液内氟含量超标）。因此，使用氟之前，请先咨询儿科医生，医生会判断您的孩子是否需要使用氟，如果需要，使用剂量应为多少。法国国家药品与健康产品安全局（ANSM）曾就氟的使用给出过明确的建议：只有清洗奶瓶时能使用少量的含氟液体（每升液体最多含 0.3 毫克氟）。此外，按照法国法律的规定，自来水中的含氟量也应在水费发票的附件中明确标出。

婴儿的痛感

过去很长一段时间内，我们都错误地认为儿童的神经系统尚未完全发育，所以其大脑所接受的痛感信息要比成人少。然而，我们现在发现之前的这个观点大错特错，即使是胎儿也会经历痛感。

学会辨认痛感

所有的父母都不忍心看到自己的孩子受苦。一旦孩子受苦，他们会将此看作是自己的失职。其中，妈妈的负罪感最为强烈。当她觉得自己无力缓解孩子的痛苦时，自己的身心也会备受煎熬。有时，父母在面对孩子的痛苦时会惊慌失措，从而做出一些自以为具有安慰效果的举动，但是这些举动却不合时宜，反而导致婴儿生气发怒，在母亲的怀抱里大声哭闹，此时的婴儿会将自己的痛苦归咎于自己的母亲。这种情况下，母子之间的关系便会受到短暂的影响。因此，家里其他成员就需要接替母亲照顾婴儿了。面对处于痛苦之中的婴儿，父母需要耐心地给予其温暖与安慰。因为缺少言语交流能力，所以婴儿只能通过其他方式来表达自己的痛苦，如：流泪、出汗、脸红、四肢乱舞。如果婴儿被痛苦折磨，首先，他会挑选最合适的身体姿势以免触碰疼痛部位；其次，他会尽量避免接触被单，因为摩擦会引发疼痛。虽然有时他的身体姿势看起来十分怪异，但是婴儿会尽力保持这一姿势。

儿童痛感已纳入医学范畴

科学研究表明，儿童不仅能够感受到痛感，甚至可能会因为自身神经系统的发育不完全而感受到更多的痛苦。然而，婴儿究竟承受了多大的痛苦，我们就不得而知了，因为他们尚不会用言语表达自己的情绪。如果痛苦一直持续，婴儿便会陷入消极状态：他不再哭喊、不再挪动，任何事物都不能再吸引他的注意力，此时的他已经完全虚脱了。如果情况恶化，婴儿则有可能会意识模糊，医生将该症状称为"精神运动无张力"。值得庆幸的是，现如今，我们已经将婴儿痛感纳入医疗检查范围之内。多年以前，法

不管是成人，还是新生儿，其痛苦的原理都是一样的。之所以会感受到痛，是因为人体的感觉（视觉、听觉、味觉）神经，即伤害性感受器，受到了刺激。感觉神经分布在人体各个部位，如：皮肤、肌肉、内脏。不论人体受到何种侵害，感觉神经都会通过神经纤维与脊髓将信息传送至大脑。当信息到达脑干以及丘脑部位时，人的身体便会释放一些可缓解疼痛的物质（如内啡肽）。

> 医生多年的研究终于向世人证明了儿童也会有痛感。现如今，我们已经懂得如何辨别儿童是否疼痛。首先，医生会评估儿童的疼痛级别，然后再对他进行治疗。缓解儿童的痛苦十分重要，因为痛感会影响儿童心理与认知的发育。

国卫生部就已经委托多家医疗机构就儿童痛感这一领域进行系统性的研究，即便如此，科研成果并不丰富。当儿童生病就诊时，医生或护士在为他抽血或扎针之前，会先在指定部位涂抹特殊的药膏以达到局部麻醉的效果。有时，医生也会让婴儿吸一些由氧气与氧化亚氮组成的混合物以达到放松心情、缓解疼痛的效果。如果婴儿极其痛苦，则会使用吗啡。

每种疼痛级别都有对应的止痛药，其中最常见的为含有可待因成分的止痛糖浆。如果您的孩子痛苦不堪，或者必须接受会产生痛感的医疗检查，又或者必须接受疫苗注射的话，请大胆地向医生询问如何才能减轻孩子的痛苦。

护理上的进展

两位英国儿科医生阿南德（Anand）和幸吉（Hickey）认为，即使是胎儿也能感受到痛感。如果对子宫进行"痛感刺激"的话，我们会发现不管多大月份的胎儿都会有所反应。此外，这两位医生还发现在以前的外科手术过程中，婴儿往往都没有接受过麻醉注射。在做了大量的调查研究之后，阿南德和幸吉发布了一份"宣言"，要求人们以更人性化的态度对待尚不会用语言表达自己痛苦的婴儿患者。

与此同时，克拉马市安东尼－贝克莱医院（l'hôpital Antoine-Béclère à Clamart）下属的新生儿康复中心制定了一份规章制度，要求医护人员在照顾新生儿患者时，采取正确的做法以减轻其痛苦。巴黎的阿尔芒－陶涩医院（l'hôpital Armand-Trousseau à Paris）下属的儿童痛觉缺失研究中心旨在长期帮助各个科室的患病儿童减轻痛苦。然而，缓解儿童疼痛这一领域尚未自成体系。在最近的一次医学会议上，医生们承认，过去认为70%的痛苦能得到缓解，但是现如今发现这一比例只有5%。

您孩子的视力正常吗

只要父母平时稍加留意，孩子大部分的视力问题都能在第 4~9 个月通过医疗手段检测出来。您可以仔细观察一下您的孩子：他的视线是否会随着物体的移动而改变方向？他是否能辨认出亲友的脸庞以及经常接触的物品？他是否能看见细小的物体？他是否能通过物品的一角辨认出全貌？他是否能专注地盯着手中的物品看？

视觉逐渐发育完全

从出生至第 3 个月，您孩子的视觉体系已经大有改善。

第 3 个月的时候，婴儿偶尔仍会出现斜视，他的双眼尚不能同时观察同一物体，但是他能够辨认出物品的细节部分。

第 4 个月的时候，由于外界的不断刺激，他的视力得到了一定的改善，并且能越来越熟练地调节视觉焦距。现在，他的视线能够很好地追随移动的物体。左眼和右眼不再"各自为政"，双眼的视力也逐渐稳定了，这就意味着大脑终于能将两只眼睛所看到的影像重叠在一起。

1 岁大婴儿的视力可达 0.4。

第 18 个月的时候，他能看见极其细小的物体，但是仍需等至四五岁时，其视力才能达到成人的正常水平。

定期检查

还未出院之前，医生会给新生儿做一次视力检测，即将光源照射在他的脸上（如果婴儿眨眼了，就证明他能看见）以及让他辨认色差强烈的物体（如黑白物体）。这两项简单的测试都旨在确认婴儿是否患有视觉缺陷或其他疾病，比如先天性白内障。此外，婴儿第 9 个月以及 2 岁的时候，还需接受另外两项视力测试。但是，如果您家族中曾经有相关病史或者您孩子的各种行为举止证明他存在一定的视觉障碍，那么只接受这几次测试明显是不够的。因此，最好在第 4 个月的时候让婴儿再接受一次视觉检测。此后，每年至少做一次检查，直至 6 岁。越早治疗，效果越好。

此外，眼科医生还会让婴儿接受"视觉优先"测试：观察婴儿的视线是停留在色差强烈的物体上还是色彩单一的物体上。在此类测试中，医生会给婴儿展示一系列不同的图片，测试结束后（每只眼睛接受 5 分钟的测试），便能断定孩子的视觉是否存在缺陷。有时，医生还会让婴儿接受另外一项补充测试。在该测试中，婴儿需要观察移动的物体，如果他的视线能随着物体的移动而改变，那么证明他的视力没有缺陷。不过一旦发现异常，您的孩子就需要佩戴矫正眼镜。请不要过分担心，婴儿，尤其是年纪稍大的幼儿，并不会排斥眼镜所带来的束缚。

不同的视力问题

● 弱视：弱视意味着其中一只眼睛的视力明显高于另一只眼睛。您可以偶尔遮挡孩子的其中一只眼睛，然后再遮挡另外一只，接着观察一下他的反应。如果在遮挡过程中，他表现出了不适，那么请及时就医。

● 远视：事实上，几乎所有的婴儿生来就是远视，这是由于视力发育还不成熟。远视会影响婴儿看近景，但不会影响他观察正常范围之内的物体，随着时间的推移，远视问题会渐渐消失。尽管如此，您平时仍然需要多加留心。

• 近视：近视意味着婴儿只能看清近景，而看不清远景。如果婴儿看远景时，总是频繁地眨眼，或总想将玩具挪到眼前玩耍的话，那么他有可能患上了近视。

• 散光：散光与眼角膜的弧度有关。如果您的孩子经常患结膜炎的话，那么他的眼睛很有可能散光。

• 斜视：无论是内斜视还是外斜视，都意味着两只眼睛不在同一根轴线上。斜视通常与视力障碍有关，也可能由遗传导致，所以如果您家族中曾经有斜视病史的话，建议您最好带婴儿去眼科检查。

斜视意味着什么

斜视常见于 3 个月大的婴儿，因为此年龄段婴儿的大脑尚不知如何将双眼各自看到的影像重叠在一起，但是如果 3 个月以上的婴儿仍斜视，就需要及时就医。斜视不仅影响美观，还影响视力，因此请尽快将他送医治疗。大量患有斜视的婴儿因为检测时间的延误，导致他们接受治疗的时间也相对变长。如果 2 岁以前检测出斜视，有 90% 的概率能将其治愈。

无论是斜视、远视，还是散光、近视，都会妨碍婴儿正常的生活。只要婴儿患有其中任意一种视觉障碍，他就应该佩戴眼镜，以免将来出现功能性弱视。功能性弱视意味着大脑选择让其中一只眼睛休息，双眼各自看见的影像很难重叠在一起。长此以往，这只"休息"的眼睛会渐渐退化直至视力完全丧失。如果 4 岁以前检测出弱视，有 80% 的概率能够将其治愈。

何时就医

如果您家族中有人患有视觉障碍或者您自己存在近视 / 远视的困扰；如果您的孩子很长一段时间内不再朝光源处张望，或者其目光不再追随移动的物体；如果 3 个月以上的婴儿看见亲友时毫无反应；如果婴儿学习走路时，总是磕碰到家具。在以上任意一种情况下，您都应及时带孩子去医院检查。

根据严重程度以及是否能治愈这一点，视觉障碍会给婴儿的生活带来不同的困扰。

失明属于重度残疾，自然会引起父母的担心，他们甚至会立刻联想到失明是否会对婴儿的智商以及情商造成影响，毕竟视网膜的后面就是大脑所处的位置。将来该怎么教孩子读写？他是否能正常入学？他是否能与其他同龄人正常玩耍？……这一系列的问题都会困扰家长。

有些儿童的视力仅为 0.1 或 0.2，不得不佩戴厚厚的镜片。这不仅会让他们显得滑稽，还会影响他们的生活。

有些视觉障碍和遗传有关，比如近视。这类视觉障碍往往由父亲传给儿子，母亲传给女儿。作为父母，因为已经深知视觉障碍所带来的不便，所以您可以教孩子如何应付这类琐事，比如佩戴眼镜。

有些视觉障碍需要手术矫正，比如斜视。在手术之前，患病眼睛需要闭合数月，这会导致儿童在一定时间内只能使用一只眼睛生活。眼科医生深知眼睛是心灵的窗户，如果矫正过度，会对儿童的心理产生一定的负面影响。

婴儿的听力

在您孩子出院之前，医生便会对其进行听力测试。不过，该测试只会检测新生儿是否能听见声音，对于婴儿失聪的原因则检测不出。

听力是否良好

父母往往通过观察婴儿的反应来判断他的听力是否良好。他们只在意面对突如其来的巨大声响时，婴儿是否会表现出惊吓；面对大人绘声绘色的模仿秀时，他是否会表现出诧异或不满。而对于关门时婴儿漠然的反应，父母则从来不在意，事实上，这一反应可能表示婴儿的听力有问题。几个月之后，父母可能就会发现婴儿对于身后的说话声、玩具的音乐声以及附近突如其来的轻微响动毫无反应。一旦发现异常，请及时就医以便确认婴儿的听力范围。

听他说话，确认他是否听到

为了确认婴儿听力是否良好，您首先应该学会聆听他的话语。刚出生时，父母听见的都是婴儿的咿呀声、嘟囔声。但是随着时间的推移，婴儿的词汇库有所扩充，他不再一个人哼哼唧唧地说着"外星语"，而是开始尝试着说一些单音节词汇。而对于有听力障碍的婴儿而言，他们始终都停留在"外星语"阶段。第8个月或第9个月的时候，父母更容易发现这一现象。因此，法国正音科医生一般会建议父母平时时刻留心婴儿单音节词汇的发音状况。

1岁的时候，婴儿已经熟知自己的名字，并且懂得如何回应简单的指令，比如"来"。因此，如果婴儿从不回应任一指令，父母就需要问问自己孩子的听力是否出现了问题。有时候，面对同一指令，婴儿一会儿回应，一会儿不回应。这种情况下，您可以调整自己声音的分贝对他进行听力测试：孩子是在低分贝的情况下听得更清楚，还是在高分贝的情况下听得更清楚？正常情况下，无论分贝大与小，只要婴儿听清了声响，他便会本能地朝声源处张望。如果您在他的身后小声说一句"你想吃巧克力吗？"，正常情况下婴儿是会有所反应的，不论他此时正在玩游戏也好，看动画片也罢。

对于那些不怎么回应父母提问的儿童，大人们往往认为他是淘气、固执、不专心或是过

请务必尽快治疗婴儿的听力障碍，因为这关系到婴儿的将来，尤其是最初两年语言能力的发育。有些专家认为，尽早治疗是十万火急、重中之重的事情，因为医治时间越晚，意味着婴儿听力障碍对其生活的影响越深。事实上，越早检测出听力缺陷，婴儿就能越早植入人工耳蜗以及接受康复训练，那么他就能更好地应对该生理缺陷带给他的不便，并学会如何与他人沟通交流，最终成功融入社会。此外，心理辅导也是治疗过程中不可或缺的辅助工具。

> 66听力障碍患者父母会迅速地为孩子寻找修复方法。但是不论婴儿最终能否接受治疗（如果需要植入人工耳蜗的话，患者需要等待一段时间才能接受治疗）或者治疗是否有效，父母都应该告诉这个孩子他听不见。之后，孩子一般会对各类唇部动作以及对话者的站姿／坐姿表现得极为敏感。99

于专注手中的事。从此以后，您需要改变这一陈旧的观念了，孩子不回应提问，也有可能是因为他有听力障碍。正音科医生还发现双语家庭的儿童或患有性格缺陷的儿童更容易暂时性失聪。

失聪的风险因素

我们需要时刻关注那些可能会面临失聪风险的婴儿。失聪程度往往因具体情况而异，因此如果您家族中存在失聪病史或者您的孩子早产（早产会造成婴儿的听觉器官发育不完全），请在听力测试之前将此情况告知医生。此外，如果妊娠期间，母亲患有传染病或感染了病毒，如：风疹、巨细胞病毒、弓形虫、梅毒、阴道疱疹，那么很有可能会对胎儿的听力产生一定的影响。妊娠期的并发症，如糖尿病、高血压，有

时也会造成胎儿听力障碍。婴儿出生时经历的各种不利状况，如缺氧、呼吸困难、阿氏评分过低，都有可能会影响他的听力。有时，脑膜炎以及头部创伤也会导致一定程度的失聪。

尽管如此，有的失聪状况只是暂时性的，比如由耳炎引起的失聪：过量的分泌物会堵塞连接咽部以及鼓室的咽鼓管，从而影响回声效果。

从观察到排查

婴儿出生之后不久，需要接受一项由自动听觉诱发技术（PEAA）作为支撑的听力检测，该检测只能诊断出表现十分明显的失聪症状，比如由内耳病变导致的听力障碍。然而，大部分婴儿的失聪症状都是随着月龄的增长才逐渐显现出来的。因此，父母应时刻留心婴儿的

听力表现，一旦发现异常，请及时就医。医生可以根据检查结果做出准确的判断，并给您提供有效的诊疗意见。根据失聪类型以及程度的不同，治疗方法也就不同：外科手术、配置助听器（针对6个月左右的婴儿）、康复训练（针对4个月左右的婴儿，由正音科医生负责）、人工耳蜗植入（一般而言针对1岁左右的婴儿，有时也适用于6个月左右的婴儿）。及时的治疗有助于婴儿的生活重回正轨。

失聪主要分为两大类。第一类为传导性失聪，该类型的失聪是由中耳感染导致的，比如耳炎。传导性失聪患者往往听不见低音频声音。尽管如此，该类失聪一般而言是可治愈的。

第二类为感音性失聪。与传导性失聪不同的是，感音性失聪是由内耳、耳蜗或听觉神经感染引起的。20%~40%的感音性失聪都是遗传因素导致的，它会影响患者对高音频声音的接收。毋庸置疑，感音性失聪是一种听力缺陷，但是它对听力的影响程度有轻有重，最好的修复方法就是植入人工耳蜗，而且是越早越好。

耳炎：反复发作、极其痛苦

绝大多数的儿童都患过耳炎。据统计，耳炎是儿科部门第二大就诊疾病，75% 的 3 岁以下儿童都曾患过耳炎。而对于 6 个月 ~1 岁的婴儿而言，他们中的 1/3 至少患过一次耳炎，另外，1/2 的儿童在 2 岁以前都曾患过耳炎。

如何辨别耳炎

面对一群尚不会表达自己痛苦的小人儿，要想准确辨认出他是否患有耳炎实属不易。生病期间，婴儿会闹脾气，哭个不停，晚上平躺在床上时，这种表现尤为明显。但是，他却不知道如何告诉父母自己的疼痛部位。这种情况下，您可以观察孩子是否有以下症状：感冒、常哭、食欲下降、消化不良（呕吐）以及发烧，如果有的话，请及时就医。医生会使用耳镜并将其伸进耳道中，以便对婴儿的鼓膜进行检查。

耳炎有 50% 的概率会二次发作，因为它每年会反复出现 6~7 次，因此我们将其称为"反复性耳炎"。有时，腺样体肥大或由胃食管反流导致的黏膜脆弱都会引起耳炎。但是大部分情况下，我们找不到任何生理原因来解释为什么有些孩子的耳炎总会反复发作。我们只知道有些家庭更容易感染该疾病，此外，数据分析表明，男孩比女孩的感染率要高 10%。近十年以来，医生们见证了慢性耳炎患者的快速增长。一项美国的研究表明，父母的吸烟行为，尤其是母亲的吸烟行为有可能会导致儿童耳炎的发作。如果妈妈每天抽 1~19 根香烟，那么儿童耳炎复发的几率会增加 14%；如果抽烟的数量每天超过 20 根，那么儿童耳炎复发的几率则增加 28%。

以下预防措施有助于减小婴儿罹患耳炎的风险或降低其耳炎反复发作的概率：

母乳喂养能够大量地增加婴儿体内的抗体。

在空气流通的户外散步有助于疏通婴儿身体所有的器官，如：鼻腔、喉咙、耳朵。因为此时，器官所分泌的物质会通过黏膜排出人体。

如果婴儿患有鼻咽炎的话，您需要经常为他擦擤鼻涕（如果有需要，您可以使用宝宝专用防逆流曲柄吸鼻器或幼儿鼻耳清洗液进行清洗）以保持呼吸道的清洁。此外，婴儿的饮食需多样化，以避免缺铁。

如果婴儿存在胃食管反流情况的话，请及时治疗。

请为婴儿挑选一个无烟的生活环境。

对于那些耳炎反复发作或者经常需要参加集体活动的婴儿而言，他们可以注射肺炎球菌疫苗，这类疫苗能够有效地抵抗某些眼耳鼻喉科疾病以及脑膜炎。流感疫苗能够将儿童罹患耳炎的风险减少 30%。有些国家规定婴儿须在出生后的前几个月内注射流感疫苗。

在过去很长一段时间内，穿刺术是缓解耳炎痛苦的一种治疗手段。现如今，随着大量有效抗生素的出现，这一治疗手段渐渐为人们所摒弃。但是，当婴儿极其痛苦或抗生素无效时，就不得不借助该治疗手段。穿刺术旨在穿透鼓膜以便将大量积聚的脓水排出。

从鼻咽炎到耳炎

有些原因可以解释为什么5岁以下儿童的耳炎更易反复发作。首先，不足18个月的婴儿没有针对耳炎病原体的免疫机制，因此他们往往更容易受到攻击。其次，婴儿的生理构造特点为耳炎的发作提供了便利条件：相比成人而言，婴儿的咽鼓管（连接咽部以及耳部）更宽更短，并且更加靠近鼻道（如果不幸患上鼻咽炎，鼻道中容易滋生细菌）。最后，位于鼻咽顶部的腺样体会不断肥大直至鼻咽部不再遭受细菌的感染，但是在生长的过程中，腺样体会堵塞咽鼓管。

从病发机理来看，耳炎之所以会出现，很大程度是因为婴儿还不会自己擤鼻涕，这使得诱发鼻咽炎的细菌从喉部进入鼓膜。细菌在鼓膜处更容易大量繁殖，因为婴儿的局部抗菌防御功能尚未发育完善。而能消灭此类细菌的抗体——溶菌酶只有在婴儿首次患上耳炎之后才会出现。85%的情况下，急性耳炎是由肺炎球菌以及流感嗜血杆菌所引起的。

不同类型的耳炎

急性耳炎一般是其他传染病（鼻咽炎、咽峡炎、支气管炎）的并发症，其症状表现为中耳发炎（由细菌感染所导致），此类疾病往往被视为童年最痛苦的疾病之一。细菌以及病毒侵入鼓膜后方的中耳，从而引起鼓膜以及黏膜发炎，这便是充血性中耳炎。感染充血性中耳炎后，鼓膜会变红发暗，继而演变成化脓性中耳炎，即鼓膜下方会长出一个凸起的脓包，并有可能随时破裂。根据所患耳炎类型的不同，采取的治疗措施也不同。一般会开具抗生素、退热剂（如果患者出现了发热症状的话）、镇痛剂以及滴鼻液。如果孩子实在是疼痛难当，则会为他开具滴耳液。此外，针对化脓性中耳炎，医生一般还会采用穿刺术治疗法。与急性耳炎不同的是，亚急性耳炎往往不易察觉，只有全面系统的耳鼻喉检查才能检测出此疾病。如果亚急性耳炎没有被及时确诊并接受治疗，则很有可能会对儿童的听力造成损害，继而对他语言习得能力造成影响。因此，您一定不能掉以轻心。

品尝各种食物，但切忌过量

　　2 岁以下婴儿的食谱一般都很单一。他基本只吃蔬菜泥、红肉、鱼肉以及水果泥。您的首要任务就是让他尝试各种味道，并且确保其饮食均衡，营养充足。如果您需要建议的话，可以咨询儿科医生。

蔬菜与水果

　　所有的新鲜蔬菜都可以采用蒸和煮两种烹饪方法，每日的食用份量如下。

　　5~6 个月：每天食用一次泥状辅食

　　6~12 个月：每天食用 25~65 克蔬菜

　　从第 6 个月开始：您的孩子可以品尝第一口土豆泥

　　第 18 个月：您可以往婴儿餐中添加一些脱水蔬菜

　　水果可以按照以下方法及份量进行添加。

　　5 个月或 6 个月：每天食用一次泥状辅食

　　6~8 个月：可以添加时令水果，每天食用 5~10 克糊状水果

　　9~12 个月：只要水果体积较小，婴儿便能整个 / 整份食用，如 1 个猕猴桃、两三颗草莓

　　第 18 个月：可任意食用任何水果

　　您还可以为婴儿准备一些小份的水果点心，为了能够使孩子享用的点心更加多样化，您可以将水果点心更换为乳制品点心，如：酸奶、鲜奶酪、软奶酪。这些乳制品点心钙含量都很高，但是每种点心的具体钙含量不尽相同。

　　总体而言，您应该循序渐进地让婴儿的食物变得更加丰富。另外，请记住对于这个月龄的婴儿而言，母乳或二段奶粉才是主要的食物。最后，请别忘了在就餐过程中或者白天的时候及时为婴儿补充水分，因为相比母乳 / 奶粉而言，固体食物带给人体的水分过少。

　　之所以建议您搅碎食物，是因为 7~9 个月大婴儿的咀嚼功能尚未发育完善。刚出生时，婴儿完全是依靠吮吸反射以及吞咽反射完成进食。因此，汤勺也就成为了必不可少的喂食工具。

　　请最好挑选塑料汤勺或者饮口处由柔软材质制成的"婴儿专用"汤勺，因为婴儿不喜欢金属碰撞口腔所带来的冰凉感，相对而言，他们更贪恋橡胶奶嘴或母亲乳头的柔软以及温热。为了防止婴儿将食物吐出，请将食物喂至口腔正中。最后，为了让孩子能够更好地接受汤勺，请任由他在非就餐时间把玩，渐渐地，汤勺便会成为他生活中不可或缺的一部分。

> **"** 偶尔拒绝进食可能是因为婴儿想反抗您刚才的所作所为。不过，如果该行为是由其他原因导致的，比如睡眠障碍，那么请及时就医。现如今，我们已经拥有了先进的医疗手段来衡量 6 个月大婴儿的发育状况是否正常。对于那些短时间内反复拒绝进食或长期拒绝进食的婴儿而言，医疗诊断必不可少。**"**

红肉与鱼肉

畜禽肉和鱼肉最好每天都能让婴儿吃到。

> **从第 6 个月开始**：每天一次泥状肉类
> **7~9 个月**：15~45 克
> **10~12 个月**：45~55 克
> **12~24 个月**：60~75 克

鱼肉最好清蒸或者水煮。至于红肉，则最好选用瘦肉，并用不粘锅进行烹饪。为了确保婴儿饮食营养均衡，建议食用一些白肉，如鸡肉、火鸡肉。这些白肉脂肪含量低，易于消化。如果您想为孩子准备一些猪肉的话，建议只选用猪腿肉。另外，您还可以让他尝试一下羊肉，不过羊肉的膻味可能会让孩子"张不了口"。购买鱼肉时，最好挑选鱼刺较少且脂肪含量低的部位，如：鳕鱼排、鳎鱼排、黄盖鲽鱼排。

预防肥胖

最新数据显示，16% 的儿童，即 1/6 的儿童，患有肥胖症。对于行动能力有限的婴儿而言，饮食均衡在预防肥胖的过程中显得至关重要。父母可以借助医疗本上的体重曲线图来监测婴儿的体重。您可以根据孩子的性别以及年龄标注一条属于他 / 她自己的体重曲线，然后与图中自带的标准体重增长轨迹线进行对比。儿科医生发现父母往往疏于标注，但是这简简单单的一笔有助于判断您孩子的体重是否超标，而这一点是肉眼所观察不到的。用曲线图中标注的体重千克数除以对应的身高米数平方，便能计算出用于衡量人体脂肪含量的身体质量指数。该指数越高，证明儿童肥胖的概率越大。

婴儿生长发育过程中，由其骨骼、肌肉、器官的发育以及脂肪正常储存量的增加而导致的体重增长属于正常现象。出生后的第 1 年，婴儿的体重会迅速增加从而使其全身变得圆乎乎，但是请注意，这并不意味着体重超标。一旦婴儿开始学习走路，其体重会自然下降。

莫强求

当婴儿拒绝喝奶或者吃饭时，所有的母亲都会为之感到头疼，有时某些母亲甚至会强逼孩子就范。不过，您很快就会发现即便是强逼，孩子也不会张嘴。其实，婴儿食欲减退往往是有原因的，比如：身体不舒服、生活作息发生了改变。在咨询医生之前，您应该静下心来仔细想想原因。对于突然不愿就餐的婴儿而言，如果他没生病的话，那可能意味着他心情不好，想借此来发泄一下情绪。对于天生吃货的他而言，拒绝就餐是为了吸引您的注意力，或是为了反抗您之前的所作所为。婴儿能够感受到气氛的紧张，也能感觉到您或轻微或严重的抑郁情绪。

瓶装果蔬泥与速冻食物

对于您而言，瓶装果蔬泥是应急食物还是日常食物？不管是哪一种答案，都改变不了它已成为婴儿食谱上不容忽视的一类食材这一事实。食用瓶装果蔬泥不仅可以帮助妈妈们节约时间，而且还能够让婴儿在一年四季都吃上种类丰富的果蔬。该食物属于即食产品，且无须再添加任何盐、糖以及油脂。

严格的生产流程

瓶装果蔬泥之所以营养，是因为制作原料质量上乘且极其新鲜。因此，工厂往往设在果蔬原产区。海鲜在捕捞之后便会立即在渔船上进行冷冻，然后发往各地。其他的家禽肉则会在兽医的监控之下进行包装。一般来说，为了确保肉类以及蔬菜的质量，农场主需要与生产商签订相关合同。

瓶装果蔬泥与速冻食物几乎完全属于即食产品或需要少量人工操作的食品。在生产过程中，所有的步骤都是在实验室进行的，并且每一个步骤都需要严格遵守"既定配方"的标准。

瓶装果蔬泥与速冻食物一般采用烧煮的方法进行烹饪，这种烹饪方法有助于最大程度地保留食品中的维生素。一般而言，这两类食物的营养价值要比家庭传统烹饪下制成的食物营养价值高，且营养更均衡。瓶装果蔬泥与速冻食物只需进行简单的灭菌即可，不含任何防腐剂。另外，需要指出的一点是，相关法律对这两类食品中的盐分含量有着极其严格的要求。总之，我们可以认为儿童食用的食物都是加工产品中的"异类"，因为它们不允许添加任何防腐剂、着色剂、甜味剂以及人造香料。

如今，制造商们越来越勇于创新。他们尝试着以婴儿不常食用的本地食材为原材料开发新的产品，比如芹菜、萝卜、西葫芦、婆罗门参；或者以异国食材为原材料，如甘薯、红扁豆（红扁豆需要去皮食用，也就是说需要把外面那层不易消化的表皮去除）。制造商们甚至为需要外出的婴儿开发了可携带的食品，这类食品一般都

孩子的食物里到底该不该添加食用盐一直是颇受争议的一个话题。有些医生认为，孩子1岁之前不应该吃盐，有些则认为2岁之前都不应该吃。然而，又有些人认为进入辅食阶段之后，可以往清洗蔬菜以及鱼的水里撒一些盐，另外一些人则认为，孩子吃盐的时间越晚越好。瓶装果蔬泥中的盐分含量有着明确的标准，根据法国食品卫生安全署的规定，每100克食物中只能含有200毫克的氯化钠。因此，您没有必要再往果蔬泥中添加食用盐。此外，也请不要往新鲜水果、速冻水果以及罐装水果中添加糖粉。至于油脂类物质，比如：黄油、奶油、食用油（最好用橄榄油），如果您想添入婴儿食物中的话，一定请把握好份量。

> " 尽量让就餐变成一种游戏。您可以时不时地选用不同颜色的瓶装果蔬泥，比如：今天吃青豆，明天吃橙色的胡萝卜或黄色的笋瓜，后天吃淡粉色的西红柿西葫芦火腿什锦。盛放果蔬泥的玻璃瓶往往包装鲜艳，因此您可以利用这些五彩缤纷的颜色去吸引孩子的注意力，引导他用手抓握玻璃瓶并将其变成玩具挥舞。有了这一互动，餐桌上的气氛便会更加活跃。 "

采用塑料袋包装，您可以将它随意放入野餐篮或者背包中，而无须担心被压碎。

瓶装果蔬泥的食用方法

瓶装果蔬泥是一种众所周知的营养健康食品。一旦开瓶后，须在 48 小时以内食用完毕，此外，瓶身上标有最佳食用日期。购买瓶装果蔬泥之前，您可以在瓶盖上按压一下以检查其密封性，如果瓶盖没有下凹，证明密封性良好。另外，第一次拧开瓶盖的时候，您会听见"噗"的一声，这个声音证明食物经过了灭菌，且与空气隔绝。瓶装果蔬泥的食用量视婴儿的月龄而定。

从泥状食物到块状食物

一段瓶装果蔬泥质地均匀，能够很好地迎合婴儿下颚的活动需求。尽管如此，对于这一月龄段的婴儿而言，他们应该开始尝试着咀嚼块状食物了。从第 6 个月开始，尽管婴儿的牙齿尚未长出，但是他们中的大部分已经懂得如何咀嚼食物了。他们会借助于自己的舌头将食物准确地放于口腔正中。

罐装食品与速冻食品

从第 7 个月开始，婴儿可以开始尝试罐装食品及速冻食品，比如：芦笋尖、胡萝卜、菠菜、生菜心、洋蓟根、四季豆、葱白、嫩豌豆、蔬菜什锦（不含小粒菜豆）、西红柿（去皮去籽）。当然了，婴儿同样可以尝试一下鱼类罐头，比如：野生绿青鳕、野生金枪鱼以及油煎沙丁鱼。蒸煮罐装食品之前，请别忘了先用冷水清洗。水果罐头或者速冻水果可以作为点心让婴儿解解馋，比如：苹果泥、黄杏泥、桃泥；另外，糖浆水果同样也可以作为婴儿的甜点，比如：桃子、杏子、梨，不过请记住喂食糖浆水果

时，不要再添加其他糖分。如果想购买婴儿速冻食品的话，您可以前往专卖店。

改善伙食

如果只选用瓶装果蔬泥进行烹饪，那么婴儿只能吃上简单的、一成不变的饭菜。但是，如果您在此基础上添加一些菠菜和鸡蛋，那么婴儿便能享用到一份布丁。另外，除了蔬菜泥之外，您还可以从您的午餐盘中切一小片烤肉（15 克左右）给孩子，这样婴儿便能和其他家庭成员一起享受家庭午餐带来的独有乐趣。如有可能，不要总是偷懒将红肉 / 鱼肉和蔬菜混在一起，尽量让婴儿分开品尝这些食物各自的味道。最后，尽量搭配不同颜色的蔬菜，因为和成年人一样，婴儿也喜欢五彩缤纷的食物。

推车出行

婴儿推车分为两大类。一种为车椅/车床固定于车架上；另一种为可折叠推车，该类推车只需用手一收，便能折叠起来放于汽车后备箱中。后者更便于婴儿的出行。

出行必备

现在，您的孩子可以稳稳地坐直，因此，可折叠推车是其出行最佳工具。相对而言，可折叠推车的价格偏贵，但是，如果您挑选得当的话，可以一直使用至两三岁。较好的可折叠推车配有一根安全带以及可调整不同坐姿的椅背。有些推车的座椅甚至能360度调整，可以时而面向父母，时而面向马路。面向父母的坐姿是最可取的，因为这能给婴儿带来安全感。不过，面向马路的坐姿能让婴儿尽情地欣赏两旁的风景。不论婴儿推车是三轮也好、四轮也罢，其操作性以及折叠性几乎都是一样的。

防震装置与刹车装置

婴儿推车的质量往往取决于防震装置。防震装置一般装设于前轮组或者后轮组，此外，该装置需要极具弹性，这样才能在颠簸的路面以及下坡时起到缓冲作用。防震装置分为两类：一类为英式装置，即用皮带连接两端可调节的环扣；另一类为法式装置，即用弹簧分别连接车身与座椅。推车底座高有利于婴儿免受路面的污染，底座低则有利于已经学会走路的幼儿自己上车。有些推车的每个轮子上都配有独立的刹车装置，这些刹车装置直接用脚就能控制。毋庸置疑，大部分的

婴幼儿用品都有着各自的生产安全标准，因此，请挑选标有"符合生产安全标准"的推车。

多功能推车

婴儿推车的折叠系统越来越完善。所有的折叠系统都配有安全锁扣装置，以免车架突然自动收起。折叠系统有助于减小推车的占地面积从而便于放入汽车后备箱。现如今，市面上流行山地婴儿推车。这类推车往往配有可旋转的大号轮胎，这样的话，推车便能在柏油路或石子小路上轻松前行了。如果您已经挑选好了推车，那么现在您可以按照自己的心意挑选推车配件了，如：遮阳伞、防雨篷或购物筐。另外请注意，手柄为拐杖式的婴儿推车不适合6个月大的婴儿，且只能用来应急或用于短途出行。有些制造商为双胞胎/三胞胎设计了独特的推车，有些制造商甚至设计了一款能够同时运送长子/长女与二胎的推车。

按照安全标准的相关规定，婴儿推车必须稳定性强，折叠系统可靠。座椅安全带须为"五点式"，其中横档处必须配有安全带以防婴儿在猛刹车的情况下滑出座椅。此外，安全带的锁扣须为双层设计，这样婴儿便很难独自一人将锁扣打开。因为婴儿正处于身体快速发育的阶段，您需要定期调整安全带的长度，以确保安全带能扣住婴儿的肩部。

安全出行需遵循的事项：

· 检查婴儿的安全带是否系好。如果您觉得安全带过于陈旧，请及时更换。

· 请勿将重物挂于手柄之上，以免翻车。

· 请勿将婴儿独自一人留在推车上，即使几秒钟也不行，比如，去面包店买面包的时间。

· 请勿让您其他年龄稍长的孩子脱离您的视线在颠簸的路面推车。

· 乘坐公共交通工具时，请把孩子从推车中抱出，因为推车可能会受到其他乘客的挤压，又或者猛刹车时会被掀翻。

注意防寒

冬天的时候，推车的保暖性并不好。即使将车篷放下，婴儿同样还是置于寒冷之中。对此，有两种解决办法：您可以给婴儿盖上毛毯，将他的身体以及双脚遮严实；或者您可以给他穿上毛皮暖脚套，双层的毛皮暖脚套能够遮盖住婴儿的整个下半身。

有些医生认为，那些早已不再是婴儿的城市小孩之所以怕冷，是因为他们居住的房屋暖气过足，并且他们平时缺乏户外活动。相比而言，那些早已适应了恶劣气候的农村／山区孩子更加抗冻。然而，不管怎样，从生理上来看，所有的儿童都对寒冷很敏感。婴儿自出生以来毛发稀疏，需要等到12岁时，毛发数量以及形态才能和成人无异。当婴儿的皮肤感受器接收到低温信息时，他四肢的血液流动量会自动减少，以保障身体其他主要器官血液的流动量。因此，请做好孩子四肢的保暖工作：您可以给孩子穿上毛线短袜、连裤袜以及带毛的鞋子，但是记住不要穿太紧的袜子和鞋子。另外，您还可以为他戴上分指手套或连指手套。最后，请时不时地检查一下婴儿四肢的温度。

带他体验冬季户外运动

如果您住在山区的话，冬天的时候或者气温低的时候，推车带婴儿外出散步最好不过了。另外请注意，冬季的时候请不要背着婴儿散步，这种做法很危险，因为当您背着婴儿行动时，即使他的衣物足够保暖，但是由于他在您背上的时候不能自由运动，因此下肢的温度会迅速下降。背着婴儿进行低地滑雪运动也是不可取的，因为当您进行大量运动之后，您就不能再准确地判断婴儿四肢的实际温度了。因此，这也就不难解释为什么冬季的时候，会出现那么多婴儿脚部冻伤事件。

最后，因为海拔高度的缘故，即使婴儿躺在推车中，他仍然会暴露于强烈的紫外线之下。海拔为1500米时，紫外线 B 要比海边的高出20%。另外，海拔每高出300米，紫外线的数量就会增加4%。当然了，您还需要考虑到白雪对紫外线的反射。因此，您应该为孩子戴上带滤光镜片的太阳眼镜。另外，镜片需要足够大以便完全遮住婴儿的眼部，因为不足1岁的婴儿，其视网膜尚未发育完全，会接受90%的紫外线 A 以及50%的紫外线 B。

尺寸适宜的婴儿床

如今，摇篮对于这个月龄段的婴儿而言过于狭窄。您的孩子需要更大的空间以便伸展四肢、匍匐、蹬腿以及坐立。最好的解决办法就是购买一张婴儿床。

安全配件

一般而言，婴儿床可以使用至 3 岁。选用婴儿床，意味着要绝对安全，因为 2 岁之前，婴儿还没学会如何翻爬围栏。另外，透过围栏，婴儿同样能够观察到周围发生的事情，因此，他无需翻爬。大部分的婴儿床尺寸为 120 厘米 ×60 厘米或 140 厘米 ×70 厘米。

有些婴儿习惯头抵着围栏，睡在床角。即使有时候，头抵着围栏睡会在婴儿的额头上留下痕迹，也请不用过分担心。另外，请不要尝试为婴儿缝制防护垫，防护垫是研究婴儿死亡原因的专家所不提倡的。几天或者几周之后，婴儿便会养成睡在床中间的习惯。请不要在床的四周放置装饰物，即使这些装饰物十分漂亮，因为它们会阻挡婴儿的视线，妨碍婴儿观察房间的摆设。婴儿床有助于孩子学会一个人独自睡觉。当然，如果能有一个毛绒玩具或者其他婴儿玩具陪伴他的话，他会更开心。如果您购买的婴儿床围栏是透明玻璃的，请不要忘了定期用蘸有肥皂水的抹布或海绵进行清洁。

安全标准

一般而言，所有婴儿家具品牌制造商都会生产婴儿床，不过制造商不一样，婴儿床的深度、宽度、腿长、颜色以及材质也就不一样。您可以根据自己的喜好进行挑选，但是，请注意，您所购买的婴儿床一定要符合安全生产标准。床的深度（从围栏顶端至床板的距离）应为 60 厘米左右，以确保婴儿不会翻出床外。此外，婴儿床的粉刷油漆应该无毒，床架上所有拼接处的零件都应该不在婴儿的触碰范围之内。最后，栏杆之间的距离大致为 60~75 毫米，这样的话，无论是婴儿的头，还是腿，都不会有卡在栏杆里的危险。对于可滑动的婴儿床而言，除了

> 婴儿睡眠障碍往往是父母咨询的热点。一般而言，父母的教育方法是导致婴儿睡眠障碍的主要原因。婴儿应该学会一个人独自在床上入睡，而非在"笼子"里入睡。因为如果父母将婴儿床布置成笼状，那么一旦他们忘记将"笼子"锁上，婴儿便会频繁地从床上摔下。因此，我建议婴儿床的高度不宜太高。当然了，出于安全考虑，同样需要对这类婴儿床采取防护措施。如果需要的话，婴儿床可以与父母的床紧挨在一起。这样，婴儿的睡眠障碍问题便能迎刃而解。"

> 不要使用您奶奶/外婆或爸爸曾经睡过的木床或铁床。尽管您对这张床有着深厚的感情，但对婴儿而言，它意味着危险。孩子往往不安分，他总想翻出床外，一旦翻越失败，他就会摔伤。根据消费者安全委员会的统计，因育儿器材而受伤的儿童中，22%是因为床而受的伤。

以上安全标准之外，还有有关滑动栏杆以及滚轮制动器的安全标准。有些婴儿床甚至可以改装成适用于7岁以下儿童的儿童床。

床垫与床板

请挑选质地较硬的床垫。不管您最后选择何种款式的床垫，唯一一条标准是：床垫必须能够完全覆盖床板。床板一般由木板条拼凑而成，板条之间的间距也需符合安全生产标准：间距最多不能超过6厘米。床板分高低两种款型，不管高位床板还是低位床板，都是基于对婴儿的安全考虑而设计的，不过仍然建议您购买低位床板。

宝宝旅行专用儿童床

有了宝宝旅行专用儿童床，婴儿便能跟随父母环游世界了。这类轻便、可折叠的儿童床同样需要符合安全生产标准。这类儿童床必须能够防止以下事故的发生：坠落、被尖角夹伤或划伤等。旅行专用儿童床必须有极强的稳定性，即使儿童俯身探望或跳到床的某一根栏杆上时，床也不会倒。当床展开之后，需要保证有两个人的力量才能将其再次折叠起来，儿童自己或者床外的某个人不能独自将其折叠。大部分旅行专用儿童床展开后的尺寸和带围栏儿童床的尺寸一样，为120厘米×60厘米。当然了，有些旅行床尺寸较小，这类床往往使用寿命短，最多只能使用至1岁。相比而言，传统的儿童床一般可以使用至三四岁（承载重量为15千克）。然而，尺寸小的床要比尺寸大的床轻便，且价格便宜。旅行专用儿童床配有两种折叠系统，您可以从中挑选一种：一种可自动延展，能够一下就将床展开，

另一种配有独立收缩的遮阳伞。有些旅行床还配有带制动阀的轮子，有些床则可以将各个零件拆分以方便维修。有些旅行床配有床垫，有些则没有。所有旅行床的四周都使用网格布，因为这样有利于空气流通，且有利于儿童观察周围的环境。

在准备出行的时候，如果父母要选择旅行专用儿童床或普通儿童床，首先要考虑的是实用性以及是否方便将床展开。不要忘记带上孩子最爱的玩具，这是他们睡觉时的好伙伴。现在有很多样式的幼儿折叠活动围栏，方便携带且有多种用途。无论你做什么样的选择，都要确保油漆、颜料和胶水的稳固性、安全性。要当心第二手材料，不是所有的生产商都会考虑到安全生产标准。

挑选儿童汽车安全座椅

婴儿每次出行都应当坐在适合他体型的汽车安全座椅中。儿童汽车安全座椅是否合适主要取决于以下三项标准：舒适度、安全性（如遇撞车事故）以及安装便利程度。之所以强调安装便利程度，是因为一旦儿童汽车安全座椅安装不当，则会后患无穷。

欧洲标准

法国儿童汽车安全座椅制造商必须遵守由法国交通部制定的本国标准或欧洲共同标准。所有符合法国生产标准的汽车安全座椅都会获得一个许可证号。符合欧洲共同标准的汽车安全座椅则会单独标注以下文字：符合 ECE 44/04 标准。

安全带

汽车安全座椅舒不舒服由父母来评判。外出时，儿童最好坐在半包围式的汽车安全座椅上，且需系上安全带。安全带须根据儿童的身高进行调整，且必须为"五点式"。其中，两根安全带应该系在儿童的肩部，不宜系得过松；此外，安全带之间的距离须适中，不能妨碍儿童转头。两根安全带的锁扣应扣于儿童的腹部。腹部以下还会有另外两根安全带。最后

一根安全带应位于儿童的双腿之间，这样才能保证急刹车时，婴儿不会滑出座位。在设计安全带的过程中，需保证成人能够快速地将其解开，而幼儿不能。座椅所使用的生产材料能够减缓撞击时的冲击力。此外，座椅还设计了头靠与脚凳。只要座椅安装的高度合适（如果您想将座椅调高，千万不要选择往座椅上垫东西这一方式），

儿童便能透过车窗欣赏窗外的风景。座椅半包围式的设计能给儿童带来安全感，质地柔软的头靠能让孩子一路感觉舒适。有些座椅还可以往后倾斜。

牢牢固定

一些研究表明，由于安装不当或安全带没有系牢的缘故，30% 以上的汽车安全座椅在事故当中完全起不到保护作用。

汽车安全座椅规范：法国汽车、摩托车、自行车技术联合会（UTAC）通过多项测试，证实了急刹车或撞击会给车内的婴儿带来严重的人身伤害。在汽车速度以及自身头部重量的作用下，婴儿犹如一条抛物线，可能会撞向后车灯处，也可能会被抛出车外。因此，法国汽车、摩托车、自行车技术联合会（UTAC）根据婴儿的体重将汽车安全座椅区分了几个等级。这一等级划分促进了现行 i-size 标准的诞生。儿童汽车安全座椅分为三个等级，分别用数字 1、2、3 来表示。

美国的一项研究表明，63% 的儿童在被动地吸汽车内的二手烟。英国的一个研究团队最近也证实了这一现象。此外，该团队还在吸烟父母的汽车驾驶舱内发现了高浓度的有毒微粒。

对此，父母负有一定的责任，制造商同样负有一定的责任，毕竟安装汽车安全座椅不是件容易的事情。小提示：要想在撞击过程中保证儿童的人身安全，必须为其牢牢系好安全带。有时，甚至要将某些车的后座以及后座安全带卸掉。2018 年，法国所有品牌的汽车安全座椅都需符合统一制定的安装标准。从 2011 年开始，所有法国新生产的汽车都需配备 ISOFIX 接口以便安全座椅能够直接进行安装。

此外，请注意，一定不能重复使用遭遇过事故的汽车安全座椅。最后，请不要将汽车安全座椅用于其他场合，因为这会对儿童的背部造成损伤。

每个年龄段都应有专属的汽车安全座椅

大部分婴儿汽车安全座椅只适用于体重小于 13 千克的婴儿。此外，需让宝宝背朝前坐，一旦发生车祸，宝宝身体中最稳定的部分——背部，会比其他部位更好地缓解冲击力。婴儿 6 个月大的时候，让他使用该安全座椅是最好的，因为此时的他能够长时间地保持坐姿。对于那些不足 6 个月且体重不超过 10 千克的婴儿，最好使用提篮式安全座椅。

儿童汽车安全座椅一般适用于体重为 9~18 千克的儿童。将儿童汽车安全座椅安装在汽车后座，最好是汽车后座中央区域（如果汽车后座配有"三点式"安全带的话）或后座右侧（以便能够轻而易举地看见开车的人）。

安装汽车安全座椅前请仔细阅读说明书。请定期检查座椅的安全性。此外，您还需定期调整安全带的长度，请记住，安全带的锁扣应扣于儿童的骨盆之上，而非腹部之上。安全座椅必须是半包围式设计，这样才能抵挡两侧的冲击力。如果安全座椅的外壳既柔软又不变形，那就再好不过了。坐垫为填充式坐垫，能让婴儿在旅途中感觉舒适。当婴儿体重超过 18 千克时，请不要再使用该汽车安全座椅。

面朝前坐还是背朝前坐

争论了很长时间，终于有了最终的结论：15 个月以下的婴儿应该背朝前坐。婴儿头部比较重，但是颈部肌肉却尚无支撑力，因此，如果面朝前坐的话，一旦发生撞击事件，婴儿的颈部难以支撑头部的重量。背朝前坐的姿势则能避免头部在正面撞击或侧面撞击时受伤。但是如果您的汽车配有安全气囊的话，请不要让其背朝前坐，以免窒息，除非您的汽车配有安全座椅探测器（发生事故时或座椅上的物体重量小于 12 千克时，探测器能够有效地阻止安全气囊弹出）。

6
~
7
个
月

初次游泳

晴朗的天气总会让您在不经意之间产生带孩子去海边或游泳馆游泳的想法。所有的婴儿都喜欢水，建议您带孩子参加婴儿游泳启蒙班。

全家参与

夏天的时候，天气往往十分炎热。此时的您一定会和家人一起去海边或者游泳馆游泳。如果全家人都游泳，为什么不能让婴儿也参与其中，共同体验游泳的乐趣呢？您可以尝试着让婴儿游泳，但是必须遵守一些基本原则。一般而言，如果婴儿想要下水的话，必须至少5个月大且接受过疫苗接种，尤其是破伤风、白喉和脊髓灰质炎疫苗。5~6个月大的婴儿最适合游泳，因为此时的他面对液体，尚不会产生恐惧心理。一旦婴儿月龄接近10个月，他便会经历一段怕水的时期。从婴儿生理层面考虑，游泳时的水温最好控制在32℃左右，因为婴儿害怕冷水，此外，当他离开水面时需要等待一段时间才能恢复正常体温。

您的孩子会渐渐地爱上游泳，并从中获得乐趣。首先，您应该温柔地将他的双脚放入水中，然后，任他晃动脚丫，溅起水花。当您觉得孩子的身心已经完全放松了，请牢牢抱紧他，和他一起慢慢地往下沉直至水没过孩子的肩膀。婴儿第一次游泳最好不要超过15分钟，另外，游泳结束之后，需仔细为孩子擦干身上的水渍。一旦婴儿面露苍白之色，请立即上岸。

小小游泳健将

婴儿全身放松，趴在水中，慢慢往下沉，他在水中屏住呼吸，睁大双眼，甚至条件反射般地做出了游泳的姿势。不过，从第4个月开始，这种条件反射便逐渐消失，一旦您将婴儿放入水中，他便会手足无措，陷入危险之中。从第6个月开始，您便可以让孩子参加婴儿游泳启蒙班。最初的时候，对于婴儿游泳这一行径，人们往往是抱着一种怀疑以及好奇的态度。但是现如今，这已经成为一种普遍现象，几乎任何一座城市都能找到婴儿游泳启蒙班。教会婴儿游泳是天方夜谭，但是我们需要激发他对水的兴趣。此外，婴儿游泳还有助于父母在既定的空间内仔细观察孩子的表现。婴儿游泳课程时间安排得当，由专业人士全程进行指导及监控，以便最大程度地激发婴儿的游泳潜能。6个月

婴儿游泳时池中的水必须干净清澈。城市游泳馆中的水受到严密监控，相对安全；法国沿海地带的水，尤其是公共沙滩区域的水则会定期接受化学检测，以便判断是否含有潜在的病原体。另外，请注意，内陆江河中的淡水不适合婴儿游泳，因为这类水较凉，也往往缺乏监管，它是否已经遭受了污染，我们往往不得而知。

不管是在游泳馆还是在海滩，为了防止尴尬场面的出现，请为您的孩子穿上"游泳专用"纸尿裤。此外，为他准备一些游泳过程中能够使用的玩具。当婴儿不再恐惧水时，您可以让他佩戴臂章或穿上带有浮标的救生衣，这样的话，您便可以让他离开您的怀抱独自游泳。不过请千万不要掉以轻心，您仍需时刻监督着他。

大的婴儿第一次进入水中时，会立即蜷缩成一团，这一姿势类似于胎儿在母亲子宫内的姿势。新生儿往往对水生环境有一种熟悉感，因此他们也就不会害怕下水。要想让婴儿完全放松身心地进入水中，最好的方法就是您陪同他一起下水。请别担心，在专业人士的指导下，孩子最终会和您一起畅游水中。

游泳三部曲

首先从让婴儿接触水开始，您需要将婴儿揽在怀中，请您和孩子一起在水中嬉戏，让他感受您的快乐。只要您注意自己手中的动作，您就无须担心婴儿在水中的安全问题。当您的孩子开始享受水中的环境时，请用微笑与鼓励的话语分散他的注意力，然后让他平躺在水面上。如果婴儿能够完美地接受水流的晃动，您可以开始尝试让他全身没入水中。此时，婴儿会不由自主地紧闭嘴唇，然后在浮出水面时自动换气。这一步骤意味着婴儿成功地学会了游泳。之后，您便可以放开您的双手，让他自由游泳。渐渐地，他离您越来越远，不过最终您需要帮助婴儿上岸。每次课程持续 6~10 分钟，15 个月大的婴儿可以每次游 15 分钟。

全程监控

从这一刻开始，您的游泳健将可以独自一人游泳了，但是请千万不要让他离开您的视线。全新的水中环境有助于婴儿发展自己的感官能力。在水中时，婴儿学会了从别的视角熟悉自己的身体：重力、水温、水中杂音、眼部刺激……婴儿如果想开开心心地游一次泳，游泳馆的硬件设施必须达标：场馆室内温度应为 25℃ 左右，泳池中的水温应为 32℃ 左右，此外，泳池以及场馆其他区域必须符合卫生安全标准。婴儿每周至少需要游一次泳，每次时间不超过 20~25 分钟。对于平时易患鼻咽炎或耳炎的婴儿，最好天晴的时候带他们外出游泳，以免一天之内的气温起伏过大。

美国的一些研究试图向人们证明，相比那些不会游泳的儿童而言，会游泳的儿童情商、智商更高，体能也更好。这一观点是否正确，无从考证。但是不管怎样，会游泳的儿童溺亡概率更小。

8~9 个月

您

您一定已经见识过了孩子的喜怒哀乐、模仿的天赋以及他制造事端的本领。

孩子开口说的第一个单词一般是"爸爸",为什么呢?原因很简单,因为相比"妈妈"这个单词而言,"爸爸"的发音更简单。婴儿总是在不断地丰富着与自己所作所为有直接联系的词汇。因此,请您在陪伴孩子的同时,和他聊聊天,聊聊自己手中正在做的事情,如果此时您所使用的词汇与婴儿平时的行为相关,婴儿便能迅速地记住这些词汇。

对于这一月龄段的婴儿而言,毛绒玩具在他的生活中扮演着重要的角色。这一过渡性客体能让他安心,还能在您离开时,一定程度上替代您。不过,如果您的孩子胆子小,那么当陌生人靠近时,他会感到有些焦虑。害怕其实是进步的表现,儿童通过这一情绪来表明自己是一个异于他人的主体,他有了自主感。这种恐惧感也证明您的孩子已经"成人"了。他知道自己是独特而独立的。今天的主体是"自我",明天他会说"我"。

您的孩子

· 平均体重约为 9 千克,身长约为 72 厘米。

· 能够翻身就坐,并且坐姿十分稳当。他还能够借助某个支撑物起身站直。如果您扶着他的话,他甚至能够迈开双腿走路。

· 能够借助大拇指抓握物品,并且能够熟练地将物品从一只手换到另一只手中。他喜欢敲打各种物品,制造各种声响,还喜欢反复扔捡玩具。

· 他喜欢抓着玩具上的细线进行拖拽,他还喜欢晃动铃铛。

· 他能够说几个双音节单词。他明白身边亲友经常做的手势意味着什么。他喜欢到处乱啃乱咬。

· 他能够嚼咽少量块状的食物,并且十分喜欢用手抓食物。

· 他的日常饮食:每天喝奶不少于 600 毫升,分成 5~7 次。开始添加软烂的小碎块辅食。

独 立

在这短短几个月的时间内，您孩子的肌张力得到了前所未有的提升。现在，他能够稳稳当当地坐，并且能够依靠四肢爬行。爬行的时间越充分，婴儿大脑的神经元连接得越多，他的大脑神经系统便越能得到充足的发展。

越来越独立

出生之后的前几周，婴儿始终保持他在子宫内的姿势。他的背部微微呈弓形，脑袋摇晃不定，这是肌肉缺乏张力的表现。尽管如此，他的胳膊以及小腿却充满着力量，能够挥动自如。这个月龄段的婴儿能够毫不费力地翻身。婴儿平时的这些小举动有助于他增强自身的肌张力。不过，只有在原始反射消失之后，他的肌张力才能得到明显的提升。

第 1 个月的时候，婴儿趴在地上时，能够借助自己的前臂，轻抬头部几秒。第 3 个月的时候，因为颈背的肌张力得到了充分的提升，所以头部能够跟随着身体的方向运动。如果此时您让孩子保持坐姿的话，他能够自己将头部抬起并保持不动。

第 4 个月的时候，因为背部肌张力再次得到提升，所以婴儿趴在地上时，不仅能够将头部抬起，还能将胸膛抬起，并保持不动。随着日常的不断练习，婴儿的脊椎越来越能够自由弯曲。这些生理方面的变化使得婴儿最终能够稳稳当当地依靠椅背 / 靠垫坐着。

第 6 个月的时候，婴儿的前庭平衡系统得到了充分的发展，因此，他最终能够不借助任何外物独自坐着，并且还能借助自己的胳膊将身体撑起，从而由睡姿转变为坐姿。

站 立

婴儿为了保持坐姿所做的一切生理运动都有助于其肩胛

> 过去的观点认为，第 10 个月的时候，婴儿才能借助外物保持站姿，但是现如今，我们发现有些婴儿第 9 个月的时候便能借助外物站立、飞速爬行甚至走路了。正常情况下，第 10、11 或 12 个月的时候，婴儿才能学会走路。如果父母的抚养方式正确，那么婴儿会在精神运动能力发育方面突飞猛进，甚至可能会超越正常的生长发育规律。这一月龄段婴儿的抓取能力也得到了一定的提升：他会抓取物品，然后放到自己的眼前。此时，婴儿出生时无意识的抓握反射已然变成了现在有意识的抓握。

当婴儿处于"四肢爬行"这一阶段时，他们很容易将自己弄脏。不过婴儿本身对一些微生物免疫，因此您无须太过在意婴儿周围环境的卫生状况。对于这些"爬行爱好者"（无论男女）而言，穿裤子能够方便他们的行动；背带裤与连体衣能够有效地防止婴儿腹部受凉；深颜色的衣裤则能够免去您频繁为他换衣的烦恼。冬天的时候，最好让婴儿穿套头毛衣。尽量不要让婴儿赤脚，更不要让他的膝盖裸露在外，因为婴儿根本意识不到自己会受伤。此外，鞋子能够为婴儿提供一个更好的支撑点从而方便他挪动。

带肌张力的发育。当您让他站立时，他会表现得兴高采烈，但是过不了多久，他便会不自觉地下蹲，然后轻蹬双腿以便再次站直。一段时间过后，婴儿还会发现自己其实能够依靠小腿以及前臂爬行。婴儿通常都是先向后爬行，之后才能学会向前爬行。

过不了多久，婴儿便能以爬代走，开始他的探索之旅，要知道，婴儿对周围的环境充满好奇，他想触碰所有的物品，探索身边的一切。不过，请随时注意婴儿的举动以免他陷入危险境地。

爬行运动有助于婴儿骨盆环肌张力的发育，此外，婴儿已经学会了如何更好地协调肢体动作。这些生理方面的进步使得婴儿开始尝试着借助外物进行站立。一般而言，第9~10个月学会走路的婴儿少之又少，大部分的婴儿在第11~13个月的时候才能学会不借助于任何外力独自走路。

手——神奇的工具

大脑皮层直接控制着手指的肌肉，一些神经细胞则控制着手指的姿势以及动作。感觉运动刺激越强烈，控制手指姿势的神经细胞之间的联系也就会越紧密。一般而言，婴儿会模仿成人或其他儿童的动作，并且在学习这些动作之前，婴儿往往已经知道其含义。最常见的模仿动作有将头歪向一侧，用手指人/物。

9个月大的婴儿会用拇指以及食指夹取物品，这种犹如钳子般的姿势有利于他轻而易举地拿到玩具。此外，他还能同时用两只手抓取不同的物品。

婴儿之所以能够学会这些新技能，是因为他的肌张力以及神经系统得到了进一步的发展。

婴儿还会将五根手指立成齿耙状，然后将玩具拨回身边。婴儿其实早已学会了这一拨回动作，但是之前他依靠的不是手指，而是手掌。此外，这一月龄的婴儿还会投掷物品。几个月之后，婴儿能够依靠拇指边缘以及食指最下端的指骨夹取物品。等至第9个月或第10个月时，婴儿便能熟练地夹取物品了。不久之后，婴儿的屈肌反射开始减弱，他的双手能够自如地张开或合上，这也使得婴儿从此可以抓取任何自己感兴趣的小物品了。

陪伴婴儿一起探索

每位儿童的运动机能发育步骤都是一样的：研究、摸索、反复试验直至成功。您的职责便是帮助婴儿反复尝试直至成功。不过，请不要直接干预婴儿的任何尝试，除非出现危险状况。您会发现在您的支持下，婴儿渐渐地学会了评估风险从而学会了量力而行。在父母的鼓舞之下，婴儿会根据自己的实际情况来发展全新的独立能力。请您陪同婴儿一起踏上探险之路，并与他分享成功的喜悦。

"8月危机"

所有婴儿在第 8 个月或第 9 个月的时候，都会经历这样一个阶段：他们不能容忍妈妈消失在他的视野范围之内，他们也会害怕任何一个不常出现的陌生人。一旦发生这两种情况，婴儿便会不安地号啕大哭。

分离焦虑

心理学家将其称为"8月危机"。新生儿刚出生时，他和自己的母亲时刻生活在一起，犹如连体婴儿一般。在之后的 8 个月里，周围的环境以及父母平时的举动都无时无刻不在告诉婴儿：其实他和妈妈是两个独立的个体。渐渐地，婴儿便踏上了独立之路。但是，这突如其来的独立会让他陷入深深的不安之中。您能想象他一个人孤零零地独处一室吗？虽然您脱离了他的视野范围以及听力范围，并不意味着您就离他远去，从此不归，但是婴儿的大脑神经系统尚未发育完全，他根本不可能想到这一点。在他看来，您的离去就意味着永别。于是，他便开始表现得极其不安。而如果在妈妈离开期间，一位陌生人出现的话，他则会表现出十分害怕的样子。另外，需要注意的是，妈妈并不是婴儿唯一依恋的人，他生命中不可或缺的家人还有爸爸、哥哥姐姐、弟弟妹妹、爷爷奶奶等等，这些亲人对他而言，都是一味镇定剂。

> **"** 事实上，"8月危机"意味着婴儿心理方面的进步。在这一阶段中，婴儿能够清楚地意识到自己与母亲是两个不同的个体。如果您的孩子在第 8 个月的时候表现出焦虑情绪，这属于正常现象。但是，每位儿童的焦虑程度不一样。我们发现面对陌生人时，有些婴儿只是表现出些许向后退缩的迹象，15% 的婴儿则神经紧绷，甚至放声大哭。这一阶段是婴儿发育过程中不可避免的一个阶段，它标志着婴儿语言能力、食指与拇指的抓握能力、站立能力甚至步行能力的萌芽。**"**

合理安排您的出行

请尽量避免临时起意的出行。如果您不得不外出，请提前告知孩子，其实婴儿的理解能力要比您想象的更好。此外，如果您不得不外出数周，请为孩子准备一些只属于你们两个人共同记忆的物品。一旦妈妈外出，爸爸便显得尤为重要了：他需要肩负"协调者"以及"安慰者"的责任。最后，您平时也可以通过藏玩具的游戏来使孩子明白：暂时性的消失并不意味着永别。此外，电话语音或视频也是维系您与孩子感情的珍贵工具。毕竟，通过电话，婴儿能够听见或看见消失之人。

对陌生人的恐惧

尽管在您看来，婴儿对陌生人的恐惧发生在瞬息之间，但这其实却是婴儿几个月以来心理请不要将此月龄段的婴儿托付给他不熟悉的亲友或保姆照顾，即便托付时间很短。此外，也请不要将此月龄段的婴儿送至托儿所。如果您不得不外出一趟的话，唯一的解决办法就是让所托之人（如奶奶／外婆）在您出发前的两三天到达您家，以便让婴儿提前适应。此外，婴儿心爱的毛绒玩具也能帮助他度过这段艰难时光。请放心，"8月危机"很快就会过去。

变化的结果。这一心理变化发生的第一阶段为婴儿出生后的第3~4个月，此时的婴儿懂得如何分辨人与动物／物品。第二阶段为婴儿出生后的第8个或第9个月，此时的婴儿学会了如何细致地分析自己所看见的人／物：他能够分清亲友以及陌生人的容貌。此外，这一月龄的婴儿明白自己是一个独立于母亲之外的个体，他有着属于自己的情感与动作。尽管如此，当婴儿面对一群陌生人的时候，他仍会感到焦躁不安，于是，为了宣泄自己的情绪，他便开始大声尖叫或者号啕大哭。对于某些婴儿而言，只要有不熟悉的事物出现，他便会感到害怕，比如：小丑、戴着黑色墨镜的脸庞、提线木偶或者他尚未听过的声音。尽管所有的婴儿都会经历这一阶段，但并不是所有的婴儿都会选择用眼泪来表达自己内心的恐惧，有些婴儿会选择转移视线或者用手遮住双眼以避免与陌生人的眼神接触。婴儿面对陌生事物所表现出的恐惧程度似乎与他刚出生时接触陌生人的频率相关：如果他刚出生时，与母亲的亲密程度越高，与陌生人接触的时间越少，也就意味着他将来对于陌生人的恐惧感越高。

安 抚

面对突然变得焦躁不安的婴儿，您没有必要生气或命令他停止哭闹。当您不得不外出时，您应该认真安抚婴儿，向他解释您为什么外出，您外出之后谁会代替您照顾他，并告诉他在您离开之后他可以做哪些有意思的事情。最重要的是一定要告诉孩子您马上就会回到他身边。

请千万不要在不通知孩子的情况下一个人悄悄溜走。否则，当您外出归家时，您可能会诧异地发现孩子居然拒绝了您的怀抱，因为他想通过这种方式表达自己对您悄然离去的不满。如果遇到这种情况，请再次向孩子解释为什么您需要独自外出。之后，再轻吻、抚摸孩子以示道歉。最后，再陪孩子玩耍一段时间。渐渐地，孩子便会原谅您并重拾笑容。

适时邀请"陌生人"

您可以提前告知婴儿有"陌生人"会来家中做客，告诉他您对此次聚会盼望已久，并让他感受您的愉悦之情。当您的朋友进入家中后，如有必要，请将婴儿抱在怀中，并时刻注意他的反应。此外，请不要忘记向客人解释您的孩子并非怕生，他只是正好处于"8月危机"阶段而已。有时，婴儿会做出一些举动以便让自己的奶奶／外婆明白自己并不想待在其怀中。如果遇到这种情况，奶奶／外婆可以轻抚婴儿，陪他做游戏或者为他唱儿歌。不管来家中拜访的是何种"陌生人"，安抚孩子的手段总是一样的。

养育双胞胎

不管您的孩子是同卵双胞胎还是异卵双胞胎，这两个默契十足的家伙给您带来的心理方面以及教育方面的问题都是一样的。

难以辨别的两个人

双胞胎越长大就越难区分，比如：当您喊其中一个人名字时，另外一个便会恶作剧般地回答。此外，他们之间会用"您"来相互称呼，但是请不要天真地以为他们是出于礼貌才这么做，事实上是因为他们总听见父母用"你们"来同时称呼他们俩（译者注：法语中的"您"和"你们"用的是同一个单词"vous"）。双胞胎之所以难以确定自己以及对方的身份，是因为父母以及家人经常笼统地用"双胞胎"，而非各自的名字，来同时称呼他们。即使父母不使用"双胞胎"这个称呼，他们有时也会误认为两人共享着一个名字。因此，为双胞胎取两个发音截然不同的名字就显得尤为重要了。

双胞胎的性格往往互补。但是，父母需要花费一段时间才能确定他们各自的性格。如果双胞胎中的一个孩子行动敏捷，那就意味着另一个善于思考；如果一个性格强势，善于领导，那就意味着另一个性格温和，习惯被人领导。

相比于普通的兄弟姐妹而言，双胞胎之间的感情更为深厚，因为他们曾经一起生活在同一子宫内，并且在出生后的前几周内一起接受过母亲的照顾。

加拿大以及美国的一些研究表明，父母双方往往会更偏爱双胞胎子女中的某一个孩子。80%的情况下，长相更加俊美、身体更加健康的孩子会成为父母的"心头肉"。美国的一位研究人员搜集了大量双胞胎家庭的合照，我们能很快地辨认出照片中最受宠的那个孩子。相比于自己的兄弟姐妹，这个孩子的衣着更为光鲜，其所处的拍摄位置也更加显眼。不过随着孩子年龄的增长，偏爱的迹象会越来越模糊。

强烈的情感纽带

双胞胎之间的手势语言效果十分明显。通过触碰、抚摸对方的身体，他们能够很好地了解自己的身体构造。然而，他们自己最初却意识不到自己触碰的身体为对方所有，这一懵懂状态会持续很长一段时间。研究表明，某些5岁的双胞胎照镜子时，仍然会以为镜中的影像是自己的兄弟/姐妹。双胞胎在游戏过程中，能够完美地配合对方：他们相互交换玩具，一起突发奇想，一起互换游戏角色，最后一起接受对方所规定的惩罚。有些研究人员甚至认为双胞胎在出生之前就已经相互认识了。在子宫时，他们能够相互摩擦、相互抚摸，而这些肢体动作无疑对他们各自的性格产生了一定的影响。在龙凤胎中，女孩往往占据领导地位。

语言能力发育迟缓

双胞胎与单胎之间的区别还体现在语言能力发育方面。

> 即使双胞胎长相相似，但是您还是会发现他们的不同之处。从他们诞生的第一天开始，您就会发现他们之间细微的差别。此外，您很有可能会偏爱其中一个孩子。不过通常来讲，父母双方都会有各自偏爱的孩子，您不必为之烦恼。如果可能的话，请以不同的方式看顾双胞胎，不过在家的时候，最好还是让他们一起玩耍：不管怎样，您都不能阻止他们之间建立秘密联系。毫无疑问，双胞胎会让一些父母陷入焦虑之中，因为他们害怕会将两个孩子培养成一模一样的复制品。我们所有人都觉得自己是世界上独一无二的个体，所有人都不愿接受这个世界上还存在另外一个"我"。

有1/3的双胞胎语言能力发育缓慢，其中同卵双胞胎以及双胞胎中的男孩所受的影响更为深远。早产一定程度上影响了双胞胎正常的语言能力发育进程，但是最主要的原因是他们缺乏与外界的交流。双胞胎总是和自己的"另一半"形影不离，因此，在他们看来没有必要与他人交流。

双胞胎最喜欢的对话者除了他们共同的母亲外，就是对方了。然而，他们之间的感情如此深厚以至于不管我们如何将他们分开，他们仍然最喜欢与对方交流。有些双胞胎甚至发明了外人无法破解的专属语言。这种语言千变万化，发音奇怪，但是往往是由正确的单词演变而来。有时，双胞胎还会突发

奇想地自己凭空发明一些只有自己明白的单词。一旦出现这种情况，请及时进行矫正以免影响他们将来的学业。一般而言，双胞胎中一方的语言能力会比另一方发育得更加缓慢。语言能力较为优秀的那一方往往会成为他们与外界沟通的发言人。不过万幸的是，这一局面终有一天会结束，他们会各自结识不同的朋友。

父母的角色

父母在双胞胎个体化的进程中扮演着重要的角色。双胞胎中的每一方与父母双方的感情深厚程度不一。请尽量避免为他们准备相同的服饰，即使您认为这会让画面看起来很有趣，因为一旦他们穿戴一致，对方在他眼中便会成为完美的复制品，而这不利于他们的个体化。因此，最好为他们双方准备不同的私人衣橱。此外，也请为他们准备属于各自的婴儿床：即使他们喜欢一起相处，但是仍然需要一个属于自己的私密空间。最后，假期来临的时候，您可以将他们分开生活以便更好地培养各自的性格。请您依据双胞胎各自的性格为其提供不同的照料方式，此外，请不要偏心任何一方以便能够公平地对他们进行教育。

一切皆语言

语言是父母与孩子之间交流的纽带。用于沟通的语言不仅局限于文字语言，还有手势语言、肢体语言以及音乐语言。精神分析学家弗朗索瓦兹·多尔多（Francoise Dolto）曾说过"一切皆语言"，并且她耗尽一生来论证这一观点。

敏感而直观的理解力

为了能与外界交流，儿童会动用他的一切感官功能：他会用双眼观察，用双耳倾听。通过听和看，他成功地将语言与周围的世界联系在一起了。单词对于婴儿而言必不可少，因为记忆单词能够帮助他将来理解他人的话语。新生儿尚不会用语言来表达自己的思想，他只能听别人说一些"音或单词"。婴儿根本不知道他所听到的"音或单词"是什么意思，但是他能凭直觉猜测。婴儿天生就是靠直觉来理解他人的话语。渐渐地，婴儿不仅记住了单词，还记住了这些单词出现时说话人的面部表情以及手势动作。之后，他便会根据意思将单词分为两组："高兴词汇"与"不高兴词汇"。

如果母子之间以及父子之间的沟通正常，那么随着年龄的增长，婴儿会慢慢地明白所有的话语。弗朗索瓦兹·多尔多认为，我们无须刻意向婴儿隐瞒什么，因为他其实什么都能明白。多亏了单词，大人才能向儿童解释何为现实，何为现在、过去与将来。当儿童处于"分离－个体化"阶段时，单词会成为"过渡性客体"，来帮助他度过依恋之人不在身边的艰难时光。

用身体交流

自从出生以来，婴儿就一直用自己独特的方式回应他人。他知道用自己的哭声或肢体动作来表达自己内心的喜悦、赞同或不满、反对。他会激动地摇晃着双手或双腿求抱抱，他也会咯咯地笑以吸引他人的目光。与此相反，如果他觉得自己不被他人所理解，他便会转移自己的视线，躲避对方的目光。当代研究证明了弗洛伊德的观点：沟通比食物更能巩固父母与子女之间的关系。母亲与子女之间的交流在婴儿出生后的前几个月内显得尤为重要。婴儿的视力与听力发育得越成熟，他就越渴望与他人沟通。

我们发现只要孩子与其他儿童在一起，他就会产生交流的冲动。当孩子处于四肢爬行阶段或身处托儿所时，他与其他儿童的交流方式往往是：先彼此触碰对方，然后再开始交谈。我们甚至会发现一个奇怪的现象：如果大人企图参与到他们之间的游戏中时，他们就会立刻停止交谈。我们还发现，最愿意与同龄人交流的儿童往往是在家得不到交流机会的儿童。而在与同龄人交流的过程中，这类儿童会感受到地位的平等，此前的交流缺憾将得到弥补。

> " 语言能力不会凭空出现，它需要婴儿进行大量地练习。我们需要感谢弗朗索瓦兹·多尔多，因为是她提醒了人们：从孩子出生后便陪他说话，让孩子沉浸在一个完美的语言环境之中。婴儿能够很快地分辨出父母用词之间的区别，也能分辨出他们两人不同的嗓音。一个单词只有反复出现，它才能最终存在于婴儿的脑海之中。虽然婴儿不明白单词的意思，但是他能凭直觉以及说话者的语气猜到意思。在学会用语言与他人交流之前，婴儿先与自己的身体进行交流。通过探索自己的身体，婴儿最终能够明白高、低、前、后这四个概念。最后，在发展语言能力的过程中，婴儿需要与其他儿童进行早期的交流。"

通过和他说话来教育他

弗朗索瓦兹·多尔多建议父母用简单的词汇向婴儿讲述事物的由来。她说："所谓教育，就是提前告知一切，然后等着对方用余生去论证这一切。"她建议父母秉承这一教育原则，然后向孩子解释一些生活常识（如：何为危险，何为干净）或感情问题（如：葬礼、离婚、财政困难、家庭不和）。如果您爱您的孩子，请不要向他隐瞒任何一件家庭琐事，因为这是一种尊重的表现。如果您想树立权威或订立家规，那就必须说一些狠话了，如"我会惩罚你"。

交流中断

有时候，"小话唠"会觉得交谈再无任何乐趣。于是，他便不再理会亲友的逗弄，表现得极为忧伤与被动。通过仔细观察儿童的言行举止以及分析孩子父母所提供的信息，儿童精神病科医生最终能够确定这位儿童是否患有抑郁症。因为，研究表明即便婴儿不会用语言表达自己的思想，但是从第5个月开始，婴儿便会有情绪以及认知方面的意识。儿童抑郁症主要表现为患者不愿与父母交流，眼神空洞，对周围的世界不感兴趣。一般而言，父母会觉得这类孩子比较乖巧，因为他们不怎么哭闹。但是"太过乖巧"的孩子往往容易情绪低落，并且会出现睡眠障碍、食欲减退的现象。因为缺乏父母的悉心照顾，这类孩子往往缺乏安全感，甚至会产生被人抛弃的感觉。

如果遇到这种情况，父母应该怎么办呢？不要认为儿童的这些表现会一闪而过而掉以轻心，也不要太过自责，更不要认为这就是命，您应该及时带孩子就医。

儿童之间的关系

几个月大的婴儿能与其他同龄人交流。托儿所的工作人员每天都在见证这一现象的发生。我们甚至能发现有些婴儿会时不时地组成一个小团体以便一起玩耍或者用手势／表情聊聊家常。

意味深长的言行举止

法国国家健康与医学研究院（INSERM）的休伯特·蒙台涅（Hubert Montagner）博士曾就婴儿的早期交流行为进行过一次专项研究。在该研究过程中，工作人员首先将两名情绪稳定的婴儿面对面地安放在舒适的座椅中，之后对他们进行录像。透过录像，我们惊讶地发现这两名4个月大的婴儿目不转睛地观察对方的时间长达15分钟，在这段时间内，他们没有哭闹着找妈妈，只是安安静静地盯着对方的脸庞（尤其是眼睛）以及双手。该项研究同样表明了用手指物这一手势（用手指物是婴儿最先学会的手势之一）在婴儿交流中的重要性。

为取乐而模仿

婴儿之间的交流并不仅仅局限于相互观察。一般而言，双方之中最先"觉醒"的那位会尝试着向对方做出某一手势，而对方则会依葫芦画瓢地模仿这一手势。研究表明，婴儿所做出的各种手势虽然千奇百怪、形态各异，但都经过了他的"深思熟虑"。研究人员甚至发现，当1岁左右的婴儿想获取某一物品时，他会做出一些手部动作或脚部动作。通过录像，我们注意到婴儿之间的模仿具有即时性或略有延迟。在每次模仿之前，婴儿之间都会相互观察，然后露出满意的笑容。这也就表明婴儿其实特别喜欢模仿他人。录像显示，在相互观察了10分钟之后，婴儿开始用"语言"进行沟通，他们甚至会做出一些举动以便能够靠近对方，比如用自己的脚尖触碰对方的脚尖。然而，研究表明，婴儿只有在面对面的情况下，才能进行早期交流。

> 研究表明，婴儿之间存在交流，并且这种交流可以人为组织。要想让婴儿之间进行沟通，需要遵守一条原则，即婴儿必须面对面地坐在一起。此外，婴儿恐惧成人的阶段同样是他与其他儿童建立沟通的阶段。当婴儿面对同龄人时，对方矮小的身材、细弱的声音以及专属的幼儿气味会让他有安全感。与此相反，成人靠近婴儿时的种种表现则会让他产生恐惧感。成人第一次靠近八九个月大的婴儿时，应当效仿布雷泽尔顿（Brazelton）的做法：先远远地观察婴儿，然后再在他附近转悠，最后当婴儿完全放下戒备之后，再靠近他。

随着时间的推移，婴儿之间的交流会越来越顺畅。美国医生路易斯（Lewis）以及布鲁克斯（Brooks）从事的一项研究表明，七八个月大的婴儿面对不熟悉的成人时，会表现得十分惊恐，但是如果面前出现的是不熟悉的儿童，他们则不会流露出任何害怕的迹象。更令人惊讶的是，婴儿甚至能够分辨出照片上的人物是成人还是儿童。很明显，婴儿更喜欢同性别的儿童。一般而言，婴儿会参考自己的身体特征去辨别他人。

强烈的沟通欲望

在日常生活中，婴儿并没有表现出优秀的沟通能力，因为周围的环境总是在分散着他的注意力。此外，研究表明婴儿似乎只有身处安全的环境（比如有妈妈在场的环境）中，才愿意展示他的沟通能力。

婴儿之间第一次相处时，会向对方展示自己特有的个性。第二次相处时，则会适时控制调整自己的行为举止以及各种反应以便迁就对方。因此，一般而言，婴儿之间的肢体接触往往发生于第二次会面。研究表明，随着相处时间的增加，会面过程中经常使用的肢体语言出现的频率会越来越高。最终，婴儿之间的肢体语言会渐渐趋同。婴儿内心似乎存在一股冲动，他特别希望引起另一位小伙伴的关注。因此，一旦交谈中其中一位婴儿将视线转移至自己母亲身上，另一位便会用手拉扯对方的手或胳膊以试图将他"挽回"。简而言之，婴儿之间的会面是您孩子学习以及交流的源泉。

同龄伙伴

人们过去一直认为婴幼儿需要经历很长一段时间才愿意与同龄儿童交朋友，但是由美国福格尔（Fogel）教授领导的一项研究表明，婴幼儿结交同龄伙伴的时间大大早于人们的预期。在该研究过程中，研究人员让一些两三个月的婴儿与自己的妈妈以及另外一位婴儿面对面坐着。福格尔教授注意到婴儿会根据对话者的年龄而改变自己的交流手段。面对自己母亲时，婴儿面部表情往往高度紧绷；而面对同龄儿童时，其肢体语言使用频率更高，注视对方的时间也更长。此外，还有一些研究人员通过观察10个月大的婴儿发现婴幼儿同成人一样具有一定的社交能力。对于8~10个月大的婴儿而言，玩具的缺乏反而有利于其与同伴之间的沟通，对于这些不满1岁的婴儿而言，玩具成为了促进他们之间互动的一种工具。研究人员万德尔（Vandell）与威尔逊（Wilson）则发现，即使年龄不满1岁的婴儿也会依据与对方关系的亲疏作出不同的回应。婴儿似乎从第6~8个月开始便会在托儿所选择属于自己的同龄伙伴。穆勒（Mueller）教授曾试图证明婴儿的早期社交能力与父母息息相关，因为貌似母亲社交能力越强，其子女就越容易对其他儿童"敞开心扉"，与他们分享自己的私人物品。

家庭事故

家庭事故对于整个社会而言都是一种巨大的灾难。只有通过各种宣传活动，动员父母时刻注意家庭安全才能减少家庭事故的发生。家庭事故中超过 30% 的受害者年龄不足 10 岁，此外，家庭事故也是导致 1~4 岁儿童死亡的首要原因。

太多诱惑

婴儿 9 个月大的时候，鉴于他精神运动发展的需求，他会不自觉地探索周边的一切事物，而这一举动有时会将他带入"危险之地"。虽然自由爬行能让他领略整个家庭的风貌，但是同样也会让他遭遇危险，比如可以插入手指的插座。另外，请尽量不要在家中使用插线板，如果一定要使用，请及时关闭电源，因为如果婴儿突发奇想地舔了一下插头，他很有可能会被严重灼伤。不要以为这一情况不可能发生，要知道婴儿尚处于用嘴探索世界的阶段。

时刻警惕

楼梯也是危险之地。这一月龄段的婴儿爬行速度很快，能够随时逃离大人的视野范围。如果您家中楼梯两端未设置栏杆，婴儿便很有可能从楼梯上滚落下来。此外，这一月龄段的婴儿能够灵活使用自己钳子般的手指，因此，他很有可能会捡拾地面上遗落的各种物品，如纽扣、别针、杀虫剂、不适合他玩的小零件……他甚至能够抽拉桌布，从而导致桌上大量的物品或液体掉落在自己身上。他可能还会爬去摘绿色植物的叶子，请注意有些植物叶子有毒。另外，请将各种柜子锁好，尤其是盛放家庭清洁物品的柜子，否则，婴儿可能会将腐蚀性的液体泼洒在自己身上，又或者他会好奇地尝一尝洗衣液的味道。不论婴儿月龄多大，您都应该时刻保持警惕，有些婴儿虽然月龄小，平时不爱运动，但是其爬行速度比您想象中的要快得多。此外，婴儿愿意品尝身边一切物品，不管物品的口感多么奇怪，都不会影响他的"食欲"。目前这一阶段您也不用尝试着对他进行危险教育，因为那毫无用途。您的当务之急就是尽量让婴儿所处的环境变得更加安全，比如，您可以购买带有保护盖的插座、安装防盗窗、在楼梯两端设置栏杆……这些措施比您 24 小时的看护更有效。

预防措施

对于婴儿而言，家中最危险的地方分别是厨房和浴室，危险

戴牙套甚至是珍珠牙套被某些人认为可以缓解孩子牙齿的疼痛，但这并不正确！法国儿科学机构指责这种东西会让孩子有误食以及被卡住窒息的风险，如果孩子将它弄碎的话。这些箍环在加拿大以及瑞士被认为是需要极为重视的东西。而在法国，这是被托儿所禁止使用的，也被大量的健康专家强烈劝阻使用，同时，法国药品保健品安全局禁止面对幼儿为此做广告宣传。

> 婴儿生理运动方面的进步，尤其是抓取能力与爬行能力的提升，使得婴儿更易受到伤害。婴儿越是对危险毫无概念，他陷入危险境地的几率就越高。因此，父母需要时刻注意自己孩子的一举一动，如果必要的话，可以禁止婴儿从事某些活动。大部分情况下，婴儿并不明白"禁止"的深层含义，但是为了取悦父母，他会选择不再从事这些被禁止的活动。在孩子的思维里，"不，不许这么做"和"我喜欢你"其实是一个意思，因为父母的数落，其实也是一种爱的表现。因此，如果情势所逼，您可以毫不犹豫地制止孩子。

高发时段为 10-12 点以及 17 点以后，因为这两个时间段，父母都忙于家务，无暇顾及婴儿。此外，请不要让婴儿独自靠近窗户、柜门，也不要让他靠近烤炉、燃气灶以及插座，以免灼伤。

此时期婴儿可能面临的危险

对于 1 岁以下的婴儿而言，他们面临的最大危险莫过于窒息，意外死亡的婴儿死因多半为窒息。家中有许多婴儿能够吞食的小物件，比如：从客厅茶几上掉落的花生、大孩子没有收起来的弹珠、后院里的小碎石……这一月龄段的婴儿对一切事物都很感兴趣，并且他会吞食所有能够接触到的物品。如果 1 岁以下婴儿不小心吞食了异物且发生窒息现象，您可以采取以下措施：让他跨坐在您的膝盖上，脸朝地面，肚皮紧贴您的大腿，然后单手用力拍婴儿的两肩胛骨直至异物吐出。我们将此方法称为海姆立克急救法，该方法能够强有力地将肺部空气挤出，从而排出异物。

这一月龄段的婴儿也经常发生坠落事故。他有时会在爬行的过程中从楼梯上摔落下来，有时会在企图站立的过程中摔倒，从而导致身上出现伤口或肿块。此外，在和镜子玩耍的过程中，婴儿有可能会被割伤；在被刚拿出微波炉的菜肴诱惑时，则有可能被烫伤。

安全之家

为了避免家庭事故的发生，您应该遵守以下 10 条规则：

- 绝不将孩子独自留在家中，以免发生火灾以及坠窗。
- 绝不将孩子独自留在浴缸中，以免溺水。
- 4 岁之前，不喂食干果，尤其是花生，以免出现窒息或过敏现象。

- 不在孩子面前使用家庭清洁物品，以免他在您不注意的情况下将盛放清洁物品的瓶子拿走。

- 不使用插线板的时候，及时拔除电源，以免婴儿舔食。

- 安装防盗窗，在楼梯两端设置栅栏，毕竟婴儿的爬行速度很快。

- 请勿用食物器皿盛放有毒物品，以免弄混。

- 请将所有的药品锁好，即使是婴儿正在服用的药物。另外，也请让爷爷奶奶牢记这一条。

- 如果您需要重新挪动家具，请在婴儿不在场的情况下进行，毕竟柜子以及抽屉无时无刻不在诱惑着他。

- 请勿让婴儿进入厨房，因为厨房里的一切设施对他而言都是一种危险，比如：烤箱的金属门、燃气灶、平底锅的手柄、水槽下的厨房清洁用品。

9月体检

9月体检旨在检查婴儿的感官能力以及精神运动发育状况。在法国，该检查结果将记录在婴儿的医疗证明书上，并邮寄给家庭补助局（CAF），以便决定孩子是否有资格领取第二阶段的幼儿补助。

预约时间

此次体检的时间为婴儿出生后的第9个月，因为此时的他生理能力得到了一定的发展。此外，如果婴儿在这一阶段被确诊存在生理缺陷，往往更容易治疗。父母可以预约一位儿科医生、全科医生或妇幼保健中心（PMI）的医生为孩子进行此次医疗检查。不过，如果父母预约的是妇幼保健中心的医生，请及时将检查结果告知平时专门负责孩子健康的儿科医生。因为，该中心的工作人员只负责检查婴儿身体状况，却无权在必要的情况下对他进行治疗。

婴儿的日常生活

儿科医生或全科医生首先会核实婴儿的疫苗注射情况，然后与父母进行交谈，最后为孩子进行全面系统的身体检查。交谈过程中，医生会询问许多问题。如：母亲曾经的孕期状况以及分娩过程；孩子的生活条件（照看方式、父母职业等）；婴儿第一次微笑与抬头的时间；婴儿是否爱玩？胃口如何？平时为他准备哪些食物？这些问题的答案有助于医生判断婴儿的生活是否正常，他的各种反应是否与年龄相符。对于父母而言，这也无疑是一次向医生取经（如何合理安排饮食、挑选玩具、照看婴儿以及保障他的睡眠）的绝佳机会。此外，检查过程中，婴儿与父母的互动有利于医生判断婴儿是否存在某种身体机能缺陷，父母的沟通方式是否得当，以便及时提供一些指导性的建议。医生与父母之间的亲密合作有助于提高父母对婴儿早期看顾的质量。在大部分情况下，这一医疗检查花费的时间少，效果却非常好。

检查婴儿心理状况与精神运动状态的过程中，父母需主动配合医生，比如：让婴儿抓取/把玩物品、发声、保持坐姿、用手指物等，这些动作有助于医生对婴儿的心理以及精神运动发育情况进行分析。大部分情况下，婴儿这两方面的发育状况均属良好。此外，父母也可以利用这次机会向医生询问孩子平时的一些举动是否正常。

体检项目

在此次检查过程中，医生还会检查婴儿的生理发育情况。

此时，婴儿的身长约为69~74厘米，体重为8~9千克，头围约44~45厘米。医疗本附页中的生长发育曲线图能够让您一目了然地判断自己孩子的发育是否正常。只要婴儿个人的生长发育曲线在顶部和底部两条参考曲线之间，那就证明他的发育状况正常。此时，婴儿已经长出了2~4颗牙。此外，这一月龄段婴儿的食谱须更加多样化。

医生会仔细观察孩子的坐姿、头部姿势、背部的弯曲程度。为了判断婴儿的精神运动发育状况是否良好，医生会反复地将不同的物品递给孩子，然后观察他的反应。此外，医生还会借助一些"音箱"来检测婴儿的听觉，每个音箱都会发出一些不同频率的动物叫声，有些声音好似钥匙开门的叮铃声，有些则好似人类的窃窃私语声。这些音箱会被放置在不同的角落以便测试婴儿是否能找出正确的声音源头。对于那些几乎不咿咿呀呀"说话"或曾患过严重耳炎的婴儿，医生则会将他列为重点观察对象。检查视力时，医生会仔细观察婴儿眼球以及瞳孔的大小是否正常。此外，他还会核实婴儿眼角膜的透明度。医生还会移动一个画有黑白图案的物品，然后观察婴儿视线移动的状况，以便判断他是否患有斜视。最后，

医生会依次将婴儿的左右眼遮住以测试其双眼各自的视力。

体检过程中，医生还会测量婴儿的头围、胸围、心率，检查他的肺、肾、生殖器、牙齿、喉咙、双耳以及皮肤的发育状况，此外，医生还会在婴儿的腹部轻掐一部分皮肤以便了解他身体的脂肪含量。

最后，医生会测试婴儿的平衡能力以判断他的神经系统是否发育良好。所有这些检查项目都会清楚地标注在婴儿的医疗本中。

精神运动发育

父母需要仔细观察婴儿的精神运动发展特点。

对于这一月龄段的婴儿而言，其运动能力因人而异。有些婴儿活泼好动，行动稳当，并且已经会借助外物行走了；有些婴儿则生性冷淡，不愿站立。不管孩子属于以上哪一类

型，都属正常，并且这一阶段的各种反应并不会影响他将来正常的生理发育。

第9个月的时候，婴儿已经完全能够挺直背部保持坐姿了，尽管如此，他却还不能独自从睡姿转换为坐姿。有些婴儿甚至在学会坐姿之前就已经学会了站姿。

八九个月的婴儿能够非常熟练地玩某些物品。

心理适应性评估

在此次检查过程中，婴儿会时刻保持警惕，并不断地哭闹。对于这一月龄段的婴儿而言，这一反应再正常不过了，毕竟他正处于害怕陌生人的阶段。

虽然检查过程中，哭闹属于正常现象，但是如果医生不再对他进行"纠缠"的话，他应该能够很快地平复自己的情绪，而这一平复能力也是医生非常关心的。如果婴儿不能迅速地停止哭闹，并由父母证明这属于正常反应，那就表明父母平时有可能对婴儿保护过度，需要立即调整养育方式。

最后，在检查过程中，医生还会评估婴儿的互动能力。他会仔细观察婴儿的视线移动范围，观察婴儿听到自己名字后的反应以及婴儿最先发出的声音。

各有各的成长节奏

即使是同胞兄弟／姐妹，每个孩子也都拥有属于自己的发展节奏，他们身高体重的增长速度、睡眠状况、食量大小以及学会走路的时间都截然不同。因此，您可能会不由自主地将他们各方面进行对比。

饮　食

从饮食方面来看，有些儿童天生食量大，有些则食量小；有些儿童到点就喊饿，有些则可以选择不吃某一餐。事实上，没有任何证据表明儿童的饮食习惯与他的生理发育有直接关系，并且有些研究人员认为婴儿的一日四餐并不需要严格按照科学标准进行。如果您让婴儿自由就餐的话，您会发现他每顿摄取的卡路里很一致。因此，您没有必要强迫婴儿进食。

睡　眠

每位家庭成员的睡觉时间以及睡眠时长都不一样。有些人早起，有些则晚睡；有些需要午休，有些则不需要。其实，对于婴儿而言，最重要的是保证他每天充足的睡眠时长；对于低龄儿童而言，则需要保证他每周充足的睡眠时长。一天之中的睡眠次数因人而异：有些 6 个月大的婴儿每天需要睡 7~8 次，有些每天只需睡 4~5 次。一天之中的睡眠总时长也因人而异：有些婴儿每天需要睡 17~18 个小时，有些则只睡 12~13 个小时。这一睡眠状况的差异不仅发生在婴儿出生后的第 1 年内，同样也会发生在他剩余的人生阶段。

运动机能

儿童之间最大的差别体现在生理运动发育方面。有些婴儿第 9 个月的时候便能轻松自如地行走，有些婴儿则需等至第 13 个月，甚至是第 18 个月；有些婴儿从来没有经历过爬行阶段，便直接从坐立阶段转变为了站立阶段。同样地，有些婴儿身手灵敏，有些则笨拙不堪；有些婴儿胆大果敢，有些则胆小懦弱，这些表现最终都会影响婴儿的生理运动发育。

每位儿童都是独一无二的

从各自父母那里继承的基因造就了儿童之间的差异。每位婴儿的运动能力都受遗传的影响，换而言之，他早期的生理运动习得与各个阶段的"冲动"早已被"程序设定"好了。因此，有些家庭的孩子学会走路的时间、学会保持干净的时间比别人早，但是在其他发育阶段，他们的表现则一般。

男孩与女孩的生理发育情况截然不同。女孩通常要比男孩先学会坐立。她们能够轻而易举地借助食指与拇指夹取物品，会观察并评估自己的所作所为。此外，女孩比男孩先学会走路，且更早拥有卫生意识。研究表明，女孩的肢体协调能力更好。女孩之所以发育得更快，很有可能和左右脑的发育速度有关。男孩看起来更强有力，却十分笨拙。男孩与女孩的右脑构造似乎不一样，尤其是右脑的语言区域。

儿童生活的环境在他的生长发育过程中同样占据着举足轻重的地位，甚至能够改变他的基因。

研究人员认为，虽然人类80%的能力源于先天，但是这80%的先天能力需要借助于20%的后天习得才能得到最大程度的发挥。研究人员还发现，家庭教育的水平会影响儿童的智力水平。后天习得主要包括语言能力的发育、词汇的扩充、语法体系的构建以及思维方式的建立。儿童早期的思维方式是在不同的游戏以及娱乐活动中形成的，游戏以及娱乐活动能够刺激婴儿推理能力和部署能力的发展。

与自己的兄弟姐妹相比，每位儿童同样是这个世界上独一无二的自己，因为他遗传的是父母双方特有的基因。当隐性基因与显性基因相遇时，隐性基因会将自己隐藏，但不会消失。因此，这两种不同的基因最终会进行杂合。比如：一对夫妇分别为卷头发和直头发，他们的孩子很有可能会是卷发。

卵子、精子不同，杂合的隐性基因与显性基因便不同。此外，每个人体内复制的细胞不同，细胞与细胞之间的结合

也不同。但是，有人会产生疑问：那为什么同一个家庭的子女容貌会相似？那是因为他们复制了足够多的相似基因。

此外，各种生存环境也会导致兄弟姐妹之间的差异。这一环境的影响在儿童还是子宫内的胚胎时便已经显现出来了。胎儿在只属于自己的子宫内生长发育，此时子宫内的环境并不一定与自己兄弟姐妹待过时的一致。出生之后，兄弟姐妹

之间的差异越来越明显。他们每个人最终都会有属于自己的性格、人格、表达方式、社交手段。

发现差异与模仿行为

儿童想模仿他人。一般而言，他会选择一个可接触的目标进行模仿。所以，弟弟／妹妹通常模仿自己的哥哥／姐姐，因为在他／她看来，哥哥／姐姐的能力比自己更强。不过也有可能会出现相反的情况，即哥哥／姐姐模仿弟弟／妹妹，因为弟弟／妹妹在家中享受王子／公主般的待遇，父母总是将他捧在手心呵护。从小生活在大环境下的儿童能够很好地发现每个人之间的差异，而这一差异往往造就了之后的模仿行为。每位儿童都想模仿他人，超越他人，这就是竞争。不过，儿童应该学会接受这一差异，这样他才能充分地活出自我。

用手吃饭

现阶段，您孩子的主要娱乐活动便是探索身边所有的事物。因此，食物自然而然地难逃他的"魔爪"了。从第 8 个月开始，婴儿会尝试着用手抓取食物。之后他需要等待数年时间才能学会使用刀叉以及就餐时的正确坐姿。

给予便利

这个月龄段的婴儿已经学会了如何熟练地使用自己的手指，因此，请任其自由地把玩块状食物吧！既然婴儿喜欢触摸各种物品，那为什么不能任他触摸自己的食物呢？他正处于"爱出风头"的年龄段，如果他想吸引他人的注意，又有什么比得过将自己餐盘中的食物扔在地上这一方法呢？因此，如果婴儿乱扔食物的话，请别太在意，您唯一需要操心的是警惕孩子将餐盘打翻。为了避免这种情况的出现，您可以用双面胶将餐盘粘在儿童餐椅上。

这一月龄段的婴儿已经完全可以进食块状食物了，因为一般而言，在进食之前，您的孩子会将食物拿在手里仔细揉捏直至变软。

此外，这一月龄段的婴儿已经拥有了咀嚼能力。不过，此时的他可能会拒绝进食一些此前爱吃的食物，原因很简单，因为食物变为块状之后，其口味发生了些许改变。有些婴儿表现得比较温顺，他对喂食的食物一直秉持着来者不拒的态度，只要您在喂食时给他一把汤勺并任他把玩，因为这让他产生一种自己独立进食的错觉。

孩子不会饿到自己

如果您之前总担心自己孩子吃不饱，那从此以后您可以放心了。如果当您让孩子独自进食时，不出一刻钟他便要求离开餐椅，请不要过分担心，因为孩子之后饿了会自己主动要求进食，另外如果他上一顿没有吃饱，他下一顿便会多吃一些。如果您希望孩子按时按点进餐，那么请不要在非就餐时间内让他吃零食。如果您觉得孩子平时吃得过少，那么您可以在奶粉外为其添加一些牛奶、酸奶或鸡蛋羹。不过，请尽量不要过度喂食。

此月龄段的婴儿可以开始

> ❝ 食用块状食物是婴儿生理发育过程中必不可少的一个阶段，它标志着婴儿的吞咽能力达到了一个新的高度，此后，您不必再担心他吃饭时会被食物噎着。现阶段，婴儿能够很好地辨认出外来食物，并且他还学会了啃、嚼、吞、吮吸这些技巧。首先，婴儿会用嘴探索外部的食物，然后再将外部的食物内置化，咽进肚中。这一过程有助于婴儿明白何为内、何为外。❞

有时候，就餐往往意味着混乱。因为不管母子二人有没有意识到，他们往往会在吃饭时间产生一些情感纠纷。在就餐过程中，扮演"喂饭保姆"的妈妈会与孩子发生冲突，而就餐之前那段时间可能气氛也是紧张的，比如孩子饿了，等得不耐烦了……那为什么不让他玩一会儿自己心爱的玩具呢？这样的话可以分散他的注意力。

尝试使用鸭嘴杯。这种水杯质地轻盈、色彩绚烂，两侧配有手柄，完全能够满足婴儿的喝水需求，因此婴儿都很喜欢鸭嘴杯。在未来很长一段时间内，婴儿都会使用这款水杯，并且会形影不离地将它带在身边。白天期间，没有什么液体是比白开水更为解渴的了。

新食物

苹果是最适合婴儿食用的水果。您可以将苹果煮熟喂给孩子，或者直接让孩子生吃。苹果的果肉清脆可口，易于嚼碎，果皮富含维生素C，果肉富含钙、钾、钠。另外，苹果富含纤维素，利于肠胃蠕动。苹果还能防止腹泻：其所含的酸性物质有助于平衡肠道菌群；其中的鞣酸与果胶能够改善受刺激肠道的不良状况。

白米饭能够为婴儿提供必要的碳水化合物、维生素、矿物质以及纤维，并且易于消化。1/3 的米饭配 2/3 的蔬菜（绿叶蔬菜或胡萝卜）是婴儿比较理想的食谱。请注意，米饭需煮熟，并且喂食之前最好轻微碾碎。

您还可以让婴儿吃一些已经接受过巴氏灭菌的奶酪，不过请别忘了将外层的硬皮撕掉。

请注意，过咸的食物会损害婴儿的健康，因此，不建议在 1 岁以内宝宝的食物中添加食用盐。如果您想让婴儿的食物芳香四溢，可以选择添加一些自带香气的食材。

这一月龄段的婴儿还可以少量食用巧克力，因为它富含镁、钙、铁以及钾。不过请不要让婴儿直接食用巧克力以免摄取过量的糖分以及脂肪。您可以将少量巧克力、婴儿谷物与母乳进行混合，或者将少量巧克力、乳制甜点与二段奶粉进行混合。

奶奶 / 外婆

现如今，很多婴儿会定期或在假期被托付给奶奶 / 外婆照顾。对于某些已经退休了的奶奶 / 外婆而言，这无疑是一次重新找回自己社会地位的机会。对于另一些奶奶 / 外婆而言，照顾婴儿则是一件棘手的事情。

经验和稳定性

奶奶 / 外婆对婴儿不负有任何直接责任，因此，相比于自己当年当妈妈的时候，奶奶 / 外婆们在面对婴儿时，显得更为慈祥和宽容。此外，因为年轻时曾经照看过婴儿，所以相比于很多保姆而言，奶奶 / 外婆们更富有经验，且更有耐心。就算没有以上优点，奶奶 / 外婆同样也是家庭中不可或缺的一份子。她见证了整个家庭的过去，

> "上帝为儿童创造的最好的礼物，莫过于爷爷奶奶 / 外公外婆。爷爷奶奶 / 外公外婆不必为婴儿规划灿烂的明天，他们只需向孩子讲述过去的沧桑（如家族的起源，过去的生活状态，族人的职业，去世亲人的姓名……），陪伴孩子度过美好的现在即可。爷爷奶奶 / 外公外婆所讲述的历史有助于孩子了解"过去"这一概念。此外，爷爷奶奶 / 外公外婆是一本活生生的历史见证实录，当婴儿长大之后可以天真无邪地向他们提各种问题，如爸爸 / 妈妈小的时候是怎样一个孩子？最后，当婴儿父母遭遇死亡事故或陷入离婚波折时，爷爷奶奶 / 外公外婆便显得尤为重要，因为如果父母离婚的话，儿童就会失去自己的原生家庭。之后，他还有可能要融入到另外一个家庭之中，但是，爷爷奶奶 / 外公外婆的家庭还是完整的，并且只要爷爷奶奶 / 外公外婆的家仍在，那么儿童便能找到自己的根。此外，在父母离婚过程中，爷爷奶奶 / 外公外婆还能给予儿童一定的精神支持。"

也见证了（外）孙儿 / 女的出生与成长。外婆也是唯一能够讲述外孙儿 / 女的母亲童年经历以及青少年经历的人选。此外，她还了解（外）孙儿 / 女的母亲恋爱、怀孕以及分娩的过程。对于孩子而言，奶奶 / 外婆是他知晓过去的重要途径。而对于奶奶 / 外婆而言，孩子则让她看到了自己生命的延续，体会到了前所未有的安全感。

进入角色

如何做一位称职的奶奶 / 外婆并不是朝夕之间便能学会的，因为距离她上次照顾小孩已相隔多年（一般为 30 年）。此外，与育儿相关的一切事物都已改变，比如：教育准则，尤其是新生儿教育准则。大部分奶奶 / 外婆都是在婴儿出生几个月之后才开始履行其职责，因为最初的一段时间内，婴儿忙着与自己的父母建立感情。

奶奶 / 外婆照顾（外）孙儿 /

为什么奶奶／外婆和（外）孙儿／女的感情如此深厚？因为他们意识到他们两人其实分别处于生命的首尾两端。婴儿能够让奶奶／外婆重拾青春的岁月，并且能够让她感觉到自己原来尚有用武之地。研究表明，最受欢迎的"育婴保姆"是年龄小于 65 岁的退休奶奶／外婆，因为相比于婴儿的父母而言，奶奶／外婆的时间更加充裕，耐心更加充足。奶奶／外婆不必负责婴儿的教育问题，她可以随心所欲地与孩子嬉戏玩耍。

女的最大弊端就是她们往往容易过分溺爱孩子。她们认为子女将孩子托付给自己，并不是为了让自己教他遵守各种生活准则，而是要让他快乐。不管怎样，奶奶／外婆都应就孩子的教育问题与子女达成共识。

防止越界

有些奶奶／外婆喜欢越过自己的儿媳妇或女儿，独掌孩子的抚养权及教育权。这种过分干预往往会导致家庭气氛紧张，比如奶奶／外婆有时会小题大做，认为孩子没吃好、没睡好。虽然说者无意，但是听者却有心，孩子妈妈会认为她在影射自己无能。有些奶奶／外婆甚至想独占孩子所有的感情。所以，您能想象家中的气氛是多么尴尬与紧张吗？

因此，您有必要和奶奶／外婆谈一谈了，您需要让她明白自己的权利，让她明白不管

在何种情况下她都不能越俎代庖，尤其是在孩子的教育问题上。奶奶／外婆能在平时或假期的时候为孩子带来快乐，她应该是您在抚养孩子方面的最佳合作者，而非侵略者。

达成共识

即使奶奶／外婆是各种突发情况的最佳救场人选，但这并不意味着她必须 24 小时待命。为了能够让奶奶／外婆与孩子父母相处融洽，最好合理规划她与孩子的见面时间。此

外，和其他所有人类情感一样，祖孙情也需要时间培养。祖孙之间相处的时间越长，他们之间的感情越深厚。然而有些奶奶／外婆既不想也没有时间和自己的（外）孙儿／女相处，因为她们在退休之后希望能够最大限度地利用自己剩余的时间过自己的生活。这种情况下，探望（外）孙儿／女仅仅是她们满满日程表上淡淡的一笔。此外，与（外）孙儿／女感情的亲疏也决定了她们探视时间的长短。最后，她们小时候与自己奶奶／外婆的感情也会一定程度上影响当下自己与（外）孙儿／女的感情。

在单亲家庭、离异家庭、少女妈妈家庭以及重组家庭中，奶奶／外婆的地位显得尤为重要，因为孩子在她的臂弯中能够忘却父母的纷争，感受到生活的平静与安宁。

便利的育儿工具

对于这一月龄段的婴儿而言，父母为他购买的各种生活用品必须能够让他"大展拳脚"。这些育儿用品能够成为父母日常生活当中的好帮手，不过在挑选时请牢记一条标准——安全。

婴儿椅

婴儿椅几乎是家中必不可少的重要工具。当孩子坐在婴儿椅中时，他能够与大人们"平起平坐"，进而参与到家庭聚餐之中，感受其中的欢乐气氛。市面上有许多不同类型的婴儿椅。有些婴儿椅可以调节高度，甚至可以在婴儿长大之后将它改装为普通的座椅。不管您选择何种类型的婴儿椅，一定要先确保安全性，再考虑外观。如果您的孩子处于 6 个月~3 岁这一年龄段，请一定挑选严格按照安全标准生产的婴儿座椅。产品标签需清晰地印有产品参数、安全生产标准字样、制造商名称以及品牌名称。"符合安全生产标准"这一字样必须印在产品上或产品外包装上。如果您购买的是二手婴儿椅，同样请确认该座椅符合安全生产标准。

厂家义务

最好购买连接处配有安全锁扣的婴儿椅。制造商在设计生产婴儿椅时，必须保证婴儿将来在使用过程中不会被座椅夹伤或割伤，因此用于组装的零件需附带一层保护膜，座椅的棱角处不能过于尖锐，而应尽量圆润。此外，设计生产时还需考虑座椅的平衡度、舒适度以及椅背高度。最后，婴儿椅必须配有横档以及安全带。您在购买婴儿椅时需确认产品是否符合以上生产标准，除此之外，您在使用过程中同样还需要注意一些其他事项。

使用者义务

请学会使用横档，以免您的孩子从婴儿椅中滑落下来。为孩子系好安全带，并扣上锁扣以免孩子从坐姿改为站姿，站在婴儿椅上。此外，请搬走婴儿身旁的家具，以免他的脚蹬在家具上，并借助这股力量将婴儿椅挪动。请确认婴儿椅的椅背足够高（35 厘米以上）以便婴儿的头部能找到支撑点。请将婴儿椅放置在不滑的平面

> 您有没有在阁楼或地下储藏间收拾旧物时发现您儿时的婴儿椅？如果有的话，这一重大发现肯定让您的内心百感交集。同样，您怎么会忘记当年学自行车时，父亲在后面"猛推"？您可能还记得您当年最早的代步工具——学步车吧？另外，您那堆满心爱玩具的玩具围栏呢？您是不是也为自己的孩子买了一个玩具围栏？所有这些物品也会成为您孩子将来宝贵的回忆，因此，将它们珍藏起来吧，它们和孩子的医疗本一样珍贵。

婴儿椅和婴儿推车经常会导致婴儿头部受伤。原因很简单，要么是因为父母没有为婴儿系好安全带，要么是因为没有将婴儿椅放在平地上。另外，即使安全带系好了，婴儿也绝对不能脱离您的视线范围。当孩子稍微长大一点之后，他可能会想凭一己之力坐进推车或爬进椅子中，您应该尽量避免这两种情况的发生。

上，并且不要让婴儿离开您的视线。大部分情况下，婴儿椅能使用至2岁。

现如今，有些妈妈会因为家中空间不足，而放弃婴儿椅，改选折叠椅。如果您选购的是折叠婴儿椅，请确保椅子在展开之后，安全装置能够完全将椅子固定住。此外，有些婴儿还会坐在为成人设计的椅子里。如果是这种情况的话，请为这种

椅子配备安全带。最后，如果您家是一个"流浪家庭"的话，您可以在您的行李箱中放上一个婴儿背带，这种背带可以直接固定在普通椅子的椅背上。

弹跳秋千与座椅秋千

在家里蹦来蹦去或晃来晃去对婴儿来说是一种乐趣。弹跳秋千与座椅秋千能给他们带来无限的感官乐趣。弹跳秋千其实就是带有弹簧装置的三角形拖袋，有些可以直接安装在门框上。婴儿每天脚踩地玩上15分钟弹跳秋千，过不了多久，他便会习惯站立这一姿势了。座椅秋千其实就是儿童版的传统秋千。孩子们喜欢摇摇晃晃地坐在上面休息。

游戏围栏

当孩子学会走路之后，他便特别喜欢游戏围栏。对您来说，游戏围栏同样是个好帮手，当您准备做饭时，当您偶尔不

能把孩子抱在怀中时，都可以将其放入围栏中。不过也请不要过于依赖游戏围栏，每次让孩子玩半个小时即可。此外，当孩子在游戏围栏中时，也请不要让他一个人独自玩耍，您可以待在他附近，陪他说说话，向他推荐推荐有趣的游戏……另外，千万不要把游戏围栏变成惩罚孩子的"监狱"。

这一育儿工具同样需要符合安全生产标准：总体高度是否达标，围栏之间的间距是否合规，合页处是否安全。

学步车

四肢爬行，不错！不过要是能够毫不费力地站着挪动，那就更好了。但是反对者认为婴儿在学步车中时，往往由吊床支撑他全身的重量，一旦他脱离了学步车，很有可能就会失去平衡，摔倒在地。支持者则认为学步车能够帮助婴儿驱散"站立便会摔倒"的阴影，还有助于婴儿锻炼腿部的肌肉。到目前为止，学步车到底是好是坏，尚无定论。和其他育儿工具一样，学步车同样需要符合安全生产标准。当婴儿玩学步车的时候，请不要让其远离您的视线。另外，每天玩学步车的时间不要超过1个小时。

10~11 个月

您的孩子

　　您的孩子现在已经学会寻找数小时前丢失的物品了。这意味着他的认知能力得到了一定的提升。除此之外，他生理上也得到了进一步的发展。他现在俨然已经是一位优秀的爬行能手了，不过有时会显得过于鲁莽。并且，爬行这一移动方式经常会延缓他学习走路的时间。

　　从心理学层面来看，这一月龄段的婴儿处于口欲期。他会用牙齿啃咬物品。此外，他还会用双手折断物品以便更好地将其占有。此时的他已经完全明白了"不"的含义。他的独特个性已然形成，并且他还拥有了模仿发音以及手势动作的能力。他能够发出某些信号以表达自己的不满与抗议。从某种程度上来看，婴儿的喊叫声与愤怒其实属于某种早期语言。在这一阶段，相比于声音语言而言，婴儿的肢体语言更具表达性。

- 平均体重约为 10 千克，身长约为 74 厘米。

- 学会了爬行，能够借助外物站立。借助外物站立时，能够将其中一只脚轻轻抬起。

- 能够准确分辨出周围的各种物品，并且能够利用各种手势对其进行把玩。已经拥有各种感官能力，随时准备学习新知识。对他而言，身边的每件物品都有助于他探索发现整个世界。

- 他会复述听到的每一个音，模仿各种语言表达方式以及手势。他明白"不"的含义。与其他儿童进行交流的方式是啃咬。

- 开始变得任性。会在就餐以及就寝时测试父母的忍耐力。因此，父母需要规范他的言行举止。

- 开始学习咀嚼这一动作。

- 他的日常饮食：每天喝奶不少于 600 毫升，分成 4~6 次。开始添加软烂的小块辅食。

四肢爬行

宝宝学会用四肢爬行，不仅是他，同样也是您生活中的一件标志性大事，这意味着宝宝从此以后可以完完全全地"占有"自己所处的环境了。宝宝会借助自己的双手以及双膝进行爬行，爬行的过程中，他的双臂以及双腿会交替运动。

令人激动的独立能力

有些儿童选择"像熊那样走路"，即依靠双手、双脚爬行，且屁股朝天；有些儿童则更喜欢"坐着走路"，即保持坐姿，但会依靠自己的双手、双腿来挪动臀部。不论儿童采取哪种"走路"的方式，都意味着他的生理发育又取得了重大突破。婴儿上肢的运动协调能力较好，他爬行时主要是依靠上肢。他现在已经能够很好地控制髋部以及盆骨之间关节的活动。此时，婴儿背部以及颈部的肌肉柔韧灵活，这使得他能够轻易地转动头部以观察他要去往的方向以及地面的情况。此外，爬行意味着儿童四肢的协调性很好，而四肢优秀的协调性又意味着儿童逐渐意识到了身体各个部位之间的不同以及用于控制爬行的肌肉之间的不同。当然了，身体各个部位之间的默契配合也意味着儿童的大脑发育更成熟。爬行能够让儿童体验到前所未有的、刺激的独立感。他可以利用这一独立能力来测试身边亲友对他的情感。因此，当您尝试着要抓他的时候，他会选择逃走，或者当您呼喊他的时候，他会选择将自己藏起来。不过，他逃跑的过程不会持续太长时间，因为他需要确认您没有走开才能安心。

准备站立

这一阶段的婴儿喜欢成人扶着他走路。目前为止，他还不能自己一个人走路，即便如此，他仍然很享受这种站立的感觉。大约 9 个月的时候，儿童便能借助外物进行站立，有些儿童甚至独自迈出了他人生中的第一步。要想学会自己一个人走路，就必须学会控制走路所带来的不平衡感，因为在

> 66 这也是您孩子迷恋上具有视觉或听觉冲击效果玩具的时刻。此时的儿童能够按动按钮去看看会发生什么。他喜欢将不倒翁从滑梯上扔下去，然后看着它咚咚咚地坠落在地。现阶段的儿童已经学会了有意识地做某些动作。他所玩的那些坠落游戏有助于他将来更好地承受自己在学习走路过程中可能发生的意外摔倒事故。当然，此时的他还学会了玩入门级的建构类游戏、叠放游戏以及装箱游戏。如果在玩叠放游戏的过程中，叠放的物品轰然倒塌，那就再好不过了，因为这一现象有助于儿童明白最基本的"因果概念"。皮亚杰（Piaget）将此阶段称为"感知运动阶段"，在该阶段中，儿童仅凭感觉与知觉动作来逐渐改善自己的行为。随着这两类动作经验的积累，儿童开始在脑海形成对某一物品的概念。99

第一步的迈出并不仅仅是儿童运动能力发育的结果，它也是表达爱意的一种体现。一般而言，儿童往往是想触及对面鼓励他的人才迈出自己的步伐。因此，当您的孩子成功地迈出他人生的第一步，而后扑倒在您怀中时，请好好享受这段属于父母与子女之间的甜美时光吧。

走路的过程中，儿童需要在一只脚尚未落地前，依靠另一只脚来保持"金鸡独立"的姿势，而这往往会导致身体失去平衡。

各有各的风格

并不是每个儿童都会以非常标准的姿势爬行，大部分儿童会创造属于自己的姿势。但不管姿势如何，每位儿童脸上都会露出自豪的笑容，因为爬行意味着全新的独立。有些儿童会坐在地上，挪动着臀部往前行；有些儿童则不会向前行，他只会像螃蟹一样横着爬；有些儿童则会伸直并绷紧小腿，然后依靠双手和脚尖前行，前行的过程中，屁股始终保持朝天的姿势；有些儿童则一条腿跪着，一条腿伸直，然后以这种很不协调的姿势前行；还有些儿童则依靠肘关节，低着头，一个劲地往前猛冲。

有些儿童可能一夜之间从坐姿变为站姿，可以双手扶着家具，然后小幅度地挪动自己的双脚。几周之后，他们便能只用一只手扶，另一只手则在空中挥舞，

就像杂技演员手中挥舞着平衡杆一样。这类儿童一般第 9 个月便能站立，第 10 个月便能走路。他们虽然发育过早，但是无须担心，因为不是每个儿童都必须经历"爬行阶段"。不过，我们也发现太早学会走路的儿童身体平衡感相对来说不是很好。有些儿童爬行的时间过长，父母总担心他学习走路的能力会变差。请放心，因为每个儿童学会站立所花费的时间都不同。另外，儿童标新立异的爬行姿势也丝毫不会影响他走路技能的习得。

刺激走路欲望的玩具

在学会走路之前，儿童喜欢玩耍运载类玩具。所谓运载类玩具，指的是儿童可以乘坐的四轮驱动车，比如玩具卡车。坐在这类玩具上面，儿童可以滑动双脚以驱动车辆。某些运载类玩具在车后部安装了高架横杠以帮助儿童练习走路。一旦儿童学会了走路，请不要让他频繁地接触此类玩具，否则可能会导致他走路的姿势不正确。球类玩具同样能够刺激儿童走路的欲望。质地柔软的充气球、内含玩具的透明圆球都很受儿童的欢迎。球类玩具的原材料——塑料必须质量上乘以免出现划痕，因为一旦出现划痕，儿童便会对此失去兴趣。学步车、运载类玩具以及拖拽推动类玩具都能刺激儿童走路的欲望，让他感受到走路的乐趣。此外，感知运动类玩具还能够帮助儿童学会正确地协调身体姿势、保持平衡。

"咬人魔王"

如果您的孩子经常出入托儿所，那么他肯定会被其他儿童咬到或者去咬其他儿童。这一现象经常发生在集体生活中。因为此时，婴儿尚处于"口欲期"，他通过自己的口腔来了解整个世界。

内在需求

从第 6 个月开始，婴儿时不时会有咬人的欲望。有些婴儿咬物品即可，有些则会用嘴咬他人。第一个受害者往往是自己的母亲，因为婴儿会将自己的亲吻化为咬的行为以便测试一下自己的新牙和大人们的反应。如果您不幸被他咬了，建议您严肃阻止他的行为。必须让婴儿知晓他的行为伤害了您，您也不想再被他咬。婴儿本身并不知道咬的行为到底是好还是坏，他只是出于有趣才这么做。您可以向他解释他可以通过其他方式来表达自己的情感。

婴儿咬人往往表示占有，而非攻击，但他并不知晓这一举动会给他人带来伤害。因为缺乏用语言来表达自己愤怒或忧伤的能力，婴儿只能通过某些暴力行为来宣泄自己的情绪。

批评与解释

在集体生活中，大人往往不能预见一些突发行为。当这一月龄段的婴儿们坐在或躺在游戏毯上时，刚开始一切看起来都那么正常。但是，突然之间，悲剧出现了，有人被咬了。之所以会出现这一举动，是因为有人嫉妒了，他想成为整个群体的领导者。但是，这位"咬人小魔王"并没意识到自己把别人弄疼了，不仅如此，他还会一脸无辜或异常震惊地看着那位泪流满面的同伴。此时，肇事者应该受到批评，并得到解释，要让他明白这种行为是大家所不能容忍的。

咬人者与被咬者

托儿所的负责人十分清楚咬人事件往往会间歇性发作，并且咬人的与被咬的总是那几个儿童。我们发现咬人者往往正处于情感动荡期，但是他无法用语言表达自己内心的烦闷，他也不知道自己的所作所为给他人带来了伤害。被咬者则往往性格腼腆，容易顺从他人。大部分母亲都特别反感自己的孩子满身齿痕地回到家中。因

> 有些儿童变得极具"攻击性"。这里所谓的"攻击性"，是对婴儿咬父母或其他儿童这一行为的定义。然而，事实上，婴儿仅仅是想通过这一方式来表达自己对"沟通"与"爱"的渴求。难道您自己轻咬婴儿脖颈或肚皮时是想告诉他"我想把你吃掉"吗？如果父母对咬人这一攻击行为置之不理，那么婴儿会自动停止攻击。惩罚只能让婴儿坚信这一行为能够吸引亲友的注意力，是一种行之有效的沟通手段。因此，我建议，如果婴儿咬您的话，千万不要"以牙还牙"。

如果您的孩子在幼儿园啃咬了其他小朋友，即使您特别生气，也请尽量控制自己的情绪，千万不要反应过度。因为，如果孩子想以此来吸引您注意力的话，那么您过度的反应正合他意，甚至会刺激他再次攻击他人。但是，也请不要太过随意处理这件事情。您应该尽早向孩子表达自己的不认可：直视孩子的眼睛，用最坚定的语气告诉他"你不应该咬人"。类似"你太过分了"这种话语对孩子来说不仅毫无警示作用，还有可能会伤害他的自尊心，从而带来破坏性的后果。在接下来的几天，您应该时刻看着您的孩子以免再次发生咬人事件。此外，尽量弄清为什么孩子当时会攻击他人，如有必要，您可以询问一下当时在场的老师。因为当婴儿感觉疲劳、饥饿或过度兴奋时，他往往会表现出一定的咬人欲望。请善于肯定婴儿的正确行为，因为您对他的肯定越多，他的攻击行为就会越少。

此她们会指责工作人员不作为，监管不到位。然而，这一类型的人身侵害不可预见，属于托儿所的正常意外事故。为了给家长们一个满意的解释，大部分托儿所会召开家长会，邀请家长、托儿所工作人员以及心理学家一起参加。在家中时，儿童同样会咬自己的兄弟姐妹以争取父母的关注。这是儿童早期嫉妒的一种表现。

被咬者往往需要父母或者心爱玩具的安慰。让始作俑者向其道歉是毫无用处的，因为此时他的内心十分惶恐，以至于不会接受别人的道歉。

如果咬的面积过大，需要及时对伤口进行冷敷以减轻痛感。如果伤口少量出血的话，则需要进行杀菌处理。这一类的伤口不会造成任何感染，因此，您大可放心。

挫折必不可少

妈妈往往是婴儿攻击的第一位受害者。大部分情况下，妈妈同样也是攻击行为下感情受伤最深的人。但是在孩子看来，一切再正常不过了。对他而言，如果妈妈能够满足自己的欲望，那她就是位好妈妈；一旦她拒绝了自己的请求，那她就是位坏妈妈。渐渐地，妈妈的这两种形象便重叠在一起，他会明白快乐与沮丧其实是一对孪生兄弟。挫折在婴儿的成长道路上是不可或缺的，它能帮助婴儿最终实现自立。并且，

如果他的愿望得到满足，他将获得更多的快乐。

知己与发泄途径

咬人者往往能在他心爱的毛绒玩具那里找到安慰，尤其是狗熊玩具。毛绒玩具是婴儿情感交流的首选，它不仅质地轻盈柔软，而且还承载着家的味道。这也就是为什么毛绒玩具在儿童的生活中扮演着安慰者的角色。毛绒玩具和家庭宠物一样都是婴儿的"知心伙伴"，但是宠物不能随时陪伴在其左右，而毛绒玩具却能随时倾听他的话语，并且默默地承受着一切。对于那些常常将内心情绪宣泄在毛绒玩具身上的婴儿，我们应该多加关心。对于1岁以下婴儿而言，那些尽忠尽职的毛绒玩具，其身高大小最好控制在18~24厘米。最后，请您千万不要以任何理由将孩子的毛绒玩具出借给他人。

快乐的源泉

只要基本需求得到满足，婴儿便会觉得十分快乐。幼儿的性欲其实是为了寻求精神方面，而非生理方面的愉悦。幼儿的性欲在其整个儿童期会以不同的面貌呈现。

第一份幸福

吮吸母亲的乳头或橡胶奶嘴能让婴儿的胃部产生一种满足感，让他的口腔回味温热乳汁的甜香柔软，并让他的脸颊感受母亲皮肤的芬芳与嫩滑。此时的婴儿会很快乐，这不仅是因为他的喂养需求得到了满足，还因为吮吸乳头会一定程度上刺激到他的口腔——人体第一处快感区。婴儿是如此享受这种肌肤之亲所带来的满足感，以至于即使吃饱喝足之后，他仍会继续轻舔母亲的乳头或橡胶奶嘴。不管是吮吸乳头还是单纯地依偎在母亲身边，都能让婴儿感受到满满的幸福。弗洛伊德认为，儿童"自慰"的冲动其实就是性冲动。儿童渴望自己的某些行为能够给自己带来愉悦感，他也会将此愿望付诸实践。为了满足自己的愿望，儿童会将所有能够触及的物品塞进嘴里，比如：手指、玩具、桌布的一角……这些物品能让儿童获得安全感。此时的儿童能够感受到自己的嘴唇或口腔受到外界刺激时的那种愉悦感。因为他正处于口欲期。

探索身体

随着时间的流逝，婴儿的肢体动作越来越协调，出于强烈的好奇心或游戏意图，他会开始探索自己的身体。此外，在洗澡与换衣过程中，婴儿已经明白轻抚身体能够带来愉悦感。如果母亲偶尔为婴儿按摩、呵痒或亲吻他，那么婴儿就能更加清晰地体会到这种感觉。一旦母亲手中的动作刺激到了儿童的生殖器官，那么他的愉悦感会更强烈。1922年，弗洛伊德首次明确指出婴儿也存在手淫行为。当时，他的这一言论引起了轩然大波，以至于他花费了数年时间才让民众接受这一观点。婴儿的手淫行为其

> 婴儿出生后的第一年几乎都在口欲期中度过。嘴唇、口腔、舌头、消化道以及发声器官都属于颊唇区，即儿童用于探索世界的第一快感区。儿童会试图将所有能够触及的物品都塞进嘴中，通过这一行为他能够最终明白"内"与"外"这两个概念。弗洛伊德认为最能激起儿童性冲动的物品莫过于乳头以及奶嘴，这两种物品不仅能给儿童带来营养，还能刺激儿童的颊舌区从而让其感受到愉悦。这同样也是儿童喜欢吮吸拇指的原因。口欲期分为两个阶段：口欲早期（即出生后的前6个月）、口欲晚期（在该阶段，儿童吮吸的同时会啃咬）。口欲期有助于儿童明白何为"客体"，只有明白了"客体"这一概念，他才能明白自己是作为"主体"存在于世界上。

您的孩子从出生到1周岁左右的时候，需要经历口欲期。口欲期分为口欲早期（即0~6个月）以及口欲晚期。从第18个月开始至3岁，儿童会经历肛欲期；2~4岁的时候，儿童会经历性器期。良好的家庭情感氛围有助于儿童形成正确的性欲，请记住，儿童期的性欲会影响其心理发育。

实至关重要，甚至会影响他成年以后的性生活。大约6个月大时，婴儿会用手抚摸自己的脸颊、胳膊、双腿，甚至是性器官，如果他没穿纸尿裤的话。小男孩通常会在勃起的状态下拉扯自己的阴茎，小女孩则会轻轻地拨动自己的阴唇与阴蒂。这类"游戏"会让婴儿感觉愉悦从而一再尝试。婴儿几乎是无意识地通过双手或夹紧大腿来进行手淫行为。

口欲期的两个阶段

8~10个月大时，婴儿会用自己的嘴攻击他人。精神分析学家卡尔·亚伯拉罕（Karl Abraham）发现婴儿的口欲期分为两个阶段：口欲早期（从婴儿出生后一直持续至第6个月，在这一阶段中，婴儿一切的快乐源于吮吸）与口欲晚期（婴儿开始出牙，并且想啃咬一切物体）。婴儿之所以啃咬，是因为他想通过这一方式探索并占有他所发现的一切。婴儿企图用嘴摧毁一切心爱之物。啃

咬不仅影响着儿童期的性欲，同样也影响着成年后的性行为。

肛欲期

已经学会了咬一切物品，尤其是块状食物的婴儿现在应该开始学习如何与这个世界的一部分以及自己身体的一部分说再见了。对于婴儿而言，排尿与排便可以获得快感。除此之外，站立对他而言也是一种获取快乐的方式，因为这意味着此时的他能够很好地控制曾经不听自己使唤的身体。婴儿认为排泄物是自己身体的一部分，且并不觉得它脏，因此他有可能会阻止母亲将此物清理

干净，甚至敌视身边想要清理的人。婴儿变得越来越在意自己的肛门区域，这也为之后培养其卫生意识带来了一定困难。进入肛欲期后，婴儿的快感区从口腔转变为了肛门黏膜。

在培养卫生意识的初级阶段，儿童肛门区域的快感会扩散至生殖器官。这一全新的感官体验让儿童对自己的生殖器有了朦胧的认识。我们将此称为性器期早期，这一阶段大约从第15个月开始，一直持续至第19个月。在这一阶段，儿童能够感觉到自己是作为一个有欲望、有思想、有肉身的独立个体而存在。既然儿童已经对自己的生殖器有了一定的认识，那么他将来也会渐渐地对自己的性别有一个清晰的认识。

2~4岁时，儿童会进入性器期，他会人生第一次有意识地抚弄或显露自己的生殖器。

母子分离与重聚

如果您每天早上都"狠心"地将孩子托付给育婴保姆或托儿所照顾，那么当您晚上满怀欣喜地想与其重聚时，您会发现孩子并不领情。他会将头转向一边，双臂紧紧抱住保姆，不愿与其分开。

偶尔艰难

尽管已经到了上托儿所的年龄，但有些儿童仍然不愿离开父母的臂弯。父母与孩子之间的感情愈深厚，分离的时候就会愈加艰难。儿童实在无法眼睁睁地看着自己心爱之人离去。此外，儿童能够清晰地感知到父母的不舍，而这无形之中又给他自己平添了不少烦恼。一般而言，如果父母不能在分离的时候表现出坚定的立场，尤其是如果母亲不能成功地接受"孩子已然成为了一个独立个体"的事实，儿童便会嚎哭不止。此外，母亲与孩子分离时刻是否艰难还取决于母亲妊娠期的经历及其对小时候分离的记忆。

为了避免母子之间出现难舍难分的悲伤场景，父亲就必须发挥作用了，他应当适当转移母亲与孩子之间过分亲密的关系。最后，将"分离"这一概念引入话语之中有助于这一年龄段的儿童明白分离只是暂时的。

迷茫时刻

分离这一举动会让您陷入自责之中，您感觉孩子被抛弃了，感觉自己不应该出门工作。不过，您根本无须背负这种罪恶感，因为并不是只有您的孩子需要接受分离这一局面。虽然儿童还不知道自己的姓名，不知道自己是个独立的个体，但是他终究会明白原来自己归属于某个群体。在托儿所时，儿童的周围会出现许多不同的人。他根本无法将自己全部的感情都寄托在一个特定的个体身上。为了弥补这一不足，托儿所的老师们常常会将儿童分为几个小组，然后让他们尽可能长时间地和同一个人相处。如若不然，儿童会感觉十分迷茫，甚至当母亲来接他的时候，他都不能立刻将其辨认出来；或者当母亲兴高采烈地跑过来拥抱他的时候，他都不明白发生了什么事情。

过于情绪化

事实上，这一年龄段的儿童仍然需要通过气味以及嗓音

离开的艺术：建议您不要偷偷摸摸地离开，一次成功的分离必须以给予儿童十足的安全感为前提。您在离家之前，可以建立一系列的离别仪式，比如：做些手势、表达爱意、说些话语……这样儿童便对分离有了一定的理解，他便能更好地接受没有您的生活。另外，请告诉孩子您将其送往托儿所的原因，告诉他您在离去之后要做什么以及您傍晚的时候一定会来接他，最后一点尤为重要。您的话语能让孩子安心，即使他不明白话语的具体含义，他也能从话语的旋律之中感受到您的爱意。

如果您因为工作原因或者度假原因不得不离开孩子数日，那么请让负责照顾孩子的人住到您家，并且叮嘱他像您平时那样送孩子上托儿所。这样的话，儿童的生活习惯、衡量标准以及作息时间才不至于受到太大干扰。托儿所则会在您外出期间变成儿童的定心丸，因为他在那儿能够见到各种熟悉的面孔。

来辨认自己的父母。佛朗索瓦兹·多尔多（Francoise Dolto）认为有些母亲过于"贪婪"，她们的"贪婪"挤走了儿童内心仅剩的从容，导致儿童陷入了恐慌之中：开始害怕早晨的分离以及傍晚的重聚。越是情绪化的儿童越容易受此干扰。与母亲重聚的时候，这类儿童的内心波动往往更大，需要更长的时间来平复自己激动的心情。

迫不及待

如果您希望孩子能与您一同分享重逢的喜悦，那么请先让他与自己的玩伴以及玩具道别吧！您也正好可以借此空闲时间来和日间照顾他的老师聊聊。您的孩子，尽管他在没有

您陪伴的情况下生活了 8 个小时，但是他并没有忘记您。不过，此时的他会表现得有点迷茫，他还不能凭借他的思维能力来回忆起与您之间的关系。因此，您开口说几句话吧，用您的嗓音来刺激他的大脑，这样他便能认出您，然后投入您的怀抱。此外，您的气味也同样有助于重逢时刻的完美进行。之后，请温柔地帮孩子穿上衣服，告诉他你们即将返回家中，问问他是不是很期待，是不是很高兴，告诉孩子关于今晚的计划安排。一定要让孩子感受到您十分期待他回家，十分爱他。只有当孩子完全辨认出了您的身份以及他所处的环境，您才能完全放任自己对他的感情。

几周之后，儿童这种迷茫的表现会渐渐消失。但是，随之而来的将有可能是他的不满。他会毫不掩饰地躲避您的眼神或怀抱，好似在跟您说"你必须多爱我一点，要不然我不喜欢你了"。如果遇到这种情况，您可以和孩子聊聊这次分

离过程中发生的各种事情。您的解释不仅会让他安心，还能让他再次肯定分离只是暂时的。不过，重聚时最好不要说类似"我是如此想你""没有你我该怎么过"之类的话语，以免让儿童产生焦虑感。

个性的交锋

重聚的时候，如果父母与子女之间产生了误会，很可能是因为双方的脾性不一，甚至截然相反。父母与子女感情外露的方式并不总是一致。有时，性情温和的父母难以掌控他们那性格火爆的孩子，而孩子却又会将父母平静的反应误认为是对自己的漠不关心。与此相反，活力四射的父母面对性格沉稳的孩子会显得手足无措，性格冲动的父母则无法理解自己孩子的冷静与理智。心理学家认为母亲的日常行为会对儿童未来的人格产生深远的影响。英国博士沙佛（Shaffer）甚至列出了一张行为清单以帮助父母正确地塑造儿童的人格，比如：应坚持不懈地观察孩子的性格；应根据儿童的敏感程度，对其所从事的活动给予适当回应。不过，如果您认为父母与子女之间的情感关系是单向的，那就大错特错了。事实上，二者是相互影响的。

树立权威

如果婴儿处于一个安全的环境之中，身边尽是慈祥和蔼的长辈，那么他会生活得无忧无虑。但是，有时面对他深夜时发出的啼哭声、乱丢乱扔以及拒绝进食的举动，父母的耐心会渐渐耗尽。

把握分寸

情况不一样，处理的方式也就不一样。5个月以上的婴儿深夜不会感觉口渴，因此，如果他不是因为身体不适而啼哭的话，请不要立即对其进行安抚。不久之后，他会自己重新入睡。但是如果他再次啼哭，最好静静地等待10分钟再决定是否对其进行安抚，因为他有可能在任性撒娇，想借此吸引您的注意力。此外，啼哭声的音色也能帮助您判断是否需要安慰他。

就像不管不顾地用四肢爬行一样，乱丢乱扔玩具、汤勺或其他物品其实也是儿童生长过程中不可避免的一个阶段。通过丢扔物品，婴儿发现他拥有让物品消失以及重新出现的能力，继而明白即使物品不在自己视野范围内，它仍继续存在于世界的某一个角落。通过各种手段挪动自己的身体有利于婴儿发展自己的运动能力。如果父母不能对婴儿的这些行为做出正确的反应，那么很有可能会造成婴儿生理发育的偏差。因此，最好具体情况具体分析。此外，如果婴儿行为不当，您可以引导其从事其他恰当的活动，这样的话，他很快就会忘记他之前自以为有趣的行为。

婴儿是一种始终以自我为中心的生物。在他看来，母亲只属于他一个人，当他认为自己没有得到足够多的关爱时，他便会大声啼哭以示抗议。有些儿童似乎比其他儿童更难以满足，这一现象并非由其生理原因造成，而是由他的心理原因造成。儿童越是依恋自己的妈妈或其他家人，他在将来的岁月里就越难以忍受与他们的分离之苦。还有些儿童，尤其是那些不太喜欢和成人一起玩耍的儿童，会对父母的行为感到十分恼火，因为在他们看来，父母经常将游戏变成了一种说教。

良好的教育环境

世上本没有生来就招人厌烦的儿童。儿童的种种行为要么和他们的发育进程有关，要么和他们的性格有关，而后者很大程度上取决于父母的教育方式（宽松或严厉）。父母的教育将在一定程度上强化或限制儿童的秉性，并影响其后天性格倾向的发展。儿童所表现出的性格是独立还是腼腆，往往取决于父母给予他们的"自由度"。如果您不信，您可以仔细观察一下，就会发现某些儿童会"看人说话，看人行事"。此外，有些父母会将自己的梦想以及愿望转移至孩子身上，且自认为这有利于提高孩子的竞争力。然而，事实并非如此，一旦儿童达不到他们的期望值，事情就会变得更为复杂。

给予限制

要想塑造健全的人格，就必须给予儿童一定的限制，让他

> 从心理学角度来看，这一阶段的儿童十分"狂妄自大"。此时的他已经从"客体"阶段过渡至了"主体"阶段，他认为自己即世界，并且自己不应受到任何束缚。父母的职责在于不断地"打击"儿童以便让他取得进步。没有什么能比挫折更能促进儿童的成长了。不过，在当今社会中，有许多父母将这一教育方式视为"可耻行为"，为了显示自己的开明，这些父母往往任由儿童做任何他想做的事情。除非儿童的某一行为会让他自己陷入危险境地，否则的话，父母绝对不会进行任何干预。然而，在家中对儿童进行挫折教育有助于他将来以更好的心态踏入社会。如果儿童完全不懂何为挫折，那么他将来在幼儿园中该如何自处？因此，从现阶段开始，父母必须为孩子设置一些限制：学会对儿童说"不"有助于儿童明白自己并非可以为所欲为。此外，在说"不"的过程中，父母必须语气坚定。如果他们对孩子说"哎哟，我的小心肝，赶紧住手"，那么孩子只会将注意力集中在"我的小心肝"上，从而忽略了这句话的真正意图。

遵守纪律。如果不设定限制范围，儿童反而会变得躁动不安，缺乏动力。此外，还有可能会出现其他严重影响其人格健康发展的问题。父母的权威是维系父母与子女之间关系的基础，它能让子女学会尊重父母并听从父母。但父母在表现权威的过程中，必须做到有理有据。社会生活同样为儿童的行为设置了各种限制，从而帮助他克服与生俱来的自私。在与儿童相处的过程中，成人必须通过态度或行动来表现自己的权威。此外，我们还需要让儿童接受他所不愿执行、甚至不能想象的某个决定，比

如：让孩子断奶、让他在固定的时间上床睡觉、全然不顾他的哭声而将其留在托儿所……这些行为都被认为是权威的象征。

有些父母白天的时候将孩子托付给他人照看，晚上与其重聚时便难以控制自己的情绪而将权威丢至一旁。至于孩子，他回到家中以后会测试一下能否在自己家中做那些在托儿所或保姆家所不能做的事，以便最终确认自己的行事范围。一旦他的行为逾越了您的底线，请立即用坚定的语气阻止他，但尽量不要冲他大声吼叫，要用平静的语气向他解释原因。事

实上，儿童之所以会做出如此多的"愚蠢行为"，是因为他想引起您的注意或得到您的关爱。因此，晚上回家以后，请尽量简化您的家庭生活以便能够抽出更多的时间聆听孩子的倾诉。

拒绝打屁股

当儿童吵闹不安或让自己身临险境时，打屁股这种惩罚方式只能起到让父母发泄情绪的作用。当儿童不听话时，您最好通过说"不"来表达自己对他做法的不赞同，而不应采取暴力行为。一个坚定的"不"字足以起到震慑作用，如果您能再皱下眉，那就再好不过了。

如果您已经实施了暴力，那么请先平复一下自己的情绪。与此同时，让孩子"消化"一下您的所作所为。另外，您千万别忘了跟他解释您如此行事的原因以及他刚才所面临的危险。殴打孩子不仅意味着您的教育极其失败，也说明您不尊重孩子的身体。大部分北欧国家已经明令禁止打孩子屁股。这一规定并不可笑，因为事实上按照父母的说法，很多家庭都会选择打屁股这一方式来惩戒，甚至虐待孩子。如果您实在无法控制自己的情绪，请将孩子托付给其他家庭成员照顾，如有必要，也请及时咨询心理医生。

10~11个月

父亲与子女的关系

在抚养孩子的过程中，父亲与母亲肩负的职责截然不同。其实，儿童在出生伊始便已经能够通过气味、嗓音、举止将自己的父母准确地区分开来。

父亲与母亲的差别

婴儿很快就会发现父母嗓音的音色及其所使用的词汇都不尽相同。他甚至还会发现，即使父母所谈论的话题不是自己，他们之间的对话仍然能够继续下去。在婴儿看来，父亲是除了自己与母亲之外，出现在其生活中的第三个人。父亲能够为儿童带来全新而独特的刺激体验。母亲往往会出于教学目的而让婴儿玩玩具，父亲则会选择更为灵活、更为身体力行的方式来唤醒儿童对周围世界的好奇心。父亲参与到儿童成长的过程中意味着儿童能够拥有更多的体验与发现。比如，儿童会发现除了母亲，原来还有另外一个人一直深爱着自己；再比如，他还会发现原来自己能够对除了母亲之外的另一个人产生感情。

分享一切

随着年龄的增长，儿童对父母之间差异的感触就更深了：小男孩会模仿自己的父亲，而小女孩则会想尽办法吸引自己的父亲。父子／父女之间的感情是否深厚主要取决于母亲预留给他们的空间。如果父母在教育孩子的问题上属于竞争关系，又或者父亲的作用在于缓和母子／母女之间的关系以帮助孩子获得独立，那么母亲到底会给予父亲多大空间就不得而知了。要想平衡父母的关系，最好的办法就是让他们共同分担一切，无论是精神层面的，还是物质层面的。

父 爱

有些父亲感觉自己实在难以胜任这一新的身份。因此，有必要让他明白新手父亲和新手母亲一样，都需要经过不断地摸索、不断地犯错、不断地积累经验，才能"不负重任"。对于男性而言，最困难的莫过于如何将自己的职场工作与身为父亲应做的家庭工作区分开来。相对来说，女性较少受此困扰，她们会比较容易地分配好这两种工作的时间。当然，现如今的社会中也出现了一批"奶爸"，他们在日常生活中会温柔地对待孩子，甚至有时候，孩子和他们的

为了勾勒出现代新式父亲的具体轮廓，著名的社会学家弗朗斯瓦·德·圣格利（Francois de Singly）研究了许多儿童书籍。他发现书中最常见的父亲形象为：父亲跪趴在地毯上，孩子则以骑马的姿势坐在他背上。这也就是为什么生活中会出现"小娃娃—爱爸爸—骑大马"这一俗语。从这一俗语中，我们不难看出双方在游戏中所展现出的默契关系。但是在20世纪初，父亲出于对自己权威的考虑，在亲子互动的过程中更习惯将孩子举至空中。圣格利认为在"骑大马"这一过程中，父亲主动降低了自己的身份，与孩子处于同一水平高度，这一做法意味着父亲愿意发掘孩子的潜能，愿意陪其一起长大。

> 现如今，母亲可以毫无顾虑地将孩子托付给父亲照看，因为他们中的大部分都已经十分富有经验了，有的父亲甚至会反过来质疑母亲平时的照看行为。此外，这一托付行为无论是对于孩子，对于父亲，还是对于母亲而言，都是一次前所未有的机遇。在父亲更换纸尿裤以及喂奶的过程中，儿童会发现他的手法与母亲的手法并不相同，并且在与自己交流的过程中，他们所使用的词汇以及语气也不一样。渐渐地，儿童意识到原来自己是个既不同于父亲，也不同于母亲的"他"。因此，父亲的照看有助于儿童作为主体来构建"自我"。另外，父亲作为"第三者"存在，有利于防止母子／母女之间过度亲密。这对于孩子和母亲而言都是有益无害的。因为此时的母亲需要转变自己的身份，她需要成为另一种母亲，一种肩负教育任务的母亲。

关系比和母亲的关系更为亲密。如果是这样，为了避免对儿童造成任何不必要的困扰，父母双方应当明确各自的职责。幸运的是，儿童能够很自然地区分出父母的性别，他从来不会将父母的性别弄混。在相处的过程中，有一个动作能够完美地诠释父亲对孩子的爱：父亲喜欢撑住儿童的腋窝，然后将其举向空中。

积极影响

在外界的作用下，父爱会渐渐褪去自恋的外衣，而变得更加大公无私。自此，父亲已经做好了牺牲自我利益以满足儿童需求的准备。儿童每一次精神运动方面的进步以及该进步所带来的变化都会有助于父亲和孩子之间感情的加深。有一位法国人曾经专门研究过父爱对儿童成长的影响。他发现每日都拥有父亲陪伴的儿童，视觉与抓取动作之间的协调性更强，能够更好地利用自己的双腿以及双臂解决某些具体问题，模仿能力似乎也更好。他还发现从社交能力发展角度来看，备受父亲关爱的儿童更能与他人缔结良好的人际关系。美国的一些研究则表明，备受父亲关爱的儿童能更好地适应生活中的种种变化，比如：他能更好地融入托儿所或幼儿园的生活之中。

绝不缺席

现如今，在挥手告别了专横爸爸和"母鸡爸爸"（20世纪70年代提出的一个概念，指的是对孩子温柔体贴、呵护有加的爸爸）之后，我们迎来了与儿童关系更为亲密的"新式爸爸"。以前，如果男性取代女性的位置来照顾孩子，他们会觉得有失身份。但是现如今，他们会为之自豪。父亲形象不仅不会有损他的男子气概，反而会增加他的男性魅力。

21世纪的新式父亲更愿意在孩子的生活起居、游戏及教育方面投入大量时间。他既不会缺席孩子的人生，也不会以专横的方式干预孩子的人生。相反，他只会为孩子制定一些规则与指令。新式爸爸不会自认为（其配偶以及子女也不会认为）是"第二个"妈妈。在他看来，自己就是一个百分之百的男人，一个百分之百的父亲。新式父亲的出现意味着传统文化的变革。每对父母都在改变自己的行为以更好地维持家庭的平衡。

婴儿理解力的萌生

在日常生活中，儿童不得不独自一人解决某些问题。他想拿某个玩具、他想吸引父母的注意力……这些都是很实际的问题，一旦这些问题得到了完美的解决，儿童便会心满意足。

敢于尝试

要想解决这些日常生活中的问题，就必须运用自身的思维机制，该机制将来也能用于解决智力类难题。从第 10 个月开始，一直到第 18 个月，儿童需要学会辨认周围的物品，熟悉操作某一物品所需要的动作。他的感官能力能够一定程度上帮助他掌握这些技能。只要儿童啃咬、摆弄或敲打物品，他就能对该物品有所了解。儿童越是愿意接触各种类型的物品，我们越鼓励他，他就越能获取更多的知识。久而久之，他便能分清不同的物品，使用不同的手势来进行操作。

从发现到获取

瑞士心理学家让·皮亚杰（Jean Piaget）认为婴儿的"适应能力"很强。婴儿对周围环境的感知会刺激他去尝试新鲜的事物。在婴儿即将 1 岁的时候，他便明白只要做某个动作就能得到某种结果。在最初的尝试中，婴儿主要依靠偶然性，之后他则主要依靠此前积累的经验。一般而言，只要儿童在尝试中获取了一定的发现，这些发现便会引领他去探索新的领域。这也正是知识习得的过程。自此，儿童开始不断地寻找新的方法以便完成某一目标，而一旦儿童全面掌握了这些新方法，他便会向新目标进发，如此循环往复。同时，儿童还会发现他的行动是自己能够成功的主要原因。比如：只要他拉动绳子，提线木偶便会跳舞；只要他按一下按钮，游戏板便会发出响声……一旦儿童明白了"因果关系"，就意味着知识的大门向他敞开了。第 14 或 15 个月的时候，儿童便会拥有所谓的"感知－运动推理能力"，这一能力的出现意味着儿童能够进行真正意义上的思考。面对一个问题时，他不会再"杂乱无章"地进行摸索，而会先思考何种方法最适合解决这个问题，然后再付诸实践。

> 为了评估儿童早期的智力发育状况，两位法国研究人员伊莲娜·莱姿娜（Irène Lézine）和奥德特·布吕奈（Odette Brunet）发明了一项名为布吕奈－莱姿娜（Brunet-Lézine）的测试。在该项测试中，测试人员会观察儿童的语言表现、重复某些手势动作的能力以及对禁令的理解能力。儿童现阶段的发育状况足以让他开始学习说话、走路、坐立以及保持干净。研究人员发现，这一年龄段的儿童已经开始学会寻找消失的物品，这表明儿童已经能够将自己与外界物品区分开来。儿童要想真正学会某一动作，他就需要不断地重复这一动作直至能次次成功。毕竟，偶然的成功不是真正的成功。通过多加练习，儿童的生理以及心理能力将上升至一个全新的阶段。

连续发展的能力

现如今，人们对让·皮亚杰的某些研究（表3）提出了质疑，认为处于较低发展阶段的儿童也具有较高发展阶段儿童所具有的部分能力。儿童智力的发展离不开其运动器官以及社会认知能力的不断发展。因此，我们认为现阶段的儿童能够进行早期的分析与推理。不过，我们仍不能将这两大能力视作儿童的早期行为习得。儿童在每一个不同的发展阶段都会使用不同的方法去习得技能，并且他还会根据自己的实际需求为自己设定不同的习得目标。

学习是什么

对于儿童以及成人而言，学习是一种基于过往经验，而后以一种持久的方式获取或改变某一行为的复杂过程。然而，某些习得的技能最终会转变为无意识的动作，比如走路。在儿童最初的学习过程中，还需要提及一个概念，即心理学上所谓的"习惯反应"。习惯反应有助于儿童对所接收的各种信息进行甄选。

要想学习某项技能，儿童还需先学会将感觉转化为感知。感知的出现意味着大脑已经对感觉进行了分析。不久之后，儿童便能学会某些感知运动类技能以及认知技能。此外，记忆力在任何一个学习过程中都占据着重要地位。

神经系统的作用

人体的整个神经系统都参与到了学习这一过程中。学习类型不同，参与的大脑区域也就不同。大脑中的神经细胞如渔网网眼般紧密相连，它首先会以电波的形式对信息进行一次传递，然后再借助神经介质以化学的形式对信息进行二次传递。神经介质会在突触（位于神经元之间，主要功能在于传递信息）中扩散，并最终固定于某一目标细胞的分子之上。

儿童要想健康地成长发育，就必须将储存于记忆之中的各种基本知识唤醒，这些知识有助于他学会走路、说话、对比以及思考。每位儿童都会根据自己所处的环境、外界的刺激以及发育阶段来挑选最适合自己的基本知识。儿童的最终选择造就了他独一无二的大脑与智力。

表3：让·皮亚杰从物体恒存性的研究中确定了儿童智力发展的几个阶段

时间阶段	儿童的表现
第一阶段：0~2个月	如果玩具消失了，儿童会表现得无动于衷
第二阶段：2~4个月	如果玩具消失了，儿童会略感失落
第三阶段：4~5个月	如果还能看到玩具的一角，儿童会尝试着去找
第四阶段：7~10个月	如果玩具消失了，儿童会去玩具曾经出现过的地方，而非消失的地方，进行寻找
第五阶段：10~18个月	如果玩具消失了，儿童会去玩具消失的地方进行寻找
第六阶段：从第15/18个月开始	如果玩具消失了，儿童会一直寻找直至找到。此时的他已经知晓了"物体的恒存性"
18个月~2岁	此时的他已经具备了表征能力
2~4岁	开始接触象征游戏
从7岁开始	直觉出现，此外，儿童开始明白某些动作具有可逆转性

初次阅读

从第 8 个月或第 9 个月开始，婴儿便喜欢上了书籍。对他而言，书籍是全新的物品，能够刺激他去探索发现另一个世界。如同遮脸游戏一样，书籍有利于父母与孩子之间的互动。此外，它还有助于婴儿语言能力的发展。随着接触书籍次数的增加，儿童的动词词汇量也会随之增长。

调动起所有感官

婴儿能够通过触觉、视觉、嗅觉甚至听觉（有时书籍在婴儿的手指下会发出窸窸窣窣的声响，有时婴儿会接触有声读物）感知到书籍的存在。此外，书籍的"口味"也很重要，毕竟婴儿可是"噬书狂魔"。布书、木书、卡通书……所有婴儿书，其色彩之绚烂，形态之迥异，都足以吸引婴儿的眼球，勾起其学习的欲望。为了方便抓取，婴儿书往往设计成正方形，边角处磨成了圆角。书籍的气味一定程度上也会刺激婴儿的学习欲望：他能够通过纸张和胶水的气味，有时甚至是墨汁的气味，辨认出自己感兴趣的书籍。

阅读新手

书籍在婴儿的智力发育过程中扮演着重要的角色，因为这标志着婴儿即将从口语阶段过渡到书面语阶段。那些喜欢书籍的儿童往往在其牙牙学语时就已经早早地接触过书本了。给孩子一本书，其实就意味着为孩子打开了一扇全新的窗户，让他能够接触到另外一个世界，能够更加清楚地明白何为虚实。如果您希望孩子能够爱上书籍，请和他一起翻阅，并为他讲解插图与文字。请把握好讲故事时的节奏，因为孩子对此极为敏感，最好将故事分为几个连贯的小片段进行讲解。书籍能够刺激婴儿的想象力，相比于现实而言，婴儿对虚拟世界更感兴趣。故事中的主人公很快就会成为他的朋友，并且婴儿会将这份友谊转移至他喜爱的玩具上。

儿童之所以喜欢故事中的主人公，还因为他们的性格、生活经历与自己极为相似。

画面迭出

书籍的任一部分都很重要，不论是故事本身还是插图。页数、文字及插图所处的位置、插图的大小等都有意义，因为一本书就像是一场演出，每一页都是一幅丰富的画面。儿童会翻弄整本书，他可能会停留在某一页，也可能会往后翻，甚至可能直接跳到最后一页。虽然儿童自己看的时候可能只会粗略地翻一翻，但他往往能够耐心地听朗读者讲述整个故事情节。他知道书中所写的符

最理想的书籍莫过于能够勾起儿童对自己日常生活回忆的书籍。儿童能在此类书中重新体验他曾经体验过的情感，他甚至能够在脑海中重现当时的场景。另外，理想的书籍也意味着书中的插图清晰易懂，但却不一定写实。

> 有些父母想和孩子分享自己小时候曾经读过的故事，但是这一做法为时尚早。因为这一年龄段儿童所阅读的书籍必须配有图画，并且是生动活泼的图画，比如从水里探出头的河马、脖子长长的长颈鹿。图画未被框架所束缚的书籍更能吸引目前对空间概念一无所知的儿童。面对此类书籍，儿童会认为他可以将书中的图画撕扯下来，甚至把它们吃掉。如果遇到这种情况，请不要阻止儿童，因为这是他将图画中的内容内化的一种方式。如果孩子将长颈鹿的脖子或脚掌拧断，也请不要批评他，因为他正处于学习的过程中。现如今，许多儿童已经开始使用平板电脑了。平板电脑中那些颜色绚丽、栩栩如生的图画无时无刻不在刺激儿童的好奇心。这可能是他们第一次接触高科技产品。电子产品的出现迫使我们修改之前所使用的发育表来评估这个年龄段的儿童。对于已经习惯用手来划动的孩子，我们还应当告诉他怎么停下来。几乎所有的孩子在看到一个静止的图像时，都会尝试通过在两侧滑动手指来放大它。

号是有意义的。

尽管有的时候，书中的单词以及短语晦涩难懂，但是我们最好将其原模原样地展现在儿童面前以便丰富他的词汇量。

阅读与聆听

书的乐趣还来自于父母或祖父母的声音。与家人的肢体接触、文字的韵律以及图画的绚烂色彩，这一切都为儿童营造了一个轻松美好的氛围。如果儿童能够辨认出朗读者的声音，他就会更加全神贯注。朗读者读书的声音与他／她平时鼓励孩子的声音并不相同，此时，他／她的嗓音更轻柔、更悦耳，他／她会时不时地停顿一下，然后再继续朗读。这一年龄段的儿童尚处于启蒙期，因此，您可以经常给他讲同一个故事，因为相同的文字韵律能够让他安心。另外，这一做法有助于让孩子明白书中的文字是永久性的、不可变更的。

这一年龄段的儿童喜欢坐在朗读者面前听他／她讲故事，他会目不转睛地（只有看图片的时候，会稍微转移一下视线）直视朗读者，就好像他被朗读者的唇动蛊惑了一样。另外，儿童也喜欢靠坐在朗读者的怀中，一边听着身后传来的温柔

嗓音，一边欣赏着书中的图画。

从很小的时候开始，书籍就能激发孩子的好奇心。专家从中看到了认识论冲动的第一个表现形式。或许父母要知道，孩子阅读首先是为了享乐，然后才是为了获取知识。

提供"优秀的书本"

在法国南特某家托儿所进行的一项研究发现，为任何一位儿童，即便是年龄不满6个月的婴儿挑选书籍，都应该基于以下几项标准：首先是尺寸，书本的大小很重要，要保证儿童双手，甚至是单手能够抓牢；其次是边角的弧度，事实证明，儿童更适合看边角为圆形的书本，因为这样更便于他们啃咬和抓握。另外，关于书中的插图，最受儿童欢迎的颜色是黄色，最受儿童青睐的图案是动物图案或父母陪伴孩子的图案。无论书中讲述的是现实的还是虚构的故事，儿童都会喜欢。

蛋白质必不可少

现在，您孩子的辅食中可以添加许多不同种类的食物，这些食物能够为他提供生长发育所需的蛋白质。蛋白质由氨基酸组合而成，它有助于人体细胞的修复与更新，是人类生命的物质基础。

不可或缺的蛋白质

蛋白质是合成所有人体细胞必备的原料，它能够确保细胞正常生长与运行，比如：蛋白质是大脑以及皮肤的主要构成物质。总而言之，蛋白质参与到了所有人体组织的构成以及更新修复之中。因此，正处于全面发育阶段的儿童必须保证每天摄取足够多的蛋白质。

很多食物都含有蛋白质，此外还富含铁以及多种微量元素，具有极高的营养价值。其中广为人知的是肉类，但可惜的是肉类油脂过多，且钙含量较低。另外，肉类的蛋白质含量相差不大，比如：50克红肉所含的蛋白质与50克鱼肉或一个鸡蛋所含的蛋白质差不多。最后，不能过量摄取蛋白质，因为过量摄取蛋白质会导致血液中的尿素升高，甚至导致泌尿系统功能紊乱。只有合理摄取蛋白质才能最大限度地发挥它的功效。

动物蛋白

从添加辅食开始，婴儿就可以开始食用红肉或鱼肉了。

红肉和鱼肉不仅富含动物蛋白，同样含有一定量的脂肪，您可以将其切成块状添加至婴儿的食物中。刚开始的时候先添加10克，之后15克，然后改为20克。

家禽肉在烹饪之前最好将皮去除，因为该部位所含的脂肪最多。最后，您可以根据医生所建议的食用量购买一些已经去除了脂肪的冷冻碎肉牛排，最好选择烧和煮这两种烹饪方式，以便去除多余的脂肪。

鱼肉可以一周食用多次，因为即使再"肥"的鱼，所含的脂肪量也不如红肉的"瘦"肉部位多。这一阶段请不要给婴儿喂食炸鱼，因为这样烹饪不够健康。

从第10个月开始，您就可以让孩子品尝罐装辅食了。建议您购买用玻璃瓶盛放的食品。最好不要使用塑料餐具，尤其是当您要加热孩子的饭菜时，因为塑料餐具可能含有双酚A，这种物质会导致内分泌失调。您可以使用玻璃餐具、不锈钢餐具或者是瓷质餐具。

鸡 蛋

鸡蛋绝对是补充营养的首选食物。鸡蛋中蛋白质所含的氨基酸正是人体所需要的。这也就是为什么要将它纳入第一批婴儿辅食名单中的原因。此如果您购买的是鱼肉或者新鲜 / 冷冻蔬菜，那您可以选择蒸这一烹饪方法，因为这种烹饪方法能够在很大程度上保留食材原本的味道；如果您购买的是家禽肉，请先剔除油脂部位，然后将其放进不粘锅中进行烹饪；如果您购买的是冻肉，烹饪之前请先解冻，但速冻碎牛肉除外，因为碎牛肉在解冻的过程中容易滋生细菌，应当从冰箱取出后就直接烹饪。

不过有些蔬菜不易消化，因此请不要让 1 岁以下的婴儿食用过多，如花菜、紫甘蓝。对冷冻蔬菜进行烹饪时，需选择蒸这一方式，冷冻蔬菜无需解冻，以免影响口感。在婴儿味蕾开发的初期，可以优先让其品尝土豆来帮助他逐步发现新的口味。

您可以把各种颜色的蔬菜搭配在一起，这样能够增进孩子的食欲。以下是可供您参考的什锦蔬菜（最好挑选有机蔬菜）菜谱：胡萝卜配豌豆，菠菜、土豆、四季豆配洋蓟。此外，什锦蔬菜只能在冰箱内冷藏 48 小时。如果您选择冷冻这一方式的话，您可以随时将其取出进行烹饪。

外，鸡蛋富含各种维生素，尤其是维生素 D（能与鱼肝油中的维生素 D 含量相媲美）以及维生素 A。鸡蛋还富含磷、铁两种微量元素。蛋黄富含油脂，蛋白则有可能会引起过敏症状，所以有些营养学家建议婴儿第 9 个月的时候再食用完整的鸡蛋。鸡蛋最好带壳蒸或煮。

植物蛋白

植物蛋白主要集中在豆类（如大豆、扁豆、四季豆、豌豆、鹰嘴豆、蚕豆）、谷物和坚果中。婴儿可以食用所有富含植物蛋白的食物，但是请先用蔬菜碾磨机（以便筛除植物外壳）将这些食物制成泥状或粉状。其它富含植物蛋白的食物还包括面包、饼干、白米饭、粗玉米粉以及小麦粉。

新鲜水果

您可以给婴儿喂食一些新鲜水果，如梨、苹果、香蕉。必须挑选完全成熟的水果，并在喂食之前削去果皮，然后切成 5 毫米左右的小碎块。

各种颜色的蔬菜

蔬菜是婴儿辅食中的主要食物。蔬菜富含碳水化合物、纤维素、维生素以及矿物质。

乳制品

乳制品富含钙、铁两种微量元素，是儿童饮食中的必需品。我们认为婴儿每天需至少喝 500 毫升牛奶直至其年满 3 岁。现如今，不少儿童食品生产商专门为儿童推出了所谓的"成长牛奶"。

富含钙元素

成长牛奶富含铁、各种维生素、叶酸、脂肪酸，因此它能为婴儿提供"普通"牛奶所不能提供的很多物质。其中，成长牛奶中的铁含量极为丰富，比普通牛奶要高出 20~30 倍（因品牌而异）。对于 1 岁以上的幼儿而言，成长牛奶恰恰满足了其对铁元素的需求，因为这一年龄段的婴儿，其中 50% 因较少摄取绿色蔬菜或停喝二段奶粉而严重缺乏铁元素。此外，成长牛奶特别适合患有鼻咽炎、耳炎或生理性缺铁的儿童。牛奶是儿童早餐中的必需品。但

是，从 2 岁开始，只喝牛奶就满足不了儿童的营养需求了。

以下是一些乳制品中的钙含量：一份酸奶含有 200 毫克的钙，两勺白奶酪含有 50~80 毫克的钙，60 克小瑞士奶酪含有 56 毫克的钙，20 克埃曼塔奶酪含有 255 毫克的钙，20 克卡门贝奶酪含有 80 毫克的钙。

酸 奶

有些儿童从不喜欢或不再喜欢牛奶了。如果遇到这种情况，只能通过另外一种方式为其补充钙元素了。此时，酸奶不失为一种不错的替代品。

从营养角度来看，一份酸奶的营养价值和一杯牛奶的营养价值一样高或更高，因为酸奶本身就是用牛奶做成的。酸奶富含蛋白质、钙、多种维生素以及矿物质。一罐 125 克的酸奶能够为您的孩子提供 4~6 克的蛋白质（即占孩子身体所需蛋白质的 8%~10%），以及 180~200 毫克的钙元素（即占孩子日常所需钙元素的 15%~25%）。

酸奶由全脂奶提炼而成还是由半脱脂奶提炼而成决定了其所含各种维生素（维生素 A、维生素 D、维生素 C 以及维生素 B 族）的含量。您每天可以给孩子喝 2 次酸奶，原味酸奶和甜味酸奶均可。此外，您平时也可将酸奶倒入新鲜水果沙拉中作为孩子的下午茶点心。此外，您还可以往酸奶中添加一些蔬菜凉汤，这样的话，酸奶便能代替醋，起到调味的作用，然后，您可以配着冷鸡肉

牛奶是如何在人体内消化的呢？这得归功于一种特殊的肠道酶——乳糖酶。有些儿童体内的乳糖酶数量较少，因此难以消化牛奶中所含的乳糖。遇到这种情况的话，可以让儿童改喝酸奶，因为酸奶在发酵的过程中，将其中一部分乳糖转化成了更易消化的半乳糖以及葡萄糖，至于剩下的那部分乳糖则会在活性益生菌的作用下加速自身的消化进程。乳酸菌有灭菌、抗菌的功效，此外，它还能催生菌丛以保护消化器官免受肠道病原菌的侵害。

如果儿童对牛奶中的蛋白质过敏，请立即将酸奶、白奶酪以及奶油从儿童的食谱上剔除，也请不要试图让儿童品尝用山羊奶制成的酸奶，因为一般而言，70%对牛奶蛋白质过敏的儿童同样也对山羊奶中的蛋白质过敏。这一过敏症状往往发生在 2 岁以下的儿童身上，只要接受适当的治疗，该症状便会消失。

一同喂给孩子吃。

酸奶（超高温瞬时灭菌的长时间保存的酸奶除外）不仅具有较高的营养价值，而且还具有治疗功效。法国国家健康与医学研究院（INSERM）的一项研究表明，当儿童在接受抗菌素治疗时，食用酸奶有助于他恢复健康。因为酸奶能够促进人体体内乳酸菌的繁殖。

此外，酸奶有助于腹泻的儿童恢复正常的母乳／奶粉饮食。最后，酸奶有助于人体产生大量的抗体从而增强免疫力。

双歧杆菌

双歧杆菌分布在母乳喂养的新生儿的消化道中。人体中含有大量的双歧杆菌，以至于不能以"个"为单位对其进行计算。年纪不同，生活环境不同，体内所含的双歧杆菌数量也就不同。健康儿童体内的双歧杆菌纵横交错地分布在消化道中，与其他数以万亿计的细菌为邻。

很多研究都表明，人体内双歧杆菌最显著的作用在于调节肠道功能。因此，对于腹泻或便秘的婴儿而言，双歧杆菌十分有效。

小瑞士奶酪

法国世世代代的婴儿都已经品尝过原味或甜味的小瑞士奶酪。就餐结束前来块小瑞士奶酪能让婴儿感到无比甜蜜。只要在小瑞士奶酪上增添一些红色水果，它瞬间就能变成真正的节日糕点。当然，您也可以往小瑞士奶酪中添加一些时令水果（如菠萝、桃子、覆盆子或樱桃），以刺激婴儿的食欲。另外，您还可以同时往小瑞士奶酪中添加水果及谷物，将其制成早餐或下午茶点心。但是，请注意，有些营养学家认为该款奶酪和水果酸奶一样含糖量过高，每份奶酪所含的糖分相当于 3~4 块方糖。您还可以选用意大利式做法（即添加西红柿和樱桃）或里昂式做法（即镶嵌长度均匀的细葱段）将小

瑞士奶酪制成一道别出心裁的头盘。

各式奶酪

这一月龄段的婴儿可以品尝大部分的奶酪。奶酪是婴儿食谱中很重要的一种食物，因为它能提供肌肉组织以及骨骼生长发育所需的蛋白质。此外，奶酪富含各种氨基酸（20 种左右）、矿物质（如钙、磷）以及各种维生素（尤其是防治佝偻病的维生素 D）。

刚开始的时候，您可以先让婴儿品尝不含细葱、香芹以及茴香的咸味白奶酪；之后，再让其品尝山羊奶酪；最后再让其品尝儿童们都喜欢的格鲁耶尔奶酪。

有些婴儿偏好重口味奶酪，如卡门贝奶酪，甚至是罗克福奶酪；有些则更喜欢白奶酪配白糖或果酱。几乎没有小孩不喜欢奶酪的。在品尝不同口味奶酪的同时，您的孩子也在丰富着自己的味蕾。

10 ~ 11 个月

哥哥/姐姐的嫉妒

即使您的长子/长女在您怀二胎时没有表现出强烈的不满，即使他/她看起来似乎接受了二胎的到来，但是当第二个孩子变得越来越独立，能够行动自如，甚至能够介入他人生活中时，我敢打赌他/她一定会反应激烈。

直接竞争关系

仿佛一夜之间，弟弟/妹妹介入了父母以及自己的世界。大孩子的年龄不同，对弟弟/妹妹的嫉妒程度也就不同。6岁以下的儿童仍然需要父母全身心地关注自己，为自己带来安全感；而6岁以上的儿童则需要属于自己的空间以便独立成长。不管您的长子/长女属于哪一年龄段，二胎的到来对他/她而言都十分讨厌，因为二胎似乎要比自己享有更多的权利，比如：父母除了会为二胎辩解"他/她还什么都不懂"之外，还会温柔地哄他/她，一听见哭声便会跑去看他/她……这种种表现都是一个低龄儿童所不能接受的。

正常的攻击行为

大孩子对二胎的种种不满会催生各种暴力行为，如：语言攻击、掐、抓……如果发生这种情况，请不要过于在意，您应该先与他沟通，让他说出自己内心的想法。告诉他他所做的这些"坏事"并不会阻碍父母对弟弟/妹妹的爱。孩子的暴力往往伴随着退行现象的发生：频繁吮吸自己的大拇指，甚至会要求吮吸不属于自己的橡胶奶嘴。这都属于正常现象，因为儿童只凭内心的冲动行事，完全不懂如何压抑自己的情绪。他接受不了和他人一起分享父母的爱意，因为在他看来，如果自己的父母喜欢另外一个孩子，那就意味着父母再也不喜欢自己了。另外，您尤其需要警惕那些面对二胎"不动声色"的孩子。

每个儿童都是独一无二的

嫉妒之心人人有之。此外，攻击行为也并不只有坏处，攻击行为在一定程度上有助于塑造儿童的人格，帮助他快速成长，从而学会接受并爱上自己的弟弟/妹妹。他终有一天会知道父母始终如一地爱着他。

在许多心理学家看来，同胞兄弟姐妹所拥有的父母并非同一人，因为父母会随着子女数量的增多而变得越来越成熟。弗朗索瓦兹·多尔多（Francoise Dolto）认为，每位父母必须明白，任何一个子女都是这个世界上独一无二的个体，无论是从年龄来看，还是从生活需求来看，亦或是从个人性格来看。弗洛伊德则认为，在一个家庭之中，孩子在兄弟姐妹中的排行并不重要，最重要的

长子/长女嫉妒二胎属于正常现象。不信的话，您可以仔细回忆一下：您小时候难道从来没有嫉妒过自己的兄弟姐妹吗？或者您现在不嫉妒自己的兄弟姐妹吗？再或者您不嫉妒自己的好朋友吗？这一自我反省有助于您更好地了解长子/长女的心情，更好地应付长子/长女与二胎之间的"战争"。此外，请注意，儿童的嫉妒往往一闪而过，不会持续太长时间。

> *在弟弟／妹妹出生以前，长子／长女已经见识过父母之间的争吵了。当弟弟／妹妹出生以后，长子／长女会发现弟弟／妹妹能够缓和父母之间的紧张气氛。因此，他／她会认为自己是父母此前争吵的根源。渐渐地，他／她有了一种负罪感。长子／长女对二胎的嫉妒有两种表现。第一种：他／她会攻击自己的弟弟／妹妹，因为在他／她看来，弟弟／妹妹太过完美，甚至能够平息父母之间的"战争"，而自己呢？自己却是父母争吵的根源；第二种：他／她会出现退行现象，卫生方面的退行现象尤为明显。因此，请您设身处地地为长子／长女想一想：为什么爸爸妈妈可以乐此不疲地为弟弟／妹妹更换脏兮兮的纸尿裤，却从来没有注意到我已经能够自己一个人上厕所，甚至能一个人面对黑暗了。请关心您的长子／长女，鼓励他／她说出自己内心的感受。*

是他与父母的感情关系如何。

哥哥／姐姐与弟弟／妹妹

对于婴儿而言，最令他兴奋的莫过于拥有哥哥／姐姐。他会试着去模仿自己的哥哥／姐姐，并与他们一决高下。将自己的哥哥／姐姐视为偶像是再正常不过的一种现象了。通常，四五岁的儿童会身体力行地去"照顾"只有 11 个月或 12 个月大的婴儿。然而，父母很难做到让长子／长女与弟弟／妹妹分享同一个卧室。只要您能够最大限度地保留长子／长女的私人空间，我相信他／她终究会接受弟弟／妹妹的到来。

当长子／长女与弟弟／妹妹一起玩耍时，您需要时刻留意他们的举动，因为"老大"并不知道"老幺"能力有限。与其明令禁止老大带弟弟／妹妹从事某些活动（因为有时这种做法会让老大产生嫉妒之心），倒不如向他解释弟弟／妹妹能力有限，并不是所有的活动都能参加。

此外，在教育子女的过程中，您还需要避免以下错误。首先，长子／长女不能取代父母，因此不要完全让他／她照顾自己的弟弟／妹妹，但是如果他／她愿意照顾，请别阻拦，也请不要因此而表扬他／她，因为如果你爱对方，那么照顾对方便是件再自然不过的事情了；其次，请避免向长子／长女传达以下信息：妈妈之所以选择生下弟弟／妹妹，完全是为了你，为了你不感觉孤单。这一信息会让孩子倍感失落，因为他发现原来这个婴儿并不是自己梦寐以求的玩伴，而他在父母心中的地位比自己想象的还要重要。

正确的反应

责骂长子／长女并非解决之道。刻意地肯定他／她的存在，表现出自己对其独一无二的关心反而能够起到安抚的作用。比如：告诉他／她，他／她拥有属于自己的卧室与玩具，而这一切都是弟弟／妹妹所没有的。这样的话，长子／长女便不会再拒绝照顾自己的弟弟／妹妹。他／她会承担其"长兄／长姐"的职责，保护自己的弟弟／妹妹。此时，也是父母向长子／长女展示"老大"地位占据绝对优势的绝佳机会：可以从事许多襁褓中婴儿尚不能参与的游戏活动。请将您的孩子们培养成各具差异的儿童，而非性格相同的复制品。父母应该竭尽所能让家庭中所有的孩子绽放属于自己的独特光彩。

尺寸适宜的鞋子

婴儿穿鞋，更多地是出于对其安全和健康的考虑。在为婴儿挑选鞋子的过程中，很重要的一条标准就是尺码一定要合适。

步行配件

婴儿所穿的第一双鞋要有助于他学习走路。因此，第一双鞋必须宽松、柔软。如果鞋子的长度以及宽度正好合适的话，就不会阻碍婴儿脚部的血液循环，也不会妨碍婴儿脚踝以及脚趾处关节的活动，这样婴儿便能从容地迈步了。

有些品牌推出了半码童鞋以及左右脚宽度不一的童鞋。理论上，最理想的童鞋鞋跟不能超过1~2厘米，但这并不意味着整个鞋底就是平的。后跟处须保证质地坚硬，鞋帮区域则应十分柔软。鞋带所处的位置要靠后，这样既不会对脚趾造成束缚感，又能保证鞋不脱脚。鞋面必须将儿童的整只脚全部包裹在内，且质地柔软。皮质的童鞋透气性更强。鞋底最好采用弹胶或绉胶材质以防打滑。没有必要给孩子购买高帮鞋，除非天气寒冷或者是他的脚踝有问题。事实上，脚踝要想自由活动，必须拥有足够的空间。

舒适第一

请尽量不要让二胎穿长子／长女曾经穿过的鞋子，因为每个人的脚型都不一样。孩子的双脚到下午会有些浮肿，所以如果您想为他购买鞋子的话，最好下午带他前往商店。试鞋时，让婴儿用力踩在地面上，以便验证鞋子是否舒适，大小是否合适。此外，请让售货员分别测量一下婴儿双脚的长度，因为左右脚的发育速度有可能不一致。也请不要想着大一码的鞋子能够留至来年使用而为孩子购买不合脚的鞋。对于蹒跚学步的婴儿而言，不合脚的鞋子会导致其摔倒。此外，鞋子过大有时也会导致婴儿走路的姿势不正。我们认为最能让婴儿感觉舒适的鞋子，是当婴儿站立时，鞋尖能与其脚拇指尖保持1厘米左右的间距。最好挑选鞋尖较宽的圆头鞋，因为这种类型的鞋子不容易挤压到婴儿的脚趾。橡胶雨靴有助于婴儿在淤泥中愉快地玩耍，尽管如此，也请尽量不要让他经常穿这类鞋子，

父母最担心的莫过于孩子是扁平足。3岁以前，所有儿童的双脚看起来都十分平坦，因为其足弓处脂肪丰满。通过观察儿童走路的姿势，我们能判断其足部是否真的畸形。患有扁平足的儿童走路时足弓以及前脚掌压地，脚后跟向外。扁平足相对而言属于常见的儿童病症，但是随着儿童的成长发育，90%的扁平足会自行消失。人类的每只脚都由26块小骨、33块关节、19块肌肉以及100多块肌腱、韧带组成，因此它并不"脆弱"。在人的一生当中，双脚要承受整个身体的重量，如果单脚站立的话，那么其中一只脚则需要承受两倍的重量。

因为橡胶雨靴不能很好地支撑脚踝，且容易引起脚底出汗。夏天的时候，请为婴儿购买封闭式凉鞋，因为这类凉鞋能够有效地保护婴儿的脚趾。冬天的时候，可以为婴儿购买高帮鞋，如果婴儿这个季节经常穿厚袜子的话，您可以购买大一码的高帮鞋。穿鞋是防止婴儿脚趾冻伤最有效的办法。

当婴儿的脚拇指尖触碰到鞋尖时，那就意味着您的孩子该换新鞋了。婴儿双脚的发育速度很快：我们认为只要婴儿年龄不足2岁，那么就应该每3个月为其更换一次鞋子。

光脚走路

要想锻炼足弓肌肉，最好的办法莫过于光脚走路。因此，请让婴儿光着脚踩在毯子上、地板上或沙滩上吧！不过，请注意，婴儿所踩的地面一定不要过于光滑。另外，冬天的时候，也请不要让他踩在冰冷的瓷砖上。脚掌与地面的亲密接触不仅有助于婴儿熟悉自己的身体，还有助于其训练平衡感。

脚掌是人体的一个敏感区域，涉及多根不同类型的感官神经。因此，您为什么不在自家的院子里或阳台上为婴儿铺设一条足底小路呢？您可以将细沙、不同大小的鹅卵石、瓷砖、普通石头以及草皮有间距地铺设在一起，这样的话，有利于刺激婴儿感官神经的足底小路便诞生了。当然，请不要忘记在足底小路的尽头设置一个装满水的小水池，这个小水池不仅同样有利于刺激婴儿的感官神经，还能帮助他在锻炼完毕之后清洗双脚。

袜子与手工布鞋

袜子同样会影响婴儿步行时的舒适度，因此袜子也需要大小适宜。袜子太小的话，会让双脚有紧绷感，但是太大的话，又会产生褶皱，带来不便。冬天的时候，请尽量挑选纯羊毛袜或合成纤维与羊毛混纺的袜子。这样您就能毫无顾忌地用洗衣机直接进行清洗。夏天的时候，请挑选纯棉袜子以便吸汗。如果袜子不防滑的话，请不要让婴儿穿着袜子走路，因为这存在一定的危险性。至于手工布鞋，请挑选脚踝闭口处弹性较大的圆款手工布鞋，这样的鞋便于穿脱。另外，手工布鞋鞋底一定要防滑。

洗澡的好处

一旦婴儿学会爬行以及走路之后，最好每天晚上为他洗澡。晚上洗澡不仅是出于对卫生的考虑，还有助于婴儿从白天活力四射的状态中安静下来。

玩水的乐趣

对于您的孩子而言，洗澡首先是一种惬意的享受。您看，他现在能够稳稳当当地坐在水中，最大限度地享受着温水带给他的舒适感。其次，洗澡水能让他感受到一股温热的气息以及某种失重感：他能够在水中毫不费力地完成某些动作，然而，平时这些动作会耗费他大量的体力。再次，洗澡水有助于儿童认识到自己身体的轮廓，从而推动个体化进程的发展。洗澡水会沿着儿童的大腿以及臂膀往下流，此外，洗澡水在触碰到儿童身体的时候，会发出清脆的汩汩声。当您的孩子用脚或手大力击打水面的时候，水花四溅，他会惊喜地发现有数千水滴在灯光的照耀下闪闪发光。最后，洗澡水还能带给他游戏的乐趣，比如：他把小黄鸭放在水中时，小黄鸭会飘飘浮浮地朝他游来；他将空瓶压入水中，就会听到咕噜咕噜的灌水声，在将瓶中的水倒出的过程中，他能看到水像倾盆大雨一般哗啦直下。

您还会发现洗澡时间同样也是您与孩子的沟通时间，您的孩子不仅会因为高兴而发出咯咯的笑声，而且还会尝试着说几个简单的音节。他喜欢您回应他，喜欢您向他讲述玩水的乐趣。因此，即使您有工作在身，也请不要着急，慢慢和孩子一同享受这美好的洗澡时光吧。帮孩子洗澡的时候，请您全身心地投入，您不应该受到外界的干扰，尤其是电话的干扰。另外，请不要迅速地脱光孩子的衣服。在脱衣服以及接下来穿睡衣的过程中，您都应该通过游戏与爱抚来放松孩子的身心。

舒适与安全

您应该给予儿童适度的空间，让他好好享受玩水的乐趣。您可以将孩子放在盛有水的浴缸中，或直接将家中的淋浴池改造成儿童戏水池。当然，别忘了在浴缸或戏水池底部垫上一张防滑垫或安装一把特殊的

> " 就像开车时不能接打电话一样，给孩子洗澡时也请不要接打电话，因为任何一条动人心弦的消息都会干扰您的情绪，让您放松警惕。您应当和孩子一起分享洗澡的乐趣。此外，在洗澡的过程中，您还需要观察儿童何时开始感觉开心，何时最开心。总而言之，如果您能和孩子一起分享洗澡的乐趣，他会更有安全感。最后，如果您使用的是简易洗澡工具，如脸盆、盥洗盆，那么一定要时刻保持警惕，因为很容易发生碰撞事故。并且在这种情况下，建议您为孩子戴好类似 U 型枕的护颈圈。"

安全椅。即便有此安全措施，您也不能在孩子戏水的时候离开他半步。

另外，您还需要关注儿童戏水时的舒适度。您需要保证水温为 36~37℃，保证浴室温度为 21~22℃。为了让孩子最大限度地享受玩水的乐趣，您可以偶尔在他进入浴缸之前为他涂抹一层香皂或沐浴露（平时只用清水即可）。无色无味的香皂或沐浴露最适合儿童的肌肤。当然，您还可以让孩子使用其他泡沫类沐浴产品，前提是该产品不会引起任何过敏症状。

在孩子进入浴缸之前，您就应当先将浴缸注满水。洗澡的过程中，请不要再添加热水，以免发生意外。

众所周知的功效

热水有助于放松肌肉。在水中做游戏相对而言也不需要儿童集中太多的精力。此外，经过一天的活动之后，清洁身体、感觉到自己很干净，这通常会使他处于一种舒适、惬意的状态之中。

从心理学角度来看，洗澡有助于让儿童意识到睡觉时间的到来。即使脱了衣服，儿童也不会认为睡觉时间到了，不过一旦他套上自己的睡衣，穿上柔软的袜子，那他就明白该上床了。

事实上，所有的玩具制造商都会推出几款洗澡专用玩具，比如：浮船、充气动物、多彩充气球、按压喷水玩具，甚至是可以安装在浴缸边缘处的游戏板。此外，市面上还存在一些洗澡书。这类书籍中的主人公往往和流动的液体息息相关。当然了，儿童还喜欢用四肢击打水面，用器皿灌水或倒水。儿童洗完澡或结束水上游戏之后，请及时清洗他使用过的玩具，以免滋生细菌或霉菌。

涂抹洗发露——棘手的一刻

并不是所有的儿童都愿意往头上涂抹洗发露，并且越是年长的儿童，越是反应激烈。儿童年幼的时候往往比较顺从，比较信任他人。随着年龄的增长，一旦洗发露遮挡了视线，他便会开始闹情绪，开始害怕甚至惊慌。这也就是为什么我们需要在最初的时候将涂抹洗发露这一环节打造成游戏。此外，为了将头上的洗发露除去，儿童学会了将整个头部扎进水中，这有利于消除儿童第一次下水（公共泳池或大海）游泳时可能出现的恐惧心理。有时，淋浴会让儿童目瞪口呆，因为喷出的水柱过于猛烈。

对于那些实在抗拒洗发露的儿童，您可以选择为他购买一款特殊的洗发帽。该类儿童洗发帽呈圆形，中间部位镂空，儿童能把头塞进去。一旦戴上了洗发帽，水就不会渗到儿童的眼睛里或耳朵里。儿童所使用的洗发露一定不能具有极强的刺激性，尤其不能刺激到他的眼睛，并且每周只能使用 2 次。如果您使用了婴儿沐浴手套，请用一只手套遮住他的脸部，以进一步减小儿童眼睛受到刺激的几率。儿童喜欢可爱有趣的图案，因此，您可以挑选小丑图案或动物图案的手套，这样的话，他平时还可以把手套当玩具玩。

1 岁

您的孩子

您的孩子早已是一位成功的"演员"了：他能够完美地模仿成人的动作、重复成人的话语、回答简单的问题。此外，他还学会了开怀大笑。他每天都在学习新的词汇，过不了多久，他便能说出人生中的第一句话。

他现在已经很清楚"里"与"外"这两个不同概念之间的差异。他之前所习得的各种技能有助于他现阶段的蹒跚学步，还有助于他学习吞咽动作（之前，婴儿只懂得吮吸）。另外，在这一阶段中，婴儿需要熟悉自己的身体结构：他对自己的身体越熟悉，对"外"这一概念就越明白。

他喜欢并且很容易将自己弄脏，您不必总是去出手阻止，毕竟他还不明白您的价值观。

最后，在这一阶段中，您与您的家人将会一同见证孩子迈出他人生中的第一步。他跌倒了？别动！您的孩子聪明着呢，他会一次又一次地站起来，好似他已经明白了父母对他走路的支持一样。您放开双臂的时刻已经来到，此后，您不必再将孩子呵护在怀，只需用双手引领他即可。

- 平均体重约为 9.5 千克，身长约为 76 厘米。

- 能够利用四肢快速爬行，有时能够借助外物站立。终有一天，他可以松开手中的物体，独自站立。

- 能说一些单词，明白一些简单的问题以及概念，如"里、外、这里、那里"等。喜欢模仿动物。

- 善于表达自己的情感，尤其善于表达自己的喜爱之心与嫉妒之心。时不时地会"发号施令"或者刻意做一些傻事来测试自己在他人心目中的地位。

- 日常饮食：每天喝 500 毫升左右的奶，分成 4 次左右，并添加软的小块辅食。

1 岁

1：婴儿利用四肢爬行，证明他的大脑得到了一定的发育。2：爬行有助于婴儿训练自身四肢的协调性。训练时间越长，爬行速度就会越快，婴儿也就会越喜欢追逐类游戏。3：有时，出于对冒险的热爱，婴儿会手扶家具，沿着一侧小步走路。4：因为父母经常会手指某物让孩子观看，因此孩子学会了这一动作，当他想要某件物品时，他便会本能地用手指向该物体。这一动作是婴儿最先学会的手势之一，此外，婴儿做该动作的时候往往会发出一些喊叫声以便引起他人的注意。5：婴儿往往是为了重回父母的怀抱才迈出其人生的第一步，因此，学习走路其实是一种情感的体现。

1：儿童餐椅有助于婴儿与家人一起度过就餐时的快乐时光。2：使用汤勺进食意味着婴儿已经能够分辨"里""外"这两个不同的概念，此外，还证明他已经学会了嚼、吞、吸这三个动作。分清"里""外"有助于婴儿今后的生长发育。3：毛绒玩具，尤其是动物形状的毛绒玩具，在未来很长一段时间内都将是婴儿最佳的游戏伙伴以及最贴心的知己。4：游戏能够满足婴儿的好奇心，帮助他了解因果关系。5：儿童的第一批画作往往色彩斑斓，在纸张上乱涂乱画能给他带来快乐。他并不想逼真地还原所画之物，只是为了满足自己挥动手臂的欲望。6：孩子庆祝自己人生中第一个生日时，俨然像个小大人，但是他的力气却不足以将蜡烛吹灭，因此，他往往需要寻求他人的帮助，即便如此，能与家人一起共度生日仍然让他开心至极。

蹒跚学步

婴儿之所以能迈出自己人生中的第一步，往往是因为他想奔向某件物品或某个人。在这一想法的驱动下，婴儿放开了身边的支撑物，慢慢地迈开了步伐。之后，他会突然被自己的所作所为震惊到，于是重重地摔坐在地上。这一看似失败的尝试其实意味着巨大的成功，因为它是婴儿多次努力的结果。

肌肉训练

要想学会走路，儿童大脑的发育状况就必须达到某一特定阶段。此外，他还需要一定的肌肉"训练"。如果您想知道您的孩子是否已经做好了学习走路的准备，请先看看他是否练习过以下"舞步"：当儿童站立的时候，如果他想在身体前方找寻平衡感，他就会踮起脚尖；如果他想在身体后方找寻平衡感，他则会翘起脚尖，然后将整个身体的重心移至脚后跟。如果儿童已经练习过这些"舞步"，那么不久之后，他便会尝试着向前迈出一只脚，然后再迈出另外一只。

不稳定的平衡感

为了寻找平衡感，您的孩子往往会将脚抬起，然而，他抬起的幅度超出了正常的范围以至于他最终会摔倒在地。在前行的过程中，他的肘关节会弯曲，双臂也不再紧贴身体两侧。他需要花费10~15天的时间才能成功地找到最佳平衡点。但是，如果您希望他毫发无伤地跨过门槛或以"金鸡独立"的方式保持平衡，您还需要再等待一段时间。因纸尿裤而显得过于沉重的臀部也会导致儿童失去平衡。尽管摔坐在地这一突发状况让儿童十分惊愕，但仍然不能阻止他重新开启冒险之旅的决心。

只有不断地实践，不断地积累经验，儿童才能最终掌握走路的诀窍。惨痛的摔倒经历也有可能会阻碍儿童蹒跚学步的进程，因为这类经历会让儿童产生恐惧心理，以至于他需要花费数周时间才能走出那片阴影。因此，您需要不断地帮助他、鼓励他、陪伴他，而非强迫他。你可以让他在两位成人中间进行短暂的走路练习。渐渐地，他会感到安心，并恢复自

第 12 周：	婴儿能够控制头部不动
第 20 周：	他休息的时候，能够压着腿不动
第 24 周：	他能够依靠外物保持上半身不动
第 30 周：	站立的时候，出于好玩的心态，他会试着将小腿绷直
第 36 周：	当儿童背靠家具或由成人搀扶着的时候，他能够保持站立，然而，他还不能自己站起来；爬行有助于儿童锻炼上下肢的协调性
第 40 周：	借助外物，儿童最终能够自行站起来。8周以后，他能够沿着家具慢慢地挪动自己的脚步
1 岁：	他能够由成人牵着前行。不过，他还需要等待一段时间才能自行走路

信。当然，他也有可能会再次摔倒。这时，您需要立即鼓励他爬起来，然后夸赞他的勇气。对于这一年龄段的儿童而言，他既想通过走路这一方式来拓宽自己的行动范围，又害怕学会走路以后会离亲人越来越远，因此，他总是在这两者之间徘徊不定。

关于儿童的生理发育速度，有些儿童发育得早，有些则发育得晚。不过，大部分儿童基本都是第10~16个月开始学会走路。有些发育比较早的儿童第9个月便能走路了。如果一个儿童第20个月的时候仍然不会走路，那说明他的生理发育可能出现了问题。走路同样和儿童的心理活动息息相关，它意味着儿童渴望自由、渴望独立、渴望发现和探索世界。这一切都在刺激着儿童迈出他人生的第一步。此外，这小小的一步也象征着儿童能够从一段亲密关系中脱身，能够下定决心离开父母的怀抱，不过，前提条件是，他已然知晓他能与父母在路的另一端重聚。

指导他人生中的第一步

如果您选择以扶着孩子的方式来帮助他迈出人生的第一步，那么您需要注意自己的姿势。如果您从他的身后撑着他的腋窝让他走路，他会感觉十分不舒服，此外，这一姿势也不利于他寻找正确的平衡方式。精神运动训练学家认为，您最好蹲在孩子面前，与他处于同一水平高度（虽然这一姿势对于成人而言有点儿不舒服），然后让他手握两根木棍来作为身体的支撑物（这一姿势有点儿像踩高跷），最后您再一步一步地往前挪动木棍。儿童为了保持身体的平衡，也会跟着往前走。

医药箱

刚开始学习走路的时候，儿童往往容易摔倒或发生其他意外事故。因此，一个小小的医药箱就显得尤为重要了。这一年龄段儿童最常见的伤口一般位于脚部，因为他们喜欢光着脚走路，所以很容易被地上的玻璃残渣、大头针或木板上的刺割伤或划伤。

如果插入的刺比较粗，且有一端露在皮肤外，父母可以用拔毛钳将其取出。在拔除的过程中，请一定保持耐心，避免将其折断。如果刺比较小且完全嵌入人体中，您需要先将此处的皮肤挑开，然后用一根事先已经消过毒（请使用浓度为75%的酒精进行消毒）的针将刺挑出来。在处理完任何一类伤口之后，都应该在伤口处涂抹一些灭菌剂。如果几天后伤口处出现了红肿发烫的迹象，您最好带孩子去医院就诊。此外，儿童在学习走路的过程中，还容易出现摔倒、磕碰、擦伤以及夹指事故。如果是撞伤或夹伤的话，可以涂抹一些跌打损伤类药膏。如果是开裂伤口，要先对伤口进行消毒，再用医用胶布或无菌纱布包扎。

如果在处理伤口的过程中，儿童非常痛苦或紧张，可以给他服用一些镇痛类药物，再给他点时间来平复心情。如果还不奏效，可以在他面前假装给他的玩具熊或洋娃娃处理伤口。

> **66** 我惊讶地发现大部分儿童是在1岁生日之后开始走路的。但是，我十分确信某些儿童第10个月的时候便已经学会了这一技能，只是他们一直在等待展示这一技能的最佳时机（即1岁生日之后）。为什么会出现这一现象呢？我认为他们是在等待父母的"批准"。只要他们感知到了父母心理层面上无意识的批准，他们便会开始练习自己的步伐。**99**

某些特殊的走路姿势

您可能会担心孩子走路的姿势不正：他的小腿如同骑兵的小腿一样呈弧形，他的双脚向内／向外翻……大部分情况下，这些都属于小问题，不会影响婴儿的生活。随着时间的推移以及走路次数的增加，这些问题也会逐渐消失。

奇怪的双脚

刚出生时，婴儿的双脚主要由脂肪以及软骨构成。他需要足足 21 年的时间才能使双脚的软骨完全骨化。足弓处因为脂肪堆积过多导致人们往往误以为新生儿都是扁平足。要想判断儿童是否真的是扁平足，需要在他 8 岁时带他去医院检查。一般而言，儿童只有 10% 的概率会患上扁平足。如果婴儿脚底弧度不太明显，往往是因为他脚部的肌肉以及韧带不够坚挺。

儿童的双脚还呈现另外一大特点，即脚心内凹。因为当婴儿站立时，他只会依靠脚后跟以及前脚掌支撑自己，这一姿势会导致婴儿在行走中身体摇摆不定从而摔倒在地。如果婴儿双脚只涉及肌肉问题的话，运动疗法或外科手术便能将其治愈。

向内？向外？

婴儿迈步时双脚的姿态也同样令父母担忧，尤其是当双脚或其中一只脚向内／向外翻时。父母十分害怕这一不良状况会变得越来越严重。当婴儿脚后跟摆正了位置，前脚掌却向内倾斜时，我们将此称为跖骨内翻。大部分的儿童刚开始练习走路时，都会出现跖骨内翻，但是随着年龄的增长，这一现象会逐渐消失。

相比于小腿畸形而言，85%的脚型不正都是由于胎儿在子宫内时，其下肢（如脚、胫骨、髋部）姿势不正而引起的。为了适应子宫内的狭小空间，胎儿的胫骨会向内扭曲。但是当婴儿学会了站立以及走路时，胫骨便会自然而然地恢复原状，直立起来。不过因为小腿的胫骨连接着双脚的膝关节，所以 2 岁以下的婴儿往往容易出现"O 型腿"、膝内翻甚至跖骨内翻。95% 的情况下，这些不良症状都会在儿童 7 岁的时候自然消失。如果 7 岁的时候，这些不良症状仍然困扰您的孩子，可以让他做一些康复训练以帮助复健，其中最好的康复训练莫过于骑自行车。不过有的时候，为了缩短康复时间，医生会建议您在孩子睡觉时用夹板固定他的小腿。

有些婴儿会选择踮着脚尖迈出他人生的第一步。这种走路姿势可能会持续两三年，不过他最终会和其他儿童一样，学会正确的走路姿势。如果您孩子总是踮着脚尖走路，除非他不能将整只脚掌平放在地面上，否则不要太过担心，这只说明婴儿的跟腱过短，而肌肉训练能够帮助婴儿拉伸跟腱，使其变长。建议为踮着脚尖走路的婴儿购买跟高 2 厘米的鞋子。

现如今，最常见的足部畸形莫过于跖骨内收。众所周知，跖骨内收往往是因为胎儿在子宫内时，生长空间过于狭窄，或者子宫肌肉过于紧张，以至于对胎儿的足部造成了挤压。这也就解释了为什么第一胎以及晚产儿患上跖骨内收的机率更大。

合适的治疗方法

如果婴儿脚型不正，医生会根据他双脚向内／向外的倾斜程度做出不同的治疗。如果倾斜角度不大的话，医生会建议让婴儿做一些康复训练或使用夹板，以便从与倾斜角度相反的方向对双脚进行矫正。此外，医生还会建议父母每天用牙刷刺激婴儿双脚的外侧。这些举措有助于婴儿前脚掌的肌肉得到舒展。另外一种治疗方法是让婴儿双脚反穿（即左脚穿右鞋，右脚穿左鞋）没有足弓的鞋子。如果以上方法都无效，就只能让婴儿接受外科手术了。

观察鞋底

您可以通过观察鞋底这一方法来判断婴儿的双脚或膝盖是否存在变形问题。如果鞋底前端，尤其是鞋尖处磨损严重，那就可能意味着婴儿走路时双脚内翻。如果鞋跟边缘处磨损严重，则可能说明婴儿的双脚与膝盖同时内翻。如果两只鞋的磨损程度不一，那就可能说明婴儿只有一只脚内翻。婴儿

双脚向外翻属于正常情况，因为这一姿势有助于婴儿在行走过程中保持平衡。只要日后稍加练习，它就会逐渐消失。

不管婴儿的不良行走姿势属于何种类别，运动疗法都能帮助其复原。一般而言，6周至2个月的治疗便能让儿童的双脚恢复正常，并且越早治疗，效果越好。

其他脚部畸形症状

仰趾足：仰趾足意味着儿童的脚向外翻，并与小腿轴线形成一个锐角。站立时以足跟着地，足尖上举。脚部关节十分柔软以至于能将脚恢复至正常的位置，但过不了多久就会重返原本的畸形状态。仰趾足虽然看着触目惊心，但是矫正方法很简单，见效也快，并且治愈率高达99%。父母可以轮流对孩子实施运动疗法以软化他的关节从而最终达到矫正的目的。

胫骨内翻：胫骨内翻表现为儿童的双脚向内弯曲。这一足部畸形往往是家族遗传，有时也可能是由佝偻病诱发。蹬

自行车有助于矫正这一不良症状。有时髋骨位置不正也会引起胫骨内翻，如果是这种情况的话，儿童的坐姿会很奇怪，小腿之间的间距会宽于臀部。

畸形足：畸形足的出现往往是因为胎儿在子宫内将自己的脚卡在了臀部与子宫壁之间。一般而言，畸形足患者需在出生之后立即接受外科手术治疗，以免双脚骨化从而演变成残疾。

马蹄内翻足：马蹄内翻足是由于胎儿在子宫内发育情况异常而引起的。它是"畸形足"的一种形态，表现症状为患者的单足或双足不能伸展，另外，脚部着力点永远落在脚尖上，而非脚后跟。马蹄内翻足患者需在出生之后立即接受治疗。有些患者可以直接在畸形部位使用夹板或石膏进行固定矫正，有些患者则需要接受外科手术以及康复训练，具体治疗方案视实际情况而定。

不一样的毛绒玩具

您的孩子很有可能会对一块毯子或某个毛绒玩具情有独钟，不忍与它分开。我们将此玩具称为"过渡性客体"，这一过渡性客体在婴儿的情感发育以及思维塑造方面都扮演着重要的角色。

个人选择

婴儿会为心爱的布块（比如：小毛巾、手帕、毯子）取一些奇怪的名字，他会频繁地吮吸这块布，就像吮吸自己的大拇指一样。婴儿十分在意这块布，并且这种在意会持续数年之久。他会拖着这块布到处跑，除非他某一时刻不需要它的陪伴了，否则，他决不会让它离开自己的怀抱。婴儿喜欢一切柔软的物体，物体的触感对他来说很重要。婴儿在家中接触最频繁的物体莫过于床，因此，他最喜欢的东西也往往和床有关，比如铺在儿童头部下方用于保护床单免受呕吐物污染的枕巾。另外，如果您习惯让儿童喝完奶再睡觉，那么有的时候，他所钟爱的物品有可能是奶瓶。儿童使用布块的方法因人而异：有些婴儿喜欢攥在手里，有些习惯放在鼻翼两侧，有些则喜欢放在脸上，还有一些喜欢缠在胳膊上。心理学家将此类布块称为"过渡性客体"。英国著名的儿科学家、精神分析学家唐纳德·伍兹·温尼科特（Donald Woods Winnicott）认为，过渡性客体是儿童童年生活中必不可少的一件物品。

阶段性发展

婴儿最初的时候喜欢摆弄自己的手脚，之后则喜欢摆弄橡胶动物玩具或拨浪鼓，现在，他开始钟情于其他特殊的物品了。在温尼科特看来，婴儿的钟爱之物是在"母子关系的共同作用下"产生的，毕竟现实生活中，往往是母亲为孩子挑选或向他推荐某种玩具。一方面，现阶段的儿童已然知晓了"物体的恒存性"（换而言之，即使儿童看不见某个物品，他也不会再认为该物品从世界上消失了），并且他能够借助该物品在自己脑海中的表征而将其迅速地辨认出来。另一方面，现阶段的儿童已经发现了自己与母亲、父亲或玩具是彼此独立的个体。最

> 我记得某家医院的重度烧伤科曾经有一个儿童，他在住院之后每晚都会莫名其妙地睡不着。然而，他的母亲却说他此前的睡眠质量很好，只要他吮吸自己心爱被子的一角，便能很快地入睡。这番话令主治医生豁然开朗：有必要让儿童心爱的玩具重回他身边，卫不卫生已经是次要的了。自此，所有拥有属于自己心爱玩具的患病儿童都能带着自己的熊、木偶或毯子一起住院。上述案例告诉我们，即使是在困难的情况下，这一过渡性客体仍能发挥它的作用。

儿童的心爱之物并不一定是一个有形的物品，它也可以是一种无形的习惯性行为，比如：儿童经常模仿的一段旋律、一片牙牙学语声或一个爱抚的手势。心理学家将此习惯性行为称为"过渡性现象"。有些儿童并没有属于自己的过渡性客体，他们的心爱之物就是自己的母亲。此类儿童吮吸母乳的时间往往较长，且一遇到挫折，便想吮吸母乳以寻求安慰。欧美国家的儿童十分眷恋他们心爱的过渡性客体，非洲儿童则能轻易地摆脱这一物品，原因很简单，因为后者的哺乳期十分长，并且他们经常由自己的母亲或其他家庭成员背在背上。家人是一种"过渡性空间"，它能帮助儿童更好地承受与母亲的分离之苦。

初的时候，儿童能在某些特定的场景下短暂地理解以上这些基本概念。大约在 3 岁的时候，他能牢牢地将这些概念记住。

选择的原因

过渡性客体一般质地柔软，气味独特。有一小部分儿童喜欢干净的布块，这是因为用于清洗该布块的洗涤剂的气味令他心旷神怡。相比而言，绝大多数儿童更喜欢那片几天都未离身的布，因为它充满了家的气息：爸爸的气味、妈妈的气味以及小狗的气味。每当儿童将这块布放在鼻下时，散发出的气味都能让他感到安心，感到自己仍是家中的一员，仍然被他人深深地爱着。

如果儿童的某一位家人，尤其是妈妈，离他远去的话，那么最好在他身边放上一件他熟悉的物品。这样，他便能将对家人的情感寄托在该物品上。渐渐地，在他眼里，这件物品也会变得和妈妈一样重要。当儿童和家人因发生争执而冷战时，该物品也能起到替代作用，替代疏远的家人陪在孩子身边。

过渡性客体的用途

父母很快便能明白过渡性客体的用途：它能安慰儿童，让儿童感到安心，并帮助他入睡。此外，过渡性客体还能让儿童的脑海中浮现那些快乐的画面。当儿童啃咬、揉捏过渡性客体时，他所处的空间会发生变化，此时的他既不是完全沉浸在自己的内心世界中，也不是完全置身于外界生活中。他已经进入了一个现实与虚幻并存的空间。

那些已经安然度过了"8月危机"的儿童只在晚上入睡时需要过渡性客体的陪伴，其他的儿童不管是白天还是夜晚都会对这一物品表现出极大的依赖性，而这一现象会一直持续至 3 岁或 4 岁。一般而言，即使是最迷恋过渡性客体的儿童也会在 6 岁或 7 岁时将这一物品抛弃。

使用方法

事实上，要想和平友好地与过渡性客体共处并非易事。有些家庭的过渡性客体体积庞大，每次挪动时都很麻烦；有些家庭的过渡性客体则过于迷你，以至于大家总得不停地找寻它的下落。一旦过渡性客体消失不见了，整个家庭就会笼罩在一片阴霾之中。此外，有些父母实在难以容忍部分此类物品的卫生状况。不过，请您放心，过渡性客体一般不会传染病毒或疾病，因为儿童绝对不会将自己的过渡性客体借给别人，即使对方是自己最好的朋友也不行。如果您既想清洗过渡性客体，又不愿因此而引发家庭战争，最简单的方法就是准备一台烘干机。儿童可能会发现些许端倪，但是他绝对猜不到过渡性客体发生气味变化的真正原因。如果您的孩子年满 2 周岁，您可以让他自己清洗过渡性客体。一般而言，儿童会很乐意接受您的这一建议，毕竟他喜欢玩水。

肢体语言

从很早开始，您的孩子便已经学会了用肢体动作来表达自己的思想。儿童采用何种肢体动作取决于他的神经系统能力。经过多次尝试以后，儿童最终发现某些不同的肢体动作竟然会得到家人一致的回应。渐渐地，儿童将肢体动作当成自己的主要交流工具。然而，随着年龄的增长，肢体动作最终会转变成辅助性交流工具。

普遍特征

您会发现儿童其实从很早开始便懂得利用肢体语言来表达自己的思想，比如：面对某些气味或口味时，儿童会做出厌恶或满意的表情。父母几乎能够读懂儿童所有的表情，而这些表情最终会成为儿童的"肢体语言"。当然，儿童的肢体语言还包含了其他手势动作，比如触摸。触摸这一手势在之后的时间里会演变成更为复杂的抓取手势，

而抓取手势则会根据儿童的躯干动作、脸部动作以及臂膀动作演变成一种礼貌性的祈求手势（"请给我"）或一种强硬的命令手势（"我要"）。为了弄清儿童手势语言的建立过程，休伯特·蒙台涅（Hubert Montagner）曾专门将某一托儿所的儿童作为研究对象，研究他们在托儿所中的行为举止。此项研究的一大发现：我们能在一群儿童中快速地辨认出那些具有吸引力

的儿童。这些儿童能够带领其他儿童与其一起从事某项活动。每当他们看着别人的时候，他们就会做出一系列的面部表情、手势动作或发出一些声音以便让对方知晓自己的意图。如果对方性格随和，作为回应，他会微微一笑、将头侧向一边、挥动手臂或摇晃上半身；但是如果对方生性孤僻、暴躁，他就可能会选择用暴力行为来进行回应，比如：突然张大嘴巴，并发出尖叫声，或直接将人推倒在地。

> 如果您仔细观察孩子，您会发现他最初的运动机能和周围神经发育有关。他还需要等待一段时间才能做出更为细腻的手势动作，因此，请不要过于着急。最开始的时候，儿童的手势动作都是指向外部，比如：将手臂伸直、蹬脚；之后，他才会做一些指向内部的手势动作，比如：在胸前交叉抱臂、将小腿贴在腹部；最后，他才能学会以手作钳。在您看来，这些动作可能十分笨拙，但是，请不要因此质疑孩子今后的灵活度，毕竟他还处于发育阶段。

手势动作与单词

儿童学会的前几个单词和他频繁使用的手势动作密不可分。一般而言，手势动作与单词会同时出现，以便让他人更好地理解自己的意思或意愿。当儿童做出某一手势动作的时候，父母能够立即将其翻译成对应的语言单词，而正是父母的这一强大本领刺激了儿童同时使

用手势与单词的欲望。在儿童所使用的手势动作中，有些是通用手势，有些则是个人手势。有时，儿童能从家人的手势中获取灵感，从而创造新的手势。但是大部分情况下，他更愿意重复那些屡试不爽的手势。

大约1岁的时候，儿童能够下意识地松开手中的物品。过不了多久，儿童便会将这一能力转变成游戏，他会让家人给他一把汤勺或一件玩具，但是一旦拿到手之后，他便会立刻将该物品扔出。他会不断地重复这一游戏过程，并且乐此不疲。一般而言，他更喜欢和自己的父母玩这类游戏。他会学习成人的各种手势动作，比如：他会拍手以表示夸赞。他还会因为自己成功地做了一个告别的手势而感到自豪。

父母的影响

研究表明那些生性随和、活泼且没有任何攻击欲的儿童，在傍晚的重聚时刻，更容易与自己的父母愉快相处，尤其是如果父母蹲下身，与他平视的话。

另外，我们还发现那些攻击欲强的儿童往往家庭生活不幸福：父母离异、父母感情不和……简而言之，就是生活在一个紧张的氛围之中。当这类儿童的母亲忙完一天的事情与孩子在托儿所重聚时，她们的行为往往会令孩子感到"压抑"：她们盯着孩子的手和脸看，以便确认该部位的干净程度；她们观察着孩子的一言一行，一旦发现违背了自己的意愿，她们便会立刻制止。总之，她们总是很急躁，很不耐烦，言行举止几乎从来不能带给孩子任何安全感。此外，父亲的所作所为也会左右儿童的攻击欲。研究表明，如果周末在家的时候，父亲总是用自己的权威压制儿童，那么儿童周一去学校

的时候便会表现出一定的攻击欲。因此，1~3岁的儿童在社会中的行为表现一定程度上反映了他的家庭生活是否幸福。当儿童年满3周岁以后，家庭生活对他的影响会慢慢减少，然而即便如此，他仍然会保留此前的行事风格。

用手说话

当儿童学会走路以后，他便会将自己的腿部动作与手臂动作协调起来，以便对自己的亲人实施某些行为，比如：他会尝试着去推/拉自己的亲人，或者去牵他们的手，和他们一起去探索自己所不熟悉的某个地点；他还会紧抱着亲人的小腿以防他们离自己而去；不久之后，当他不能独立完成某项操作的时候，他甚至会抓住亲人的手来请求帮助。

从1岁开始，儿童能用手指指向他想要的物品。用手指指物是儿童很重要的一种自我表达手段。如果父母没有及时

回应这一手势，儿童便会将双臂伸直，双手张开以表达自己的执着。几周或几个月之后，儿童会使用手部动作来表示自己对消失之物的寻找之意。一般而言，该手部动作指的是拍打动作，比如：儿童会用手轻拍自己的头部以表示他需要睡帽。

这一年龄段的儿童已经能够熟练地转动自己的臂膀以及手部的关节，因此，他能够将某一物品递给别人。这一动作意味着他已经知晓了世界上除他自己，还有物品与他人的存在。他意识到一件物品能够在两个人之间流通。不久之后，他还会伸出手臂、张开手掌，以便让他人将某件物品放在他手中。他喜欢"你给我，然后我再给你"这一游戏，该游戏意味着参与者们需要轮流传递同一件物品。一旦儿童熟悉了该游戏的流程，那么传递的物品可以变成多件，而非此前的一件。当然，所有的这些手势动作都离不开大量语言互动的支持。

睡眠模式渐趋成人

此年龄段婴儿每天的睡眠时间为 13~15 个小时。不管孩子是不是"嗜睡大王"，他中午都必须午休，平均午休 4 个小时。与此同时，他傍晚睡觉的习惯会慢慢消失。

1 岁时的睡眠

随着时间的推移，您终将学会评估孩子的睡眠质量：他能否在睡觉时间独自入睡？睡醒时，心情是否愉悦？如果以上两条标准都符合，就说明婴儿睡眠状况正常。

脑电波研究表明，1 岁婴儿睡觉时，每 70 分钟会进入一个睡眠周期。每个睡眠周期分为 3 个阶段：浅层睡眠阶段、沉睡阶段、快速眼动睡眠阶段。在进入这三个阶段中的任一阶段前，婴儿都会经历一次入睡阶段。从 3 岁开始，得益于快速眼动期的缩减以及沉睡阶段的延长，幼儿的睡眠周期也变长了。睡眠对任何一个年龄段的人来说都是必不可少的，因为它有助于恢复体力、放松心情。对于婴儿而言，睡眠还有助于他大脑以及神经系统的发育。

更加难以入睡

您可能会发现孩子每天晚上都难以入睡。事实上，1 岁的婴儿需要等待 30~40 分钟的时间才能进入梦乡。因为现如今他的生活重心转移到人际交往上了，他喜欢与别人一直待在一起。此外，如果婴儿傍晚的时候太过激动、生气或吵闹，临睡前他的情绪就会仍然处于亢奋状态。轻吻与抚摸有助于孩子入睡。更有效的办法是从此刻起建立一个睡前仪式：为他换睡衣、陪他玩一些安静的游戏、将灯光调成柔和状态、为他讲故事。这有助于将婴儿从白天躁动的世界中拉出来。另外，请不要错过婴儿所发出的疲劳信号。如果他打呵欠、揉眼睛、拖拖拉拉地吃着盘中的食物，就说明他困了。这种情况下，您应该马上让他上床睡觉，即使他尚未吃完晚饭或完成手中的游戏。

躁动不安的睡眠

很明显，婴儿白天从事的体能活动会直接影响他的睡眠质量。这个月龄段的婴儿，白天

如果父母是双职工，就必须合理调整儿童的傍晚时间，以确保他能在轻松的氛围中入睡。大部分这一年龄段的孩子回到家后需要一定的缓冲时间，才能重拾对家的熟悉感。因此，请您至少抽出 2 小时的时间来陪孩子，陪他洗澡、吃饭、做游戏、讲故事。至于其他人的晚餐，您可以稍后再准备或少花点时间准备，以便能预留出最多的时间来陪孩子。如果孩子刚等到最后一位家庭成员归家，您就让他上床睡觉，他肯定不会"乖乖就范"，您应该给他一点儿时间，让他和这位家庭成员好好培养一下感情。

基本都在学习走路，体能消耗太大了！学习走路不仅会让婴儿身体上感觉疲惫，而且还可能会让他内心产生紧张感，以至于当他处于睡眠状态时，不能自主地控制自己的肢体动作。因此，您可能会发现您孩子夜晚睡觉时偶尔会翻转自己的身体。婴儿最易在深夜翻转身体，有时，这一动作甚至会中断孩子的睡眠，导致夜醒频繁。如果出现这种情况，最好不要立即上前安抚，您应该让孩子自己重新入睡，毕竟他已经年满1岁了，完全有能力独自入睡。如果孩子夜醒之后开始啼哭，也请不要立刻干预，您应该耐心等待，有时，您甚至应该表现出坚定的态度。

6个月至1岁这半年以来，儿童的日间睡眠情况发生了一些变化。此前白天的时候，儿童需要睡3~4次，然而，现在他只需要上午和下午各睡1小时左右即可。再过几周或几个月，儿童便只需要下午睡1小时即可。

午休时间

大部分的儿童能够轻而易举地进入午休状态，有些儿童则要到傍晚的时候才不自觉地"打起瞌睡"。这两种午休习惯会一直延续至婴儿年满2岁。此外，有些儿童会因为掌握了全新的运动技能而兴奋不已，因此，当午休时间来临时，他们会选择坐在床上玩耍，而非睡觉。如果出现这种情况，建议您不要强迫他睡觉，让他在床上自娱自乐吧。

托儿所的婴儿往往很难在午休时间入睡，因为外界刺激太多，以至于他们不愿"从中脱身"。为此，神经教育学家以及儿童睡眠研究专家珍妮特·布顿（Jeannette Bouton）发明了一个极其简单的催眠技巧：让婴儿躺在地上的床垫上，为他盖上一块大大的毯子。之后，婴儿会像小狗一样缩成一团，但是他同时也会保证自己的姿势能够看见灯光。当婴儿入睡之后，保育员再将盖在他身上的毯子取走。此项催眠技巧同样可在家中使用。

其他睡眠问题

儿童睡眠质量如何主要取决于他在清醒状态下所经历的事情，也有可能取决于他内心深处的感受。毕竟，对于婴儿而言，一切靠感觉。如果父母紧张焦虑，婴儿也会跟着神经紧绷。因为父母一旦出现负面情绪，便会心不在焉，事事出错，婴儿能够十分明显地感受到父母的情绪变化，从而影响自己的情绪。不仅如此，父母的心不在焉有时也会造成婴儿身体的不适。有些儿童之所以夜晚难以入睡，是因为白天睡太多，比如那些午觉一直睡到4点以后的孩子，或那些傍晚才开始午休的孩子。然而，令人惊讶的是，午休时间过短同样会导致儿童夜晚难以入睡。唯一的解释是这些儿童可能不太能适应这种新的作息规律。

如果您不得不在午休过程中将婴儿唤醒，请把握好唤醒时间以免婴儿啼哭。婴儿每个睡眠周期持续60分钟，最佳唤醒时间便是每个睡眠周期即将结束的时候。当您准备唤醒他时，请轻声与他说话，抚摸他的脸颊。慢慢地，一步一步地让他脱离梦境。如果婴儿没有完全清醒，他是不会离开自己温暖的被窝的。那如何判断婴儿是否已经完全苏醒了呢？请轻抚他的双手，如果他能明确地做出回应，就说明他已然清醒了。

如遇睡眠问题，该如何应对

对于 2 岁以下的婴儿而言，遗传因素、床的舒适程度、白天所从事的活动以及内心的情感波动都会影响他的睡眠质量。每个儿童所需的睡眠时间都不一样，但是几乎每个儿童都曾在深夜的时候将自己的父母吵醒。

频繁的夜醒

研究表明，60% 的儿童每晚都会夜醒一次。不过，每次夜醒的时间仅持续数秒。大部分儿童夜醒之后，都表现得极为安静，他们睁着大大的眼睛，静静地等待着再次入睡。还有一些儿童则会大声啼哭，要求父母喂奶或将他拥入怀中进行安抚。各种因素导致婴儿不能一觉睡到天亮，其中最直接的因素便是他们在黑暗之中找不到自己心爱的毛绒玩具。

如果孩子在深夜惊醒的话，您可以轻声细语地安慰他，轻抚他的背部或腹部。但是，请记住，一定不要将他抱离婴儿床。

真实存在的困难

在某些情况下，这一自然的夜醒现象会演变成睡眠障碍。任何一个 2 岁以下的婴儿都有可能在深夜惊醒，可能是因为他生病觉得身体不适，也可能是因为他与家人的情感关系出现了问题。

生物钟的作用

儿童与成人一样，由生物钟掌握着自己的身体。人体内置的"钟摆"决定着器官、分泌腺以及数十亿细胞的运转，还直接影响着个人的睡眠时间、清醒时间、体温、分泌腺的分泌状况、心率、消化、呼吸、同化作用以及排出功能等。所以，"钟摆"统领一切。换而言之，一旦"钟摆"的摆动节奏失衡，后果不堪设想。

不和谐的家庭生活会导致儿童生物钟错乱。法国的在职父母往往因为上班的缘故而被迫让孩子早起去托儿所，然而，按照孩子自身的生物钟，他需要再等待一段时间才会苏醒。同样，父母晚上下班回家之后希望能够好好与孩子相处，于是，晚上 8 点的时候，他们仍然不舍得让孩子上床睡觉。然

> 66 此前，儿童的睡眠状态十分安静，但是从这一阶段开始，他的睡眠状态会变得躁动不安。夜醒的出现证明儿童开始以一种全新的方式组织自己的睡眠模式。如果儿童白天几乎不睡觉，那么他夜醒的概率就会更大。随着年龄的增长，每个儿童最终都会拥有属于自己的睡眠模式。而睡眠模式的好坏则取决于儿童日间的活动量。如果父母希望自己能够拥有一个宁静的夜晚，就需要好好规划一下儿童白天的行程安排。99

而，按照孩子自身的生物钟，他此时本应该已经入睡 1 小时了。虽然父母所做的一切皆出于善意，但是他们却在不知不觉中将一个原本不属于孩子的生物钟强加于他身上。有些儿童能够适应，有些则痛苦不堪从而导致睡眠障碍。

当然，也不能完全让孩子严格地遵守科学的作息时间，毕竟每个孩子的入睡时间、睡眠时长以及清醒时长都不一样。

帮助婴儿入睡

婴儿月龄越大，就越会觉得睡觉意味着要与心爱之人分别，与白天的娱乐活动分别。因此，您需要尽力让婴儿爱上睡眠这一时刻。

轻抚孩子的身体能让他产生愉悦感，这一动作所带来的按摩功效还能够让婴儿身心放松，从而有助于他入睡。轻抚之前，您需要确保环境安静，并且将房间的灯光调成温和的暖色。轻抚这一动作所持续的时间依婴儿的月龄而定。对于 1 岁的婴儿而言，半个小时即可。首先，您应该以画圆的方式轻抚婴儿的肩部，然后再一直往下抚摸婴儿的背部直至臀部。当第一轮抚摸结束之后，

某些儿童睡眠专家推荐父母使用"睡眠记录本"。该记录本旨在记录儿童 10 天内的睡眠情况。父母可以在该记录本上记录儿童的起床时间、睡觉时间（还需要记录儿童是主动起床/睡觉，还是被迫的）、白天休憩时间与时长，以及夜间所发生的大小事情。睡眠记录本有助于我们客观地分析儿童的睡眠情况，从而发现问题、解决问题。

您可以再以同样的方式进行第二轮，直至婴儿入睡。渐渐地，这一轻抚环节会成为婴儿入睡仪式的一部分。不过，轻抚仅对四五岁以下幼儿的睡眠有效。如果轻抚之后，婴儿并没有入睡，请将他平放在床上，然后明确地告诉他您会一直待在他身边，以便他能安心。

如有必要，请及时就医

一定不能让婴儿靠服用药物入睡。药物虽能让婴儿进入睡眠状态，但不能教会他自主入睡，甚至会影响他的大脑发育。

正常孩子的呼吸系统是十分顺畅的，睡觉时不会出现打呼噜的症状，除非是患上了睡眠呼吸障碍。扁桃体发炎、呼吸道感染和哮喘都可能导致儿童出现睡眠呼吸障碍。在这种情况下，请尽快寻求医生的帮助。

对于这一年龄段的婴儿而言，大部分的睡眠障碍都是暂时

性的。如果婴儿的睡眠障碍持续时间较长，且引起了其他不良后果，请及时咨询儿科医生。

了解婴儿的睡眠

有些婴儿之所以会出现睡眠障碍，完全是因为父母照顾方式不当。有些父母不了解婴儿的睡眠周期，且会以一种不恰当的方式中断婴儿的睡眠。比如，6 个月以下的婴儿在睡眠过程中往往会表现得躁动不安，但是父母却将此误解为苏醒的迹象。于是，为了"安抚"婴儿，父母会将其从床上抱起。然而，这一动作恰恰中断了婴儿本该继续的睡眠。此外，中断睡眠的行为还会妨碍婴儿对自身快波睡眠以及慢波睡眠能够自然交替的认知。渐渐地，婴儿的大脑会将梦境的结束视作苏醒的标志，而这一误解最终会导致婴儿在夜晚的时候每 2 个小时就苏醒一次。

牙牙学语

1岁后，儿童先学会说单词，之后才学会说简单的句子。我们将此阶段称之为"语言阶段"，因为此时的婴儿能够重复自己所听到的词语。在此阶段，您首先应该不断地向婴儿重复双音素单词以便让他模仿，之后再选择三个音素的单词。如果这些单词在婴儿生活中必不可少，那么婴儿会更加主动地配合您。

婴儿专属词汇

婴儿的语言能力并非一蹴而就，它形成于漫长的摸索过程中。刚开始，如果婴儿想表达自己的想法，他会使用一些听着特别接近正确词语发音的音节组合。在模仿的过程中，婴儿会形成自己的词汇。他就像鹦鹉学舌一样模仿着他人的话语，不过，婴儿并非机械地模仿，他会慢慢地分析所听到的音素，然后思考该以何种方式发音。婴儿会用自己独特的方式来诠释那些尚不能正确发音的词。此外，婴儿所说的第一批词往往是因为发音简单才最先被学会。

进入语言阶段之后，婴儿开始自己"发明"单词以便表达需求。然而，只有亲人才能听懂他的话语。有时，一个词可以指代多种意思，心理学家将此称为"混合词"。婴儿最先学会的词往往和日常生活相关。

婴儿语言能力的产生与发展离不开与父母的互动。比如，婴儿怎样才能学会"喝"这个词呢？当宝宝饿得大声哭喊时，您将奶瓶递给他，然后用温柔的话语告诉他您即将喂他喝奶。渐渐地，他会将"奶"或"奶瓶"的发音与相应的实物联系在一起。过不了多久，他就会将这些单词与"喝"这个动作联系在一起。将事物象征化需要一个循序渐进的过程，此外，象征化能力的获取能够帮助婴儿将所看见的实物与所听到的发音准确地联系在一起。如果婴儿觉得某一实物对自己有用，他将该实物象征化的过程便会更快。第2年

> 从理论上来讲，现阶段是儿童学会说人生中第一批词的年纪。他学会了说"爸爸"，之后又学会了说"妈妈"。之所以先学会说"爸爸"，是因为"爸爸"这个词比"妈妈"更好发音。因此，爸爸们无须过分骄傲，毕竟这和感情的深浅无太大关系。此外，儿童还学会了用一个词来表示一整句话，而这类实用的词往往是动作类词汇，比如"给""看"。随着岁月的流逝，您会惊讶地发现儿童词汇量增长的速度竟然如此之快。最后，您还需要知道的是：这一年龄段的儿童都是双语者。他能够用另外一门语言来重复他所学过的词。我确信不同语言的交融有助于发挥儿童的语言天赋。

著名的教育学家玛利亚·蒙台梭利（Maria Montessori）将第 12~18 个月定义为"敏感期"。在这一阶段中，儿童已经做好了学习任何东西，尤其是母语的准备。外界的刺激与鼓励有助于儿童成功地学会说简单的词汇。但是有时候，儿童在学习新单词的过程中会出现停滞不前的现象。即便如此，您也无须担心，因为儿童所理解的远远要比他所能开口说的多得多。学习说话同样与大脑的活动密不可分：儿童必须能够把某件物品、某个人、某一动作，甚至是某一思想与某一声音形式对应起来。学会了单词以后，儿童便会开始学习句子，学习使用动词。

的时候，婴儿的语言理解能力会得到迅速提升。

托儿所的双语者

婴儿极具语言天赋，能够明白他人所说的各种语言。建议父母双方选用并且只使用各自的母语与孩子进行沟通。这样的话，不久之后孩子便能掌握这两门语言，即使在此之前，他会将这两门语言混用。不管怎样，儿童学习母语或外语的黄金时间是出生后的第一年，因为这一阶段儿童的感知能力以及模仿能力最强。然而，我们需要扪心自问一下，假使父母双方都没有时间或不愿参与到婴儿的语言能力发育过程中，那么强求自己的孩子学习双语是否合理？毕竟众所周知，婴儿早期双语能力的成功发展建立在母子深厚感情的基础之上，且离不开母亲对孩子不厌其烦

的回应。

对于语言能力发育良好的婴儿而言，同时学习两门不同的语言完全不会造成任何困扰。但是，如果您的孩子语言能力发育缓慢、空间 / 时间概念薄弱、人际交往方面存在障碍，那么建议您不要让孩子同时学习两门不同的语言，因为这可能会让婴儿的思维更加混乱。

第一堂词汇课

如果您想教授日用品词汇，最好的教材莫过于图画书，因为婴儿喜欢看图画。如果图画中的形象是婴儿熟悉的物品或动物，那么当您发音时，他能立刻辨认出，之后，他会重复您的发音。此外，当您为他穿衣或洗漱时，您也可以一边进行手中的动作，一边为他讲解。这样的话，婴儿便能渐渐地充实自己的词汇库。

听觉为先

婴儿一听到他人所说的话语，便会立即将其转变成自己的话语。如果婴儿被确诊患有听力障碍的话，尽早让他佩戴助听器其实也就意味着为他提供了与他人正常交流的机会。患有听力障碍的儿童只能通过模仿对方的口腔动作、面部表情以及手势动作来"学习"发音。而这将会是一个漫长、艰难的过程。

儿童被高分贝的声音吓到并不意味着他的听力良好。因为高分贝的声音会引起空气的流动或地面的振动，即使是失聪儿童也能感知到这两大异常现象。因此，这种情况下，儿童容易产生错觉。久而久之，他便建立了一套视觉标准：如果墙上或地板上出现了一块阴影或者玻璃上出现了亮点，那就意味着身后发生了一些事情，于是，就算儿童没有听见任何响动，他也会转过身来。从 1 岁开始，可以利用条件定向反应测听法来检查儿童的听力是否存在缺陷。除了该测试方法之外，还有其他更为复杂的方法。

另外，不要只把目光局限在儿童的听力障碍上，因为在现实生活中，听力障碍有时会引发心理障碍。一旦出现心理障碍，必须尽早接受治疗。

（外）祖父母——生命中的摆渡人

您的孩子与所有家庭成员都存在一定的感情联系。除了父母与兄弟姐妹之外，（外）祖父母在教育孩子以及塑造其人格方面同样扮演着重要的角色。

更易被儿童接受的权威

为了让（外）祖父母能够更好地完成辅助教育婴儿的任务，请尽早安排他们双方见面。相比于父母而言，（外）祖父母的时间更加自由，且对婴儿更有耐心。此外，他们不会以教育者的身份自居，因此，一般而言，他们所代表的权威更易被儿童接受。

相比于父母而言，（外）祖父母更加宽容。精神分析学家认为，即使让父母与（外）祖父母以轮流交替的方式照顾孩子，也完全不会造成任何混乱。因为事实上，儿童能够迅速地领悟到父母有父母的原则，（外）祖父母有（外）祖父母的原则。

即便如此，也请不要让儿童感受到父母与（外）祖父母在家庭教育中的矛盾与冲突，请尽量保持家庭和睦。但是，如果儿童在（外）祖父母家娇宠而骄的话，难道就能置之不理吗？这种情况下，您需要向孩子解释两家［自己家与（外）祖父母家］的差异。

时间充裕且性情温和

面对（外）孙子／女时，（外）祖父母十分放任自己的情感。此外，我们发现他们似乎拥有一种能与儿童顺利沟通的本领。他们还能让儿童过上另一种节奏的生活，这种生活更为宁静，更为尊重儿童的生长发育规律，更能给予儿童玩耍的时间。（外）祖父母有自己的兴趣爱好，当儿童年龄稍大的时候，他们便会与他一起分享这些爱好。相对于父母来说，（外）祖父母的时间更为充裕，因此，大部分情况下都是他们陪着孩子一起体验人生中的第一次猜谜、第一次过家家、第一次做针线活，等等。

过去的记忆

对于生活在"现在"的儿童而言，（外）祖父母意味着"过

> 我希望各位读者能对（外）祖父母另一项不太为众人所知的基本功能有所了解：（外）祖父母的存在有助于这一年龄段的儿童形成最初的时间概念。始终陪伴在儿童左右的父母有助于儿童感知到空间的存在；而以间断方式陪伴在儿童身边的（外）祖父母则有助于他形成时间概念。现阶段的儿童已经十分熟悉自己的（外）祖父母，但是与此同时，他也发现自己的（外）祖父母时而会突然出现在自己眼前，时而又会突然消失不见。久而久之，他便能明白原来时间可以被切分为一段一段。而这也正是他对时间的最初理解，毕竟只有等至五六岁的时候，他才能完全理解时间的概念。就像"藏东西游戏"能让儿童明白物体的恒存性一样，（外）祖父母的"来去游戏"能让儿童明白时间的节奏。

去"。面对儿童时，（外）祖父母总有聊不完的话题，他们的记忆之中有一份是关于孩子父母的童年生活，这份记忆有助于孩子明白家族概念。但是现阶段，要想让孩子消化"自己的父母曾经也是儿童"这一事实，就比较困难了。此外，孩子同样不能理解何为年龄、何为变老、何为逝去的时光。

一项由挪威人在整个欧洲大陆发起的调查表明，当今社会的（外）祖父母以一种更积极向上的姿态参与到儿童的成长过程中。出于对自己那忙于职场生活的子女的爱惜，具有健康体魄的（外）祖父母选择帮助他们来照顾年幼的一代。现如今，（外）祖父也开始紧跟（外）祖母的步伐，不断地参与到各种照料活动之中。不久之前，我们就法国（外）祖父母的"工作时间"进行了统计，结果表明，他们每周总共要花费 2300 万个小时用于照顾儿童，与育婴保姆一样多。（外）祖父母在照顾儿童的过程中，需要改进的一点便是他们的育婴方法，尤其是在睡袋使用方面。

临时祖父母

现如今，人们已然知晓了隔代关系的益处，并且想继续维持这一关系。"奶奶在寻找能够倾注自己爱意的小孩儿""小孩儿也在寻找能够宠溺自己的爷爷奶奶"……各大报纸无不在宣传这一内心的呼唤，各大机构也无不在尽力满足这一情感需求。从多年前开始，法国各地的"临时祖母"协会就推出了一项照看服务，以帮助在职妈妈临时照看生病的孩子。"年迈教父—年幼教女"协会则会不时地提供一些机会让自己的成员去陪伴那些（外）祖父母已经去世或与（外）祖父母联系不太频繁的儿童。该协会的成员可以上门陪伴这些儿童，也可以直接将这些儿童接到自己家中。此外，"祖父母学堂"这一协会还组织了一些活动以便让老人与儿童之间进行隔代互动。

法国有许多托儿所以及幼儿园都与附近的"老年之家"建立了合作关系，以便让那些没有（外）祖父母陪伴的儿童能够享受一段快乐的时光：他们可以与老人一起唱儿歌、听故事，甚至是过生日。当然了，老年人同样能从中感受到生活的乐趣：他们可以给儿童讲述他们的过去，以便让儿童明白年龄之间的差距并不能阻碍他们之间的隔代友谊。

美好的回忆

即使将来（外）祖父母离开了人世，他们依然会存在于儿童的记忆之中。那些与（外）祖父母建立了深厚感情的儿童永远不会将他们遗忘。在儿童看来，（外）祖父母一直都活在自己的心中，（外）祖父母仍将是整个家族的英雄，儿童也会继续思念自己的（外）祖父母。这份思念之情是否浓烈往往取决于儿童的实际年龄、（外）祖父母逝去的时间以及儿童与他们感情的深厚程度。不管儿童对（外）祖父母的记忆如何，这份记忆都能为他带来一定的幸福感、安全感与安慰感。

1
岁

水果与蔬菜

水果与蔬菜除了能为孩子提供营养所需以外，还能刺激他的好奇心。闻、摸、吃……这一系列的动作都能够让儿童更加轻松地接受这些新食物。

无与伦比的营养价值

水果与蔬菜为婴儿开启了一片全新的天地：果蔬的口味、气味以及质地能够刺激婴儿的感官，激发他的好奇心。除此之外，果蔬还有相当高的营养价值。它们能够提供丰富的维生素、矿物质、糖分以及有助于促进肠道运输功能的纤维。因此，水果和蔬菜也就自然而然地成为了婴儿食谱中的首选之物。

儿童往往比较容易接受水果，因为口感偏甜。相比之下，婴儿对蔬菜的接受程度则大打折扣。但您也不必太过担心，毕竟婴儿对蔬菜的接受程度更多地取决于整个家庭的饮食习惯。如果孩子发现所有的亲人都食用四季豆，他很有可能也会跟着吃一些。

从第 10 个月或第 11 个月开始，婴儿能够消化吸收所有的蔬菜，除了蔬菜干。婴儿最喜爱的蔬菜莫过于土豆与胡萝卜。从第 6 个月开始，您可以将土豆碾成泥喂给孩子吃；从

1 岁开始，您则可以将土豆做成条状，让孩子自己"嚼"。不过，在烹饪的过程中，一定要少放油。其实，烹饪土豆的最好方法就是不去皮，直接用水煮或用烤箱烤。因为这样可以最大限度地保留土豆所含的淀粉以及维生素 C。

水煮胡萝卜口感滑腻且偏甜（每 100 克胡萝卜含有 7.8 克糖分，相当于一个水果的含糖量），是非常容易消化的一道菜肴。此外，水煮胡萝卜热量不高，且富含钙、磷以及胡萝卜素（胡萝卜素在人体内会转化为维生素 A）。请尽量挑选质地脆嫩、颜色鲜亮的胡萝卜。

五颜六色的食物

为了让孩子爱上蔬菜，请定期更换菜单，并且在烹饪的过程中注重食物色彩的搭配：比如，第一天为孩子准备西葫芦、土豆配胡萝卜、花菜，第二天则准备西葫芦、土豆配四季豆、西红柿……最好让孩子品尝各种食物，这样，他才能成为一位小小美食家。您还可以让孩子品尝一些沙拉。第一次尝试时，您可以为他准备一些淋有柠檬汁以及橄榄油的胡萝卜小块沙拉。之后，则可以为他准备一些切成细条状的绿蔬沙拉。制作沙拉之前，请仔细清洗每一份蔬菜。对于这一年龄段的

要想让沙拉色香味俱全的话，您可以准备一些水田芹菜叶、3~4 片莴苣嫩叶或者一些碎白菜叶、一勺小块胡萝卜、一小块西红柿、一勺熟四季豆、一勺熟土豆薄片、一勺格鲁耶尔奶酪碎。之后，您再往这些食材中添加一勺乳皮奶油以及一些柠檬汁。最后，用手抓一抓，再来品尝味道如何。

婴儿而言，他可以品尝所有的水果，除了水果干。如果水果带皮，建议您在喂食之前将果皮削去，如果您觉得麻烦，至少要将水果彻底清洗以便清除果皮上的灰尘和农药残留。由各色水果或蔬菜组成的拼盘能够极大地刺激婴儿午餐时的胃口，蔬菜汤配水果泥则适合给婴儿做晚餐。另外，婴儿还可以喝一些浓稠的肉汤或蔬菜汤，因为汤内含有丰富的维生素以及矿物质。

相比之下，定期更换水果清单显得极为简单，因为超市的货架上总是摆满了各式新鲜水果或水果拼盘。如果您满 1 岁的孩子想喝果汁，最好在饭前半小时让他喝，这样才不至于影响孩子之后就餐的胃口和消化功能。

最后，对于那些胃口不大或口味刁钻的儿童，最好不要为他准备太多食物，因为这一做法只会让他们更加没食欲。刺激他们食欲的最佳办法就是将餐桌精心布置一番，再准备一盘种类丰富且色彩绚丽的食物。

速冻食品

菠菜泥拌鸡胸脯肉以及西葫芦配鲜鳕鱼是婴儿最宜食用同时也是专门为婴儿配制的两种速冻食品。相比于罐装果蔬泥，这些速冻食品有哪些优势呢？首先，速冻食品的口味更加纯正；其次，保质期更长；最后，如果您拥有一台微波炉的话，速冻食品能够大大节约您的烹饪时间。不过请严格遵守食品包装上的烹饪方法以及食用方法。

速冻的蔬菜（或蔬菜泥）、水果、红肉、鱼肉（或鱼排）与新鲜的蔬菜（或蔬菜泥）、水果、红肉、鱼肉（或鱼排）营养价值相当。速冻食品含有足够的油脂以及调味品，因此能够很好地满足婴儿的口味。速冻食品不仅能够在平时为婴儿的食谱增添色彩，还能在寒冬腊月里让婴儿吃上绿色的蔬菜。

香蕉、猕猴桃和芒果

如何挑选到一根易于消化的好香蕉呢？这类香蕉应该表皮柔软且布有褐色的小斑点。如果您购买的香蕉尚未完全成熟的话，最好在不剥皮的情况下，扔进锅中煮一煮。猕猴桃之所以成为婴儿水果的首选，是因为其含有丰富的维生素 C（每 100 克猕猴桃含有 70 毫克的维生素 C）。此外，猕猴桃的磷酸盐以及钾含量也十分高。在吃猕猴桃的过程中，婴儿会觉得很有趣，因为他会看见父母用小勺一勺一勺地将果肉挖给自己吃，就像吃带壳的溏心鸡蛋一样。现如今，芒果已经不再是稀有水果。得益于近年来运输水平的提高，我们已经能够随心所欲地在货架上挑选成熟程度适中的芒果了。

健康饮食的几点参考标准

1~3 岁儿童每日所需的钙元素为 600 毫克

奶制品能够满足婴儿 80% 的日常钙需求

每 100 克格鲁耶尔奶酪含有 925 毫克的钙元素。

每 100 克莫泽雷勒奶酪或羊乳奶酪含有 777 毫克的钙元素

2 盒酸奶或 30 克格鲁耶尔奶酪含有 300 毫克钙元素

1~3 岁儿童每日所需的镁元素为 100 毫克。奶酪的镁元素含量最高：每 100 克卡门贝奶酪含有 40 毫克的镁元素

1~12 岁儿童每日所需的铁元素为 10 毫克

1~10 岁儿童每日所需的锌元素为 10 毫克

维生素与微量元素

您发现孩子的脸色苍白，于是，您不禁开始思索是否某些维生素的摄取量不足。一般而言，只要婴儿的饮食均衡，所摄取的维生素就能很好地满足身体的需求。不过，有时可能会出现维生素 C 和维生素 D 摄取量不足的情况。如果出现这种现象的话，只能通过服用药物进行补充了。

维生素与健康

不管您的孩子是母乳喂养还是奶粉喂养，为了避免患上佝偻病，他需要摄取足够的维生素 D。如果您的孩子是依靠药物来补充维生素 D，请严格控制剂量，因为一旦服用过量，会损害身体健康。至于其他的维生素，比如维生素 C，该如何补充呢？众所周知，维生素 C 有助于提高免疫力。对于刚出生的婴儿而言，母乳或奶粉中所含的维生素 C 已经能够很好地满足他身体的需求了。不过，如果您的孩子饱受鼻咽炎、耳炎或支气管炎折磨的话，冬天的时候，医生可以为他开具适量的维生素 C。

只要婴儿的饮食多样化，那么他体内就不会缺乏各种维生素（表4）。最好多让孩子吃些新鲜水果和蔬菜，以及富含植物蛋白、复合糖（而非简单糖）的食物，另外，需要为他补充

适量的脂肪。之后，您便会发现，您的孩子容光焕发。孩子脸色苍白并不一定意味着身体缺乏维生素，还可能是因为睡眠不足。维生素是生命中不可或缺的物质，人体不能自行产生维生素，只能依靠外界摄入。并且，维生素不易在人体内储存，会随尿液与大便一起排出人体。

因此，没必要疯狂为孩子补充各种维生素。

氟元素 —— 预防龋齿

在婴儿首次出牙（大约第 6 个月）之前，不要让婴儿服用氟化物。不过出牙之后，您可以根据婴儿的体重，让他服用适量的氟化物药片或滴剂。此

表4：维生素及其食物来源

维生素种类	食物来源
维生素 C	胡萝卜含有丰富的胡萝卜素以及维生素 C；菠菜同样含有丰富的维生素 C，越新鲜的菠菜，所含的维生素 C 越多；维生素 C 在香蕉中的含量也较高
维生素 B	扁豆含有丰富的多种维生素，尤其是维生素 B 族
维生素 A 和 B	动物肝脏含有丰富的维生素 A 和 B 以及各种微量元素（铁、铬、锌、铜等）。
其他维生素	白面包富含各种维生素，但是含量远没有全麦面包的多

外，您还应该确认一下婴儿平时饮用水的含氟量。如果您家族中有成员出现龋齿，且受损程度严重，那么您的孩子迫切需要补充氟元素。当婴儿2岁之后，医生会根据他平时的饮食习惯为他评估日常的氟元素摄取量，从而判断他是否需要额外补充氟元素。我们发现只有20%~30%的儿童需要通过服用药物来补充氟元素。对于6岁以下的儿童而言，使用含氟牙膏几乎毫无效果，因为他们刷牙速度很快，并且由于不懂如何将口中异物吐出，总是会把50%以上的牙膏吞入肚中。

氟元素能够有效地防止龋齿的出现：一方面氟元素能够较容易地渗入牙釉质中，从而增强牙釉质抵御有机酸的能力；另一方面氟元素能够清除牙齿表面的细菌。因此，氟元素能够有效地减缓致龋细菌的增长速度，并抑制具有腐蚀牙釉质功能的有机酸的形成。大部分的食物都含有氟元素，不过有

些食物的含氟量相比而言更高，如茶、菠菜、鲭鱼、沙丁鱼以及生菜。然而，含氟量最高的物质莫过于饮用水。您还可以选择含氟的食用盐。每千克含氟食盐含有250毫克的氟。基于对每人每日食盐平均摄取量的考虑，我们认为这一比例最能保障每位家庭成员的氟元素摄取量。

需要注意的是，长期摄入过量的氟（有毒性作用），不仅会造成牙齿染色，还会影响骨骼的健康。

铁元素——抵抗贫血

我们吸入的氧气由血液输送给肌肉组织，而在这一输送过程中，铁元素起到了至关重要的作用。新生儿体内储存着一定的铁元素，这一储存量大

概能够支撑4个月。4个月之后，婴儿每天需要摄取的铁元素视体重而定，每千克体重需要摄取1毫克铁元素，直至3岁。此外，值得注意的是，铁元素的吸收率仅为10%，因此，要想确保婴儿每日的铁元素摄取量，就必须让他服用10~15毫克的铁元素。我们认为10个月的婴儿中有18%的儿童体内缺铁；而2岁大的幼儿中则有将近一半的儿童缺铁。从第2年开始，缺铁可能会导致婴儿精神运动机能发育缓慢。

您最好及时咨询医生，以便确认婴儿是否缺铁。就诊过程中，医生会提取婴儿的血液以分析他体内的血红蛋白比值以及血清铁蛋白含量，这两种物质都是诊断婴儿是否缺铁的指标。如果血红蛋白与血清铁蛋白含量较低，医生会为婴儿开具一种以铁元素为主要成分的药物，该药物形似巧克力粉，需要服用2~3个月，甚至是更长的时间。

绿叶菜尤其是菠菜的含铁量较高。不过，菠菜中所含的草酸会影响人体对钙以及铁的吸收。人体对红肉以及鱼肉中所含的铁元素吸收率可达25%。

维生素是维系生命存在的必要物质。因为人体不能自行生成维生素，所以我们需要从外界摄取。少量的维生素便能满足人体的需求，不过，维生素十分脆弱，极易流失。至于微量元素，则是存在于人体内的矿物质或非金属物质。

时刻注意潜在危险

家中能用于嬉戏的花园、用于捉迷藏的楼梯以及角落，这些地方对于婴儿而言都是充满各种惊喜的天堂。因为您的孩子对各种事物充满好奇，却又不懂何为危险，所以保护他的重任便自然而然地落在您身上了。

何为危险

除了痛苦的经历，其他任何事物都不能让婴儿感受到何为危险。此外，这一年龄段的婴儿并不明白因果之间的联系。因此，要想确保您孩子的安全，必须遵循以下三条原则：时刻保持警惕、采取预防措施、进行安全教育。

当婴儿尚不能自主活动时，他有可能会因为自己肢体的不协调、看护人员的监管缺失或不重视而意外受伤。如今，他已经能够一个人独立行走了，可能遭遇的危险也就更多了。您当然知道不能让孩子离开自己的视野范围，但是有时您不得不离开片刻，又或者有的时候孩子会以迅雷不及掩耳之势在您的眼皮底下做出一件令您震惊的傻事。如果遇到这种情况，您的第一反应肯定是"我本来以为他做不了这件事的"。这也就是为什么您需要熟知婴儿每一阶段的生理发育与心理发育状况。

您需要根据孩子所获取的生理新技能以及他每个阶段的兴趣点对家中各处的安全性进行检测，请别忘了检查阳台以及后院，您还需要准备一些应对儿童意外事故的救援工具，这些不仅是出于对儿童安全的考虑，也是为了让您心安。虽然这些做法并不能让孩子免受所有危险的侵害，但是至少能够剔除其中一部分或减轻侵害程度。

风险教育

婴儿1岁的时候就需要接受风险教育。冷、热、摔跤、楼梯高度、虚实以及婴儿所能接触到的所有新玩具或新家电的潜在危险都是风险教育的一部分。此外，在风险教育过程中，您还需要进行"假装"这一环节，因为这一环节有助于婴儿明白何为危险。最后，您可以耐心地向孩子解释哪里存在危险以及如果遭遇危险，需要承受何种痛苦。有时，您甚至需要明令禁止他靠近危险之地。对于这一年龄段的婴儿而言，他根本不明白任何禁令内容，但是能从您严肃的语气中感知到事情的严重性。虽然您已经十分严厉地警告过孩子，但是别忘了在之后的日子里反复提醒他禁令的存在。

如果您的居所配有院子或车库，那么这两个地方同样存在着一定的危险。由光电池启动的升降门容易引发多种事故。园艺工具以及花草喷洒剂极为危险，因此，需要将它们锁在柜中。如果您还未清理院子，请立刻行动起来。另外，危险植物往往会结出浆果，而这些浆果经常会被误认为是可食用的。您可以翻阅任何一本植物类书籍，以便辨认出院子中的危险植物并将它们清除。

厨 房

厨房是 25% 家庭事故的发生地。烧伤 / 烫伤也是最大的潜在风险，比如：手柄长度超出炉灶宽度的平底锅、从微波炉溢出的滚烫液体或者正在运行的烤箱的金属门。因此，您需要采取一些预防措施，比如：将平底锅的手柄转向内侧。出于安全考虑，有些炉灶可能需要安装防护栅栏。最好将烤箱放置在高处，如果高处空间不够，还可以为烤箱安装一扇冷却金属门。请不要一手抱着孩子，一手从微波炉中拿取餐盘。请尽量将各种家电接地，并把各种家用物品放置在高处。另外，请为镜子以及柜子安装防护装置。最后，请别忘了，您新添一件家用电器，就意味着家中又多一份潜在危险。

客 厅

客厅最常见的潜在危险是摔跤。而导致孩子摔跤的罪魁祸首往往是地毯。您可以将地毯固定在地面上，即便如此，对于蹒跚学步的婴儿而言，它依然会是一个障碍。如果婴儿摔倒时不慎磕碰到茶几的四角，他将感受到剧烈的疼痛，因此，您需要为桌椅安装防撞条。为防坠落事故的发生，请为窗户安装防护设施和带锁的手柄，为阳台安装防护栏。

平时避免让幼儿食用各类坚果，以防气管堵塞。请勿让婴儿触碰玻璃制品。

卧 室

您孩子的卧室同样存在一些危险，比如：触电、撞击以及夹指。您需要确认家中所有的插座都配有安全插头，否则的话，您只能再加装一个安全保护盖。至于卧室的房门，建议您不要选用玻璃材质，另外，最好安装圆形的门把手，如有可能，再加

家中的楼梯，不管是高处的那一端还是低处的那一端，永远都是一个潜在的危险。在高处那一端时，由于婴儿脑海中尚未形成高度这一概念，因此他很容易从楼梯上滚落下来；在低处那一端时，婴儿容易把眼前的台阶想象成游戏中的攀爬圣地，从而发生磕碰或滚落事故。如果您孩子的房间设在楼上，那么最好在楼梯的两端安装防护栏。请注意，螺旋式楼梯更为危险，因为出于美观方面的考虑，这类楼梯的栏杆间距往往不符合安全规定。另外一个潜在的危险便是插线板。如果婴儿不慎用嘴啃咬插线板，有可能会被严重电伤。此外，皮带或者细绳有可能会勒住婴儿的脖子，从而导致窒息。

装一个软垫以防夹指。

浴 室

浴室是另外一个危险之地。婴儿在此处最常遭遇的事故是被热水烫伤。正常情况下，热水器中的水温不会超过 65℃。因此，在为婴儿洗澡之前请确认水温是否合适。其实，最好的解决办法是在浴缸上安装一个恒温水龙头。有了恒温水龙头，您就可以预先设置好您心目中的理想水温，并且，如果想调高水温的话，需要左右手同时进行操作，而这一动作对于幼儿来说是难以实施的。如果您在浴室中放置了其他电器，如：吹风机、暖风机等，请在不使用的情况下及时拔除电源。有人喜欢将药品放在浴室中，如果您也有这一习惯，请尽量将药品放于高处，最好是将它们放在带锁的柜子或盒子之中。

1 岁

如何挑选适龄玩具

和其他所有消费品一样，孩子的玩具也需要符合相关的安全标准。或许您已经注意到了许多玩具的包装上都会贴有以下字样：不适用于 3 岁以下儿童。

强制执行的安全标准

"不适用于 3 岁以下儿童"的字样并不意味着您孩子的智商不足，不能玩这一毛绒玩具或者玩具汽车。事实上，这一字样意味着该玩具不符合法律为 3 岁以下儿童玩具所设定的相关安全生产标准。玩具的功能在于消遣娱乐以及心智启蒙，而非伤害他人。因此，玩具制造商在设计构思以及材料挑选这两个环节中都必须严格遵守相关法律规定。

法国国家计量与测试实验室的技术人员负责检测法国市面上的玩具是否符合各项标准。尚未上市的新玩具则需要向相关部门进行申报，以保证产品符合安全生产标准。申报检测结果会标注在产品或产品外包装上。

织物玩具

相比于其他类型玩具而言，织物玩具更易着火。因此，相关规定要求制造商们确保所用

材料不可燃，或者至少燃烧速度缓慢且无火花。这样儿童才有足够的时间将着火玩具扔掉或者成功地从着火玩具（如果该玩具是一件衣服或者一顶帐篷的话）中逃脱。织物玩具所使用的染色剂必须无毒且遇水（包括唾沫）不会褪色。另外，就算长毛玩具符合安全生产标准，也不建议为婴儿购买。因为婴儿的双手有一定的抓取能力，一旦他从长毛玩具上拔下几根细须塞入嘴中，极有可能会引起恶心、呕吐，甚至是窒息。最后，请注意，有些人造纤维会引发过敏。

填充玩具

对于填充玩具而言，其内置的填充物必须符合安全标准：填充物必须全新（或接受过全面消毒）且无任何废料。如果填充物为直径小于 3 毫米的聚酯海绵球状物，包裹填充物的外部织物须为双层构造，此外，外部织物的缝纫针脚必须能够抵挡体重 7 千克儿童的撕扯。至于玩具的眼睛、鼻子或其他脸部表情位置，则只能使用印花。填充玩具剩余的粘合或缝合部位必须能够抵挡体重 9 千克儿童的撕扯。另外，填充玩具必须能够适用于机洗且晾干时间短。

> ❝多年以前，我便萌生了一个想法，我想建议医生在治疗儿童之前，假装治疗一下他熟悉的玩具，比如毛绒玩具。事实证明，这一方法极大地减少了治疗过程中所遇到的阻碍。它有效地制止了儿童的尖叫声以及眼泪。当然，这一方法也并非屡试不爽。我记得曾经有个小男孩，第二次来就诊的时候，十分警惕地看着我，说到："你，我认识你！你不许碰我的熊，他没生病。"❞

木制及塑料制玩具

木制以及塑料制玩具不能有任何锋利的地方，因此，其形状须为弧形。木制玩具的表面须十分光滑。此外，出于美观或设计的需要，木制玩具往往会上漆，这种情况下，必须保证涂刷的油漆以及胶水无毒。

塑料制玩具所使用的塑料极为结实。塑料制玩具，比如拨浪鼓，都需要接受撞击测试以便检验坚固程度。用于拼搭游戏的玩具，其直径不能小于 3.7 厘米，以防止被懵懂无知的婴儿吞咽。

过家家游戏所使用的玩具以及洋娃娃身上的各种配件都需要接受测试。有些制造商在生产过家家玩具的过程中甚至会使用食用塑料，这样的话，儿童便可以放心大胆地用这些玩具器皿盛放真正的食物了。

螺丝、细绳与束带

如果您购买的是组装玩具，请确保玩具上的钉子与螺丝安装牢固。玩具上的细绳或束带长度不能超过 30 厘米，以免出现扼颈窒息的现象。至于拖拽玩具，其锁链厚度需大于 15 毫米。

儿童汽车

儿童汽车的稳固性决定了儿童的安全程度。儿童汽车不能出现任何晃动迹象，即使是在倾斜度为 10 度的平面上。此外，儿童汽车需要接受耐力测试：以每小时 4.5 千米的速度行驶 50 千米，连续撞击 71000 次。

安全使用

作为家长，您需要知道，真正安全的玩具不仅需要符合安全生产标准，还需要适合儿童的年纪。此外，决不能让儿童在无人看管的情况下玩玩具。即使一个玩具完全符合安全生产标准，即使儿童已经摆弄了上千次，它仍然有可能会带来危险。一旦玩具出现折裂或损坏痕迹，请立即将它扔掉！拼搭游戏中的弹珠或其他细小部件都有可能会被儿童吞咽。

请记住，塑料袋并不是玩具，不要让孩子接触。当您将物品从塑料袋中掏出后，儿童喜欢将空的塑料袋拿走。因为他们觉得塑料袋可以套在头上玩，并且这一过程很有趣。然而，这一举动无疑是一个潜在的危险：当孩子的头套在塑料袋中时，他无法畅快地呼吸，另外，在吸气的作用下，塑料袋会紧贴儿童的脸部。渐渐地，他会变得惊慌失措，从而不能顺利地将塑料袋抽走。

有些玩具并不符合安全生产标准，请您不要购买。另外，最好不要让儿童接触泡沫玩具，尤其是洗澡时用的泡沫玩具，因为孩子很有可能会啃咬该类玩具的某一部位并将其吞咽从而引发窒息。最后，某些电池玩具也十分危险，您需要将此类玩具单独放在孩子接触不到的某个角落。因为一旦电池过热或者其所含的化学成分溢出，儿童很有可能会被"灼伤"。

有些父母在寻找安全玩具的过程中不知不觉地将目光转向了"生态"玩具。生态玩具适用于简单的游戏，由原木以及食品级颜料制成。您现在可以将胶合板制成的玩具从孩子的世界清除掉了，因为它们在制作的过程中使用了甲醛。众所周知，甲醛会刺激人体的呼吸道以及黏膜。至于毛绒玩具，最好选择由天然织物制成的毛绒玩具，比如生态棉。如果玩具的标签上标有 OEKO-TEX（纺织品生态标签）字样，那么请放心，该玩具的原材料中绝对不含任何有毒有害物质。

人生中的第一个生日

宝宝在这一年中的变化是如此之大！现在的他已经可以独自一人爬行了，如果发育得快的话，他甚至能够独自（或借助外物）站立了。当然，此刻的您需要帮助他去吹灭他人生中的第一根生日蜡烛。

一定的独立性

不管您的孩子是否已经学会了走路，此时的他都喜欢攀爬楼梯或沙发，如果您想让他安安静静地坐在指定位置，那简直是天方夜谭！除了攀爬、走路，您的孩子还掌握了其他本领，比如：用手拿牛奶杯、用手捡桌上饭菜的残渣、用手乱涂乱画。

运动机能方面的进步使得儿童的世界一分为三，即口欲世界（在口欲世界中，儿童依然乐此不疲地将各种东西塞入嘴中）、周边外部世界（在周边外部世界中，儿童坐着或站着的时候会用手探索周围的一切）以及运动世界（只要儿童能够自由移动自己的身体，那便意味着他开启了运动世界。自由移动身躯有助于儿童形成方向感以及距离感这两大概念）。此外，儿童所做的各种动作无时无刻不在透露着他的各大感官能力，比如：视觉、听觉、触觉、味觉。儿童会事先进行多次尝试，以便他的感知运动类活动能够适应他所处的环境。

开始运转的智力

儿童开始明白如果一件物品由某个支撑物所支撑，那么只要控制了这个支撑物便能左右该物品的行动。比如：他知道只要抓住了玩具上的细绳，便能将该玩具拖拽至自己面前。儿童之所以有如此领悟，是因为他此前进行过多次摸索，而这也正是他智力演变的最初过程。此时的他已经懂得如何将各大感官所获取的信息结构化，如何回应外界的刺激。过不了多久，儿童还会明白只有借助"外物"的力量才能获取某些结果。因此，智力发育与精神运动发育密不可分。

在这一年中，您的孩子取得了显著的进步，然而，这仅仅是个开始而已，在接下来的一年中，他的语言能力会突飞猛进地发展。到目前为止，他只能说6~8个与自己生活息息相关的词汇，比如：吃、走、玩、抱等。此外，他还懂得"不"的含义，也能辨别出自己的名字。现阶段的儿童顽固、易怒，过不了多久，他还会展示出他叛逆的一面。

重复日常手势，保持外部环境以及生活节奏不变都有助于儿童形成对这个世界的认知。规律的生活能让儿童感觉安心，感觉自己仍被他人所爱、所倾听。儿童同样会学着去适应成人的世界。如果您准备对某些事情进行调整，请及时告知儿童，您的话语能带给他自信和安全感。

个人意志的显现

儿童经常会表现出对自己亲人的爱，有时也可能会表现出一定的嫉妒之心，除此之外，他还会故意激怒亲人以测试自己的权利范围。儿童十分在意自己的独立性，却又总担心自己会一直依赖父母。因此，他的性格开始变得难以捉摸。他会拒绝别人抱他，也会将那些侵犯到他独立性的感情拒之门外。他一直都深爱自己的父母，但是却又不想总处于他们的监管之下。

对于这一年龄段的儿童，您应该学会倾听他的心声，而不是将自己的意志强加于他，然而，大部分父母很难做到这一点。现阶段儿童的记忆系统尚未发育完全，这使得他在同一件事情上总是屡败屡试。有时，您应该学会向儿童说"不"，即使当他想要得到某件物品或从事某项活动时这会比较难。他还很难控制自己的挫败感，改变他的想法并不容易。

一支充满魔力的蜡烛

儿童人生中的第一个生日自然十分重要。不过，由于儿童年龄尚小，因此他往往不能真正地享受到生日所带来的乐趣。即便如此，他仍然能够感

> 儿童的第一个生日在他的生命旅程中占据着十分重要的地位。在庆祝这一特殊时刻的时候，直系亲属必须伴其左右。此外，拍照有助于将这一重要时刻留存在记忆之中。亲朋好友可以在所拍的照片上写上一小段祝福话语。在儿童过生日的时候，可以邀请整个家族或邻居家的小朋友和他一起庆祝。庆祝过后，别忘了将他人生中的第一支蜡烛以及第一份生日蛋糕的配方保存下来。通过帮助儿童保存这份记忆，您记录下了他的这段过往经历，而这段过往经历有助于他美好未来的构建。儿童的第一个生日标志着他的成长发育即将进入一个全新的阶段。到目前为止，他已经学会了牵着您的手走路，他能同时握住三块小积木，他会拿着您给他的笔胡乱涂鸦，他拥有了自己心爱的玩具。即使现阶段的他只会说几个单词，但是他的理解能力已经很强。

觉到大家之所以齐聚一堂，全是因为他，于是，他便会十分开心。为了让儿童能够充分地享受到他的生日乐趣，最好在他空闲的时间（午休睡醒后的那段时间最为合适）为他举办一次小型聚会。对您而言，儿童的第一次生日聚会标志着宁静岁月的逝去，因为接下来将会是一段"动荡"的岁月。

聚会的过程中，请一定不要忘记点蜡烛，因为蜡烛会让儿童感觉兴奋。遗憾的是，他仍然无法独自一人吹灭蜡烛。如果想让生日聚会更加梦幻的话，您可以购买能够喷射火花的电子蜡烛。聚会场所的光线越暗，蜡烛燃烧所带来的效果

就会越好。

保存记忆

您为何不创建一本家庭日志呢？这样的话，儿童的这段记忆便能保存下来。创建一本家庭日志其实很简单，您只需要把照片粘上去，然后写上相关信息即可。如果您对此仍然毫无头绪，可以参考某些杂志。最好让每位家庭成员在日志上都写上一段话，然后签上日期与姓名。粘照片是最为重要的一个环节，您可以在照片的周围粘贴一些装饰物品，比如：风干的花瓣……如果您不愿自己动手制作家庭日志，也可以选择直接购买一本相册。

家庭宠物

有时，儿童与宠物共处一室是不可避免的，尤其是对于那些在孩子出生以前就已经养了宠物的家庭而言。不过，我们也没有任何理由阻止儿童与宠物接触。

学会认识对方

如果在孩子出生前您就养了宠物，那么您需要将自己的孩子介绍给自己的宠物，以便他们能够认识对方。犬类心理学家认为，狗只要在家中找到了一席之地，它便能够毫无保留地与新生儿建立朋友关系，并与他分享自己的一切。如果您想养宠物的话，建议您在孩子出生之前养。孩子出生后，您可以让家中的狗闻闻孩子的气味，触摸孩子的轮廓以便他们能够熟悉对方的特征。请注意，千万不要在无人监管的情况下，让孩子单独与猫或狗相处，即使他们之间已经十分熟悉了。因为宠物有时会误读孩子的"友好"举动，从而引发意外事故。

一个活生生的"玩具"

儿童貌似天生就喜欢小动物，从能坐到能走，他对小动物的喜爱之情只会有增无减。说到底，他又怎会不喜欢这只整天围着他转并且能够发出与玩具同样有趣声音的动物呢? 对于儿童而言，动物的浑身上下都值得探究：容易抓住的毛发、伸手可触的耳朵、湿乎乎的鼻子、亮闪闪的眼睛……不知疲倦的家庭宠物无疑是陪伴儿童练习走路的最佳伙伴。随着时间的推移，儿童与宠物，尤其是与狗之间，会建立起默契的关系。过不了多久，儿童便会明白宠物也有生命，宠物会根据自己的性格与需求行事。因此，有的时候，和宠物相处的过程中，他必须学会妥协。

狗与猫

养狗与养猫的方法并不一样。猫是独居动物，它会试图躲

> 在儿童看来,世界上存在三种动物。第一种动物是"动物性"动物(比如：猫、狗)，这类动物一般比他先出现在家中或与他几乎同时出现在家中。儿童会将此类动物视为另一个"他"，或将它们视为他与父母之间的一种"中间状态"。一旦儿童学会了说话，他便会向此类动物倾诉自己的想法、痛苦以及秘密。当此类动物生病或老去时，儿童便会开始对死亡以及时间进行思考。第二种动物是"虚构性"动物，比如：史前动物、怪物、吃人妖魔等。这类动物丰富了儿童的心理世界，从 3 岁开始，它们会引发儿童内心的恐惧。最后一种动物为"野生类"动物。这类动物速度极快，且不遵守任何规则。它们的意义在于帮助儿童建立科学性思维以及激发儿童对生态和自然的兴趣。此外，野生动物能让儿童明白何为力量，何为自由。它们还有助于儿童明白世界上还存在另一种生活，这种生活不像他的家庭生活那么有条理、那么文明。

一些致力于分析儿童与小狗之间关系的研究表明，80%的情况下，都是儿童迈出的第一步，并且儿童年龄越小，他迈出第一步的积极性越高。通过触摸，尤其是通过充满爱意的抚摸，儿童与小狗之间建立起亲密的关系。一般来说，儿童先抚摸小狗的肋部，之后再往上抚摸它的脖子，最后才抚摸它的头。小狗则是通过闻气味来建立它与儿童之间的亲密关系。它先闻儿童的头部，再往下闻他的胳膊，最后再闻富含皮脂腺的其他身体部位。

避儿童突然发出的尖叫声或突然做出的某种动作。因此，它的防御武器——抓挠对儿童来说是一个潜在的危险。此外，养猫还存在一个卫生问题，因为猫是一种需要特殊照顾的动物：您需要定期为它梳理毛发、确保猫粮以及猫舍（猫舍必须安置在儿童触摸不到的地方）的卫生状况。最后，出于卫生考虑，不能让猫进入儿童的卧室或摇篮中。

至于养狗，面临的最大困难是嫉妒的问题。它并不总是能理解儿童的反应：当它深情舔吻儿童的时候，儿童会大哭；当它轻咬儿童以示不满的时候，儿童还是会大哭。此外，狗难以将儿童视为"人类"，在它眼里，儿童就是一个只会大哭、气味异常且让他感到不安的生物。成年人必须抑制它初期的担忧，并明智地进行干预。毫无疑问，狗会试图去轻舔儿童的身体，如果它轻舔的部位是儿童的手或脚，您无须阻止；

但是，如果它过于"黏人"，那么最好转移它的注意力，但不应该蛮横地训斥它。此外，请不要想当然地认为小狗的攻击力比大狗的攻击力弱。有时，事情反而会出乎您的意料，尤其是如果您在孩子出生以前就十分宠溺小狗的话，它便会认为孩子的到来夺走了您对它的爱。您不需要太过在意狗的品种，但是，您需要考虑它的性别。一般而言，母狗总是比公狗攻击欲小。对于幼童而言，最理想的小狗伙伴必须性格沉稳、安静、耐心、重感情，且善于控制自己的情绪。儿童一般都喜欢毛色清浅、皮毛厚实的温柔小狗，总而言之，他们喜欢手感顺滑的狗。

尊重动物

请注意：动物有时会变成一个潜在的危险，尤其是当它正在吃饭或啃骨头的时候。此外，请不要让动物产生嫉妒之

心，也不要随意改变您与它的相处模式。请不要将动物驱逐出儿童的世界。最后，请记住动物也需要安静，也需要他人尊重它的私密空间。

疾病与过敏

家庭宠物也会传播某些所谓的"人畜共通传染病"。比如有一种名叫小孢子菌的真菌，它往往寄生在猫和狗身上。小孢子菌可以在动物身上长期存在而不致病，但是人体一旦被感染，便会出现脱发或者其他迹象。此外，有些动物，尤其是犬类，还会传播疥疮以及弓形虫病，弓形虫一般通过沙子传播。更恼人的是一种叫"猫抓病"的疾病。另一方面，动物也往往被认为会引起儿童过敏。从出生开始，儿童便被大量的过敏原（能够引起"过敏反应"的一种物质）所包围。它们的类型多样：植物、食物、接触、动物毛发。

领养儿童

经过漫长的等待，您的孩子终于出现在您面前了。不过与此同时，您也需要处理一系列问题。您需要评估孩子以前的生活对他各方面的影响，需要判断孩子的特殊需求。如何为他创造一个美好的未来，是您最大的顾虑。

耐心与坚持

所有的领养家庭都承认，当他们第一次在家接触孩子时，会不知所措。从父母角度来看，几乎没有哪位领养父母做好了万全的准备；从儿童角度来看，被领养的儿童或多或少背负着过往经历的烙印。有些儿童被原生家庭遗弃，有些儿童则出生在贫困或战乱国家，因此他们中的一些人会出现体弱或心理障碍等问题。这也就是为什么在面对被领养的儿童时，您需要一直保持耐心，并且在相处的过程中倾注更多的情感。有时，被领养的儿童也会竭力迎合自己的新父母，毕竟他并不完全符合新父母心目中的形象。此外，被领养儿童适应新环境的过程有时会妨碍夫妻之间的和睦相处。

> 大部分情况下，被领养儿童会和其他儿童一样健康成长。因为新父母会努力成为"合格的父母"，会十分关心孩子，尽全力保障孩子的健康成长。在相处的过程中，可能会出现语言问题，被领养儿童须学会新父母所讲的语言，才能明白他们的话语。领养本地／本国的儿童通常不存在这一问题。被领养儿童在领养初期会询问自己的籍贯，之后他便会保持沉默直至俄狄浦斯期到来。在俄狄浦斯期，被领养儿童会不时地询问自己被领养的过程，询问自己亲生父母在领养的过程中扮演怎样的角色。如果养父母给出虚假答案的话，会造成严重后果，儿童自此会放弃对过去生活的最后一丝向往。如果养父母给出真实答案的话，儿童则会对自己的身世感到坦然，最多，他会在青春期的时候研究一下自己的出生地。

一点一点地重建自我

对于养父母而言，如有可能，最好亲自去一趟孩子的原生地，这样才能更加清楚地了解孩子曾经的生活条件、现在的身体状况以及某些异常行为的缘由。在了解孩子过往经历之前，养父母往往会将他们某些异常行为误认为是任性所致。有些孩子不愿在床上睡觉或不愿独自一人在卧室睡觉，因为在被领养之前，他一直都躺在地上或席子上睡觉，又或者是因为他此前一直都与其他家庭成员共处一室。有些儿童则一听到任何风吹草动便将自己藏起来，又或者有些儿童会默默地一直跟在新妈妈身后。创伤还可能更严重：语言能力或卫生意识的延迟，甚至是在对自己的身体认知上有重大障碍。这些创伤之所以出现，往往是因为儿童此前缺乏情感交流以及肢体接触。若想抚平这些创伤，唯有依靠爱与耐心。

不管被领养儿童在新家庭的适应过程如何，快速适应也好，缓慢适应也罢，大部分儿童在到达新家庭的第 9 个月后会出现退行现象。心理学家将此称为"重生"。似乎是在这 9 个月中，儿童经历了一次心理意义上的"妊娠期"，以便最终能够破茧而出，完全适应新家庭的生活。退行期伊始，儿童会竭尽全力地想要独享母亲，他会像新生儿一样要求母亲抱抱或喂奶。即使这类要求看起来有些匪夷所思，但是还请尽量满足他的愿望。因为儿童想通过这一方式确认您是否真的爱他、在乎他。他也有可能会在床上尿尿、拒绝进食（或暴饮暴食）。如果遇到此类情况，还请保持耐心。因为一旦儿童熟悉了新环境，这些行为都会随之消失。

父母与孩子之间如何称呼

如果被领养的儿童年龄尚小，他们会自然而然地称呼养父母为"爸爸""妈妈"；如果被领养的儿童年龄较大，他们往往会保持沉默。如果遇到这

种情况，您可以让他直接称呼你们的名字。如果您领养的是外国儿童，请了解一下孩子的原生地是如何称呼父母的，以免将孩子的发音困难问题误认为是他拒绝称呼你们为爸爸妈妈。毕竟，有的时候，语言障碍是引发各种误解的根源。

您又打算如何称呼这位领养的孩子？直接称呼他的本名吗？在大多数精神科专家看来，这一称呼方式无疑是最理想的选择，如果您是为了孩子着想，请不要为其更改姓名。毕竟，本名是证明他过往经历的唯一烙印。然而，有些精神科专家则认为取新名字是养父母将孩子视如己出的标志。为了解决这一难题，有些养父母会选择将孩子的本名以及自己为他取的新名字结合在一起。如果被领养的儿童为外国儿童，且他的本名很难用您的母语顺利拼读出来，那最好的解决办法就是为他取个全新的名字或者将

他本名省略成易拼读的名字，以免孩子因为名字的发音问题不能顺利融入当地的生活。

遗传的影响

某些被领养儿童卑微的出身有时会导致养父母提出遗传的问题。事实上，人类经验的累积不仅仅跟遗传有关，人类大多数特有的活动都是通过社会来习得的，是学习、激励和爱的结果。研究表明，被领养儿童的智力水平、语言习得能力（语言习得能力的发展主要建立在丰富的词汇以及正确的语法建构之上）以及反射机制（反射机制的早期发展主要建立在各种游戏或能够培养逻辑推理能力的活动之上），都和领养家庭的整体文化水平息息相关。因此，儿童所处的后天成长环境能够很大程度上消除先天遗传所带来的影响。儿童被领养时年龄越小，这一消除效果就越明显。

1 岁半

您的孩子

　　在这半年里，您的孩子已经有了巨大的进步！他现在能跑，能倒退着走路，还能拍皮球。当您为他讲故事的时候，他会自己翻书页。睡前故事有助于婴儿语言能力的发展。然而，现阶段的他仍然不懂得句法规则，他只会简单地将单词拼凑在一起。尽管只是简单的拼凑，有时却也别有一番情调。

　　现阶段，他能够从一个物体发展出自己的思想。这一象征性思维的建立意味着婴儿能够自由地改变手中玩具的外观，或者将该玩具拟人化，并赋予它人类的思想与谈吐。

　　现阶段最重要的变化莫过于儿童成功地在心理层面上意识到了自己的性别。大概在第 18 个月的时候，小男孩开始发现自己原来是个男孩，与此同时，小女孩也开始意识到自己原来是个女孩。这一性别的获知同样有助于解释为什么父母要为自己取这样的名字、穿这样的衣服、布置这样的房间、购买这样的玩具。

· 平均体重约为 12 千克，身长约为 80 厘米。

· 能够自如行走，且喜欢牵着他人的手散步。

· 能够依靠四肢爬上楼梯，如果有外部支撑物的话，则能走上楼梯。

· 能够用脚踢球，能够手握杯柄喝水。他对一切密封的物体都很感兴趣。

· 他熟知自己身体的各个部位，并且能够分辨出身边亲友所教授的生活用品或动物。此外，他还能执行他人所下达的简单指令。

· 他每天喝奶 400 毫升左右，分成 2~3 次，并开始食用软的块状辅食。

卫生意识的培养

西方文化是唯一一种过早担忧儿童卫生意识培养问题的文化。在世界上其他大多数国家的文化中，儿童卫生意识不需要刻意培养，因为它能在儿童 3 岁左右自然形成。但在西方国家看来，卫生意识的形成是一个漫长学习过程的产物。

生理准备

要想培养婴儿的卫生意识，就必须等到他能够完全掌控括约肌的那一刻。在 18 个月以前，儿童并不能掌控自己的身体肌肉。儿童对括约肌的掌控能力取决于神经髓鞘化的进程。然而，这一进程的发展速度相对而言比较慢。

儿童逐渐能够感知到自己的小便过程以及各种括约肌的功能。他甚至以收缩 / 舒张括约肌为乐。一旦儿童学会了如何收缩括约肌，就意味着他开始了自己的卫生之旅。

儿童要想培养自己的卫生意识，除了需要做好生理准备（即掌控括约肌的能力）外，还需要做好心理准备。换而言之，儿童在内心深处必须渴望长大，渴望获得越来越多的自主权。从生理上来看，儿童大概在第 18 个月时就已经准备好了培养自己的卫生意识，然而实际上，我们要等待更长时间才能看到真正的成

效。通过儿童生活中的一些表现，您能够判断他生理发育的进程。比如：如果儿童能够成功地控制自己的手腕方向，并把汤勺递至嘴边，就意味着他掌握了控制手臂拮抗肌乃至括约肌的能力。

循序渐进

有些儿童过早便学会了保持卫生，这一现象令人困惑。

假使 1 岁的儿童学会了保持卫生，那并不是因为他接受了卫生教育，准确地说，他可能是接受了"驯服"教育。有些事实可能会令人不安。比如：当您第一次把儿童放在坐便器上时，他有很大的概率会自动排尿。这并不是因为儿童掌握了控制括约肌的能力，而是因为坐便器的冰凉触感刺激了大脑

> 只有满足以下两个条件，父母才能着手培养儿童的卫生意识：首先，儿童必须学会了走路；其次，他须学会说"尿尿"和"便便"。培养儿童的卫生意识是全家的大事，请尽可能让孩子平稳地渡过这一难关。另外，最好挑选温度适宜的季节开始这一计划。当孩子刚开始使用坐便器时，您可能会发现他居然喜欢玩弄自己的便便。这是因为，通过排便，他明白自己是主体，其他物品是客体，他还能清楚地区分"里"与"外"的概念，而他对一切从自己体内排出的东西都很感兴趣。对括约肌的掌控也意味着对父母情绪的掌控：当他穿着纸尿裤排便时，他会看到父母失落的表情；但当他坐在坐便器上排便时，他则能看见父母骄傲的表情。请注意，日间卫生意识的形成要早于晚间。

大约从 3 岁开始，大部分儿童都能保持干净，只有少部分儿童需要等到 4 岁，不过无须担忧。女孩要比男孩早 4 个月学会控制括约肌。有些研究人员认为这是因为男孩的神经系统发育更为缓慢；有些研究人员则认为，儿童不论性别，基本都由自己的母亲看顾，因此，男孩缺少合适的模仿对象；还有一些研究人员认为这是因为男孩对臀部的潮湿感不甚在意。

中的体温调节中枢（旨在维持人体恒温），从而引起了排尿这一行为。此后，如果您反复让儿童坐在坐便器上的话，他便会形成条件反射，只要臀部一接触坐便器，便会自动排尿。然而，儿童并没有意识到自己的排尿行为，因此更谈不上从中获取经验。虽然这类儿童弄脏纸尿裤的频率要比其他儿童低，但是他真正学会保持卫生的时间与其他小伙伴是一样的。

有时，学习保持卫生这一行为会导致幼儿产生心理障碍，因为当儿童年龄稍长时，他能够明白父母对自己的期许，并且希望自己能够即刻实现这一期许，然而却总是事与愿违。渐渐地，幼儿会为自己的无能为力而感到愤怒或焦躁不安。

请勿勉强

神经肌肉的发育须与智力的发育同步，这样儿童才能明白他人的指令，表达自己的想法。所有儿童都会玩的填装游戏（将水杯、水瓶或模具填满或清空）或泥沙游戏（在泥沙中蹦蹦跳跳）不仅有助于他们明白"里""外"概念，还有助于理解何为"干净"。当幼儿坐在坐便器上时，他意识到本属于自己身体的一部分被排出了体外。如果此时，我们让孩子静静地光着屁股待上几分钟，他便能更加清晰地体会到这种剥离感，尤其是夏天的时候。

排便和其他行为一样，都意味着要解除束缚，这对于儿童而言，是多大的压力呀！

排便还涉及情感关系：儿童明白只要自己保持"干净"，妈妈就很开心。儿科医生认为如果儿童愿意一个人去坐便器处排便，培养他卫生意识的成效就更加显著。即便有"意外"发生（总会有一些的），也必须忽视。另外，每当儿童成功排便，父母都应夸奖他。这种教育显得有点棘手，是因为儿童没有特别的理由去这样做。要知道，儿童会将粪便视为自己身体的一部

分，坐便器则被他视为是一种奇怪的玩具。最后，请记住，每个儿童掌握排便的时间不一，这和他们自身的生长发育节奏有关。

表明立场

所有儿童都很好奇自己到底把什么东西留在了坐便器中，想知道自己刚才把什么东西排出了体外，他们甚至想去触摸排泄物。如果遇到这种情况，您需要告诉孩子触摸排泄物不是人类应有的正常行为，还可以告诉他这一行为不在您的容忍范围之内。沟通时最好语气坚定，但不要对孩子大呼小叫。

他准备好了吗

儿童的某些行为表明他正在培养自己的卫生意识。比如：他总说"我自己来"；他学会了自己脱内裤，再自己重新穿上；他能够自己一个人静静地坐在坐便器上；他可以保证在三四个小时内不弄脏纸尿裤；当他不小心弄脏了纸尿裤的时候，他会害羞地躲起来。此外，他不能再忍受纸尿裤所带来的潮湿感；他很好奇成人都在厕所里做什么；他会说"要尿尿"，但是每次说的时间都太晚。如果您的孩子有以上任何一项行为的话，那就表示您可以正式培养他的卫生意识了。

爱说 "不" 的他

您的孩子早已知道 "不" 的含义，毕竟，您经常使用这个词。现如今，随着婴儿语言能力的发展，他已经有能力将 "不" 这个单词收录到自己的词汇库中。他喜欢说 "不"，因为只有不断地使用这个词，不断地叛逆，他才能最终获得独立，才能显示出自己与身边成年人的不同。

对权利的渴求

当孩子第一次对着您说 "不" 的时候，您会觉得不可思议、难以置信，然而过不了多久，他便会再次重复这个词。于是，您会感觉十分沮丧，毕竟此前孩子所有的事情都是由您做主。然而，您必须习惯这一 "叛逆期"，因为它会一直持续至 3 岁。当然了，也别太悲观：没错，自此之后，您的生活的确会变得更加复杂；然而，这却意味着您孩子的心理发育更加成熟了。当孩子能够说 "不" 时，他同样也能说出自己的名字。换言之，幼儿在 "叛逆期" 开始对自己的身份有了初步的认知。

"叛逆" 并不是幼儿的一种全新行为，只不过是在现阶段，幼儿的语言能力得到了一定的发展，他能够使用语言来表达自己曾经不得不依靠身体来表达的内容。在现阶段，儿童最大的

疑惑便是为什么父母会对自己的某些行为说 "不"，并且这个 "不" 字仅仅针对自己，而父母却可以做那些自己不能做的事。于是，"不" 字在儿童眼中便成了一种权利的象征。通过不断地说 "不"，儿童能够最终确定自己已有的权利，并且尝试着寻求新的权利。您需要为儿童的权利设置明确的范围，否则的话，只会让他感觉自己可以为所欲为。

防止反抗的 "是"

为了避免出现孩子对任何事情都说 "不" 的场景，请您在日常生活中尽量使用 "是" 这一词汇。如果可能的话，请

尽量在做决定之前征询或考虑一下孩子的意见，因为这种做法能够让儿童产生自豪感，从而渐渐地降低 "反抗" 的力度，除非他的所作所为触犯了您的底线。当儿童表现得十分顺从听话时，您则需要称赞他，向他表示自己的满意之情。您甚至可以时不时地奖励他一些小礼物。渐渐地，他便会明白不是只有 "反抗" 才能体现自我的价值。

嘴上说 "不"，想的是 "是"

儿童会因为发音的乐趣而不停地说 "不"。他认为这是一个很神奇的词。因此，不要从

请不要和儿童发生正面冲突，生气只会损伤您自己的身体，却不会对事情有任何助益。如有可能，请在争吵即将爆发之前，用游戏来转移孩子的注意力。这样的话，孩子能够迅速忘记自己的叛逆行为。

> "不"其实有很多潜藏的含义。"不，我不想"这句话表达了儿童内心的愿望，此外，说这句话时所使用的语气会根据时间、场景以及家庭的不同而变化。"不，你不行""不，你太小了"，这两句则是父母最常用来否定儿童的话。最后，"不，你不能这样"则意味着明令禁止，毫无转圜的余地。随着年龄的增长，儿童最终能够学会使用各种含义的"不"。

字面上去理解孩子所说的"不"。允许他说"不"可以给他时间来体会这个词的所有方面。当您与孩子沟通时，您可以多次重复自己对他的要求，以便确认他回答的"不"到底意味着拒绝，还是意味着接受。儿童并不缺乏思考能力，他只是单纯地想装出一副要自己决定人生的样子，并不意味着他就完全不同意父母的所有建议。他也在尝试着与父母进行对话。随着年龄以及阅历的增长，儿童会表现得越来越有主见，他不会再一味地听从父母的安排，他想按照自己的心意生活。

围绕 "不" 所展开的对话

出于爱意，儿童不愿去触碰父母的底线，但是为了证明自己的独立性，他又抑制不住自己的冲动。为了摆脱这两难的局面，儿童最终选择了叛逆，选择了说"不"。这种情况下，父母的态度就显得尤为重要：如果父母强行通过语言或肢体动作来纠正儿童，那么家庭战争在所难免，这场闹剧最终也会以儿童的尖叫声、哭声以及愤怒收场。在与这一年龄段儿童相处时，必须学会迂回"战术"。比如：如果您想劝儿童停止玩耍而上桌吃饭或回家，您就必须提前通知他。虽然这一做法并不会阻止儿童说"不"，但是至少能让他有个缓冲的时间，让他能够更好地接受这一变化。如果让儿童参与到您的决策过程中，他会更加容易接受最终的结果。

大约从 2 岁开始，儿童能够更好地接受"束缚"，因为此时的他已然能够分清自己的真实欲望。他明白"以后"的含义，也明白自己所希望从事的活动可以推至以后进行。即便如此，儿童依然会继续他的叛逆行为，因为只有这样，他才能测试出自己在对方心目中的地位。通过对话，父母与儿童都会各自退让一步，达成和解，而这才是正常的生活。通过拒绝成人的建议，儿童让对方清清楚楚地知晓了自己的意愿，但是，他同样也在期待对

方能给自己一个明确的回复，而非沉默。他需要知道什么是父母所不希望发生的，什么是父母认为不能做的，什么是父母明令禁止做的。因此，父母需要清楚地下达每一条指令，并且这指令不能因人、因时而发生任何改变。

对妈妈说 "不"

相比爸爸而言，妈妈更难接受这一充斥着各种任性行为的叛逆期。心理学家注意到，大部分的妈妈和孩子一样矛盾，她们既希望自己的孩子能够独立，又害怕孩子独立以后会抛弃自己。儿童的独立能力并非自然习得，而是在斗争的过程中，并且往往是在与最常照顾自己的人——妈妈斗争的过程中获得的。儿童基本只和自己的父母抗争，因为他知道父母代表着权威。当儿童在托儿所或在（外）祖父母家中时，他便不会如此叛逆，因为这些地方的束缚不多，且形式不一样。

岁半

初次犯错

您的孩子是个名副其实的"触摸大王"，每当他想触摸某一物品时，您的第一反应便是立马制止。然而，对于婴儿而言，触摸意味着学习。他通过双手触摸所领悟到的知识与其他感官能力赋予他的知识一样，都有助于他的成长发育。

探索一切

在这一追求独立的阶段，儿童已经不能满足于只用双眼去发现世界。他想用双手探索、摆弄，甚至拆解整个世界。此外，将孩子定义成"触摸大王"并不公平，因为只有那些孩子熟悉的物品才能吸引他的眼球，比如常见到的物品、被父母摆弄过的物品。当然，还有那些被父母明令禁止触碰的物品。相比于前两类物品，最后一类物品往往更具吸引力。大多数情况下，儿童的触碰行为其实是对成人的一种模仿。弗朗索瓦兹·多尔多（Francoise Dolto）认为，儿童"做傻事"是因为他正在模仿成人的所作所为。在她看来，所谓教育孩子，就是要提前告知孩子某一行为可能会导致的后果。

新奇事物的吸引力

为什么大人要禁止孩子触碰某些物品呢？一是出于对孩子安全的考虑，二是出于对自己珍爱或贵重物品安全的考虑。建议您不要让此类物品出现在儿童的活动范围之内。此外，当儿童开启探索之旅时，您应当陪伴在他左右，因为您需要保护他，在适当的时候帮助他，向他解释和演示某种物品的使用方法。但是请注意，在帮助的过程中不要打击他的探索欲。

儿童会逐渐失去对已知物品的兴趣，因此，真正危险的物品往往是陌生的物品。您可以直接告诉孩子哪些物品对他而言具有一定的危险性，此阶段的儿童已经能够明白危险物品会带来一定的疼痛感。因此，最好提前向孩子演示触碰危险物品的后果。

适当的禁止

如果您列出的危险物品数量过多，效果往往会适得其反。儿童尚不理解"危险"这一概念，因此他可能根本不明白为什么某些物品被列为危险物品。需要注意的是，儿童喜欢和大人"唱

> 绝对不要体罚儿童！否则，只会让父母与子女的关系恶化。此外，体罚有可能会让儿童受伤，尤其是当父母情绪低落时。因此，您需要将体罚从自己的教育清单中剔除，毕竟它只会更加坚定儿童叛逆的决心。体罚还存在一个风险，即有可能会让儿童产生受虐倾向：父母越是殴打他，他就越迷恋这一感觉，于是，他便会犯各种错。并且，他会将殴打理解成是父母对他的关爱。如果您实在无法面对顽劣的子女，或者实在不能控制自己的情绪，那么请及时咨询医生。

犯错也是儿童用来激怒您的一种方式。一般而言，当您只顾着忙自己的事情时，孩子往往会故意犯错。因为他想通过这种方式检验自己在您心中的地位。请回想一下，当孩子安安静静地玩玩具或看电视／书时，您是否会更多地关注他？答案肯定是"不会"，因此儿童犯错有助于您反思自己的行为。当然，您的反应也十分重要，请不要以"我不喜欢你了"这样的眼神看着孩子，也不要过分指责孩子（"你是个坏孩子"），这只会让孩子陷入痛苦之中。您应当和孩子一起去弥补过错，并向他承诺等您忙完了就去全心全意地陪伴他。请您一定要信守自己的诺言。即使将来孩子长大了、独立了，他仍然需要那种被爱的感觉。

大以至于儿童的小手抓握不了；药片状的清洁物品尺寸变厚，这样的话，即使不小心被婴儿放入嘴里，也不至于吞咽入肚。购买清洁物品时，尽量挑选板状的独立包装，因为此类包装不易拆解。最后，您还可以在橱柜，尤其是矮柜门上安装报警装置。不管怎样，最好的防范措施便是将家用清洁物品置于高处的橱柜之中。

反调"。因此，如果孩子不小心做了"傻事"，不要蛮横地命令他以后不许再犯，而应该委婉地向他解释原因。处于叛逆期的孩子完全明白"不"所代表的含义。孩子之所以听话，往往是因为他明白了每条家规设定的前因后果。相比之下，父母的语言威胁，如"如果你再不听话，我就把你一个人扔在这儿""我再也不喜欢你了"等等，只会引起儿童内心的恐慌。渐渐地，这种恐惧感会导致儿童变得更加暴力，更加缺乏安全感。

卧室——儿童的私人空间

大约第 18 个月的时候，儿童的卧室便成为了他的私人空间，在这片天地里，他蹒跚迈步，一天天地学着独立。请将卧室中的家具移至四角，以便为孩子创造最大的活动空间。之后，

在卧室中间为孩子铺上厚厚的游戏毯，或者为孩子放置一个玩具百宝箱。卧室的墙壁最好刷成浅色，并且易于清洗，毕竟孩子总喜欢在墙上留下自己的"大作"。这一年龄段的幼儿和成人一样，拥有属于自己的独特品味，因此您在做决定之前请询问一下他的意见。最后，为了确保卧室的安全，请安装带保护盖的安全插座，不要在卧室中使用插线板。

家用清洁物品

出于安全的考虑，制造商们调整了某些危险清洁用品的盖帽设计：如果想使用该物品，需先拧紧盖帽再进行按压。有些厂家则直接更换了商品的整体包装。比如：更换之后，盛放清洗粉（尤其是用于清洗餐具的、具有高度腐蚀性的清洗粉）的玻璃瓶不仅配有喷嘴，而且瓶口处的瓶塞变

惩　罚

打孩子屁股并不代表父母想借此来显示自己的威严，它更多地表现出了父母内心的恐慌。如果孩子犯错之后，您二话不说就开始打屁股，那么建议您冷静之后，和孩子聊聊。对于"父母权威"这一概念，心理学家们的观点并不一致。多德森博士（Dr F. Dodson）提倡"惩罚要趁早"，他认为，许多妈妈都不愿打孩子屁股，她们更倾向于冲着孩子大喊大叫或者向孩子妥协，这一做法损害了父母的威严。布雷泽尔顿（T. Brazelton）则认为，树立父母权威意味着要制定一系列合理明确的家规，并及早向孩子解释这些家规。此外，父母采取的惩罚手段一定不能含有侮辱成分。布鲁诺·贝特尔海姆（Bruno Bettelheim）认为，惩罚是一种重创内心的做法，因为它会动摇孩子对父母的信赖之心。

不愿入睡

大部分父母认为这一年龄段儿童的主要睡眠问题表现为夜晚难入睡，清晨不愿醒。不过，请放心，除非是身体不适或心理方面的缘故，否则的话，2 岁以下幼儿几乎是不会出现睡眠障碍的。

分 离

儿童入睡困难这一现象十分常见。每个孩子都曾因为出牙、感冒或耳炎引起的疼痛而将父母从睡梦中吵醒。从第 9 个月开始直至 3 岁，儿童的睡眠状况进入了全新的模式，具体表现为入睡时间变长：需要等 15 分钟，甚至是 1 个小时才能真正睡着。他的肌张力松弛速度、体温下降速度和思绪的消散都变得更慢。为了消磨这段时间，您可以为他建立一个睡前流程：喂他喝水、讲故事、轻抚他的身体、放音乐……等到孩子年龄稍长时，他便会明白其实睡觉还有另外一层含义：睡觉意味着要和父母短暂分别。

入 睡

睡前的那段时间十分重要。如果在这段时间内，儿童的身体或内心处于躁动状态，他就很难入睡，即便入睡了，睡眠质量也有可能很差。睡前 20 分钟最好不要让儿童从事剧烈的体力活动或脑力活动。如果晚上的时光宁静祥和，儿童会自然而然地进入梦乡。

睡前可以让孩子泡个澡。一直以来，我们都认为温水是帮助身体重拾舒适感的最佳媒介，或许这是因为温水能让身体记起曾经在子宫内的生活吧。

大部分孩子洗完澡之后才吃晚饭，建议让孩子在安静的氛围下吃晚饭。对于 2 岁以下的儿童而言，相比于与所有家人一起热热闹闹地吃饭，自己一个人吃饭或和爸爸妈妈单独吃饭更有利于他感受睡前的宁静。

晚饭过后，便该迎来身心放松的时刻了。安静、柔和、半明半暗的氛围有助于孩子平静下来。一般来说，只要您遵循以上步骤，就能帮助孩子踏实入睡。

尽管您为了保障孩子的睡眠费尽心思，但他依然会因为某种原因而半夜惊醒，比如：白天过于疯狂或劳累，睡眠周期交替过程中出现了巨大的声响……除此之外，基本没有什么事情能够真正意义上惊醒睡梦中的儿童了。所以，即使他突然发出哭声，也请不要干预，因为他的哭声只会持续很短的一段时间，并且他终究须学会自己重新入睡。儿童夜间的哭声给人的感觉似乎是无休无止，然而事实上却十分短暂，不信的话，您可以计时，然后您便会发现他夜间的哭声不过才持续几分钟而已。因此，他根本不需要您的安慰，一旦您心软，进行了干预，反而有可能会将他弄醒，然后他就不得不等待下一个睡眠周期的到来。

您的孩子虽然睡得很香，但是在睡眠的过程中，他有可能会不时地摆动身体，甚至会用头去撞床。但是，这一系列的动作并不会中断他的睡眠。医生认为只要动作幅度不大，持续时间不长，儿童在睡眠过程中所表现出的这类无意识的动作就不会对孩子造成太大影响。儿童之所以会出现这一举动，有可能是为了发泄日间所积攒的压力。有些儿童会在睡梦中吮吸大拇指，用布料摩擦鼻子，有些儿童则会将自己的身体从床头挪至床尾。如果这类无意识的动作持续时间过长，且引发了其他问题，那就意味着儿童要么是极度缺爱，要么是患有医学上所谓的"抽动症"。

真正的失眠

有些失眠可能是由儿童自身身体健康的原因引起的，但在这种情况下的失眠也往往与沟通障碍或抑郁倾向有关。对于这一年龄段的儿童而言，"兴奋失眠"是唯一需要担心的失眠类型。这种失眠因其表现出来的状态而得名。患有兴奋失眠的儿童在清醒状态下不会表现出丝毫焦虑的迹象，他照常玩耍，看起来十分悠然自得。但是这并不代表我们就能忽视他失眠这一事实。

事实上，兴奋失眠的高发人群分为三类：内心焦虑的儿童、缺爱的儿童以及自闭的儿童。不管哪一类患有兴奋失眠的儿童，其表现症状都是一样的：该类儿童能够轻而易举地入睡，至少他不会有任何入睡障碍。之后，他会在深夜醒来，并且兴奋地手舞足蹈或者自言自语。这一癫狂状态大约会持续2~3个小时。兴奋失眠现象可以持续数周、数月甚至数年。该类儿童会用尽一切办法掩盖自己内心的恐慌和抑郁，因为他们害怕自己的恐慌和抑郁会伤害到自己心爱的人——妈妈。

早起的小人儿

清晨6点就活力四射的儿童不在少数。这些儿童往往前一晚睡得早且睡得踏实，清晨6点的时候正好结束了他们的睡眠周期，所以自然会在这一刻醒来。如果您的孩子也总是早上6点睡醒的话，您应该客观科学地评估一下孩子的睡眠周期。评估有助于您了解您的孩子是否属于睡眠少的一类，他每天是否不需要睡够10~12个小时，又或者您的孩子是否睡眠不足。您应该记录孩子三四天的夜间睡眠时长、清晨睡醒时的心情、午休的时间以及时长。如果您的孩子睡眠充足，您可以稍微调整他的作息时间，比如：缩短他的午休时长，因为午休必须在15点以前结束；或者稍微推迟他晚上上床睡觉的时间。但是，如果情况相反，您的孩子睡眠不足的话，您就需要反其道而行之了，比如：将孩子的午休时间提前，并延长午休时长；或者将晚上上床睡觉的时间提前。

然而，如果您想通过改变孩子的周末作息时间来为自己争取睡懒觉的权利，那就比较困难了。因为，在工作日的时候，孩子已经在托儿所形成了自己的专属生物钟。另外，幼儿对"周六""周日"以及"节假日"根本毫无概念。即使您想通过让他晚睡从而晚起，也只能是徒劳。他仍然会和平时一样早早醒来，而且您会发现，由于晚睡早起，睡眠不足，他一整天都会嘟嘟囔囔地发出抱怨声。周末的时候，您最多能够让孩子晚起15分钟。为此，您可以提前将他心爱的玩具放在他触手可及的范围之内。这样的话，在您出现之前，他至少不会觉得时间那么漫长。

梦 境

出生之前，胎儿就已经具备了产生梦境的大脑结构。换而言之，胎儿甚至就可以做梦。做梦这一大脑活动源自生活。在快波睡眠阶段，人类会因为日常生活的情绪波动以及现实的束缚而开启梦境之旅。

快波睡眠

儿童入睡之后，其50%的睡眠时间都处于快波睡眠阶段，40%的睡眠时间处于慢波睡眠阶段，剩余的10%则介于以上两种睡眠状态之间。尽管孩子年纪尚小，但是他仍然不得不忍受周遭环境的各种束缚，比如：声音、气味、分离、气温等。如果一个人的记忆中没有任何此前生活经历的痕迹，他的大脑是不可能产生梦境的。因为一旦做梦，意味着这些记忆被再次激活。貌似幼儿对感知运动类场景的记忆更为深刻。因此，婴儿的梦境往往和近期感知到的满足感，尤其是快感区的满足感有关。

杰出的睡眠学家米歇尔·朱维特（Michel Jouvet）认为，做梦是人类的一种遗传能力。玛丽－约瑟夫·沙拉梅尔（Marie-Josèphe Challamel）和玛丽·狄丽翁（Marie Thirion）经过多次研究，认为儿童处于快波睡眠阶段时，会在梦中提前演练清醒状态下才会出现的某些行为举止。通过拍摄处于快波睡眠状态的儿童，她们发现儿童在该睡眠状态下会出现六种不同的面部表情：喜悦、悲伤、惊讶、愤怒、厌恶和害怕。她们指出，这些面部表情适用于人际关系交往，并且孩子越是在清醒状态下频繁使用这些表情，在睡眠过程中就越是不会对这些表情进行提前演练。

长夜漫漫

在入睡的过程中，儿童会有各种幻想。他还会下意识地往这些幻想中插入一些断断续续的负面场景或思想，"入睡前的幻觉"就此形成。该幻觉往往和儿童近期的遭遇有关，且会引起孩子内心的恐慌。

在慢波睡眠阶段，儿童的

> 66 梦学大师弗洛伊德曾经说过"梦境能够保护造梦者"。梦境形成于脑电波高速运行的快波睡眠阶段。当胎儿尚在子宫内时，便已经会做梦了，并且他做梦的时间与母亲做梦的时间同步，因此，某些学者提出了一种假设：他们认为母亲正是通过这一方式将自己的口味以及感情遗传给了胎儿。随着年龄的增长，儿童的梦境在某一阶段会变得令他焦虑。对某件物品、某个人、某种声音或某件事（比如害怕被父母遗弃）的恐惧都会推动儿童梦境的形成，而此类梦境则又会反过来加深儿童对这些物品/事情的恐惧之情，从而最终导致儿童患上恐惧症。对黑暗、森林以及空缺的恐惧则会慢慢地被儿童所抑制。梦境的出现意味着您的孩子拥有了属于自己的精神生活，标志着儿童心理方面的独立。 99

一段令儿童倍感压力的经历会导致他在半夜惊醒啼哭，比如：在医院接受了某种会引起痛感的治疗手段或被父母托付给陌生人照顾，且照顾时间长达数小时。然而，此类经历并不会直接导致 2 岁以下的儿童做噩梦，真正让他们半夜惊醒的是此类经历所带来的压力以及不安全感。因此，当您的孩子半夜惊醒啼哭时，请用语言去安慰他，并帮助他重新入睡。

大脑同样会产生一些思想。这些思想所催生的梦境画面往往更抽象、较少情绪化，且通常非常合乎逻辑。

梦境之城

在睡眠过程中，新生儿经常摆动身体的各个部位，尤其是脸部。相比于年纪稍长的儿童或成年人而言，新生儿的睡眠时间更长，因此他的梦境时间也很有可能更长。我们认为，如果一个儿童的睡眠时间长达 16 个小时，那么他的梦境时间大约为 10 个小时。带画面的梦境最早出现在第 15 个月或第 18 个月。对于这一年龄段的儿童而言，他完全能够辨识出每种画面的象征意义。有些儿童甚至开始以自己独特的方式向亲人讲述他的梦境，不过，他们的表述方式往往非常混乱。

世上没有什么东西能比梦境更具个人色彩了，梦境是个人生活经历、感情世界的囚徒。和成人的梦境一样（甚至比成人的梦境表现得更为明显），儿童的梦境同样充满着各种欲望，尤其是对日间生活的欲望。儿童的夜晚似乎总被两大主题所左右：食物与因害怕被遗弃而产生的不安全感。之所以会产生和食物相关的梦境是因为孩子白天没吃饱；之所以会产生和遗弃相关的梦境则是白天的情感经历所致。与第一种梦境不同的是，第二种梦境会让儿童感觉恐慌，并且此类梦境往往反映了儿童自我矛盾的态度：他既希望自己能够完全独立，又害怕独自迎接挑战。此外，还有一些其他主题的梦境也会导致此年龄段的儿童心生恐慌，比如：梦见心爱之物（如奶嘴或心爱的玩具）消失了。事实上，这种类型的梦境映射出了儿童真实的内心：他害怕失去母亲或自由。

谈论梦境

从 2 岁开始，儿童能够向他人讲述自己真实的梦境或者编造一个场景。梦境往往反映了儿童内心的渴望："我梦见我在玩我的卡车"（然而，事实上，这辆玩具卡车已经被没收了）。法国儿童精神病学家瑟杰·勒波维奇（Serge Lebovici）认为，儿童年龄越大，他的梦境就越像成人的梦境：更复杂，更能反映内心无意识的渴望，而这一渴望往往和白天的经历有关。从 4 岁开始，儿童梦境的主题才会变得更加丰富。梦境能够模糊现实的边缘，能够让人天马行空地自由想象。

和成人一样，儿童也不能记住所有的梦境。某些精神分析学家认为，人们并没有将那些想不起来的梦境遗忘，这些梦境只是暂时被埋藏在人的无意识之中，因为它们与现实的出入太大。

梦境的用途

弗洛伊德认为，梦境的出现标志着儿童精神生活的丰富以及心理方面的独立。精神分析将梦境定义为一种用于逃避或拒绝现实、满足欲望的虚幻建构过程。噩梦有一点独特之处，即令人感到不安。

1 岁半

331

培养安全意识

随着儿童的成长发育，他对危险这一概念的认知也日渐清晰。一旦孩子在生理上取得了进一步的独立，他便会面对更多的室内危险。此时，父母威严的作用便凸显出来。

理解禁令

儿童必须逐渐理解"不"的各种含义，有些"不"是不容置疑、不容反抗的，因为这关系到他的生命安全问题，此类"不"与社会道德标准约束之下的"不"分属两种不同的类型。从教育以及心理学角度来看，使用以下方式更易成功地让孩子接受禁令："不行，你不能这么做，但是，你可以……"这不仅适用于阻止孩子手中正在进行的活动，同样也适用于安全预防教育。

插座保护盖、门窗制动装置、安全护栏、浴缸内的安全水龙头……所有这些安全器材都能在网上购买。请在橱柜门的内侧安装一块需要一定力量才能拉开的磁铁，这一做法不仅能够有效地避免儿童将柜门打开，而且也不影响美观，另外磁铁的价格也十分便宜。

风险教育

渐渐地，儿童将学会控制风险。在直接出面阻止孩子做出某些行为之前，您最好先问问自己："我能够任由他将这一行为进行到哪一程度？"之后再决定是直接阻止他，还是静观其变。不管您做出哪种决定，最重要的是要让孩子明白因果关系。在安全教育的过程中，儿童所经历的任何一种危险都有其存在的必要性，都有利于儿童学会保护自己。另外，在教育的过程中，您需要考虑儿童的运动能力以及智力发育程度，而非他的真实年龄。当然了，儿童的实际年龄和某些类型的危险之间的确存在一定的关联性。比如：5个月至1岁的儿童摔下尿布台的可能性最大，因为这一年龄段的婴儿想翻转自己的身体，并且也拥有这一能力；18个月至2岁的儿童最容易摔伤或烧伤，因为这一年龄段的儿童已经能跑能爬了，并且他拥有强烈的探索欲望。儿童不懂得评估风险，如果身边再没有成人看顾，就很容易发生事故。1~4岁的儿童，尤其是2岁的男孩，最容易在家发生中毒或摔落事故。儿童之所以是意外事故高发人群，是因为他们

只有了解了儿童的生理以及心理发育程度，您才能最大程度地保证他的安全。大多数情况下，父母都难以相信孩子居然拥有置身危险的能力。您需要仔细观察儿童的兴趣爱好，以便推测出他可能会做的"傻事"。之后，您再根据自己的推测去限定他的活动范围，去教育他，从而最终达到避险的目的。另外，您还需要知道：只要所列出的禁令清单内容不多且不随意更改，儿童便能很快明白什么可以做，什么不可以做。

> 大量研究表明，儿童对"空"的恐惧并非与生俱来，而是在学会爬行之后才出现的。研究人员认为，在空间内爬行这一动作促使儿童的大脑开始对周边环境的安全性进行思考。渐渐地，他的大脑中也就有了"高"与"空"这两个概念。

的生理以及心理发育尚未成熟。

如果儿童在遭遇意外事故之后感觉疼痛，请及时安抚他。另外，请不要忘了向孩子解释他受伤的原因。这样他便能知晓因果联系。儿童还需要明白危险带给成人的伤害和带给自己的伤害是一样的，比如：如果成人打翻了锅中的沸水，他会被烫伤；如果成人切菜时大意的话，就会被割伤……如此，他才能最终明白原来某些禁令是针对所有人的，他还能明白意外事故并非一种惩罚。

最后，有些儿童在乘车的过程中不愿系安全带。如果遇到这种情况，千万不要妥协，不论是出于法律层面的考虑，还是出于安全的考虑，都必须让他系好安全带。

烧伤／烫伤

烧伤／烫伤是 15 岁以下青少年室内受伤的第三大原因，其中受伤人群中的 75% 为 5 岁以下儿童。如果儿童不小心打翻或碰到了火焰上的平底锅手柄，溅出的开水、热茶或热咖啡就会导致其被烧伤／烫伤。除此之外，烤箱的金属门、炉灶、熨斗以及取暖工具都是儿童被烧伤／烫伤的潜在危险因素。夏天的时候，烧烤架增加了儿童烧伤／烫伤的概率，因此，我们不提倡这种危险的烹饪方式。

要避免的隐患

● 烤箱。根据法国国家安全标准，烤箱金属门的最高温度不能超过 60℃。然而，有些烤箱门的温度却高达 200℃。近几年，有些生厂商对烤箱的金属门进行了改良，将其更换为冷却门，这样，儿童便可以随意触碰，而无须担心会被烫伤。此类冷却门的最高温度不会超过 40℃。如果您的烤箱没有安装此类冷却门的话，您可以在烤箱门上安装一套安全防护栅栏。

● 地毯。对于一个蹒跚学步的婴儿而言，没有什么比地毯更危险了，因为地毯可能会让婴儿脚底打滑，从而摔倒。如果您家铺设地毯的话，您需要用"地毯专用强力双面胶"将地毯的边缘牢牢地粘在地上。

● 楼梯。相比于上楼梯，下楼梯对孩子来说更具挑战性。他很可能会因为台阶的高度差而失去平衡，从而摔倒。因此，您需要向孩子演示上／下楼梯时双脚与双手的正确姿势，必要时，您甚至可以教他手脚并用地"爬"楼梯。

● 鞋底平滑的婴儿鞋。请不要挑选鞋底平滑的婴儿鞋，以防孩子摔倒。最好购买橡胶鞋底且防滑的婴儿鞋。

铅中毒

请当心室内装饰涂料、某些玩具、家具中的油漆！因为油漆中可能含有铅。一旦这些含铅油漆从墙壁上剥落，幼儿很可能会将其捡起吞入肚中，毕竟这些碎屑尝起来有点儿甜。如果儿童铅中毒的话，会永久性地影响其精神运动方面的发育。

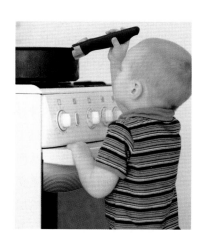

1 岁半

求知若渴的大脑

3 岁以前，儿童的大脑就已经基本发育完全。您只需要观察一下儿童的头围就能清楚地感受到他大脑的变化。刚出生时，新生儿的头围约为 35 厘米，1 岁时，头围增至 46~48 厘米，2 岁时，则为 50 厘米。

大脑的变化

刚出生时，新生儿大脑的重量占整个身体重量的 1/10。然而，大脑的神经系统并未发育完全。虽然此时的大脑拥有所有的神经细胞，但是这些细胞还没有充分发挥自己的职能。此外，神经纤维的髓鞘化过程也尚未完成。刚出生时，婴儿大脑中只有 10% 的脑细胞上有突触，剩余的 90% 需要到后续阶段才会出现突触。新生儿的大脑要用两年的时间才会充分发育，即便如此，未发育完全的大脑并不会阻碍婴儿学习各种技能。神经生物学家，包括让－皮埃尔·尚热教授（Pr Jean-Pierre Changeux）在内的脑科学专家都认为，不管婴儿学习何种技能都不会刺激大脑产生新的神经元，但是这一学习过程却有助于淘汰某些无用的神经元，从而起到将整个大脑神经系统重新归整的作用。人类的大脑皮层包含 300 亿神经元以及数百万

亿突触。其中，60% 的神经元以及突触都会在儿童期被淘汰。世界上最聪明的人也只能使用大脑中 40% 的神经元以及突触。从遗传学角度来看，大脑的发育过程早已被设定好了，它会自行发育，不受现实生活条件的干扰。

早期学习能力

大脑细胞发育过程中，会记录儿童所习得的各项技能（如行走、语言、保持卫生、各种

肢体动作）以及初入社会的各种情感体验。儿童的发育速度之所以这么快，是因为他拥有神奇的自我修复能力或代偿能力。比如，我们观察到有些神经细胞拥有惊人的力量，能够暂时代替那些因宫内窒息或神经异常而受损的细胞工作。虽然由此来推断儿童能在几年内习得所有技能是错误的，但您越早教孩子了解和发现世界，他就越能更好地理解和感悟这

> 我们越是关注儿童的能力，它就越会显露在我们面前，并越会影响儿童的未来。因此，我们对儿童的关注很有可能会推动他以更快的速度前行。外界环境以及与成人的互动都会在很大程度上影响儿童的前行速度，因此，我们需要在儿童出生以后就开始培养他的各种能力。每个儿童的能力并不相同，有些儿童从出生开始就比别人拥有更强的能力，而这也直接印证了"天赋"的重要性。儿童的潜力由 80% 的天赋与 20% 的后天习得所组成。通过与周围环境、身边亲友以及父母的互动交流，儿童最终获得了后天习得能力。对于儿童而言，没有后天习得能力的话，一切皆为空谈。后天习得能力是造就儿童差异性的源泉。

个世界。即便如此，也请掌握好分寸，因为儿童很容易疲惫。要想让儿童事半功倍地学习，那就需要保证他有充足的睡眠。此外，您别忘了，儿童的生理以及心理尚未发育完全，因此，他虽然能够像成人一样感知世界，但是他却并没有足够的能力理解他所接收的所有信息。

为了确保孩子的身心能够得到更好的发育，您需要遵从各种技能的习得时间表，比如：爬行早于走路以及跑步，咿咿呀呀地说话早于真正的说话。有些儿童可能会比其他儿童在某些领域发育得更早，比如：有些儿童学会走路的时间比别人早，还有一些儿童则学会说话的时间更早。此外，对于儿童而言，似乎存在某些技能的最佳习得时间，比如：学会吮吸的最佳时间为出生后的前几个小时。

各种各样的刺激

菲利普·埃瓦尔教授（Pr Philippe Evard）就大脑的发育进行过无数次的研究。他观察到儿童的大脑要想正常地发育，就必须从出生后就开始接受各种各样的刺激，当然，前提是他的大脑没有任何病变。任何一个刺激都需要经过300亿个神经元组成的神经网络才能最终抵达大脑皮层。能够最终抵达大脑皮层的刺激，无论是从精神运动层面来看，还是从感觉神经角度来看，都属于"有效"刺激。情感上刺激的缺乏和营养上的不良，都会导致儿童神经系统发育不健全。菲利普·埃瓦尔还观察到，儿童接受的刺激越多，其神经突触发育得越快（神经突触有利于儿童的启蒙）。现如今，我们知道人体大约有6000个基因参与到了大脑的构建过程中。然而，遗传学家认为这一数量不足以让大脑产生数百亿的神经突触。因此，儿童与外界的互动便显得尤为重要了。

惊人的可塑性

核磁共振下的大脑成像能让我们了解到大脑的构造。多亏了这项技术，科学家们才得以发现大脑在人的一生中都具有非凡的可塑性。在此之前，人们一直认为大脑只在6岁之前具有一定的可塑性。事实上，大脑会根据儿童期以及成年后的各种生活经历而不断地进行塑造。

借助核磁共振技术，研究人员发现了一些和人类天赋相关的大脑特性，如大脑皮层中某些区域的增厚。对于一位从小就学习乐器的音乐家而言，他大脑中控制双手以及听力的区域比普通人更厚；对于数学家而言，他大脑中控制计算以及视觉、空间表征的区域更厚。大脑的这两种变化程度都和儿童期学习音乐、数学的时间长短成正比。不过，神经生物学家也注意到，一旦这些变厚的区域接收不到任何相关刺激，它们便会自动退化。这同样也是大脑可塑性的表现之一。

从出生到4岁，儿童获取了大量的认知能力。玩水、玩沙，甚至玩面粉、玩大米都在儿童的智力启蒙过程中发挥着重要的作用。通过把玩各种类型的器皿，儿童最终学会了形状、体积、满、空、上、下、里、外这些概念。儿童知晓的基本概念越多，对自己身体的了解程度就越深。此外，儿童还需要了解一些其他的基本概念，比如：物体的永恒性、自我认知、模仿现象以及早期智力学习（绘画、算术、阅读、书写等）。

选择性记忆

您的孩子需要学如此多的东西！您可能会担心他的大脑总有一天会被这些所学的东西塞满、挤爆。不过，请放心。在成年之前，儿童并不会记住所有的事情，至少不会记住他所做过的每一件事情。我们将此称为"童年失忆症"。

全新的工具

没有任何一个人可以不依靠记忆而学习新知识，这一点在儿童身上更为适用。由各大感官所接收的信息会被编码，而后经由电波或以合成分子的形式传送至大脑。每根神经纤维只能传输一种类型的信息。儿童一出生便拥有所谓的"遗传记忆"，这实际上指的是他的整个神经系统。它赋予了儿童后天用于回应身边各种刺激的能力。

后天的"习得"会被储存至大脑的某些神经结构中。随着时间的推移，每个个体都能依据偶然现象中的结果为自己创建最合适的行为标准。如果行为标准想永久保存在记忆库之中，就需要偶然现象反复刺激大脑了，因为只有这样，大脑才能拥有更多的功能，比如：对比功能、核实功能。儿童的神经元越"新"，他的记忆就越牢靠。此外，儿童的睡眠时间比成人的要长，这一生理特征有助于儿童巩固自己的记忆。婴儿的记忆力主要与他的大脑功能、智力以及情感有关。

> 请仔细观察您的孩子，请耐心听他说话，然后再把您的所见所闻记录在本子上。您一定会惊叹于他的记忆力，因为他甚至能够记住几个月前所发生的事情。这一切到底是怎么发生的呢？1岁半的儿童能够记住他1岁那年所经历过的场景、所见过的面孔、所到过的地方。儿童之所以对许多事情记忆犹新，可能是因为他的记忆回路才刚刚开启。然而，儿童将来需要忘却这一阶段的所有事情，以便能够更好地发展自己的思想。这便是心理学所谓的"童年失忆症"。"童年失忆症"对于儿童的生长发育至关重要，它有助于儿童忘却他人生中充满各种想象的第一阶段（即出生后的前几个月），而这一忘却又有助于他记忆力的发展。在此后的岁月里，儿童会竭尽全力来寻找前18个月的记忆。然而，这段记忆却会被儿童的大脑重塑，并最终形成一个"千层糕"，即每一层都代表着一段不同时间的记忆。这一年龄段的儿童学会了选择性地记忆某些场景与事件。此时的他已经从最初的简单互动阶段过渡至了拥有个人选择、人格与记忆的阶段。

储存记忆

虽然大脑中并没有记忆储存区，但大脑中的某些部位在信息储存过程中起着关键作用。构成记忆的元素分布在整个大您的第一份儿时记忆具体发生在什么时候呢？对于这个问题，几乎每个人都会有不同的答案。记忆专家认为大部分的"情节记忆"与"语义记忆"发生在 4 岁以后，并且它们会随着时间的推移而发展变化。当然，您可能会拥有 4 岁以前的记忆，更确切地说，应该是对某些具有强烈情绪感受（比如：惊恐、狂喜）的事件的"闪回"。这类闪回往往是在亲人讲述与您相关的事件时发生的。此外，您可能还记住了一些与特定事件毫无关联的身影或名字。然而，这类记忆又将如何传承下去呢？这种情况下，可以寻求"儿歌"的帮助。您可以将它们编写成儿歌，然后教给您的孩子。儿歌不仅有助于训练儿童的记忆能力，还能帮助他了解"时间"与"空间"这两大概念。

脑皮质中，下丘脑在记忆的形成过程中起着至关重要的作用。记忆的形成是一种十分复杂的大脑活动，大脑需要循序渐进地将不同种类的信息进行编码。人类似乎没有 2 岁以前的任何记忆。西格蒙德·弗洛伊德（Sigmund Freud）强调了情感对记忆产生的重要性，但这些记忆是后来构造出来的。因此，我们在不断地通过基于类比和归纳的心理操作来重塑过去。

选择有用的内容

在心理学中，我们将"遗忘整个童年期中大部分的信息以及行为"这一现象称为"童年失忆症"。这一失忆现象早已引发了各种争论以及猜想。儿童会本能地在重要之事与不重要之事之间进行挑选，最终只保留对自己生存有用的那些记忆。因此，在儿童的早期记忆中包含了对进食的记忆以及其他和"生存本能"相关的记忆，比如对酸味的厌恶。随着年龄的增长，儿童会将那些有助于自己进步的事情储存至记忆库。此外，他还会不断地对记忆库进行清理，以便剔除那些不再有用的信息。对于儿童而言，定期清理记忆十分必要，如若不然，他很有可能为自己丰富的情感所累。因此，儿童的记忆和成人的记忆并没有以同样的方式在起着作用。

识别系统

诺贝尔奖得主杰拉尔德·埃德尔曼（Gerald Edelman）认为，人类的记忆建立在大脑所创造的类别之上。因此，新生儿最先感知到语言，然后在不理解具体含义的情况下记住了只言片语。而后，随着时间的推移，他能够辨别出不同的单词，并理解单词所代表的含义。因此，当儿童处于清醒状态时，他会对各大感官所获取的所有信息进行处理。一旦这些信息被编码并被储存于大脑的某些特定区域后，也就意味着儿童大脑的识别系统最终确立。

无意识的作用

记忆这一话题引发了无数理论。柏拉图（Platon）认为人类的大脑在一生之中都会充斥着各种信息。西格蒙德·弗洛伊德则发现世界上没有任何两个人能对同一件事情拥有相同的记忆，他认为人类会先记住自己对图画和事件的反应方式。并且，人类会"刻意"忘记那些自己不感兴趣的事物、不愉快的经历。或者说，人类自认为不重要的经历会被隐藏在无意识之中，只有在特定的场景下，对这些经历的记忆才会重新显现。

微笑与开怀大笑

从第 18 个月开始，儿童会尝试着展露各种笑容。露上齿微笑（即露出上齿的笑容）意味着："很开心能够遇见你，我希望能够成为你的朋友。"

不同的微笑

笑容并非只有一种，而是有千万种。和成人一样，儿童也会根据自己的情感来呈现不同的面部表情。与对方的感情越深厚，儿童的微笑就越灿烂。眼睛周围肌肉的动作要比唇部肌肉的动作更能揭示一个人内心的真实情感，因为，前者不受人类意志的控制，并且发自内心的笑容会或多或少地使眼睛周围的肌肉起褶。证据如下：给孩子拍照时，如果我们要求他做出一副高兴的样子，您会发现他的表情十分僵硬，很不自然，并且眼睛根本"没有笑"。

露上齿微笑经常伴有一些眉部动作。当然，它不仅能表现雀跃之情，还能表现出带有讽刺意味的怀疑或惊讶：儿童微微张开嘴巴，翘起上嘴唇，但眼睛周围的肌肉没有动。

如果儿童微笑时露出的是下齿的话，就表明他正在模仿成人的挑衅表情。此时的他并不想撕咬任何物品，他只是想借此来威胁他人，让他人听从自己的命令。在露下齿的同时，儿童的眼神也会发生改变，变得更加深邃、坚定。能做出这一表情的儿童往往对自己信心十足。露下齿微笑通常会出现在游戏过程中，以便给小伙伴们留下深刻印象。面对此类微笑，有些小伙伴会屈服，有些则会反抗从而引起一场争斗。在所有微笑之中，最迷人的莫过于咧嘴微笑，即微笑时同时露出上齿和下齿。咧嘴微笑代表此时的儿童内心十分坦诚，身心十分放松。这是一种极具感染力的微笑。

哈哈大笑

大笑和微笑一样，是一种自我表现的方式，一种基本的社交手段。美国儿童精神科医生以及精神分析学家丹尼尔·斯特恩

胎儿也会微笑。这种微笑其实是一种神经反射，它一般出现在快波睡眠阶段。在出生后的前几个月内，婴儿依然保留了这一微笑能力，并且如果父母愈是关注他的微笑，他便会愈加频繁地展示他的笑容，然而，此种微笑已然不再是一种神经反射，而是转变成了一种表现情绪或传递讯息的手段。过不了多久，儿童便会从微笑阶段过渡至大笑阶段。当儿童大笑时，父母完全可以认为此时的他身心无比健康。此外，逗孩子笑是父母的职责之一，并且父母天生就知道如何让孩子开怀大笑。为了逗孩子笑，父母双方会采取不同的策略，一般而言，父亲更会逗孩子笑，这可能是因为父亲想弥补他在儿童成长过程中缺失的时光吧。之后，当儿童开始上幼儿园时，能令他捧腹大笑的往往是某些词语，比如"大便布丁"。

（Daniel Stern）认为，4~8 个月大的婴儿会因为感官受到了外界的刺激而大笑。虽然此月龄段的婴儿会因为呵痒或捉迷藏游戏而大笑起来，但只有从第 10 个月开始，儿童才会显示出其社会属性，才会在见到各种稀奇古怪的画面（比如：动物园的动物、各种鬼脸或者惊人的坠落画面）之后哈哈大笑。随着时间的推移，能够逗孩子大笑的场面变得越来越清晰。大笑不仅是一种内心情感体验，同样也是人体的一种生理表现。大笑有助于儿童发现各种不同的音调，从而帮助他们模仿各种不同的声音。在陪伴孩子玩耍的过程中，似乎父亲更易逗孩子大笑，而母亲则更易让其微笑。男孩在男孩面前大笑与在女孩面前大笑的概率均等；但是，女孩在男孩面前要比在女孩面前大笑的概率更高。儿童大笑时的

一位每天都开怀大笑的儿童是一位健康的儿童。大笑不仅能够舒缓身心、祛除烦恼，还能将紧张的冲突局面扭转为洋溢着幸福的分享时刻。医生发现在生病初期，儿童脸上的笑容以及玩耍的欲望便会消失。但是，一旦他的病情有所好转，好心情便能瞬间恢复。为了帮助患病儿童重拾乐趣，法国的一些医院创办了"微笑医生"协会。该协会中的"长颈鹿医生"以及"花菜医生"会定期看望患病儿童，在看望的过程中，他们会做一些令人捧腹大笑的滑稽动作。这些动作能够让儿童暂时忘记他们的痛苦。

强度取决于他的具体年龄，并且当面对同一场景时，儿童并不总是会发出笑声。儿童的年龄越大，自娱自乐的机会就越多。

笑声与幽默感息息相关。心理学家认为，儿童的幽默感是对某些"不适宜场景"（如：古怪离奇的场景、两种用于消遣娱乐但却相互矛盾的事物同时出现在某一场景中）的一种情感回应。幽默感一定程度上反映了儿童智力的发育状况，会随着时间的推移而得到提升。此外，成人的大笑声在培养婴儿幽默感的过程中起着至关重要的作用。身边亲友对自己各种"滑稽动作"的正面回应（即大笑）能激发儿童继续该行为的欲望。他发现自己居然也拥有娱乐他人的能力，并且他很乐意一直为他人带去这种娱乐效果。在各种"滑稽动作"中，"假装游戏"是 18 个月大幼儿最喜欢玩的一种游戏。

充满"笑果"的游戏

您可以尝试以下这些"笑果"显著的游戏来逗孩子笑：捉迷藏游戏（您先躲起来，然后再突然出现在孩子眼前，孩子肯定会爱上这一游戏）、爬行追赶游戏（您像孩子一样在地上爬行，并且紧跟在他身后）、木偶游戏（您模仿木偶的滑稽动作）、亲吻游戏（您重重地亲孩子的肚皮或脖颈）、呵痒游戏、骑马游戏（您模仿马，然后让孩子爬上您的背）。在陪孩子做这些游戏的过程中，您可以穿插着演唱一些经典童谣或者讲个童话故事以烘托气氛。呵痒游戏能够让儿童感受到自己肌肤的存在以及其他更为隐秘的感觉；游戏中的摇摆动作或意外坠落动作则会让儿童体验到前所未有的感官享受。至于童谣，则在儿童生理以及心理的发育过程中扮演着重要角色，以至于我们在每个地区、每种语言中都能找到它的身影。

男孩与女孩之间的差异

从出生开始，男孩与女孩的外形便不一样。随着时间的推移，外形之间的差异会越来越明显。此外，在社会规范的影响下，父母会无意识地根据性别来区别对待孩子，这一区别对待会加剧男孩与女孩之间的差异。

男孩与女孩各自的发育规律

从出生开始，男孩与女孩的外形就不一样，从体重上来讲，刚出生的男婴要比刚出生的女婴重。然而，在接下来的几个月里，这一体重差距会逐渐缩小，因为女婴的骨龄发育要比男婴的早一个月。

此外，男孩与女孩的精神运动发育速度也不一样：大多数男孩会比女孩强壮，因此，他们要比女孩更早学会站立，更早学会走路。然而，女孩的感官能力天生就比男孩强，因此，她们要比男孩更早学会识别亲友的声音。女孩的嗅觉更为灵敏，并且相比于男孩而言，女孩更加专注，她们往往能长时间地盯着自己妈妈的脸庞。过不了多久，您还会发现得益于更为精湛的抓取技术，女孩能比男孩更熟练地抓取任何一件物品。

不同的天性

男孩与女孩不仅外形不同，内在性格也不一样：小男孩往往比较胆小，他们很容易哭鼻子，并且比较难哄；相反，小女孩则更加外向，她们的面部表情更丰富，并且特别爱笑。小女孩学会说话的时间更早，因此，从第 18 个月开始，她们便能与其他同性别的小伙伴们一块儿聊天了。小女孩更喜欢来自外界的抚摸。与同龄的女孩相比，男孩更喜欢暴力的游戏，并且和女孩一起相处时，往往更易挑起事端。在游戏的过程中，男孩更加好动，容易三心二意。此外，他们还喜欢往空中抛撒物品或踢打玩具球。一旦他们能够勉强独自站立，他们就会开始拉帮结派、论资排辈。而女孩在嬉戏的过程中显得更加专注，她们往往会等到一项活动结束之后再开始另一项活动。

环境的影响

心理学家认为，儿童从 2 岁半开始便能识别出自己的生理性别。然而，在此之前，孩子一直生活在父母所决定的性别世界之中。父母会根据孩子的性别为其装饰卧室，购买玩具与衣服。不过，有些研究人员认为，父母从很早以前开始就一直在影响着儿童的性别。当婴儿尚躺在摇篮中时，母亲的言行举止便会影响他／她的"女

神经科医生发现，男孩与女孩的大脑运行方式并不完全一致，似乎他们使用大脑左右半球的方式也不一样。男性倾向于将左右半球的功能分开，然而，女性更倾向于同时使用这两个半球。多项研究表明，正是因为男女使用左右半球的方式不一，导致了男性习惯综合性地看待一个问题，而女性更愿意以抽丝剥茧的方式分析一个问题。

性化"程度。妈妈会对与自己同一性别的女婴寄予更高的期望。为了将女婴培养成自己心目中理想的女性形象，妈妈在与孩子相处的过程中，会无意识地改变自己的说话方式、所使用的词汇以及其他行为。父母往往通过语言来塑造女孩，却用体能游戏来改变男孩。父母所做的这些努力都会影响到孩子的品味与才能。

正是在与父母的互动中，儿童形成了属于自己的女性化或男性化性格。美国社会学家斯科特·科尔特兰（Scott Coltrane）发现，如果一个家庭中妈妈的地位更高，她便会负责整个家庭的决策，而与此同时，爸爸则负责照料孩子。在这种家庭中长大的小男孩在认同父亲的过程中会弱化自己的大男子主义倾向。

玩具也有性别

研究表明在 18 个月以前，男孩与女孩会挑选相同的玩具。波尔多大学的瑞德教授（Pr Reddé）发现，第 18 个月的时候，27% 的男孩会主动选择卡车玩具以及男性化的人偶等，而女孩则会选择厨房玩具或马车玩具。随着年龄的增长，男孩与女孩对于玩具的选择会日渐明朗。有些玩具本身没有性别之分，但是有时为了满足儿童自己的想象，儿童会为它们赋予特定的性别特征。

动物生态学家以及精神病学家博里斯·西鲁尔尼克（Boris Cyrulnick）曾经拍摄过母亲与孩子一起玩洋娃娃的画面。他发现在玩耍的过程中，母亲对待男孩与女孩的态度并不一致。母亲会微笑着把洋娃娃递给女儿，并且轻声与她交谈，她甚至会把洋娃娃的脸凑到女儿的跟前。然而，和儿子一起玩洋娃娃的时候，母亲就远不如之前那么和蔼可亲、笑容灿烂了。她甚至连抓握洋娃娃的动作都十分僵硬，偶尔还会不小心将洋娃娃掉在地上。

> 66 现如今，我们应该为男女地位平等而感到高兴。在过去的很长一段时间内，父母会根据孩子的生理性别不同而对他们采取不同的态度，女孩往往会因此受到不公平的待遇。20 世纪 70 年代，为了进一步了解儿童的性别认同过程，美国加利福尼亚州进行了多项研究。在研究的过程中，研究人员发现女孩从第 18 个月开始便知道自己是"女孩"，而男孩需要等至第 20 个月才会知道自己是"男孩"。研究最终得出的结论为：儿童所处的环境，尤其是父母对待他的态度以及陪他一起做的游戏，在其性别认同过程中起着至关重要的作用。此外，研究人员还花费了大量的精力来分析玩具的作用：洋娃娃能够培养小女孩的专注力以及照顾他人的能力；而玩具消防车则能展示小男孩的狂热与勇气。毫无疑问，玩具有助于儿童发现自己的所属性别。以上研究奠定了"性别理论"的基础。性别理论认为，相比于儿童的生物性而言，儿童所处的生活环境更能影响他们的性别认同过程。但是我认为真相远远没有这么简单，毕竟还存在生理性别模糊人群。伟大的性别修复手术医生约翰·莫尼（John Money）宣称，假如生理性别模糊的儿童在 2 岁半以前接受了修复手术，且他们的父母在将来不会质疑已选择的生理性别，该修复手术就不会影响儿童的性别认同过程。然而，研究表明事实并非如此。我认为儿童的生物性与所成长的生活环境都会以同等的效力来影响他们的性别认同过程。99

1 岁半

视觉缺陷

1 岁半的时候，幼儿的视力为 0.6。此时的他能够看清细小的物品，比如白色水平面上的一根头发，还能辨别出色差明显的颜色，比如：蓝色、黄色、红色与绿色，颜色越纯越深，他越能轻松地辨认。此年龄段儿童的视力范围与成人几乎没有差别。

斜视与弱势

如果您的孩子已经斜视好几个月了，就必须慎重处理。婴儿之所以会斜视，往往是因为眼部肌肉尚未发育完全。然而，对于年满 1 岁的幼儿而言，斜视的原因就远非这么简单了。斜视会导致幼儿看物体重影。为了避免重影所带来的视觉烦恼，有的儿童会选择只使用一只眼睛看物体，然而，这一做法却会导致弱视（法国每年有 1.5 万名儿童患上弱视）。如果您的孩子年满 1 岁却又不足 3 岁，且不幸患有斜视的话，必须及早进行治疗。眼科医生会进行不同的医学测试以便检测儿童是否患有斜视。首先是"角膜倒影测试"：医生会用光照射每一个瞳孔，以便确认光的倒影是否位于瞳孔正中。之后是"屏蔽测试"：医生会先遮住患者的一只眼睛，再遮住另一只眼睛，以便确认未被遮盖的那只眼睛是否能固定不动。

由斜视引起的功能性弱视在 2 岁以前被治愈的概率为 90%。治疗方法很简单，只需遮住功能正常的那只眼睛，然后再用另外那只功能残缺的眼睛观察世界即可。在治疗的过程中，儿童须 24 小时佩戴矫正眼镜。这一治疗方法适用于 14 个月以上的幼儿，并且治疗时间越早，痊愈的几率就越大。对于 2 岁以及 2 岁半的患者而言，这一简单的治疗方法能在几天之内将弱视治愈；对于三四岁的幼儿而言，则需要几周的时间才能痊愈；5 岁以上的儿童则需要几个月的时间；6~12 岁的儿童，治愈时间会更长；而 12 岁以上的青少年，治疗效果便不得而知了。斜视分为两大类：内斜视（即双眼的目光都往内侧靠拢）与外斜视（即双眼的目光都往外侧走）。其中内斜视更为常见，外斜视的比例仅占 3%，且多为遗传案例。尽早治疗斜视有助于儿童正常的生理发育。斜视不仅影响美观，还会影响大脑接收信息：大脑很难正确解读它所接收到的图

> 患有斜视的儿童当然必须接受矫正训练，然而，我们不能只关注他的斜视问题，还应考虑他其他方面的发育情况。某些儿童喜欢"玩弄"自己的眼睛，而这可能意味着他的眼部生理机能出现了障碍。之所以会出现这一障碍，往往是因为儿童的后天发育情况异常，比如：难以集中注意力或难以汇聚自己的目光。有时，该现象也和儿童的进食障碍有关。"

佩戴眼镜不仅不会引起儿童的不适，反而会让他引以为豪。近年来，我们已经对眼镜各方面进行了调整，将镜片的材质换成不碎玻璃，从而提高安全性。镜架的质地更加柔软轻薄，颜色也更加鲜亮。此外，鼻支架由硅酮制成，设计也十分小巧，以确保眼镜不会轻易滑落。某些佩戴厚镜片眼镜的儿童（比如：患有先天性白内障或外伤性白内障的儿童、重度远视的儿童）日后还可以使用隐形眼镜，从而使自己更自由地活动。

像，长此以往，它会自动忽略有功能缺陷的那只眼睛所看到的画面。所有的人体器官都因功能而生，一旦大脑忽视那只斜视眼睛的存在，那么它最终会失去视力。

远视、近视与散光

通过观察儿童的言行举止，您能判断出孩子是否患有远视、近视或散光。患有远视的儿童看物体时，姿势极为夸张，且经常抱怨头疼，有时前额会出现皱眉纹。远视意味着双眼看到的图像形成于视网膜之后，因此需要依靠凸透镜将图像重新拉回到视网膜上。患有远视的儿童时刻在调节自己的视力，因此他有可能会患上内斜视。如果远视程度较为严重，儿童须佩戴眼镜并定期去医院检查。

患有近视的儿童喜欢在近处看电视，并且他经常眨眼睛或眯眼睛。研究表明，如果婴儿在出生后的前2年之内，其卧室照明太过充足的话，则很有可能在幼儿期患上近视。近视意味着

双眼所看到的图像形成于视网膜之前。此外，近视容易引起外斜视。儿童如果患上近视，需要佩戴凹透镜。并且不幸的是，随着年龄的增长，近视程度可能会加深，因此，在儿童的成长过程中，需时刻关注他的用眼状况。

患有散光的儿童不管是从近处还是从远处都无法看清一个物体的轮廓边缘。他时常会抱怨眼睛疼、头疼或者眼睑处有灼烧感。此外，散光通常属于近视或远视的并发症。要想治疗散光，必须佩戴圆柱镜片眼镜以纠正角膜的弯曲度。

不论是远视、近视还是散光，都应尽早接受治疗。光线或者周边物品所带来的刺激能够有效地帮助神经元之间建立起相互联系，而神经元的功能在于将视网膜所接收到的信息传递至大脑。比如：对于患有先天性白内障的儿童而言，因为光线刺激不了他的视网膜，所以，他最终会失明。先天性白内障必须尽早接受外科手术。

自测方法

如果您的家族成员中有罹患视觉缺陷的先例，请及时告知医生。如果您发现孩子始终只"转动"一只眼球，尤其是在睡醒以后，那他很有可能患上了斜视。其实，您可以在家进行简单的测试来确认自己的推断是否正确：先将孩子的目光吸引至某处，然后再用手遮住孩子的一只眼睛，之后再遮挡另外一只眼睛。如果在遮挡的过程中，孩子开始哭闹，就很有可能意味着他那只尚未被遮的眼睛看不清东西。您还可以用"响动"的玩具（如钥匙、拨浪鼓、铃铛）来吸引他的目光，您可以自上而下或从左往右地移动玩具，正常情况下，儿童的目光会朝着玩具所在的方向移动。

婴儿专用视力测试方法

人类的视力基本在出生后的18个月内便已经得到了充分的发展。如果您觉得您的孩子存在视力方面的问题，除了可以让他接受常规的视力检测，还可以让医生采用一种专门用于测试婴儿视力的方法，该方法能够检测出哪种画面最易吸引儿童的目光。当然，还存在其他借助电脑技术的检测方法，此类检测方法更为快捷、准确。最后，还可以为儿童选择做视网膜电流图。

晒 伤

现阶段，您的孩子已经懂得如何自由地移动身躯了，自此之后，您便不可能总让他待在室内，这也就意味着他的肌肤即将暴露在太阳之下。儿童的肌肤极为娇嫩，此外，肌肤的天然防御系统尚未发育完全，因此，他们对紫外线十分敏感。

先天劣势

对于 12 岁以下的儿童而言，其肌肤抵抗紫外线攻击的防御体系以及黑色素细胞体系都尚未发育完全。位于皮肤基底层内的黑色素细胞会产生黑色素，黑色素决定皮肤的颜色，并保护皮肤免受太阳紫外线的侵害。它也是皮肤晒黑的根源。对于一个无特殊疾病的正常儿童而言，只要遵守某些规则，防止晒伤，在阳光下的皮肤就不会有问题。

晒 伤

晒伤意味着肌肤表皮以及表面的血管受到了灼烧。如果儿童的肌肤暴露在紫外线之下，3~10 个小时以后，血管中的血清就会流失，表皮则会出现炎症。这两种后遗症会持续 2~3 天，具体持续的时间取决于儿童肌肤暴露在紫外线之下的时长。不过请别担心，过不了多久，肌肤就会自行启动修复以及防御机制：首先，在紫外线的刺激之下，黑色素细胞会大量产生

黑色素；之后，肌肤表皮基底层的细胞在阳光的照射下增殖，从而引起肌肤表皮变厚，即表皮原本 15 层的细胞层会翻倍。

虽然晒伤和烫伤一样，都可以涂抹修复乳膏，但皮肤科医生会告知父母需要警惕儿童重复性晒伤。即使晒伤被治愈了，也有可能会导致皮肤细胞的基因突变。一旦发生此类情况，那就意味着皮肤细胞的基因不能再以正常的方式自我更新，这也就是为什么有些儿童身上会出现痣（成年以后，痣有可能会变成皮肤癌）。

中 暑

在太阳底下暴晒会导致发热，有时甚至会引起中暑。那么如何鉴别儿童是否中暑呢？如果儿童没有戴帽子，直接在太阳底下暴晒了一段时间，他的脸会出汗、变红或者惨白。此外，他还会变得十分躁动不安（偶尔也会变得昏昏沉沉），

儿童的眼睛对强光以及反射光十分敏感。儿童的瞳孔比成人的大，因此，会吸收更多的光线。此外，他的晶状体仍然呈透明色，只能阻挡少许的紫外线，而紫外线会对视网膜造成不可逆转的伤害。因此，请为儿童购买一副镶有过滤镜片的太阳镜。

您所购买的太阳镜必须至少为 3 类或 4 类，且拥有安全合格标识。此外，镜片必须能够遮挡住儿童的眉毛以及两侧的太阳穴。似乎成人视网膜黄斑之所以会退化，就是因为小的时候没有好好保护眼睛。

晒太阳有助于预防佝偻病。对于 3 岁或 4 岁以下的儿童而言，他每日所吃食物中的维生素 D 远远不能满足自身的生长发育需求。脂溶性维生素 D 似乎隐藏在人体皮肤的表皮中，只有在紫外线的作用下，它才能发生分子裂变从而合成维生素 D。因此，人体内维生素 D 的含量与皮肤表皮所接收到的紫外线数量呈正比。多项医学研究表明，夏天的时候，只要儿童在 11-14 点这一时间段内晒 10~15 分钟的太阳，他体内所合成的维生素 D 就足以满足他的发育需求。

抱怨头疼、恶心想吐。这种情况下，您应该通过测量体温来核实您的判断是否正确。如果体温超过 38℃，必须立即将孩子平放至阴凉处，然后脱去他身上的衣物，让他大量喝水，不过请注意，必须小口小口地喝。此外，您还可以用湿润的浴巾裹住他。即使孩子的体温最终下降了，您也必须在接下来的 24 小时内保持警惕。如果情况相反，孩子的体温始终高居不下，那么他必须住院接受静脉补液治疗。

保护措施

法国国家药品与健康产品安全局（ANSM）建议 :2 岁以下的儿童不要主动暴露在太阳之下。因此，根据这一建议，夏天的时候，儿童如果想在公园或沙滩上玩耍，需做好防护措施。

为了避免儿童晒伤，需要时刻考虑以下三要素：皮肤的状况、阳光的强度、肌肤暴露的频率与时长。对于那些皮肤极为敏感的幼童而言，最好不要在 12-16 点之间外出。毕竟，此时的阳光可不仅仅会造成皮肤出现暂时性红斑。

预防晒伤的首要保护措施是遮住孩子的局部肌肤。您可以让孩子穿件 T 恤、短裤或短裙以便缩小暴晒的范围，最好选择针脚密集的棉质浅色衣物，因为深色衣物会吸热。另外，一旦 T 恤湿透，它的保护功能便会大打折扣，因此需要选择透气性良好的棉质衣物。当然，您也可以为儿童购买具有防紫外线功能的衣物，您可以参考 UPF 值（即紫外线防护系数）来判断该衣物的防紫外线功能。UPF 值大于 40 的时候，只有不到 5% 的紫外线能够穿透。除了让孩子穿 T 恤、短裤或短裙以外，您还可以让他戴一顶宽边帽，这样的话，他的整张脸便能遮挡在阴影之下。至于剩余裸露在外的身体部位，

则可以涂抹上防晒霜。不过请购买儿童专用防晒霜，因为只有儿童专用的防晒霜才不会引起过敏。另外，请购买防晒系数较高的那一款。有些防晒霜可以防水，但是这一防水性只是相对而言，一旦防晒霜遇水，它的防紫外线功效最多只会持续几分钟。防晒霜或防晒乳液应该涂厚一点，另外，第一次涂抹防晒霜应为出门之前，第二次涂抹则为肌肤接触阳光后的第 15~20 分钟。之后，则最少每 2 个小时重新涂抹一次。在对多款防晒霜进行检验以后，法国"六千万消费者"协会（60 millions de consommafeurs）推荐了三款儿童防晒霜 / 乳液，分别为：Avène(雅漾)、Mixa 和 Vichy（薇姿）。即使身处阴凉处，您也得时刻警惕反射现象：细沙能够反射 25% 的紫外线，海水则能反射 10%。

如需住院，该如何正确应对

当该年龄段的儿童不得不住院时，您必须一如既往地安抚他。相比以前，此时的他不再那么焦虑不安，他能够更好地接受您暂时离开的事实，也能更加配合治疗。

给出解释

住院对于幼童而言，无疑是一次严峻的挑战。为了方便儿童与家长、医护人员之间的沟通，有些儿科部门早已对儿童的住院形式进行了调整。不管住院儿童的年龄多大，都必须用简单的语言向他陈述当前的状况。您可以用孩子同龄小伙伴此前的住院经历或者通过手绘图画来进行解释。告诉他，他体内的"某个零件罢工了"，所以之后会有一些和蔼可亲的叔叔、阿姨来帮忙"修理"，等"修理"好了，就可以回家了。虽然告知孩子实情是正确的，但是也请不要太早，毕竟让他过早处于焦虑之中毫无帮助，最好在他住院的前一周再告诉他。

术前心理准备

如果在孩子住院之前，您就已经向他描绘了医院、病友、主治医生以及其他医护人员的情况，孩子在住院之后就不会特别迷茫。如果孩子所接受的检查或治疗会引起痛感，那么必须提前告知他，并向他解释他为什么需要接受这一检查／治疗。除此之外，您还需要安慰他，告诉他疼痛并不会持续很长时间。手术之前，您表现得越轻松，陪伴在孩子身边的时间越长，孩子就越有信心。儿童术前心理准备做得越充分，他术后恢复速度就越快，出现的心身问题（比如大小便失禁、噩梦）也就越少。如果您的孩子不满 18 个月，请尽量一直伴其左右，因为父母的陪伴能够缓和住院期间的沉重气氛，也能减轻分离带给孩子的心灵创伤。

兼顾父母的感受

如果儿童需要长期住院接受治疗的话，您需要让他知道您的固定探视时间，以便他能在分离期间一个人好好地独处。

现如今，某些大型医疗机构的儿科专家考虑到了患者父母的感受。他们会建议孩子父母留宿在孩子的病房内，因为这一年龄段的儿童很容易缺乏安全感。此外，有些医院与私人机构一起合作建立了院内"宾馆"（该宾馆的建造与运营资金均由私人机构承担）。这样的话，住得远的父母或者外地的父母也能时刻陪伴在孩子身边了。

为了能够最大程度地统一患病儿童住院时所接受的服务，欧盟议会拟定了一份《住院儿童权利宪章》。法国已于 2000 年开始实施这一宪章。该宪章特意强调了儿童在住院期间，必须由父母陪同，并且医生应当及时告知父母任何与儿童病情相关的信息。此外，该宪章还要求医院只能让儿童接受那些必不可少的检查以及治疗，以减少疾病对儿童身心的侵害。

回家之后

出院回家之后，如果儿童看起来惶惶不安，并且固执地不愿与您分开，请别担心，他需要一段时间来平复自己的心情。此外，儿童还会容易出现一些人际交往方面的小问题。不过一旦他能向别人讲述自己的住院经历，那就证明他的心情平复了不少。

外科修复手术

3岁以下儿童接受外科修复手术所涉及的范围十分明确：如果儿童出现颅缝早闭的情况或者头颅形状严重影响美观，就必须接受颅面手术。有些血管瘤也需尽早做手术。根据血管瘤的具体类型，医生会相应地安排切除手术或血管硬化剂注射治疗。如果血管瘤位于肌肤表层，则会采用激光去除的方法。对于巨型痣，即上面长有绒毛的黑色斑块，医生也往往会采取手术的方式将其去除。

6个月以上的婴儿可以接受手部畸形（比如内偏指、弯曲指、多指或并指）矫正手术。如果在经过了一系列康复训练之后，畸形足仍没有好转的迹象，就必须接受手术治疗了。最后，如果幼儿出现了视觉以及听觉障碍，也必须及早进行

> 66 在效仿了美国儿童医院以及北欧儿童医院之后，法国儿童医院发生了翻天覆地的变化。现如今，为了缩小儿童日常生活、住院生活以及出院后生活之间的差距，医院允许他们在病房中做游戏。此外，医院还会提供大量的文化性照顾服务，比如音乐服务。在某些医院，医护人员会弹着吉他或唱着歌将儿童送至手术区。等儿童苏醒后，他们会继续这一音乐服务。在这些变化之中，影响最大的莫过于医院肯定了父母的地位，要求儿童在住院期间必须由父母陪护。
>
> 此外，所有能够接收儿童患者的医院部门都需要在本部门的病房区内设立一个"父母之家"，因为如果患病儿童能够在睡醒之后立刻见到自己的父母，这对于他来说将会是莫大的安慰。
>
> 几乎所有的病房区内都设有"玩具馆"，儿童可以从此处拿取他所熟悉的物品，可以给他的毛绒玩具或洋娃娃包扎、打针、量血压或打石膏。我认识一位给玩具熊做过"手术"的外科医生，他想以此方法来向住院儿童证明他也懂做游戏。住院儿童还必须被允许与他的朋友、兄弟姐妹、（外）祖父母保持联系。总之，我们必须想尽办法让儿童的住院经历只是他人生中短暂的一篇，让这段经历丝毫不会影响他将来的成长发育。99

治疗，以免影响他的感觉运动发育。

手术操作过程

与成人手术一样，幼儿手术同样也需要精湛的技术、充足的医护人员（至少6人）以及充分的术前准备。如果接受手术的婴儿不足6个月，那么手术之前，他需要补充维生素K以防在手术过程中大量出血。

此外，医生会根据儿童的身形来准备手术器械，比如小号手术台、小号手术工具等，甚至细如发丝的小号缝合线。

现如今，医生做手术的过程中都会使用放大镜或显微镜。如有可能，幼儿手术会尽量安排在白天，这样的话，他当天晚上便能返回家中。此外，在幼儿手术中，往往采用局部麻醉，且麻醉剂用量要比成人的少。必要时也会为其进行全麻，以防儿童在手术过程中乱动。

拒绝进食

每个儿童或早或晚都会有食欲下降的一天，不要把它演变成"悲剧"。

小鸟胃

我们惊讶地发现当孩子开始蹒跚学步时，他的食欲却开始下降了。其实，这种情况很正常。因为此时孩子的注意力完全转移到走路上了，他不再对食物感兴趣了。不过请不用担心，过不了几周，他便会重拾吃饭的乐趣。但是，如果孩子生病的话，请不要勉强他吃东西。大部分情况下，儿童的身体会根据实际所需自动调整胃口。如果孩子食欲不振，请尽量为他准备一些色彩丰富、易于消化的食物。

虽然有研究表明幼儿比较容易接受新食物，但这一接受是相对的。因为大约2岁的时候，儿童便会对新食物产生逆反心理。在这一年龄段的儿童之中，只有1/4能够欣然接受新食物。另外，有些儿童甚至会开始拒绝曾经尚能接受的食物，其中最常被摒弃的便是蔬菜。我们将这种完全按照自己心意挑选食物的现象称为"新食物厌恶情绪"。儿童产生这种厌恶情绪属于正常现象，请不要过分地纠正，因为您的干预只会让孩子将这种厌恶情绪变成一种肯定自我的反抗手段。

追求独立

儿童有时吃东西会拖拖拉拉，这无疑会刺激到父母，尤其是母亲，因为这会让他们感觉自己之前的努力都白费了。一旦父母生气，餐桌上的气氛便会变得紧张起来，而与此同时，处于"叛逆期"的孩子会变本加厉地继续手中那拖拖拉拉的动作，以试探自己的权利底线。因此，父母最好克制自己的情绪以免局势恶化。当儿童尚处于亲密期时，他会想尽一切办法来满足妈妈的要求。然而，一旦进入独立期，他就会通过各种拒绝行为来追求独立，而且往往会选择在就餐时间来实施自己的独立计划。过不了多久，妈妈便会忍受不了了，她十分生气，想强迫他继续进食。然而，妈妈越焦虑，孩子受到的影响就越大，他单纯的食欲不振也会演变成身体不适。其实，只要父亲在局面刚开始失控时出面调解，一切便能很快地恢复原状。耐心无疑是治愈儿童叛逆之心的良药。让孩子从事另一项活动则是最好的解救措施。

儿童越来越喜欢下午茶。一般而言，儿童的下午茶比较简单，由面包、奶酪/其他乳制品以及水果组成。这迷你的一餐大约占儿童一日食量的15%。和其余三餐一样，如果儿童是在轻松的氛围中享受下午茶，他会感觉十分惬意。如果您没有时间为儿童准备下午茶，也可以选择用饼干来应急。需要注意的是，下午茶食物中所含的糖分往往远超儿童身体所需。

> 如果您一直让儿童在固定的时间以及轻松的氛围中进食，那么他的餐桌表现会十分令人满意。请不要让儿童在电视机前吃饭。进餐前，请先为儿童摆好餐具，然后再让他坐进儿童餐椅中。即使您十分希望儿童能够将他自己的饭菜吃完，也请您控制好自己的行为，一定不要手拿汤勺，追在儿童的身后求他吃饭。

冲突的原因

儿童食欲下降的原因有很多，最常见的便是餐前食用了过多的甜品。当然，餐桌上的菜品也会影响他的食欲，比如菜品过于单一，或者餐桌上出现了过多的新食物。有时，也有可能是因为上菜顺序不对，比如：他更喜欢先吃甜食，再吃咸食。拒食的儿童是在测试大人的忍耐力。一旦父母忍受不了，开始强迫他进食，他就有可能会呕吐。面对不愿进食这一状况，妈妈会采取何种态度，往往跟她曾经的童年经历有关。如果她也曾食欲不振，她就能理解孩子现在的心情；但是如果她将曾逼迫自己吃饭的母亲视为榜样，并且觉得自己的母亲从未在教育子女的问题上失败过，她便会变得十分专制。

温柔对待

为了避免冲突的发生，最重要的是您不要太固执，尤其是在孩子体重曲线正常的情况下。您可以直接把那些不讨喜的食物剔除出菜单，而不用绞尽脑汁地想办法让其变得更具吸引力。当孩子不受限制的时候，他会做出自己的选择，冲突也往往能得以解除。有时您应该提供多种食物供他品尝和选择。

大部分情况下，不好好吃饭的儿童，其体重仍属正常，因此，餐桌上的战争其实只能算父母与子女之间的沟通问题。不过，请别忘了并不是所有儿童的味觉都同样灵敏。儿童的味觉灵敏度不仅和遗传有关，还和他最初的味蕾开发经历有关。专家马蒂·奇瓦（Matty Chiva）的研究表明，有些儿童的口味更加"刁钻"，他们对食物的不同反应和他们的高度感知力息息相关。那些味觉灵敏度相对较低的儿童几乎不挑食。相反，那些各种感官能力都已苏醒的儿童面对食物时显得尤为挑剔。另外，每位儿童的食量不同，同一份量对于某些儿童而言属于正常份量，对于另一些儿童而言则属于过量。正常情况下，您应该根据孩子的年龄、体重以及身高来计算他的正常食量。

如何应对

如果儿童不想进食，最好不要强迫他或者惩罚他。这只会让情况进一步恶化甚至让孩子彻底厌食。许多专家认为，儿童期压迫性的就餐经历会导致当事人出现心理障碍，甚至是到青春期时出现饮食失调。最好让儿童自己决定饭量，如果他特别喜欢某些食物，也可以让他多吃一些。只有这样，他才能最终知道自己的饭量到底多大。

这一年龄段的幼儿开始能够感知到餐桌的气氛了，因此请为他营造一个轻松欢乐的就餐气氛。您同样可以让孩子参与到做饭的过程中，以满足他的好奇心。上一顿饭的美好回忆会勾起孩子吃下一顿饭的欲望。不要过分关注孩子在餐桌上的表现，也不要在吃饭的过程中夸奖他、鼓励他，让他自己安安静静地吃。如果他饿了，自然会乖乖地坐着吃饭。只有当孩子的体重下降或者体重曲线出现缺口时，您才需要考虑他是不是存在"进食障碍"。儿科专家认为，25%~50%的儿童都曾出现过进食问题，但其中只有3%需要接受治疗。

他总是口渴

儿童的饮水量十分惊人，有时，甚至看起来似乎不合常理。但是，我们为什么要剥夺儿童的这一乐趣呢？对于儿童而言，口渴是一种警示信号，这意味着他的身体正在提醒他该重新储备水资源了。

补充水分必不可少

成人体内含水量为 60%，儿童体内含水量为 75%，儿童每天的饮水量必须保证能够维持这一比重。由于自身体内的调节机制发育不完全，所以儿童要比成人更易口渴。儿童每 1 千克体重所需的水分要比成人每 1 千克体重所需的水分多出 3~4 倍。

儿童新陈代谢快，很容易出汗发热。因此，及时补充水分对他来说必不可少。当儿童身处车（汽车或火车）中或者其他密闭的空间时，您需要定时为他补充水分。此外，为了应对高温环境，儿童出的汗比成人多 3 倍，因为在人体内部温度相仿的情况下，皮肤面积越小，越需要通过出汗来降低体温。为了产生这么多的汗水，儿童就必须补充大量的水分。总之，儿童的饮水量永远不会超标。您可以在两餐之间让孩子多喝点水，这种做法同样可以缓解他的饥饿感。白水含有大量的微量元素，鲜榨果汁含有丰富的维生素。最好尽早让孩子自己学会定时补水。

自来水

报刊杂志时不时地会曝出自来水遭受化学废弃物，尤其是硝酸盐（硝酸盐用于农业施肥）污染的新闻。然而，这并不值得大惊小怪，因为大部分的土地都十分脆弱。对于儿童而言，硝酸盐（可以转化成亚硝酸盐）极其危险，因为该类化学物质会导致人体中毒。如果出现水质问题，请致电市政府或当地的卫生保护中心。

请不要饮用储存时间超过了半天的自来水，即使您此前已经将水放在冰箱冷藏了。另外，也请注意，饮水器中的水并不总是适合饮用。如果您此前离家好几天，那么在您回到家之后，请先把饮水器中的隔

法国儿科医生联合会 (SFP) 下属的营养委员会认为，儿童每日所需的水分取决于他的实际年龄与体重。对于 9 个月至 1 岁的儿童而言，每 1 千克体重所需的水分为 100~110 毫升。因此，体重为 10 千克的 1 岁儿童每天需饮用至少 1 升的液体。如果是在夏季且所处环境温度超过 30℃，那么温度每上升 1℃，每 1 千克体重所需的水分需要在此前的基础上再增加 30 毫升。如果儿童发烧，且体温高于 37℃，那么体温每上升 1℃，每 1 千克体重所需的水分需要在此前的基础上再增加 10%。最后，如果儿童出现了消化问题，他同样需要摄入更多的液体。

儿童的膳食越来越多样化，这导致了他从牛奶中摄取的水分越来越少（因为随着年龄的增长，儿童喝奶的次数越来越少），但从蔬菜与水果中摄取的水分却越来越多（因为随着年龄的增长，儿童食谱中的蔬菜以及水果数量逐渐增加）。对于 1~3 岁的儿童而言，父母应该每天为他准备 500 毫升左右的水，以便他可以随时、随意饮用。此外，如果儿童胃口比较小，最好不要让他在饭前一个小时内喝水，除非他自己要求。但是当他开始进餐的时候，您可以稍微让他喝一些水。

夜水放空后再饮用。如果您是把水接到玻璃瓶中再饮用，请别忘了定期清洗玻璃瓶。在度假的过程中，不要让孩子喝水质未在近期内接受检测的水源中的水（比如泉水、井水、蓄水池中的水）。

瓶装矿泉水

　　矿泉水水质纯净，含有大量有利人体健康的矿物质与微量元素，且特性稳定。矿泉水已经得到了法国国家医学科学院（Académie Nationale de Médecine）的认可，并且按照规定，矿泉水中所含的成分必须清晰地标明在外包装上。2 岁以下的幼儿适合喝矿化度较低（即每升水所含的矿物质低于 500 毫克）以及硝酸盐含量较低的矿泉水。三四岁的幼儿则适合喝含钙量较高的矿泉水。不要让儿童喝含有碳酸的或具

有利尿功效的矿泉水。此外，购买的过程中，请确认手中的矿泉水瓶从未被开启过。在某些国家，儿童矿泉水必须采用玻璃瓶包装，并且瓶盖必须为金属瓶盖。矿泉水一旦开瓶，只能保存 48 个小时，如果开瓶之后被喝过，则只能保存 24 个小时。如果您购买了一整箱矿泉水，请将它置于阴凉处保存。

　　不要因为天气炎热，便让

孩子喝冰水，因为这可能会引起肠胃不适。此外，当孩子刚吃完某些水果（比如李子、西瓜）的时候，也请不要让他喝冰水。夏天最理想的补水方式便是让孩子自己喝奶瓶或吸管杯中的常温水，您只需记得及时往容器中添水即可。当然，您也可以再为孩子买一个专用喝水壶，孩子肯定会喜欢的，因为他感觉受到了重视，这是他一个人专属的专用水壶，里面倾注了爸爸妈妈满满的爱。

牛奶与果汁

　　白水无疑是最适合补水的饮品。请注意，一定不能加糖。吃饭的时候，如果孩子想喝水，让他喝一点儿白水就可以了，如果您觉得白水的味道不太好，或者您不确定白水的水质是否达标，您可以让孩子喝一些不含碳酸的矿泉水。不吃饭的时候，尤其是下午茶的时候，牛奶无疑是最好的饮品。

　　尽量不要让儿童喝甜饮，因为甜饮不仅不如白水解渴，而且含糖量高。另外，需要注意的是，请不要让孩子在就餐期间喝碳酸饮料，以免导致消化不良。最后，请小心那些含有奎宁或咖啡因的饮料，因为这两种物质会导致儿童过度兴奋。

1 岁半

他的第一幅画

所有的儿童都喜欢画画。在儿童学会手握铅笔进行涂鸦之前，他已经学会了用手指蘸着水果泥或蔬菜泥在饭桌上乱涂乱画。

令人惊叹的涂鸦

有研究表明，一旦婴儿学会了坐，他便能手握铅笔在白纸上画出一些线条。儿童还喜欢用手抓取颜料或将手浸入盛放不同颜料的玻璃杯中，画出一幅神奇的"抽象派"画作。一般而言，画画会让儿童兴奋。在一张白纸上留下或淡或浓的一笔能够让儿童感觉到自己的存在，感觉到自己拥有掌控物品的能力。在之后的岁月里，画画仍将是儿童最喜欢的游戏之一。

人生中的第一笔

儿童的画作会遵循特定的顺序演变。每一个年龄段的儿童在作画的过程中都会使用不同的技巧、选择不同的主题。儿童的第一幅"画作"往往意义非凡。状态好的儿童所画出的线条清晰、饱满、连贯，且占据了整张画纸；而状态欠佳的儿童所画出的线条往往断断续续，且散落在画纸的一角。这一年龄段的儿童之所以画画，并非是为了

> 通过乱涂乱画，儿童掌握了圆的轮廓。随着时间的推移，儿童能将这美丽的圆形转变成漂亮的字母，久而久之，他便学会了书写与阅读。通过给这些闭合的圆形上色，儿童还能明白"内"与"外"这两个概念。

实现某种意图，而纯粹是觉得好玩。此外，儿童有时也会借助其他物品在地上或墙上留下一笔。当儿童手握铅笔时，他会不自觉地挥动胳膊，在纸上涂鸦。儿童的画作一般由歪歪扭扭的线条组成，并且这些线条会占据整张画纸。最初几个月，儿童始终用同一根铅笔画着一幅幅单色画。而后，他学会了给单色画中的线条上色：黄色、蓝色、红色或黑色。当然，目前为止，儿童对颜色并不是十分感兴趣。

移动的乐趣

不论是画铅笔画还是画油画都要求儿童必须能够相对精准地掌控自己的手势动作。目前为止，儿童使用左右手画画

的频率一样高，因为他的偏侧性尚未最终形成。如果儿童使用右手画线条，那他会从左往右画；如果他使用的是左手，则会从右往左画。同理，如果儿童使用右手画圆，那他会按顺时针的方向画；如果他使用的是左手，则会按逆时针的方向画。最令人感到不可思议的是：地球上所有的儿童，不论他接受何种文化的熏陶，他都会采用上述方式作画。儿童的第一批画作不具有任何表征意义，因为它们不包含儿童的任何个人意图，纯粹是兴趣之作。几周之后，儿童开始画一些具有表征意义的画作，比如家人或宠物的画像。2~3岁的儿童首先学会画一些相交的圆，之

并不是所有的儿童都心灵手巧，但是所有的儿童都十分热爱画画。儿童的画作能够反映他们的智力发育情况以及他们内心深处的情感。

后才学会画一些独立的圆，这不仅意味着儿童逐渐意识到了"自我"的存在，也意味着他即将以"我"这个单词作为开头进行陈述。

小小艺术家的好工具

相比于彩色铅笔而言，儿童更喜欢水彩笔，因为后者画出来的线条更加流畅，颜色更加夺目。不过，请注意，我们的小小艺术家所需要的画笔必须尺寸适中、质地坚硬、颜色鲜艳。为了让儿童能充分展示自己的画艺，建议您为他购买以下工具。

● 可水洗水彩笔。一旦可水洗水彩笔不小心弄脏了双手、衣服或墙壁，可以轻松地用清水或肥皂来清洗。新款可水洗水彩笔的笔尖为圆锥形，更不易被折断。在使用一段时间过后，如果您将笔尖置于温水之中，它会"焕然一新"。另外，一根水彩笔总共可以画出大约 1.5 千米长的线条。最好为儿童购买较粗的水彩笔，这样的笔方便抓握。

● 蜡笔。最好挑选粗短型的蜡笔，因为儿童下笔的力度往往较大，容易把笔尖弄断。

● 手指画颜料。一套手指画颜料一般有 6 种颜色（包括最常见的基本色以及补充色），每种颜色都放置在一个小塑料瓶中。手指画颜料十分安全，即使儿童不小心吞咽入肚也无须过于担心。为了防止儿童一次性将所有颜料挥霍一空，您最好从每个塑料瓶中倒出一些放在调色板中。尽管手指画颜料可用清水洗净，但仍建议您让孩子坐在浴缸中画手指画。

● 纸。这一年龄段的幼儿还不懂得如何纵向画画，因此，书桌、黑板还派不上用场。只要能够趴或蹲在地上画画，他就会觉得很开心。

在托儿所画画

所有的艺术活动都具有早教意义，画画是一种颜色游戏。在涂鸦的过程中，儿童能够通过触觉感知到一种全新的物质，能够看到自己双脚或双手所留下的痕迹，能够尽情地释放自己。渐渐地，儿童便渴望用画笔填满每一处空白。他的双手在不停地跳着"圆圈舞"，双脚则交叉着来回跳动。

也正是在画画的过程中，小小艺术家开始对空间这一概念有了初步的认识。画完了手和脚之后，儿童开始画自己的整个身体。对于他们而言，这无疑是一个熟悉自己身体部位的大好机会，而对身体部位的全面了解有利于儿童精神运动方面的发育。

儿童刚参加绘画工坊时，看着自己的手或脚消失在颜料池中，他会被池中颜料的温度、材质以及稠度所震惊。此外，当他发现自己居然能在一张纸上留下属于自己的痕迹时，会感到十分诧异。

绘画与书写

一位热爱画画，并且能够正确握笔的儿童十有八九会在幼儿园的第一次书写练习中大放光彩。画画能够提升儿童的想象力和表征能力。如果您希望儿童继续保持对绘画的兴趣，就需要不断地肯定他、鼓励他。

小小泥沙搅拌工

沙池是一个神奇的地方，因为儿童能够在那儿体验"触摸"所带来的乐趣。事实上，触觉是儿童最初拥有的感官能力之一，双手则是他探索世界的原始工具。

通过触摸来发现世界

当儿童坐在沙池中时，他首先会用手来触摸这种新物质，然后将手插入沙中，最后让细沙从指缝间流走。在各种感官能力的作用下，儿童最终学会了区分柔软与坚硬、光滑与粗糙。他对这一全新的场所也有了初步的认识。过不了多久，儿童便会索求一些"工具"以便更好地在沙池中玩耍。目前为止，儿童还并未打算堆沙堆。他现在的首要活动是用沙子将玩具器皿填满再倒空，就像他在浴缸里玩水那样。不论是玩水还是玩沙，启蒙意义是一样的。通过不断地重复填满以及倒空动作，儿童先学会了"虚"与"实"这两个概念，之后再学会了时间概念。

锻炼双手的灵活度

随着时间的推移，您的孩子会在玩沙的过程中找到另外一种乐趣。他渐渐地会想将水注入沙中以便搅拌出"泥浆"。即使在您看来这很脏，也请不要阻止他这么做，因为这一活动有利于他的成长发育。在揉捏泥浆的过程中，儿童可以锻炼双手的灵活度、抓取能力以及协调性。此外，在揉捏的过程中，他也是在挑战自然，因为他必须改变该物质的物理属性才能塑造出他想要的形状。最后，在搅拌、揉捏的过程中，他最终能学会创作真正的泥沙作品，比如城堡、动物等。

令人惊讶的是，儿童沉迷于这类脏兮兮游戏的时间恰好是他们培养卫生意识的时间。揉捏柔软的物质有助于培养卫生意识，正如倾倒游戏有助于掌握"里""外"概念一样。

夏天正是儿童玩泥巴的大好时节，他可以在海边用沙子和海水搅拌出"纯天然"泥浆，也可以在自己的私人沙池中用沙子和自来水搅拌出泥浆。儿童可以穿着泳衣，然后用手或脚搅拌泥浆。在玩泥巴的过程中，儿童的手掠过那光滑的表面，这让他体验到了一种全新的触感。玩完泥巴之后，别忘了给孩子洗个澡。如果您家有后院的话，您可

沙子是一种十分讨儿童欢心的玩具。即便如此，也并不代表它毫无缺点。儿童第一次接触沙子的时候，并不一定会立刻爱上它，有些儿童甚至会被脚底下的全新触感所吓到。因此，为了避免儿童受惊，最好让他穿上一件小紧身衣。此外，在玩沙的过程中最易发生的意外事故莫过于沙子迷住了眼。一旦出现这种情况，千万不要让儿童用手去擦眼睛，因为这一行为只会增加他的眼部痛感。正确的处理方法是：用大量温水冲洗眼睛，然后再将孩子放置阴凉处直至眼部痛感消失。

以让孩子坐在水垫上洗澡，这一定会令他开心。用桶堆沙堆则需要一些技巧，因此您需要事先向孩子演示如何将桶中的沙子压紧，沙子压紧之后，您还需要帮孩子把桶倒扣以便把沙堆模型倒出来。至于小型的动物模型或蛋糕模型，儿童可以自己搞定，您无须帮忙。渐渐地，孩子堆泥土的技巧越来越娴熟，他的注意力也越来越集中。

公共沙池

公共沙池能够让孩子遇见其他小伙伴，并与他们一起玩耍。即使在玩耍过程中，这一年龄段的儿童可能会因为一把铲子或耙子而发生冲突，但这丝毫不影响他们的游戏。公共沙池因为卫生安全问题，往往备受公众质疑，因此，它必须符合以下标准：每日必须清理表面10厘米深的区域，每三个月必须自下往上翻动细沙，每年必须更换一次细沙或者定期除虫。

太脏了！

如果您总是告诉孩子他刚才摸过的东西特别脏，那么您首先得问问自己是不是干净过头了。同理，当您看到孩子捡掉在地上的东西吃时，您也会目瞪口呆。虽然在您看来特别脏，但孩子舔地上石头就和他舔汽车玻璃一样，都属于感知、认识世界的一种方式。有些专家甚至说如果土壤相对干净的话，那么它还可以为人体补充某些微量元素。当然，出于对安全的考虑，还是尽量控制儿童的尝新行为为妙。

沙池的建造与维护

要想建造一个沙池，首先要挖一个 2 米 × 2 米，且深度为 30 厘米的坑，然后在坑的四周安插 50 厘米宽的木板，最后再用细沙将坑填平。您还可以直接建一个箱式沙池。首先，您需要打造一个 2 米 × 2 米，且高度为 30 厘米的木箱，木箱底部与地面之间须有 0.5 厘米的缝隙，以便雨水能够顺利流走。当然，您也可以直接在市场上购买一个现成的沙池。当孩子不在沙池中玩耍时，请记得将沙池遮盖好，以免附近的动物或者落叶（落叶会腐烂）将其污染。一般而言，沙池也需要人工维护。每年春天，在重新启用沙池之前，请更换里面的细沙。夏天的时候，则至少需要对沙子进行一两次筛滤。

细沙本身不会对儿童造成威胁，因此即使他不小心吞了一些，也请不用过分担心。然而，有些不洁之物，尤其是皮肤真菌，可能会混入沙中。另外，细沙中的杂质也可能会引发弓形虫病。因此，当儿童毫无征兆地感觉疲惫或出现低烧现象，请不要掉以轻心。只要沙池中的卫生得到了保障，就可以规避这些潜在危险。尽管越来越多的社区公园不让猫狗入内，但这并不意味着园中公共沙池的卫生状况就完美无瑕，您最好还是实地考察一下。

儿童所喜欢的倾倒游戏并不仅仅局限于沙子，水同样可以用来倾倒，想必您的孩子早已在洗澡的过程中体验了这一乐趣无穷的游戏。夏天的时候，您可以让孩子拿着洒水壶去浇花。秋天的时候，可以让他将落叶装至玩具拖车、独轮车甚至是竹篮中。冬天的时候，则可以让他像玩沙那样玩雪。

1 岁半

集体生活

如果您的孩子还没有被外人所照看过，那么 18 个月至 2 岁期间便是最佳时期，因为在这一时间段内，幼儿已经能够承受分离之苦了。此时的他已经学会了走路，"违拗行为"也开始消失，最重要的是，他不再怕陌生人（包括成人与儿童）了。总之，他觉得自己很强大，并且对自己充满信心。

第一次接触社会

这一年龄段的幼儿喜欢模仿，因此，与外人的接触有助于他们的生理发育以及沟通能力的提升。然而，不论哪种集体生活，比如上托儿所、上幼儿园，都需要一个适应过程。因此，如果孩子第一次参与集体生活，建议您待在他身边陪他，并仔细观察他的反应，一旦您感觉他对自己越来越有信心或者他渴望与小朋友一起玩耍时，您就可以离开了。当然，现在就让孩子上幼儿园为时尚早。上托儿所可以为孩子提供与外人接触的机会。在那里，孩子不仅能够与其他儿童交流，还可以认识其他大人。此外，在一个全新的场所摆弄全新的玩具，这对孩子无疑是巨大的诱惑。

场地检查

托儿所与幼儿园越来越善于划分游戏区域。研究表明，为了让孩子的精神运动能力得到更好的发育，儿童游戏区应该划分为集体活动游戏区以及个人活动游戏区。在设计儿童游戏区的过程中，设计师们参考了生活区的结构模式，也就是说他们在游戏区摆放了成套的家具设施，以便满足儿童感官能力以及运动能力发育的需求。家具设施的形状一般为蜂巢状或小屋状。儿童可以在这些设施中进行躲藏、攀爬、匍匐以及跳跃等游戏。此类设施所采用的材料能够减轻儿童不慎（或故意）摔倒的力度以免发生意外事故。

获取经验的场所

有些幼儿园在场地布局方面十分巧妙，它们设计了露天游乐园、自行车道或儿童戏水池（以方便儿童集体戏水）。还有一些幼儿园则在启蒙游戏方面用心良苦，园长以及老师们发挥了自己天马行空的想象力，为儿童设计了一些非比寻常的启蒙游戏。正常情况下，所有的托儿所以及幼儿园都拥有画室。在画室中，儿童感受到了颜色以及颜料所带来的乐趣，也正是在这个场所，儿童表现出自己的绘画天赋。有些幼儿园除了为儿童安排绘画课之外，

许多新推出的用于儿童智力启蒙的玩具已经成为了托儿所或幼儿园老师的教辅工具，这些玩具一般用于集体游戏中。从现在开始，您可以在儿童的房间中安置一个迷你的游戏屋、滑梯或一堵攀岩墙。当然，也请不要忘记购买泡沫垫以减轻儿童摔落时的痛感。

法国的某些托儿所愿意接收那些患有语言障碍的儿童、几乎不开口说话的儿童或不懂本国语言的儿童。它们每日会组织一次所谓的"幼儿开口说"语言工坊，将儿童分为 3 人或 4 人一组并根据儿童的实际情况来选择书本（尤其是图画书）或游戏，作为儿童学习日常生活用词（比如物品词汇、地点词汇、颜色词汇）的教学支撑工具，老师会利用一切机会来鼓励儿童开口说话。该语言工坊的最终目标旨在尽可能地开发儿童的语言能力，以便为儿童将来学习其他技能（比如阅读技能）奠定基础。多项研究表明，相比于经济条件较差的父母，经济条件较好的父母更愿意花时间与自己的子女交流。

还会为他们安排其他具有教育意义的活动，比如：帮助儿童了解常见果蔬的种植过程、气味、颜色以及未成熟时或成熟后的不同味道；此外，老师还会教孩子们学英语或唱歌。大量的案例表明，此类接收儿童的机构并非单纯的托儿所。与同龄小伙伴交流能够给孩子带来欢乐与激励。

父母与幼儿园

一般来说，父母有义务参与儿童在园内的生活。大部分的幼儿园会开家长会。家长会可能会涉及各个方面的问题，比如：实践问题、心理问题以及潜在的冲突。家长同样可以借此机会来表达一下自己内心的焦虑或分享一下育儿心得。有些幼儿园甚至成立了家长协会组织，其职责在于协助校方进行启蒙活动或协调某些家长与教师之间的纠

纷。许多幼儿园还为家长准备了一份通讯录，在通讯录上，家长可以找到负责照顾自己孩子的教师的联系方式，以便向他打听孩子的近况：他是否睡好、是否吐过、是否感冒。而老师同样也可以通过通讯录上的联系方式告诉家长孩子白天的表现。

绿房子

绿房子是根据弗朗索瓦兹·多尔多（Francoise Dolto）的设想而建立的。这一全新的场所既不是托儿所，也不是幼儿园，而是

一个父母、保姆、爷爷奶奶以及孩子可以碰面聊天或玩耍的场所。在绿房子中，人们可以随意寻找聊天对象，而不用考虑年龄。比如：父母可以和孩子聊天，也可以和其他父母聊天；孩子则可以和其他孩子聊天。我们可以随时去绿房子，也可以随时离开，一切依据自己的心意而定。对于儿童而言，这无疑是一个绝佳的聚会场所。父母则可以向现场的心理学家吐露自己的育儿烦心事，比如：孩子的睡眠问题、饮食问题、卫生意识培养问题或者初入幼儿园时的分离之苦。对于那些从未接触过集体生活的儿童或者那些经历过艰难时刻（比如生病住院、父母离异）的儿童而言，绿房子的存在显得尤为重要。一般来说，进出绿房子需要缴纳少量会员费。第一间绿房子于 1979 年创办于巴黎市区。此后，巴黎郊区以及外省出现了大批类似的育儿机构，这些机构都借鉴了绿房子的理念。

与父母一同出行

地铁上、汽车上、马路边、餐厅里……几乎到处都能看到婴儿的身影。如今，婴儿的生活几乎与成人的生活无异。不过，在带孩子外出的过程中，您能百分之百地保障婴儿的舒适程度吗？您能保证自己的生活不受他的影响吗？

兼顾彼此的感受

不要被孩子近来生理发育方面所取得的进步迷惑了。的确，此年龄段的幼儿已经学会了走路、说话，睡眠时间也缩短了，并且他开始对许多东西感兴趣，然而，这并不意味着他就能承受长时间的散步或者整整一下午的购物行程。毕竟，他的耐力不如成人，他很容易疲劳。最重要的是，真正能够吸引他眼球的事情只有玩。并且，您也曾亲身体验过，带着孩子一起购物并非总是充满乐趣。刚开始的时候，孩子会颇有兴致地观察购物车（您通常将他放在购物车中）周围的世界，但是很快他会对周围的人群以及声音感到厌倦。他开始哭闹，要求抱抱，并试图从购物车中爬出来。

虽然您十分乐意与孩子分享一切，但是每次出门都将他带上显然不是明智之举。因此，每次出行之前，最好考虑彼此的感受。有时候，相比于和您一起去商店购物，孩子更愿意和爸爸或爷爷奶奶一起待在家中，或者他更愿意待在托儿所和其他小伙伴一起玩。这样的话，孩子可以自己开开心心地玩玩具，您也可以安安静静地买东西，一举两得，何乐而不为？

在乡下过周末

虽然儿童跟着自己的父母一起"东奔西跑"已经成为了当今社会的一种趋势，但是我们必须承认，有的时候，某一出行活动要求孩子具有极强的适应能力。周末和假期一样，几乎都意味着儿童的正常作息时间要被打乱，并且意味着他即将面对一个陌生的环境。即使有至亲的陪伴，有些孩子仍然会深感不安，而这取决于孩子的生理发育程度以及内心的敏感程度。一旦孩子的内心充满不安全感，他便会出现睡眠障碍，比如入睡困难或者夜醒。此外，外出时父母需要留意儿童的一举一动，因为18个月大的孩子很容易模仿父母去探索他不熟悉的地点。即使您此前已经检查过那个场地（不管

> 每当夏天的时候，我都会看见许多父母带着孩子在沙滩上晒太阳，这一场景总是会让我感到担心。现阶段的儿童年龄尚小，是不能承受阳光的暴晒的，而且他们还可能因此而脱水。所以，我建议找一个人陪儿童一起待在阴凉处。儿童总是跟随着父母，以至于父母有时甚至会忘记他们的存在，忘记他们可能会遇到危险，因为父母认为儿童会时刻呆在自己的身旁。恰恰是这一错误想法导致了许多意外事故的发生。

从第 11 或 12 个月开始，儿童变得越来越独立，越来越喜欢与他人交流，因此，父母的离开不会再令他们感到十分痛苦，不过，前提条件是离开的时间不长，最多不超过 10 天。即使这一年龄段的儿童还不会说话，您仍然需要向他解释您的离开，告诉他谁将代替您来照顾他。最好将儿童托付给他熟悉的，并且能与他谈论您的一个人。当您离开之后，别忘记时不时地与孩子通电话，因为您的声音对他来说是一种莫大的安慰。

室内还是室外），也请不要让孩子独自前往。在户外时，除了那些极为明显的危险之地，比如小溪、沼泽或者马路，您还需要留意周围的昆虫以及植物，尤其是那些鲜艳的有毒浆果，因为儿童很容易受到诱惑而将其放入嘴中。此外，儿童并不能像自己的父母那样感受到各种活动所带来的乐趣，当您背着他进行长时间的徒步旅行时，他很难体会到其中的乐趣。与乘船出行一样，带着孩子在山间小路上骑自行车对他来说同样是危险的。

为什么不将孩子托付给家人或者保姆照顾呢？这样的话，您就可以充分享受自己的休闲娱乐时光了。

合适的住宿地点

度假时，如何选择一个合适的居所着实费脑。如果您想带着孩子露营，请选择汽车旅馆的活动板房，千万不要带着孩子在野外住帐篷。入住活动板房之前，请确认卫生情况。租住公寓或别墅的话，花费自然很大，但是住宿条件无疑得到了提升。最好挑选气候温和的地区度假，因为您的孩子怕热。儿童不太喜欢长途飞行，因此放弃那些遥远的度假地吧！前几年的时候，最好挑选附近的城市度假。媒体有时会报道某些儿童与父母在某一怪异之地的旅行，但它经常"忘了"告诉读者此类旅行中的不愉快经历。

开车旅行

对于好动的儿童而言，让他待坐在汽车安全座椅上无疑是一种挑战。即便如此，也请确保儿童在行车过程中一直坐在安全座椅上。为了安抚他，您可以改善车内的环境。车内的温度最好不要超过 21℃，因为温度过低或过高都可能会导致儿童喉咙或耳朵疼。请定期更换空调过滤器以防吹出来的风中夹杂着灰尘或花粉。如果您的汽车没有安装空调，请避免在太热或太冷的时间段出行，也请不要总是打开窗户。另外，建议将后车窗贴上遮阳膜，并尽量让孩子穿着舒适。

大部分儿童即使在短途出行过程中也会晕车，这是因为他控制平衡感的前庭系统尚未发育完全。

入住旅店

有些旅店为了吸引带小孩出行的顾客，做出了巨大的改变。它们在父母留宿的客房中增设了摇篮或婴儿床，在餐厅推出了"儿童套餐"，甚至免费提供婴儿保姆服务。但很多旅店餐厅的服务以及设施仍然有待改进，比如儿童餐椅不够用。近些年，有些餐厅贴出了 Kid Friendly（即"对孩童友好"）标志。该标志意味着此餐厅配有最基本的儿童便利设施，如：尿布台、奶瓶加热器、儿童餐椅或儿童套餐。此外，此类餐厅还会组织儿童做游戏。

当父母分开时

越来越多的夫妇在孩子尚未满3周岁就分居了。的确，孩子的降临会在一定程度上考验婚姻的稳定性，关于未来，关于承诺，双方中的任一方都会面临问题。

岌岌可危的夫妻关系

分居的原因往往有很多种，比如：男女双方都认为彼此之间已经不存在任何感情了，也缺乏一起走下去的理由。有些人甚至还认为最好在孩子沉溺于家庭温暖前分手。事实上，孩子的降临的确会给夫妻双方带来许多心理方面的困扰。大多数夫妻在女性妊娠期间对未出生的孩子太过憧憬，孩子出生之后的日常生活却令他们手忙脚乱。渐渐地，孩子的啼哭声、人身自由的受限、夫妻二人世界的消失……这一切都让夫妻双方对追求美好的家庭生活失去了信心。有些家庭只有夫妻双方中的一方负责照顾小孩，很显然，这会导致当事人身心俱疲。此外，有些夫妻难以接受孩子的性别，因为在此之前，他们期望的是另外一种性别。最后，随着社会的进步，舆论不再强求夫妻双方在感情破裂之后还因为孩子的缘故继续生活在一起。毕竟，当今时代已经不推崇这一自我牺牲的精神了。大部分情况下，夫妻双方会协商一致后再分手。

> 多亏了"童年失忆症"（该症状能够抹去儿童幼年期的大部分记忆）的存在，即使父亲/母亲离自己远去，这一年龄段的儿童也感受不到真正的痛苦。只要儿童能在接下来的岁月里继续看见自己早已离家的父亲/母亲，父母离异就不会对他造成太大的伤害。大部分情况下，离开的一方往往是孩子的父亲，因为法官一般会将3岁以下的儿童判给母亲抚养。
>
> 即便如此，儿童仍然需要自己的父亲，以便能够继续他那已经开启了的性别认同道路。在性别认同的过程中，儿童需要观察什么是相同的，什么是不同的，没有什么能够比自己的父母更具对比性了。因此，儿童必须定期地、频繁地与自己的父亲接触。我认为，每周（或每两周）让儿童与自己的父亲相处半天（或一个周末）有助于其区分性别差异。并且，只有当儿童到了上幼儿园的年纪时，才能考虑让离异的父母以轮流的方式照顾他。

父母身份的延续

如果父母双方中的一方（通常是父亲）从家中消失了，儿童能够感知到这一变化。如果在离家之前，父亲和孩子的关系十分亲密，比如：会陪孩子一起做游戏，送他去幼儿园或者定期给他洗澡做饭，那么孩子会更加想念自己的父亲。即使这一年龄段的儿童还不能明白所有的事情，但是一旦夫妻双方决定分手，就必须把这一决定告知孩子。如有可能，请夫妻双方一起将这一决定告某些心理学家，比如菲利普·霍夫曼（Philippe Hofman）认为，父母之所以会在儿童年幼时离婚，很大程度上归罪于儿童的（外）祖父母。（外）祖父母恶劣的婚姻关系导致父母不相信自己的婚姻能拥有美好的未来，在他们看来，世界上只有父母与子女之间的关系最为牢靠。此外，如果（外）祖父母一直陪伴在儿童身边照顾的话，他们的存在也会让父母变得越来越不称职。

知孩子，最好是在其中一方搬离家中的前几天。

在与孩子交谈的过程中，需要明确且不带任何怨恨情绪地告知他父母分手的理由（比如我们已经不再相爱了），此外，还需向孩子保证，分手并不影响父母任何一方与孩子之间的感情："爸爸妈妈永远都是你的爸爸妈妈，我们会永远爱你。虽然你之后不能每天看见我，但是我会经常来看你，陪你玩。"

只要能够保证这两张最熟悉的面孔会一直出现在儿童面前，儿童内心的安全感便不会轰然倒塌。在任何时候，都必须保证儿童的内心不会产生被遗弃感。

儿童抚养权

在离婚的过程中，由法院决定将孩子判给男方或女方抚养。关于儿童的抚养问题，法律提供了两种解决方案：第一种是将孩子判给夫妻双方中的一方抚养，另一方则需支付一定的抚养费，且享受探视权；第二种是夫妻双方轮流抚养，一旦轮到其中一方抚养时，该方需要承担孩子的各种开支。轮流抚养并不意味着抚养时间必须均等，也可以按照一方30%、另一方70%的比例进行分配，也就是说任意一方保证每周至少两天即可。

大部分情况下，孩子会判给母亲抚养，因为孩子年龄尚小，不论是从感情方面还是从生理方面来看，都十分依赖自己的母亲。根据法国法官工会联合会（USM）的统计，在90%的情况下，父亲都同意将孩子判给母亲抚养。只有10%~15%的情况下，夫妻双方会激烈地争夺抚养权。在判决的过程中，1/3的父亲会缺席庭审。这是因为，有些父亲认为即便自己出席了，也改变不了任何事情，因为判决已定；另外一些父亲则从未收到法院的传票，因为他们并未告知前任配偶自己的新住址。

在法国，几乎很少有父亲能够拿到3岁以下儿童的抚养权。如果孩子年满1周岁，有些父亲会在征得前妻的同意下要求法官判为轮流抚养。但是，如果女方不同意这一判决，而男方却又强烈要求的话，那么法官会判为临时性轮流抚养，且期限不超过6个月。

颇受争议的轮流抚养

关于轮流抚养3岁以下儿童，专家们的意见并不一致。有些专家认为，父母的定期出现有助于维系儿童与父母之间的感情。然而，另一些专家则认为，轮流抚养所带来的环境变化会对儿童的成长造成干扰。

唯一的解决方案可能就是为孩子挑选一处固定住所，之后每周父母双方都会按照约定时间来这一住所轮流照顾孩子几天。这样的话，孩子不仅生活不会受到断层式的影响，而且还能感受到父母双方的爱（父母对孩子的爱会影响孩子日常生活中的各种行为）。对于3岁以下的儿童而言，这一形式的轮流抚养无疑是最好的解决办法。即便如此，它仍然存在一个缺点：孩子的固定住所需要定期维护，因此这要求父母双方都具有雄厚的经济基础。

1岁半

2 岁

您的孩子

多么神奇的一个阶段呀！在这一阶段中，您的孩子开始逐渐显现出自己的性格与人格，您也越来越迫切地希望孩子进入幼儿园学习了。现在，他会跑步了，会跳舞了，会开始主动寻找坐便器了。为了能够学会保持括约肌处的清洁，孩子要学会说"尿尿"以及"便便"这两个词，此外，他还必须学会如何正确地走路。

这一阶段的儿童喜欢说"不"，因为通过说"不"，他能测试自己的权利范围。这一阶段的儿童往往在叛逆的过程中学会各种新知识，相比于"是""对""可以"这些词而言，他更愿意别人对他说"不是""不对""不可以"，因此，他能够承受学习过程中可能出现的各种挫折。这一阶段的儿童已经掌握了"好"与"坏"这两个概念，并且他很清楚自己所做的事情是否愚蠢。

"不"仅仅意味着儿童开始拥有独立的思考能力。该阶段的儿童仍然害怕与父母分离，但是这种害怕已经发生了微妙的变化，父母与子女的关系不再像此前那样亲密无间。对于儿童而言，父母不仅是他过往经历的载体，同样也是帮助他感知世界、认识自我的助推器。

· 平均体重约为 12 千克，身长约为 85 厘米。

· 学会了跑步，他能够一步一步地上 / 下楼梯。他能够转动门把手、拧开各种盒盖。

· 开始手握彩笔到处乱涂乱画。涂鸦时，他使用右手以及左手的概率均等。使用右手时，他会朝右边或按照顺时针的方向涂画线条；使用左手时，他则会朝左边或按照逆时针的方向涂画线条。

· 词汇量在飞速扩充。他知道很多形容词，明白否定式以及自己的名字。他能够简单描述自己所熟悉的物品。

· 学会了强烈抗议。

· 能够食用少量生食，但不要食用生牛肉、生鱼肉等生肉类。

从纸尿裤到坐便器

虽然婴儿纸尿裤的"性能"越来越好，但是，随着年龄的增长，儿童会越来越不喜欢那种潮湿的感觉。此外，某些纸尿裤的厚度会给儿童的行动带来不便。

不爽的感觉

儿童经常自己将弄脏的纸尿裤拽下或让他认为最善于应付各种麻烦的亲人帮他更换。您正好可以借此机会来培养他的卫生意识。夏天可以让孩子不穿纸尿裤，就让他光着屁股吧！他肯定会爱上这"无拘无束"的感觉，会渐渐发现穿纸尿裤不舒服。冬天的时候，只要纸尿裤弄脏了，请立刻为他更换，这样儿童才会觉得自己穿的不过是一条纯棉内裤而已。此外，即使纸尿裤没有弄脏，只要穿戴时间过长，最好也为他更换。经过几天的"纸尿裤更换教育"，儿童最终能够明白自己大小便之前会出现何种感觉，而这也意味着儿童已经做好了使用坐便器的准备。

挑选坐便器

儿童坐便器必须稳固、舒适，能让儿童轻松自如地坐上去。有些男孩小便时，还不能完全控制自己生殖器的方向，某些厂家特意为此设计了新型坐便器。不要挑选那些形似座椅或玩具的坐便器，因为儿童坐便器必须功能明确。请将坐便器放在厕所里以便让孩子明白厕所的用途。另外，请及时清洗坐便器。

有些父母倾向于将成人坐便器的马桶圈缩小，然后让儿童坐在上面排便。然而，这种坐姿会让一部分儿童感觉不安，从而不敢独自排便。"传统"的成人马桶相对于此年龄段儿童的身长而言，实在是有点儿高，解决办法是为儿童准备一个宽大稳固的搁脚凳。搁脚凳能够为儿童的双脚提供一个坚实的平台，这样当他坐在成人马桶上时会更有安全感。此外，搁脚凳还能为儿童洗手提供便利，让他更加轻松地够着盥洗池。大约第18个月的时候，儿童开始进入心理学上所谓的"肛欲期"。他逐渐意识到肛门以及生殖器的存在，能有意识地控制自己大小便的欲望。不过，大小便能让儿童产生一定的快感，这也就是为什么儿童会以自己的排泄物为荣，有时甚至会阻止他人将他的排泄物丢掉。在这一阶段中，儿童开始迷恋上井

> ❝ 从现在开始，您可以尝试着培养儿童的卫生意识。在培养过程中，如果您失败了，请不要气馁，毕竟您的孩子正处于"叛逆期"。我偶尔会看见一些本应掌握卫生意识的儿童在接受心理治疗。这种情况的出现有时是因为父母在培养他们卫生意识的过程中表现得过于强硬，以至于让儿童认为大小便失禁是一种展示自己能力或表达自己不满的方式。因此，父母应该以一种温柔的方式教导儿童培养卫生意识，一定不要强迫他。此外，出于对舒适度的考虑，尽量让儿童在夏天的时候开始接受卫生教育。❞

然有序的干净生活，因此，这是培养他卫生意识的好时机。此时的他学会了说话，他能明确地表达自己想要上厕所的欲望。

儿童要了解厕所的用途所在，因此向他解释厕所的用法并不会有失体面。对于爸爸总是站着小便这一现象，小男孩们虽不能理解，但并不妨碍他们模仿爸爸小便的动作。大部分儿童喜欢自己冲马桶，但也不排除有小部分儿童害怕冲马桶，如果您的孩子属于第二种情况，请不要强求。在孩子看来，儿童坐便器和其他自己生活中的物品是一样的。因此，即使儿童将坐便器当作玩具玩耍，也不用担心，因为他其实明白坐便器的真正功能。

布雷泽尔顿方法

对于如何正确引导儿童使用坐便器，您可以参考儿科学家布雷泽尔顿（Brazelton）所推荐的方法。首先，请将儿童坐便器放在厕所的一角，让孩子坐在坐便器上。之后，请您坐在成人马桶上，向他解释这是一个很自然的姿势，您还可以给孩子讲个故事。不过，如果孩子实在不愿意继续坐在坐便器上，请不要勉强。在前几次引导的过程中，如有必要，您可以继续让孩子穿着纸尿裤坐在坐便器上，以免塑料的冰凉感刺激他臀部的肌肤。这

一引导方法至少需坚持1周，另外，请告诉孩子他即将能够独自一人上厕所了。如果孩子将粪便拉在纸尿裤上，请您当着孩子的面将粪便倒在坐便器里，告诉他正常情况下，排泄物都应该"放"在这个地方。一旦孩子明白了坐便器的用途，您便可以将剩余的纸尿裤收起，将坐便器挪至孩子的卧室，并时不时地提醒孩子坐便器的用途。每当孩子成功地使用了坐便器排便时，请向他表达您的满意之情，不过，您无须因此而奖励他。对于那些已经上幼儿园的儿童来说，幼儿园往往是他们最先学会保持卫生的场所，因为他们总是在那儿不停地模仿同学们的举动。

白天和晚上

大部分儿童能在3岁学会保持卫生，但有些要等到4岁才能成功地培养自己的卫生意识。对此，您无须过分担忧。相比于男孩而言，女孩更容易控制自己的括约肌，男孩则需再多等4个月。至于其中缘由，有些研究人员认为是因为男孩神经系统发育较

慢；也有些研究人员认为相对女孩来说，男孩缺乏一个固定的生理排泄模仿对象（往往是由女性照顾儿童的生活起居）；还有些研究人员认为是因为男孩对臀部的潮湿状况没有女孩那么敏感。

膀胱括约肌比肛门括约肌更难控制。一位健康儿童的膀胱容量会在2~3岁时得到提升，这不仅有助于减少他小便的次数，还有利于他更好地控制排便冲动。如果儿童在白天不能保持生理卫生状况，那晚上一般也不能。在夜间控制排便冲动的时间往往比白天晚3个月。三四岁前，儿童还未养成起床后自己去厕所排便的习惯，夜间请让他穿纸尿裤睡觉（白天不建议），否则床单弄湿后，儿童可能会尴尬、丧气。如果儿童没有异议，您也可以中途将他唤醒，让他上完厕所再回来睡觉。不过，因为内心有压力，他很可能会尿不出来。我们只将5岁以上的儿童在夜间熟睡时不自主排尿的情况称为尿床。和慢性便秘一样，尿床的出现往往是因为儿童学习自主排便的时间过早。

二胎出生后，您可能会发现早已学会了保持卫生的大孩子又开始尿床了。这一退行现象的出现是因为他产生了嫉妒之心，他想再次变成婴儿，像弟弟/妹妹一样得到您全身心的照顾。这种情况下，您不应责骂他，您只需让大孩子意识到自己作为哥哥/姐姐的价值，相信很快一切都会重回正轨。

2
岁

367

儿童的愤怒

在您眼中一向温顺的孩子有时会突然拒绝走路，或者执意要求穿着外套睡觉，又或者不愿再拥抱自己的（外）祖母。孩子不良情绪的爆发，意味着您与他之间将进行一场"战争"。然而，生气其实不过是儿童发泄情绪的一种正常手段。

常常令人印象深刻

即使几周大的婴儿有时也会突然大发脾气。在1~3岁这一阶段中，儿童逐渐意识到了自己的人格所在，并且开始将自己的意愿强加给他人。2岁时，儿童会经历一段"好斗期"，任何一件小事都会激怒他，此外，他还会时不时地对父母做出一些挑衅行为来测试他们对自己的容忍程度。在该阶段中，满地打滚、被气得满脸通红对儿童来说都是家常便饭。不过，大部分情况下，儿童并不敢直接把气撒在大人身上。因此，他往往会选择将玩具、家具、兄弟姐妹，甚至是自己作为出气对象。

父母往往并不清楚孩子生气的原因。事实上，孩子生气除了物质方面的原因之外，还有心理方面的原因，比如：完不成一项体力活动、害怕被抛弃、希望得到尊重、受到不公正待遇等等。

有些时候，儿童会因为过于生气而出现短暂的呼吸困难，我们将此现象称为"愤怒性痉挛"。该痉挛的表现为儿童难以安抚，大声哭泣，两目上翻，甚至昏厥数秒。当孩子出现愤怒性痉挛时，不用过于担心，这些表现虽然看着令人心惊胆战，但其实并不会对儿童造成什么不良影响。

儿童偶尔发发脾气属于正常现象，但是如果他每天都发

> 儿童的这一情感表现往往和他的叛逆精神密不可分。说"不"意味着他已经长大，开始想要征服全世界了。与此同时，父母也认为是时候该教育孩子，让他屈服于规则之下了。然而，孩子并不认同父母这一观点。为了表示自己的不满，他开始大声尖叫、乱发脾气、拒绝听从父母的命令，比如：拒绝去厕所、拒绝穿衣服、拒绝喝水/吃饭。此外，他还开始说谎，最为人所知的一句谎言莫过于"不是我干的"。通过这些叛逆行为，儿童明白原来自己拥有独立的人格与思想。当儿童生气时，对他晓之以情、动之以理毫无用处，因为连他自己都不知道自己为什么会生气。父母越是约束他，他就越愤怒，以至于到最后无法自控。于是，他可能会尿裤子或满地打滚，有些反抗得比较激烈的儿童甚至会哭岔气。因此，我建议父母最好保持"淡定"，继续自己手中的活儿，就当什么都没有发生过一样。如果父母朝孩子怒吼并从肉体上约束他的行为，那么这种做法只会让他变得更加焦虑，因为他根本不明白为什么父母会如此反应。

请注意，易怒的家庭往往会"造就"易怒的孩子。一旦乱发脾气成为了整个家庭的传统，那么孩子会自发地用这一方式来表达自己的内心想法。多项研究表明，即使儿童听不懂对方的话语，他也能瞬间辨别出对方是否正在生气。如果对方在生气，那么儿童会迅速地做出某些面部表情以示回应。除了愤怒之外，儿童还能瞬间辨别出悲伤以及恐惧。美国的多项研究表明，当人类处于某种强烈的情绪状态（比如：愤怒）中时，所有人的面部表情都是相似的。

下，您可以做出一个安抚的手势。最后，请记住儿童大多数情况下的愤怒是因为与父母之间的沟通出现了障碍，您不要总执着于自己的原则问题。比如：孩子想穿鞋睡觉，又有何不可呢？有些事情是可以与孩子协商的。

脾气，甚至每天发好几通脾气的话，那往往意味着他的生理或心理方面出现了问题，又或者他缺乏锻炼了，还可能是他太疲惫了……

强烈的独立意志

从第18个月开始，有些儿童表现得越来越独立了。一旦有了更多的独立能力，儿童便会拒绝更多形式的束缚。比如，他们不再喜欢被别人抱在怀里。穿衣时的表现最能证明儿童对于自由的渴望：只要一有机会，他就会笑着逃到房间的另一端，除非您成功地分散了他的注意力，否则他绝对不会乖乖地让您为他穿衣。当然了，您也可以尝试着让他自己穿衣服，前提是您得有极大的耐心。如果孩子不愿穿衣的话，请不要强求，否则只会引起不快：他会紧绷身体，大喊大叫，甚至奋力挣扎。他还无法理解穿衣的必要性。唯一的解决办

法就是保持坚定，同时尽量将穿衣以游戏的形式呈现，鼓励他主动参与其中。此外，儿童喜欢那些能让他的生活变得更加有规律的活动，这些活动能让他在实践中明白"时间"的概念，比如：起床让他明白"早晨"到了，睡觉则让他明白"晚上"来了。如果儿童生活在井然有序的集体氛围中，那么他对时间的概念会更敏感。

耐心与坚定

当儿童发脾气时，请您一定保持冷静和耐心，坚定自己的立场，再愤怒的儿童到最后都会投降。孩子闹情绪时不要打他，也不要对他大声吼叫，告诉他您理解他的行为，但您绝对不会就此屈服。在与孩子沟通时，请尽量让您的语气波澜不惊。某些儿童在看到自己的闹剧不能对父母产生影响后会很快恢复平静，但有些儿童会继续哭闹数小时。这种情况

"暴风雨"过后

一旦儿童愤怒的气焰开始出现消退的迹象，您应当主动迈出第一步以帮助他彻底恢复平静。这一年龄段的儿童做事十分感性，因此，必须尽快了结这场"战争"。您可以让孩子投入您的怀中，然后温柔地拥抱他，告诉他刚才只是一场噩梦。如果儿童在生气时把玩具扔得到处都是，那么等他平静之后，让他把玩具整理好；如果儿童怨恨另一位儿童或某只动物的话，那么等他消气后，让他原谅对方。请不要随意给孩子贴上"易怒"的标签，因为这"预言"很有可能会成真。

儿童的恐惧多种多样

恐惧是儿童期必定会经历的一种情感，在很多场合下都会表现出来。恐惧是令人不快的记忆，对某些人来说，这些记忆甚至会伴随一生。不管您怎样努力，儿童期的恐惧感都是不可避免的。恐惧感的出现意味着儿童长大了。

对分离的恐惧

不管是对人类还是对动物来说，恐惧其实都是一种生存本能，它能帮助我们发现和应对危险。不论男女老少，只要内心产生了恐惧感，其生理反应大致都表现为心跳加快、血压上升、肾上腺素开始分泌，整个身体都处于警戒状态。当然，儿童与成人的恐惧并不一样，并且儿童的恐惧会随着年龄的增长而发生改变。在获取独立的初级阶段，儿童的恐惧和他的运动体验相关，比如：第一次迈步、第一次攀爬等都会让他心生恐惧。

在儿童眼中，只有亲人能够保障他的人身安全，于是自然而然地，他们开始害怕与亲人分离。事实上，对分离的恐惧是儿童期持续时间最长、出现次数最频繁的一种恐惧感。任何一位"陌生人"都会让儿童心生恐惧，即使这位陌生人其实是父母的朋友或者亲戚。一

旦儿童对外界感到害怕，他便会蜷缩在所爱之人的怀中，之后他需要花费好几个小时才能恢复内心的平静。除了对分离的恐惧之外，儿童之后还会害怕迷路、害怕被抛弃。

对消失的恐惧

一旦儿童养成了良好的卫生习惯，对消失的恐惧便会随

之而生。他会担心自己被马桶吞噬，因为他将排泄物视作自己身体的一部分。在他眼里，厕所中的马桶就是一个无底洞，只要一个不小心，自己便会伴着冲水的嘈杂声被卷走。有些儿童担心自己会随着水流一起被浴缸的排水口所吞噬；还有些儿童害怕自己被垃圾管道，甚至是吸尘器卷走。

> 对于儿童而言，恐惧是他成长发育过程中的一种正常现象。儿童会经历一系列不同的恐惧：他会害怕暴风雨、害怕黑暗、害怕被遗弃、害怕与亲人分离、害怕被吃掉、害怕动物（先是害怕大型动物，之后开始害怕小型动物）……因此，现阶段，您需要向孩子"讲述"恐惧。您可以挑选一些恐怖的童话故事，然后一次又一次地讲给孩子听。在讲的过程中观察孩子的反应，您会发现即使儿童害怕得浑身战栗，他仍会要求您继续往下讲。在这一过程中，儿童学会了掌控自己的恐惧。童话故事有助于儿童免受恐怖症的侵害。每位儿童都有一个最爱的童话故事，这个故事将陪伴他走过整个童年期。等他长大成人之后，他甚至会给自己的孩子讲述这个故事。

如果您心生恐惧，您的孩子也很有可能会产生恐惧感。因为当您将孩子拥在怀中时，他能感受到您臂膀肌肉的紧张度，就像他能感受到您脸部肌肉的抽搐一样。这种情况下，即使您否认，儿童对您的恐惧也心知肚明。如果您不仅表现出了这种"无意识的肌张力反应"，而且还使用了一些警惕性词汇，比如"小心""别靠近"，那么儿童必定也会心生恐惧。

对黑暗的恐惧

儿童除了会对分离与消失产生恐惧之外，还对黑暗充满了恐惧。在儿童看来，黑暗意味着危险，因为强盗、巫婆以及吃人妖魔总在天黑以后出现。此外，黑暗还会让儿童感觉孤独，由于害怕孤独，儿童会想尽一切办法推迟自己睡觉的时间。这种种焦虑会导致儿童做噩梦，白天精神不济。这一年龄段的儿童尚不能区分现实与虚假，这无疑会增加他对黑暗的恐惧感。

为了减轻儿童对黑暗的恐惧感，您可以为他点亮一盏小夜灯或者直接将孩子的房门打开，让走廊的灯光照进他的房间。请不用担心，这一做法并不会滋生儿童不良的睡眠习惯，因为随着年龄的增长，儿童夜间对光亮的需求自然会消失。请告诉孩子大人也是在黑暗中入睡的，既然他一直梦想着长大成人，那为什么不能像大人一样在黑暗中入睡呢？此外，孩子要熟悉整个房屋的构造，因为一旦房屋陷入黑暗之中，那么在儿童眼里，它就会变成一个全然陌生的空间。您可以陪孩子做个游戏，让他在漆黑的房屋里走一圈，然后通过触摸实际的物品来判断它的具体名称。在行走的过程中，您可以向他指出某些他熟悉的物品的方位。另外，您还可以让孩子观察一下窗户外面，看看左邻右舍的房屋是否有灯光。请注意，只有当儿童不再焦躁不安时，这一方法才有效。如果儿童不愿配合，请不要勉强，您可以过段时间再进行下一次尝试。

对水的恐惧

此前，您的孩子一直都很喜欢在海边或者在游泳池中戏水。但是，突然有一天，您会发现他开始害怕下水了。请放心，这一态度的转变很正常，并且这说明儿童逐渐对深度以及高度这两个概念有了一定的了解。儿童往往会被海水或池水的"宽广无边"所吓到，总害怕自己被吞没其中，害怕失去自己的身体轮廓。儿童怕水的时间与学会控制括约肌的时间基本同步。

当这一恐惧感出现的时候，最好不要任由儿童逃避，而应该帮助他一起克服心理障碍。

对动物的恐惧

有些儿童害怕动物，心理学家将这种类型的恐惧称为"镜像恐惧"。面对一条小狗时，有些儿童会感觉害怕，因为他觉得它的狂吠声是为了表达内心的愤怒，他还担心小狗会咬他，因为自己生气时也会啃咬身边的人。面对大型动物时，有些儿童会担心自己被它撕咬成片，然后吞咽下肚。

聆 听

儿童总是试图向他人倾诉自己内心的恐惧，但是因为语言能力尚未发育完全，所以别人往往并不能完全明白他的意思。即便如此，他仍然十分需要一位专注的聆听者。爱是驱散恐惧最强有力的武器。您的解释往往能减轻儿童的恐惧，比如：那条吓人的大狗以前是一条小狗，只不过它现在长大了。在成人的支持和陪伴下，儿童能鼓足勇气去参观那些他曾经害怕的地方，去抚摸他曾经害怕的动物或触摸曾经令他困扰的物品。一旦儿童成功克服了某种恐惧，请不要吝啬您的夸赞之词，因为您的夸赞有助于他克制内心的害怕，战胜其他恐惧。

2
岁

初次交友

此前，儿童虽然能与同伴肩并肩地坐在一起玩游戏，但是他们之间的交流并无任何关联性。从现在开始，他能与自己的同伴进行一次真正意义上的交流。随着儿童社会行为的多样化，他最终能够与多人一起玩耍从而建立友谊。

儿童之间的友好关系

行为科学研究员奥迪尔·斯宾诺莎（Odile Spinoza）在某家托儿所进行的一项研究表明，儿童之间存在着早期的友谊关系。该研究还对儿童之间建立友谊的方式进行了大量分析。通过观察儿童的游戏活动，斯宾诺莎发现这些刚上托儿所的儿童的社会行为已经十分多样化了。他们会尝试着与他人进行肢体接触，比如张开自己的双手以示友好。有些儿童则更倾向于采取一些中性的行为，比如与对方进行短暂的目光交流。还有一些儿童则不愿与他人建立任何情感联系。当面对其他儿童时，他们往往会号啕大哭，躲避对方的目光，做一些攻击性动作来吓唬对方，比如张大嘴巴、挥舞双臂。有时，他们甚至还会突然将所有的玩具抢走，然后摧毁。

通过这些观察，斯宾诺莎最终归纳出了儿童之间建立友谊的标准。如果两个儿童之间积极、互惠交往的频率高于群体中其他孩子，并且他们的互动时间超过了平均水平，互动时双方表现比较均衡，那么他们便会成为朋友。根据这一标准，斯宾诺莎发现在 82 位 13 个月大的儿童中，有 12 位成功地结交了朋友；而在 52 位平均月龄超过 19 个半月的儿童中，只有 10 位找到了朋友。一般而言，只要儿童能结交到一位朋友，那他朋友的总数量绝对不会止步于此。有些儿童甚至看起来十分具有交际天赋，他们往往能拥有 3 位朋友。

儿童的社会化进程

儿童学会走路之后，便开始有意识地朝陌生儿童或成人

> 某些经常接触集体生活的儿童从出生后的第 6 个月开始便与小伙伴们建立了密切的联系。等到上小学以后，他们之间的友情会变得更加牢固。我们将那些总是手牵着手待在一起的儿童戏谑地称为"小情侣"。每位儿童的择友标准都不一样。有些儿童喜欢结交那些体貌特征与自己不同的朋友，比如：棕色头发的儿童喜欢结交金色头发的儿童，反之亦然。虽然这一年龄段的儿童尚未形成"性别差异"这一概念，但是有些儿童喜欢结交同性朋友，另一些则更愿意结交异性朋友。脾性相近的儿童往往会喜欢相同的"过渡性客体"、气味与颜色。儿童早期的友情既单纯又复杂。有些儿童十分专一，有些儿童则正好相反，后者往往更喜欢结交不同的朋友，从这一点中我们不难看出儿童的性格雏形：有些内向，有些外向。

搬家或被好友抛弃都会导致儿童在短期内感觉伤心郁闷。然而，过不了多久，他便会开启另一段友情。行为学家发现，当儿童处于一个陌生的环境中时，友谊能够赐予他及时的安全感。因此，友情有助于儿童更好地融入某个群体，甚至社会。

（比如路上偶遇的商贩）走去。如果儿童尚不能用语言清楚地表达自己的思想，那么当他想与某位他所感兴趣的人交流时，他便会用手指向那个人，就像他此前总是用手指向他所感兴趣的玩具一样。您需要帮助儿童开口说话，如若不然，他的社会化进程便会停滞不前，因为没有语言作为支撑的话，他很难与他人，包括同龄儿童，建立真正的感情联系。对于那些独生子女而言，广场以及公共沙池是交友的理想场所。当儿童肩并肩地坐在一起时，并不意味着他们在进行真正意义上的游戏，他们往往只是在模仿对方而已。当然了，他们偶尔也会交换铲子、耙子或模具。有时这些"外借之物"会导致他们之间产生冲突，此类冲突也是社会化的一种表现。因此，您需要指导儿童如何真正地与他人建立友谊。儿童一般在2~3岁开始学会与托儿所或广场上的儿童交朋友。

友谊的增进

随着时间的推移，儿童之间的友谊越来越深厚，他们与对方相处的时间越来越长，与"第三者"相处的时间却越来越短。他们之间的感情是如此美好，以至于他们与"第三者"的关系渐渐恶化。对于这一年龄段的儿童而言，游戏（比如：追逐、推搡、跳跃、捉迷藏）是推动他们之间友情的基本动力。此外，2岁的儿童还会借助其他方式来增进自己与他人的友谊，比如：手势动作、面部表情以及玩同一个游戏时的配合精神。总之，儿童会尽一切努力来升华这段感情。即便如此，他们之间有时仍会"爆发战争"。不过，在争吵的过程中，他们也会努力维持他们之间的关系。如果两位朋友之间发生纠纷的话，他们会尽量克制自己的攻击行为，并最终找出一个对双方都有利的公平解决办法。与此相反，如果发生冲突的双方之间不存在友情的话，那么这次冲突最后会以一方战胜另外一方收尾。斯宾诺莎的研究不仅证明了儿童之间存在早期友谊，还证明了随着年龄的增长以及社交能力的提升，儿童的关系网会越来越大。此外，年龄不同，择友标准也就不同：低龄儿童往往寻找那些能与其交流的伙伴；年龄稍长的儿童则更容易被活泼好动的同伴吸引。

百分之百的朋友

从2岁开始，儿童表达友情的方式几乎与成人无异。尽管此时的他们尚不能用语言表达自己的想法，但是他们会尽一切努力来拉近彼此的关系。他们喜欢与对方待在一起，总觉得交流的时间太短。此外，"克制攻击行为"以及"寻求和平解决冲突的方法"这两大举动往往率先发生在朋友之间，而后才发生在非朋友之间。随着时间的推移，这两大举动最终会演变成礼貌性行为。儿童同样不能忍受与朋友分离。比如：在托儿所中，有一位儿童转到另外一个班了，而他的朋友仍然待在此前的那个班级，您会发现第二位儿童在此后一段时间内都表现得无精打采。

2 岁

他喜欢做鬼脸

对于儿童而言，做鬼脸是一种情感表达方式。现阶段，由于儿童的语言表达能力尚未发育完全，因此他的面部表情显得尤为丰富。鬼脸能够使儿童的脸庞灵动起来。儿童做鬼脸的时候无须考虑每个鬼脸所代表的含义，这是属于父母的职责，由父母决定子女所做的鬼脸代表的到底是正面含义还是负面含义。

有待解码的一种表达方式

正确地解读儿童的鬼脸并不容易。我们很难判断儿童到底是出于挑衅还是出于好玩才做的鬼脸。即使是同一个鬼脸，也可以代表上千种自相矛盾的含义。儿童与他人之间必须建立一套固定的沟通密码以免将来产生误会。在托儿所中，儿童会频繁地使用种类繁多、千变万化的鬼脸来向他人表达自己的思想，而接收者则会先将该表情内化，然后再将其传播给其他人。每一个儿童团体都拥有属于自己的专属表情，比如：这个团体的儿童喜欢眨眼，那个团体的儿童则喜欢扭曲口腔或将手指插入鼻中。一旦有新成员加入，那么新成员首先必须明白这些老成员们的"习惯"，然后再将自己的面部表情融入整个团队中。有些儿童会过分使用面部表情，有时甚至用面部表情取代了语言，因此，他们的语言表达能力往往发育缓慢。既然我们能通过儿童的面部表情读懂他们所有的内心思想，那么他们为什么还要白费力气去学习语言呢？

一种纯粹的艺术

当儿童学会了用语言表达自己的思想时，鬼脸便会被赋予另一种全新的使命。此时的儿童明白鬼脸不过是一种退行的表达方式，自此，鬼脸便往往用于自嘲或激怒成人。儿童的某些鬼脸是从身边亲友，尤其是从父母的手势以及面部表情中获取的灵感。大多数情况下，儿童会使用鬼脸来表达自己对既定秩序的反抗。

多项研究表明，话越少的儿童，使用鬼脸的频率越高、种类也越丰富。只有不断地使用鬼脸，儿童才能最终将其内化。不久之后，儿童便能根据成人的反应区分出"正面意义的鬼脸"与"负面意义的鬼脸"。此外，通过观察成人的反应，儿童还能区分出同一种鬼脸在不同场景下所代表的含义。总之，儿童的洞察力极其敏锐！

> 鬼脸意味着儿童幽默感的萌生。大部分伟大的喜剧演员在小时候便已经通过他的"鬼脸"表现出了一定的喜剧天赋。我在自己的诊所中遇见过形形色色的鬼脸大王：有些小女孩喜欢吐舌头，真正最为古灵精怪、最有鬼脸天赋的女孩甚至能在父母不知情的情况下吐舌头；而小男孩则往往缺乏自信，他们更喜欢做一些滑稽的肢体动作来掩盖自己的腼腆。

鬼脸与化妆是一对形影不离的好兄弟。如果您让儿童自己（用合适的化妆品）为自己化妆的话，您就会发现他只会往脸上涂一圈又一圈的颜色。这一大片颜色会让儿童所扮的鬼脸看起来更滑稽。现阶段的儿童在照镜子时，已经明白镜中的影像就是自己，他会对着镜子练习自己的面部表情。

滑稽的模仿

儿童都喜欢去动物园，他们能在那儿看到自己最爱的童话故事中的主人公以及自己最喜欢的动物，比如：猴子、熊、企鹅……总之，他们终于能"真真切切"地看见这些动物了！请注意，如果儿童在回家的路上或回到家中以后开始模仿猴子或企鹅的话，请不要大惊小怪，因为他想通过这种方式来向您展示他所观察到的一切。

逗弄与挑衅

如果非要定义这一年龄段儿童的逗弄行为，那只能说这是他用于挑衅或反抗对方的一种幽默方式。不过，儿童的逗弄行为与滑稽动作有着本质的区别。儿童十分清楚自己的某些逗弄行为是父母所禁止的。即便如此，他仍然想以此来测试父母的容忍度、表明自己的意图。儿童清楚自己的"无能为力"，因此他会尝试着通过逗弄行为来达到自己的目的，并以此证明原来自己也可以当家作主。如果儿童对您做出某些逗弄行为的话，请不要落入他的"圈套"，您应当立刻阻止他，并时刻保持警惕。

他喜欢做一些滑稽的动作

他喜欢扮鬼脸、眯眼睛、撅小嘴。几乎所有的滑稽动作他都不会"放过"，并且他还会刻意地模仿成人的一举一动。除此之外，儿童还喜欢模仿移动中的物品。现阶段的儿童浑身上下都充满着幽默细胞，十分讨人喜爱。一般而言，儿童大约1岁的时候便已经拥有了幽默天赋。那时的他十分渴望父母的关注，为了吸引父母的目光，他会做出一些面部表情或肢体动作，而父母的笑声能让他明白原来自己的动作是如此有趣。于是，他便会不断地重复这一动作，并将其"收录"至自己的滑稽宝库。

儿童十分清楚幽默感能够帮助他与父母"讨价还价"，让父母向自己妥协或让自己免受父母的责骂，比如：如果他在睡觉前做一些滑稽动作，那么便能推迟上床时间，延长与父母相处的时间。儿童这一懂得如何妥善处理问题的能力证明他心理发育健全。因此，如果父母想要保住自己作为教育者的地位，那么他们就需要随时警惕儿童的"陷阱"。

对于儿童而言，滑稽动作是确保他成为大众焦点的一种途径。他并不在乎这些动作最终会引起父母怎样的反应，大笑也好，责骂也罢，他毫不关心；此外，滑稽动作也是儿童用于显示自己与兄弟姐妹截然不同的一种方式；最后，滑稽动作是儿童用于交友的一种手段。有些儿童十分在意他人对自己滑稽动作的看法，有些则不然。第二类儿童往往更擅长用滑稽动作化解尴尬：当他们得知自己身陷窘境时，他们会做出一些滑稽动作来转移他人的视线。最具幽默天赋的儿童有时甚至会刻意做出一些蠢事来逗大家开心，又或者当他们感觉到家中充满火药味时，便能立即明白只有笑声能"浇灭"这场"大火"。

睡眠意味着分离？

在出生后的第 2 年，儿童的睡眠模式发生了改变。在这一阶段，他的睡眠质量受其人格塑造进程的影响极大。此外，对于他而言，上床睡觉意味着必须和亲朋好友分开。任何一个人遇到这种情况，想必都会心生怨气吧？

睡前仪式

因为不想上床睡觉，所以儿童会拒绝一切睡前仪式。2 岁的儿童已经拥有属于自己的人格以及性格，他会想尽一切办法来拖延睡觉时间，比如：他会突然提出各种要求。有些要求十分古怪，以至于家长一眼就能看出这是孩子用来拖延睡觉时间的伎俩；有些要求则可能是孩子的真实需求，比如：口渴想喝水了、想上厕所了、睡衣穿着不舒服了……如果您遇上前一种情况，

解决办法是决不妥协，见招拆招；如果是后一种情况，您可以适当地满足他，以便让他安心入睡。

随着年龄的增长，儿童提出的要求会越来越让人难以招架。当儿童满 2 岁半的时候，父母就必须为他建立一个真正的睡前仪式。每天晚上，不论周遭的环境如何，孩子都必须先向所有家庭成员（包括家庭宠物）问好，然后才能去玩玩具、听故事、看动画片……如果孩子没有严格遵守这一顺序，

那么可怜的父母只能重新引导孩子从头开始了。这一睡前仪式有助于消除儿童对黑暗和分离的恐惧。另外，在建立睡前仪式的过程中，请不要将事情弄得过于复杂，也不要任由孩子提各种要求，一旦您觉得他所提的要求已经足够多了，请立刻告诉他，如果他还坚持提其他要求，父母是不会理会他的。

敏　感

一旦儿童所提出的各种"奇葩"要求都得到了满足，他往往能安心入睡。一般而言，儿童夜间会安稳地睡上 10~11 个小时，除非他的作息时间受到了外界的干扰，比如：搬家或父母离婚。随着年龄的增长，儿童对家中的大小事有了越来越全面的了解，他能感受到紧张的气氛，能注意到谈话的氛围（悲伤或嘈杂）。孩子起床后做的第一件事很有可能就是找您，因此，如果您不得不外出，请告

> 幸好这一年龄段的大部分儿童都拥有属于自己的过渡性客体。此时的儿童正处于恐惧阶段。他们十分害怕被父母遗弃以至于迟迟不肯入睡。在这种情况下，只有过渡性客体能够驱散他们内心的恐惧。2 岁儿童要想成功入睡，他首先得摆脱对依恋之人的依赖，比如：爸爸、妈妈或其他家庭成员。而这也正是睡前仪式存在的理由之一：睡前仪式能让儿童深信父母的存在以及自己与父母之间感情的牢固。因此，在建立睡前仪式的过程中，您要始终保持耐心，毕竟儿童正处于"分离－个体化"阶段。

2岁以上的儿童吮吸大拇指，尤其是在入睡的过程中，并不罕见。当儿童感觉疲惫或沉浸于某个场景中时，他会不自觉地将手指放入嘴中。吮吸对他而言是一种摆脱压力、平复心情的方式。性格腼腆以及情绪化的儿童往往更易吮吸拇指。此外，女孩吮吸手指的频率似乎比男孩高。吮吸拇指有时也意味着儿童出现了短暂的退行现象，尤其是二胎出生后或与父母分离的时间过长时。大部分情况下，这一具有安抚意义的举动会随着时间的推移而自行消失。不过，如果您的孩子一整天都带着幻想的表情在吮吸拇指，且从来不参与其他儿童的游戏，那么请及时咨询医生。

时的儿童在体能方面（他会走、会跑、会爬、会挪动身体）以及语言能力方面都取得了一定的进步。这些进步既是他快乐的源泉，又是他焦虑（快乐的反面）的根源。儿童并不能将所有的焦虑之情都展现在现实生活中，因此有一部分便被他带进了梦中。

诉孩子会有其他人来照顾他。如果您经常将孩子托付给保姆照顾，请尽量托付给同一个保姆，这样您才能安心外出，孩子也才能安心入睡。儿童喜欢听真话，他希望您能将您的外出计划告诉他。真话能让儿童安心，能让他在您外出期间表现得更坚强。儿童晚间的睡眠质量与他日间的活动息息相关，因此，规律的生活节奏有助于儿童安稳入睡。

噩　梦

噩梦会扰乱儿童的夜间生活，毫无来由的畏惧则会影响他的日间生活。谁让他正处于一个恐惧的年龄呢？当儿童感到害怕时，他会吮吸自己的手指，有时也会摇摆自己的头部或躯干。正因为他处于一个恐惧的年龄，所以也就不难解释他为什么总想拖延睡觉时间。有些儿童甚至直接拒绝睡觉，即便此时的

他已经十分疲惫了。一旦儿童心生恐惧，他会变得十分暴躁，不愿上床睡觉，即使上了床，他也会拒绝闭上眼睛。此时，只有父母的关爱能够让他放弃反抗。

充满梦境的生活

睡眠专家米歇尔·朱维特（Michel Jouvet）曾特意研究过梦境状态下人类大脑的运行机制，尤其是梦境状态下葡萄糖所起的作用。葡萄糖由食物携带至人体，之后便储存于神经细胞附近具有储存功能的细胞之中。刚入睡时，大脑几乎不太需要葡萄糖，人体会将葡萄糖自动转化成糖原，然后储存在大脑中。当细胞的糖原储存量饱和时，大脑便会将尚未转化的剩余葡萄糖释放出来，而葡萄糖的释放会催生梦境。

对梦的出现进行的研究表明，孩子出生后的第二年，这种大脑活动会更频繁，因为此

摆动身体

摆动身体这一习惯融入了儿童入睡的流程：通过摆动身体，儿童在潜意识里暗示自己该睡觉了。一般而言，儿童会很有节奏地摆动自己的头部或躯干。当儿童进入深度睡眠后，他也有可能会摆动自己的身体。睡眠过程中摆动身体属于正常现象，并且会随着儿童年龄的增长而消失。令人惊讶的是，有些儿童在入睡时或者在深度睡眠阶段会用头撞床或墙。这一举动往往发生在儿童正常摆动头部或躯干之前。大部分情况下，您无须担心，因为它会在儿童4岁（偶尔也会延长至5~6岁）时自动消失。多项研究表明这一举动和儿童的眼部发育有关。因此，建议那些有撞击头部习惯的儿童定期去医院检查。此外，父母不应将孩子的这一习惯放大，也请尽量不要禁止孩子做这一动作或者对此进行挖苦讽刺。

2岁

语言学习

出生后的第 2 年是儿童使用已学词汇以及大量学习新词汇的一年。他说话的方式变得越来越随意，并且他开始尝试着用语言来表达自己的需求与渴望。在这一阶段，儿童的词汇量会以惊人的速度增长。

他喜欢说话

儿童所学词汇的数量以及类型取决于成人的词汇，他所学的每一个新词都是从成人的话语中剥离出来的。虽然生活中有些词读音及意义相近，但儿童能渐渐地将它们区分开来，并且他会明白每种物体都能用一个不同的词指代。儿童喜欢父母教他学单词，有时他甚至会主动要求学。在学习的过程中，儿童会不断地重复所学单词以便确认自己的掌握程度。您可以使用那些内容具有强烈反差的图画册或书籍，因为这一年龄段的儿童对比较尤为感兴趣。阅读同样有助于父母与儿童之间的交流。父母可以向儿童展示书中的图画以吸引他的注意力，然后再向他解释新单词的含义，并引进"时间"以及"空间"这两大基本概念。

丰富的词汇量

经分析发现，儿童 21 个月大时，单词量约为 175 个；2 岁半时，单词量为 700~800 个；3 岁时，单词量接近 1000 个。因此，我们认为儿童在第 24~36 个月的时候，几乎一天掌握一个新词。儿童所掌握的词汇大多是指代具体事物的名称词汇，比如：物品、动物、所熟悉的人。再过几个月，他便能说"是"了（谢天谢地，他终于学会了这个词）。不过，他经常将单词的发音发错，即便如此，也请不要模仿他的搞怪发音，因为他十分讨厌这种做法。此时的儿童能够感觉到自己的发音与您的标准发音相去甚远。一旦您将他的失误放大，他会很生气。

从单词到句子

儿童最初说的句子都是以一个单词的形式出现，事实上，这一个单词就代表了一句浓缩的话语。过几个月，在频繁地使用了一个单词以后，儿童开始学会使用两个单词来表达一句话。在这类句子中，既没有代词，也没有数量词，最先出现的往往是动词。儿童喜欢说话，并且每

> 这一年是儿童语言能力发育最为显著的一年。他的词汇量从此前的 160 个左右增至 1000 个左右，他也从"首尾缩合词"阶段过渡至了"语句"阶段。3 岁的时候，儿童会十分骄傲地以"我"为开头进行组句。儿童不仅会模仿成人的用词，而且还会模仿他们说话过程中所使用的手势动作，心理学家将后一种模仿行为称为"延迟模仿"。儿童会利用单词的象征意义以及心理表征意义来表达自己的情感与想法。

当他发现父母居然明白了自己的意思，他就会十分高兴。父母的关注能够刺激儿童说话的欲望。儿童在学习说话的过程中会根据自己的猜测来判断单词的含义以及单词在句子中的顺序。因此，他所说的话语直接揭示了他内心的想法。语言表达能力的进步会影响肢体语言的发展。在学会说话以后，儿童的某些肢体动作会渐渐消失，有些则被保留了下来。语言是手势动作的支撑，它能够在手势动作含义不明显的情况下起到补充解释的作用。这一年龄段的儿童开始模仿身边亲友的各种手势，比如：当他盯着一本书看的时候，他会双手叉腰或固定头部不动。

聊天的启蒙作用

要想让儿童学会说话，没有什么比聊天更有效了。如果您想让聊天变得更加生动有趣，那么没有什么比书籍或图画（主要针对婴幼儿）更能发挥作用了。一般而言，书籍以及图画中展示了某些儿童所熟悉的日常用品，它们能为儿童带来大量的话题以及

您可能会惊讶地发现儿童居然在自言自语。然而，他的这一行为很正常。因为儿童的思想尚未内在化，他总是会将自己的想法用语言表达出来。此外，儿童还喜欢重复别人的话语。不信的话，您可以仔细听听他的聊天内容，从中您可以发现您自己的习惯用词、表达方式以及语音语调。当儿童对着毛绒玩具、洋娃娃、蝴蝶或花朵侃侃而谈时，那表示他正在丰富自己的词汇、发展自己的想象力、构建自己的抽象思维。因此，请仔细聆听他的话语吧，毕竟那也是一种幸福。

游戏的灵感。您可以在书店或网店购买此类书籍或图画。此外，您还可以在乘车出行时陪孩子玩文字游戏，丰富他的词汇量，比如：您可以让孩子说出他所看见的各种窗外之物的名称。让儿童学习近义词或反义词也是丰富他词汇量的一种手段。真正的交流是建立在问答形式上。因此，请向儿童询问他的所做所为、所见所想。此外，您所提的问题应当是开放式的问题，这样的话，这一年龄段的儿童才能独立找到答案。提问的意义在于激发儿童的好奇心，而非测试他的知识水平。最后，面对不同的问题，儿童有可能会始终给出同一个答案。这意味着儿童正在以自己的方式隐藏所不愿与您分享的秘密。

儿童思想的演变

儿童能够明白具体的与其日常生活相关的事物。他喜欢成人向他解释某一手势动作的含义。他开始尝试着向他人提

问，并渴求问题的答案。得益于自己的手势以及鬼脸，儿童渐渐能够认出镜中的自己。照镜子时，他时而触摸自己真实的身体部位，时而触摸镜像中的身体部位。儿童往往先观察镜中身体的躯干与四肢，然后再观察头部与脸庞。出于对镜像形成原理的好奇，儿童会将镜子翻转过来研究。对于2岁以上的儿童而言，镜子能为他带来更多的游戏灵感：他在镜子前扭动身躯、蹦蹦跳跳、抚摸头发、拉扯衣服，他在和镜中的自己玩耍。某些儿童在照镜子时甚至能说出自己的名字或说出"我"这个单词。如果我们在儿童的额头上印一块印记，一旦他照镜子时发现了这块印记，他就能迅速锁定这块印记在身体上的位置。不过，尽管目前儿童能认出照片中的父母，却不能认出照片中的自己。儿童认出照片中的人物，是因为他熟悉人物的容貌。人物的衣着配饰对他来说毫无意义。

发音困难

在这一阶段，儿童获得了前所未有的语言能力。拥有了语言能力，也就意味着拥有了全世界。对于儿童而言，发音困难属于正常现象。之所以会发音困难，既有生理方面的原因，也有心理方面的原因。

摆好舌位

儿童之所以会发不清"s"，是由于吞咽不足，再加上舌头的位置不对。在哺乳期，婴儿为了喝奶，必须把舌头放在上下牙龈之间。然而，当乳牙长出之后，婴儿的舌头则会被圈在牙弓内。如果此时婴儿说话时仍像喝奶那样将舌头放在上下牙龈之间，"s"这个音就会发不准。如果哺乳期结束后，您仍然让儿童使用安抚奶嘴，必然导致这一不良状况恶化。

儿童有时还会出现口吃。不过，口吃并不算真正意义上的发音障碍。儿童之所以会口吃，是因为他说话的速度跟不上他思考的节奏。此外，儿童经常将某一音节重复两次，当然了，这也有可能是出于好玩。

平翘舌音不分

随着儿童语音体系的构建，平翘舌音不分的情况越来越明显。有些儿童是因为舌头相比口腔来说显得过于庞大，以至于发音不清；有些儿童则是因为他仍然保留了婴儿时期的吞咽习惯或吮吸拇指、奶嘴的习惯。总之，顽固性的平翘舌音不分往往是因为年龄稍长的儿童依然热衷吮吸。这类儿童可能仍然想停留在婴儿阶段，想继续待在母亲的臂弯之中。当然，还有其他因素会影响儿童的发音。有一些辅音要等到儿童3岁以后才能开始掌握，而且要花几个月的时间才能准确地发出来。

如果现阶段儿童将某些音节发错了，请不要过分干预。儿童的许多发音问题都会在三四岁的时候自然消失，但是如果身边亲友施加压力，这一不良状况则会延续至将来。一旦家人让孩子反复发某个他此前说错的音，他的舌头以及嘴唇就会卷缩，从而导致发出的音滑入重读音行列。渐渐地，

> ❝ 儿童的语言能力分为两部分：理解能力与表达能力。有些儿童的语言能力发育缓慢，但是父母并不知情，因为父母被儿童优秀的理解能力迷惑了，以至于忽视了他们表达能力的欠缺。有些父母说他们的孩子能够明白所有的事情，但却只会用手势动作来表达自己的想法，比如：用手指某件物品以表达自己对这件物品的渴望。这一表达方式会阻碍儿童的口头表达能力。只有理解能力与表达能力共同发展，才能保证儿童最终能够成功地掌握一门语言。此外，那些拒绝开口说话、总让兄弟姐妹充当自己"翻译"的儿童，应当引起我们的重视。❞

随着生理机制的完善，儿童逐渐能够发一些音素的音了。在出生后的第2年，儿童的颈部变长，这使得他的喉部也发生了一些变化，从而能够清晰地发出某些音。喉部在儿童发音的过程中起着相当重要的作用，该器官包含了所有的声带以及一些有助于音调变化的肌肉。出生后的第2年是儿童语言能力突飞猛进的一年，在短短几个月内，儿童便能掌握几百个单词。此外，儿童极具语言天赋，他能学会世界上所有语言中的单词，只要这些单词和他的日常生活息息相关。

儿童平翘舌音不分的情况会越来越严重，并最终成为一种需要接受医生治疗的"痼疾"。

生理机制问题

由先天性畸形引起的齿位不正、舌位不正、唇位不正、上腭不正甚至是鼻中隔不正，都会导致发音障碍。在某些情况下，这些畸形症状需要接受外科矫正手术。现如今，唇裂（俗称"兔唇"）不会再伴随儿童一生。因为患有唇裂的儿童在出生后便会接受修复手术，一年之后，还会接受正音科医生的语音纠正。

腼腆

当儿童处于一个陌生的环境或者面对一位陌生人的时候，他会变得十分腼腆。这一象征着内心恐惧之情的腼腆表现经常会让他所依恋的爸爸／妈妈倍感失望。有时，父母会对儿童的这一表现进行评论。如果儿童听到的是贬低话语，那么他将来很有可能会认为自己对任何困难都束手无策。即便是自信满满的儿童有时也会害怕自己辜负身边亲友的期望。

异常腼腆的性格同样会导致儿童出现语言障碍，有时甚至会导致儿童不敢提问题或不敢与其他人进行交流。虽然腼腆性格不具有任何遗传性，但却具有一定的传染性，因此父母在教育儿童的过程中需要多加注意，不要在儿童面前展现自己腼腆的一面。父母对儿童腼腆性格的漠视有时反而能促使它自行消失。

只说最简单的

这一年龄段中的某些儿童只知晓并且只使用某些常见的词汇，比如"爸爸""妈妈""面包"……此外，他们甚至拒绝造句。之所以如此，往往是因为他们觉得自己目前所掌握的技能足以让身边亲友明白自己内心的想法，因此没有必要学习更为复杂的东西。此类语言障碍有时也会发生在早产儿身上，毕竟他们没有正常儿童发育得那么成熟。这种情况下，要想判断儿童的语言能力是否真的发育缓慢，那就必须重新"计算"他的真实年龄了。

并非发音问题

有些儿童特别不爱说话以至于他们的父母十分担心。然而，儿童说话少并不代表他们的语言发育速度就慢。他们中的大多数人更愿意在开口说话前先花费数周的时间进行聆听。他们的发音往往更标准，语法也比较正确。不过，有些儿童之所以不愿开口，是因为环境问题，或是因为父母对他们说话不够（或太多）。在这种情况下，儿童抗压能力低，且易出现情感问题。"严重"的语言障碍很少能孤立地来看。

2岁

是否入学

原则上，法国私立幼儿园可以接收 2 岁以上的儿童。大部分父母也因为经济原因会选择让孩子尽早入学。然而，事实上，很少有公立机构愿意接收这些超低龄儿童，因为其硬件设施以及师资力量还不够充足。

高不过1米的小人儿

因为找不到合适的保姆或者托儿所，有些家长会选择让孩子提前上幼儿园。然而，即便儿童此前曾经在托儿所待过一段时间，也不代表他能立刻适应幼儿园的生活。因为在托儿所时，他能时刻受到保育员的照顾，毕竟一位保育员才负责三四位儿童。到了幼儿园，咱们的小人儿就必须和同龄的 20~25 位儿童一起相处，然而，老师却只有 2 位，好一点的会多配备一名保育员。

但不管哪所幼儿园，都不是为那些缺乏生活自理能力的儿童而设的。有些儿童能够很快地适应幼儿园生活，有些则会倍感失落。

面临许多变化

2 岁儿童的心理发育状况尚不足以应付幼儿园正常的生活。学校等同于一个小型的社会，但这一年龄段的儿童甚至还不懂得如何与其他同龄人"一起"玩儿，他只会"跟着"别人一块儿玩儿。其中，有部分儿童尚处于"叛逆

期"，他还很难摆脱"以自我为中心"的状态，尤其是对于独生子女而言。此外，众所周知，这一年龄段儿童的任何一项能力习得，不论是语言能力还是运动能力，都离不开成人的帮助。最重要的是，幼儿园和托儿所的时间安排不一致。有些幼儿园会在上午正式上课之前以及下午放学之后增设一段课前 / 课后活动时间。这样的安排有利于减轻职场妈妈的负担，但是会加剧孩子内心的不安，因为这意味着他们在一天之内必须经历更多的"考验"：第一次考验便是在早晨正式上课之前的那段自由活动时间里，儿童必须和"游戏老师"待在一起；之后的考验是8 点 30 分至 11 点 30 分之间，儿童必须和"教课老师"待在一起；第三次考验是吃午饭的时候，儿童必须面对食堂阿姨；接下来的考验是午饭过后，儿童必须再一次和"教课老师"待在一起；最后一次考验是在放学之

> 66 2 岁儿童入学,有何不可呢？只要班级人数不多（最好是 2 位老师负责照看 10~15 位儿童），能只上半天课，能接受儿童尚未成功培养卫生意识、独处习惯且语言表达能力低下这一事实，那么就可以让儿童入学。幼儿园没有必要专门为超低龄儿童设计一种看顾模式，依照常用的那一种即可。另外，我们需要将儿童入园的第一年视为"预备年"。从 2 岁开始上学对于那些存在发育障碍的儿童而言有益无害，不过前提条件是每个班级配备了 2 位老师。99

后的那段自由活动时间里，儿童必须和另外一位"游戏老师"待在一起。一般而言，这一年龄段的儿童需要一个稳定的情感寄托对象，让他在一天之内面对如此多张陌生的面孔，实在是难以承受。这种情况下，唯一的解决办法并不是让儿童去适应学校，而应让儿童在做好了上学的准备之后，再考虑入学。40%的幼儿园愿意在学期中途，甚至是学期末接收儿童。

合适的方式

为了吸引儿童的兴趣，各大早教机构需要对自身的设置进行一些适当的调整。首先，班级人数不能太多，根据儿童发育情况的不同，班级人数应控制在8~15人；其次，这一年龄段儿童集中注意力的时间不长，因此，每次上课的时间不要超过20分钟，且每天最多上3次课；此外，教学人员应是接受过2~3岁儿童心理发育情况、智力发育情况以及生理发育情况培训的专业人员；最后，教学场地应配备足够多的儿童休息室。

虽然有些幼儿园可以接收2岁的儿童，也有多项研究表明儿童入学越早，他在学校的表现就越好；但是父母，尤其是贫困家庭的父母，近些年才开始重视3岁以下儿童的教育。每个地区的幼儿教育模式都不一样，学校也会根据一定的标准（比如年龄标准）对儿童进行编排。有些学校会将超低龄儿童编入所谓的"超小班"或"小班"，这类班级的生活一般由正常的教学生活以及传统的看顾生活组成。

早教机构应定期邀请教育学家以及儿科专家来做客。此外，托儿所应为高年级的儿童，小学则应为低年级的儿童设立一个能容纳15人左右且由两位教师负责的教学乐园。该教学乐园是连接传统照看模式与学校生活的桥梁。某些私人早教机构甚至让儿童在教学乐园中学习外语。

在校穿着

相比于背带裤，幼儿园老师更希望儿童穿不含背带的普通长裤。儿童的身形尚处于发育阶段，因此建议穿含有松紧带的普通长裤。至于服装布料，最好不要用羊毛针织面料，而应选择牛仔布或天鹅绒，因为这一年龄段的儿童仍然习惯在地上爬行，他们从来不会考虑衣服的耐磨度以及耐脏性。鞋子则应挑选那些容易上脚的鞋子。请不要购买绑带鞋，而应购买带魔术贴的鞋，也请不要购买鹿皮鞋，因为这类鞋很容易变形。最后，别忘了给孩子准备一件标有他姓名的罩衫，以便让老师在开学伊始就能轻松地辨认出他的身份。书包对于这一年龄段的儿童来说用途不大，而且很多幼儿园都会给孩子准备书包，因此您可以先不准备书包。

他准备好了吗

您可以通过以下标准来判断您的孩子是否做好了入学准备：

1. 他能够承受与父母分离的痛苦；他此前在托儿所待过，有过一定的集体生活经历。

2. 他能够保证自己白天的卫生状况。

3. 和一群小朋友待在一起时，他丝毫不感到害怕，甚至可能会成为"领头羊"。

4. 他有一定的生活自理能力，可以自己去小便，自己吃饭，自己穿衣。

5. 他知道自己的姓名。

6. 他开始厌烦和保姆待在一起，想和其他小朋友一起玩。

7. 他自己要求去上学。

8. 入学体检结果合格。

2岁

儿童患病，该如何处理

老人是药物消费第一大群体，儿童则是第二大群体。前段时间，欧盟做出了一项决定，要求各大医药公司在开发新药的过程中，将儿童纳入临床测试范围。

儿童专用药物

事实上，儿童所服用的药物同样也适用于成人，只不过在生产的过程中，我们会尽可能地按照儿童所适用的剂量以及形式进行包装。必须严格控制儿童服用药物的剂量，因为相比于成人而言，药物所产生的副作用对儿童的影响更为深远。为了避免药物剂量出错，很多儿童药物在出售的过程中会配备一套专门的测量工具，比如：切药器、计量勺、滴管等。此外，在研发药物的过程中，医药公司也尽量考虑了儿童的口味问题。现在，市面上许多药片或糖浆都是橙子口味或草莓口味。然而，药物口味的改良也带来了一定的负面效应：儿童有时会偷吃这些水果口味的药品，因为他们会将其误认为是"糖果"。

谨遵医嘱

必须严格遵守用药时间。如果处方上写着"早中晚各服一次"，并不代表必须在固定的某一时间点服药，它往往意味着须在一天内均等的时间间隔里服药物，共计 3 次。事实上，我们还需要留心药物与食物之间的相克作用。一般而言，空腹吃药更易于某些药物的吸收，比如抗生素。不过，溶解性药物或刺激性药物最好在饭后服用，这样更有利于吸收。人体对各种药物的代谢时间并不一致，因此最好严格遵守医生所写的用药时间。最后，请不要私自提前中止疗程，即使该疗程可能比较漫长，因为提前停用有可能会导致疾病复发。另

> 偶尔生些小病对于儿童而言是十分必要的。谁没有过因患感冒／麻疹而不用去学校或受到母亲悉心照顾的经历？您当时肯定也因为不用去学校或受到了母亲的悉心照顾而全然忘却了生病所带来的不适吧。然而，有的时候，这些轻微疾病背后隐藏了某些心身疾病的痕迹，尤其是当这些轻微疾病存在反复发作的倾向时。儿童有时会将自己内心的焦虑转化为身体的不适，比如：嫉妒之心可能会导致儿童感冒，说谎则会导致他腹痛，对自己（外）祖母的不善之心可能会导致他跛行……当儿童不能成功地用语言表达自己内心焦虑的时候，他便会选择用自己的身体来进行宣泄。因此，我们需要正确看待儿童身体的不适症状，明白该症状的反复发作在一定程度上揭示了儿童内心的惶恐不安。感冒与腹痛即是心身疾病最为典型的表现症状。一旦儿童患上了心身疾病，医生会单独与他一个人进行交流。当医生确认这一单独相处模式不会令儿童感到不安之后，他便会拿出一个小本子让儿童将自己内心的秘密"写"在上面。

外，私自延长疗程或者在没有咨询医生的情况下，私自根据经验为儿童购买药物同样十分危险：同一种药物并不总能治愈同一位儿童，那就更不必说用同一种药物去治疗另一位患有相似病症的儿童了。

儿童与医生之间的信任关系

一旦生病，儿童便会表现得有气无力，另外他也有可能会受周围焦虑环境的影响，或多或少地流露出惊恐的情绪。如果医生和儿童之间早已建立了感情联系，并且在治疗过程中不会经历痛苦的话，那么儿童见到医生后反而会有一种解脱感。如果医生事先将治疗方案以及采取该方案的原因告知儿童，那么儿童便不会表现得那么焦虑。美国著名的儿科医生布雷泽尔顿（Brazelton）建议为患病儿童营造一个良好的治疗氛围，以便让他感觉自己才是治疗过程中的主导者，治疗的成功得益于自己、父母以及医生三方的努力。当儿童年满2周岁的时候，医生会要求家长以朋友的身份时不时地带孩子来诊所看望一下自己，这样的话，一旦将来孩子生病必须来诊所接受治疗时，气氛便不会那么沉重，儿童也不会心生恐惧。

按照法国"全面预防幼儿疾病"的宗旨，父母需要带孩子去医院做最后一次强制性体检。此次体检是第三次也是最后一次强制性体检，该体检需要在儿童出生后的第23~25个月进行。和此前的体检一样，医生会为儿童测量身高与体重。这些信息有助于医生判断儿童的发育状况是否良好，并计算出儿童的肥胖率。正常情况下，6岁以下的儿童，其纵向发育速度要比横向发育速度快，加之他平时运动频繁，因此其体重曲线往往处在过轻区域。当然了，医生也会仔细地检查儿童医疗本上的体重曲线是否标注完整。之后，医生会询问一些有关儿童运动能力的问题以便衡量他的肌张力以及灵活性，还会测试儿童的视力与听力。另外，医生会评估儿童的情商，比如：医生会让儿童背对自己的母亲，然后测试一下他敢不敢靠近陌生人。医生还会让儿童执行一些简单的命令、辨认某些图像或将某些物品嵌入合适的位置以便评估他的智商。在进行以上所有测试的过程中，医生会顺便评估儿童的语言能力。此次体检有助于消除父母的种种疑虑。

一些建议

3岁以下的儿童并不明白药物的危险性，因此，不能独自让其接触药物。

必须保管好所有药品：不建议将药品的包装当作玩具留给孩子玩儿；应定期清理过期药品，最好不要将过期药品扔进垃圾桶，您可以将它们送往药店。

不要囤积抗生素和眼药水。另外，使用抗生素以及眼药水时，必须严格遵守医嘱。请不要混用滴管，比如：用于X产品的滴管不能再用来滴取Y产品。另外，每次用滴管滴取生理盐水后，都必须及时清洗。

膳食丰富多彩

这一年龄段儿童的饮食丰富多彩，他几乎可以吃所有的食物。对于儿科医生而言，这一年龄段儿童经常遭遇的饮食问题是，过量食用家禽肉而导致的动物蛋白摄取过量。

饮食均衡

2岁儿童每天食用50克家禽肉/鱼肉或1个鸡蛋就能保证其动物蛋白的摄取量了。当然，如果儿童每天还摄取了一定量的植物蛋白的话，那么他就不必每天都吃肉。儿童之所以会过量摄取动物蛋白，和他不健康的饮食习惯有很大关系。另外，过量摄取动物蛋白会导致肥胖。

一日三餐中必须有一餐吃米饭或面食。蔬菜富含植物纤维以及维生素C，您需要保证孩子能食用到各种蔬菜。如果您的孩子白天由托儿所或者保姆照顾的话，那么您需要根据他午餐的食谱来决定晚餐为其准备什么菜肴，以防出现食物单一、营养失衡这一情况。

少量油脂

您现在可以往孩子的食物中添加一些较油腻的食物，但是切记少量，比如：15克黄油、两小勺鲜奶油、一勺食用油（最好是橄榄油）。儿童也可以食用一些家禽肉或鱼肉，但仅限于瘦肉。如果您想让孩子品尝鸡肉的话，最好将鸡皮去除，因为鸡皮所含的油脂太多。最后，不建议您购买超市里的熟食，因为商家为了吸引更多的顾客，往往会在烹饪的过程中添加许多食用油。另外，熟食的原材料往往不新鲜。

最好吃鱼肉

鱼肉纤维短，易于消化。此外，鱼肉还富含不饱和脂肪酸、钙、磷、碘、维生素A和维生素D。尽量避免购买较为肥腻的鱼，比如：新鲜的鲭鱼、沙丁鱼、金枪鱼和鲱鱼，因为这类鱼不易消化。不过，您可以让孩子品尝一下鲭鱼、沙丁鱼和金枪鱼罐头。最好挑选柠檬汁配方的鱼类罐头，另外，每顿只能吃一种鱼类罐头。现实生活中，有一部分儿童不喜欢鱼肉。针对这类儿童，就必须挑选口味清淡的鱼肉了。鲜鳕鱼肯定要比黄盖鲽鱼更能吸引儿童。此外，您可以使用不同的烹饪方法来增加儿童对鱼肉的兴趣，比如：煎、煮、炸、串烤或烘烤。最后，您还可以好好想想怎么将做好的鱼肉摆盘，以吸引儿童的眼球。您可以将煮熟的鱼肉碾碎，然后和土豆泥、沙司一起进行搅拌。

适度饮食

这一年龄段的儿童可以吃绝大部分食物，但是在食用某些食物的过程中需要注意一些问题。

比如说，猪肉制品不能过量食用，因为所含的盐分过高。可以定期为孩子准备一些熟火腿，但是红肠和肉酱应剔除。原则上，您还可以让孩子食用一些甲壳类动物或贝壳类动物，但是这两类食物对贮藏条件要求极为苛刻，并且新鲜度不易辨识。因此，最简单的方法就是只为孩子准备虾，毕竟我们能够一眼从虾的亮泽度来判断出它的新鲜程度。您还可以时不时地为孩子准备一些干果，但含油量过高的除外，比如：核桃、榛子和花生，因为这类干果有可能会引起严重的过敏反应（窒息危险那就更不用说了）。

此外，这一年龄段的儿童也可以品尝少量生食。正式用餐之前，您除了可以让孩子吃一份水果之外，还可以让他吃一小勺或两小勺凉拌蔬菜，比如：花菜沙拉、生菜沙拉。如果您的孩子喜欢咀嚼食物的话，那就给他一小根胡萝卜或芹菜吧，这样他就能蘸着略有咸味的软干酪吃了。儿童未满3周岁以前，不要让他食用凉拌家禽肉或凉拌鱼肉。

众所周知，咖啡和茶是两种刺激性饮料，但是有的时候您也可以往孩子的牛奶中滴几滴以便增加香气。

注意肉类的质量

现如今，父母都十分重视儿童所食用肉类的质量。出于食品安全考虑，建议您购买贴有品种以及产地信息标签的肉类制品。儿童经常食用肉末，尤其是牛肉末。但是如何辨别

食物的含盐量必须清晰地标在外包装上，但是您在外包装上几乎找不到"含盐量"这几个字眼，因为它常常以"钠含量"的面貌出现。要想计算食物中实际的含盐量，您需要将包装上钠含量的数字乘以 2.54。一般而言，您只需要往煮菜的水中撒少许盐即可，出锅以后不要再添盐了。过量摄取盐分虽然不会立刻对儿童的健康造成威胁，但是这会让孩子养成不好的饮食习惯，从而影响他成年以后的健康。

肉末的新鲜度呢？如果您是在肉店采购的话，肉店工作人员必须从保鲜柜拿出一整块肉，然后再从中切下您想要的部位，最后再将这块选中的肉剁成肉末（而非事先就已经剁碎）。肉末须在购买当天食用。如果您是在超市进行采购的话，请放心，超市的盒装冷藏肉末完全符合农畜部门的安全标准。盒装冷藏肉末须在包装日期后的3天内食用。如果您购买的是冷冻肉末的话，则必须将其保存在零下 18℃ 的环境下，并且必须在包装日期后的 9 个月内食用。此外，出于安全考虑，烹饪时请直接将冷冻肉末煮熟，最好不要解冻。

往往太多盐

盐是维持人体细胞（尤其是肌肉细胞和血管细胞）正常运作的必需品。1~3岁的儿童每日应摄取 2 克食盐，3~6岁的儿童每日则应摄取 3 克。大量研究表明，5 个月以上的幼

儿每日实际摄取的盐分远比营养学家所建议的剂量要高，有时甚至高 2 倍。比如说，每100 克的儿童熟食或罐装果蔬泥，其所含盐分一般为 0.5 克。但是，家庭自制菜肴中的含盐量往往为这一比例的 2 倍，这其中还不包括儿童所吃奶酪、面包以及肉制品中所含的盐分。如果儿童还有吃薯条的习惯，那么他所摄取的盐分必然已经达到了身体的警戒值，毕竟一小把薯条的含盐量就有 2 克。此外，罐装蔬菜的含盐量要比同类速冻蔬菜的含盐量高许多。

玩 具

对于 2~5 岁的幼儿而言，玩具在生活中占据着举足轻重的地位。幼儿玩具须兼具教育和娱乐两大功能。玩具种类繁多，请为孩子挑选适合的玩具。

不同玩具有不同功能

"情感类"玩具能帮助儿童表达情感、解决冲突、消除恐惧；"模仿类"玩具则有助于儿童寻找自我认同感、定位自己在生活中的角色、理解成人的世界；"创造类"玩具有助于发展儿童的想象力；"运动类"玩具则有助于发展儿童的运动机能；"感觉－运动类"玩具往往能拉、能推、能拖拽，它有助于儿童身体协调性、平衡感以及动手能力的发展；不久之后，儿童会开始接触"建构类"游戏，此类游戏有助于儿童分析推理能力的发展，培养自己的抽象思维；儿童还会接触"社交类"游戏，此类游戏有助于开发他的记忆力以及思考能力。

玩具适龄性

您需要根据儿童的实际年龄来挑选合适的玩具。一般而言，产品外包装上会标注该玩具的适龄人群。但这一标注信息仅作参考，毕竟在现实生活中，

制造商们出于利益的考虑，会尽量扩大产品所针对的人群范围。具备多种玩法的玩具更具创造性，也更能吸引孩子的眼球。玩具不仅是兄弟姐妹之间的沟通桥梁，也是玩伴之间的交流工具。

梦想助推器

玩具必须能够给予儿童无限的想象空间，因此，请不要让儿童频繁地接触那些无所不能的机器人玩具，它们往往会让儿童在玩耍的过程中处于被动地位。游戏内容必须在儿童的认知范围内，也就是必须与儿童的过往经历相符。此外，您还需要注意玩具的尺寸。低龄儿童不一定只喜欢小玩具，同理，年龄大

的儿童也不一定非大玩具不可。玩具是否能吸引儿童，有时也和材质、形状、颜色有关。材质必须符合安全生产标准；低龄儿童玩具的形状应该单一，且安全系数高；至于颜色，则不一定非要与动画原形中的颜色相同，比如：玩具火车的经典颜色是黑色，但是如果我们将其设计成红色的话，会更具吸引力。低龄儿童往往更喜欢基础色的玩具。大品牌玩具公司一般都配有负责设计新产品的研发部门。一款玩具设计完成后，会先在一小部分儿童中进行测试，以确定产品的功能、适宜人群、颜色的吸引力以及声音效果。只有通过了测试的产品才能上市售卖。

> 这一年龄段的儿童，不论性别如何，喜欢的玩具都差不多。然而，父母却会根据孩子的实际性别为他挑选玩具或改变自己与孩子玩耍的方式。相对于玩具种类来说，孩子更在意父母与自己嬉戏的方式。渐渐地，本没有性别的玩具在游戏中被赋予了特定的性别。

过节或过生日的时候，儿童会收到许多玩具。请先让他自己挑选，再让他向您展示他所挑选的玩具。您可以使用简单的话语以及手势动作向他解释玩具的操作方法，然后再让他自己慢慢研究。最好不要让儿童一次性玩太多玩具，否则的话，他不知道该从何处下手，就更不必谈"玩"了。每次让儿童玩 2~3 个启蒙功能不同的玩具就够了，下一次再让他玩其他玩具，这样，才能让他一直保持对玩具的新鲜感。另外，请您陪儿童一起玩以便让他知晓原来父母也对自己的玩具感兴趣。最后，您还需要知道的一点是：对于 2 岁的儿童而言，即使是他最爱的游戏也不能让他长时间地集中精力。因此，当您发现儿童在游戏的过程中心不在焉时，请不要失落。

尊重儿童的选择

挑选玩具的过程中，应考虑儿童的性别，请不用担心，这并不涉及性别歧视。小女孩之所以喜欢玩具推车和洋娃娃，小男孩之所以喜欢修理类玩具，都是因为这些玩具有助于她们／他们模仿自己的妈妈／爸爸。当然，有时候小女孩可能更喜欢玩具汽车，而小男孩更喜欢洋娃娃。如果是这样，也请尊重孩子的个人选择。

既结实又"聪明"的玩具

"建构类"玩具必须十分坚固。随着时间的推移，儿童会与此类玩具建立起深厚的感情。此类玩具的建构机制须在儿童的理解范围之内。这样儿童才能窥探出其中的游戏奥秘，从而增加对世界的认识。请让儿童自己动手搭建一座大山或探索玩具的各种玩法，这样他才能更有成就感。依靠自己独立完成某项活动，能够增加儿童的自信从而更有动力继续自己的成长道路。

必不可少的洋娃娃

洋娃娃一直都是玩具中的佼佼者。拥有洋娃娃的儿童能感受到一种迫切地想要赋予所有物体生命的欲望。儿童会与洋娃娃建立一种私人的情感关系，他十分迷恋这种玩具，以至于长大成人后内心深处仍然会为它保留一席之地。洋娃娃的外表并不会影响儿童对它的喜爱。有时候，越丑的娃娃反而越受大家的喜爱，因为我们可以通过改变它的发型和服装等来改变它的气质。一般而言，低龄儿童喜欢柔软的洋娃娃，因为柔软的玩具不仅能让他感觉温暖，还能方便他任意揉捏。妈妈们也喜欢为孩子购买洋娃娃，因为一旦自己不能陪伴在孩子身边，洋娃娃可以起到安抚的作用。最后，洋娃娃有助于儿童宣泄内心的不满，尤其是对自己妈妈的不满。即使将来小男孩有了其他感兴趣的玩具，他仍然应该时不时地玩玩洋娃娃。小男孩之所以长大以后将洋娃娃束之高阁，往往是迫于父母的压力，不过现如今，这种状况得到了一定的改善。

手工玩具

手工玩具往往做工简单粗糙，且有时被认为缺乏安全性。即便如此，儿童仍会喜欢这类玩具，因为它们代表着父母对自己的爱。如果儿童参与了制作，他会更加迷恋。因此，行动起来吧！用硬纸板盖一栋房，用肥皂盒制作一辆机动车，为孩子织一头熊……请不要使用那些容易松散或可能会被孩子吞入肚中的细小物件，尽量使用质地结实、紧密的天然材料。

电话——一种特殊的玩具

在玩具王国中，电话绝对能够称王称霸。这一原本用于沟通的工作用品成为儿童的玩具后，能帮助其发展语言能力，进行"假装游戏"。

一种熟悉的玩具

1岁时，儿童会拿起玩具电话的话筒，然后发出一声"喂"；18个月大时，如果电话铃响了，儿童会表现得兴高采烈，然后虚构出一位通话者进行对话，即使那时的他还不能清楚地发音；2岁时，儿童意识到要想通话就必须先拨号，他还会将某一物件想象成电话，虚构出一位通话者，假装在和他聊天。过不了多久，儿童便能明白这一会响铃的物品能帮助我们和他人沟通。

成人——儿童的模仿对象

从教育的角度来看，电话这一玩具有助于儿童锻炼语言表达能力、模仿成人的一举一动。您会惊讶地发现孩子在虚拟通话过程中居然会使用自己曾经使用过的语言表达方式，做出自己曾经做出过的肢体动作，而这一现象绝非偶然。一段时间之后，儿童甚至会刻意在虚拟通话中停顿几次，就好像电话的另一端真的有人在和他对话一样。过不了多久，儿童便不再满足于这一虚拟游戏，他渴望真实的通话。他开始喜欢别人给自己打电话。2岁的时候，儿童能辨别出通话对象的身份，也能用自己的专属"外星语"和对方聊上几句。自此，儿童学会了表达。有时，儿童甚至会试图和自己的（外）祖父母或小伙伴们"煲电话粥"。儿童的年龄越大，就越能正确地回答对方的问题，比如："是的，妈妈在这儿""不，她还没回来"。如果父母暂时或

> ❝ 儿童对电话倾注了太多的感情，当他尚在襁褓中时，电话铃声就为他的声音世界增添了浓重的一笔。当儿童年满2岁时，电话便成为了他与（外）祖父母或出行在外／离异的父母沟通的桥梁。电话能够增进父母与子女之间的感情，它会让儿童感觉父母仍与自己在一起。儿童喜欢充当家中的话务员，因为这能让他感受到自己在家中的重要地位、感受到自己的速度之快以及证明自己懂得接电话这一游戏中的所有规则。儿童尤其喜欢父母所使用的手机，他们明白这是属于父母的"过渡性客体"。父母在自己手机上花费了太多的精力，乃至占用了本应用来陪伴孩子的时间，导致孩子总是想要征服这一过渡性客体。我认为父母也不应放任儿童使用手机，因为这会导致儿童将来沉迷于其他电子产品，比如：平板电脑、电视机。在我看来，有些父母之所以任由儿童使用手机，是为了减轻自己的负罪感，因为他们自己总是沉迷于手机之中。不管怎样，手机仍不适合儿童使用，建议父母认真思考一下手机和孩子的重要性。❞

多项研究表明，通过使用电话，儿童能够毫无顾忌地表达自己内心的惶恐与不安。儿童会向虚拟的通话者讲述自己日常生活中的各种忧虑或某些萦绕在心头的事情，有时这一通话在父母不知情的情况下进行。对于那些存在情感问题的儿童而言，电话就是"知己"，他能向这位"知己"倾诉各种苦闷；对于那些不存在任何情感问题的儿童而言，电话则是一种用于传达命令、与朋友进行讨论或讲述生活琐事的工具。

长时间地不在身边，儿童就会更加渴望电话铃响，并且他会将通话视作父母对自己的关爱。

思想上的准备

儿童能在脑海中想象出各种画面，但他的想象仍以自我为中心。也就是说，他还不能区分"自我"和"外部世界"这两个概念。他相信自己的所见所想都真实存在于这个世界。目前为止，他每次只能从事一项活动，他脑海中还未形成"数量""时长""体积"这三个概念。对他而言，即使是无生命的物体也具备个人意志。儿童的想象力催生了我们所谓的"象征思想"，而"象征思想"一览无余地体现在了"假装游戏"之中。不论是玩洋娃娃、玩汽车还是玩电话，都有助于儿童研究成人在社会中的角色、了解自己的真实身份。儿童会观察父母在不同日常场景中的一举一动，尤其是如果自己也是这一场景中的"参演者"的话。"假装游戏"不仅有

助于儿童练习自己的观察所得，还有助于他练习自己所期望扮演的家庭角色或社会角色，比如：他会扮演愤怒的爸爸、咆哮的妈妈、惩罚学生的老师。当然了，如果他愿意，他也可以将自己的妈妈想象成巫婆，将自己的妹妹想象成婴儿（这样他才有机会纠正他人的错误）等。

电话的使用

电话并不是玩具，因此，儿童必须在父母的监管之下才能使用。

如果儿童想接电话的话，那就让他说几句，但是时间不能过长，毕竟通话对象也不愿过多地与您的孩子进行交谈。教导孩子不能随意打断他人的通话。然而，过不了多久，您会发现孩子十分厌恶通话中的您，因为他感觉您沉浸在通话世界中，离他越来越远，于是，他会想尽办法来吸引您的注意力。儿童的这些反应很正常，您需要做的就是保持耐心，坚定自己的

立场。除此之外，您还可以动之以情、晓之以理，尽量减少孩子对自己通话的干扰。

智能手机的魅力

智能手机这一多功能的神奇物品又怎能逃过儿童的"魔爪"呢？您可能早已让孩子领略过手机的通话功能。之后，您还会向孩子展示手机的其他功能，比如：查看照片、听音乐、看动画片以及玩游戏。儿童偶尔使用手机并无坏处，但如果处理不当的话，用不了多久，您就会失去对手机的控制权。儿童专家十分担忧手机会成为儿童未来主要的娱乐消遣方式。在人格塑造以及思维塑造的这一阶段，儿童要想真实地感知到整个世界，就必须接触各种实际物品，与周围的亲友交流互动。这一年龄段儿童的脑海中尚未形成"虚拟"这一概念，建议父母限制孩子使用手机的频率。另外，智能手机和平板电脑一样，使用过程中会产生超高频电磁波，目前我们尚不知它会对人体产生何种影响。

看电视要适度

目前，绝大部分家庭都拥有电视机，我们应该如何定位这台机器在 3 岁以下儿童生活中的角色呢？有些专家态度强硬，认为绝不能让 3 岁以下的儿童看电视；还有一些专家则持妥协态度，允许 3 岁以下儿童每天最多看 20 分钟的电视。

一个充满神奇魔力的盒子

儿童很容易迷上电视机这个充满神奇魔力的盒子，它能显示各种移动的绚丽画面，还能发出各种动听的声音。在 6 岁以前，儿童最爱观看的节目是动画片，因为动画片最符合他们的理解能力。通过动画片，儿童能明白他们所看到的并非一个真实世界，而是一个虚拟世界。看的过程中，儿童虽然一直跟着剧情走，但是他并不能将剧情整合。他很难连贯地向您复述出整个剧情，而是会将剧情切分成相互关联的几段。此外，他只能记住主要角色的信息，至于次要角色，他一般连名字都记不住。如果让孩子自己编一个故事，您会惊讶地发现他编的故事和动画片中的剧情毫无关系，他会根据自己的日常经历来编写故事。此外，儿童编写的故事情节总是十分"老套"，即一定是正义战胜邪恶，并且主人公一定要经历千难万险才能成功。

用途有限

2013 年，法兰西科学院（Académie des sciences）告诫父母不要让孩子过早以及长时间地接触电视，因为电视对 3 岁以下的儿童有害无益。然而，多项调查表明这一人群中有超过一半的儿童早已接触了电视，其中 54% 的儿童每天看 1 个小时的电视，12% 的儿童每天看 2 个小时！这一比例让大部分专家都感到十分担忧，其中就包括著名的精神病专家、精神分析学家塞尔热·蒂斯龙（Serge Tisseron）。在他看来，不管看哪种电视节目，对于 3 岁以下的儿童都没有好处。与其让孩子看那些他根本无法明白的画面，还不如让他做些有益身心健康的事情。唯一能够起到启蒙作用，且让儿童从中获益的活动只有游戏、阅读以及交流互动（与成人交流也好，与儿童互动也罢）。此外，动画片中的画面有损儿童认同能力的发展，因为他的目光往往只锁定

> ❝大部分情况下，电视机是父母或其他负责照顾儿童的人用于简化或摆脱看管义务的一种辅助工具。因此，从某种程度上来讲，电视机就是一位临时保姆。然而，如果儿童总是独自一人坐在电视机前的话，那么渐渐地他会脱离现实生活。此外，过于专注地盯着画面看会导致他不能容忍外界的任何一丝打扰。儿童会最大程度地享受画面所带来的冲击感，但随之而来的过多的感情起伏会加剧人体的应激反应，从而摧毁儿童的注意力与想象力。❞

在主人公身上。渐渐地，那些有助于塑造他人格的认同角色越来越少，最终导致儿童形成极端的人格：要么变成攻击者，要么变成受害者。

对健康的影响

国际上，大量研究人员都在研究电视对儿童健康的影响，尤其是对 6 岁以下儿童的影响。研究表明电视首先会干扰儿童的睡眠：如果儿童长时间地观看电视，那么他夜醒的频率会更高，入睡也会变得更加困难，因为电视屏幕的亮度、画面的色彩以及音效都会对儿童大脑神经造成强烈的冲击，而这一冲击需要很长时间才能平复。即使那些在电视前看起来昏昏欲睡的儿童同样饱受着入睡困难的折磨，因为他为了抵抗睡意，早已用尽了一切大脑能量。因此，看电视会让孩子感觉疲惫，以至于白天的时候注意力不集中，他会变得更加焦虑，甚至容易出危险。

研究人员还发现，如果儿童每天看电视的时间超过 2 个小时，那么他肥胖的几率会增加 3 倍，因为看电视意味着锻炼身体的时间被挤占了。此外，儿童在看电视的时候经常容易啃零食。科学家们强烈谴责那些吹嘘甜食或咸食的广告，他们认为这些广告是导致儿童爱吃零食的导火索，毕竟看别人吃 / 喝得那么陶醉，谁又能抑制自己内心的冲动呢？

对认知能力的影响

如果让一个 2 岁的儿童每天看 1 个小时的电视，那么他今后注意力不集中的概率要比正常人高出 2 倍。儿童节目往往持续时间较短，因此需要频繁换台，而这一定程度上会影响儿童的注意力以及思考能力。即使所观看的节目适合儿童的年龄，但是只要看电视就意味着挤占了儿童从事其他更加有利于其身心健康的启蒙活动的时间以及与亲友情感交流的时间。研究人员发现相比于费时费力的阅读活动，2~5 岁的儿童更愿意看电视。这样电视就剥夺了儿童徜徉书中世界的机会，抢走了他坐在父母怀中一起阅读的乐趣。由于长时间地看电视，儿童与家人的交流时间减少了，这会导致儿童语言词汇匮乏、句法分析能力变弱，最终影响他的书面表达能力。过多地观看动画片会削弱儿童的想象力以及创造力。节目故事情节早已事先设定好了，无需观众为此苦恼。然而，苦恼却是一切想象以及创造的源泉。

2岁

讲故事

"给我讲个故事吧！"讲故事是睡前仪式中不可或缺的一个环节。父母所选的童话故事必须符合儿童的个性以及年龄。

从前……

儿童喜欢的主人公一般都经历过千难万险，他能够以自己的智慧、勇气以及神奇的技巧战胜一切困难。故事的长度视儿童注意力的集中程度而定。一旦儿童表现出厌倦的情绪，请尽快对故事进行收尾。在阅读的过程中，您无须刻意更改文中的词汇。您可以观察孩子的表情，如果他表示疑惑，您再用简单的语言解释该单词的意思。听故事有助于丰富儿童的词汇量。有时，儿童也会自己一个人"看"心仪的童话书，他可能正着看，也可能反着看。如果他十分喜欢一个故事的情节，那么他会以自己的角度对这个故事进行概括，在概括的过程中，他会大量描述那些触动他的情节。

一段亲子共处的时光

选择一个好的故事远远不够，您还需要激发儿童的好奇心。要想成为一位优秀的说书人，首先必须成为一位优秀的演员。您自己必须喜欢您所选的故事，甚至相信那个故事是真实存在的！儿童在听故事的过程中喜欢父母对他做一些小动作，比如：眨眼或者其他的暗示性动作。父母可以让孩子知道自己也曾经历过童年，也曾喜欢听故事。说到底，谁的内心深处没有对一两个故事的美好回忆呢？您所讲述的某些故事可能会涉及家族往事，家中长辈也曾给年幼的您讲过这些故事。

因此，这类故事中主人公的命运似乎与您家族的命运息息相关。它们往往由曾（外）祖母编造，然后历经沧桑，代代相传，叙述框架与普通的童话故事有些许相似。当然了，您也可以直接讲述自己曾经在书中看到过的故事，又或者将自己的经历改编成剧情跌宕起伏的故事。一次成功的讲述往往会让听众产生共鸣，从而袒露心声，比如：孩子会向您倾诉内心的忧愁。

> 父母不应独享给孩子讲故事的机会，还应将此机会让与他人，比如孩子的（外）祖父母。（外）祖父母可以给孩子讲述真正的童话故事，即他们自己的童年。在讲述自己童年趣事的过程中，（外）祖父母可以让故事情节游走于真实与虚幻之间。如果想要故事变得更具吸引力，那就必须创造一个能起到仿同作用的主人公。这样的话，儿童能对主人公所面临的困境感同身受，并与他一起克服困难。之后，儿童会为自己的"丰功伟绩"所折服，从而不停地要求讲述者继续往下讲或重新讲。童话故事中的荒诞场面有助于儿童克服内心的恐惧。情节越恐怖的故事，反而越能成为儿童睡眠的守护者。

如果您准备天马行空地虚构一个全新的故事，而您的孩子却总要求您讲同一个故事的话，请不要失望。熟悉的主人公以及意料之中的情节能够让儿童安心，这一点在儿童入睡的时候显得尤为重要，毕竟一旦进入睡眠，就意味着他进入了一片未知领域。长久以来，儿童都十分依恋故事中的主人公，他会与主人公一起分担恐惧与痛苦。如果您觉得儿童在听故事的过程中心不在焉，那您就大错特错了：您可以试着更改或直接跳过某个情节，然后您会发现儿童会要求您重新按照正确的顺序进行讲述。因为他正在找寻那份熟悉的情感：一丝恐惧、一份柔情、一阵大笑。

编故事

您可以运用自己的想象力编一个故事。编故事是存在技巧的：您可以借用一个家喻户晓的主人公角色，也可以自己全新演绎传统故事中的主人公角色。一旦儿童要求您继续往下讲，那就意味着您所编的故事大受欢迎。以下建议有助于您成功地编造一个故事。如果您以"有一次""很久很久以前"或"在一个遥远的国度"作为开场白的话，那就意味着您拥有了无限的想象空间。在您的故事中，动物可以像人一样说话，主角可以拥有神奇的力量……请在开场的时候设定好基本的环境与出场人物，出场人物最好不要超过四五个（包括主人公在内）。之后，您再设计一个主人公。主人公一定要心地善良、性格坚韧不拔，只有这样，儿童才能找到认同感。但是千万不要将主人公描绘成一个毫无瑕疵的人，否则，这个故事就会变得索然无味。接着，您需要编造一个理由让主人公与同伴一起经历磨难，来推动故事情节的发展。这个时候，您就必须思索什么样的磨难才能吸引儿童。任何一个成功的故事都包含些许悬念，并且在讲述的过程中会令人为之一颤。故事中的主人公必须身处险境或遭受威胁。但是，一定不能让他轻易地摆脱困境，否则情节就不那么惊心动魄了。如果主人公是凭借自己的性格和能力，而非偶然和运气，成功地摆脱了困境，故事的情节会显得更加饱满。由您决定此番磨难是否是对主人公的终极考验。但是，不管怎样，故事的结局必须圆满，必定是正义战胜邪恶、知识战胜愚昧。一个故事要想拥有价值，就必须创造出以下三元素：一个听众能够认同的主人公、悬念以及圆满结局（即善良勇敢的人永远是胜者）。在讲故事的过程中，您可以稍微发挥一下您的幽默潜质。但是，请不要对细节进行过多的渲染，否则儿童有可能会跟不上故事的主线。

经典童话故事

那些经典的童话故事，比如"拇指姑娘""白雪公主"，永远不会过时。它们能让儿童明白只要我们努力，只要我们勇敢，就能战胜一切困难。童话故事越能让儿童认同主人公，就意味着它越有教育意义。著名精神分析学家布鲁诺·贝特尔海姆（Bruno Bettelheim）在他的著作《童话的魅力》中，对经典童话故事的情节以及主人公的"教育作用"进行了分析。推荐父母在编自己的故事之前仔细阅读一番。最后，如果您总想着让整个故事在轻松甜美的氛围中进行，说明您还没有完全掌控自己内心的恐惧。童话故事的作用之一在于减轻儿童的恐惧，帮助他快乐成长。

2
岁

小小音乐家

在子宫里的时候，胎儿便对音乐十分敏感。在出生后的前几年中，儿童对几乎所有的音乐都来者不拒。您可以让孩子多听音乐以愉悦身心。

让孩子爱上音乐

儿童听音乐的时间越长，爱上音乐的几率也就越大。儿童不应只听童谣，即使有些童谣的确为上乘之作。您应该让儿童聆听多种类型的音乐，让他感受各种曲目的原创性。此外，您还可以询问儿童对某一曲目的感触，询问他最喜欢何种类型的音乐。儿童聆听的曲目不应过长，20~30分钟即可。在听音乐的过程中，儿童会情不自禁地摆动身体或跳起舞来，您应该鼓励他用身体去感受音乐。如果您和孩子在街头偶遇了某位音乐演奏者的话，请停下你们的脚步，花几分钟时间去聆听他的音乐，观看他的表演。让您的孩子去领略这位艺术家的高超技艺、欣赏他演奏乐器的手法。如果您和孩子观看的是团队演奏的话，也请和他聊聊团队艺术。

为孩子挑选乐器

为了让孩子能够更好地沉浸在音乐世界中，您还可以让他接触一些小型乐器。最好为他买一架质地上乘的木琴，这样的话，敲出来的"do"才是真正的"do"。有了木琴，儿童便能奏出旋律简单的动听音乐。大约2岁半的时候，您可以为孩子购买一把口琴。用不了多久，儿童便能学会如何在演奏该乐器的过程中正确地吹气、吸气。儿童吹奏出的旋律不太动听也没关系，权当让他做了一次呼吸练习。儿童所使用的乐器必须质地结实，这不仅是出于安全的考虑，也是出于对音色的考虑。最后，乐器越是能让儿童体验到非传统的演奏方法、吹奏出不同的音，它就越能激发儿童对音乐的兴趣。

检验孩子的兴趣

从出生开始，音乐玩具便成为了儿童休闲娱乐活动中的一部分，儿童在玩拨浪鼓、游戏音乐毯，甚至洗澡的时候都能"演奏"出小小的旋律。当儿童年满2周岁或3周岁的时候，父母便会以一种循序渐进

> **"** 通过听、唱、重复音乐旋律等，儿童最终能够记住这些童年的歌曲。在学习歌曲的过程中，这一年龄段的儿童只能记住歌曲的旋律，就如同他学习各种语言一样，只能记住单词的韵律。父母往往希望自己的孩子成为双语者，而比较容易忽略音乐的存在。然而，音乐其实也是一门国际通用语言，甚至比英语的使用范围更广泛。那些缺乏音乐素养的成人们一直都对儿时音乐学习不足耿耿于怀。因此，我奉劝各位父母，尽早重视孩子的音乐学习，以免他将来和您一样后悔。**"**

别忘了让孩子听听普罗科菲耶夫（Prokofiev）的《彼得与狼》以及圣桑（Saint-Saëns）的《动物狂欢节》。在《彼得与狼》这张专辑中，每种动物的声音都由一种不同的乐器演奏。此外，您还可以让孩子听听华特·迪士尼（Walt Disney）早期的作品《幻想曲》。最后，儿童肯定会爱上八大古典音乐家的作品。这些音乐作品能够让我们的小听众在浩瀚的音乐海洋中翱翔。

的方式引导其进入音乐世界之中。一般而言，父母的内心深处十分渴望将自己的孩子塑造成一位真正的音乐家，甚至是音乐才子／女。即使有的时候这一愿望会落空，但是音乐启蒙教育仍然能给孩子带来许多好处，比如：儿童的感情会变得更加丰富，精神世界会更加饱满。此外，音乐也是一种游戏形式，能源源不断地为儿童提供丰富多彩的游戏活动：唱儿歌、识别不同乐器所发出的声音、辨别各种音符……在音乐启蒙阶段，儿童可以接触各种风格的音乐：古典乐、爵士乐、通俗乐或者民族乐。

如果您想确定自己的孩子是否爱好音乐，您可以做个测试：带他参加一堂音乐启蒙课。然后，观察他的反应：他是否坐立不安？他是否对教学内容感兴趣？他是否着急离开？他对老师的态度？他是否愿意继续上下一堂课？孩子的个人意

愿以及您对课堂氛围的看法共同决定是否让孩子报名上课。如果您决定不报名的话，那么您就应该去寻找另外一种适合孩子的教学方法了。

演奏乐器

大约 5 岁或 6 岁的时候，儿童便能开始学习乐器演奏了，尤其是小提琴演奏。吹奏类乐器要求一定的吹气力度，钢琴则需要一定的手指肌肉力量，这两类都不大适合太小的孩子

学习。目前，只有铃木教学法（Suzuki method）建议儿童从 2 岁开始学小提琴。该教学法鼓励儿童在初学的前几年中脱离常规的乐理教材，直接对旋律进行模仿与复制。铃木是从母语习得（儿童学习母语的时候，就是直接从听到说）中得到的灵感，从而发明了这一教学法。铃木教学法一直秉承让儿童沉浸在音乐世界中的宗旨，以提高儿童对音符的敏感度。

不管儿童最终跟随哪种教学法学习乐器，唯一确定的一点就是越早开始接触乐器越好，此外，儿童平时也应勤加练习。

音乐能够完善儿童的性格。您会发现一位生性腼腆甚至自闭的儿童，即使身处人群中，只要能够让他演奏打击乐器或放声高歌，他就能迅速地摆脱惶恐状态。

儿童的动物朋友

所有的儿童都会被可爱的动物所吸引。您的孩子自然也抵挡不了它们的魅力，尤其是小狗的魅力。

和睦相处

或许是因为狗与人类之间存在着一种特殊的情感联系，所以它是家庭宠物的首选。狗的鼻子天生灵敏，能够通过嗅觉来判断人类的一举一动，大部分狗都能快速分辨出儿童是怡然自得还是焦虑不安。通过研究儿童的手势动作，我们发现儿童的某些行为与动物的某些行为极为相似。尽管狗缺乏人类的语言表达能力，但是它依然能够与儿童进行清晰明了的互动。除了手势动作以外，儿童与小狗还会借助感官能力来进行交流，而这一点是成人所做不到的，比如用嗅觉或触觉进行交流。

温柔的安慰者

动物的存在能为儿童的生活"锦上添花"。这个手感极佳的"毛毛球"能够随时用它的舌头去抚平儿童心灵的创伤。并且，抚摸动物有助于降低血压、放缓心跳、减轻焦虑感。

此外，动物的存在能让儿童感受到自己的权威。然而，儿童只有在年满 10 岁以后才会渐渐意识到自己对这位动物朋友负有责任。现阶段的儿童最多只能帮动物准备食粮，四五岁的时候，则能与父母一同帮动物洗澡。动物日常的饮食起居主要还是依靠儿童的父母，此外，父母还需要承担驯化动物的任务。温顺成熟的动物无疑最受欢迎，此类动物在日后往往会顺从地成为小主人的出气筒。

沉默的知己

通过观察，儿童发现这只宠物和自己一样，能吃、能喝、能睡、能玩……渐渐地，儿童会尝试着去照顾宠物，让它感觉舒适，尽管他做事仍然笨手笨脚。儿童会渐渐明白"要想被别人爱就必须先学会爱别人"。与宠物一起成长的儿童似乎社交能力与独立能力更强，参与家务的积极性也更高。此外，这类儿童更善于表达自己内心的情感，毕竟他可以随时向宠物倾

> 农村儿童与动物之间的关系和城市儿童与动物之间的关系截然不同。农村儿童往往以一种现实的眼光看待动物，比如：他知道人类会吃鸡杀猪；而城市儿童则会在很长一段时间将动物视为人，视为一位能思考、能安然度过各种险境的知己。
>
> 另外一个需要注意的情况是：如果猫/狗先于儿童出现在家中，那么它会将儿童视为来自另一个世界的入侵者。一旦父母忙于照顾儿童而忽视了猫/狗的存在，它便会产生嫉妒之心从而变得十分危险。成人需要警惕此类情况的发生。

对于那些家中养狗的儿童来说，他同样也想认识那些游荡在大街上的小狗。大多数情况下，他希望能够触碰、抚摸这些小狗，一般而言，他会先抚摸它的头、脖子，然后再往下抚摸它的四肢和肚子。如果儿童的这一举动令小狗感受到了惊吓，那么它就会攻击儿童，将其咬伤。大多数情况下，狗之所以会攻击人类，是因为人类的举止不当。由于个头不高且眼神"不善"（在狗看来），儿童受攻击的部位往往是脸部。所谓的"具有攻击性"的狗，往往是那些内心充满恐惧或本身就十分"凶残"的狗。不管何种类型的狗，它们是否具有攻击性一般取决于狗主人的驯养方式。狗的体型以及体重则会增加它们的攻击强度。

诉。最后，养宠物有助于儿童学会尊重他人：如果儿童对宠物不好的话，宠物便会对他敬而远之，不再向他示好。为了让宠物能够发挥以上所有优点，必须保证所有的家庭成员都愿意真心接纳它。千万不要为了解决父母与子女之间的沟通问题，才选择养宠物。

理想的伙伴

狗无疑是最理想的家庭宠物。最好挑选体型中等（以便和儿童的身高相匹配）、毛色清浅（有时，深色毛发的动物会吓哭孩子）、毛发较短或中长（毛发过长容易让儿童过分宠溺）、性格温顺、攻击欲不强的成年狗（年纪大一点儿的狗更具耐心，理解能力也更强）。基于上述标准，美国的精神病专家们认为金色的拉布拉多犬最适合

当宠物。当然了，某些中等体型的山地犬、西班牙猎犬或者"杂种犬"也符合这些标准。

对于过分好动的儿童来说，宠物犬的存在无疑是利大于弊。宠物犬能够教会他去耐心地观察某一物品，教会他多花时间与他人建立情感联系；对于那些腼腆或胆小的儿童来说，宠物犬能够给他们带来安全感，给予他们"为所欲为"的力量。宠物犬会根据儿童的手势动作、尖叫声、说话语调以及身体气味来改变自己的行为。灵敏的嗅觉有助于宠物犬判断儿童（以及成人）的情绪状态，它只需要简单地用鼻子闻一闻儿童身体的气味便能得到答案。宠物犬喜欢闻熟悉之人的脖子、脸以及上半身的其他部位。对于陌生的儿童，宠物犬则往往会闻他的臀部。有时，猫也会与儿童建立

深厚的感情联系，不过这种概率比较小，毕竟猫是一种独居动物，并且它不如狗那么有耐心。对于这一年龄段的儿童而言，小白鼠、豚鼠、金鱼以及小鸟都算不上真正意义上的家庭宠物。

避免被咬

和儿童一起嬉戏玩耍的狗并不会无缘无故地咬人，除非儿童所做出的举动令它难以理解或者让它产生了痛感。儿童有时会拉扯小狗的耳朵／尾巴或者用某个物品对它进行敲打，这一举动并非出于恶意，更多地是出于好玩的心态。这种情况下，小狗一般会采取恐吓的手段来表达自己内心的不满，比如：它会扬起下巴，然后大声吼叫。一旦儿童没有明白或者根本没有花时间去明白小狗的这一异常举动，那么小狗便会咬他以发泄内心的愤懑。此外，突如其来的惊吓也会让平时看似温顺的小狗咬人，比如：如果家中的小狗因感冒而昏昏欲睡，瘫倒在地，但是孩子出于好玩突然跳到它身上，那么它很有可能会攻击孩子。一般而言，所有的兽医都建议儿童不要在小狗进食的时候打扰它。所以，大部分的咬伤仍然是由儿童所不熟悉的小狗造成的。2~3岁的儿童最容易被宠物咬伤。

2
岁

假期生活

假期对于成人而言是一段美好的休憩时光，但对儿童来说，无疑是一段混乱的时光，因为它往往改变了自己的生活环境，扰乱了自己的作息规律。在度假的过程中，每位儿童都有可能会焦虑不安，实际的焦虑程度则视儿童的性格而定。为了避免这一状况的出现，请尽量采取一些预防措施。

出行准备

请提前告诉孩子旅行地点、随行人员以及每日安排，以减轻他内心的恐慌。孩子不仅能够明白简单的解释话语，还能感受到话语中的安慰语气。当然，实际的理解能力以及感知能力则视儿童的年龄以及性格而定。如果您让儿童也参与到出行准备中，他便能提前做好心理准备，应对环境的变化。比如：您可以让孩子和您一起挑选他在假期中要穿的衣服以及要玩的玩具。为了让儿童在出行途中安心，最好让他带上一点儿私人物品，尤其是他睡觉时从来不离身的布料或小熊娃娃。另外，请将他常用的盘子以及杯子放进行李箱中，以便到达度假地之后他还能感受到家的气息。最后，出发那一刻，儿童有可能会想和其余的家庭成员、家庭宠物以及家中物品道别。

旅行途中

大部分儿童早已知道汽车的存在，但是他们并不习惯在车内的安全座椅上坐数小时。火车和飞机对他们来说是陌生的。因此，他们会在乘坐火车／飞机的过程中提出无数问题，甚至变得忧心忡忡。火车／飞机发出的声音、经过的隧道以及车厢／机舱内的人群都会让他们感到不安。此时，陪他一起做游戏、和他进行一场安抚性的交谈、给他唱一首舒缓的歌曲、给他一块美味的小蛋糕或一个他喜欢的玩具，会有助于他恢复平静。如果您准备在酒店稍作休息，请在入住之前仔细检查周围的环境。另外，请一定不要让儿童独自一人待在陌生的酒店客房中，即使他已经睡着了。因为一旦他睡醒之后，面对如此陌生的环境，他会十分恐慌。

旅行地点

如果您选择与家族中的其他成员一起度假，请向孩子介绍你们之间的亲戚关系，儿童对此会十分感兴趣。到达度假

> " 对于儿童而言，夏天的时候与父母一起外出度假是一种融入家庭生活的绝佳方式。他能在心爱之人的陪同下发现某些不同的气味、颜色、习俗以及发音，这一切都将深深地烙印在他的童年记忆之中。儿童通过模仿来学习语言，他对度假地的口音十分敏感。日复一日，儿童学会了当地的特殊用词，并会在度假的过程中频繁使用。冬天的时候，他向别人讲述这段夏季假期时，仍不禁会想起这些词汇。"

在山区行医的儿科医生对"气压创伤性中耳炎"（亦称"高山性中耳炎"）并不陌生。气压创伤性中耳炎是由海拔的骤然剧变而引起的，如果儿童患有鼻咽炎（即使只是轻度鼻咽炎）的话，那么他患上气压创伤性中耳炎的几率就更大。因此，出行之前，最好检查一下儿童的鼓膜。另外，在攀登的过程中，一定要循序渐进，让儿童有足够的时间适应海拔的变化，还应让儿童小口小口地喝水来不断做出吞咽动作。

地之后，您应该领着孩子一起参观即将入住的房屋，让他熟悉整个房屋的结构，包括地窖与阁楼。儿童对门总是充满恐惧，毕竟他根本不知道门后面有什么。因此，请将所有的门打开，让他看看门后面是一间房、是个衣橱……他还需要时间去熟悉自己的卧室和床。他喜欢和父母一起收拾行李，喜欢自己决定物品摆放的位置。前几个夜晚，儿童往往无法安然入睡，他需要一盏小夜灯或者父母的陪伴。

海边还是山区？

海拔 1500 米以上的高山会导致身体不适。因为高山地区的空气稀薄，容易缺氧。一旦身体供氧量不足，动脉中的血压就会上升，心跳会加快，人体也会自动产生更多的红血球。这一系列的身体变化会让儿童变得易怒、易饿、易渴。

海边的天气会让人感觉神清气爽。医生也总是推荐患有湿疹或银屑病的儿童到海边休养。但是，海边不大适合易怒的儿童，因为炎热的天气会让他们饱受热浪的折磨。此外，在热带地区感染寄生虫的概率更大。

第一次下水

在浴缸／游泳池中玩水和在海里玩水绝对是两个概念。海水的清凉、起伏以及味道会让儿童诧异。大约从 2 岁开始，有部分儿童会逐渐抗拒下海，因为他们已经意识到了何为危险。这时，请不要勉强。您可以向孩子展示您对大海的热爱，对游泳的热爱。如果他动摇了，愿意陪您一起下海的话，请和孩子一起蹲下，一起坐在海水里。重复 2~3 次后，再询问孩子愿不愿意自己走进海水中。一旦儿童完全适应了"水中的生活"，他便会要求一个人在水中玩耍。当然了，您必须保证他时刻处于您的视野范围之内。此时，您还可以让孩子穿上内置浮标的泳衣或救生衣，这样他便能体验在水中行走的感觉。

一堂生动的自然课

对于一个从小生活在城市的儿童来说，在乡下度假无疑是一次接触大自然的绝佳机会。您可以让儿童去发现各种不同的气味。儿童不仅喜欢看花，还喜欢闻花散发出的气味。过不了多久，您的孩子便懂得如何区分玫瑰和薰衣草。您还可以向孩子展示叶子也有气味，比如：你可以拿百里香、迷迭香、罗勒、马鞭草、薄荷以及香芹给他闻。如果儿童事先已经闻过某种植物的气味，当它被添加到食物中时，他就不会表现得太过抗拒了。您还可以和孩子一起玩气味游戏：摘几片叶子，然后让孩子根据叶子的气味去草坪或花园里寻找相对应的植物。成人往往十分害怕昆虫，如果您也属于这种情况的话，请不要把您对昆虫的恐惧之情传染给孩子。相反，您应该让孩子去观察这些草丛中的"常住民"，比如：您可以让他仔细观察蜘蛛以及蜘蛛所织的网；蚂蚁以及蚂蚁永不停歇的搬运工作；金龟子以及金龟子那金色的甲壳；蜗牛以及蜗牛的"房子"；蝴蝶以及蝴蝶五颜六色的翅膀。当然，您还可以让孩子观察一下瓢虫。这些昆虫都是小小自然主义者心爱童谣中的主人公。

2
岁

安全上路

如果儿童不系安全带的话，更准确地说，如果儿童不坐在与他年纪、体重相符的安全座椅内的话，他就不能坐车外出。还需要提醒您的是：65%的意外事故发生在离家15千米的范围之内。

与体重相符

根据儿童的实际体重，汽车安全座椅可以划分为好几种不同的类型：第一类安全座椅适用于年满2周岁，且体重未超过18千克的儿童；第二类安全座椅适用于体重为15~25千克的儿童；第三类安全座椅则适用于体重为15~36千克的儿童。第一类安全座椅为斗形座，且配有普通的安全带，冬天的时候，如果儿童所穿衣物过厚，该类座椅会略显拥挤。第二类和第三类安全座椅配有或不配有头枕，它们所选用的安全带为汽车专用安全带。市面上还有一种所谓的"多功能"安全座椅，该类座椅的优点在于使用寿命更长，因为它能根据儿童的实际发育情况进行细节上的调整，比如：可以根据儿童的实际身高调整椅背的长度以及椅面的宽度。

需要指出的是，即使安全座椅符合安全生产标准，也不代表它安装方便。交通事故预防专家指出只有30%的安全座椅安装正确。因此，在购买安全座椅之前，请让相关工作人员进行安装演示。请记住，安装越麻烦，意味着安装错误的概率越大。换言之，您孩子处于危险的几率也就越大。最后，安全带必须紧贴儿童的胸部，请根据儿童的体型对安全带进行调整。

大部分儿童不喜欢乖乖地坐在安全座椅上，更不喜欢被安全带束缚。如果您的孩子是这样的话，您必须让他明白在这件事情上没有任何商量的余地。您也可以以身作则，在发动汽车之前，让他看看您同样需要系安全带。

中途休息

最好提前告诉孩子行程安排，告诉他您将在哪几站停车休息以便让他有自由玩耍的时间，建议您每2个小时休息15分钟。如果您停车的地方正好有大量游戏设施，您恐怕需要花费一些力气去规劝孩子上车了。如有可能，夏季请尽量避免在中午时间（11:30-15:00）出行，除非您的汽车制冷效果非常好。在开车的过程中，您可以给他讲讲故事、陪他做做游戏或者让他听听音乐，来分散他的注意力，防止他吵闹。如果父母中有一方陪孩子一同坐在汽车后座的话，这些方法会更加有效。

预防措施

请尽量不要独自一人带着孩子开车外出。因为一旦汽车抛锚，您就必须走到应急停车区或者别的什么地方打紧急电话求助，一个人要想独自解决这一突发状况已经很难了，更不用提怀里还抱着孩子。千万不要在这种情况下将孩子留在车中，即使他睡着了也不行。另外，别忘了随身携带一两瓶矿泉水。为了避免在交通事故中无法确认伤者/死者的身份，法律明文规定乘客乘坐汽车时必须系安全带，这无疑是进步的一大标志。然而，遗憾的是，在法国，该规定并未涉及儿童这一群体。

请在孩子的安全座椅上粘贴写有他姓名以及紧急联系人联系方式的字条。

正确的做法

如果车内有儿童，请一定不要吸烟。

请锁好后座车门以及车窗，因为儿童喜欢乱按控制车门以及车窗的按钮。

请不要将体积过大以及过重的物品堆放在汽车后座。如果您不得不将行李放在车内时，请用绳子固定好。

如果您在太阳直射的情况

下出行，请在汽车后窗处粘贴遮阳膜。遮阳膜并不阻光，因此完全不会妨碍驾车人的视线。

汽车行驶过程中，请不要让儿童吸奶瓶，因为一旦汽车突然刹车或发生碰撞的话，他有可能会被呛到。因此，请停车休息的时候，再让他喝水。

校车与安全

有时您不得不让孩子乘坐校车出行。此类出行有可能是学校组织，也有可能是儿童活动中心组织。数据分析得出的结果显示校车发生事故的概率与以下因素相关。

首先是行程距离：事实证明，只要行程超过1个半小时（包括往返时间以及中途等待时间），儿童在车内便很有可能会做出一些危险性动作。

其次是随行人员数量：从2012年开始，法律才强制规定校车内必须配有一名随行人员（不包括司机）。根据这一规定，我们不难推测出，其实校车内的随行人员数量很可能不达标。

最后是过度拥挤：根据"等量原则"，两张相邻的座椅一般坐3位儿童，然而正常情况下，两张座椅只能坐2位成人。因此，我们可以想象到一旦发生撞击事故，在这种防护措施不健全的情况下，后果将会如何。

恶心想吐

2岁左右的儿童坐车时很容易呈现出病快快的神态，他会感觉热、感觉无聊，他的中耳对汽车的行驶十分敏感。为什么此前没有出现过这种情况呢？因为那时用于感受动作信息的半规管系统尚未发育完全。

为了孩子的舒适，请让他穿些轻薄宽松的衣服，比如运动服。另外，请将其座椅调高。如果儿童的头部不能很好地靠在座椅上的话，请用一个充气头枕套在他的颈部。如果儿童能够欣赏车外的风景，他就不会无聊，旅程也就不会那么艰难了。上车之前，请让车子通通风。不要让孩子空腹上车，因为空腹更易引起呕吐，因此出发之前，请让孩子吃点清淡的食物。另外，别忘了在车上备些小点心。当然，您也可以选择在儿童睡觉时出行，一旦他睡着了，呕吐感也就消失了。

出行远方

全家一起去异国他乡度假，有何不可！？不管您决定去哪个国家，请务必做好一些最基本的应对措施，比如：打疫苗、购买常用药品以及防护设备、了解目的地的医疗体系结构……

出行之前

不管去哪里度假，出发之前，您都应确认孩子的身体状况，因此，请提前联系儿科医生吧！此外，请确认前往的目的地（不管国内还是国外）需要注射的疫苗。去任何一个地方都需要接种破伤风及脊髓灰质炎疫苗。有些国家要求1周岁以上的儿童接种黄热病疫苗。最后，别忘带上儿童的医疗本，它有利于当地医生查询儿童的常用药品记录以作参考。

常用药品

出行之前，请准备好基本药品。如有必要，您可以和儿科医生一起列一张药品清单。必带药品包括：退烧药、止咳药、感冒药、止泻药以及止痒药（针对蚊虫叮咬）。如果您选择的目的地是海边或山区，别忘了携带防晒霜。如果您的孩子尚处于服药期，务必备足医院所开具的药品。不建议您购买当地

对等的药品，因为有可能会导致儿童过敏。

如果儿童年龄尚小，请备足罐装果蔬泥以及奶粉，因为您不一定能在当地购买到相同的品牌。您还可以事先咨询一下本国驻当地的大使馆，以便从行李清单上剔除一些不必要的物品。出行之前，请购买保险，保期应涵盖整个旅程。您可以在旅行社、银行或者保险公司购买。这样的话，一旦您的孩子在旅行途中生病住院，他住院期间的一切费用，甚至是回国路费都是可以理赔的，前提是保险公司合作的医疗机构认

为他有住院的必要。此外，某些大使馆或领事馆能够向您提供一份会说您母语的医生名单。

安全出行

如果您想悠然自得地坐在车中和孩子旅行，那么请避开高温时段。低龄儿童抵抗炎热的能力较差，您需要定时让他补充水分。另外，每行驶200千米，就需要带着孩子下车休息一下。当然了，如果您选择在夜间带孩子坐火车出行，您的负担就没那么重了，前提是儿童能在车厢内安然入睡。另外，请提前咨询相关工作人员以便

> " 除了要接种当地法律规定的疫苗以外，儿童还需要接种抗A群和C群脑膜炎双球菌疫苗（如果旅行目的地是非洲或者中东的话）、乙肝疫苗以及流感嗜血杆菌疫苗（该疫苗用于预防脑膜炎）。伤寒以及霍乱疫苗就不必接种了，除非当地感染的几率较高。当然了，如果真的属于这种情况的话，我们建议您最好更换目的地。 "

知晓您所乘坐的火车内是否设有儿童游乐区。如果您选择乘坐飞机的话，请携带几件小玩具以及几瓶水（在舱内增压的环境下，幼儿可能会轻微脱水）。此外，为了避免儿童在舱内因耳朵不适而哭闹，请带上安抚奶嘴或奶瓶，因为吞咽这一动作能够减轻耳朵的堵塞感。其实，奶瓶和安抚奶嘴对儿童的作用就像口香糖对成人的作用一样。

环球旅行指南

请准备充足的驱虫药，尤其是驱蚊药。

请接种相应的疫苗。某些国家要求或者建议接种黄热病疫苗，然而该疫苗可能会在接种后的 48 小时内让儿童感觉身体不适。

当旅行目的地是非洲时，儿童必须服用抗疟疾药物。服药周期视药品的具体类型而定。

必须保证儿童的背包里随时都有一瓶矿泉水，购买时须确认瓶盖的密封性。

饮料中请勿添加冰块，因为冰块不一定是用可饮用水制成的。

绝对不要让儿童在河流或池塘里玩水。

出行时，让儿童穿上袜子以及封口鞋，以免划伤或被蚊虫叮咬。

您的孩子（以及您）还需要在饮食方面采取一些预防措施：请不要吃生食以及未洗干净的水果。水果最好削皮吃，肉则需要完全煮熟。最后，儿童只能喝瓶装矿泉水，且您需要在购买之前检查瓶盖的密封性。

最好准备一张折叠床和一顶蚊帐。每晚孩子睡觉之前，应仔细为其检查被褥。儿童穿衣服之前，仔细为其检查衣服。

儿童只能用矿泉水刷牙，最好穿棉质衣物。熨烫衣物的时候，请将衣服的两侧熨出棱角，以便抵挡细小的昆虫。

儿童可以在浴缸中洗澡，但是一定不能让其吞咽浴缸中的水。

涉水之前 / 之后，请对身体上的所有小伤口进行消毒。

归国后的第 7 天开始，如果儿童出现不明原因的发热，或者发热后出现抽搐现象，那就说明他很有可能感染了疟疾。如果遇到这种情况，请立即就医。

动物叮咬

最怕儿童被蜜蜂、胡蜂、黄蜂或牛虻叮咬。如果不幸被叮，请及时用酒精对叮咬部位进行消毒，再涂抹一些抗组胺药膏。如果叮咬部位位于喉咙或嘴唇的话，请立即就医。用吸管喝水能够降低喉咙或嘴唇被蜇的概率。需要注意的是，颜色鲜亮的衣物容易招惹飞虫。

还存在一些其他需要防范的"叮咬类"动物，比如：红蚂蚁（被咬后会特别疼）、蚊子、某些毛虫、蜘蛛以及恙螨幼虫，它们爬过的身体部位会起红点。如果遇到这种情况，请用浓度为 70% 的酒精进行消毒，再涂抹一些具有镇静效果的药膏。

如果在海边度假，则需要提防水母。一旦被水母叮了一口，会感受到一阵剧烈的疼痛以及灼烧感，这时需要使用一些具有镇静效果的药膏以进行舒缓。另外，还需要提防海胆。如果您将受攻击的那只脚浸泡在油里，刺进脚内的海胆棘就会自动脱离。但是，海胆棘所带来的痛感并不会随之消失，除非您用钳子把所有残留在皮肤内的棘刺尖都拔除干净。

如果您去留尼汪岛、安的列斯群岛或者非洲、亚洲的某些国家度假，请带上蚊帐，蚊帐能起到一定的保护作用。某些地区仍有传播曲弓热的虎蚊，一旦感染曲弓热，就会发高烧且关节痛。目前尚没有针对该疾病的预防疫苗以及治愈措施，所服用药物仅能缓解症状而已。

考验耐心的时刻

儿童的各种突发状况都会让您的神经饱受折磨。随着儿童的独立能力越来越强，他开始尝试着想要按照自己的意愿来处理日常生活中的大小事。因此，您在他的面前，必须化身为一位谈判高手。

任性与拒绝

父母开始认为子女故意和自己唱反调，但事实并非如此。儿童之所以会"叛逆"，要么是因为他的生理发育达到了一个新高度；要么是因为他身体不适，比如疲劳；又或者是因为他想要得到父母的情感回应。儿童并非一种十分任性的生物。只不过在童年期的某个阶段，他会表现得十分渴望展示自己的各项技能，而这些技能恰好是父母需要重点培养的。正是儿童的这一渴望推动着他去探索世界、发现世界。

儿童越来越具有独立思考能力，他开始拒绝父母出于其人身安全或健康考虑而做出的各项决定。这一切都很正常。但是，对孩子的任性或拒绝表示理解，并不意味着妥协，这只代表您尊重他，愿意和他一起协商。用沉稳平静的语气和孩子说话，会更容易让他接受您的意见。

● **正值隆冬之际，他却依然决定穿盛夏的服装**。这是儿童最为经典的叛逆案例。其实，您的孩子是想通过这种方式告诉您他想自己决定自己的事情。既然他能够选择自己想要玩的玩具，那为什么就不能选择自己想要穿的衣服呢？如果遇到这种情况，请您不要勉强他，也不用费力去和他讲道理。您应该直截了当地告诉他您尊重他的决定，他今天可以穿任何他想穿的衣服。但是，在他挑选的过程中，您可以伺机提些建议，毕竟他的衣橱里肯定有一些他特别中意的冬装。

● **在市区散步的时候，他拒绝牵手**。儿童尚不知汽车或自行车会带来危险，并且他一心向往着自由。因此出于安全的考虑，您必须说服他，让他紧牵您的手。当然了，您也可以主动抓着他的手腕，以防他突然松手。最后，还有一个折中的办法：在人行道上走路的时候，他必须牵着您的手，但是到了广场的话，他便有权自由奔跑了。只要能够适当地满足儿童对自由的渴望，他就更容易接受您定的规矩。

● **在公共场合满地打滚**。儿童在公共场合发脾气往往表

> ❝ 尽量克制您的过激反应，也请不要大声吼叫，因为您的孩子已经到了仿同年纪，并且他一直将自己的父母视为榜样。此外，别忘了，愤怒情绪是可以传染的。首先，请尽量去理解孩子的不良情绪，然后，再和孩子聊聊该情绪出现的原因，最后帮助他学会控制自己的情绪。❞

现为痛哭流涕，但不会出现攻击性行为。遇到这种情况，即使您的耐心早已耗尽，也请不要像他一样乱发脾气，因为这根本解决不了问题。相反，您的吼叫声只会雪上加霜。您应该说一些安慰或者解释的话语。如果儿童在地上打滚的话，请温柔、坚定地将他扶起来以免他弄伤自己。大部分的父母都难以忍受孩子在大庭广众之下发脾气，因此他们很容易丧失理智。此外，周围的群众也会投来探究的眼神："到底发生什么事情了？"甚至是谴责的目光："又一个不会教孩子的爸爸／妈妈。"儿童在公共场合发脾气会让您暴露在陌生人的视线中，从而感觉不自在。这种令人不快的感觉又会反过来影响您的决定。比如：在商店时，您不愿给孩子买他想要的东西，他发脾气了，而您会因为感觉不自在而改变自己原本的心意。有时候，儿童会自认为所处的环境有危险，他用"发脾气"这一手段来吸引您的注意力，让您安慰他。因此，如果孩子

挫折能够推动儿童不断地去尝试，不断地去努力，直至成功。正所谓"失败乃成功之母"，也正是因为儿童在不断地吸取着失败的教训，所以他才能最终掌握成功所需要的手势动作以及推理能力。如果您代替儿童去完成某一项活动，那么他永远都不会进步。相反，如果您只是站在一旁不断地肯定他、鼓励他，那么在他眼中，您的意见会显得十分宝贵。因此，您应当根据儿童的能力为他布置一些任务，然后站在他身后鼓励他独自去完成这些任务。

发脾气的话，您首先应该说一些安慰的话语，并清楚地表明自己的立场。如果他继续吵闹，就加重自己说话的语气，并且转头不再看他，让他感觉到自己的行为已经令人忍无可忍了。事后，您应该和孩子一起分析一下整件事情发生的经过，并让他解释当时为什么会出现如此的反应。随着经验的日益积累，您最终能够摸索出一些应对措施。当您认为孩子马上要发脾气时，您应该立刻告诉他发脾气的后果。

● **错把沙发当蹦床**。这一年龄段的儿童总是精力旺盛，他会做大量的体能运动。他还总喜欢不听劝告地在沙发上蹦蹦跳跳，虽然这一举动往往是为了吸引您的注意力。您很快还会发现您的孩子会趁着您做家务、打电话或者监督长子／女写作业的时候，做出各种傻事。即使您可能因此生气，也

请尽量不要冲他发脾气，因为您的剧烈反应会吓到他，让他感觉自己被抛弃了。最好的解决办法就是您抽出一些时间来看着这个"闹腾鬼"，再给他找一些安静的游戏来玩儿。

● **太阳落山后，仍然不愿离开游乐场**。您怎能奢望孩子心甘情愿地停止手中的动作（或离开自己的玩伴）和您回家洗澡呢？请在出发之前，就告知孩子他只能在游乐场玩一两个小时，然后就必须回家。虽然这一年龄段的儿童对具体的时间仍然没有任何概念，但是这一方法能让他明白此次出行是有时间限制的。离开游乐场之前，您应当提醒孩子他只能再玩三四次滑梯，然后就必须和小伙伴们说再见了。当然，您还可以向孩子提议其他好玩的游戏以便他能心甘情愿地离开广场。不过，请您信守自己的诺言，如果您下次还想用这招哄孩子的话。

2 岁半

您的孩子

您的孩子喜欢踮着脚尖奔跑，并且他还学会了骑着自行车去探索世界！他懂得如何搭积木，如何分辨不同的颜色。最重要的是，他能在白纸上画下人生中的第一个圆。这个圆标志着儿童对空间有了进一步的认识。

您的孩子开始"惦念"那些可怕的事物或极具攻击性的动物，这导致他晚上开始做噩梦，为此，您需要在他临睡前为他消除这些恐惧。此外，请不要将儿童世界的恐惧与成人世界的恐惧相提并论，因为，前者的出现标志着儿童的心理发育正常。

人类天生自带学习说话的欲望，基因中也潜藏着与生俱来的语言理解能力，因此，您的孩子能够明白您所说的话语。儿童往往对单词的韵律更为敏感，因此，他更愿意重复那些韵律优美的单词。在一次次的重复之下，单词的含义也将在他的脑海中渐渐明朗。语言能力的发育意味着儿童的思维得到了拓展，潜意识得到了建构。

· 平均体重约为 15 千克，身长约为 90 厘米。

· 他喜欢和其他儿童待在一起，但是他还不懂得如何真正地与他们一起玩耍。有时，他会表现出一定的攻击性。他喜欢井然有序的生活，因此他会自己将物品摆放整齐。

· 他能忍受与父母的偶尔分离。他经常做"傻事"，并且仍然以自我为中心。

· 他每日能够吃 100 克左右的淀粉类食物、100 克左右的绿色蔬菜以及一些黄油。现阶段的他还可以偶尔吃一些红肠、格鲁耶尔奶酪、炸鱼以及烤蔬菜。

请勿对比

将自己的孩子与其他同龄儿童进行对比，绝非明智之举，因为每位儿童从出生开始就拥有不同的特性。随着时间的推移，儿童各方面的差异，尤其是性格方面的差异会表现得越来越明显。

不同类型的儿童

当我们观察一群同龄儿童时，很容易分辨出那些好动的儿童、能够轻松应对各种局面的儿童、情绪化的儿童、胆小的儿童、执拗的儿童、脾气暴躁的儿童……此外，性别也会影响儿童的性格。根据儿童的生理以及心理表现，我们将他们粗略地分为两种类型："细长型"与"圆润型"。"细长型"儿童身强力壮、意志坚定，因此往往很早便能学会站立；"圆润型"儿童性情则比较随和，不过，随和并不代表毫无主见。

此外，我们也很难为儿童建立一个明确的发育标准。虽然饮食在儿童的发育过程中占据着重要的地位，但它并不能直接左右儿童的发育。有些儿童人高马大，有些则瘦骨嶙峋；有些儿童身强力壮，有些则孱弱无力。任何一位儿童都不可能是其他儿童的复制品，他拥有属于自己的个性以及表达方式。即使同一家庭中的孩子也拥有各自不同的情感密码，面对同一问题或场面时，他们会以自己的方式做出不同的回应。父母应当将儿童之间的差异看作是一种幸运，这份幸运能够让他们拥有品性不同、能力不一的多样化子女。

> 每位孩子降临的时候，所属家庭的经济条件与父母的精神状态都不尽相同。此外，同一家庭的子女虽然有着某些共同点，但他们却又是世界上独一无二的个体。父母应当尊重每位儿童的差异性（即便是双胞胎），让他自己去塑造独特的个性，成为一个与众不同的个体。作为父母，您应当帮助孩子成为不同于自己的独立个体。试问哪位父母希望孩子成为自己的复制品呢？然而，不论是男孩还是女孩，在小的时候都希望能成为父亲与母亲的完美结合体，而这根本就不切实际！等到孩子将来为人父母时，他们的后代也会将他们视为模仿的对象。如此循环往复，以至于到最后您会发现任何一个孩子身上都有着他们舅公、（外）祖母的影子，这不仅是因为染色体的缘故，更是因为这亘古不变的幼时模仿欲望。

深受外界影响的成长

儿童所感受到的爱意能够影响他自身的体重。心理学家雷诺·史毕兹（René Spitz）也曾认为亲情的缺失与食物的匮乏一样，都会深深地影响儿童的成长发育。此外，在现实生活中，我们也发现缺爱的儿童身形发育往往不理想。当然，每位儿童的智力发育进程并不一样，即使儿童同属一个年龄段、同属一个家庭，也无法改变这一事实。如果说每位儿同一年龄段的儿童，有些比较高，有些则比较矮。这一现象往往和遗传有关，但这并不决定儿童成年后的身高。即便如此，在儿童的身高发育中，仍然存在一些不变的恒量。7岁以前，儿童的身高每年会以6~8厘米的速度增长（男孩比女孩长得快），体重则以每年2千克的速度增加。您需要每3个月将儿童的生长曲线与平均值进行对比，以便观察儿童的发育情况是否正常。当然了，您还可以利用以下方法对儿童成年后的身高进行粗略推算（前提条件是您的儿子13岁左右进入青春期，您的女儿11岁左右进入青春期）：儿童2岁时的身高乘以2，如果是男孩，在所得结果的基础上加5厘米，如果是女孩，则需要在所得结果的基础上减去5厘米。

童生来就拥有不同的生理发育潜能，那么他们同样也拥有不同的智力发育潜能。不管是生理发育还是智力发育，都深受外界的影响，只有不断地开发儿童的潜能才能塑造他与别人之间的差异性。

龙生九子

家庭之间的差距会造就儿童之间的差异性。现如今，我们还发现即使在同一家庭中，每位儿童所接受的家庭教育也不尽相同。儿童的性别、在家中的排行以及与兄弟姐妹的年龄差等等，都会影响父母对他进行的家庭教育。另外，父母自身年龄以及阅历的增长也会影响他们对子女的家庭教育。因此，我们不难理解为什么父母会一再改变自己对子女的教育策略。现实生活中，几乎没有任何一对父母能够原封不动地使用教育长子/女的

方法去教育幼子/女。兄弟姐妹之间的年龄差距越大，父母对他们的教育方法也就越不同。随着时间的推移，有些父母会变得越来越宽容，有些则越来越严厉。

寻找榜样

从2岁开始，儿童便十分热衷于模仿自己的父母，他会不断地重复父母做出的各种简单动作。3岁的时候，儿童则会试图全方位地模仿父母的一举一动。男孩会迫不及待地想成为一个真正的男人，女孩则迫不及待地想成为一个女人。每个儿童都会仔细观察与自己性别相同的爸爸或妈妈，观察他/她的一颦一笑，他/她对工作以及伴侣的态度……之后，儿童会将自己的观察所得付诸于实践，比如：在游戏的过程中，小男孩会模仿爸爸修理各种物品，小

女孩则会模仿妈妈做饭或照顾孩子。这一年龄段儿童的游戏往往以模仿为主，模仿的背后隐藏的是儿童对自我认同的渴望。在模仿父母的过程中，儿童最终能够形成属于自己的人格。

父母的偏爱对象

同一家庭中的每位儿童都拥有属于自己的性格与人格，父母可能会更加亲近，甚至是偏爱某位子女。有的时候，出生的顺序也会影响父母的偏爱之心：长子/女很容易成为父母的心头肉，因为他/她的出生象征着夫妻第一次拥有了真正的家；幼子/女往往也极其容易受到父母的关爱，因为他/她的出生意味着夫妻最后一次做父母。大部分情况下，身体羸弱的子女，尤其是患有残疾的子女最受父母关注。

受父母宠爱的某位子女虽然看似幸福，却也饱受各种压力。这位小王子/小公主在面对自己兄弟姐妹时能够感受到父母对他们的不公，他/她的兄弟姐妹同样也能够感受到这份不公，因此，他们往往会让父母的宠爱对象付出相应的代价。此外，相比于其他子女而言，父母往往更希望自己的宠爱对象成功，因此，这位小王子/小公主背负着更为沉重的压力。

左撇子

如果一位儿童习惯使用自己身体的左侧部分，那就意味着他可能是一个左撇子。这类儿童往往习惯使用自己的左眼、左手、左臂、左腿以及左脚来完成各种动作。虽然我们仍未成功地探究出该生理行为的形成原因，但您也无须对此表现出过分的担忧。

双手与身体

大脑由两个特性不同的半球组成。左半球控制人类的语言能力、逻辑思维能力与分析能力；右半球则控制人类的直觉与情感。目前为止，我们尚不清楚人类在从事各种活动的过程中，大脑是如何分配左右手的工作范围的。但我们知道，右撇子通过大脑的左半球控制自己的一言一行，左撇子则通过大脑的右半球控制自己的一言一行，因此，要让左撇子变成右撇子，几乎是天方夜谭！

> 在过去很长一段时间，人们都想将左撇子儿童纠正为右撇子。然而，强行纠正给左撇子儿童带来了一系列的后遗症，比如：书写困难、阅读困难等。随着左手网球选手在赛场上一次又一次的胜利，父母渐渐不再为左撇子儿童的前途感到担忧，而且，他们仿佛看到了希望的曙光。一般来说，儿童只有在五六岁的时候才能确定自己身体的偏侧性。不过，在此之前，父母能够透过儿童的一举一动，尤其是抓取这一动作（因为抓取动作直接影响了儿童日后的握笔姿势），来判断儿童的左右侧使用偏好。五六岁前的儿童，有些习惯使用左侧，有些习惯使用右侧，有些则习惯使用两侧。为了锻炼自身的运动机能，前两类儿童也会时不时地使用身体非惯用的那一侧。父母可以让儿童做某些动作，比如：指路动作、双手交叉叠放动作等，来确认自己对儿童身体偏侧性的猜想是否正确。

对于右撇子而言，当大脑发育完成以后，左右半球的功能便会呈现出明显的不对称性。对于左撇子而言，情况却远非如此简单：3/4 的左撇子，其大脑左右半球的构造与右撇子一样，但功能划分却没有右撇子的明确。有些运动细胞发达的左撇子会用大脑右半球来控制自己的分析能力与动手能力，此外，他们的大脑回路较短，所以，反应往往更快。

何时才能确定

理论上来讲，从儿童出生后的第 7 个月开始，我们便能通过他无意识的手势动作来初步判断他的左右手使用倾向。不过，只有等到第 18 个月的时候，我们才能通过他的走路姿势来更为精准地判断他身体的偏侧性。儿童所迈出的人生第一步完全是在无意识的状态下进行的，我们可以凭借这一点来大致判断他如果您的孩子已经上学了，您可以就孩子的偏侧性问题咨询老师。老师不仅会告诉您为什么左撇子儿童难以正确书写由右撇子创造出来的字母或数字，还会告诉您左撇子儿童在学习写字的过程中，该如何正确地摆放纸张。如果您的孩子是个左撇子，且书写困难的话，请不要掉以轻心。您应当及时咨询精神运动训练学家，他会向孩子展示该如何正确握笔。

的偏侧性。在语言能力高速发展的阶段，即 2 岁左右，儿童会越来越习惯于使用某只手。但这一习惯在 2~3 岁仍然会不停转变。因此，我们很难在 3 岁之前判定儿童是否真的为左撇子。一旦儿童入学之后，他所表现出的书写习惯能够明确显示出他到底是左撇子还是右撇子。如果儿童习惯用左手书写或做其他事情的话，请不要强行纠正他的动作，您的"努力"并不会让他成为一名真正的右撇子，因为儿童只有等到 6 岁的时候才能真正明白何为左手，何为右手。换言之，只有当他真正意识到自己的身体图式（即意识到自己所处的空间范围）时，他才能控制自己身体的偏侧性。对自身偏侧性的认识以及对身体左右侧的区分有助于儿童更好地书写与阅读。

偏侧性

当儿童拥有了绘画能力之后，他便能参加某些测试以判断自身的偏侧性。一个人的偏侧性不仅由大脑决定，同样也深受外界环境的影响。有些儿童之所以会成为左撇子，是因为他的某位家人习惯使用左手，并且儿童十分欣赏这种行为。遗传因素只能在一定程度上影响儿童的偏侧性：数据统计显示 50% 的左撇子儿童，其父母双方都为左撇子；20% 的左撇子儿童，其父母一方为左撇子。事实上，医护人员一致认为偏侧性应细分为两种类型：四肢使用偏侧性与肢体语言偏侧性。基于这一理论，研究人员做了一项实验，发现 30% 的儿童理论上应为右撇子，但他们在实际生活中的行为表现却与左撇子无异。此外，需要注意的是，左撇子并不只包括惯用左手的人，同样也包括惯用左眼、左脚的人。

不管儿童习惯于使用左手还是右手，都请不要强行纠正。如果您非要纠正的话，最好是将左撇子纠正为右撇子，而不要将右撇子纠正为左撇子，因为社会的主流人群是右撇子。

有时，左撇子儿童之所以会给人一种笨手笨脚的感觉，完全是因为成人考虑不周，比如：吃饭的时候，餐勺以及玻璃杯通常会按惯例放在右手边。成人的疏忽往往会让左撇子儿童感觉低人一等。在这个世界上，只有左撇子才会真正为左撇子考虑!

偏侧性不明

无论是右撇子还是左撇子，都不能改变自己的偏侧性，否则会对身心健康造成伤害。还有极少数儿童偏侧性不明，他们往往行动笨拙、字迹不清，需要接受精神运动康复治疗，来找到自己的偏侧性。最后，有些儿童会因为手指的运动机能发育异常而行动笨拙，这种情况同样需要接受治疗。

有些儿童饱受偏侧性混乱的折磨，比如：他们会用右手写字，却用左脚射门；或者用左手写字，右脚射门。这类儿童往往会出现拼写乱序等异常情况。虽然康复训练能够用于治疗这一症状，但收效甚微。

2 岁 半

探索身体

这一年龄段的儿童对一切事物都充满了好奇，尤其是对自己的身体。当儿童在沙滩上或托儿所中遇见了其他同龄人时，他便能明白原来每个人的外形都不一样。这一发现极大地刺激了儿童的求知欲，他会不断地提出相关问题。

为自己的生殖器感到骄傲

当小男孩看见小女孩的生殖器后，他会开始担心自己的"小鸡鸡"消失，因为他一直都以自己的生殖器为傲。这一年龄段的男孩喜欢光着身体到处走，走的过程中还时不时地扯动自己的生殖器。小男孩还喜欢朝水沟或墙角尿尿，并且会尽可能地尝试着往远处尿。至于小女孩，她们则一直坚信终有一天自己的生殖器会像小男孩的生殖器一样长出来。

回答儿童的问题

这一年龄段的儿童对自己的性别有了朦胧的认识，他不仅喜欢观察自己的同伴，还喜欢"研究"自己的父母。当儿童与父母一同洗澡或与父母一起躺在床上时，他／她便能意识到男女之间的区别。渐渐地，儿童会提出一些与性别相关的问题，作为父母，您应当不遗余力地回答他／她的问题，因为您的回答有助于强化他／她的性别意识。不管您给出的答案如何客观公正，都抹不去您所留下的个人痕迹。毕竟您的童年经历、您儿时与自己父母的感情深厚程度都影响着您的回答。

父母为儿童所取的名字、面对儿童时所表现出的举动、向儿童所灌输的价值观都会影响儿童对自己性别的定位。儿童喜欢模仿与自己性别相同的爸爸／妈妈，此外，当他／她面对与自己性别不同的妈妈／爸爸时，他／她会感受到互补性。有时，儿童也会梦想着改变自己的性别，这种情况往往发生在小男孩身上，因为他们是如此依恋自己的母亲以至于他们更愿意将母亲视为认同对象。这类男孩不仅喜欢将自己打扮成小女孩，还喜欢玩洋娃娃。

> 弗洛伊德认为，当小女孩觉得自己的性器官并不完整时，她便会产生阉割幻想。与之形成鲜明对比的是，小男孩则对自己的性器官感到十分骄傲，因此，他们往往有裸露癖好。大部分专家都攻击弗洛伊德的阉割情结理论，他们认为弗洛伊德将自己的大男子主义倾向强加在理论之中，小女孩并不会因为阴茎的缺失而感到痛苦。不管怎样，性器官不同的男孩女孩都会通过手淫来探索自己的身体。虽然手淫是一种天然的生理需求，但不应该让儿童将这一行为暴露在外人面前。当您发现儿童手淫时，请不要为此感到不快，也不要指责儿童。大约6岁的时候，儿童会将这一习惯遗忘在岁月的尘埃中，等到青春期到来以后，他才会重新启动这份尘封的记忆。

某些感官快乐

在培养卫生意识的阶段，儿童肛门区的快感会蔓延至生殖器区。这一全新的体验令儿童兴奋，他开始不断地寻找这份快乐。这一现象的出现同样标志着儿童进入了所谓的"前生殖器期"。在这一阶段，儿童不仅意识到自己作为一个独立个体存在，还意识到自己拥有一个象征自身性别的器官。渐渐地，小男孩开始明白原来自己是个男孩，小女孩则开始明白原来自己是个女孩。

儿童发现当父母为自己洗澡或逗弄自己时，他们的某些轻抚动作会让自己的身体感受到快乐。于是，他开始观察父母的举动，并试图重现当时的场景，儿童的这一做法有助于他更加深入地了解自己以及异性的身体。日常生活中，儿童时而喜欢扮演爸爸，时而喜欢扮演妈妈，时而又喜欢扮演医生，这些游戏看似无聊，实际上却深深地影响着儿童的性别意识。此外，我们还发现大部分能让儿童产生感官快乐的"性游戏"都在悄无声息的状态下进行，并且儿童从来不会对父母提及此事，这是因为儿童会感到害羞。

一般而言，儿童不会单独进行此类"性游戏"，他更愿意与异性伙伴一起。之所以选择异性，而非同性，是因为儿童容易被自己所没有的东西吸引。心理学家认为，儿童"性游戏"产生的根源在于人类最原始的欲望——依恋之情：儿童渴望与他人进行肌肤接触，喜欢触碰或拥抱他人的身体。就连性学大师弗洛伊德也曾认为肌肤是人类最主要的快感区。

手 淫

手淫能让儿童感受到性高潮所带来的快感。研究表明儿童从3岁开始，手淫的次数便明显变得越来越频繁。小女孩似乎不仅会抚摸自己的阴蒂，还会触碰自己的阴道。如今很多人都了解儿童性行为的存在，父母不应为儿童的这一行为感到不快，也不应阻止他。而应当引导儿童，让他明白这是一种私

儿童未来的性欲观不仅取决于自己的羞耻之心，同样也取决于父母的羞耻之心。儿童尚不知道自己的父母是否存在性欲，因此他会选择隐藏自己的性欲，而手淫在他眼里也渐渐变得可耻。父母必须尊重儿童的羞耻心，接受他不愿再与自己同浴的事实，因为这份拒绝证明儿童已经完全意识到了自己身体的独立性。儿童羞耻心的形成不仅需要依靠自身的漫长摸索，而且也要倚仗父母的家庭教育。父母必须教会孩子某些礼仪规则，比如：不能在家赤身裸体地乱转，隐私部位不能暴露于人前。父母也必须言传身教，比如：当您洗完澡披着浴袍从浴室出来的时候，您应当在孩子面前表现得十分窘迫，然后将房门锁好再更衣。同理，您也必须尊重孩子的隐私，比如：当孩子想自己去上厕所，当孩子不想在公共场合换衣服或当孩子想穿着泳衣玩水时，您都不应拒绝他的要求。只有羞耻心受到了足够的尊重，儿童才能明白原来身体只属于自己，只有他有权使用自己的身体。

密的行为，不应展露在别人面前。如果父母指责或嘲笑儿童的性行为，有可能会导致他的人格发育不健全，甚至影响他成年后的性生活。对儿童来说，手淫仅仅是一种能够带来快乐的游戏，他并不明白其中的道德含义，因此，成人的过激反应往往会令他感到困惑。如果儿童手淫的次数过于频繁，那意味着他可能遭遇了情感困扰，您需要对孩子倾注更多的关爱。

主权意识

我的自行车、我的铅笔、我的本子、我的橡皮泥、我的花园、我的房子、我的狗、我的玩具箱、我的勺子、我的爸爸、我的妈妈、只属于我一个人的妈妈……在这些日常表达中，儿童反复使用了表示主权的词"我的"。为什么儿童如此迫切地想要展示自己的主权意识呢？

为了安心

儿童之所以经常说"这是我的"，完全是出于自我保护意识。他害怕被遗忘在人群之中，所以他迫切地想要向世人表明自己的身份。

借给别人？难！

2 岁半的儿童虽然喜欢和同龄人一起相处，但在一起玩耍的过程中，他十分看重自己的私人空间与玩具。他既不能清楚地区分"自己的玩具"与"他人的玩具"，也不能区分"这是我的"与"这是你的"。儿童眼中的世界十分简单，只要他想要某件玩具，这件玩具就是他的。只要儿童的脑海中一天没有形成时间概念，就不用指望他将自己的玩具借给他人。对于他而言，外借就等同于有去无回，这也就解释了儿童为什么更喜欢交换玩具，而非外借。

如果您想让儿童将物品外借的话，您可以先引导孩子与他人一起玩玩具，或者让他将自己的某件玩具借给您。您还可以告知孩子其他人和他一样也是有情感的。告诉他您对他某一行为的看法，再让他说说他对自己这一行为的看法，最后再让他想想别人，比如：他的朋友、兄弟姐妹又会如何看待他这一行为。如果孩子不愿与他人分享玩具，并且发生了争执的话，请不要惩罚他，也请不要强迫他将玩具让出。这种情况下，正确的做法就是用另一个玩具或另一项游戏来转移他的注意力。

一概不许扔

儿童有时喜欢保存或收集玩具，这同样是他用来自我安

> 您可能会很震惊，甚至很恼火地发现您的孩子居然如此在意这样一件在您看来毫无用途的物品。然而儿童之所以如此在意这件物品，是因为它代表着他的过去。您是以"用途"去衡量物品的重要性，而孩子则是以"回忆"。儿童特别不喜欢父母为他收拾玩具，尤其是开学的时候，因为那个时候，妈妈会将那些承载着自己回忆的旧玩具都扔掉。然而，在儿童眼里，这些残缺的旧玩具却是无价之宝。此外，在这个宣誓主权的年纪，儿童总喜欢说"我、我的爸爸、我的妈妈"，他根本不能接受父母再去爱其他人。因此，请您让他在情感方面放宽心，以防他做出一些暴力行为或挑衅行为。

儿童出生后的第3年是仪式化的一年。在这一阶段中，一个微小的手势或表情都极具含义。动物生态学家休伯特·蒙台涅（Hubert Montagner）一直致力于研究儿童的各种行为举止。他发现儿童从3岁开始便会做出一些敬献动作（头微微倾向一侧，手向前伸出）或挑衅动作，儿童到底会做出以上两种动作中的哪一种则取决于父母。如果父母保护欲旺盛的话，那么他们子女做事的时候就会畏首畏尾。如果父母善于从语言以及行动上与儿童沟通，且保护欲、攻击欲都不强的话，那么他们的子女往往会做一些敬献动作或请求动作。如果某位儿童性格孤僻却又极爱挑衅他人，往往意味着他的家人好斗但内心却极度压抑。

慰的一种方式。当儿童发育到一定阶段的时候，他自然会明白原来给予、交换与外借其实都是一种交流的手段。自此，他便能在自己的内心建立起某一物品的表征，心理学家将此称为"内在客体"。儿童对物品的过度占有欲意味着他正在塑造属于自己的独特人格。当儿童说"我不想要这件东西了，但是我也不想把它给别人"时，其实就说明了他对这件物品的占有欲。此时，物品的存在不再是为了令儿童安心，而是为了让儿童能够挑衅他的"对手"，标记他的"领土"。

儿童之所以不愿外借物品，还有一个原因就是他害怕自己的玩具变少：如果这个人拿了我的玩具之后，他的玩具数量变得比我多，那么怎么办？这种情况下，很难让儿童与他人共享玩具。解决办法可能就只有让他们自己解决了。最坏的结果无非就是他们以后不在一起玩儿了，但至少不会出现悲剧事故。毕竟有些儿童性情不同，他们注定不适合在一起玩耍，如果是这样，还不如让孩子另寻玩伴呢。

虚拟朋友

这一年龄段的儿童最易编造一些虚拟朋友，父母常常为此而感到忧虑。他们害怕自己的孩子分不清虚实，害怕这些虚拟朋友会让孩子变得爱说谎，害怕孩子自此变得孤僻，不愿再和现实中的朋友玩耍。不过，请各位家长放宽心，因为虚拟朋友的出现是儿童心理发育过程中的一个必经阶段。这证明儿童已经能够以一种更为复杂的方式思考问题了。在与虚拟朋友"相处"的过程中，儿童能够更好地处理现实生活中无能为力的内心冲动，更加从容地吐露内心的不快，比如对某人的怨恨。此外，虚拟朋友还有助于儿童认识自我，找到属于自己的身份：首先，儿童会在虚拟朋友面前扮演不同的角色，然后，他会从中找出最令他感到放松的那个角色。只要儿童家庭生活、社会生活幸福美满，且性格并不孤僻，那么您就根本不需要担心虚拟朋友会对他造成伤害。

对与错的概念

2 岁以下的儿童并不知何为对，何为错。在他的世界里，只存在三种东西：他能够接触到的物品、他能够接触到的人、他能或者不能依靠智力或体力完成的动作。然而，随着时光的流逝，儿童终将在父母的教育之下明白自己各种行为所蕴含的道德意义。

乖巧或淘气

成长意味着不断克服困难。日常生活中，儿童最常听见的词莫过于"不行"，然而，只有当儿童开始能够理解他所做的事情是错的，并且会导致一系列不良后果时，他才能理解"荒唐"的含义。从 2 岁开始，在父母的悉心教育之下，儿童逐渐能够分清好与坏、对与错。他知道什么时候他是对的，什么时候他是错的。如果父母耐心地为儿童解释设置禁令的原因，那么儿童会更加容易理解这些禁令。请注意，对于现阶段的儿童而言，好、坏、对、错只能用来定义他的行为，而无关任何道德问题。

理解设置禁令的原因

目前为止，儿童还不能明白禁令的益处。为什么爸爸妈妈不让我在卧室的墙壁上作画呢？难道这不比在纸上作画更有趣吗？同理，儿童只有等到

3 岁的时候才能明白某件物品之所以会碎，是因为自己不小心将它摔在地上。现阶段的儿童完全不明白何为"荒唐"，在他眼中，成人的世界充满了各种矛盾。此外，大约 9 岁的时候，儿童才能明白"道德层面的因果关系"：只有善因才能种出乐果，恶因则会招来惩罚。不过请注意，儿童有时之所以会"犯傻"，完全是因为经验不足、手脚笨拙、好奇心或虚荣心（即

想吸引父母的注意）。没有什么能比身边亲友的漠视更令儿童难以忍受了，为此，他会不惜一切代价来消除这份漠视。儿童会故意做出一些警示性的傻事来传达以下信息："我爱你，我也需要你爱我。"

您是什么样的父母

我们可以将大部分父母分为以下两种类型：坚定型父母与刻板型父母。前者深知禁令

> 这一年龄段的儿童开始说谎，不过请不要过分担心，这其实是一个好征兆，因为说谎意味着儿童已经能够以一种不同于父母的方式独立思考问题了。也正是这一独立思考能力促使儿童开始对既定的事实说"不"。他开始尝试着做各种"蠢事"来证明自己的独立思考能力以及独立行动能力。父母应当沉着冷静地处理孩子的谎言，以防他在未来的青少年期变本加厉。此外，请不要企图用道德标准去规劝孩子，因为此时的他根本不懂何为道德。总之，撒谎与说"不"是儿童成长过程中的必经阶段。

对儿童成长发育的益处，因此，他们会毫不犹豫地拒绝孩子的某些请求或制止他们的某些行为。不过，一旦涉及儿童的人格发育问题，坚定型父母则会给予儿童一定的自由。因此，他们几乎不会与孩子产生矛盾。刻板型父母则往往限制过多，他们总认为自己的教育理念毫无瑕疵。虽然儿童最初不得不屈服于父母的强硬手段之下，但是随着年龄的增长，他们的反叛精神越来越成熟，以至于他们会做出花样百出的"傻事"（刻板型父母的过度抑制有时会导致儿童出现心理障碍）。

除了坚定型父母与刻板型父母外，还有一些左右摇摆型父母和一些"心地极软"型父母。前者的教育标准时常改变以至于子女根本不知道他们的容忍底线是什么，这种家庭的儿童往往喜怒无常，易做"傻事"；而后者虽然内心比较反对儿童的某些行为，嘴上却表示支持，因此，这类父母最易妥协，从而导致儿童朝三暮四。

正确的态度

在教育子女的过程中，一定要做到言传身教。如果您自己都不能遵守某一规则，又谈何让孩子来遵守呢？如果您想强迫/禁止孩子做某件事情，或者如果您想发脾气，请先自我反省一下，想想自己接下来的做法是否合理。如果孩子做了某件错事，请不要一味地指责他，您还应该向他解释这一行为将会导致的不良后果。解释的过程其实就是在教他学会生活。此外，请尽量避免使用"情感类"的指责话语，比如："你是个坏孩子，我不喜欢你了。"因为这其实是一种情感绑架。您不仅要制止儿童正在做的错事，还需要将他可能面临的危险扼杀在摇篮中。您可以根据孩子的发育状况来预测他的能力范围（他能做什么，他能想象到什么）。您可能会遇到一些挫折，但是您一定不要就此气馁。

奖励的陷阱

有些父母认为奖励机制能够解决教育过程中出现的一切问题，他们最常说的莫过于"如果你听话的话，我就给你买……"。父母的奖励分为物质奖励与情感奖励。有些父母习惯用钱来换取孩子的温顺。然而，一旦孩子爱上了这种物质奖励，并且学会了如何利用这一奖励机制的话，身边亲友就很有可能会被他牵着鼻子走。首先，儿童会测试父母的容忍底线，弄清家中的各种禁令，然后寻找合适的机会故意激怒父母，挑起他们之间的矛盾以便将他们引向奖励的陷阱中。因此，奖励机制只能应用于庆祝场合，比如：对孩子的辛勤付出表示鼓励。

这一年龄段的某些儿童有时会对自己表现出失望情绪。一旦他们没有成功地将心中所想付诸实践（或许是因为体力原因，或许是因为智力原因），他们便会冲自己发脾气，比如：大声尖叫，满地打滚，或者将阻止自己成功的"障碍物品"扔向远处。这种情况下，您要助他一臂之力：您可以耐心地向他演示或解释如何成功地完成这项任务，或者鼓励他再接再厉。一定不要让孩子感觉到他根本完成不了某个动作或某项任务，因为这只会增加他的怒气。儿童之所以会尖叫、生气，是因为他根本不知道如何用语言来表达自己内心的慌乱不安。

午 休

研究表明，13-14 点大脑活跃性差，因此，午饭后的那段时间非常适合睡觉。不过，具体的入睡时间以及苏醒时间则由人体内的生物钟决定。

逐渐平静下来

人类的日常生活包含了两次睡眠，其中持续时间最长、影响最大的莫过于夜间睡眠，另外一次睡眠则发生在中午，以帮助人类恢复体力。午休在幼儿的健康成长中占据着举足轻重的地位。那午休需要持续至哪一年龄段呢？对此我们并不能给出一个明确的答案，只要当事人觉得需要午休，那就完全不需要在意年龄到底多大。有些儿童三四岁的时候便不愿再午休

了，有些儿童则需等至 7 岁。实际上，所有的儿童在 2 岁半的时候便已经不能在中午时分自动入睡了。因此，当您发现孩子开始打呵欠、眯眼以及轻揉鼻子时，请立刻让他去午休。

如果他固执地不愿闭上眼睛，请给予他一定的时间，让他安安静静地躺在床上或在其他能够舒服地伸展四肢的地方玩耍，以便帮助他平复心情。建议您让儿童早点吃午饭，因为一般而言，12-14 点这段时间内，儿

童的警觉性最差。如果您让儿童 11 点 30 分左右的时候吃午饭，他便能在午休之前从容地享用食物，甚至还能玩上一刻钟。昏暗宁静的室内环境也有助于他快速入眠。睡眠专家认为，午休对于 3 岁以下儿童的健康成长必不可少。另外，需要注意的是，午休是一个独立的部分，它并不能弥补夜间睡眠不足所带来的不良后果。

午休的最短时长

中午到底应该休息多长时间呢？我们发现了一个有趣的现象：儿童与成人一样，在没有任何干扰的情况下，会午休至少 2 小时。因此，睡眠专家建议 4 岁以下的儿童至少需要保证 2 小时的午休时间。4 岁以上的儿童则应根据自身的睡眠需求在此前的午休时间基础上减去 20~30 分钟。当然了，其实不论对于成人还是对于儿童而言，最理想的午休状态莫过于睡到自然醒。

> 如果家人允许儿童再多等一会儿自己的爸爸/妈妈回家，或者如果家人偶尔允许儿童参加守夜活动，他很可能永远都不会睡不好。
>
> 以前，人们会坐在壁炉前听着炭火的噼啪声，看着火焰将整个房间照得斑驳陆离，这样的睡前时光对儿童来说简直完美。而现在，家人们往往是坐在电视机前享受睡前时光。许多父母认为只要儿童进房间睡觉了，他们便可以继续大声地说话、看电视、听音乐，甚至吵架。然而，只有持续安静的环境才能让儿童在睡眠过程中更好地感知自己的思想。

儿童午休时，处于慢波睡眠状态。如果儿童白天没有午休，那就意味着他慢波睡眠不足，因此，他需要在夜间睡眠过程中延长慢波睡眠阶段以弥补此前的不足。但这一延长是建立在损害快波睡眠时长的基础之上的。这种情况下，儿童的大脑会推迟快波睡眠阶段以及梦境的到来，直接进入漫长的慢波睡眠阶段。然而，慢波睡眠会导致某些儿童在夜间心生恐惧，甚至梦游。只有儿童重拾午休的习惯，这些不良现象才会消失。

午休不仅不像大家此前所想象的那样会影响儿童夜间睡眠的质量，反而有助于提高儿童夜间睡眠的质量。如果儿童白天没有午休，那么他傍晚的时候就可能会表现得暴躁易怒，这并不利于他重拾睡前的宁静。此外，您还需要注意的是，请不要以任何借口（比如下午茶时间到了）中断儿童的午休，尤其不要在儿童入睡 1 个小时后将他唤醒，因为这一做法很可能导致儿童陷入莫名的焦虑之中。

远离喧嚣

如果中午的时候，您希望儿童快速进入睡眠状态，那就必须为他营造一个宁静的氛围。所谓宁静，并不意味着毫无声响，足够安静即可。这样的话，当儿童躺在半明半暗中时，只有少数沉闷的声音能够传入耳中。有时，当您与孩子一同外出时，他虽然躺在推车中昏昏欲睡，但周围的汽车声和人群的喧嚣声不绝于耳，在这样嘈杂的环境中，您又如何指望他睡得安稳呢？

不论是对于成人还是对于儿童而言，噪音都是一种摧残神经的破坏剂。只要声音超过 60 分贝，那么儿童不仅不能集中注意力，还可能会变得十分焦躁不安。60 分贝等同于在交谈的过程中，您说到兴奋之处时所使用的音量或听广播 / 看电视时所调的中等音量。每个家庭都不乏各种噪音，比如：吸尘器、搅拌机以及洗碗机的轰隆声。

一项研究表明，相比于成人而言，儿童对噪音更为敏感。他们在午休过程中最常听见的噪音分别为汽车、摩托车以及电视机的声音。貌似城市的儿童从来没有机会置身于一个非常安静的环境中。然而，儿童的健康成长恰恰需要的就是一个安静的环境。无休无止的嘈杂环境会导致儿童身心疲惫。

休息时光

有些儿童即使已深感疲惫，仍然拒绝午休。之所以会出现这种情况，是因为他想以此来证明自己已经长大，他发现周围的大人都不午休，所以，他将午休视为成人与儿童之间差异的标志。这种情况下，您应当向他解释您也深感疲惫，也想午休，并让他明白睡觉时间到了。让儿童怀抱毛绒玩具，会让他更容易进入梦乡。最好不要让儿童一直躺在客厅的沙发上午休，更不要在开着电视机的情况下，让他躺在沙发上。如果儿童的卧室足够大，您可以将其中的一角改造成休息区，然后铺上软垫。这样的话，儿童便能慵懒地躺在那儿看看书，玩玩游戏。

如果您希望在保证夜晚睡眠质量的前提下，让儿童养成午休的习惯，那么请一定不要让儿童感觉上床睡觉是一种惩罚。因为一旦儿童脑海中形成了这一认识，那么不管他怎么睡都不会觉得踏实。

体重超标

　　儿童肥胖已经成为了全社会关注的焦点。法国有 18% 的儿童在 6 岁的时候便已经体重超标。此外，我们还统计出全世界 1/3 的人口都存在肥胖或超重问题，其中占比最大的人群为儿童。

营养严重失衡

　　在过去 10 年间，法国人肥胖的风险增加了 28%，其中，肥胖父母所养育的儿童风险最大：如果父母一方肥胖，那么儿童便有 40% 肥胖的风险；如果父母双方都肥胖，儿童未来肥胖的几率则会翻一倍。遗传无疑是其中的一大因素，但是，儿童后天的不良饮食习惯也不容忽视。

　　如果儿童的体重（按身高测体重）超过了标准平均值的 20%，那么从医学角度上来说，他便属于肥胖。一般而言，一个人的体重取决于他的身高、身形以及骨骼重量。

　　除此之外，法国国家健康与医学研究院（INSERM）的研究员罗兰·卡舍兰博士（Dr Rolland Cachera）指出，一个人的肥胖往往和他的童年经历有关，其中，童年期的不良饮食习惯影响最为深远。

　　很多儿童所摄取的各种"营养"物质并不能真正地符合儿童的营养需求标准。从第 10 个月至 2 岁，儿童每日除了摄取各种能够补充能量的物质，还会大量摄取动物蛋白。从第 10 个月至 8 岁，儿童每日的碳水化合物摄取量会增加 90 克。儿童的蔗糖（快糖）摄取量在 7 年内翻了一倍，慢糖摄取量却严重不足。50% 以上的儿童糖摄入量远远超过了通常建议的标准。除了糖分摄取过量以外，儿童的脂类物质摄取量也令人担忧：4 岁儿童每日摄取量与成人的相差无几。这些营养物质的摄入量严重失衡，让儿童饱受肥胖的折磨。

过于丰盛的晚餐

　　一些饮食习惯会导致儿童营养失衡，比如：不分年龄地让儿童随意吃低脂食品、速食产品、披萨以及其他快餐。此外，不良的生活习惯也会导致儿童肥胖。现如今，越来越多的家庭只能在晚餐时间与家人相聚。因此，对于成人而言，晚餐往往是一天之中唯一一顿真正意义上的饭菜。这种情况下，为了能够与家人一起充分享受这一温馨时光，父母会让儿童长时间地进食，忘了他已经享用过一顿丰盛的午餐。儿童往往会因此

> 66 时代在不停地变化，如果您观看 20 世纪儿童的照片，您会发现大部分儿童都是肉嘟嘟的，换言之，大部分儿童都超重了。不过幸运的是，他们虽然超重，却不算肥胖。我们需要了解的是，成年期的肥胖往往是由儿童期的超重所引起的。婴儿体重超标属于正常生理现象，因为他尚无任何行动能力。一旦他学会了走路，爱上了奔跑的感觉，他的体重便会迅速下降。只有不爱运动的超重儿童才值得父母担心。99

摄取过量的食物。为了解决这一不良现象，罗兰·卡舍兰建议父母每次让儿童进食之前，都先问他"之前吃过什么""什么时候吃的""怎么吃的"，而不应该问他吃了多少，因为现阶段的儿童还不知道自身的营养需求与食量。

节　食

如果您想让肥胖儿童，尤其是 6 岁以下肥胖儿童节食的话，那么只需要保证他的日常卡路里摄入量回归标准值即可。魔鬼式的节食并不利于他的生长发育。专业医生会根据儿童的口味以及整个家庭的饮食习惯来为他量身定做一份人性化的节食计划。一般而言，只要饮食习惯回归正常，肥胖儿童便能轻而易举地减重。另外需要注意的一个现象是：几乎 80% 的肥胖儿童不吃早餐，并且 75%~80% 的肥胖儿童会在早上吃零食直至中午，这会导致他们食欲下降，以至于不能好好吃午饭。下午的时候，他们又会重新吃零食直至晚餐时刻。因此，一顿美味的早餐以及下午茶是阻止儿童吃零食的最佳方法。

预防肥胖

要想预防肥胖，最好仔细观察儿童的体重曲线图。正常情况下，每位儿童自身的体重曲线会介于最高标准值曲线与最低标准值曲线之间。如果儿童某一时间段的体重曲线呈现出往最高标准值曲线靠拢的倾向，请不用过于担心。但是，如果他的体重曲线超出了最高标准值曲线的范围，且落在最高标准值曲线上方的第二个方格中时，最好将此情况告知医生，以便医生及时地为儿童计算身体质量指数（BMI）。身体质量指数是用体重千克数除以身高米数的平方而得出的一个数字，它是目前国际上最常用于衡量人体胖瘦程度以及是否健康的一个标准。该指数有助于预防儿童，尤其是 3~4 岁儿童的肥胖风险，因为出生后的第 3 年和第 4 年是肥胖的形成期。还有一种预防肥胖的办法是：让儿童"自己"吃饭，这样儿童才能依照自己的食量进食。儿童进食的过程中，不要催他，也不要将食物作为一种奖惩或安慰手段。

如果儿童能将所摄取的食物转化为能量消耗，那么过度进食对他的健康不会造成太大影响。但如今很多儿童不爱运动，他们经常坐推车或汽车去学校，城市儿童甚至从来不去屋外玩儿，他们将大部分时间花费在看电视上。

正常的体重曲线图

要确保儿童的饮食均衡是有规律可循的。从 2~3 岁开始，儿童每天蔬菜和水果的食用量至少两捧（一捧即为儿童单手能够把握的量）。这些食物不仅能够提供丰富的维生素，还能给人饱腹感，这样儿童便能少吃一些主菜。主菜最好是一些低脂肪的畜禽肉。在某些特殊的庆祝场合，儿童可以适当食用糖果以及各种蘸酱。

出生后的第 2 年，儿童每周平均增重 30~60 克。第 3 年，体重最多增长 2.5 千克，身长则增长 9 厘米。第 4~5 年，每年最多增重 2 千克，增高 6.5 厘米。

罗兰·卡舍兰博士创立了一套标准以衡量父母对儿童的饮食教育是否正确。在这套标准中，父母须回答以下三个问题："儿童吃什么""什么时候吃""怎么吃"。针对第一个问题，父母需确保儿童饮食均衡及多样化，此外，父母不应强迫儿童进食，而应让他自己品尝不同的食物以确定自己的食物喜好；针对第二个问题，父母则需确保儿童准时在饭点进食，并避免让儿童吃零食；针对第三个问题，父母应确保全家人都在餐桌上愉快地进食，既没有电视节目的涉足也没有家庭矛盾的干扰，毕竟就餐时间不是解决家庭矛盾的好时机。

胎 记

您孩子全身的肌肤不可能完全粉嫩无瑕。他身上有可能会出现一些痣、雀斑或胎记。对于这些"个人印记"，您无须过分担心。它们只会影响美观而已，如果儿童愿意的话，可以通过手术祛除。

雀 斑

雀斑常见于儿童的脸部或前臂，有时也会出现在金发儿童或红发儿童的肩膀上。随着年龄的增长，雀斑的数量会增多，颜色会加深，5~15岁，雀斑的可见度最高。一般而言，雀斑会在冬季的时候自行消失，夏季的时候又重新出现。雀斑属于遗传性疾病。人体会产生能够保护皮肤表皮的黑色素，但是一些脆弱的黑色素细胞在紫外线的作用下会转变为雀斑。除了雀斑以外，紫外线还会导致人体皮肤出现其他类型的斑点，这些斑点的颜色比雀斑的颜色要深，并且会一直持续至冬天。

痣

痣或痦子具有遗传性。每个人一出生便有痣，并且年龄越大，痣的辨识度就越高。目前为止，幼儿身上的痣并不多，不过，随着时间的推移，痣的数量可能会增加。痣的第一次生长爆发期是2岁或3岁，第二次则是青春期前期。此外，皮肤暴露在紫外线下的时间越长，痣的数量就会越多，面积也会越大。痣的大小千变万化，最小的直径约为几毫米，最大的直径可达20厘米。如果痣的面积过大的话，请及时咨询皮肤科医生，医生会依据实际情况来判断是否需要祛除这颗痣。

痣可以位于身上的任何一处部位，且一般不会损害儿童的健康。然而，如果痣位于人体的摩擦区，则会给儿童的生活带来不便。最好不要让面积过大的痣暴露在紫外线之下，因为我们认为2/3的皮肤癌由痣发展而成。另外，相比于其他痣而言，2岁或3岁时长出的痣对紫外线的副作用更为敏感。如果儿童身上痣的数量过多，请随时保持警惕，尤其需要提防痣的形状，一旦形状发生改变，请立刻就医。

胎 记

许多胎记会在婴儿出生后的第1年或第2年自动消失，比

> 雀斑并不只存在于金发儿童或红发儿童身上，棕/黑色头发的儿童也会长雀斑。不过，雀斑颜色的深浅因人而异。雀斑颜色的深浅由黑色素的类型决定。一般而言，人体皮肤内的黑色素分为两种类型：真黑色素与褐黑色素。雀斑的数量及颜色的深浅由这两类黑色素的分配比例决定。此外，需要注意的是，雀斑的颜色并不会一成不变。

如蒙古斑。如果胎记久久不散的话，请及时咨询医生。

葡萄酒色斑是真皮层内毛细血管畸形增生所诱发的红色斑块。葡萄酒色斑是一种血管瘤，它的表面可能光滑无比，也可能凹凸不平。此外，葡萄酒色斑的颜色多样，有的为鲜红色，有的则为紫红色。葡萄酒色斑可以生长在人体的任何一个部位，且随着时间的推移，它的面积会越来越大。如果葡萄酒色斑表面光滑的话，大部分情况下不会引发严重后果，并且会在6岁或7岁的时候自动消失，因此，儿童无需接受任何治疗。不过，如果葡萄酒色斑久久不散，且影响美观的话，可以让儿童接受激光治疗，有选择性地祛除那些扩张异常的毛细血管。某些海绵状血管瘤则需要通过外科手术祛除。

草莓状血管瘤是一种具有一定凹凸感的红色斑块。它会在婴儿出生以后迅速显现，并且在接下来的几个月内快速扩张，大约1岁的时候基本成型。此后，面积就会逐渐缩小，颜色也会越来越浅，直至最终与皮肤的颜色融为一体。大部分情况下，草莓状血管瘤会在

1/10 的儿童都会长有血管瘤。之所以会出现这么高的概率，是因为儿童的血管系统尚未发育完全。血管瘤的大小与颜色不尽相同，它由扩张的毛细血管组成。儿童身体上大部分的血管瘤表面都十分平滑，且位于身体不同的部位。一般而言，血管瘤并不会对儿童造成任何不良影响。不过，它出现的原因仍是个未知之谜。10%~30% 的海绵状血管瘤是由于先天发育畸形而引起的。

4岁的时候自动消失。有些儿童需要等待更长的时间（大约6岁的时候）才能等到草莓状血管瘤完全消失。如果草莓状血管瘤所处的位置极其影响美观（比如：位于脸颊上、鼻子上、唇上或眼皮上），那么在儿童看来，这一等待时间会显得更加漫长。这种情况下，请及时咨询皮肤科医生，医生可能会采用注射皮质激素的治疗方法，也可能会建议直接进行外科切除手术。

牛奶咖啡斑为淡褐色斑块，是由于人体黑色素过多而引起的。牛奶咖啡斑表面光滑，且常见于人体的手部与足部。一般而言，牛奶咖啡斑不会引起不良后果，但是如果牛奶咖啡斑的数量超过6块或呈现每年递增的趋势，又或者每块的最大直径超过2厘米，则意味着儿童可能患上了神经纤维瘤病。

鲑鱼红斑,亦称"天使之吻"或"鹳吻痕"，它常见于新生儿的前额、眼睑或颈背。儿童哭泣或大便时，鲑鱼红斑的颜色会随着儿童用力而加深。鲑鱼红斑并不会造成太大的不良后果。并且，随着儿童年龄的增长，它的颜色会慢慢变浅，大约在3岁前彻底消失。最先消失的是眼睑处的，最后消失的是颈背处的。不过，颈背处的鲑鱼红斑并不会影响美观，因为它能够被儿童的头发所遮挡。

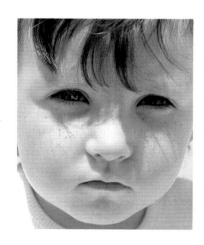

教育是否应分男女

　　我们是否能以养育女孩的方法来养育男孩？我们是否应当从儿童期开始就向孩子灌输男女平等的思想？面对这两个问题，或许女权主义者会毫不犹豫地给出肯定的答案。然而，在现实生活中，解答这两个问题远比想象的要难。

男女差异

　　似乎不论父母怎么努力，女孩喜欢的始终是洋娃娃，而男孩喜欢的则总是玩具卡车以及机器人。此外，相对于女孩而言，男孩更容易哭，睡眠时间也更长。到了4岁的时候，女孩的语言表达能力则要比同龄男孩的强。相对于男孩而言，女孩更独立，她们很早就能学会自己穿衣吃饭。女孩也更善于思考，她们学会算术的时间更早。男孩则更自信，他们的肢体协调性以及身体灵活性更强。

强化性别意识

　　即便男孩与女孩在生理发育方面的确存在着一定的差距，但是大部分神经生物学专家认为他们的认知发育并不存在任何差异。众所周知，性别不同，表现出的行为举止往往就不同。但事实上，男女之间行为举止的差异与染色体Y、X或雌性激素、睾丸素无关。

　　心理学家以及性别学家认为这一差异性是由社会定势决定的。社会定势让儿童对自己的性别深信不疑，并且社会定势越明显，儿童对自己的性别认同感就越高。3~4岁的时候，儿童开启了他的性别探寻之旅，也正是这个时候，社会定势突显出了自己的重要性。身边亲友的很多作为都在夯实社会定势的影响力，比如：祖父母会将餐具玩具作为礼物送给自己的孙女，叔叔则会将玩具汽车作为礼物送给侄子。新闻媒体、报刊书籍以及教学机构也都在不停地暗示着男女之间的不同。

母亲的影响

　　美国研究员卡罗琳·扎恩－韦克斯勒（Caroline Zahn-Waxler）认为，母亲的行为能够对儿童的性别意识产生极大的影响力。在观察了数对母子的互动之后，卡罗琳发现母亲会根据儿童的性别做出不同的行为，比如：母亲惩罚男孩与惩罚女孩的方式是不一样的。如果女孩犯错了，母亲会轻声细语地向她解释错误之处；如果男孩犯错了，母亲则表现得比较严厉。人们总是鼓励女孩要顾及他人的感受，因此在教育女孩的过程中，我们往往侧重的是情感方面的教育。在研究儿童语言习得的过程中，

　　为了抵制社会以及父母所灌输的传统的性别定势思想，某些托儿所开创了"平等主义教学法"。这项教学法并不会否认男女之间的各种差别，但是它会将男性与女性这两大概念从儿童的脑海中擦除，创造一个"中性"概念。该教学法的终极目标是将儿童从传统的性别定势中解脱出来。

让·博科·格里森（Jean Berko Gleason）发现面对女孩时，父母会使用更多的情感类与情绪类词汇。至于父亲，他们则往往采用更为直接的方式去命令男孩完成某件事情。因此，现实生活中的确存在着性别定势这一现象。但是，如果您不希望自己的女儿将来感觉"低人一等"的话，那就请不要过分看重性别定势。

充满陈词滥调的书

　　有学者专门就儿童书籍中的男性形象与女性形象进行了研究。研究表明传统的男女形象最为"经久不衰"。儿童书中的母亲通常穿着粉色长裙，父亲则总是身强力壮；女性要么被设定为家庭主妇，要么被设定为从事着某项传统的较多为女性从事的职业，比如：售货员、小学教师或护士，然而，作者为男性设定的角色却千变万化。书中的儿童形象同样也毫无创新可言：男孩永远体魄强健、机智勇敢；女孩则总是温柔可爱、善解人意、慷慨无私。研究人员还发现某些儿童书籍的作者为了反对性别歧视，会颠覆传统的性别定势，最常见的莫过于他们会将照顾婴儿的角色分配给男孩，而将玩耍的角色指定给女孩。

> 66 我不得不重申一次，在我看来，儿童的性别认同意识既受基因的影响，也受外界环境的影响。从儿童出生以来，身边亲友，尤其是父母，便会根据儿童性别的不同而表现出不同的行为举止。2岁半的时候，儿童便已经意识到了这个世界上存在着不同的性别，然而，要想让儿童完全认同并融入自己的生理性别之中并不容易。当儿童进入托儿所／幼儿园学习时，他／她才会明白原来自己是个男孩／女孩。与此同时，我们也发现他／她开始模仿自己父亲／母亲。因此，男孩有时会表现得十分专注，而女孩有时则会表现得十分活跃。大体而言，儿童的性别认同之旅始于现阶段，终于俄狄浦斯期。
>
> 　　我不认为创建一种"中性"性别的想法是可取的，因为如果您为了能够以一种平等的方式对待子女而拒绝帮助他们进行性别认同的话，那么如果将来有一天他们变成了同性恋您又无法接受的话，您会自责不已。儿童四五岁以及青少年期的时候最易被同性所吸引。不过，面对孩子的同性恋倾向，您根本无须自责，因为同性恋出现的原因极为复杂，并不是说您让男孩玩洋娃娃，让女孩玩玩具汽车，他们就会变成同性恋，事实远没有这么简单。否定儿童性别的不同，一定程度上等同于否定了提倡男女平等的女权主义。 99

我是谁

　　美国精神科专家兼精神分析学家罗伯特·斯托勒（Robert Stoller）认为，每一位儿童的性别意识都深受人体结构、生殖器官、身边亲友（父母、兄弟姐妹、其他儿童）的态度以及内分泌的影响，其中父亲对其的影响最为深刻。小女孩一般不会对自己的性别产生怀疑，小男孩却难以定位自己的性别，因此，他们必须早早地摆脱对母亲的依赖以便发现自己的男性特征。此外，在罗伯特·斯托勒看来，母子之间的关系越亲密、越快乐、越长久，小男孩的行为举止便越容易沾染上阴柔之气。如果父亲不及时发挥他"第三者"的作用，那么小男孩很有可能会越来越女性化。小男孩想保持自己的阳刚之气，就必须在心里设置一道"屏障"以便将"想与母亲融为一体"的思想驱逐出去。

二　胎

任何一位儿童都难以接受二胎的到来，尤其是当他一想到弟弟／妹妹会夺走父母对自己的爱，他就更加难以接受这一事实了。因此，在木已成舟之前，最好给孩子做思想工作。

给大孩子做思想工作

父母不仅需要尽早告知孩子二胎的到来，还需要明确地向孩子指出二胎将来在家中所需要使用的空间，因为孩子总是渴望知道自己在二胎出生以后能够保留什么（比如：玩具、卧室等），需要分享什么。

与父母一起阅读怀孕书籍不仅有助于孩子明白为什么妈妈的肚子一天比一天大，为什么妈妈经常感觉疲惫，为什么几个月后的某一天妈妈会突然从家中消失，还有助于增强他的自信心，因为通过阅读此类书籍，孩子很高兴地发现原来婴儿只是个"一无是处"的麻烦虫。

二胎的出生同样有助于孩子初步了解不同的性别特征。有些心理学家十分鼓励夫妻生育二胎，因为他们认为二胎的出生有助于儿童分清生殖器与肛门的区别。当然了，有些儿童书籍或儿童画也另辟蹊径地完美诠释了这两种器官的区别，父母可以好好利用这些资源。

二胎出生前，父母应当从各个方面"引导"孩子，以便让他不再纠结于未来弟弟／妹妹的"横刀夺爱"，比如：您可以时不时地让他看看大街上或杂志上张贴的各式婴儿图片；您可以让他摸摸您的肚皮以感受到胎儿的存在；您可以让孩子帮忙一起决定二胎的名字或衣服的颜色。对于迎接二胎这一头等大事，儿童参与的程度越深，就越容易爱上未来的弟弟／妹妹。

当二胎回到家中

当大孩子在家中观看新生二胎照片的时候，他会表现得无比兴奋。通过照片，他第一次看到了弟弟／妹妹的容颜。

然而，一旦二胎出院归家之后，情况却发生了变化。大部分长子／长女会出现退行行为，

> 66 嫉妒是一种再正常不过的现象了。儿童怎么可能不会为弟弟／妹妹的到来而感到担忧呢？毕竟他／她的到来意味着自己即将失宠，即将与他人一起分享一切。他甚至不明白为什么爸爸妈妈面对这样一个既不会走路，又不会说话的小娃娃会表现得如此兴奋。"这个小娃娃从来不回应别人的话语，我敢肯定他一定不明白别人在说什么！"要想缓解大孩子的嫉妒之情，最好的办法就是让他帮忙照顾二胎以增强他的"老大"意识。在照顾二胎的过程中，如果大孩子成功地完成了您假装未能完成的动作，他／她会感觉十分自豪。只有理解并缓解儿童的嫉妒之心，才能避免他做出某些攻击性的行为。 99

他们会将自己想象成婴儿，不停地要求喝奶。不过，过不了多久，他们就会发现原来婴儿这个角色并不适合自己，尤其是当他们的异常行为丝毫没有引起父母重视的时候。对大孩子而言，最难熬的时间莫过于弟弟／妹妹喝奶的时候，为此，他会时不时地在那段时间做一些"傻事"。

大孩子的嫉妒

兄弟姐妹之间的感情如何，完全取决于他们之间的相处之道以及父母对待长子／长女嫉妒之心的态度。长子／长女会对二胎产生嫉妒之心是很正常的，因此父母应当给予充分的理解。亲友来家看望新生二胎的画面最令长子／长女抓狂，这种情况下，他／她会不停地走来走去，做出一些暴力举动或退行行为（开始重新吮吸大拇指，开始摒弃卫生意识，甚至学婴儿说话）以宣泄内心的嫉妒之情。

此外，儿童性情的突然转变（比如：变得爱发脾气，爱与人争吵）往往也意味着他对二胎产生了嫉妒之心。面对这种变化，父母不应听之任之，因为它会影响儿童未来的人格与性格。如果父母对儿童的这一变化置之不理，儿童将来很有可能会变得心胸狭隘、自私自利、时刻觉得自己不受重视。

弟弟／妹妹的存在有助于长子／长女人格的塑造。嫉妒之心能够增强儿童的竞争意识：饱受嫉妒之心折磨的长子／长女总希望与弟弟／妹妹"一决高下"。因此，二胎出生以后，您可能会发现您家老大变得比以前更黏人、更听话了。事实上，儿童的这些转变都是为了向父母证明自己的存在价值。有时，儿童甚至会为了取悦父母而开始担心弟弟／妹妹的舒适问题。这种情况下，他成了弟弟／妹妹的另一个监护人。

要想让儿童不受嫉妒之心的骚扰，您必须多关心他、照顾他、爱他，肯定他的存在价值。嫉妒是一种正常现象，唯有爱与理解能让其销声匿迹。

分享父母的爱

请注意，即使儿童前几周，甚至前几个月都十分欢迎二胎的到来，也并不意味着他之后就不会疯狂地嫉妒自己的弟弟／妹妹。因此，作为父母，您必须专门预留出一部分时间来与大孩子相处，以便他能感受到一如既往的父母之爱。千万不要让他感觉被抛弃。现阶段的儿童之所以不愿与他人一起分享父母之爱，是因为他正处于爱恨交织的俄狄浦斯期。有些儿童甚至尚未成功地跨越心理学上所谓的"分离－个体化"阶段。如果父母为了更好地照顾二胎而选择将尚未成功脱离"分离－个体化"阶段的大孩子送入幼儿园，那么后者将很难适应学校的新生活。

嫉妒是进步的动力

嫉妒之心并非只对儿童造成负面影响，它其实也是儿童进步的动力。不过，请注意，切勿让儿童的嫉妒之心愈演愈烈，甚至越界。"小"弟／妹的出生迫使家中的长子／长女不得不一夜长"大"。然而，有的时候，他们并不想挑起这重担，尤其是当父母强迫他们时。不过，请放心，随着时间的推移，大孩子会主动奔向生命中的下一个阶段，那时的他会迫切地渴望获得更多的自主权以及同龄人的陪伴。不过，在这一独立的过程中，儿童仍然需要一位能够聆听他心声的家人或一个能让他吐露情感的私人空间。

一日三餐

一顿活力四射的早餐，两顿营养均衡的午餐与晚餐，一顿乳制品丰富的下午茶，这些都有助于儿童健康成长，并且精力充沛地迎接每一天。

早 餐

早餐依然是儿童摄取奶制品的主要来源。如果您的孩子仍然习惯用奶瓶喝奶，请为他准备充足的份量。如果他已经能够像成人一样用碗喝奶，您可以往碗中添加适量的谷物，比如：玉米片、混合麦片或燕麦片。您也可以选择购买独立包装的小袋谷物，这样孩子便能每天都吃上不同的谷物。对于这一年龄段的儿童而言，超高温灭菌奶是最理想的奶源。此外，当您为孩子准备早餐的时候，您还可以根据他的食量，往他盛满牛奶与谷物的碗中放上一两片缀有果酱或蜂蜜的黄油面包片。有些儿童更喜欢早餐的时候吃奶酪与面包，这种情况下，为了防止儿童消化不良，请为他准备经过了巴氏灭菌的新鲜奶酪或熟奶酪。如果这一年龄段的儿童已经上幼儿园了，请另外为他准备一杯橙汁、柚子汁、苹果汁、菠萝汁或胡萝卜汁。如果他还没上幼儿园，您可以将他喝果汁的时间推至上午10点。如有可能，请尽量让儿童与家人一起共享早餐。

> ❝ 现阶段的儿童特别喜欢家庭菜肴，尤其是爸爸妈妈、爷爷奶奶做的菜。与家人共进三餐有助于儿童形成时间概念，因此，必须让儿童重视这三段时光。即使现阶段的儿童仍然心性未定，即使他可能会觉得就餐时间过长，也要确保他就餐的时候不玩电子游戏，不先于其他家庭成员吃饭。儿童应该全程参与到家庭用餐的流程之中以便学会所有的餐桌礼仪，比如：耐心等待他人为他布菜、礼貌地请求他人的帮忙、说谢谢、规规矩矩地坐在指定的位置。现如今，儿童的就餐场地千变万化，有时他可能在高铁上吃饭，有时他又可能在博物馆吃饭。可惜的是，在这些场合，他们只能吞食各种毫无家族传承手艺以及回忆的速食产品。我十分怀念过去的时光，那时候，每个人的餐巾上都会绣有自己的名字，这个小细节令人感到无比温暖，因为它让每个人都感受到了爱的存在，感受到了集体的存在。❞

午 餐

这一年龄段儿童的午餐由一道主菜与一份甜点组成。除了某些过于肥腻的畜禽肉之外，儿童可以食用几乎所有的肉类，不过，每周最好不要超过3次。内脏不易消化，如果您想要儿童食用内脏，请先将内脏周边的油腻物质剔除，然后再进行烹饪。儿童食用的肉类必须完全煮熟。如果某一天您为儿童准备了含有鸡蛋成分的奶制甜点，请根据实际情况适当地减少畜禽肉的份量，以防儿童摄取过量的蛋白质。儿童食用的鱼肉（每周2~3次）可以直接用锡纸裹好放入烤箱中烘烤。至于鸡蛋，最好只让儿童每周食用1~2次。易消化的蔬菜有洋蓟根、胡萝卜、生菜、菠菜、青豆、西葫芦以及去皮西红柿。最好让儿童少量食用白萝卜、花菜、茴香等气味刺鼻或纤维含量过高的蔬菜。大部分儿童喜欢父母以1：1的比例将绿色蔬菜以及土豆混合在一起进行烹饪。总之，请尽量避免让儿童食用肥腻的畜禽肉、油腻的甜点、蔬菜干以及某些干果（比如花生）。

下午茶

一杯甜牛奶配上一两块饼干或面包片（尽量不要让儿童食用过多的甜味饼干）便足以解决儿童下午茶的问题了。如果您的孩子不喜欢牛奶，可以选择用一份奶制品来代替。总之，儿童的下午茶中必须配有牛奶或奶制品。如果儿童口味偏咸，可以为他准备一些奶酪。

晚　餐

一般而言，儿童的晚餐主要由一份蔬菜汤（汤内含有绿色蔬菜）、一份淀粉类食物、一份奶酪以及一份甜点／新鲜水果组成。当然，为了确保儿童一天摄取的营养均衡，您应当根据他早餐和午餐的情况适当地调整晚餐的搭配。对于儿童而言，晚上最好不要摄取动物蛋白，您可以时不时地将晚餐食谱中的畜禽肉改为配有乳制品的面食、米饭或玉米。

果　汁

随着年龄的增长，儿童饮用的果汁量越来越大。一项美国调查表明，2~5岁的儿童平均每天需要消耗150~200毫升的果汁，其中10%的儿童甚至每天需要消耗300~400毫升的果汁。此外，该项调查还发现富含维生素C的橙汁渐渐不再受儿童的青睐，他们更喜欢苹果汁以及各种水果露。

儿童口味的转变导致他摄取了过量的糖分，而糖分摄取过量又引发了一系列的不良后果，比如：消化不良、龋齿、肥胖以及缺钙（因为儿童不愿再喝牛奶了）。对于儿童而言，最理想的果汁莫过于鲜榨的橙汁（但切记少量），最理想的饮料则莫过于白开水。

您可以让孩子和您一起同桌吃饭，但是，一旦孩子吃完了自己盘中的食物，请不要勉强他继续留在餐桌上。所有的儿童都希望能够拥有一套属于自己的餐具。如果吃西餐，除了餐盘、餐叉之外，您还需要为儿童准备一把尺寸适宜、毫无杀伤力的餐刀，以便他能够模仿成人的所有餐桌行为。如果有客人一同就餐的话，您可以让儿童边玩玩具边等待客人入座。

餐桌表现

虽然这一年龄段儿童的吃饭手法远未达到运用自如的地步，但也变得日益精湛。此时他已经学会了独自吃饭，但当他精神不济或出现了退行现象时，他仍会要求您来喂饭。请不用担心，您只需喂几口，他便会重新拿起饭勺。儿童吃饭的时候偶尔会使使小性子，但喝奶的时候他一般不会假人之手。儿童希望吃饭的时候父母能够尊重他的私人空间，比如，他希望每次都能够使用自己的杯子、勺子以及椅子。他还十分在意食物的外表，因此，如果您有空的话，可以将食物摆成花朵或蝴蝶形状。请不要将所有食材搅拌在一起碾成泥，您应当让孩子尝尝不同食材原本的味道。

像大人一样参与家务

一旦儿童学会了走路，学会了以一种更为敏捷的方式完成某一动作，他便能参与到家庭事务之中。这不仅能够令儿童产生成就感，而且有助于培养他今后的生活自理能力。因此，您应当鼓励儿童参与其中。

家庭启蒙

要想让儿童参与到家庭事务之中，先得让他学会处理好自己的事情。只要您向他演示正确的洗漱步骤，儿童便能学会独立洗漱。您瞧，他现在可以自己一个人在花洒下擦洗身体、刷牙和洗脸了。此时的您只需要将宽领宽袖的衣服递给他，或按照他惯常的穿衣顺序将所有的衣物依次摆放整齐，或在衣服背面做个标记以便他不会将衣服穿反即可。平时的时候，您可以让儿童将他自己的衣服穿在玩具熊或洋娃娃身上，以便他能够反复练习穿衣与脱衣的技巧。

儿童喜欢玩水，因此他肯定会爱上洗碗。您瞧，小小的他跪在椅子上将面前所有的餐具与平底锅都刷干净了。除此之外，他还喜欢清洗浴缸或洗手池，喜欢洗衣服。当您洗衣服的时候，可以将已经手洗干净的小件衣物交给孩子清洗，或者您可以直接让孩子清洗他自己的脏袜子。您只需

要给他一把刷子和一块肥皂，他便会卖力地完成您交给他的任务。最后，儿童还能够帮忙整理某些东西。虽然他不能独自一人将自己的卧室整理干净，但是，他至少能够将垃圾桶清空，将早餐要用到的一些调料归置到橱柜中，将需要熨烫的衣物放入衣篮中……

干活的乐趣

吃饭的时候，如果父母将摆放餐具这一任务分配给孩子，他会感到十分开心。同理，您为什么不在吃完饭以后让孩子继续帮忙收拾餐具呢？如果家中配备的是旋转餐桌，孩子在摆放、收拾餐具的时候会更加兴奋。儿童还

喜欢浇花、除尘与扫地，喜欢摆弄各种家用电器，比如：他总是很期待能够亲手将吸尘器打开。不过，请记住，这一年龄段的儿童在做家务方面只是个新手，摔破或弄坏某些家用物品在所难免。为了保护儿童的参与热情，您需要不定期地为他安排一些不同的家务活。此外，当儿童做家务的时候，请不要干预，让他自己慢慢摸索。虽然儿童喜欢做家务，但这并不是因为他想替您分忧。他这么做仅仅是出于模仿的需要，毕竟家里再乱，又与他何干？

独自穿衣

这一年龄段的儿童穿衣要看

> 许多儿童能够依靠自己的力量将身上的部分衣物脱下。大约从3岁开始，儿童便能成功地将非套头类衣物（比如：外套、背心、裤子）脱下。然而，在脱衣的过程中，纽扣以及背带会时不时地制造些小麻烦。因此，请尽量为儿童购买按扣式背心以及拉链式外套。

心情，如果他心情好，往往更愿意自己动手；如果他心情不好，则会像婴儿一样任凭父母摆弄。即便如此，此时的他已经掌握了某些穿衣动作，能按照父母或托儿所老师教的方法将外套穿好。首先，他会将拉链或纽扣外套平铺在地上（衬里朝上），然后侧身跪或蹲在外套前，接着再将胳膊一只接一只地套进袖子里，最后，再猛一个动作将外套背部掀贴至自己的背部，就像佐罗一气呵成地将披风披上一样。对于儿童而言，下身衣物最易穿戴，他完全可以一个人穿袜子、穿裤子。

虽然儿童能够轻而易举地将内裤、外裤，甚至连裤袜穿上，但是他却总分不清这些衣物的正反面。此外，裤子弹性越大，越有利于儿童穿上。

自己穿鞋

虽然这一年龄段的儿童仍然不会自己穿系带球鞋，但是他能独自将无鞋带的软底便鞋以及配有魔术贴的球鞋套在脚上。不过，大部分情况下，儿童分不清左右脚，因此，他往往会将鞋穿反。为了避免这一情况的出现，曾经有一家知名的童鞋品牌分别在左右鞋的鞋底下印上了不同颜色的圆点图案。这一方法不仅有助于儿童穿对鞋，同时也有助于他加深对自己双脚的认识。您同样可

对于这一年龄段的儿童而言，玩水这一活动被赋予了全新的意义。此前，儿童玩水是为了享受水流滑过肌肤的那份快感，或者是为了将一个容器中的水倒入另一个容器中。然而，现在他是怀揣着目标在玩水，比如：将洋娃娃的双手或衣服洗干净；将属于自己以及父母的那份玩具、餐具洗干净。他还期盼能够借助一张板凳，站在厨房的水槽或浴室的洗手池前，将成人所做的每一个清洗动作都重复一遍。当然了，当儿童进行清洗活动时，需要您的全程陪同。

以借鉴此法，在孩子左右鞋的内侧边缘涂上相同的颜色。这样的话，只要两侧的颜色重合在一起，就证明孩子穿对鞋了。至于教孩子系鞋带这一事则需要慢慢来，一般而言，只有等到五六岁的时候，儿童才能学会打结。您也可以将系鞋带这一重任托付给幼儿园老师，因为午休过后，老师往往会要求小朋友们自己将鞋穿好。

一起做饭

对于这一年龄段的儿童而言，他十分愿意与自己的妈妈一起和面。除此之外，他还喜欢自己在砧板上切苹果、土豆或胡萝卜，虽然让儿童使用刀具十分危险，但是只要有成人在他身边密切监视便无大碍。儿童还喜欢剥豌豆或毛豆，喜欢做蛋糕。您可以在往面粉中加水的这一过程中，让孩子帮忙搅拌面粉；或者您可以让孩子帮忙将早已准备好的面粉或牛奶倒入盆中；如果您烘烤的

是水果馅饼，则可以让孩子帮忙将水果放在面团上；又或者您可以让孩子帮忙按动烤箱的启动按钮；再或者您可以让孩子帮忙用打孔器在面团上打孔。总之，儿童完全能够胜任糕点学徒这一职务。他十分期盼母亲能为自己量身定做一款菜肴或糕点，因此，当您为家人烘烤一份大大的水果馅饼时，请不要忘记给孩子制作一份小尺寸的水果馅饼。与孩子一起做饭或制作糕点不仅需要耐心，也需要宽裕的时间。因此，往往是奶奶／外婆与孩子一起做饭或制作糕点。

2 岁半

435

通过游戏来学习

根据各自功能的不同，瑞士心理学家让·皮亚杰（Jean Piaget）将儿童游戏分为了四大类，分别为：练习性游戏、象征性游戏、规则性游戏以及建构性游戏。

多样化获取知识

在练习性游戏中，儿童能够测试自己的体能与智力。对于3~6岁的儿童而言，练习性游戏（比如：奔跑、踩踏板、投掷、堆积木、推/拉一辆两轮小自行车或迷你小汽车）能够促进他们的运动能力发育。所有旋转的物体都令他着迷，他喜欢画道路、挖隧道、造飞机，甚至做一些成人看似很"傻"的游戏，比如：尽可能长时间地直视太阳、尽可能长时间地屏住呼吸等。这些游戏有助于儿童找到某些问题的答案，有助于开发他们那尚且凭直觉行事的、以事实为基础的智力，并让他们感觉到自己已经长大了，变强了，能够排除千难万险了。在一天天的玩耍中，儿童变得越来越自信。

象征性游戏亦被称为"假装游戏"。它标志着儿童心理成长过程中一个重大的进步。在此类游戏中，儿童摆脱了现实和眼前景象的束缚，想象出了一些虚拟场景，这些场景中有他从未见过的人和物。皮亚杰解释，其实儿童是在"消化身外的世界"。在玩此类游戏的过程中，孩子并不是在扮演某一个具体的角色，而是在借助某一个角色达到自我学习的目的。换言之，他通过角色扮演来了解世界。

规则性游戏指的是儿童会为自己设想某些恰当的游戏规则。比较经典的规则性游戏有：沿着厨房瓷砖的某一条边线走、从一块方砖跳到另一块方砖、两级两级地上台阶、一定要数到三才肯跨越沟渠。在规则性游戏中，儿童学会了遵守游戏规则，

> 66 玩游戏标志着儿童的心理发育正常，如果您还想让您的孩子"好好"玩，那么请您与他一起玩耍，毕竟这也是父母的职责所在。请注意，您不能强迫孩子做游戏，必须是他自己想玩。您不必全程参与到儿童的游戏过程中，只需要以一种民主且包容的态度等待孩子的召唤即可。当孩子在游戏的过程中遇到了困难或表现得十分笨拙时，您需要告诉孩子不必过于在意，因为游戏和他的成长一样，都是一个渐进的过程。当您意识到孩子在游戏中已然获得了成长的话，就应该让他玩一些高难度的游戏了。至于残疾儿童呢？他们在游戏的过程中虽然看似玩得极差，但同样取得了不小的进步。游戏往往能够反映儿童的日常生活，比如：做饭、开小汽车。儿童所做的"假装游戏"也终有一天会"成真"。如果儿童扮演爸爸/妈妈的角色，请仔细观察他/她的态度，因为他/她所演绎的恰恰是您或您丈夫的真实态度，只不过被孩子用夸张的方式表达出来了而已。 99

这有助于他将来更好地参与到集体游戏与社交游戏中去。因此，规则性游戏是儿童通向社交和世俗的阶梯，除了教会儿童遵守规则，还告诉他如何根据这些规则去评判一个人的行为。

建构性游戏不仅包括那些要求用堆积、镶嵌来完成建造的游戏，还包括橡皮泥游戏。这类游戏能够让儿童了解到物体的属性、形状、颜色、重量和其他特点。此外，它还有助于儿童锻炼自己的手部操作能力，有助于儿童了解时间概念、空间概念，以及事物的因果关系。通过建构性游戏，儿童不仅懂得了横向与纵向的概念，还学会了测量距离、数量与重量。

让孩子安静的游戏

这一年龄段的儿童特别喜欢镶嵌类游戏，特别是拼图游戏。镶嵌类游戏旨在让儿童以一种正确的逻辑及顺序将各种形状摆放完毕。最初级的拼图游戏一般包含四块木板，必须将每一块木板放在预先切好的

形状内。这款游戏有助于锻炼儿童的手眼协调能力、观察推理能力以及记忆能力。一般来说，孩子最开始拼动物形状，然后拼不同颜色的车子，接着拼几何形状，最后拼数字和字母。

游戏规则

为了能与儿童一起愉快地玩耍，必须给予他足够的游戏自主性与规则实施自主性。如果儿童能按照自己的方式去玩耍，那他就很有可能能够找到解决问题的办法。如果成人负责挑选游戏的类型，决定游戏的规则，那么儿童便无法找到心中所想，因为成人会在游戏的过程中向儿童灌输自己的理念，而这一理念与儿童希望的往往大相径庭。有时父母会觉得孩子一直在以同一种方式玩同一个游戏，并因此担心。但事实并非如此。如果您仔细观察的话，您会发现儿童每次所使用的手势都不一样，游戏中的许多小细节也发生了改变，这证明儿童从未放弃过用游戏来寻找答案。当然了，您也不能就此认为我们应当任由孩子独自玩耍。

当孩子邀请您一起与他玩游戏时，您应表现得十分荣幸与开心。对于儿童而言，游戏是交流、欢声笑语以及信任的载体。研究儿童游戏的美国精神分析学家布鲁诺·贝特尔海姆（Bruno Bettelheim）认为，父母积极地参与到儿童游戏中会让孩子更有安全感，当他长大后，他更能够独当一面。

陪他玩耍

大部分情况下儿童都是独自玩耍，但有时候成人需要参与其中以助他一臂之力。在例如"过家家"这样的假装游戏中，儿童自己会扮演爸爸妈妈的角色，而要求成人扮演小孩的角色。在最初的社交游戏或者技巧性游戏中，成人最难做到的一件事莫过于控制自己的强迫欲，他们往往会因为缺乏耐心而要求更换角色。请注意，与儿童一起玩耍，是让您去引导他而非打击他。父母还存在一个普遍的问题：不自觉地将娱乐活动变成教育课程，并要求孩子学习一些本不必出现在游戏中的东西。

2岁半

乔装打扮

从现在开始，您的孩子迷恋上了乔装打扮。这一改变意味着您的小人儿已经长大了，他开始想让自己变得与众不同。儿童想要改变自己的外在形象，其实无须借助过多的装饰，他只需要换个新发型即可。

变得更强

当儿童的脑海中形成了"身份认同"这一概念，当他已经成功地塑造了"自我"时，他便开始想要成为另一个人。这一想法意味着儿童已经知晓了其他人的生活方式、思考方式与自己并不相同。此时，您需要让孩子自己决定装扮为何人，因为这一选择往往暗示着儿童想要获得的能力，想要进入的世界，而这些能力与世界都是他目前无法企及的。

儿童从来不会将自己装扮成婴儿。他们想要化身的那些人物一定都具备某些特异功能，比如：佐罗、超人或动画片中的其他英雄人物。如果父母同意的话，他们甚至会将自己装扮成某些非常规的角色，比如：做着各种滑稽动作的小丑、踩在凳子上的杂技演员。害羞的小男孩往往喜欢将自己装扮成拥有强大力量的人物，小女孩则喜欢将自己装扮成能够吸引父亲眼球的小公主。有时，某些女孩喜欢把自己打扮成男生模样，而某些男孩则喜欢将自己打扮成女生模样。化装其实是一种"假装游戏"，儿童可以通过化装来驱散日常生活中遇见的不快：通过将内心深处的秘密呈现在所装扮的形象身上，儿童能够更好地控制自己的焦虑情绪。

儿童所选择的化装形象往往由社会定势所决定，因此，男孩往往会将自己装扮成勇敢无畏的骑士，而女孩则会将自己装扮成温柔优雅的公主。

认清现实

通过化装，儿童能够彻彻底底地让自己改头换面。只要穿上大人的鞋子、戴上大人的手套或帽子，他／她便能变成爸爸／妈妈了。这一行为折射出了儿童对父母的情感，以及对进入成人世界的渴望。如果儿童选择将自己装扮成故事中的某个主人公，那就意味着他想摆脱日常生活中的各种束缚，哪怕几分钟也好。有时候，父母会疑惑孩子对虚与实之间的区别到底了解多少，毕竟某些故事主人公的超能力在现实生活中是一种潜在的危险，比如蝙蝠侠和彼得潘的飞行能力。因此，父母必须告诉孩子这些主人公

> 66 化装是儿童常玩的一种游戏。因此，请您在家为儿童准备一个化装箱。您可以在箱子里放置一些超级英雄所穿的衣物以及一些装饰品，这样的话，儿童便可以趁此机会自由组合了。在化装的过程中，儿童会感觉自己长大了，变强了，成为一个超级英雄了。化装能够让儿童感受到前所未有的自由。99

面具并不能取代化装。儿童会时常要求父母为他购买面具，但是他很少佩戴。因为戴上面具后他会呼吸困难，双颊发热，于是面具渐渐地被儿童戴在了头上，变成了帽子。另外，请注意，某些仿真度极高的动物面具或怪兽面具会令儿童感到害怕。

都是虚构的，作者只是想通过这些主人公来娱乐大众，任何情况下都不能模仿故事中的情节。每次儿童乔装打扮的时候，您都应当不厌其烦地提醒孩子。

化妆成大人

有时，儿童不仅会要求改变自己的衣着，还会要求父母为他化妆。请注意，您只需要稍微为他画个淡妆即可，因为这一阶段的儿童刚刚才通过镜子认清了自己的容貌，他尚未完全认清自己的身份，还处于摸索阶段。一旦我们给他化浓妆的话，他就会认不出镜中的人是谁了，这会令他陷入深深的困惑之中。在化妆的过程中，出于安全的考虑（以防过敏），最好使用特殊的化妆品，因为某些普通的化妆品会刺激甚至损害儿童娇嫩的肌肤。此外，眉笔和粉底必须能直接用水、香皂或凡士林清洗干净。

模仿爸爸，模仿妈妈

当您的女儿偷穿了您的高跟鞋或偷涂了您的口红时，这并不意味着她想要化妆；当

您的儿子偷穿了他爸爸的上衣或悄悄地将一根香烟叼在嘴里时，也并不意味着他想扮小丑。他们的行为只是表明他们想成为爸爸或妈妈，并且他们知道爸爸妈妈的世界是他们所不能企及的。他们想通过模仿大人的外在形象与行为来进行"反抗"。所以，化装可以视为一种有趣的代际沟通纽带。

狂欢节万岁！

儿童不仅喜欢在托儿所、幼儿园参加化装游戏，也喜欢与家人一起化装庆祝某个节日，比如狂欢节。儿童总是在恐惧与笑声中享受着化装所带来的乐趣。相比于刻板的成套服装而言，这一年龄段的儿童更喜欢自己随意搭配服装。如果您想让孩子"穿越时空"成功"变身"的话，只需要准备最能表明其新身份的饰品即可。您可以在化装箱里准备以下物品：可以让孩子扮成佐罗的黑色面具、扮成牛仔的左轮手枪、扮成仙女的帽子和魔杖、扮成警察的警帽……至于衣服，我们

可以直接用旧衣服或成人的衣服进行改造，比如在衣服上系个蝴蝶结。这样的话，儿童便能瞬间变身成功。

不过，也有些儿童会十分抗拒化装，从而直截了当地拒绝您的提议。对于幼儿而言，化装是一种提升自我价值、变身为梦中"偶像"的方式。因此，有的儿童不愿化装成幽灵或邪恶的巫师。3岁儿童仍然十分害怕陌生的形象，您应该让他坚信他本来的身份不会因化装受到任何威胁，也不会就此消失。

化妆品

根据法国"精打细算"消费者协会（UFC-Que choisir）的调查表明，某些儿童专用化妆品并非无害。该协会抽查了十几套儿童狂欢节专用化妆品，发现其中大部分化妆品都含有内分泌干扰素、过敏原以及重金属物质。

儿童书籍

虽然童书中的主人公总是一些灰熊、兔子、老鼠或小孩儿，故事情节也十分简单，但是它们却蕴含着无穷的道理。当儿童将童书平放在膝盖上阅读时，他就进入了图画的神奇世界。

想象力的助推器

虽然在成人眼中，童书中的故事情节十分平淡无奇，但是，在儿童看来，却趣味无穷。在阅读的过程中，不论主人公是兔子也好，小孩儿也罢，咱们的小小读者都会全身心地沉浸在主人公的世界之中。因此，我们可以将童书视为一面镜子，一面能够帮助儿童认识自我以及他人的镜子。在儿童看来，童书中所叙述的是自己的故事、自己的喜怒哀乐。这些故事时刻牵动着他的心弦。如果故事情节涉及某些情绪的主题，比如：生病、怪兽或二胎，那就意味着这个故事想以此来消除儿童日常生活中的某些烦恼。

书籍能够培养儿童的想象力，并且我们也经常发现儿童会用书中的词语或语句来活跃一场游戏。精神病学家勒内·戴肯（René Diatkine）认为儿童只有拥有了想象力才能认知世界。书籍的存在令儿童学会了思考，并且是有逻辑性地思考。

有助于沟通

阅读是促进父母与子女之间沟通的绝佳媒介。在阅读的过程中，父母会解释书中的图片，孩子则会专注于寻找各种小细节，并且他们随时都在准备着发表评论或提出疑问。在阅读的过程中，父母需要引导孩子走进故事中，需要把握好自己的节奏以确保儿童能够拥有看（看图片）与说（发表评论或提出疑问）的机会，就像话剧会将情节定格在某一画面以便观众能够拥有思考的时间一样。此外，讲述者（父母）与听众（儿童）的身体距离也十分重要。在阅读的过程中，讲述者往往十分平静安详，儿童则沉浸于情节之中，并且他的目光总是在讲述者与图画之间转换。儿童对某本书是否感兴趣，主要取决于讲述者的讲述水平。阅读有助于培养儿童的思考能力与想象能力。

最后，阅读会让父母与子

> 66 从现阶段开始，儿童喜欢自己选书。他往往钟情于故事书或图画书。童书能够完美地诠释一个扣人心弦的故事，而这类故事最能牵动焦虑型儿童的神经。儿童喜欢自己的父母反反复复地为自己读同一个故事。通过反复阅读，儿童最终能够夯实已获取的知识，并不断地提升自己。如果父母从尘封的书柜中取出儿童曾经最爱的童话书，并将书中的内容读给他听，在这种时候，书本就意味着一种身份的传承。99

儿童喜欢将书拿在手中，然后骄傲地说："我在看书呢。"对于儿童而言，书有多种用途。首先，书本能够让他检验他所学到的知识是否正确，比如：他会指着图画上的物品或人物大声说出它们的名字；其次，书本是想象力的助推器：儿童可以自己根据书中的图画编造一个全新的故事，他甚至会将自己的亲身经历编进这个故事中。

女之间的关系变得既近又远。近是因为阅读有助于巩固双方的感情；远是因为阅读让儿童产生了独立的思想。渐渐地，儿童开始变得喜欢一个人安安静静地看书了。他的阅读习惯也发生了改变，从此前的走马观花变成了现在的细细品读，到最后，儿童甚至能够以自己的方式复述某个故事了。另外，请记住，儿童之所以会爱上阅读，是出于认同心理：当他看见父母在阅读时，他才会对阅读产生兴趣。

语言的力量

与文学的第一次亲密接触能够让儿童感受到语言的魅力与力量。语言表达能力尚浅的儿童发现书中的文字不仅承载着作者的想象力，还具备一定的韵律感，读起来朗朗上口。此外，一本童话书质量是否上乘，不仅与它的情节有关，还与它的印刷字体有关，因为充满童趣的漂亮字体能够增添阅读时的愉悦感。

第一本杂志

与书本相比，杂志能为儿童提供另一项乐趣：杂志因为时效性较强，所以儿童可以在它过时以后随意在上面画画或直接将心仪的图画剪下来。此外，杂志不仅能"听"（通常是父母将杂志上的内容读给孩子听），还能"做游戏"。儿童会发现杂志上的故事主人公不仅外貌与自己相似，并且经历的生活琐事也与自己十分相似。就此，儿童便与杂志上的故事主人公建立了一种默契的信任关系。

一起分享

法国各大城市在当地图书馆以及公益性组织的帮助下都举办了一些儿童图书会以便能够让低龄儿童接触到高质量的书籍。图书会往往以阅读和朗诵故事为主，参与者有孩子、父母以及青少年文学界的专业人士。儿童图书会旨在消除社会文化中不平等的现象，帮助父母减轻负担以及消灭文盲。法国的各大图书馆、妇幼保健医院、托儿所、医院、社区中心、父母 - 子女接待中心，甚至监狱会客室都备有儿童书籍。在图书会举办的过程中，父母最开始扮演听众的角色，之后慢慢地，要学会转变成讲述者的角色，然后将他们所听到的内容分享给孩子。

"好"的童书

一本优秀的儿童书籍必须图文并茂。其中的图画应该清晰可见且经过精心设计，以便能够吸引儿童的眼球并激发他的想象力。最好有比较多的小细节以便儿童每次阅读的时候都能找到新的亮点。如果图画所展示的内容与文字所表述的内容不同，儿童就可以通过图画自己构思一个新的故事情节。至于文字信息，要张弛有度。故事情节须在儿童的理解范围之内，但不能讲述生活琐事。只有这样，才能给人以想象的空间。

儿童对书的色彩、轮廓甚至排版都十分敏感。通过书中不同大小的字体，儿童会明白马上要发生某件"大事"了。有些书甚至设置了一些"能动"的图画，比如：主人公躲在百叶窗后面，把窗户打开就能看见主人公了；还有些书中有一些可拉扯的小滑片，或者一些可伸入手指的小洞。

岁半

3 岁

您的孩子

您的孩子已经学会了使用"我"这一人称，不管是对于您而言还是对于孩子而言，这一称谓的使用都意义非凡。"我"的使用意味着自此以后，您的孩子将作为一个完全独立的个体存在于这个世界。

您的孩子已经扫清了自己人生道路上的某些障碍，比如：他学会了保持干净、学会了走路、学会了说话、拥有了记忆的能力、学会了表达自己的嫉妒之心与好胜之心。自此，从情感方面来看，他与您处于平等地位，而在此之前，他是需要您多加关照的小宝贝。

3 岁这一年的夏天即将是孩子进入幼儿园学习的时间。请放心，即便他不在您身边也并不意味着他就会遭遇危险。无论如何，上幼儿园对孩子来说都十分重要。所以，请好好享受孩子学前的最后一个暑假吧！

· 平均体重约为 14 千克，身高约为 94 厘米。

· 能够原地并脚跳，能够踮着脚尖走路，能够单脚站立。此外，还学会了骑自行车。

· 能够穿珠子，能够叠积木，能够将物品根据颜色以及形状的不同进行归类。

· 他的画变得愈加形象，能将线条闭合画成圆圈，这有助于他绘制自己笔下的第一批人物。他开始画下自己的第一个"蝌蚪人"，人形草图恰恰说明他正处于自我意识觉醒的年龄段。

· 他仍然害怕黑暗以及某些陌生的场景。

· 他喜欢自言自语，他的词汇量突飞猛进。此外，他十分喜欢新单词。他差不多掌握了 1000 个单词。他能够说一些简单的句子，并学会了唱歌。

· 每天保证 2 杯 250 毫升的鲜奶，或 2 杯 175 毫升的酸奶（或 1 杯 125 毫升的鲜奶加 1 杯 175 毫升的酸奶），并且搭配均衡、种类丰富。

1：在 3 岁左右，那些渴望肯定自我价值的儿童开始进入叛逆期，他会经常发脾气。这种情况下，如果父母企图通过以暴制暴的方法来降服儿童的话，那简直是痴人说梦，最好的办法就是平静地与儿童进行沟通。**2**：挑衅他人是儿童的一种天性，正常情况下，这份天性不应受到父母的苛责，因为挑衅意味着儿童愿意将自己的感情外露，从一定程度上来讲，这是一件好事，毕竟没有什么比压抑感情更伤害身心健康的了。**3**：每位儿童都会因为性格相似或迥异的原因将自己的感情天平倾向于某一人。**4**：在俄狄浦斯阶段，儿童会刻意模仿父母的各种言行举止，这在他性别认同的过程中占据着举足轻重的地位。**5**：入学意味着儿童能够结识不同的朋友，每位儿童都能从朋友身上学到一些事情……总之，入学的好处举不胜举。

1：秘密小屋是一个神奇的场地。在秘密小屋中，儿童可以玩各种"假装游戏"。2：爬上去，滑下来；爬上去，滑下来……这一游戏不仅有助于儿童释放自己的活力，还有助于他加深对空间的认识。3-4：得益于手部灵活性的提升以及学校的教学，儿童的创造性活动不再仅仅局限于涂鸦了，此时的他还学会了修剪、粘贴以及拼接图画。对于自己的"作品"，儿童总是感觉很自豪。5：游泳令儿童感觉兴奋。一旦身体没入水中，一切动作都变得如此轻盈。此外，四肢划过水面时发出的汩汩声以及溅起的浪花都能为游泳增添一份乐趣。6：儿童之所以如此喜爱亲近动物，是源于他内心深处的交流欲望。与动物的亲密关系有助于儿童明白"要想为他人所爱，必须先爱他人"。

俄狄浦斯情结

俄狄浦斯期是每个儿童心理发育过程中必经的一个阶段。但要判断儿童的某些行为是否受到了俄狄浦斯情结的驱使，对父母来说并不容易。

在爱与恨之间

一旦儿童培养起卫生意识，并且意识到了性器官的存在，他便将进入俄狄浦斯期。一般而言，2岁半（或3岁）至6岁是儿童的"俄狄浦斯期"，4岁时俄狄浦斯情结全面爆发。

在这一阶段中，男孩会将自己的情感投射至母亲身上，并排斥自己的父亲；女孩则会将自己的情感投射至父亲身上，并排斥自己的母亲。因此，男孩总是幻想成为母亲的丈夫，而女孩总是幻想成为父亲的妻子。即便如此，任何一位儿童都不曾幻想过与自己的父亲或母亲发生性关系。这份爱恋绝对不会涉及肉体层面。有些儿童会明确地向父母表达自己的情感，比如：男孩总是说"等我长大了，我要当爸爸"，而女孩则常说"将来我要和爸爸结婚"。不过，现实生活中，大部分儿童并不能用语言表达自己正在经历的苦恼。因此，他们不断地压抑自己的情感以至于夜晚常做噩梦或者白天总发脾气。

进退维谷

进入了俄狄浦斯期的儿童饱受情感方面的折磨，一方面他／她排斥自己的父亲／母亲，另一方面却又深深地眷恋着对方。一方面他／她在思考该如何摆脱对自己孔武有力的父亲／温柔似水的母亲的依赖，另一方面却又将这位"仇人"视为自己的模仿对象。因此，我们十分理解3岁那年对于这些挣扎在爱与恨边缘的儿童而言是多么痛苦。此外，女孩比男孩更加难以承受这份爱恨交织的情感。因为女孩的"仇恨对象"是自己的母亲，但对于这一年龄段的所有儿童而言，母亲又意味着一切。怎样才能将对父母的"恨意"缩小在可接受范围之内呢？这导致儿童变得焦躁不安。最后，需要指出的一点是，我们不应将俄狄浦斯情结视为一种精神疾病，所谓"情结"，即心结，而心结难解是一种正常现象。

模仿之路

儿童需要一段时间才能明白他／她内心深处的愿望不可能实现，他／她这一生都不可能

俄狄浦斯是希腊神话中的一位悲剧人物。他在不知情的情况下，弑父娶母。最终他得知了真相，并在痛苦之中自毁双眼。精神分析学家认为，只有小男孩才拥有真正的俄狄浦斯情结，而小女孩则饱受爱列屈拉情结之苦。爱列屈拉也是希腊神话中的一位主人公，她为了替父报仇，杀了自己的母亲。最能反映爱列屈拉情结的莫过于童话故事《驴皮公主》。故事中的女主人公自幼丧母，当她长大成人后，父亲在她身上发现了亡妻的影子，日益倾心，甚至想娶她为妻。

取代自己父亲／母亲的位置。不过，儿童会觉得自己的小心思已经被父亲／母亲看穿，他／她害怕会被这位比自己强大数百倍的"对手"报复。于是，他／她开始寻找另外一条抗衡之路。最终，他／她选择了要成为对方。在这一选择的作用下，五六岁的男孩开始乐此不疲地模仿自己的父亲，而女孩则开始模仿自己的母亲。通过复制父亲的形象，男孩渐渐地感觉母亲越来越爱自己；而女孩通过复制母亲的形象，逐渐与父亲变得亲密无间。

父母的应对之法

不要让儿童对取代父亲／母亲这一事抱有任何幻想。一方面，您需要在孩子面前对自己的另一半高调示爱，另一方面，您需要告知孩子他／她自己的未来：终有一天，他／她会找到自己的灵魂伴侣，然后结婚生子。这一做法有助于儿童对自己未来的爱情产生憧憬，从而阻止他／她对母亲／父亲做出某些过于亲密的行为。此外，这一做法还有助于让儿童意识到父母之间的结合是任何人都无法阻止的。父亲同样需要明确自己在家中的权威地位以便让女儿明白自己绝对不会对她心软，让儿子明白他绝对不可能取代自己。总之，必须让儿童明白每位家庭成员在家中的地位。

父母不应过于介怀儿童在俄狄浦斯情结驱使下所说出的攻击性话语，比如：希望你消失，希望你死。因为如果您询问孩子为什么这么说时，他／她往往说不出个所以然。

如果儿童需要与父母一方单独生活一段时间，建议您找个"第三者"来取代外出一方。如果是单亲家庭，父亲／母亲需要明确告知孩子各自在家中的角色，以及双方之间的关系仅限于亲情，而非爱情。

儿童性行为的发现

西格蒙德·弗洛伊德是首位提出"儿童性行为"的精神分析学家。1912年的时候，这一概念在业界掀起了轩然大波，因为人们一直都认为儿童是最纯洁无辜的小天使。在精神疗法学家看来，儿童的性行为仅限于快感区：婴儿时期，儿童的快感区是口腔；幼儿时期，当儿童产生了卫生意识之后，他的快感区则为肛门；3~7岁的时候，快感区为阴茎与阴蒂，弗洛伊德将此阶段称为"性器期"。一旦儿童无意识地吸引自己的母亲失败时，他便会十分沮丧，并产生所谓的"阉割焦虑"。阉割焦虑往往出现在3~5岁，它会导致儿童暴躁易怒，并做噩梦。请放心，随着年龄的增长，儿童的内心最终会恢复平静，并逐渐放弃取代父亲这一幻想。弗洛伊德将此过程称为"消退期"。儿童会将过往的各种思绪都埋藏在无意识中。在这位精神分析学之父看来，成年男性的大部分心理困扰都与他们儿时的俄狄浦斯情结有关。遗憾的是，弗洛伊德只研究了男性的精神世界，如果您想了解女性的精神世界，则需要拜读梅兰妮·克莱因（Mélanie Klein）的著作。

3岁

阉割焦虑

小男孩对自己的阴茎感到十分自豪，而小女孩则只熟悉自己生殖器的一部分，即阴蒂。相比于阴茎而言，阴蒂显得过于短小。因此，小女孩往往容易产生自卑感。

模仿爸爸，模仿妈妈

小女孩的眼中永远只有那个愿意无条件陪伴在自己身边的父亲；而小男孩则总是希望依偎在那个愿意替自己承担各种风雨的母亲怀中。俄狄浦斯情结促使男孩想要成为像自己父亲一样的男人，女孩想要成为像自己母亲一样的女人。从俄狄浦斯期开始，小男孩与小女孩便开始意识到双方有着本质的区别。

阉割焦虑

小男孩喜欢触碰、炫耀甚至与身边人攀比自己的阴茎。他会发现原来并不是所有人都拥有阴茎，于是他便猜测是不是女孩也曾拥有过阴茎，只不过后来消失了而已。渐渐地，男孩开始纠结于女孩阴茎消失的原因，为什么她们的阴茎会消失呢？自己会不会因为对母亲产生了"非分之想"而受到惩罚，被自己的父亲所阉割呢？男孩此前越是以自己的阴茎为傲，他越会在接下来的

> 1912 年，在维也纳举办的精神分析学大会上，精神分析学家一致认为儿童手淫属于正常的生理现象。会上，弗洛伊德提出的女性阉割焦虑也引起了其他精神分析学家的关注，然而，当时的精神分析学家认为他就这一现象所提出的理论过于片面和狭隘。小女孩们首先得发现自己外在生殖器的缺失，而后才能意识到内在生殖器的存在；而小男孩通过肉眼能直接观察到自己的外在生殖器。

一段时间内饱受阉割焦虑之苦。某些精神分析学家认为这份阉割焦虑会一直存在于男性的潜意识中。这也就解释了为什么男性在成人后会害怕自己的生殖器受伤，为什么他一直都想向别人证明自己的男性魅力。见过小男孩的赤裸身体后，小女孩明白自己并没有和小男孩一样凸显在外的生殖器，不过她会安慰自己，认为自己之后肯定会长出一个和小男孩一模一样的生殖器，一个能让她站立尿尿的生殖器。然而，小女孩的这一期盼始终没有实现，于是她便开始认为自己之所

以没有外在生殖器，一定是因为之前已经被人为切除了。虽然她不能成为与男孩比肩的个体，但她能够孕育生命，于是，她便想方设法地想要吸引自己的父亲。某些女性一直在潜意识里对外在生殖器的缺失耿耿于怀，这也就是为什么她们在成年以后会产生低人一等的自卑感。她们恐惧被人孤立，不遗余力地想证明自己的存在，获取他人的疼爱。

弗洛伊德理论

弗洛伊德认为，男孩与女孩面对阉割焦虑所表现出的不

同反应造就了他们成年后行为方面的差异：男孩往往征服欲强、能抗压、现实，并且渴望肯定自我；相比而言，女孩则缺乏自信、易于妥协且自控力差。然而，弗洛伊德关于男女在儿童期不同性别特征的理论一直备受争论。并且，弗洛伊德本人也不满意自己对于女孩在儿童期性别特征的定义。

根据弗洛伊德的理论，儿童只有在发现了自己身体与他人（成人或儿童）身体存在不同之处之后，才会出现阉割焦虑。然而，在弗洛伊德那个年代，人们鲜有机会能够看见他人的身体。因此，为了增强阉割焦虑的可信度，弗洛伊德将此归因为遗传的"原初幻想"。为了向世人解释何为原初幻想，这位精神分析学家甚至编造了一个神话故事：在原始社会，有一位游牧民族的首领为了保护自己几位儿子的人身安全而选择将他们身体的一部分割除。自此，原始人的这一野蛮做法深深地烙刻在子孙后代的脑海里。

弗洛伊德理论的质疑者

弗洛伊德的这些理论一直备受同行的争论与质疑。奥地利精神分析学家奥托·兰克（Otto Rank，曾是弗洛伊德的学生）认为儿童在这一阶段内心十分矛盾，他既希望与父母融为一体，又希望能够摆脱父母成为独立的个体。因此，儿童开始不断尝试着使用各种办法去重拾那份子宫内的幸福感，毕竟只有"重回"子宫，才能远离死亡。

奥地利心理学家阿尔弗雷德·阿德勒（Alfred Adler，也曾是弗洛伊德的学生）认为俄狄浦斯情结理论过于片面。他认为，最初儿童对父母双方的感情是平等的。只是后来的生活经历导致他将自己的感情天平倾向了其中的某一方。儿童选择更爱哪一方并不是由他的性欲决定的，而是要看到底哪一方能够从精神及物质上宠溺他。至于女孩天生的自卑感，阿德勒则将其归咎于社会的不公态度。

瑞士心理学家卡尔·古斯塔夫·荣格（Carl Gustav Jung，弗洛伊德的同辈）认为，只有当儿童认为父亲是阻碍他获得母亲关心的绊脚石时，才会出现俄狄浦斯情结。如果俄狄浦斯情结中暗藏着性欲的成分，那么儿童一定会十分渴望待在母亲身旁，甚至重回子宫。

最强烈质疑弗洛伊德理论的莫过于女权主义者，比如：法国的哲学家西蒙娜·德·波伏娃（Simone de Beauvoir），美国的随笔作者贝蒂·弗里丹（Betty Friedan）和凯特·米利特（Kate Millett），法国的精神分析学家莫德·马诺尼（Maud Mannoni）。她们认为小女孩对阴茎的渴望以及小男孩的阉割焦虑都只是个案，并非普遍现象。因此，这些概念必须及时加以纠正以防出现一些不利的情况，尤其是对女性不利的情况。波伏娃认为人类，无论男女，为了获取自由，从出生以来就一直在与社会、家庭以及文化做斗争。波伏娃的观点获得了许多学者的支持，并且这些学者还强调，正是由于父母的态度，尤其是母亲的态度，导致了小女孩最终成为女性刻板印象的形象。

现阶段是儿童的性别认同阶段。性别认同是儿童在塑造自我的过程中必经的一个阶段。儿童的性别认同极受俄狄浦斯情结中三角关系的影响。日常生活中，儿童因俄狄浦斯情结而做出的一些行为无伤大雅，并且某些客观公正的父母会觉得这些行为十分搞笑。如果父母中有一方备受儿童的"排斥"，请这位父母不要太过在意；如果父母中有一方备受儿童的"宠爱"，请这位父母利用一切合适的机会来帮助自己的伴侣"翻身"。

3
岁

儿童画

儿童画可大致分为"大头人像"与房屋画像。不论儿童的绘画灵活性如何，他们对世界的描绘一定程度上反映了他们的智力水平与思维模式。

普通人或大头人

儿童画有固定的绘画顺序，并且，每个年龄段的儿童都有属于自己的绘画技巧与绘画主题。3 岁儿童的涂鸦已经进步了许多，他能够模仿成人的动作将圆圈画完整。所画的某些物品也开始具有表征意义了。儿童画总是很写实，不带任何背景。儿童会将所有的内容都呈现在同一张纸上，但是他会忽略不同物体之间的尺寸比例。儿童只描绘他内心所看到的世界，而不描绘眼睛所看到的世界。一般情况下，儿童画的第一幅画是一个人。根据他所画的人形，我们可以将他的画作命名为"大头人像"。圆圈是整张画中的主要构件，它可以用来画身体，也可以用来画脸。两条直线则表示腿，画中看不到的另外两条直线表示胳膊。儿童所画的人像总是以正面示人。随着儿童智力的发育，他会用一些圆点或小圆圈来表示眼睛、嘴巴或肚脐（某些吸引儿童的身体部位），有时儿童甚至会为人像

画上生殖器。大头人像的绘制意味着儿童的生长发育取得了很大的进步：儿童将某个人画在纸上，以证明他认识这个人。不久之后，孩子通过重叠两个圆圈来画人体：一个代表脸，一个代表躯干。不过有的时候，儿童会将胳膊和腿画在错误的位置。此外，他还开始画头发了。几年以后，儿童所画的人像会越来越切合实际。5 岁时，儿童画的人像有头、有躯干、有胳膊、有腿；6 岁时，儿童则会根据性别为人像画上不同的着装，有时还会将人像画成运动状态，这证明他

们明白了关节的作用。有些儿童5 岁的时候仍在继续画大头人像，这是正常现象。在不同阶段，儿童所画的人像图画中可能会缺少一些重要的人体表征，有时候又可能会多出一些人体表征，比如手指。此外，儿童在绘画的过程中，构图位置往往不太合适：有时太靠上，有时太靠下，有时又画在角落里。有些细节部位画得像俯视图，有的像截面图，其他的又像正面图。这些小"错误"表明儿童对空间有了更为全面的了解。在 5 岁或 6 岁之前，儿童很难考虑到透视问题。

> 人像画可以用来衡量儿童的发育情况。随着年龄的增长，儿童所画的内容会越来越复杂。我们发现了一个有趣的现象：儿童所画的人物在现实生活中并没有戴帽子，但是儿童往往会为其画上一顶。这项帽子应该是一种权威的象征。房屋图画则能够揭示儿童的日常遭遇、他对空间的理解，以及对自己身体图式的掌握程度。因此，我们完全可以说："汝若示所画，吾当诉汝想。"请好好保存您孩子的画作吧，毕竟这种即兴、随性作画的年龄一晃而逝。

对身体的感知

人像图的演变揭示了儿童对自己身体图式的掌握程度、对自己身体的感知程度以及对所处空间的了解程度，因为儿童只有在对某件物品产生一定意识的情况下才能将其描绘出来。儿童画中人像身体的形状也会变化，可能是椭圆形，也可能是长方形。有时儿童甚至会透过裤子以透视的手法将腿画出来。儿童作画时，往往最先画自己的妈妈或爸爸，几周之后，则会画自己。3 年之后，画中会出现一些其他的表征，比如：房子以及周围环境（树、花、动物等）。

显露他的个性

图画是一种无意识的表达，可以帮助我们了解孩子的性格。例如：如果图画只占据了纸张的一小部分，且下笔轻柔，则表明这位儿童不爱运动；如果图画占据了纸张的大部分空间，且下笔力重、画线快而粗，则表明这位儿童热爱运动。最令人震惊的可能要属画者本人想表达的意义，例如：一根线条可能就代表一间房屋、一位父亲或母亲。不过随着时间的推移，人们对图画的理解也在发生变化。精神分析学家认为图画能够反映一个人是否存在心理障碍。我们能通过图画的形状以

及附带的标注来判断儿童是否焦虑不安，是否内心充满矛盾。

玻璃房子

房屋图画反映了儿童的思维方式。儿童精神分析学家弗朗索瓦兹·多尔多（Francoise Dolto）认为儿童画房屋的时候，首先画的是一个"泥土块"，之后再在这个泥土块上增加一个坡屋顶、一扇门、几扇窗户和一个几乎次次都会出现的烟囱。如果以内部视角观察儿童所画的房屋，您会发现他仅用了寥寥数笔去勾勒墙壁的线条，而墙面完全是透明的。儿童的这一画法会一直持续至七八岁。不过这些透明房屋的内部设施倒是一应俱全，有家具、灯、新奇装饰物、清洁工具、人和动物。儿童显然十分注重细节。心理学家认为，只有通过描绘物体内部这一方法才能让儿童清楚地表明他所画之物。

一份全心对待的"工作"

起初，儿童主要受图画所代表的运动活力所吸引。大约3 岁的时候，儿童会为自己的画

作感到骄傲。平均在 2 岁半或3 岁的时候，儿童才能成功地画下人生中的第一个闭合形状——圆。也正是在这个年纪，儿童学会了依葫芦画瓢地画水平横线与垂直竖线。不久之后，儿童能将线条与圆圈结合起来。成人会告诉他圆圈代表太阳，但他有可能会联想到其他物体，有时甚至会联想到与所画圆圈差之千里的物品。不论自己画的是什么，只要有人能帮忙把自己的名字签在画上，儿童就会很开心。不要试图指导儿童作画，也不要试图要求他完全写实，因为他根本不会在意您的意见。儿童一向都是根据自己的想象力天马行空地作画。此外，儿童还会时不时地更换作品的主题。他喜欢人们询问画中的内容，喜欢听别人对自己的夸赞之词。儿童的图画往往为某一个特定的人而作，他已经有了艺术价值的意识。儿童在校和在家作画的数量差不多，您需要秉持优胜劣汰的原则在大量画作中进行挑选，不过最好是在儿童外出的时候挑选，因为如果他看到自己的部分画作被毁了的话，会十分生气。

3
岁

敏感叛逆

大约 3 岁时，很多儿童开始变得蛮横无理。为了证明自己理解周遭世界，儿童会频繁地使用"我"与"想"这两个词。"我想"意味着"我存在"，继而暗示着"我主宰世界"。

地位的改变

这一年龄段的儿童开始进入"叛逆期"。他喜怒无常，不能忍受他人中断自己正在进行的活动。此外，他对食物与饮料的需求毫无节制。如果购物的时候带上他，那么他肯定会要东要西，比如：糖果、玩具，甚至一个对他来说毫无用途的物品。在这种情况下，您应当让他明白您不会毫无底线地满足他所有要求。不过，拒绝的时候请不要过于直接或严厉，否则只会引起母子之间的不快。对于现阶段的儿童而言，沮丧情绪很有必要。事实上，儿童不愿意总是听到"是""行"，他也希望听到"不是""不行"，因为只有您说出"不是""不行"的时候，他才有机会回答"是""行"。

绝不随意更改禁令

如果您所设置的禁令清楚明确，且绝不随意更改的话，儿童就会更好地接纳并遵守。

因此，作为父母，您必须确保禁令的持久性。只有禁令持久不变，儿童才能最终确立自己的行为准则。此外，禁令能够让儿童产生一种安全感，因为禁令代表着父母对自己的爱。您在孩子眼里到底是权威的化身还是专制的化身，既取决于您对孩子的教育，也取决于孩子自身的性格（有些儿童比较温顺）。儿童的思维方式与您的并不一样。随着时间的推移，他十分

迫切地想要肯定自己的人格，此外，他十分注重在您看来毫不起眼的某些细节。他之所以叛逆，是为了证明他的存在，证明他有着不同于父母的欲望。

理解儿童的反抗

虽然有时儿童的某些反抗行为实在是令人难以接受，但从另一方面来说，它是儿童发育正常的标志。不过，如果儿童的叛逆一直持续至 5 岁，那往

某些外界因素会导致儿童的挑衅欲望增强，比如：二胎的出生、剧烈的家庭争吵、父母的离异、某位亲人的离世、与父母的短暂分别、生病住院、搬家、突如其来的入学……此外，与儿童相处时，请时刻注意自己的言语，有时恶语比拳脚更令人心痛。儿童目前年纪尚小，当别人对他恶语相向的时候，他无法用语言来进行反击，因此，他会选择用一些暴力行为来发泄心中的愤怒。如果您想帮助儿童消除内心的攻击欲，请让他参与到某项能够凸显他才华的活动之中，比如：音乐、运动、美术。这样的话，儿童会明白人是靠才能说话，而非蛮力。

往意味着他对自己以及身边的人与物充满了不信任感。现阶段，对您而言，最困难的莫过于如何抵制儿童的叛逆行为，如何毫无负罪感地让他听从命令。请注意，儿童极善察言观色，因此，面对儿童的叛逆行为，请一定不要屈服、不要让步，比如：请不要为了弥补内心的负罪感而送他礼物。此外，也请不要为儿童贴各种负面的标签，比如"难缠""性格刁钻古怪"，此类标签会影响儿童的行为举止。

"小怪物"的能力

父母"打击"儿童并非一种惩罚，相反，这种沮丧情绪有助于儿童成长，当然前提条件是这种打击行为并非无根无据。从现在开始，您需要为孩子设置一些禁令。他可能会忍受不了这些禁令的束缚，但是，只要您教育方式得当，孩子的叛逆行为就不会持续太长时间。如果您不对孩子加以任何约束，他将不会畏惧成人的任何权威。3 岁的儿童"聪明得很"！他会不停地叫嚷着没有人爱他，只有礼物能够让他有安全感。

有时，父母的态度也会影响儿童对成人权威的敬畏之心。如果父母中的一方为了袒护子女而选择与伴侣对立，孩子就不会再畏惧父母的权威；如果

有时候，父母会在无形中过度宠溺孩子。比如：独生子女很有可能会被溺爱；如果儿童生活在一个离异家庭，那么没有获得监护权的那一方会无节制地为他购买礼物以减少内心的负罪感。

如果您不想自己的孩子被宠坏的话，请遵守以下十条原则：只在传统佳节或他生日时为他购买礼物；询问孩子想要某件物品的"动机"，有时动机比物品本身更重要；根据孩子的实际年龄，给予他一定的行动自由；如果您平时因忙于工作而无暇照顾孩子的话，请不要产生任何负罪感；制定家规，并严格遵守；向孩子解释每条家规；避免在孩子面前与伴侣发生教育理念方面的争执；要求孩子遵守礼仪礼貌；以身作则，谨言慎行；必须坚信"礼物并非亲情的唯一见证"。

儿童曾经身患重病或遭遇了十分严重的意外事故，那么即使他痊愈之后，父母仍会认为他的身体一直很羸弱以至于对他呵护备至。

都怪俄狄浦斯情结？

儿童古怪的性格是否归咎于俄狄浦斯情结呢？现阶段，您的孩子仍然饱受着俄狄浦斯情结的折磨，他尚不能自如地控制情绪以至于他时刻处于爆发边缘。儿童这段时间的叛逆行为与他将来青春期时的叛逆行为十分相似，因此，您正好可以借此机会提前感受一下。一定要多加理解孩子的不安：他如此努力地想要吸引母亲／父亲的目光，最终却被残忍地拒绝了。自然而然地，他便想要将心中的怨念发泄出来。儿

童会因为一丁点小事而大发脾气，尤其是当自己"仇视"的"对手"（即与自己同性别的父亲或母亲）惹自己不快时，他会以一种极其夸张的方式将怒气发泄出来。如此恶性循环会导致儿童与他"对手"之间的关系越来越紧张。因此，父母应该努力帮助孩子平复心情。此外，现阶段的儿童根本不明白某些词语所代表的具体含义，他往往词不达意，以至于会用到一些将自己的想法过分放大的词语。这种情况下，父母应该体谅孩子，理解他正在通过这种方式塑造自己的人格。俄狄浦斯期不仅有助于儿童宣泄内心的冲动，还有助于他学会放弃不切实际的奢望，学会如何去吸引他人的目光，学会如何去爱他人。

3
岁

儿童的攻击行为

儿童攻击他人是正常现象，他需要通过攻击行为来表达自己内心的某些情感。推搡、掐脸、掐鼻子、掐胳膊、用脚踢、用手敲、拽头发等都是儿童常见的攻击行为表现。不过，儿童从来不会毫无缘由地做这些动作。

用拳头"说话"

所有的儿童总有一天都会做出一些攻击性手势。不过，儿童做出攻击性手势的频率并不高，且属于正常现象。儿童之所以会做出这些手势，往往是因为他们不善处理人际关系；之所以会不善处理人际关系，则是因为他们缺乏社会经验，加之语言表达能力不足。

大多数情况下，当儿童想要与他人争夺同一件物品，想要第一个跨越房门或玩滑滑梯时，矛盾便会爆发。此外，当儿童的某一请求被他人拒绝，当他的需求没有得到回应，或当他在独处（自愿或被迫）的过程中受到他人干扰时，他往往会做出一些攻击性行为。

攻击性行为不仅反映了儿童内心的沮丧与不安，同时也表现出了儿童对禁令的"反抗"精神。儿童越缺乏爱，越缺乏安全感，他就越容易做出攻击性行为。

研究表明儿童的暴力行为往往发生在 9-14 点，而"真正意义上"的攻击行为则往往发生在 10-11 点。一般而言，这类儿童喜欢独处，喜欢欺负弱小的孩子。研究人员对此作出了解释：在肾上腺分泌以及怒气、噪声、气温上升的作用下，儿童体内的激素急剧增加。对于具有暴力倾向，且还未从周末压力中脱离出来的儿童而言，周一将会变得十分难熬。

表达烦恼

所有的儿童都会做出一些暴力行为，但是，某些儿童会选择将此作为自己优先的情感表达方式，因为他们尚不会用其他方式来表达自己的情感。暴力行为反应了儿童内心深深的不安，也会导致他们受到小伙伴们的孤立。而他们又是无法忍受这份孤立的，以至于最后他们会变得越来越暴力。有些父母难以接受或不愿看到这种暴力行为。但是，如果父母对儿童的暴力行为置之不理、漠不关心的话，只会让事情变得越来越严重，因为这类儿童往往渴望父母能够认可自己，聆听自己的心声。他们中的大部分很少享受到父母的关心，无法体验这种他们不了解的情感。

专家发现那些饱受精神障碍折磨的儿童更易出现暴力行为。对于他们而言，攻击性行为是一种交流方式。此外，这类儿童往往会将自己封闭在一个既伤害自己又伤害他人的空间之中。成人的权威与惩罚对他而言毫无影响。只有找到原因加以处理，并动员父母、家人以及社会关心他，这类儿童的暴力行为才能得到缓解。

如何施以帮助

儿童实施攻击行为后，父

母越早、越迅速地表明自己的反对态度，效果就越明显。即便一次暴力行为并不意味着儿童就有暴力倾向，父母也应当及时制止，应当以一种坚决的态度将他的这种暴力行为控制在可接受范围之内。在制止的过程中，父母不能使用过激的语言与动作，否则会导致事态越来越严重，导致儿童越来越叛逆。事实上，有时儿童需要通过暴力行为来保护自身的安全。值得庆幸的是，大部分情况下，随着年龄的增长，儿童的这些暴力行为会渐渐消失。随着语言表达能力的发展，儿童能够借助语言，而非暴力来解决各种纠纷。此外，学校的教育以及社会的生活准则也有助于儿童增强自控力。即便如此，没有什么比压抑感情更痛苦的了，有时得允许儿童通过攻击行为来宣泄内心的不快，前提条件是控制在他人可接受的范围之内，并且弄清自己不快的根源。

一般而言，沟通是治愈儿童攻击性行为的一剂良药。您可以向孩子解释抓挠或扯头发会让对方感到痛苦，因此必须禁止。此外，您还可以告诉孩子攻击者终有一天会被他人攻击。最后，您还需要让孩子说出攻击他人的缘由。在沟通的过程中，别忘了告诉孩子虽然您爱他，但不能容忍他的这种暴力行为，并且希望他不要再犯。

比从前更具有攻击性？

老师只能从肉眼上观察到儿童的攻击性行为。心理学家认为，儿童之所以会出现暴力行为，大部分情况下是因为安全感（家庭层面的安全感与社会层面的安全感）的缺失。父母的分居／离异、失败的家庭教育以及家庭贫困的经济条件都会导致儿童出现暴力行为。这类儿童的家庭关系往往十分不和谐。英国著名精神分析学家唐纳德·温尼科特（Donald Winnicott）认为，有的时候"反社会行为"是一种求救信号，它反映了儿童渴望得到心爱之人、信任之人的安慰。

> 这一年龄段的男孩，往往会参与到一些接触类游戏之中，并在游戏中反映出一定的攻击倾向。男孩之所以会出现攻击倾向，不仅是受到了社会传统的培养男孩的方式影响，还可能是因为遗传。女孩则几乎不会出现攻击行为。尽管儿童的这种攻击行为很正常，但我们仍应将其控制在可接受范围之内以防他去攻击其他孩子（儿童往往攻击比自己弱小的孩子）。有时，儿童也会将自己的暴力行为施加在宠物、老人甚至残疾人身上。我们可以通过游戏来疏导大多数儿童的暴力行为，但如果儿童的暴力行为导致他情绪不稳、语言能力发育缓慢，请及时就医。有时，儿童的暴力行为源于模仿。在您开车送孩子去幼儿园或托儿所的路上，您难道从来不会和其他司机发生争执吗？您难道不会在家中以一种暴力的方式宣泄心中的怒气吗？您难道希望自己的孩子总是被人欺负吗？我们发现了一个有趣的现象：前来医院咨询就诊的往往是那些受人欺负的儿童，而非那些欺负他人的儿童。然而事实上，欺负他人的儿童才是真正饱受交流障碍困扰的人。儿童常常在经历了某些不愉快的事情之后做出暴力行为，这从上幼儿园的第一天开始便会出现。请您牢记孩子幼儿时期的暴力表现及其原因，这有助于您将来更好地理解他青少年时期的异常表现。

3
岁

虚构与谎言

　　幼儿既不能区分真与假，也不能分辨真实世界与虚拟世界。因此，如果您想让儿童坚信某一事物的存在，那么您必须让它真实地呈现在儿童眼前。同理，如果您想让儿童否认某一事物的存在，则需让它消失在儿童眼前。

他在给自己讲故事

　　每当儿童一个人安安静静地待在卧室里或坐在沙发上时，他便会置身于一个自己编造的神奇世界里。在这个由他的想象力创造出来的虚拟世界里，他能够释放内心的欲望、忘却一切的不快、远离成人强加在他身上的各种束缚。有时，儿童也会邀请某位虚拟朋友与他一起分享这段快乐时光。儿童之所以能够成功开启梦想，往往得益于他平日所玩的假装游戏：在假装游戏中，儿童会为了满足自己的幻想而更改现实。当儿童安静地坐在一角编造某个虚拟世界时，请您仔细地聆听，您会诧异地发现原来他的想象力、创造力是如此丰富。大部分情况下，儿童创造虚拟世界是为了逃避某种他所不能顺利融入的现实。儿童喜欢虚构，而这一行为有助于他的精神发育。意大利教育学家兼医生玛利亚·蒙台梭利（Maria Montessori）认为儿童的某些谎言从本质上来

讲算是一种艺术创作：在这些谎言里，儿童是一位演员，他可以扮演任何人的角色。除此之外，谎言能够让儿童尽量推掉某项他不愿负责的"恶行"。在未来很长的一段时间内，儿童仍将以一种"梦幻"的方式思考各种现实问题。只有当儿童学会了判别是非，懂得伦理道德，他才有可能会撒真正意义上的谎。

把他的想象带回现实

　　儿童一直生活在一个动物能说话、玩具能夜游的神奇世界里。他需要一定的时间才能分清真实与虚假之间的区别，因此在未来很长一段时间内，他都会认为只要一直坚信下去，绝对能够美梦成真。这种情况

> 惩罚并不能阻止谎言的再次出现。如果孩子说谎的话，正确的做法不是去惩罚他，而是安慰他，因为他之所以说谎，是想借此来表达内心的不安，是因为他的自尊心，并不是因为他不尊重您。说谎往往还意味着儿童心灵十分脆弱。

下，父母的教育态度就显得尤为重要了：父母应该努力让孩子"重返"现实。如果父母不为孩子树立正确的判断标准，孩子会一直认为自己所编造的故事／世界都是真实存在的，毕竟在此之前，父母从未质疑过。随着阅历的增加，儿童会发现谎言居然能让自己蒙混过关，自此之后，他便会将谎言作为一种工具来利用。通常情况下，父母是儿童说谎的第一位启蒙老师，因为他们总是利用谎言来为自己辩解。

为了逃避而说谎

　　如果您用"谎话大王"来称呼孩子或因说谎而取笑孩子、指责孩子，那么您只会将他往说谎的道路上越推越远。儿童说

谎往往是为了获得奖励或逃避指责和惩罚。有的时候，说谎也意味着儿童不希望别人走进自己的内心世界，他想要以此来守护自己的秘密。不管怎样，说谎都意味着当事人想要得到他人的关爱或赞赏。因此，我们可以就此推断出一位经常说谎的儿童往往缺乏自信。

"这一年龄段的儿童相信圣诞老人的存在，但事实上圣诞老人是一个巨大的谎言。每个人都会说谎，并且十分享受在说谎时游走于现实与虚幻之间的那种快感。儿童说谎意味着他的心理发育正常。通过说谎，儿童意识到原来自己拥有着不同于他人的独立思想。目前为止，儿童感受不到谎言中隐藏的道德含义：他根本不知道什么是坏，什么是罪。此外，儿童的思想总是在不断地变化，不断地进步：他说谎，然后道出事实真相，接着忘记自己所做过的一切，再次说谎，如此循环往复。"

获取道德感

3岁儿童会因为分不清现实与虚拟而说谎，渐渐地，他会因为想欺瞒父母而选择说谎；5岁时，儿童会因为不想接受惩罚而说谎。说谎时，儿童能够意识到自己没有说出事实，不过因为他的道德观尚处于萌芽期，所以他仍不能正确地区分"犯错"与"说谎"。德国现代心理学家威廉·斯登（William Stern，与弗洛伊德同时代）认为，儿童说谎意味着他虽然对自己之前所做的行为感到懊悔，但是他并不想承担相应的责任。4岁的时候，儿童很容易像成人一样草率地指责某位儿童"说谎"，但这其实是一种令人不堪的侮辱。心理学家认为7岁之前不存在真正意义上的谎言。

"获益性谎言"

儿童不仅会为了逃避责任而说谎，也会为了获得父母的夸赞，甚至是奖励而说谎，我们将第二种类型的谎言称为"获益性谎言"。在说获益性谎言的过程中，儿童会不断地抬高自己的身价，夸大自己的才能。为什么他会这么做呢？主要是因为他害怕达不到父母的要求。他这么做的不良后果是什么呢？儿童会在父母不停的追问之下编造更多的谎言，以至于越陷越深。不过，获益性谎言也并非一无是处。它能够在一定程度上帮助儿童缓解内心的不快。儿童说谎是因为想要得到父母的认可。因此，作为父母，您必须回应孩子，让他明白自己对他的爱和尊重。

父母也说谎

如果说儿童说谎是从父母那儿学来的，您怎么看呢？大部分情况下，父母会因不愿或没时间向孩子解释具体的细节，而选择向他撒谎。然而，您别忘了，儿童人格的塑造建立在模仿的基础上，那他模仿您撒谎又有什么稀奇的呢？全世界父母最爱撒的谎便是"圣诞老人"。如果孩子开始怀疑圣诞老人的真实性，建议您不要再继续硬撑下去。揭开圣诞老人的真实秘密并不意味着圣诞节就不复存在了，相反，它能让儿童心安：原来他还可以一如既往地在圣诞树下收到各种礼物。人类学家、民族学家兼哲学家克洛德·列维－斯特劳斯（Claude Levi-Strauss）曾说："我们之所以创造圣诞老人，并不是为了欺骗我们的孩子，相反，孩子们对圣诞老人的狂热之情令我们动容，以至于连我们自己都相信真的存在一个可以无偿获得礼物的慷慨世界。"

3
岁

惊恐万分

儿童的原始恐惧一般出现在 2~5 岁。导致儿童心生恐惧的原因有很多种，并且都属于正常现象。恐惧感有助于儿童宣泄内心因生活中某人或某物而产生的焦虑情绪。

恐惧成就思考

儿童只要掌控了内心的焦虑情绪，便能坦然地面对新的挑战，比如：因为害怕摔倒，所以儿童不得不学会下楼梯；因为害怕生病，所以他不得不鼓足勇气注射疫苗。儿童每战胜一次恐惧，便意味着一次荣耀，这份荣耀有助于他继续迎接新的挑战。因此，恐惧之情是儿童心理发育平衡的一种体现。如果儿童能够自如地掌控内心的恐惧，那就意味着他的心理发育成熟了。

儿童成长发育过程中最为迅速的那一阶段也是他内心最为恐惧的一个阶段。随着对周围环境越来越深入地了解，儿童越来越容易受周围环境变化的影响。恐惧之情往往诞生于 3 岁左右，因为恐惧之情总是伴随着攻击性行为的出现而出现，而 3 岁正是儿童攻击行为频发的一年。随着独立性的日益增强，儿童开始通过攻击行为来测试自己的权利。某些儿童会因为家庭的原因而比其他人更易产生恐惧之情：他们的父母十分焦虑，并将这份焦虑之情转嫁到了他们身上。如果父母不能给予孩子安全感的话，会令孩子越来越惊恐不安。

对黑暗的恐惧

怕黑无疑是儿童最为常见的一种恐惧之情。儿童不仅害怕黑暗，还害怕隐藏在黑暗之中的各种危险。尽管他已经学会了开灯，但这份恐惧仍将持续很长一段时间。在想象力的作用下，儿童创造了一个令自己无比惶恐的陌生世界：在寂静的夜晚，儿童会将地板或衣柜发出的细小响动无限扩大，将房中的物品（甚至是他熟悉的物品）视为一种蛰伏的怪兽。

每当深夜来临，儿童独自返回卧室，他的内心便会涌现出各种恐惧。其中最为常见的是对分离的恐惧：一旦与亲友分别，他将孤身一人，无依无靠，这让他产生一种深深的无力感。现阶段的儿童同样饱受存在问题，尤其是性欲问题的困扰。他那些不为世人所接纳的欲望与冲动渐渐转化为内心的恐惧。要想帮助儿童消除对黑暗的恐惧其实很简单，您只需要为他

儿童经常会害怕睡觉，这不仅因为他害怕自己一觉不醒，还因为他难以接受与父母分别这一现实。此外，很多儿童睡觉时会受到噩梦的干扰。这一年龄段的儿童还不能分清现实与梦境，因此，梦中的怪兽、危险物品、猎犬以及坏人都会导致他在现实生活中感觉恐慌。最后，别忘了，儿童还非常怕黑。

点亮一盏小夜灯，或者将他的卧室房门半开对着亮灯的走廊，又或者让他搂抱着心爱的小熊玩具即可。此外，您还可以牵着孩子的小手与他一同漫步在夜晚漆黑的家中，让他重新认识黑暗中的各种物品，必要时您可以拿个手电筒照光。儿童对黑暗的恐惧并不会在一夜之间就消失，但是随着时间的推移，它终将消失得无影无踪。

对其他儿童的恐惧

当儿童第一次入学面对其他同龄儿童时，他会感觉害怕。那些陌生的面孔、混乱的场面、刺耳的喧闹声都会让他感觉不安。不过，一旦他结识了一两个好朋友，他的不安全感便会消失，之后，他还会慢慢地产生一种归属感。一般而言，儿童需要花费数天时间，甚至一两周的时间才能融入这一集体生活之中。如果孩子觉得其他儿童比自己强，比自己厉害的话，他同样会变得焦虑不安。儿童很难将自己的意志强加在同学身上，但是，相对而言，他却能轻易地让父母服从自己的命令。如果儿童此前很少与同龄人"一较高下"，那么他入学之后更容易出现恐惧感。这种情况下，儿童往往会选择将自己封闭起来，渐渐地，他很有可能会脱离群

体。因此，为了避免这种情况的出现，父母应在初次开学之前，就提前为孩子做好准备。

对死亡的恐惧

当儿童身边至爱的生物（人或动物）去世之后，或当儿童通过媒体了解到死亡之后，他便会对这一自然现象感到恐惧。现阶段的儿童仍然认为死亡可以逆转，因此他会说："他去世了，但是他什么时候再回来呢？"只有等至5岁或6岁的时候，儿童才能明白原来死亡是人类无法逃避的宿命，原来他的亲人终有一天会离他而去。首先，您需要向孩子解释人体的构造与个体生命的历程，之后再向他解释"死亡并不意味着一个人的彻底终结，因为这个世上还存有许许多多关于他的回忆"。此外，俄狄浦斯情结也会引发儿童对死亡的恐惧，因为在这一情结的作用下，儿童会希望父母中的某一方死去，这样的话，他便能完完全全地占有另一方。儿童越是分不清梦想与现

实之间的差距，他就越会被自己内心"邪恶"的想法所困扰。

不惧怪兽

儿童的童话书或熟睡时的臂弯中总会出现一些大腹便便、獠牙森森的长毛怪兽。这些怪兽虽然面目可憎，但却有一颗脆弱的心灵。它们的行为表现看上去就像这个年龄段的孩子：易怒、贪吃、勇敢、害怕……每个孩子都能从它们身上看到自己的影子。儿童喜欢与怪兽单挑，而最后的结果总是正义（儿童）战胜邪恶（怪兽）：这一切多让人安心呀！

儿童心理学家认为，儿童每一次与面目可憎的生物决斗时，都意味着他正在战胜自己内心的恐惧。这些怪兽是为儿童而生的，儿童需要挑战并打败它们。怪兽有助于儿童认清并战胜自己内心的恐惧。此外，怪兽同样可以成为儿童的亲密战友，帮助他对抗其他妖魔鬼怪。因此，儿童十分喜欢那些外表滑稽的怪兽玩具。

为什么当父母给孩子讲述饿狼故事的时候，他会害怕呢？难道他是被自己的想象力吓到了？我们发现这些故事中存在一些会令儿童恐惧的事物：饿狼黑色的皮毛、黑暗森林中的破旧小屋、饿狼的森森白牙、饿狼的亮绿眼睛以及饿狼的凶狠残暴。此外，故事中的饿狼被赋予了攻击人类的能力，因此它的存在会导致儿童及其家人陷入危险境地。

儿时同伴

当您的孩子进入幼儿园之后，朋友在他生活中的作用便开始日益凸显。与亲人相比，结交不同的朋友更有利于儿童拓宽自己的视野。

模仿同伴

在与同龄人接触的过程中，儿童发现了其他人不同的生活习惯与行为举止。在观察同龄人举动的过程中，儿童学会了如何建模型、如何写字、如何骑自行车。同龄伙伴的存在甚至能帮助儿童塑造自己的形象。随着同伴对自己的不断认可，儿童最终学会了欣赏自己。因此，对于儿童而言，同伴是面镜子。

为了融入某一群体，儿童会刻意模仿同伴的一举一动。极端的模仿行为会时不时地导致他与父母之间发生冲突。儿童想要从各方面变得与自己的同学一模一样：衣服、玩具、生活节奏……此时的他常说的一句话就是"他都可以有/做，为什么我不能？"

> 毫无疑问，儿童早期的社交关系有助于他身心的健康发展。从出生后的第3或第4个月开始，在与其他儿童相处的过程中，您的孩子便已经学会了不少东西。但是，幼儿园阶段才是童年期最为关键的一个阶段。在幼儿园学习的那几年，儿童能够取得突飞猛进的进步：他学会了参与群体活动，他开始关注身边的同学了。而这恰恰是他迈向社会的第一步。在此之前，他的注意力仅集中在自己以及父母身上。有些儿童的发育速度要比其他人慢，不过父母能够通过孩子在幼儿园的表现来判断他精神运动能力的发育、心理健康的发育、语言能力的发育以及书写能力的发育是否有延缓。如果出现了延缓甚至障碍的话，父母便能够及时咨询医生了。此外，他会在上学时间（即一整个白天）内一直将父母的形象保留在自己的脑海之中。等到放学的时候，怀着雀跃的心情等待妈妈的到来。事实上，对于儿童而言，放学后等待妈妈的那段时间要比任何一段上课时间都重要：他会紧盯着时钟，随时准备投入妈妈的怀抱。只有经历了"分离－个体化"阶段，儿童才能最终学会独立，并体会到自己对父母的爱到底有多深。

保持个性

面对儿童对同伴的极端模仿，父母应当与孩子深入交谈，比如：您可以向孩子解释您理解他的要求，但家里的经济条件或生活节奏并不允许。如果您可爱善良的小天使在同伴的影响下已经变成了一个"小恶魔"，那么您就更需要与他进行深入交谈。您同样可以趁此机会让孩子明白他是世界上独一无二的个体，他应该只做自己。您还需要让他明白只有保持自己的个性，才能受到他人的赞赏与尊重。

从幼儿园开始就受欢迎

同一年龄的儿童起点差不

多，因此，他们可以学习如何互惠互利地相处，如何在反抗与屈服中相处。只有这样，儿童才能最终学会掌控自己的情绪，才能不再以自我为中心。

有些儿童从小就极具感召力。当我们让整个班级的学生选出自己最喜欢的同学时，总有那么一批人会脱颖而出。既然有一批人最受欢迎，肯定就有一批人最受排挤。那么到底哪些品质能够让一位儿童深受同学的欢迎，而非排挤呢？根据多项调查的结果，我们发现班级的"宠儿"往往比一般人更聪明（但不是特别聪明）、更强壮。但是让他深得人心的真正原因是因为他性格好、阳光，并且十分关心他人。

有时会被排挤

如果某位儿童给同学的印象是焦虑不安、缺乏安全感、敏感多疑（这些负面情绪往往是成人不易察觉的），那么他的同学们会排挤他。如果某位儿童给同学的印象是苦恼，甚至抑郁的话，他的同学们反而会同情他。然而，如果后者想让同学们一直这样积极乐观地对待自己的话，他必须学会留住朋友。儿童最不能接受的便是小伙伴们与自己存在沟通障碍。某些儿童之所以不合群，是因

关于成功举办一次儿童茶话会的一些建议：在举办的前两周确定宾客名单；每位成人负责照看的儿童人数不能超过10人，因为这一年龄段的儿童需要多加看护；让孩子与您一起制作富有创意的邀请函；在邀请函上标明您的联系方式；画一些气球，然后在气球上标明举办的具体地址与日期；在邀请函上写明"请回复"；挑选一个大家都有空的时间档，比如：周六或周日；举办的时间不要太长，最好在下午3点至5点30分之间举行。

为他们往往会对一些（在其他儿童看来）奇怪的东西充满兴趣，并且他们所使用的单词更"高深"。另一些儿童之所以不合群，则是因为他们爱哭、爱提问题、总是表现得焦虑不安、过于依赖父母。

有计划地邀请小朋友

下午茶是儿童常聊的一个话题。如果儿童能够邀请小伙伴们来家喝下午茶或庆祝生日的话，他会感到十分自豪。如果父母定下了儿童聚会的日期，并且成功地发送了邀请，儿童便会一天天地数着剩余的日子，而这有助于他形成时间观念。如果父母在发送邀请之后要求对方给予回复，儿童便能通过小伙伴的回复方式来衡量他们为人处世的区别。

生日会有助于儿童提升自己。儿童越是腼腆，生日会就越应该办得生动有趣、有条不紊，以便帮助儿童增强自信心。

一般而言，孩子生日会的时候，父母应当邀请他的同学、堂兄弟/姐妹、表兄弟/姐妹以及其他亲朋好友的子女。不管怎样，最好只邀请孩子认识的小朋友，否则的话，生人会受到排挤。此外，最好邀请同等数量的男孩与女孩。如果男孩数量较多的话，您应当适时地为他们设计一个游戏，以便他们能够得到放松。如果受邀儿童中只有一两个异性儿童，您应当让这（两）位儿童在游戏过程中担当主要角色以免他（们）受到冷落。

3岁

建立规则

养育儿女并非意味着要让他们一辈子没有烦恼。父母还有为儿童定立规矩的责任，规则的存在能让儿童感觉到自己深受父母的庇佑。

学会说"不"

父母建立规则，不仅是为了保护儿童的人身安全，也是为了让他能够更好地融入家庭生活以及社会生活。建立规则旨在培养儿童良好的生活习惯以及教他学会尊重他人。父母一定不能姑息儿童一次又一次的越界。所谓权威，就是要将潜在的越界行为扼杀在摇篮中。

一种有益的挫败感

虽然有时儿童的某些行为以及癖好令人难以忍受，但是父母必须让孩子感受到自己一直都尊重他的意愿、顾及他的情绪，只有这样，孩子才能更好地接受您的权威。儿童是在父母的迁就与拒绝中逐渐成长的。父母所设置的各种限制会令儿童感到沮丧，然而，这一负面情绪却是儿童智力的塑造者、学习的动力以及想象力的助推器。一味地迁就、满足反而会毁了孩子的一生。因此，现实的作用就在于让儿童的某些希望幻灭。

禁止任何形式的体罚：无论是打屁股还是掌掴，对于儿童而言，都是一种人格上的羞辱。殴打意味着您以一种粗暴的方式抢夺了儿童对他自己身体的所有权，这种方式会让儿童感受到"强者"定律，甚至是"不公"定律。惩罚方式可以是剥夺儿童观看电视或外出的权利，也可以是要求儿童待在自己的房间面壁思过或让他干活儿（比如收拾玩具）。惩戒时一定要注意适可而止。正确的惩罚方式不仅有助于让儿童明白他已经顺利地渡过了危机，父母会重新再爱他，还能够为父母争取时间以便恢复理智。

不过，需要注意的是，过度的打击会造成儿童意志不坚定，甚至出现人格障碍。

加以解释

不管怎样，您的孩子都已经长大了，他变得越来越叛逆，不再听从您的命令了。为了不让你们之间的关系恶化，请不要强迫孩子听从命令。这种情况下，您需要对他晓之以情，动之以理。需要时刻坚定自己的立场，千万不要朝令夕改。说服的过程中，您需要清楚耐心地解释您做出某一项决定的理由直至儿童完全理解您的立场，毕竟这一年龄段儿童的思维方式与成人的并不一样。有时，儿童甚至会认为所有的限制都是您一人制定的，并且这些限制仅针对他一人，因此，您需要明确地告诉孩子这些限制适用于所有人，无论男女老少，都必须遵守。

在所有的家人中，最常将自己的意愿强加在孩子身上的是母亲。因为一般而言，通常由母亲负责教导孩子学习各种礼仪，并且母亲是最常陪伴在孩子身边的人。母亲总是约束孩子，因此，她自然成为了孩子反抗的对象。总之，成千上万的母亲都在孩子面前扮演着"黑脸"的角色。对于儿童而言，父亲的权威神圣不可侵犯，因此，他更容易服从父亲的命令。最好的解决办法就是夫妻双方一起制定子女教育准则。

易于理解的禁令

只要禁令是以一种清楚明确的方式呈现在儿童面前，那么儿童便能明白它们的意义，明白自己不能质疑父母的决定，不能违反禁令，否则会受到惩罚。渐渐地，儿童便会自愿遵守禁令。

惩罚是父母权威的一种体现，只有在儿童已经清楚地知晓了禁令的存在意义的情况下，才能对他实施惩罚，否则的话，惩罚毫无效果。父母既不能随意惩罚孩子，也不能以一种不公的方式对待他。有的时候，父母甚至可以让孩子自己选择惩罚的方式，这种做法不仅有助于儿童进行自我教育，还有助于他将父母所制定的禁令内化。

如果您的孩子笑了

当您训斥孩子的时候，他面露微笑地看着您，这是不是就意味着他不尊敬父母？这一反应无疑会令父母感到震惊与不解。难道他刚才成功地完成

> ❝ 好了，您的孩子已经长大了！他可以脱离您的怀抱，独自上幼儿园、在食堂吃饭以及参加同学的生日会了，他会时不时地给您讲讲他独自经历的事情。您现在肯定对他的人格、性格、兴趣爱好有了大致的了解。从现在开始，您的职责就是要帮助孩子迎难而上，而非强迫他不停地重复简单的事情。此外，您还需要学会评估儿童的各种能力：他话很多，可是他的注意力集中吗？他话很少，是不是意味着他思考得很多？现阶段，儿童完全能够承受您的短暂离去，但与您分别的那一刻，他仍会感觉焦虑不安。这便是心理学上所谓的"分离－个体化"。只有成功地离开了您的怀抱，您的孩子才能真正体会到自由、探索与发现的乐趣，才能最终独立。请您一定要警惕儿童自信心缺乏这一现象。如何判断儿童是否缺乏自信心呢？一般而言，如果儿童缺乏自信心的话，他会用各种负面的词汇评价自己。您不能让儿童沉浸在这一消极的情绪之中，他必须对自己有信心，必须认为自己十分强大，只有这样，他才能笑迎未来的挑战。从现在开始，我们已经从"夸赞"儿童的阶段进入到了"正面批评"儿童的阶段。在这一阶段，您需要指出孩子的不足之处，以便让他能够更好地克服困难。儿童只有学会了接受批评，才能拥有灿烂的明天。请注意，正面批评并不是蔑视与不尊重。❞

了一桩心愿？事实上，儿童从来不会将父母的第一次指责放在心上，只有当您第二次因他所做的某件傻事指责他时，他才会意识到问题的严重性，但是他却不一定会听从您的命令，尤其是他不想听的时候。

一般情况下，儿童潜意识里会选择与父母对抗。为了避免您与孩子之间发生不必要的

冲突，请您时刻坚定自己的立场。孩子必须明白您所制定的各种规则毫无转圜的余地。不过请注意，儿童天生就是一位魅惑高手，他知道如何做才能让您心软，让您对他重露笑颜。因此，请您一定要克制自己，千万不要沦陷在他温柔的目光之中，毕竟他已经到了该学习遵守规则的年龄。

3岁

467

与日俱增的独立能力

得益于前两年的学习与经历，您的孩子开始摸索独立之路了。此时的他已经知晓父母的暂时消失并不会影响他自己的存在与思考。

思想上的联系

独立意味着儿童能够在某位亲友不在场的时候仍与其建立一种思想上的联系。现阶段，儿童已经知道他可以全身心地信任某个人，并且即使这个人短暂或永久地消失以后，他仍然能够保留对这个人的记忆。他能够很好地忍受孤独，而孤独有助于推动他想象力以及创造力的发展。他还学会了独自玩耍。他心思清明，即使心爱之人、信任之人不在自己身边，他仍能与其保持某种联系。事实上，即使儿童看似形单影只，但是他并不感觉孤独，因为他的内心充满了幻想、回忆与思考。独立意味着儿童能够自己照顾自己，独立是一项受益终身的技能。

独自玩玩具

当儿童待在忙碌的父母身边独自玩耍时，这就证明他已经开始独立了。独自玩耍意味着儿童能够忘却他人的存在，全心全意地投入只属于自己的世界里。在这个世界里，儿童会与玩具说话，会制订一个与父母毫无关联的计划。现阶段的儿童已经意识到那些能够给予自己安全感的亲友同样拥有属于他们自己的独立生活。因此，过不了多久，儿童便会变得越来越独立，并且他能从独立之中获得快乐。

他要求独立

当儿童学会了独自玩耍后，他便会要求其他日常方面的独立，比如：要求自己穿衣服，自己洗澡。这些表现意味着他正在征服自己。一旦儿童成功地完成了这些动作，那么他不仅会感觉自豪，而且还会觉得自己终有一天会长大成人，会与父母比肩而行。此外，幼儿园的生活经历也有助于培养儿童的责任感：在幼儿园的时候，老师会尽可能地要求儿童自己照顾自己。但是，对于父母而言，儿童的独立之路总是让自己十分烦恼。父母不仅要担心儿童是否会在探索独立的道路上做"傻事"，还要担

每一位儿童都渴望长大。某些外在因素能够成为儿童成长道路上的助推器。如果儿童出生于多子女家庭，他对哥哥或姐姐独立性的艳羡便会成为他成长的动力。此外，通过父母的对话，儿童可能会获知与其同龄的亲戚小孩掌握了自己所不会的技能，而这会刺激儿童不断地成长。某些父母可能会因为孩子的独立而感到忧伤：他们眼睁睁地看着孩子不断地离自己远去。相比于过去时代的儿童而言，当今社会儿童渴望独立的时间越来越早，因此，他们的父母承受着更深的伤痛。对于这些父母来说，甚至对于整个社会而言，时间走得越来越快了。

心他们会不会在独立之后认为自己"毫无用途"，从而"抛弃"自己。在这些想法的作用下，有些父母会对儿童进行过度保护，以至于阻碍了他的正常发育。事实上，孩子对父母的爱丝毫没有减少，只不过，他换成了另一种方式来表达。因此，对于儿童而言，独立不仅意味着要战胜自己，还意味着要征服父母。

他知道如何宣称独立

孩子会通过某些行为来向您暗示他已经长大了、自立了，比如：他不愿再和您分享他在学校的故事，他不愿再告诉您他中午在学校食堂吃了什么。简言之，您的孩子想要拥有属于自己的秘密。不管是在人生的哪一阶段，儿童都希望能够拥有属于自己的私密角落。虽然儿童在早上上学时，或被送往爷爷奶奶/外公外婆家度假时仍会感觉悲伤，但是当您去接他时，他不会再怀着迫不及待的心情冲向您的怀抱了。这不仅是因为儿童已经能够独自承受孤独了，还因为他想以此向父母证明自己能够独立解决各种问题了，父母已经不再是他的"救世主"了。

任其行动

儿童的能力范围远比父母想象的要大得多。父母一直在

抱怨必须事事为孩子操心：要为他洗澡、穿衣、喂饭。然而事实上，这一切儿童自己都能搞定！如果您向孩子演示如何洗漱的话，他完全可以自己洗漱。您瞧！他可以站在淋浴头下自己搓脸、搓身体。孩子也喜欢自己挤牙膏（必须是儿童牙膏）、自己刷牙。如果儿童想自己洗澡的话，并不意味着他有洁癖，而是因为他想长大，想以此向您证明他完全能够不借助外人的力量解决一切问题。此外，现阶段的儿童也可以自己脱衣服、自己擦鼻涕（当他感冒时）。如果您希望儿童自己穿衣的话，请尽量为他准备一些方便系扣的衣物。儿童还不能从头部将毛衣套在身上，因此，请尽量为他准备背心。如果衣服上的扣眼足够大的话，儿童甚至能自己扣扣子。当然了，如果衣服上配备的是按压式纽扣就更好了。如果穿的是大衣的话，儿童往往会采用幼儿园老师教的方法：先将大衣敞开平铺，然后将两只胳膊分别伸进左右袖

管中，最后"咻"地一声将大衣背部往上提，直至紧贴自己的后背。这一系列连贯的穿衣动作能让儿童产生满满的成就感。现阶段的儿童也能自己穿裤子。如果裤子质地够软，弹性够大的话，儿童穿裤子就更容易了。对于儿童而言，最麻烦的莫过于穿袜子：他很想将袜子穿好，但几乎每次都不能将脚后跟处穿对地方。相反，穿鞋对他来说是小菜一碟，尤其是配有魔术贴的鞋子。不过，儿童目前还不会自己系鞋带，因为系鞋带这个动作要求手眼高度协调。不管儿童做哪些事情，都需要父母在一旁演示及指导。

3岁

如果您想让孩子自立，最好的办法就是任他尝试，如果儿童在尝试的过程中没有遇见困难或危险，请一定不要干预他的行动。过度保护只会让儿童变得笨手笨脚、缺乏创新能力与自信心。每当儿童尝试着做某个新动作时，您应当向他解释并演示如何完成该动作，而非直接替他完成。每当儿童成功地完成了某个动作时，请不要吝啬您的赞美之词。

词汇量接近1000个

儿童的词汇量与日俱增，他只要重复几次便能牢牢地将某个单词或某种表达方式记住，这都得归功于他那日渐完善的语言表达能力。

神奇的"我"

随着儿童记忆力以及手势灵活性的高度发展，他的语言表达能力也越来越强。儿童对独立的迫切渴求一定程度上也起到了助推作用。儿童做得越多，说得也就越多。在儿童看来，只有通过语言表达，才能让一切真实存在于世上，即使是那些离奇古怪的故事情节。儿童发现自己能够与所有人，包括不在他眼前的人（比如电话中的奶奶）天南海北地闲聊。此外，儿童还会故意认为某些生物或物体能够说话，比如：小狗、玩具等。在语言能力发育的过程中，儿童最大的成就便是学会了使用"我"。"我"的使用不仅意味着儿童知晓自己对身体的专属权，同时也意味着他从此以后会以一个独立个体的身份进行思考。

通过类比来学习词汇

3岁的时候，儿童掌握了自己的姓氏。他还能轻而易举地说出身体各个部位的名称。现阶段的他已经能够毫不费力地说话、提问了，能够回答包含了"谁""哪里""怎样"的问句，能够区分各种不同的颜色，能够分辨大小、远近这两组概念。他学会了使用人称代词"我"。他已知的大半词汇是专有名词，小部分是亲朋好友的姓名。现阶段，儿童的词汇量已达900，其中有一部分是食物词汇、衣物词汇、卫生词汇以及玩具词汇。虽然这个年龄段孩子的语言表达已经很清楚了，但仍有大半的音发不标准。例如，他可能会把 ch 发成 q，把"吃饭"说成"qi 饭"。有一些辅音也要等到3岁半之后才能掌握。至于语法的学习，儿童则往往借助于类比法，比如：通过"靠近"，他能够学会"远离"；通过"关"，他能学会"开"。儿童尤其喜欢使用"是"和"有"这两个动词。

尚在摸索中的句法

儿童十分善于直接"盗用"

2岁的时候，儿童便已经对句法有了足够的了解。即便如此，他仍然需要在这方面不断地提升自己。目前为止，他的语法知识尚不够全面，并且，他喜欢随心所欲地更改语法。通过观察成人所使用的语句，儿童最终能够掌握部分语法规则。3岁的时候，儿童能够以一种缜密的方式组织简单的语句，这意味着他的语法能力得到了极大的提升。4岁的时候，儿童则能组织一些更长、更复杂以及更加多变的语句。认知心理学家史蒂芬·平克（Steven Pinker）教授认为，3岁儿童都是"语法天才"。

成人的语句。不过有的时候，他会出人意料地给某个单词添加前缀或后缀。说话时儿童习惯以动词开头，然后再加上主语。因此，3岁的时候，儿童所说的语句往往由三部分组成，即主语、谓语、补语。如果仔细观察的话，您会发现儿童每天都在进步。儿童还会尝试着使用一些其他词性的单词，如形容词和介词。目前为止，儿童既不能正确地断句，也不能顺利地把复合句用连接词恰当地连接起来。当然，儿童会尝试着说复合句。在不断完善简单句的同时，复合句的使用能力也在提升。在不断摸索与模仿的过程中，儿童的语言表达能力必将日益精湛。

说与理解

研究表明这一年龄段儿童的词汇量并不相同。如果说18个月以下儿童所掌握的词汇量与年龄无关的话，那么18个月以上儿童所掌握的词汇量一定与年龄相关。儿童所掌握词汇量的大小并不足以说明他的语言能力发育是缓慢还是迅速，因为唯一的判断标准是他的理解能力。我们发现，那些话少的儿童，理解能力十分强，他们语言能力的后续爆

发力十足。但是，那些话多的儿童，却并不能保证自己的语言能力能够一直快速地发展下去。此外，我们还发现如果儿童的句法基础太差，他便不能正确地组句。不管怎样，丰富的词汇都能够让儿童产生强烈的表达欲望。不过，如果父母发现自己的孩子存在理解障碍的话，请及时咨询正音科医生。

神奇的儿童用词

3岁儿童喜欢不停地重复某一个单词，比如：鳄鱼、河马等。此外，有的时候，为了逗大人开心，他甚至会故意曲解某个单词的意思或创造一个新的单词。儿童的语言生动有趣、充满朝气并且富有创新性。每位家长的脑海中都存有一段关于自己孩子幼时乱用词语或造词的记忆。

"自创词语"与"词语游戏"完全是两个不同的概念。之所以会出现"自创词语"，往往

是因为儿童发音错误或无意识地将某些单词混在一起了。而"词语游戏"则完全是儿童故意为之，他主要想以此来展示自己的幽默天赋和语言天赋。不过，有的时候，儿童会利用"词语游戏"来激怒您，挑战您的权威。

手势动作与鬼脸

即便儿童已经能够熟练地使用语言来表达自己的思想，但是这并不影响他对手势动作以及鬼脸的迷恋。毫无疑问，手势动作与鬼脸是儿童最早使用的一种交流工具，它们的出现要远远早于语言。如果您不信的话，可以仔细观察一下我们的灵长类祖先。话少的儿童往往更喜欢做鬼脸。和语言表达方式一样，鬼脸表达方式同样需要学习。您可以在家中举办一场鬼脸大赛，这样的话，您就可以借此机会告诉孩子哪些鬼脸动作意味着不礼貌。

多项研究表明3岁儿童能够明白日常生活中的大部分用语。幼儿园的学习生活无疑能够帮助儿童丰富自己的词汇，纠正自己的语法。学习说话有助于提升儿童的思维能力以及阅读能力。当您带着孩子外出旅行时，您可以借此机会教他用语言描述周边的风景或某一滑稽的场景，这样的话，他的词汇量便会日益丰富。

空间概念

刚出生的时候，儿童脑海中的空间仅限于自己的身体，之后扩大到自己所坐的地方，再后来则延伸到自己所能移动的地方。一旦儿童学会了走路，他此前的行动范围便会被打破，他也能就此体会到何为距离。

最初的方向概念

通过观察与摸索，儿童最终能够明白纵向与横向的概念。4 岁或 5 岁的时候，我们能透过儿童所作画作的构思布局看出他对方向的理解。相比于人物而言，儿童更能轻而易举地将物品画在正确的位置，因为通过观察，儿童知道人是动态的，他很难判断人的位置。每当儿童画人物的时候，他都会画一个正面图。如果画的是人物站姿图，那么儿童会简简单单地纵向画一个人体；如果画的是人物睡姿图，儿童则会横向画一个人体。儿童画动物的时候，他始终会画一个侧面图，这一举动说明儿童已经掌握了前后概念。

用语言和动作来定义空间

当儿童成功地使用了虚词"里"的时候，就意味着他第一次对空间有了一定的了解。

> 对于儿童而言，获取空间概念无疑是一项巨大的工程。最初的时候，儿童会利用自己的身体来认识空间：他的皮肤、身体偏侧性以及身体图式能够帮助他第一次了解到周边世界的存在。通过上、下、前、后等概念，儿童渐渐能够明白自己与其他物品在某一空间中的不同位置。
>
> 3 岁的时候，儿童几乎已经完全掌握了空间概念，过不了几个月，空间概念的掌握能帮助儿童了解时间概念，因此，空间概念先于时间概念存在。之后，儿童会将自己对空间的理解呈现在图画中。此外，在卫生意识培养的过程中，儿童理解了"身体内"与"身体外"两大概念。最后，现阶段的儿童仍然喜欢玩"物品消失"与"物品再现"游戏，比如：他会将所有的桌子都变成秘密小屋、他会将阁楼想象成无限大。儿童的身体是他获取、了解空间概念的主要途径。

当儿童使用"里"字的时候，他不一定会同时挑选一个合适的动词来进行搭配，但是，他一定明白自己是想正确定义某一物品在某个空间中的位置。在 2 岁半至 3 岁期间，儿童会将动词"去"与虚词"里"进行搭配，通过这种方式，儿童明白了物体运动的概念。儿童学会的第一个空间词汇之所以是"里"（有时也可能是"上"），纯粹是因为成人嘴里总念叨这个词。儿童学会的第二个空间词汇是"上"，第三个空间词汇则是"下"。之所以先学会"上"，是因为"上"所代表的空间位置更为直观。此外，在儿童的脑海里，"下"代表的是一种消失状态，而非某种空间位置。儿童特别喜欢将"下"与动词"藏"搭配使用。一般而言，静态的空间位置要比动态的空间位置更先被儿童掌握，"前方"的空间位置要比"后方"的空间位置更先被儿童掌握。如果我们让一位3岁儿童定位某件物品的话，他会直接使用"那儿"。但是，在他的认知里，"那儿"并不具备任何远或近的含义。

4岁的时候，儿童开始对空间中的方向感兴趣。他会毫不犹豫地发出路线指令"往左拐，走右边"。不过，请注意，这些指令仅仅是一些套话，因为到目前为止，儿童根本还分不清左右。他不仅清楚地知道鸟儿、鱼儿的栖息地，还知道家中屋顶以及烟囱的位置。如果有人问他睡哪儿，他不会再笼统地回答"我睡在家里"，他会很明确地说"我睡在我的卧室里"或"我睡在我的床上"。有些儿童甚至能够准确地描述出自己卧室与家中其他卧室的位置关系。总之，儿童的空间概念渐渐从抽象变得更具体了。

儿童同样能在广场嬉戏的过程中获取对空间的了解。滑梯、秋千、蹦床、游戏笼以及其他设施都有助于儿童在不同的空间内移动。渐渐地，他便对空间有了一定的认识。在游戏的过程中，儿童必须不停地上上下下，而这无疑有助于他获取"上"与"下"这两大概念。此外，广场游戏还有助于儿童了解自己身体所处的空间。最后，在嬉戏的过程中，儿童还能初次了解到何为距离。

大大世界中的小小身躯

如果儿童在很长一段时间内仍无法定位自己所处的空间，请不用过于担心，因为这很正常。在这个大大的世界之中，他的身躯是如此之小以至于他总会错误地判断一些事情，错误地做出一些举动。儿童看待世界的方式很特殊：他要么会认为所有体型巨大的物品都十分畸形，要么会将父母所感知不到的细小事物放大化。因此，在儿童眼中，许多细小的事物都要比实际体积更大。这也就是儿童如此喜欢观察蚂蚁以及其他小昆虫的原因。儿童不仅会将事物的体积放大化，还会将距离放大化。对于三四岁的儿童而言，穿越10米左右的走廊无异于在花园深处探险。此外，儿童对面积也毫无概念。在他眼里，大海并不是一片一望无际的水域，而仅仅是一个能让他玩水嬉戏的地方。目前为止，儿童也根本不了解年龄与身高、体型

之间的关系。当他穿上父母的衣服时，他便想当然地认为自己与他们一样高、一样大。不过，一旦他身边出现了年龄比他小、个子比他矮的儿童时，他便能稍微感知到年龄与身高、体型之间的关系。

它在哪里

通过某些简单的精神运动练习，您能大致判断儿童对空间概念的掌握程度。比如：您可以让孩子在一个既定的空间内行走、奔跑或跳跃；您可以让他将某件物品放在凳子上、凳子前以及凳子后；您可以让他指出房间内的制高点与最低点；您可以让他从某一点绕经窗户跑到门口，并且在奔跑的途中，将手中的球扔给您。正常情况下，儿童3岁的时候便对周边的环境了如指掌，他知道入口、出口以及障碍物的位置。4岁的时候，他能根据指令将某一物品摆放在正确的位置。

礼仪、礼貌的学习

虽然礼仪、礼貌总是在随着时代的发展而不断改变，但是学习最基本的礼貌行为仍是社会所需。一般而言，儿童能在与他人的接触和交流中学会各种礼貌行为。

一种生活在社会中的方式

礼貌难道已经成为了一种过时的概念吗？不，它仍是一种社会及个人需求。礼貌是体谅他人、钦佩他人、尊重他人的一种体现。如果您认为礼貌就是让儿童变成一个不能在吃饭时说话、不能发表自己观点（因为他总是习惯打断年长者的讲话）的"低等"生物，那就大错特错了。事实上，每个家庭都会为自己的子女制定一系列的规矩。

"请"

儿童根据平时经验能够明白每个人要想玩滑梯或买冰激凌的话，都必须排队。儿童从很早开始，尤其是从入学之后开始，便有了自己的行为底线，并且他希望身边的人能够尊重自己的底线。过于谦虚或爱好挑衅他人的儿童往往容易被孤立。如果儿童认为某些礼貌用语／行为毫无实际用途，他们便无法理解这些用语／行为的存在意义，更不用提去学习了。

虽然"你好""再见""谢谢""请"这些礼貌用语的使用是出于一种社会习俗，没有什么实际用途，但儿童擅长模仿，如果身边的人都用，他就能学会。成人不用刻意地去教儿童学习各种礼貌行为，而应让儿童感觉所有的礼貌行为都是自发的。您应当让儿童养成说"请"（当他请求别人帮忙时）以及"谢谢"（当他得到了自己想要的东西时）的习惯。但是如何让他养成这种习惯呢？如果孩子没有说"请"的话，您可以假装

没有听见他的请求；如果孩子说了"谢谢"的话，您可以给他一个吻作为奖励。此外，您需要时刻关注儿童的日常用词，并告诉他有些词语不能随意使用，就算同班同学经常使用这些词语，他也不能使用。

礼貌地回应

随着时间的推移，儿童终将发现基本的礼仪、礼貌行为能够拉近自己与他人的关系，帮助自己化解尴尬。不过，他并不明白为什么我们必须和陌

礼貌言行时间表：

• 3 岁或 4 岁的时候，儿童学会了说"你好""再见"，学会了与陌生人握手，与家人拥抱。

• 4~5 岁的时候，儿童会不假思索地说出"请""谢谢""对不起"。他能够安安静静地端坐在餐桌旁，学会了用自己的餐具吃饭，能正确地使用餐巾。他还学会了尊重身边所有的人，无论男女老少，老弱病残。

• 6 岁的时候，儿童学会了耐心地等待发言。此外，吃饭的时候，他不再口含食物说话了。

生人说"你好"。儿童的注意力永远集中在自己以及亲友的身上，他会自动忽略陌生人的存在，不过一旦他与陌生人成为朋友，那么再见到对方的时候，他便能毫不费力地说出"你好"。腼腆的性格会阻碍儿童学习礼貌行为的进程。腼腆的儿童几乎不愿与不常见到的或第一次见到的人打招呼，这种情况下，请不要强迫他。

最初的时候，儿童学习礼貌行为是建立在模仿的基础之上的，之后，则是出于认同的心理。父母的榜样效应会日益凸显。如果您能在不同的场合向儿童解释各种礼仪规则，儿童就能更好地将这些规则牢记于心。

走亲访友是检验儿童是否能够自然地说出礼貌用语或做出礼貌行为的最佳时机。如果儿童表现得彬彬有礼，请您不要吝啬赞美之词；不过也请不要过度夸赞，否则会让儿童飘飘然。但是，如果儿童没能将礼貌用语说出口的话，请您适当地提醒他。3岁或4岁的时候，儿童会进入"叛逆期"。他不愿再说"你好"或"请"了，因为他想以此来挑战对方的权威。

以身作则的重要性

如果儿童拒绝学习最基本的礼貌用语／行为，请不要过于勉强，您可以以身作则地感化他，比如：每天早上对他说"早"，饭前对他说"祝你胃口好"，睡前对他说"晚安"等，这样的话，儿童便能潜移默化地学会各种礼貌用语／行为。不过，如果儿童拒绝拥抱陌生人的话，那非常正常，因为在他看来，拥抱具有一定的情感意义，他不愿将自己的情感托付给不认识的人。

学会接受不同

儿童总能在大街上或商店里遇见形形色色的陌生人，有时，他会显得手足无措。这种情况下，您需要教会孩子去接受陌生人的"原本面貌"，您甚至可以夸赞那些饱受孩子质疑的陌生人。通过这种方式，您能帮助儿童控制情绪，否则的话，他只能通过暴力行为来宣泄自己内心的焦虑不安了。

如何让孩子变得有礼貌呢？您不仅要向他解释规则，还需要列举一些具体的例子，比如："当别人送给／递给你一样东西的时候，你需要真诚地看着对方的眼睛，然后说谢谢，当然了，如果你能微笑着说谢谢就更好了""如果你不小心踩到别人脚了，或者不小心撞了别人一下，又或者想绕过别人走到前面的话，你需要说对不起"。渐渐地，儿童便能记住这些规则。当然了，有时他可能会忘记，这种情况下，请温柔地提醒他是不是忘了做某件事。此外，每当儿童成功地说出了礼貌用语时，请不要吝啬您的夸赞之词。

过不了多久，儿童便能明白自己不能用与游戏玩伴交谈的方式来与父母、（外）祖父母或其他成人交谈。儿童会仔细观察家人所使用的语言表达方式，并以此作为自己的行为标准。家庭聚餐无疑是儿童践行此项标准的最佳时机，比如：儿童可以将"请问""谢谢"这两个简短的词扩展成长句"请问，我能再吃些面包吗？""不用了，谢谢。我已经吃饱了。"儿童终会明白所有的礼貌用语和礼貌行为都是一种再自然不过的反应。

躁动不安的夜晚

相较于此前，如今儿童入睡变得越来越容易了，父母甚至不需要再为儿童举行睡前仪式了。不过，现阶段的儿童仍不能摆脱对睡前爱抚、毛绒玩具或者大拇指的依赖。有些儿童仍会在半夜苏醒，然后兴奋地满屋乱转。

满屋乱转

一场噩梦或一阵响动都会让儿童，尤其是内心敏感的儿童惊醒。儿童往往会因噩梦而感到紧张，因忽近忽远的不明响动而惊恐。他既分不清梦境与现实，也分不清内与外。因此，一旦被惊醒，他便会立刻起床，满屋乱转，寻找父母的卧室。儿童在惊醒之后跑去与父母同睡到底是好是坏呢？如果这一行为并未演变成一种习惯，那就意味着儿童只是在噩梦之后想要寻求父母的安慰而已，您无须过分担忧。但是如果这一行为演变成了一种习惯的话，那您就必须找出问题的根源。

与父母同睡

大部分情况下，儿童喜欢与父母同睡是俄狄浦斯情结的一种表现。儿童之所以想与父母一同睡觉，是为了赶走自己的"竞争对手"。如果孩子的存在早已严重影响了夫妻关系的话，那么与父母同睡这一行为无疑会令夫妻关系雪上加霜。为了避免这种情况的发生，父母应当及时表明自己的态度，毕竟如果儿童与父母同睡一床的话（即便他早已进入熟睡状态），会影响父母之间的性生活。

在过去很长一段时间内，心理学家都提倡让父母定期去孩子的卧室陪他一同睡觉。但是现如今，这一观点发生了改变，有些心理学家认为，如果与孩子同床丝毫不会影响夫妻性关系，且这一同床行为并不会演变成一种依赖的话，那么父母可以时不时地让孩子来自己的卧室一同睡觉。不过，请记住，父母的最终目的是帮助儿童实现心理上的独立，即独自睡觉。正常情况下，只有等到3岁半的时候，儿童才会表露出想要独自睡觉的愿望。如果您不想让孩子睡在您的卧室，请陪他一起回到他的卧室，然后向他解释爸爸妈妈之所以可以睡在一起，是因为他们结婚了。除此之外，您还可以告诉他"爸爸妈妈也没有和爷爷奶奶、外公外婆一起睡，所以你也不能和爸爸妈妈一起睡"。如

对于儿童而言，并不存在绝对的睡眠时长，因为每位儿童的睡眠需求都不一样。一般而言，2~6岁的儿童，睡眠总时长为9~13个小时。但是，对于某些儿童而言，可能7个小时就足够了。如果您认为早睡有助于他的睡眠，那就大错特错了，因为这没有科学依据。如果您想让儿童安然入睡，可以让他在睡前玩玩玩具、看看书、听听音乐，但是不要让他看电视。

果儿童仍然不依不挠，甚至大声哭闹的话，请坚定您的立场，不要妥协。

绝不在自己床上睡觉！

劳拉是一位情感丰富、活力十足的小女孩，她（几乎）每天晚上都会在惊醒之后跑到父母的房间睡觉。她知道不能与父母同睡一张床，因此，她会将自己的枕头与睡袋放在父母床边的地上，然后拉着妈妈温暖的大手躺下睡觉。几周之后，在父母的房间睡着的劳拉又开始时不时地在惊醒之后跑回自己的房间睡觉。几个月之后，劳拉终于"长大"了，她结束了"东奔西跑"的生涯，开始扎根自己的卧室了。

有些儿童与起初的劳拉一样不想独自在自己卧室睡觉，因此，他们会主动要求睡在起居室的沙发上或父母的床上。但这一做法根本解决不了儿童的睡眠问题。儿童必须学会接受夜间与父母的分离，学会独自睡在自己的床上。因此，父母一定不能屈服以免儿童养成不良的睡觉习惯。不过，如果儿童选择睡在自己卧室的地毯上，请不要反对，因为过不了几天，他便会厌倦这一自我慰藉的方式，然后重新爬上自己软软的小床。为了避免儿童因翻身而跌落床下，请为他安装床边护栏。

从忧虑到失眠

3 岁儿童的心情阴晴不定，他时而兴奋，时而忧虑。因此，他的睡眠极易受到影响。如果儿童平时睡觉时间（包括夜间与午休）不规律，或他生活在一个嘈杂的环境，又或他与父母共处一室，那么他的睡眠就更易受到影响了。

临睡前的争吵、严厉苛责、惩罚或毫无感情的道别也会影响儿童当晚的睡眠。

此外，过度地培养儿童的语言能力与卫生意识同样会导致他出现睡眠障碍。严格的括约肌训练是导致大部分儿童失眠的主要原因：儿童害怕在睡梦之中不能继续控制括约肌，因此，他会拒绝睡觉。此外，"分割焦虑"也会影响儿童的睡眠：儿童会认为粪便是自己身体的一部分，因此，排便意味着自己身体的一部分被分割至别处。与母亲的分别（即使是去祖父母家度假也不行），与母亲的紧张关系同样会导致儿童出现睡眠障碍。不管儿童的偶然性失眠是由什么原因引起的，都有可能会演变成持续性失眠。

最后，不能让儿童将睡眠视为一种义务。父母通常会以一个自认为合理的理由说服孩子睡觉，比如："如果你现在不去睡觉的话，你明天上课的时候就会觉得很累"。然而，这个理由毫无说服力，因为这一年龄段的儿童根本不知道什么叫累。有些内心极度敏感的儿童甚至会将此类理由视为父母的一种威胁。这样的话，他就更加难以安心入睡了。睡眠专家认为，儿童真正意义上的失眠是指他在凌晨 4 点还未入睡。

如果您的孩子未曾在白天见过您，那么在您归家之后，请不要立即让他上床睡觉，您可以轻声地给他讲个故事以便让他感受到您陪伴时的温暖。久而久之，他便能更好地接受您的短暂离去。故事讲完之后，您可以陪他一起返回卧室，然后，让他抱着心爱的玩具一起睡觉。

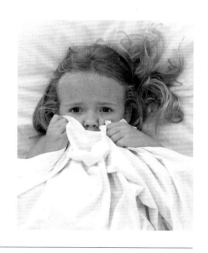

遗 尿

　　每位儿童的生理发育进度都不一致，但是大部分儿童都能在 2 岁半的时候自如控制自己的膀胱。要想让儿童完全学会在夜间保持清洁卫生，您还需要耐心等待一段时间。一般而言，我们只将习惯性的尿床称为"遗尿"。

原发性遗尿与继发性遗尿

　　遗尿一般是指儿童在夜间熟睡时无意识地排尿。不过，有些儿童也会在日间熟睡时出现这一状况。如果儿童一直都存在尿床的情况，我们将此称为"原发性遗尿"；如果儿童在成功培养了夜间卫生意识之后突然出现尿床情况，我们则称为"继发性遗尿"。引起儿童遗尿的原因有很多，且往往相互关联。毫无疑问，儿童的生理系统与神经系统尚未发育完全，这让他不能自如地控制自己的膀胱。除此之外，儿童不良的心理状态（常见）与父母错误的卫生教育方法（偶见）也会导致儿童出现遗尿症状。继发性遗尿往往由儿童的焦虑情绪所引起，从医学角度来看，继发性遗尿并不意味着儿童的泌尿系统出现了问题。

其他原因

　　二胎的出生、父母的离异等同样会导致儿童遗尿。有时，

> ❝尿床是父母经常咨询的一个话题。大部分情况下，儿童只会在夜间尿床。父母往往认为儿童尿床是因为他睡得太沉。他们会尝试着在夜间将儿童唤醒让他上厕所，然而，这一做法并不科学，因为它会影响孩子的睡眠，并且，我们的"小小睡神"也不是那么容易被唤醒的。我认为创建"尿床日历"可以拯救您的床单。所谓尿床日历，就是让孩子自己标记他尿床的日期与不尿床的日期。通过查看尿床日历，您会发现儿童在（外）祖父母家以及朋友家睡觉的时候尿床概率更小。这证明儿童在外生活时能够更好地控制自己的膀胱。需要注意的是，尿床并非一种遗传行为。恰恰相反，儿时曾饱受尿床困扰的父母会经常在家提及此事，以至于他们潜移默化地将夜间需要控制膀胱的意识植入了孩子的脑海之中。如果您的孩子经常尿床的话，您可以尝试着使用各种有效的治疗方法，不过请注意，一次只能使用一种方法。如果儿童 4 岁以后仍尿床的话，您必须提高警惕，因为在 4 岁以上尿床儿童这一群体中，只有 10%~15% 的人能够自愈。一旦儿童持续尿床，他会感觉羞愧，从而变得消极，这也就是为什么他必须接受治疗。❞

尿床是儿童的一种无声抗议。

　　遗尿常见于睡眠质量极佳的儿童身上，并且无意识排尿这一动作常常发生在快速动眼期。有时，儿童甚至会梦见自己已经起床上厕所了。正常情况下，如果儿童想尿尿的话，他会从浅睡眠阶段自然苏醒。

有些儿童之所以会成为"尿床大王"，是因为他们体内抗利尿激素的生物钟尚未完全形成。换言之，如果抗利尿激素在夜间没有上升，那么儿童体内的尿液量就会高于膀胱的容量，以至于多余的尿液会从体内溢出。

此外，膀胱在儿童遗尿问题上也难辞其咎，因为它尚未发育完全，以至于即使在尿液未满的情况下也不能收放自如。这一生理方面的不足导致儿童不得不频繁起夜上厕所，而这也在无形当中增加了儿童遗尿的风险。一般来说，男孩遗尿的概率比女孩大。

教育为主

适当的"教育"有助于儿童在夜间保持卫生。首先，您应该让孩子在上床睡觉之前上厕所。有些父母习惯在儿童即将熟睡之际将他唤醒，并让他去上厕所。这一做法并不妥当，因为大部分情况下，此时的儿童都处于半梦半醒状态，他根本意识不到自己已经上过厕所了。如果儿童半夜自动睡醒的话，父母可以提醒他去上厕所。为了让儿童夜间上厕所更加方便，您可以在他房中放置一个坐便器。最好在坐便器上贴上一块荧光贴纸，这样的话，儿童才能毫不费力地在黑暗中找

到坐便器的位置。此外，您需要在儿童的床上铺上一块隔尿垫以防尿液将床垫弄脏。如果尿液溢出隔尿垫，并将床垫弄脏了的话，也请不要指责孩子，您应当向他解释这种事情时有发生，他无须过分自责。如有必要，您还可以提议让孩子穿纸尿裤睡几晚。一般而言，在起夜上厕所习惯培养成功的几个月之后，儿童便能自如地在夜间控制膀胱从而不再尿床了。要想成功地完成这项训练，不仅需要父母的努力，也需要儿童的配合，如果儿童不愿培养夜间卫生意识，我们做再多也是徒劳。

治疗为辅

对于幼儿而言，遗尿属于正常生理现象，但是，如果儿童年满5岁之后仍尿床，就需要及时就医了。医生会先询问父母以下问题：孩子只在晚上睡

觉的时候尿床吗？他是否能感觉到自己尿床了？如果医生确诊儿童的尿床行为超出了正常范畴，则需要立即治疗。治疗过程中，医生首先会开导儿童，让他不再以尿床为耻；然后教会儿童制作自己的尿床日历（如果某天尿床了，就画一把雨伞；如果某天没有尿床，则画一个太阳），以便培养他的膀胱控制意识。通过日历，儿童能够看到自己一天天进步从而变得越来越自信。如果这一心理干预无效，就需要考虑进行药物治疗了，不过请注意，药物治疗不适用于6岁以下儿童。请记住，尿床只是一种现象，而非疾病。

有争议的情感因素

有些人认为某些儿童之所以会尿床，是因为他们存在情感障碍，这类儿童通常不成熟、不独立、胆小怕事，对父母，尤其是对母亲的情感极为矛盾（既想反抗，却又十分依赖）。然而，事实上，并没有任何科学依据能够表明尿床与情感障碍之间存在必然的联系。即便如此，大部分医生在治疗的过程中仍会考虑这些心理因素：尿床是不是儿童用来挑战父母权威的一种手段？尿床是不是儿童用来回应父母某些行为的无声抗议？

3
岁

糖果，我还要糖果！

甜味是儿童以及胎儿最喜欢的一种口味。之所以说胎儿也喜欢甜味，是因为我们发现每当胎儿吞入了甜味羊水时，他会表现得十分兴奋。不过，随着儿童年龄的增长，父母一定要控制他的糖摄入量。

适度管理

每当为孩子准备饭菜的时候，父母就在纠结到底该不该放糖，放多少。给孩子喝酸奶的时候，父母也会顾虑里面的含糖量。然而，现实生活中，糖兼具有某种教育功能：难道您奖赏孩子的时候，没有给他吃过糖吗？

不管您怎么说、怎么想，都改变不了糖类能够带给人体的益处：糖类能够迅速被氧化并释放能量。糖类本身并没有罪，关键看父母怎么分配了。比如：您为什么非要在瑞士干酪或香蕉泥中添加白糖呢？您可以在饭后让孩子吃一颗糖、一小块巧克力或饼干。但如果孩子吃饱了的话，他就不会再要求吃糖了。至于下午茶，最好让孩子吃一片抹有巧克力酱的面包，而非甜腻的香蕉。

您需要让孩子明白他可以吃糖，但是不能毫无节制、不分时间段地吃。如果您不希望孩子上午11点的时候就嚷嚷着要吃甜食，那么请尽量为他准备一顿丰盛的早餐。如果儿童感觉小饿的话，您可以让他吃一些水果或奶酪，不能让他吃脂肪含量过高的羊角面包。过度地吃糖/甜食，尤其是在两餐之间吃，会让孩子食欲下降以至于他无法摄取足量的营养，比如：脂肪酸、维生素或铁元素。

脱脂糖与糖类替代品

糖类本身并没有罪，它只会给人体带来一些无用的卡路里而已。如果您的孩子实在难以抵制糖类的诱惑，建议您偶尔让他食用一些含有甜味剂的脱脂糖。蜂蜜也是一种绝佳的糖类替代品，它甜味重，所含的卡路里却不高。我们可以将蜂蜜添加到牛奶或酸奶中，这样

人们认为吃甜食会导致蛀牙，事实却并非如此。儿童之所以会出现蛀牙，是由他吃甜食的方式、时间以及自身牙齿的状况，而非吃的数量决定的。要想预防蛀牙，就要时刻保持牙齿的卫生，尽量避免在两餐之间，尤其是睡前吃甜食。事实上，食物越多地促进酸性环境的产生，就越有利于细菌的生长。反之，如果某种食物不能产生酸性物质，它就不会促进细菌的繁殖。巧克力、以巧克力为原料的食物、牛奶以及奶酪不易产生酸性物质，因此，相比于硬糖、棒棒糖、苹果派而言，以上四种食物不易导致儿童蛀牙。但是，巧克力毕竟也是一种含糖食品，一定不能让儿童多吃。另外，大部分医生都不希望儿童食用糖类替代品，因为它们很有可能会导致儿童毫无节制地摄取糖分，并且有些糖类替代品一样会导致儿童蛀牙。

越来越多的专家开始为糖类正名了，他们认为糖类并不会直接导致儿童肥胖。有研究表明肥胖儿童的食糖量要比正常体重儿童的食糖量少。专家认为儿童肥胖症是由多种因素引起的。此外，2 型糖尿病的罪魁祸首也并非糖类，而是肥胖。

不仅能够增加食物的甜味，还能增加它的香味。水果干（比如：葡萄干、椰枣干、香蕉干或菠萝干）也是一种优秀的糖类替代品。一小袋水果干能够为人体提供能量、钙与镁。平时只能让儿童喝白开水或矿泉水，不能让他喝含有糖分的水或饮料。逢年过节的时候，要谨防儿童借机胡吃海喝。

请适度让儿童储备一些糖果，以便他能利用这些零食与同学沟通感情。如果他储备的数量太多，也请不要过于担心，他对糖果的迷恋终将随着年龄的增长而消退。

彩色糖果的危害

为了吸引小小吃货的眼球，生厂商会在糖果、口香糖或蜜饯中添加一定量的食用色素。这些色素的添加一般都需要严格遵照相关标准执行。欧洲大陆只允许食品生产商使用大约 30 种色素，且这些色素都能被人体所吸收，包括儿童。即便如此，仍有一些儿童会对色素过敏，最常见的过敏反应是荨麻疹，严重的甚至会出现血管神经性水肿，主要症状表现为人体各处部位，尤其是脸部会突然出现皮下水肿。不管怎样，食用色素都不会导致儿童呼吸困难。有些专家认为食用色素会导致儿童腹痛、偏头痛或多动，但这仅仅是他们的猜想而已，并没有实质性的证据。过敏体质的儿童或家族中曾有人受过色素折磨的儿童最容易遭受这类食品添加剂的攻击。即使是同一位儿童，他对色素所表现出的过敏反应也不会一成不变。一旦儿童对色素过敏，请不要让他食用含有任何色素的食物。最容易造成儿童过敏的色素编号为 E100 至 E150（欧盟将食用色素编号为 E100 至 E180）。如果食品或药品中添加了色素的话，按照法律规定，制造商要在外包装上标明它们的名称。

自制糖果

为什么不让儿童自己动手制作糖果呢？他可以在某个阴雨绵绵的周末自己动手制作棒棒糖、苹果糖、杏仁糖、水果糖……这样的话，他就不会因为糟糕的天气而感到无聊了。手工糖果一般不会添加任何色素（除非您自己想添加），且由 100% 的水果制成。您还可以购买一些糖果模具（材质一般为硅酮），这样的话，您与孩子制作出来的手工糖果便与商店出售的别无二致了。

巧克力

每种巧克力食物，如巧克力块、巧克力粉等，其成分、口感与质感都不尽相同。人们会根据巧克力的原产地以及质量来为其分类。此外，巧克力中或多或少会掺入一些可可脂、牛奶或糖分。因此，在购买巧克力的时候，您需要仔细阅读成分表。与糖果相比，巧克力更具营养价值，因为它能为人体提供钾、镁、磷。如果巧克力中含有牛奶，它就还可以为人体提供少量的钙。总而言之，巧克力是一种特别棒的能量食物。

3
岁

学校午餐

天哪！居然要在学校食堂吃午餐。这一体验会从各个方面冲击儿童的认知。因此，我们建议最好让儿童在适应了学校环境之后再在学校食堂就餐。

偶尔令人不安

一般而言，这一年龄段的儿童从来不会抱怨学校食堂的伙食。不过，食堂饭菜的营养可能并不均衡。另外，由于儿童此前从未在如此喧嚣、拥挤的环境中独自吃过饭，因此，有的时候，他会产生一种压迫感以至于食欲下降。

研究人员曾经专门用声级计测量过学校食堂的噪音等级，他们发现每当工作人员将薯条端出来的时候，儿童的尖叫声会高达 85 分贝，而这等同于一条繁华街道的噪音等级。令人欣慰的是，许多学校食堂已经意识到了这一问题的严重性，已经着手进行改善了，比如：选用隔音材料、每张餐桌只安排坐 6~8 位学生、摆放一些引人注目的装饰物或绿色植物（以便为儿童营造一个轻松的就餐氛围）。此外，为了能够让儿童拥有亲切温馨的感觉，越来越多的学校选择将传统食堂改造为自助式食堂。

培养责任感

自助式食堂不仅有助于培养儿童的责任感，让他安安静静地进餐，还有助于他在就餐时间学习新知识。一般而言，小班儿童最先吃饭，15 分钟以后，中班儿童才能进入食堂就餐，再过 15 分钟，才是大班儿童的就餐时间。在自助式食堂里，儿童能够很快学会看菜单、排队取餐、取饮料。因为在就餐的过程中没有任何人能够为儿童提供帮助，所以他不得不学会自己用勺子吃饭，自己选择想要吃的食物，比如：他会自己选择一份水果作为餐后甜点。过不了多久，儿童便能改掉挑食的毛病，既然他最好的朋友都吃菠菜，那为什么他不能吃呢？此外，自助式服务还有助于儿童根据自己的节奏进餐。很多学校允许儿童在吃完饭之后去游乐区玩耍，这样的话，吃饭快的儿童就不用百无聊赖地坐在餐桌旁等其他同学了；吃得慢的儿童则可以在大部队撤退之后安安静静地享受美食。一旦儿童在自助式食堂里学会了独自吃饭，父母以后就不用费心费力地喂他吃饭了。我们诧异地发现自助式食堂很少出现餐具摔破以及食物浪费等不良现象。

> 66 如果您的孩子十分挑剔的话，请让他在学校食堂吃饭吧，因为食堂能够彻底治愈儿童拒食以及挑食的毛病。如果儿童经常在食堂吃饭的话，他会更加想念家中的饭菜。我记得曾经有一个小男孩问自己的奶奶为什么不去他学校的食堂做饭。您想想，当时奶奶的心里得多高兴，多自豪呀！99

在法国，幼儿园食堂直接由市政府管辖。几乎每座城镇的幼儿园都配有食堂。市政府可以直接或委托某家专业公司经营学校食堂的业务。当地的农产品质量安全检测中心负责监管食堂的饭菜质量，以便确认儿童食用的畜禽肉、鱼肉是否符合安全标准，所摄取的钙、维生素、纤维、脂肪等是否能够满足一日所需。儿童就餐的过程中，幼儿园园长以及地方专业幼儿园服务员（ATSEM）必须在场。他们的职责就是确保每位儿童都能依据自己的节奏进餐，除此之外，他们还必须将儿童就餐时所遇到的障碍、出现的问题告知其父母。

学校食堂"使用说明"

在法国，学校食堂必须每天将当日的菜谱张贴在墙上以便家长查阅。此外，食堂的饭菜必须在市政府指派人员（该人员还需要负责儿童的就餐礼仪，比如：教会儿童不挑食，教会儿童使用刀叉……）的监督下准备。儿童在学校食用的午餐必须包括一份前菜（热菜、凉菜均可）、一份主菜（主菜必须由畜禽肉、鱼肉 / 鸡蛋、绿色蔬菜 / 淀粉类蔬菜构成）、一份奶制品与一份水果。原则上，午餐的定价需参考市政府的指导意见，但是，学校也可以根据入学儿童的家庭收入水平进行适当调整。如果家长对学校的午餐有任何意见，可以直接将情况反映给学校家长会、学校理事会或市政府下属的学校管理部门。从前几年开始，某

些幼儿园要求在校进餐儿童必须提供由家长雇主开具的工资证明。然而，凡尔赛行政法庭的判决表明："秉着公平公正的原则，学校无权要求在校进餐儿童提供由父母雇主开具的工资证明……"所有儿童，包括父母待业的、父母正在休产假的、父母为自由职业者的，都有权在学校食堂进餐。

营养均衡

提供给儿童食用的食物不仅要保证绝对卫生安全，同时还要保证营养均衡。有些食堂甚至扬言要深度开发儿童的味蕾。

学校的午餐必须包含动物蛋白（其中部分来源必须为牛奶或奶酪）、新鲜蔬菜（每周两次）、面食或米饭。谷物的食用份量必须能够满足儿童一天的热量所需。对于经济落后地区的幼儿园而言，必须保证儿童在校所摄取的动物蛋白能够满足其一天之中50%的需求。

法国《小学生营养午餐指导意见》规定，儿童在学校的进餐时间须为45分钟。遗憾的是，儿童的进餐时间往往达不到45分钟，因为他们必须加快吃饭速度以便将位置腾给第二批学生。

3 岁

入学第一日

即便儿童此前已经体验过了集体生活，您仍须为他做好各种入学准备，因为学校里的一切对他来说都是陌生的，此外，儿童之间的不安情绪有时会相互传染。当儿童放学回家之后，您需要给予他一定的关心与关爱。

陪他参观校园

为了让您的孩子能够毫无心理负担地入学，请您最好在开学前几天带他去参观一下校园，让他了解一下校园环境，比如：您可以告诉他哪栋是教学楼，哪里是操场，他在哪间教室上课（如果您知道的话）。如有可能，请您尽量凸显上学的重要性以及他身份转变（即成为了学生）后的好处。您不仅需要告诉孩子他上学之后会在学校做什么，还需要向他一条一条地解释学校的规章制度。别忘了告诉孩子他可以带心爱的玩具一起上学。此外，您还需要告诉他中午的时候必须在学校午休。

您可以在日历上标注孩子入学的日期，然后与他一起倒数；您可以告诉孩子在学校里能够结交许多朋友；您还可以带着孩子一起去置办文具用品，比如：书包、笔袋、彩笔等。虽然他目前很可能用不上这些物品，但是您可以借此让他感受一下开学的气氛。

细节描述

您解释得越详细，儿童便越安心。首先，您可以大致地给孩子讲一下他在学校的日程安排：上课、做游戏、吃午饭（您需要告诉他在食堂吃饭时的大致流程）、午休（老师会安排他和同学们睡觉）、手工课（老师会给每位儿童分发手工材料，这些材料要比家里的更高级、更有趣）。然后，您要向孩子强调"学校有很多东西比家里的好玩。虽然爸爸妈妈不能陪你一起上学，但等你放学，我们会去接你"。最后，孩子进校之前，您可以和他拉钩发誓。

现阶段的儿童自理能力还比较弱，他很有可能会担心在学校上厕所的问题。这种情况下，请您告诉他他只需要报告老师即可，老师可以陪着他一起去厕所，会在他上厕所的过程中提供必要的帮助。

您还应该让儿童明白在学校时不能为所欲为，他必须听

虽然幼儿园不属于义务教育，但是上幼儿园有助于儿童的身心发展。建议您在开学前带孩子熟悉一下学校的环境以及教职员工。您甚至可以让孩子与中班／大班儿童一起在操场上嬉戏。只要您做好了孩子的入学前准备，他就不会因为分别而太过焦虑不安。如果孩子不愿上学，请您一定坚持自己的立场，您要坚信上学有助于孩子的身心发展，有助于他独立自主。放学归家的途中，最好不要询问孩子当天的经历与感受。

从老师的命令，即使他不想。

艰难的分离

开学那天，父母往往要比孩子更痛苦。如果您的孩子不停地哭泣，请不要大惊小怪，因为即使他愿意上学，但只要一想到即将离开父母、离开家人、离开家，他就会忍不住落泪，毕竟开学意味着他要进入一个完全陌生的世界。在这个世界里，他必须面对其他素未谋面的儿童与成人。此外，即使您的孩子再勇敢、再坚强，也难保他不会受周围环境的影响：身边大部分的同学都因分别而大哭，难道您的孩子不会被他们的悲伤情绪所感染吗？这种情况下，您可以提前告知孩子在学校的时候，肯定会看到别的儿童哭。

老师不一样，父母与孩子分别的方式就不一样。有些老师希望父母能够尽早离开以免儿童长时间地沉浸在别离情绪之中；有些老师则希望能够将别离的伤害降至最小，她们会邀请家长陪同孩子一起进教室。

在您离开孩子之前，请温柔地松开他的手，然后给他一个吻别，告诉他您会在放学的时候来接他。最好准时去学校接孩子放学，一分钟都不要耽误，因为如果您迟到的话，孩子在等待期间会产生一种被遗弃感。此外，开学第一天，孩子不需要在食堂吃饭，您可以为孩子准备一顿丰盛的大餐或者为他买一份冰激凌。从心理学角度来说，建议您最好在开学后的第二周再让孩子在学校食堂吃饭。

放学回家

请您不要在放学回家的路上询问孩子学校所发生的事情。首先是因为，他仍需要一段时间来缓冲，以便从集体生活过渡至家庭生活；其次，儿童往往很难想起数小时前发生的事情，即使想起来了，以他目前的语言表达能力也难以叙述清楚；最后，以儿童目前的理解能力，他有可能会听不懂您的问题。总之，对于现阶段的他而言，"你今天在学校做了些什么？"这个问题实在是难以回答。

200 多年前，在阿尔萨斯的一个小山村里，奥柏林（J. F. Oberlin）牧师为了替工人们分忧，创办了欧洲的第一所幼儿学校。之后，有两位女性为了弘扬奥柏林的幼儿教育理念而做出了诸多努力。第一位是玛丽·巴普－卡尔邦提（Marie Pape-Carpantier），她提倡以游戏的方式来进行幼儿教学。第二位则是波琳·科尔古马尔（Pauline Kergomard），她提倡从心理学以及社会学角度来进行幼儿教学。此外，"幼儿园"这一名称也是科尔古马尔女士所发明的。最后，我们不得不提及瑟勒斯坦·佛勒内（Célestin Freinet），因为如果没有他，法国的幼儿教育就不会像今天一样繁荣。佛勒内提倡将幼儿培养成学习的主人。

上学的益处

父母越是赞成孩子上学，孩子就越能更好地适应学校的生活。如果父母不舍得与孩子分别，孩子也就不愿意去上学。因此，在您决定送孩子入学之前，请您先处理好自己的情绪。如果家中二胎刚出生，父母刚离异或者母亲刚决定重新入职，请您不要在这个时间点送孩子上学，否则只会让他感觉您是想以此为借口来摆脱他。上学有助于儿童变得更加自立与自律。在学校的时候，儿童可以随心所欲地玩自己想玩的任何游戏，一旦他厌倦了，他便会主动把玩具整理好以便同学可以接着玩。此外，上学还有助于培养孩子的互助能力：如果他遇到了一种很复杂的游戏或者他一个人很难将玩具整理好，他便会请求或接受他人的帮助。

3
岁

小 班

　　小班主要接收 3 岁儿童，有时也会接收 3 岁以下的儿童。小班儿童不仅需要学会如何在集体生活中与他人和睦相处，还要学会遵守老师发出的简单指令。当然，课堂内容往往会通过游戏的形式呈现在儿童面前。

最佳入学年龄

　　法国 95% 的 3 岁（及以上）儿童都已经被父母送往幼儿园学习了，并且 3 岁是公认的儿童最佳入学年龄。这一年龄段的儿童已经拥有了一定的独立能力，他在家中生活得无忧无虑，于是，他便开始想要结交新朋友、开发新游戏以便满足自己的求知欲与探索欲。小班的课程设计非常符合儿童对体能活动的要求。前几个月的时候，很多老师会让儿童做一些全身性的精神运动活动，比如：跳舞、做游戏。之后，为了进一步锻炼儿童的运动机能，老师则会安排一些绘画课程、制模课程以及建构类游戏课程。

通过玩耍来学习

　　小班没有必修课。小班的教学目标旨在让儿童掌握自己的身体图式、学会用图画表达自己的思想、学会与同学和平共处、学会完善自己的人格、学会有规律地生活以及学会遵守老师发出的简单指令。在小班学习期间，儿童的主要活动就是玩。玩对于儿童而言再简单不过了，因为这是他完全可以无师自通的。

幼儿园里的一天

　　每所幼儿园的课程设置以及上课形式都可能不大一样。但根据儿童的学习特点和发展需要，一般都会设置绘画、体育、阅读、唱歌、音乐等课程。这些课程一般都以游戏的方式进行，并且都按照这一年龄段儿童的注意力集中时长来设计。在课程的选择上，有些老师会给予儿童一定的自由度。

　　中午的时候，老师会要求儿童午休。午休过后，老师一般会带着孩子们热身以便让他们尽情地发泄放纵一下。之后，老师则会带着孩子们一起做游戏或完成某项"艺术工程"。最后快要下课的时候，老师很可

　　儿童几乎不会在学校遭遇严重的意外事故。如果真的发生了意外事故，60% 是发生在学校操场，并且是发生在午饭时间。一般而言，大班（5 岁以上）的男生是意外事故的高发人群，他们所遭遇的意外事故占总数的 2/3。儿童遭遇的意外事故 70% 为摔伤，20% 为撞伤，10% 为打架受伤。47% 的情况下，意外事故会导致儿童身体出现伤口，23% 的情况下则会导致儿童骨折。一般而言，一旦儿童在学校受伤，学校医护人员会为他进行简单的处理。如果受伤较为严重，校长必须立刻通知家长。

能会和上午一样给学生们讲一个故事。随着教育行业的兴起，某些校外机构会在下午放学以后提供幼儿托管服务，帮助父母照看孩子。

入学有助于儿童学会在集体中生活。首先，集体生活有助于儿童明白原来自己与他人、与世界之间存在着某种新的联系。其次，集体活动有助于培养儿童的互助意识与竞争意识。最后，学校生活有助于锻炼儿童的自理能力，比如：老师会教孩子扣扣子、会让孩子在玩耍过后将玩具摆放整齐。

课间休息

嘲笑、挑衅、打架是集体生活中常见的三种现象，这三种现象时常发生在课间休息期间，即使有老师在一旁监管着，也阻止不了这三种现象的发生。体能异常（超强或超弱）的儿童、腼腆的儿童或拘谨的儿童最易遭人嘲笑、挑衅。当然，老师也深知这一点。在入学之前，父母可以提前告知孩子这些现象的存在，并建议他远离那些不太友好的儿童，如果他在学校被人欺负而不敢告诉老师，他可以回家之后告诉您。

父母的职责

政府明确地规定了父母在学校生活中的职责，比如出席家长会。幼儿园学生的父母与小学生、中学生父母一样，应当推选一些家长代表，成立家长委员会。家长代表须准时出席学校会议以便就学校的运行做出表决，比如：学校的规章制度以及学校的建设计划。不过请注意，家长代表一般无权干涉学校的课程规划。老师则

有义务保持与学生家长的沟通，告知其孩子的学习情况。现如今，除了定期的家长会面之外，越来越多的老师会利用上课之前或下课之后的片刻时间与父母沟通孩子的问题。

课程计划

幼儿园也有属于自己的课程计划。课程计划旨在培养儿童五大方面的能力，即培养儿童的语言能力、行动能力、肢体语言表达能力、环境观察能力，以及培养儿童的好奇心、注意力与纪律性。

小班的课堂教学内容丰富多彩，不过所有的教学内容在设计的过程中都考虑到了儿童目前的心理、生理以及智力发育水平。每天早上，老师都会在游戏的过程中见缝插针地开发儿童的语言能力。此外，有些幼儿园还会开设精神运动课程，因为对于这一年龄段的儿童而言，所有的生活体验都是通过身体完成的。当然了，幼儿园还会开设音乐课。在玩乐器的过程中，儿童能感受到音乐，开发自己的音乐细胞。最后，绘画（油画、铅笔画与水彩画）也是幼儿园最基本的教学内容之一。绘画不仅有助于锻炼儿童的手工能力，还能开发儿童的创造力与想象力。

学校的生活节奏

多项研究表明，遵循生物钟的规律有助于人体健康。生物钟不仅能够调节人体机能，还会影响睡眠时间与清醒时间的交替循环。因此，学校最好能够按照学生的生物钟来进行教学安排。

生物钟

这个世界上存在着各种各样的生物钟，儿童的生长发育有生物钟，儿童的饮食有生物钟，儿童的器官功能也有生物钟。我们往往能通过日常生活中的小细节来判断生物钟是否规律，比如：饥饿感、睡眠时间与清醒时间的循环交替。

一项针对 3~5 岁在校儿童的研究表明：在 3 岁儿童这一群体中，有 90% 的人会在晌午的时候自动睡着；在 4 岁儿童这一群体中，则有 40% 的人会在中午的时候自动睡着。然而，有些幼儿园却未曾给学生安排午休这一环节。我们发现，20%~40% 的 6 岁儿童会在下午上数学课的时候睡着，此外，从生理层面来讲，10% 的 6 岁儿童仍然需要午休。最后，我们还发现，儿童在中午的时候警惕性会下降，大脑会变迟钝。因此，请不要在这一时间段为儿童安排费脑费力的活动。

幼儿疾病同样也有自己的生物钟，因此，正常情况下，任何一种疾病都不会一年四季不分时间点地出现，比如：水痘以及流行性腮腺炎往往在上半年出现，风疹以及麻疹则更喜欢在阳光灿烂的 5 月出现。

> 现如今，法国所有的幼儿园与小学都已经更改了上课时间：每天上课的总时长缩减，但是会相应地增加另外半天作为上课时间，这半天可能是周三早上，可能是周五下午，也可能是周六早上。在这半天时间里，学校必须组织一次有益儿童身心健康的课外活动。此外，3 岁儿童在上学的过程中还涉及一个午休问题。有鉴于此，我们建议您只让儿童上半天早班课以免扰乱他的生物钟，毕竟幼儿园教育也并非义务教育。此外，午休问题也让幼儿园重新审视了自己的教学安排。现如今，幼儿园一般会在下午的时候为儿童安排各种有助于其语言能力与运动能力发育的课外活动。此外，艺术活动（比如：音乐课、绘画课）在儿童的学习过程中也占据着举足轻重的地位。

四季交替

从儿童的身体健康角度来看，冬季并非一个好季节。多项针对人体免疫力的研究表明，1 月或 2 月的时候人体免疫力明显下降，这也就是为什么在这两个月期间，流感会肆虐，儿童会因"季节性抑郁"而感觉疲惫（因为睡眠质量不佳、心情不好、情绪不稳）。季节性抑郁一般始于秋冬两季（其中冬季的抑郁程度更深），终于春季。医生认为之所以会出现季节性抑郁，可能是因为人体尚未适应"昼短夜长"这一变化。这一变化的出现不仅会影响儿童的心情，而且也会影响他的睡眠质量。因此，建议您带着孩子去阳光明媚的地方玩上几天以帮助他恢复往日的活力。

理想的一天

越来越多的孩子缺乏睡眠。小学一二年级的学生经常在早上 9 点左右打呵欠，然而，如果他们前一天晚上睡得很好的话，就不应该出现打呵欠这种现象。事实上，我们发现人类警惕性最高的时间段为早上 9-11 点和下午 16-20 点。因此，这两个时间段最适合从事一些复杂的脑力活动。生物钟学家曾就儿童的注意力做过一项研究，研究表明，小学生，尤其是幼儿园学生，每年学习的时间不应超过 210~220 天，每天学习的时间不应超过 4 小时。根据以上结论，我们认为最理想的课程时间安排应为早上 9 点 30 分至下午 16 点，其中中午 11 点 30 分至下午 14 点应为午休时间。此外，多项研究表明，早上九十点钟的时候最适合短时记忆，下午三四点钟的时候则适合长时记忆。

上课时间

绝大部分幼儿园都是周一至周五上学，但每天具体的上学时间和放学时间很可能并不一致。一般来说，大部分是早上 8 点左右上学，下午 4 点左右放学。另外，同一幼儿园在夏季和冬季的上学、放学时间可能会有所不同。

除了数学、美术、科学等"学科"课程，幼儿园每周甚至每天还会进行一些诸如体育运动、户外远足等课外活动。大部分的生物学家认为幼儿园每天的学业太过繁重了。

对于这一年龄段的儿童而言，他们尚不能接受自己的生物钟被多次打乱。生物钟被打乱的次数越多，儿童就越痛苦。我们发现从生物钟角度来看，周一永远都是令人痛苦的一天。另外，我们还发现其实一周的小长假对于儿童而言绝对是弊大于利，因为他需要至少一周的时间才能完全适应假期生活的节奏。因此，如果幼儿园要放假的话，最好放两周以上。另外，我们认为幼儿园不应将一年划分为两个学期，而应每上七周学，就放假休息两周，如此循环往复。可惜的是，由于受到社会经济条件以及社会习俗的制约，这一愿望几乎不可能实现。

3
岁

489

假装游戏

假装游戏在儿童的成长发育过程中占据着举足轻重的地位。假装游戏是儿童学会的第一类游戏。儿童能够依靠某件物品，设想出许许多多不同的场景。

假装……

在儿童的手里，即使是一根棍子、一个空箱子也能随心所欲地变幻成各种物品。我们发现，对于儿童而言，越是简单的物品，越能变幻成用途不一的玩具。有了这些物品的存在，儿童便能编出一个完美的童话故事。现阶段的儿童尚不能区分虚幻与现实，有时他会讲述一些在成人看来完全不合常理的故事。因此，即使儿童的想象令您感觉很尴尬，也请不要浇灭他的"一腔热血"。

折射自我与他人的"镜子"

不管儿童是在玩洋娃娃、开汽车还是过家家，都是在模仿成人的角色。儿童在玩这几种游戏的过程中，没有机会发挥自己的想象力，他们完全是在复制父母的肢体动作与行为。从前几个月开始，儿童便已仔细地观察了父母在各种生活场景下的不同行为，其中，包含自己身影的生活场景最令他

> 您的孩子已经能够用玩具变幻出各种游戏场景了，此外，他还会不停地模仿您的行为举止。请您仔细观察一下您的女儿是如何玩洋娃娃的，然后您便知道您在她心目中是怎样一位母亲了；您再仔细观察您的儿子是如何开汽车的，这样您便能及时地纠正自己错误的驾车行为了。每位儿童都有自己心仪的游戏，不过现阶段的他只能在游戏的过程中"复制、粘贴"别人的动作，而不能自创动作。总之，3岁的儿童尚不足以成为一名游戏编剧。

印象深刻。假装游戏是一面折射儿童内心欲望的镜子。当小男孩驾驶着玩具汽车"驰骋"时，意味着他想与父亲一样，成为一名赛车手；当小女孩玩着洋娃娃时，则意味着她俨然已将自己想象成了一名好莱坞巨星。

假想的朋友

在所有的游戏中，儿童都不需要真正的同龄玩伴，因为他已经成功地虚构了一批。在这些虚拟朋友的面前，儿童能更自由地表达他的幻想。那么，为什么他不和仙女们一起

玩儿？为什么他不和杰里米一起赶走恶龙？或者为什么他现在不是在几千米之外的奶奶家？不过，儿童十分愿意与成人一起分享自己的游戏，前提条件是成人必须服从自己的命令，遵守自己的规则。游戏不仅有助于儿童表达自己内心的思想与情感，也有助于父母了解孩子看待世界以及塑造世界的方式。心理学家布鲁诺·贝特尔海姆（Bruno Bettelheim）曾说："儿童想通过游戏的方式来表达自己难以用语言表达的思想与情

所有儿童都向往着能够拥有一座秘密小屋。度假的时候，儿童会怀着一腔热血为自己建造一座秘密小屋。等到第二年再次来到该地时，他会怀着忐忑的心情努力去寻找小屋的踪迹。儿童可能会直接在地上用一些石头围成一个圆，或者在沙滩上挖一个浅浅的大洞，然后以此作为秘密小屋；还可能在树上的低枝处建造一座秘密小屋。

感。没有哪位儿童的自发玩耍是为了打发时间。儿童脑中所想决定了他所选择的游戏类型与内容。游戏是儿童的专属暗语，我们必须学会尊重他的暗语，即使我们根本不明白。"

作战玩具

总有一天，您的孩子会让您为他购买一把玩具手枪或冲锋枪。父母可不可以答应呢？儿科学家布雷泽尔顿（Brazelton）认为可以。因为即使您不为他购买，他也会自己捡一条树枝作为武器，或者再简单一点，他会将手指并拢比作手枪的形状。儿童游戏只是对人类现实生活的一种反映。除此之外，儿童能够借助作战玩具来宣泄困扰自己已久且无法抑制的攻击欲。如果父母愿意为孩子购买作战玩具，就不仅可以借此机会控制孩子的攻击欲望，还可以向孩子解释武器、战争以及攻击这些概念，以便让孩子明白攻击行为是他不能模仿的。

秘密小屋

在儿童的认知中，秘密小屋是一个十分安全的地方，因为它往往是一个封闭的空间。小屋封闭性越强，儿童就越有安全感。对于儿童而言，只要待在秘密小屋中就能摆脱父母的关注，就能为所欲为。

儿童只需要在桌子的四周摆上几张椅子，再往桌上铺一条床单，桌下的空间便能成为他的秘密小屋。当然，帐篷或纸板屋也可以成为他的秘密小屋。三四岁的时候，儿童喜欢将自己心爱的玩具藏在秘密小屋里。5岁的时候，他则喜欢在秘密小屋中玩游戏，比如：他会在那儿假扮成医生、爸爸、妈妈或婴儿。

秘密小屋的大门有着极其重要的作用：它象征着内与外、自我与他人之间的分界线。如果您想进入秘密小屋，请一定征求孩子的同意。如果您未经允许擅自闯入或者偷偷潜入秘密小屋，就意味着对孩子私生活的侵犯。

如果秘密小屋设在家中后院，那就更好了，因为这种秘密小屋能够让儿童完完全全地摆脱父母的关注，从而更加从容恣意地玩假装游戏。

广　场

广场很快就会成为您孩子与他的玩伴相聚的一个场所。公共沙池已经失去了儿童的"恩宠"，因为他开始迷恋那些能够让他恣意妄为的游戏设施了。

现阶段，儿童最喜欢的莫过于滑滑梯了，因为上上下下地不停变动让他感到刺激。儿童之所以觉得在滑梯上滑行很有趣，是因为滑行能够刺激耳前庭（位于内耳），从而产生一种令人兴奋的眩晕感。此外，秋千也深受儿童的喜爱，他们尤其喜欢别人猛地一下将他推向高空之中。过不了多久，您的孩子便会产生一种挑战意识，他会出于好胜心理而要求自己玩得比别人好。当然，儿童有时也会"光顾"广场上的其他游戏设施，比如：配有攀爬墙或攀爬网的游戏笼，在这个笼子里，儿童可以像猴子一样从一侧爬到另一侧。儿童初次攀爬时可能会感到害怕，但是过不了多久，他便会变得像人猿泰山那样勇敢。

深信圣诞老人的存在

圣诞老人这一童话人物形象是大部分西方国家父母童年生活中不可磨灭的一部分。现如今，也有很多中国父母会给孩子过圣诞节，讲圣诞老人的故事。

送礼物的老爷爷

与生日礼物不同，圣诞老人送的礼物更像是一种馈赠。圣诞老人能够满足儿童内心的愿望。虽然在街角遇见的那些圣诞老人与想象中的有所出入，但是这一年龄段的儿童仍相信圣诞老人的存在。3 岁儿童不会质疑父母所说的话，因此父母口中的圣诞老人将会成为他记忆中的第一个圣诞老人。

送礼物，但切忌过多

儿童十分喜欢礼物，圣诞节期间，他们更是对礼物表现出了一种狂热的期待，他们迫切地等待着心仪的玩具出现。一想到圣诞老人会将自己心仪的玩具放在圣诞树下，儿童便会兴奋地尖叫不已：圣诞爷爷居然知道我内心的想法，他甚至不会向我要"一分钱"。此外，圣诞老人还享有宽厚仁慈的美誉，他能够帮助人们实现心中的愿望。所有的人，不论大人还是小孩，都渴望着世界上能够有这样一

儿童喜欢将甜点、牛奶甚至自己的画作放在窗台上以便圣诞老人经过的时候能够带走。当然了，儿童也为圣诞老人的坐骑——驯鹿准备了一些糖果。通过这种方式，儿童能够明白原来自己也可以准确无误地将情感表达出来。不过，只有等至 5 岁或 6 岁的时候，儿童才能第一次真正地体验到自己的无私。

位法力强大的善良人士。他的存在能让人们感觉到爱。

您需要教会孩子"凡事须节制"，毕竟他欲望的沟壑永远都填不满。作为父母，您不能也不应该事事都满足孩子，否则只会让他丧失期待时的那份愉悦感。如果您能将孩子的一两个愿望留至明年，他便会迫不及待地等着下一个圣诞节的到来。

您还可以借圣诞节之机让孩子明白馈赠并非单向，而是双向的。因此，他必须学会与人交换。此外，您还可以让孩子与您一起准备迎接圣诞节，比如：与您一起装饰圣诞树，与您一起

装饰房间，与您一起用圣诞树、星星或天使的模具制作小蛋糕。通过这种方式，儿童便能明白只有令别人快乐，自己才能快乐。最后，您还需要告诉孩子他不能提前拆礼物，必须与大家一起拆。

相信圣诞老人存在的意义

在如今这个技术日益革新的社会里，童话故事形象越来越少了，圣诞老人无疑算是比较幸运的。这个一直生活在冰天雪地里的老人，他的故事正好与儿童现阶段的想象力完美匹配。儿童在进入"具体思维"阶段之前，即 7 岁之前，是不会怀疑圣诞老人的存在的。与仙女、恶龙

一样，圣诞老人能够让儿童产生一种梦幻的思维，这种思维能让儿童在困境之中充满希望。

有关圣诞节的文化传承

在西方社会，相信圣诞老人的存在也是一种约定俗成的社会习俗。圣诞节是西方国家一年中最盛大的节日。在这一节日里，西方国家的人们不仅会为家人准备礼物，还会装饰圣诞树、吃圣诞大餐。

您可以借圣诞节之机给孩子讲述一下耶稣诞生的故事，鼓励他去帮助他人。因为圣诞节不仅仅是喜庆的，它还寄托着温情、感恩和祝福。

包装也很重要

礼物包装得越精美、越难拆，儿童便会觉得越惊喜。请您一定将礼物包装得漂亮一点，因为这对儿童来说十分重要。如果您用彩纸与饰带将礼物包装起来，然后再用些一个比一个大的盒子层层将其套住，儿童肯定会爱上这份礼物的。拆礼物的时候，即使孩子的动作看起来十分笨拙，也请让他自己拆，除非他向您请求帮助。

原创礼物

您为什么总送孩子玩具呢？您完全可以为他挑选一份令他意想不到的礼物。如果是女孩的话，您可以为她缝制一顶带面纱的帽子：首先您需要买一顶黑色天鹅绒的圆边帽，然后再将面纱缝在帽子上。有了这份礼物，您的女儿便可以高高兴兴地扮上一整年的优雅贵妇了。此外，爱美的小女孩还喜欢丝质手套、香水、阳伞以及化妆箱（所有的东西都必须是真的！）。您可以为孩子购买或从您的旧物中找出一个小小的化妆箱或化妆包，然后再将各种化妆品的小样摆放在内。小样越多，孩子就会越开心。当然，别忘了往化妆包里放一管浅粉色口红、一盒眼影……小男孩同样也很喜欢头饰，比如：军帽、贝雷帽、钢盔。除此之外，您还可以送他一个听诊器。有了这份礼物，您的儿子便可以高高兴兴地扮上一整年的医生了：他会假装用听诊器给病人听心跳。不过，也有一些孩子并不喜欢父母送的礼物。请放心，这种反应很正常，毕竟在这一年龄段的儿童中，很少有人会一拿到礼物就表现得兴高采烈。但是，在使用的过程中，儿童会慢慢爱上这份礼物。

相信圣诞老人的存在，同时也意味着要学会等待与迎接圣诞老人的到来。在等待期间，儿童不仅满怀着各种愿望，同时也怀揣着不少疑虑：如果圣诞老人不来了呢？如果他把我给忘了呢？这种情况下，您可以给孩子一本日历以便他能够清楚地知道剩余的天数。

安全的圣诞树

彩球、花环、蜡烛……对于我们的"触摸大王"而言，圣诞树上的这些装饰物都有可能会成为一种潜在的威胁。所以，您可以用彩带来代替这些装饰物。出于美观的考虑，请尽量选择色调统一的彩带，彩带颜色的数量最好不要超过3种。此外，您还可以在圣诞树上挂一些网纱制成的蝴蝶以及绉纸剪成的花环。如果您愿意在树上悬挂一些小蛋糕或糖果，它就会变成一棵"美味"的圣诞树。此外，商店里还出售一些由稻草或木头制成的圣诞装饰品。最后，如果您想买彩球，请一定买那些摔不碎的大彩球。

儿童的天堂——卧室

儿童十分渴望在家中拥有属于自己的一片小天地。如果他不能拥有属于自己的卧室，那么哪怕拥有属于自己的一张小书桌、一个玩具角或一个百宝箱都能令他欣喜若狂。儿童越长大，就越讨厌父母窥视或整理他的小天地。

家具摆放

如果您住的是单元房，请将儿童的卧室安排在房屋中间；如果您住的是别墅，您不仅要将儿童的卧室与您的卧室安排在同一层，还需要将儿童的卧室安排在这一层的中间位置，因为只有这样，儿童才能有安全感。最好在父母的卧室与儿童的卧室之间开一扇门，因为夜晚的屋内走廊对于儿童而言是一个冰冷阴暗、危机四伏的地方。即使儿童年龄稍长，他仍会要求睡觉时开着小夜灯，因为如果半夜睡醒的话，小夜灯的存在能令他安心，除此之外，如果他半夜内急的话，小夜灯能为他照亮前往厕所的路。

这一年龄段的儿童可以独自睡单人床了，为了避免他翻身时从床上摔下，建议您安装床边护栏。此外，最好为孩子挑选质地软硬适中的床垫以保护他的脊椎。至于枕头，则由孩子自己决定是否需要。另外，

您还需要决定是为儿童购买棉被还是羽绒被，不过大部分儿童都更喜欢羽绒被。这一年龄段的儿童可以自主选择床的摆放位置以及自己的睡觉位置（即床头或床尾）。

小人国

卧室对于儿童而言无疑是一个各方面都与他身高匹配的小人国，在这片天地里，有小小的书桌、椅子、可用于放置铅笔及玩偶的家具、可偷藏宝物

的小匣子……从四五岁开始，儿童便能在他人或工具的帮助下整理自己的衣物。如果衣柜与他的身高齐平，他拿放衣物就会更加自如。儿童不希望房中摆放太多家具，因为他更喜欢在宽敞的平地上玩耍。另外，建议您在地上铺放一张塑料软垫，因为儿童既不喜欢光溜溜的木地板，也不喜欢软塌塌的地毯。这一年龄段的儿童虽然手脚笨拙，但内心充满了艺术细胞。卧室是他的私人空间，因此，即

> 父母总是希望自己的孩子能够将满地乱放的玩具整理好。我的建议是：不要执着于让孩子收拾房间或玩具，因为如果您坚持的话，只会引起他的反抗，到最后无非两种结果——要么您自己帮他整理，要么您会就这个问题与丈夫发生激烈争吵。您为何不尝试着耍个小心机呢？比如您可以告诉孩子，如果玩具一直丢在地上不管的话，会被别人不小心踩坏或者被家中的小狗拖去当尿盆。孩子凌乱不堪的卧室一定程度上来说是他想象力的体现。卧室是孩子的私人空间，因此，请任由他随心摆弄吧。

便他的"大作"可能丝毫入不了您的法眼，但仍请允许他按照自己的喜好在房内乱涂乱画。卧室就是儿童的一片小天地，当他的朋友登门造访时，他更愿意与小伙伴们远离父母的视线，安安静静地待在卧室内玩耍。

共享卧室

有些儿童不得不与自己的兄弟姐妹共享一个卧室，不过，一般而言，这段经历会让他们在未来拥有一份美好的回忆。为了确保兄弟姐妹之间能够和平相处，建议您最好将卧室整改成两个独立的空间。首先，您需要为每位孩子配备独立的家具；其次，要确保每张床的附近都配有照明设备；最后，必须为孩子制定卧室行为守则，如果其中一个孩子已经上学了，且经常有作业需要完成，这一点就显得尤为重要了。

如果家中子女多，但卧室数量少的话，最令人头疼的莫过于卧室的分配问题。以下是我们给您提供的三种分配方案，不过每种方案都有利有弊。第一种就是根据孩子的年龄进行分配，即年龄小的子女住一起，年龄大的子女住一起。这种分配方案并没有顾及到子女之间的感情问题，不过年幼子女往往比较喜欢这种方案，因为他

们都习惯早起，如果住一起的话，就可以有大把的时间玩耍了。第二种就是让年幼的子女与年长的子女混住，这一方案有助于促进年幼子女的睡眠，因为有了哥哥姐姐的庇佑，他们便能安然入睡。然而，年长子女却并不乐意，因为他们无法忍受弟弟妹妹的"东摸西碰"。最后一种是让所有子女都睡在一间卧室，然后将另一间卧室整改为游戏活动室。如果子女们的年龄相仿，那么这一方案无疑是最佳的解决方案，但是如果子女都已经上学了，最好对这一方案进行适当的调整以便每位子女都能拥有独立的学习空间。

乔迁新居

对于儿童而言，家是一种情感寄托，几乎没有任何一位儿童喜欢搬家，搬家会冲击儿童的生活标准，导致他睡眠困难。因此，在您决定搬家之后，你需要提前做好孩子的思想工作。在搬家的过程中，您可以让孩子自己打包行李，然后搬上车。建议您最好让孩子将旧居中承

载了他某些秘密的物品带走。

搬入新居后，您可以将孩子的卧室布置成"原样"（比如：将家具以及孩子所熟悉的物品放在相同的位置）。最好不要让孩子独自睡在空荡荡的卧室中，尤其是卧室的墙壁上残留着油画痕迹或陌生壁纸，又或卧室的地板嘎吱作响的话。

整理玩具

3岁期间，当儿童在整理玩具的时候，他会突然停下手中的动作，并把已经放回原位的玩具重新拿出来，全然忘记了自己最初的目的。此外，飘忽不定的思维还会导致儿童误以为玩具熊之所以会"躲"在沙发下，完全是它自己刻意而为之或是因为它正在接受惩罚。于是，儿童便会很贴心地不去打扰它，让它继续安安静静地躺在沙发下。因此，如果您希望儿童能够按顺序整理玩具，就需要给予他一定的指导和帮助。一般来说，在3~6岁这一阶段，儿童能够逐渐学会将玩具进行分类摆放。

经常接触集体生活的儿童要比其他儿童更具有主动整理的意识。他们经常以小组的形式与老师一起整理玩具，渐渐地，在他们眼中，整理玩具这项活动就变成了一项游戏。他们知道应该把积木放入某个特定的箱中，把塑料球放入某个大袋中。所有这些整理活动都有助于加深儿童对空间的认识。

3
岁

体育活动

对于幼儿而言，任何一项消耗体能的活动都能被视为运动，其中，慢走是最为有效的一项有氧运动。除此之外，每位儿童可以根据自身的体质，选择适合的运动。

众所周知的功效

虽然我们总是在不停地强调运动对人类身心以及智力发育的益处，但是我们仍然诧异地发现有很多幼儿都不做运动。如果您的孩子此前已经接受过婴儿抚触以及游泳训练，那么相对而言，他已经做好了从事某项体育活动的准备。对于这一年龄段的儿童而言，运动不仅有助于他身高、体重的正常发育，还能为他成年期的优秀心肺功能奠定坚实的基础。此外，运动还有助于儿童更好地掌握空间概念，更熟练地使用肢体动作。从心理学角度来看，运动有利于增强儿童的自信心，可以培养儿童的交际能力以及竞争意识。

如何选择

对于 3 岁的幼儿而言，他所能从事的体育运动十分有限，且只能从事某些初级的运动。这一年龄段儿童的身体尚处于发育阶段，因此并不能承受真

正的体能训练，更不用提肌肉训练了。现阶段的初级体育运动旨在教会儿童正确的体育价值观，比如坚持不懈的精神以及尊重对手的意识。您可以让孩子报名参加某个健身俱乐部，这样的话，他便能够在那儿学会如何正确地控制身体、保持肢体平衡。健身俱乐部开设的幼儿运动课程一般以游戏的形式出现，并且具有放松身心的功效。

有些幼儿，尤其是小女孩，往往喜欢在健身俱乐部学习动感的舞蹈，这一选择有助于增强他们对节拍的敏感度。某些健身俱乐部甚至会为孩子开设 45 分钟的杂技舞蹈课程，不过这一课程往往会要求父母全程参与。舞蹈有助于锻炼儿童的听力、观察力以及情感表达能力。3 岁的儿童还可以学习瑜伽，当然，儿童所练习的各种瑜伽姿势早已经过了改良以便更好地适应他们身体的柔软度。一般而言，儿童瑜伽姿势往往形似某种动物或某种儿童游戏姿势。现如今，越来越多的迷

如果父母能陪同孩子一起从事某项体育运动，孩子就会更容易爱上这项运动，这也就不难解释为什么"体育发烧友"的父母更容易培养出运动细胞发达的孩子。比如：如果父母都喜欢滑雪或游泳，孩子就会主动要求学习这项运动，并且会比常人学得更快。

从事某项运动的时间越早，坚持的时间越长，就越有助于一个人良好性格的形成。此外，做运动还有助于培养儿童的人际交往能力。一般而言，只有等至 6 岁的时候，儿童才能从事真正意义上的体育活动。

你网球班开始招收 3 岁儿童了。这些低龄学员将会学习使用与其身高匹配的球拍进行传球。3 岁儿童还可以从事另一项体育活动，即马术，不过他们所骑的一般是果下马。马术这项运动往往深受小女孩的喜爱。最后，这一年龄段的儿童还可以学习滑雪。

游泳入门

出于安全考虑，父母会期望孩子学会游泳。然而，实际上，大部分的 3 岁儿童只能停留在游泳的入门阶段。所谓入门阶段，就是让儿童接触水，学会戴着手臂浮圈在水中游动。目前为止，父母最大的忧虑便是孩子能否鼓足勇气下水，您为何不让孩子在家中的浴缸里先尝试几次呢? 比如：您可以让孩子尝试着平躺在水中、趴在水中或在水中憋气数秒。不过请注意，所有这些动作都必须尊重孩子的意愿，如果他不想做，请不要强求。渐渐地，儿童自然能够学会漂浮、换气、判断水深。最后，根据儿童的要求，您可以偶尔为他更换玩水的场地：浴缸、泳池、大海、河流都能够为儿童提供同样的乐趣。

法国拥有大量可供儿童嬉戏的游泳馆。在法国，游泳课是小学的必修课，幼儿园的选修课。正常情况下，儿童 5 岁或 6 岁的时候便能正式开始学习游泳了（90% 的情况下是学习蛙泳），因为那时的他已经能够熟练地协调四肢的动作。

越来越多的父母喜欢与孩子一起在泳池中嬉戏，然而，对于幼儿而言，泳池存在巨大的潜在危险。为了减少溺亡现象的发生，泳池一般都会配备安全设施与安全员。

第一次骑自行车

3 岁正好是学习骑车兜风的大好时机。不论是越野自行车、赛车自行车，还是普通自行车，都应配有辅助轮，等到儿童学会了掌握自身身体平衡性的时候，您才可以将辅助轮摘除。儿童自行车的车轮直径（包含轮胎在内）不能超过 40 厘米。另外，出于安全考虑，儿童自行车的高度必须适合儿童的实际身高，因为儿童往往习惯用脚刹车。另外，儿童自行车应该配有反踏制动装置。等到儿童年龄稍长，且学会了手脚分用时，您则可以

为他更换一辆手刹式自行车。

儿童同样可以早早地学习三轮自行车。研究表明，儿童从第 18 个月开始便能脚踩踏板了，毕竟踩踏板并不需要什么特殊的技能。只要尝试几次，儿童便能成功地协调四肢动作，保持身体的平衡性。此外，其他儿童的成功也会刺激孩子的胜负欲。儿童最大的愿望便是能够拥有一辆属于自己的全新自行车。如果您决定将长子 / 长女或亲戚的自行车给孩子使用，请提前为这辆自行车重新喷漆，另外，别忘了稍微装饰一下这辆自行车以便增加孩子的喜悦感。

3 岁

4 岁

您的孩子

"妈妈，您是世界上最漂亮的妈妈！爸爸，您是世界上最善良、最厉害的爸爸！心理医生告诉我说我之前一直深陷在俄狄浦斯情结之中。没错！我一直深爱着你们，并且我对你们的这份感情一直推动着我去理解、学习、玩耍以及成长。

我在幼儿园已经度过了整整一年的时间。心理医生告诉我说在这一年之中，我已经成功地度过了'分离－个体化'这一过程。另外，他还告诉我说如果我想成为一名真正的男子汉，就必须将自己融入俄狄浦斯三角关系中，也就是说，我必须同时模仿你们俩的行为，缺一不可。

最后，我的内心世界也发生了天翻地覆的变化。比如，之前我一直都十分抗拒大型动物，然而现在，我越来越害怕微生物以及疾病了。现在的我迫切地想要了解自己以及各种动物的身体构造。我现在不仅可以自己编故事，还可以一人分饰多个角色来玩耍了。另外，我还特别害怕爸爸出事，妈妈生病。等下次你们带我去医院的时候，我一定要把这些事情再跟心理医生讲一遍。"

· 平均体重约为 16 千克，身高约为 1 米。

· 他说话语速越来越快以至于有时会出现口吃或吐字不清等现象。他能够使用更多的同义形容词。他掌握了大约 2000 个单词。

· 他开始意识到每个人的想法都不一样，因此，他会不停地询问"为什么"。

· 他开始形成时间与空间的概念。

· 他开始注重着装。

· 每天保证 2 杯 250 毫升的鲜奶，或 2 杯 175 毫升的酸奶（或 1 杯 125 毫升的鲜奶加 1 杯 175 毫升的酸奶），并且搭配均衡、种类丰富。

爱美之心

一般而言，当儿童进入幼儿园学习之后，他／她的爱美之心便开始萌芽了。此时，小女孩开始疯狂地迷恋粉色——一种能够体现自己女性魅力的颜色；而男孩则钟情于印有自己心仪卡通人物形象的 T 恤。

他人的眼光

从某一天起，您的孩子开始拒绝您为其准备的衣物。他／她开始不停地照镜子，整理发型或观察他人的衣着服饰……这些表现都意味着您的孩子越来越在意同伴的眼光了。他／她想在玩伴或同学面前维持自己的形象。当然，儿童不仅想通过这些行为来维持自己在他人面前的形象，也想维持自己在自己心目中的形象。不过，有的时候，过分注重外表是一种缺乏自信的表现。儿童的爱美之举并非毫无意义，因为这一行为的出现不仅意味着他／她意识到自己与外界存在着一定的联系，而且还证明了他／她正在构建以及肯定自己的世俗身份。因此，穿衣打扮也是衡量儿童心理发育是否健康的重要标准。

一般而言，儿童一直都秉持着"一切向朋友看齐"的原则，因此，他／她往往希望能够与朋友穿同一个品牌的衣服。现如今，男孩女孩都一样，都早早地开始追求品牌了。儿童的这一异常行为不仅源于"趋同心理"，也归咎于父母的"爱慕虚荣"：有些父母热衷于吹捧那些名牌服饰。日常生活中，父母或（外）祖父母可以偶尔夸赞一下孩子的衣着打扮，但是千万不要频繁地夸赞，此外，也请不要过分强调衣物的品牌。否则的话，很有可能会让孩子变成"时尚受害者"。

> 如果您的孩子长着一头红棕色的头发，请不要将他视为异类，相反，您应当发自内心地欣赏这种颜色的魅力所在。同理，如果您的某个孩子拥有一双宝石般的蓝眼睛，而另一个孩子却拥有着栗子般的棕色眼睛，请不要流露出对蓝眼睛的狂热喜爱，否则会让拥有棕色眼睛的孩子倍感委屈。此外，某些孩子的眼睛明亮有神，有的则晦暗无光，这种情况下，也请不要区别对待他们。至于衣着方面，还请您尊重孩子的意见，让他自己挑选衣物，即使他最终的选择不符合您的审美标准。最重要的是，任由孩子自己培养个性：既不要给孩子理所谓的"父子头"，也不要让孩子穿所谓的"母女装"。另外，在孩子的眼里，您的衣着打扮永远都跟不上时代的潮流。

凸显自我

所有的儿童在衣着打扮方面都有着相同的顾忌：他们害怕穿得太"幼稚"，害怕穿得太"娘"（仅针对男孩）等。简言之，他们害怕一切不能让自己成功展现从很早开始，颜色便出现在了儿童的生活中。他／她的调色板无时无刻不在刺激着他／她的视觉。在儿童眼里，最美的颜色莫过于那些艳丽的单色。此外，儿童一直生活在一个善恶分明的童话世界之中。在连环画以及童话书中，好人都穿着颜色鲜亮的衣物，坏人则穿着棕色或黑色的衣物。至于衣物颜色的搭配，则涉及文化的学习，儿童尚未到这一阶段。即使您尝试着去改变孩子的穿衣风格，也只会收效甚微。男孩迷恋炫目的红色、橙色以及黄色，因为它们能彰显他的男性冲动；女孩则会爱上粉色以及其他糖果色。

自我的衣着打扮。有时，儿童的这一恐惧心理会导致他穿某些不合时宜的衣服去学校，如果父母不让他穿这些衣服，他会感觉极其不自在，有时他甚至会感觉自己被同伴排挤。您必须明白，儿童之所以会挑选这类衣物，是因为他迫切地渴望证明自己已经长大成人（尽管事实并非如此）。因此，在他眼里，一切能够让自己稍显成熟，或者让自己形似父母的衣物都是得体的。如果父母本身就十分在意自己的外表，他们的子女就会比其他儿童更注重自己的衣着。

发型的重要性

事实上，儿童根本不懂得任何时尚密码，在他们眼里，尤其是在小男孩眼里，发型即时尚。如果某一年流行板刷头或者丁丁（《丁丁历险记》中的主人公）发型，您最好带自己的儿子去理个同样的发型。理完之后，您会发现您的儿子正对着镜子或任何一块能够映出他身影的东西不停地左右端详。此时的他已经完全爱上自己了。女孩则总是偏好长发，并且她们的母亲也总是希望家中能够拥有一位长发公主。因此，女孩总是在不停地精心挑选那些印有心仪卡通人物的贝雷帽、发圈或发箍。

应避免的错误做法

如果您希望自己的孩子快乐成长，请给予他一定的自由空间。因此，请不要将您的意志强加在他身上，也请不要一意孤行地为他挑选衣物。请不要轻视孩子的选衣标准，相反，您应当尽量去理解这些标准背后所隐藏的心理活动。您的职责在于与孩子一起协商他所要穿的衣物以免他将来在选衣的过程中任性妄为。请您既不要嘲笑孩子的爱

美之心，也不要讽刺他／她在穿着打扮方面所花费的心思。另外，请记住，这一年龄段的儿童十分在意自己的性别，因此正常情况下，不论是男孩还是女孩都不愿穿那些有悖于自己生理性别的衣服，比如男孩不愿穿裙子。

解决之法

每天早上，您最好为孩子预留一部分的选衣时间以免他／她因为不满意所穿的衣服而哭闹。选衣时请您让孩子自己任意挑选衣服的款式以及颜色。如果你们之间发生了争执，请尽量找寻一个折中的解决方案。如果孩子在隆冬之际却想穿盛夏的衣服，您可以建议他／她穿一件暖和的打底内衣或再多穿一件套头毛衣。此外，您还可以冷静地为孩子分析穿衣要视季节更替而定，我们不能在寒冷的下雪天穿一条运动短裤出门。您还可以告诉孩子如果换作他／她的同学，肯定不会做出同样的选择。

羞耻心

　　几乎在一夜之间，您的孩子不仅不愿再让您为他洗澡，还会在将您赶走之后关紧浴室门。而不久之前，他还全然不顾家中是否有客人，依然我行我素地光着屁股到处乱晃。到底是什么改变了他，让他变得如此害羞呢？

教育的基础

　　儿童的羞耻心与他的独立性有一定的关联。当羞耻心出现之后，儿童便认为身体是属于自己一个人的，为此，他既不愿再将自己的身体暴露于他人的目光之下，也不愿他人触碰自己的身体。

　　虽然羞耻之心并非与生俱来，但是它出现的时间很早。

　　幼儿喜欢赤裸着身体到处乱跑（尤其是刚洗完澡以后），因为这会让他感觉到一种前所未有的自由。赤裸身体对他而言是一种再自然不过的行为与状态了。2~3 岁时，儿童经常会将自己的生殖器与屁股暴露于人前，因为在他们眼里，生殖器与屁股就像手和脚一样平常。这种情况下，父母通常会教育孩子不能不穿衣服就到处乱跑。随着卫生意识的不断增强，儿童渐渐地学会了远离他人的目光，一个人安安静静地在厕所大小便。当儿童进入"手淫年龄"后，父母会逐渐培养他的羞耻意识。每当他触摸自己的性器官时，父母会告诉他这是一种不能在大庭广众之下进行的私密行为。因此，最初的时候，儿童之所以会产生羞耻心，完全是父母的教育所致。不过，每位父母教导的时间不一样，或早或晚，教导的方式也不一样，或严厉或宽松。

　　儿童的性格一定程度上也会影响羞耻心出现的时间。一般而言，性格腼腆内向的儿童要比性格外向的儿童更早学会害臊。哥哥姐姐的存在同样会影响儿童羞耻心出现的时间，尤其是如果哥哥姐姐正处于或即将进入青春期的话。因为儿童总是喜欢模仿自己所崇拜对象的各种行为举止，而他会发现自己的偶像——哥哥姐姐总在寻找属于自己的私密空间。某些儿童，尤其是生活在多子女家庭中的儿童，十分害怕他

> 　　建议父母既不要在孩子面前赤身裸体地走动，也不要在孩子长大之后与其共浴。父母身体的裸露有时会让孩子深感不适。那些粗枝大叶的父母似乎并不知道羞耻心对儿童成长发育的重要性。出于羞耻之心，儿童总是迫切希望能够用衣物遮挡自己的身体，或者当其赤身裸体时，他总是希望能够一人独处。父母现阶段主要的职责在于仔细观察孩子的心理发育状况，然后去适应他的心理变化。父母应当见证并尊重，而非侵犯孩子的羞耻心。此外，父母应该适当地与孩子保持身体上的距离，以便保护孩子脆弱的心灵，并让他安心。"

人不尊重自己的隐私以至于他们会嚷嚷着让父母给浴室的大门装上锁或插销。

遮盖身体

总有一天，所有的儿童都会不愿再将自己的身体暴露于父母面前。如果您发现您的孩子不愿再赤身裸体地面对您，请尊重他的选择。每当您关上房门洗澡、上厕所或享受夫妻生活时，其实您都在让孩子明白每个人都有权享受私密空间。此外，在洗澡的过程中，儿童也逐渐明白原来自己的身体只属于自己一人。一旦儿童学会了自己洗澡，他便不希望父母再继续插手这件事。这种情况下，您应当让他一个人安安静静地在浴室洗漱。从3岁开始，儿童进入俄狄浦斯期，我们建议在这一特殊的阶段，最好让孩子单独洗澡，因为共浴会让儿童对自己的父亲／母亲产生更多的"非分之想"。此外，这种过于亲密的行为还可能会导致儿童出现某些心理障碍。许多儿童在共浴的过程中会表现得十分害羞，比如：他们会将自己的目光移向别处；他们会尽量将自己的身体埋在泡泡里（这一行为意味着他们既不想看父母的身体，也不希望父母看自己的身体）。浴缸与床一样，都是一种不能与他人共享的私密空间。既然父母不能将自己的身体暴露在孩子面前，那么孩子同样不能将自己的身体暴露在父母面前。任何一个人的羞耻心都应得到他人的尊重。

生活中该有的一种感觉

正常情况下，6岁以上的儿童已经十分清楚何为羞耻，比如：一旦他不小心将自己的身体暴露在人前，他会感到十分难为情。如果他丝毫不觉窘迫，则需引起重视。您应该及时纠正他的行为，反复向他强调他的身体只属于他自己，除了他自己，任何人都无权观看或触碰。随着儿童的性别特征变得越来越明显，他的羞耻心也越来越强烈。一般而言，当儿童完全意识到了自己的性别身份时，他的羞耻心便彻底形成了。请不要将羞耻之心与羞愧之心、腼腆之心或窘迫之心混为一谈。羞耻心是一种美德，它有助于儿童免受某些意图不轨之人的侵害。

羞耻心不仅体现在身体方面，而且还体现在思想方面：儿童有权在父母不知情的情况下拥有属于自己的个人思想与愿望。他必须明白自己需要得到他人的尊重。

假扮医生

四五岁的时候，大部分儿童都喜欢假扮医生，因为他们想要探究自己与他人的身体。通过这一方式，儿童能够更好地明白男生与女生之间的生理区别，更好地意识到自己的生理性别。如果儿童习惯在父母看不见的地方假扮医生，是因为他们觉得自己的身体和父母无关。如果您撞见孩子假扮医生，请不要阻止他，相反，您应当假装什么都没看见。

可怕的噩梦

如果孩子前一天晚上做梦了，请让他畅快地将自己的梦境讲出来吧！有时，儿童甚至能将自己的梦境画出来。

安然入睡

想让儿童安然入睡，必须满足以下条件：首先，儿童所处的环境十分安静，这样才不至于出现一些刺激儿童大脑神经的声响。其次，儿童睡前充满安全感，否则他的大脑神经整晚都会处于紧绷状态。再次，儿童睡前不能受到任何内在或外在因素的困扰，比如：有的时候，儿童会因疼痛、饥饿、口渴或寒冷而睡不着。最后，必须保证儿童的睡眠时间位于昼夜节律的休眠阶段。一般而言，4 岁的儿童需要保证 9~11.5 小时的睡眠时间。

法国神经生物学专家米歇尔·朱维特（Michel Jouvet）认为，每一个家长都应该让儿童睡到自然醒。然而，遗憾的是，由于上学的缘故，大部分儿童不得不早早地起床（一般为 7 点至 7 点 30 分）。即便如此，早起并不会对儿童的成长发育造成任何不良影响。此外，儿童能够利用周末的时间补觉。

这一年龄段的儿童时常受到噩梦的折磨，即便如此，噩梦仍然在其成长发育过程中占据着举足轻重的地位。首先，噩梦的出现意味着儿童开始以一种抽象的方式思考问题，因此，他那天马行空的想象会时不时地在梦中与他开个"恶意"的小玩笑。其次，现阶段是儿童情感负担极其沉重的一个阶段，因为此时的他已经开启了全新的校园生活。如果睡眠过程中，日常生活中那些"刻骨铭心"的事情（比如：与父母的分离、某位亲人的逝去、弟弟妹妹的出生、某颗牙齿的掉落或者从自行车上摔下）一下子全部涌现在脑海中，儿童便会噩梦缠身。

失眠与梦游

儿童会因多种因素而失眠，失眠既可以发生在入睡阶段，也可以发生在半夜沉睡阶段，但鲜少发生在清晨即将苏醒的阶段。2~6 岁的儿童都有可能会出现失眠现象。此外，需要注意的是，有的时候，偶然性失眠如果没有得到及时治疗，可能会发展为习惯性失眠。某些失眠儿童患有多动症，他们不论白天黑夜都十分亢奋，此外，他们还存在一些精神运动性障碍以及语言障碍。还有一些失眠儿童则长期生活在焦虑不安之中。亲情的缺乏、肉体的伤口（比如受伤住院）、心灵的悲痛（比如必须与父母短暂分别）、学校错误的作息时间安排（比如：学校在安排作息时间的过程中，全然不考虑儿童的生物钟）等都会导致儿童失眠。要想完全治愈儿童的失眠症状，不仅需要从身体上着手，也需要从精神上着手。治疗失眠的过程其实就是重塑儿童睡眠模式的过程，因此，治疗失眠不仅耗时长久，而且需要父母与儿童的共同参与。

梦游与做梦毫无关联，因为做梦会导致人体的肌张力逐渐下降，从而失去行动能力。如果儿童只是偶尔在熟睡的状态下梦游，请不要过于担心，因为一般而言，梦游这一行为会在青春期自动消失。如果孩子梦游，建议最好陪着孩子一路"游荡"直至他重新上床躺下，此外，请不要和梦游的孩子说话，否则很有可能令其陷入焦虑之中从而影响他的睡眠质量。梦游往往与其他异常现象一起出现，比如：夜惊症、说梦话。

讲述噩梦

只有当儿童的大脑足够成熟，并且拥有一定的思考能力时，换言之，只有当儿童学会了正确区分现实与梦境时，他才能成功地回忆起自己的梦境。一般而言，女孩从 3 岁半开始，男孩从 4 岁半开始才能回忆起自己所做过的梦（6 岁以前，女孩的智力发育速度要比男孩快）。

儿童在 3~6 岁这一阶段最易做噩梦。一般而言，当儿童做噩梦时，他会在梦中发出尖叫声，然后在醒来之后将所梦见的可怕事情讲给父母听。做噩梦并不是一种疾病，相反，它有助于儿童的情感发育。不论是美

儿童之所以会出现睡眠障碍，很有可能是因为父母的日常生活过于忙碌以至于不能在睡前给予孩子足够的关爱。此外，睡觉环境一定程度上也影响着儿童的睡眠质量。心理学家莉莉安·内梅特－皮埃尔（Lyliane Nemet-Pier）在治疗的过程中，习惯让患儿将他的卧室布局画在纸上。莉莉安认为儿童的视角能够让那些格局弊端无所遁形，她还发现如果儿童因某种原因而未对一间卧室倾注任何情感，那么当他夜醒时，这间卧室中的任意一件物品都能成为他眼中的"威胁"，比如：一件家具、墙上的一幅字画或者屋内屋外莫名的声响。

梦还是噩梦，一般都出现在快速动眼期。噩梦并不会无缘无故地出现，它往往是对儿童曾经所受伤害的一种诠释。漆黑的夜晚为阴暗的事物提供了肥沃的土壤，因此，埋藏在儿童内心深处的阴暗记忆便能在睡眠过程中破土而出。嫉妒之心、肉体之苦、心灵之殇、不公待遇以及邪恶思想等都将化身为豺狼虎豹出现在儿童的梦境中。

一旦儿童做噩梦了，父母须及时安慰他，并让他将梦境讲述出来，讲述梦境有助于儿童释放内心的不安情绪。如果儿童的不安情绪没有得到缓解，他在接下来的夜晚中都可能会梦见可怕的怪兽与巫婆。如果您再不及时安慰他，久而久之，他便会抗拒睡觉，因为只要一上床，他便会害怕。您甚至可以在孩子入睡前为他点亮一盏夜灯，或将他卧室的房门打开。

此外，心理学家建议父母可以让孩子将自己的梦境画出来：孩子将梦中的怪兽清楚地画在纸上，然后将它扔进家中的壁炉中焚烧或者直接扔到室外的垃圾桶中。这一做法能够让儿童产生一种心理暗示，认为怪兽已经被摧毁了、消失了。最后，您可以在孩子的卧室里与他一起进行一场"驱怪仪式"。

夜惊症

夜惊症是一种睡眠障碍，主要表现为儿童在入睡之后会突然坐起，然后尖叫不已。不过，需要注意的是，在整个过程中，儿童都处于睡眠状态，并且，第二天儿童根本想不起来前一天晚上到底发生了什么。夜惊的产生可能有生理原因，也可能有心理原因。频繁的夜惊会影响孩子的睡眠质量，这种情况下请及时就医。

4
岁

粗 话

儿童会渐渐地倾向于使用"香肠便便""尿尿""小鸡鸡"等词汇，这并非纯粹出于偶然，而是因为他的生理发育以及心理发育已经达到了另一个高度。

出于好玩

一旦儿童成功地培养了自己的卫生意识，他便会十分自豪，不过与此同时，他也会心生担忧。儿童依然渴望触摸那些遗留在坐便器底部的粪便，但这一行为是被成人明令禁止的。久而久之，儿童便尝试着用粗鄙的话语（比如：香肠便便）去挑战父母的底线。大部分情况下，儿童使用这些粗鄙的词汇是出于好玩。众人皆知的"香肠便便"只会时兴一小段时间而已，随着儿童年龄的增长，他终将改变自己的语言用词。过不了多久，他会迷恋上成人经常使用的粗话。请注意，儿童的模仿能力很强，因此，作为父母，您必须时刻注意自己的言辞。此外，"香肠便便"这类词汇也是儿童之间交流的暗号。通过使用这类词汇，儿童能够产生一种归属感，明白自己原来与其他儿童同属一个群体。

从4岁开始，儿童使用的言词越来越粗鄙。他还学会了"恰如其分"地使用某些粗话。

即使父母在家中从来不使用粗鄙的词汇，但是他们说话的风格以及用词的偏好同样会潜移默化地影响孩子的语言表达。儿童不仅喜欢学习粗话，还喜欢学习俚语，在他看来，它们与其他词汇没什么不一样。

粗话的社会功能

大部分情况下，儿童都是从别处（而非家中）学会粗话的。即使父母在家中从不使用粗鄙的言词，孩子也会从同学那里听到这类词汇。一般而言，这一年龄段的儿童并不明白各种粗话所代表的含义。粗话的使用不仅反映了儿童之间的相互影响，同时也反映了他们的某种生理需求。在模仿成人说粗话的过程中，儿童能够感受到前所未有的力量。正常情况下，随着年龄的增长，儿童使用粗话的次数会逐渐减少。

此外，粗话也是一种归属感的标志。儿童之间互说"香肠便便"或"小鸡鸡""噗噗"（即

> " 事实上，学习粗话是儿童语言习得中不可避免的一个阶段。大部分情况下，粗话的学习有助于儿童快速地完善自己的发音。粗话也往往是患有语言障碍的儿童所吐露出的第一个单词。因此，如果孩子使用粗话，请您淡定。有时，您还会发现孩子居然会在外人在场的情况下泰然自若地使用粗话。请您不要因为说粗话而惩罚孩子，相反，您应当让他体会到学习新词汇的乐趣，并教会他使用更为复杂的词汇。渐渐地，您就会发现他使用粗话的次数越来越少。"

上幼儿园"有助于"儿童扩充粗话的词汇量。这并不是因为儿童在幼儿园中会结交一些"小流氓"，而是因为他能够通过学习粗话感受到集体生活的乐趣。学习粗话是儿童用来凸显自我，并融入集体生活的一种手段。如果您假装没有听见，孩子便会立刻改用更加污秽不堪的话语，如果您继续假装没听见，他会继续提高粗话的污秽等级。他之所以这么做，是为了吸引您的注意力，因为他知道您早已将粗话列入了禁用名单。

放屁声)等词语时，犹如互说"你好，你最近怎么样？"一样平常。最初的时候，儿童是为了挑战成人的底线才开始使用粗话的，不过渐渐地，他学会了使用属于自己的、不同于成人的稚嫩语言对这些粗话进行"改造"或直接创造一些新的粗话。

他们所改造或者创新的粗话往往比较冗长，比较搞笑。这些全新的粗话不出几分钟便会传遍全班，甚至全校。在儿童与同伴争执的过程中，这些粗话很有可能会摇身变成辱骂对方的脏话。这种情况下，粗话的使用既有助于儿童发泄内心的攻击欲，又有助于他避免与对方发生肢体冲突。不善于用语言表达内心不满的儿童往往习惯于借助暴力来解决问题，生性胆小的儿童则习惯于使用语言来攻击他人。在家中的时候，儿童也会用这些粗话攻击自己的兄弟姐妹。不过面对父

母时，他一般不敢出言不逊，除非他十分愤慨。即便儿童对父母使用粗话，也会选择一种迂回的方式，比如：他会先用一些普通的词汇来挑衅父母以便测试父母的容忍底线。

应对之法

如果儿童使用粗话，请不要反应过激，否则的话，只会让儿童发现另一种激怒您的方法。您应当明确地告诉孩子某些单词或某些表述方式不能在家中使用。请不要以暴力的手段或羞辱的方式强迫孩子改正他的语言用词，您只需要明确地阐述自己的想法即可。此外，即使您觉得孩子所创造的粗话十分有趣，也请不要在他面前露出开心的笑容，否则只会让他沾沾自喜从而助长他的"不正之风"。请记住，惩罚只会带来适得其反的效果。如果孩子的语言着实令您震惊不已，请

清楚地向他解释他刚刚所使用词汇的含义。此外，您还应当让他明白如果他想受人尊重，就必须先学会尊重他人。最后，您还应该明确地将某些侮辱性字眼列入禁止使用的清单中。儿童对粗鄙词汇的理解越透彻，他就越能控制自己不使用这些词汇。

有些粗话是儿童之间交流时所使用的暗语，应当尽量避免让孩子在（外）祖父母面前使用这些粗话。如果孩子实在想说，您可以让他到自己的卧室里尽情地说。请不要因为孩子使用粗话而指责他行为不端、令人生厌，那样只会让他自责不已。另外，作为家长，请您在教育孩子的过程中时刻以身作则，千万不要一边禁止孩子使用粗话，一边自己却张口闭口讲粗话。

4
岁

口吃与口齿不清

口吃与口齿不清是儿童常见的两大语言障碍，这两大障碍很容易被人察觉，因为它们会影响儿童与他人之间的正常交流。

口 吃

一般而言，口吃儿童给人的感觉就是他有许多话要说，却总不能一口气把话说完。在说话的过程中，口吃儿童必须不停地停顿，然后再重新整理自己的话语顺序。口吃常见于2岁或3岁儿童身上。口吃一般只是暂时的，如果某位儿童口吃，并不意味着他长大以后会继续口吃。

请不要嘲笑口吃儿童，也不要命令他必须一口气将话说完，这只会增加他内心的焦虑从而让他变得更加口吃。首先，我们必须让口吃儿童自己找到正确的说话节奏。之后，我们可以鼓励他参与到各种交谈之中以便让他有机会开口说话（请注意，在交谈的过程中，不要过分在意口吃儿童的说话方式）。此外，父母必须在与孩子交谈的过程中保持耐心，仔细聆听他的话语。某些专家甚至建议口吃儿童去参加一些能够神奇般地让口吃症状消失的活动，比如：唱歌或表演舞台剧。某些著名的演员在生活中也会口吃，但是一旦他们上台表演，口吃现象便会消失得无影无踪。

随着年龄的增长，3/4的口吃现象会逐渐消失。不过，如果口吃现象一直持续至5岁，或者如果口吃引发了其他语言障碍（比如：发音困难、组句困难），请及时带孩子就医。在康复训练的过程中，医生主要会帮助儿童正确地协调发音与呼吸之间的关系。一般情况下，医生还会要求父母在家及时督促孩子练习。如果儿童积极配合的话，口吃的康复率可高达100%。

> 父母应当时刻观察孩子的语言能力发育是否滞后，因为如果儿童语言能力发育缓慢的话，很有可能会导致他自尊心受损从而引发其他情感障碍。如果一位儿童几乎从来都不开口说话，请不要想当然地认为"他虽然不说话，但是对一切都了然于心"。如果您认为孩子的语言能力发育迟缓，请及时就医。这一年龄段儿童所患的语言障碍很容易痊愈。儿童不仅对新单词如饥似渴，也十分希望父母能为他讲解新单词的含义。如有必要，您还可以为孩子展示某个单词的词源。最后，您还可以专门准备一个本子用来记录孩子的童言童语，毕竟这是多么温馨的一件事呀！我强烈建议您将孩子的趣味语言记录下来，否则您终有一天会全部忘记。

想说却说不清

父母必须在孩子四五岁以

前及时发现他的语言障碍，并带他去接受治疗。否则可能会导致一系列不良连锁反应，比如：学习积极性下降，甚至出现心理疾病。

患有语言障碍的儿童心里清楚自己想表达什么，却总说不出来。每次开口说话时，他要么会不由自主地重复某个音，要么会将某个音吞掉，要么会将某个音拉长。此外，说话时，他的气息总是不平稳，舌头与上下颌的摆放位置总是不正确。不过，令人惊讶的是，每当儿童自言自语、唱歌或与熟人交谈时，他并不会表现出任何语言障碍。口吃给人的感觉就是儿童强行将某个词语推出口中。

两三岁的儿童口吃很正常。此外，我们发现大部分儿童刚上幼儿园的前几个月都会出现口吃症状。一般而言，口吃只是一种阶段性生理现象，不会持续太长时间。不过，如果儿童5岁的时候依然口吃，且未接受任何治疗的话，他有70%的概率会继续口吃下去；如果儿童7岁时依然口吃，且未接受任何治疗的话，他则有95%的概率会继续口吃下去。此外，有的时候，口吃也是由基因所导致的。我们发现，

四五岁儿童当中，有5%的人患有口吃。男孩比女孩更容易口吃。过去，我们一直认为口吃纯粹是一种心理疾病。但是，现如今，我们发现口吃的成因分为许多种。最新研究表明，遗传因素也会导致儿童口吃，比如：如果父母精神脆弱的话，那么他所生的子女也很有可能会精神脆弱从而引发口吃症状。这也就解释了为什么某些家庭中会出现好几位口吃成员。除此之外，内心极度敏感或过于追求完美的儿童也很容易患上口吃。某些专家认为大部分情况下，父母的过高要求并不会导致儿童口吃。

30%~40%的口吃儿童，其家族中曾有人患有严重的口吃。

口吃可分为两种类型：一种为连发性口吃（即不停地重复某一个音素，尤其是前一个单词的结尾音素），一种为难发性口吃（即患者在说话时有一个字说不出来便会越来越急，最终急得摇头跺脚、手足乱舞、面红耳赤等）。口吃常见于内心敏感的儿童。这类儿童往往急于将自己的想法表述出来，但是每次张口时却又会语无伦次。家庭中的紧张气氛（比如：因家教极严或父母极其专制而导致的紧张气氛）同样会导致儿童口吃，因为这种情况下，儿童通常会以口吃的方式来表达自己内心深处的焦虑与烦躁。如果此时家中出现了其他会左右儿童情绪的事情（比如：二胎出生、学业困难、搬家、亲友离世或父母离异

等），无疑会加重他口吃的程度。

一种不正常的说话方式

语言障碍的成因分为许多种。首先，语言障碍往往是由发音障碍所引起的：对于儿童而言，某些单词的发音实在是太难了。其次，语言障碍的出现与语言能力发育缓慢息息相关，父母应当及时纠正儿童不良的说话习惯。最后，表述能力发育缓慢也会导致语言障碍，这种情况下，儿童往往不知道如何正确"摆放"各种语法成分。大多数情况下，患有语言障碍的儿童必须接受正音科医生甚至是心理医生的治疗。除了生理缺陷，大部分语言障碍是由情感因素以及家庭因素所引起的。如果儿童不能正常与他人交流，不能顺利将内心的恐惧用语言表达出来，他很容易患上心理障碍。

4
岁

儿童的好奇心

这一年龄段的儿童，其智力发育速度十分迅猛。此时的他已然知晓现实具有多种表征，他对每个人的认识都不一样，对同一个人的认识也不会一成不变。

读取他人的思想

随着年龄的增长，儿童意识到世上并非只有物品能够拥有多种表征。此外，他还明白即使自己对某件事情一无所知，也不代表他人对此也一无所知。他发现人类的思想能够导致一系列的行为活动。分析这些行为活动有助于他理解或预见即将发生的事情，并且此时的儿童已经具备了一定的预见能力。此外，儿童还明白自己的某一项判断可能正确，也可能不正确，并且这一判断会根据实际情况而发生改变。他还意识到自己能够揣测，甚至左右对方的想法。儿童的这些心理活动都是循序渐进的，毕竟他的感知能力与现实生活之间的关系错综复杂。一般而言，如果某件所见之事与自己的认知存在一定的偏差，儿童便会提出疑问。

玩弄现实

现阶段的儿童开始玩弄现实，换言之，他开始愚弄他人。此时的他已经熟练地掌握了心理学中所谓的"心智化理论"，因此，他能够将玩笑的尺度把握得恰到好处。他已然意识到身边亲友并不会依据事实本身来采取行动，相反，他们更愿意相信自己的认知。儿童除了喜欢开玩笑以外，还开始撒谎。儿童不仅会隐瞒事实以从中获益或避免受到指责，而且还会篡改事实以博取同情，比如：儿童只会和别人说自己被同学打了，不会告诉他人其实是自己先挑起的事端。儿童甚至会为自己创造一位虚拟朋友以便将某些责任推至他身上。有时，儿童之所以撒谎，完全是因为害怕被指责，或者仅仅是出于羞愧或嫉妒。您可以跟孩子说您不相信他所说的话，但请不要试图将证据摆放在他眼前。如果孩子撒谎，您也可以适当调侃他，但一定不能嘲笑他。

这一年龄段的儿童对周围的大自然充满了好奇，他对小动物们特别感兴趣，比如：蝴蝶、蚂蚁和甲壳虫等。他们的好奇心十分强烈。在好奇心的驱使下，儿童十分想知道大自然的奥秘：某些昆虫到底是如何飞上天或爬上墙的呢？此外，儿童还会拆解自己的玩具，询问有关生、死以及性的问题。如果您看到孩子将蝴蝶的翅膀折断，一定会感到很震惊、很难过吧。不过，您的这一反应仅仅是站在了成人的立场上看待儿童的行为。事实上，儿童折断蝴蝶的翅膀，并不是为了折磨它，而仅仅是为了做实验。而且，过不了多久，您会发现孩子开始保护小动物了，他会将小昆虫装在他的盒子里，或者将青蛙放在广口瓶中。不过，他会悲伤地发现自己其实是"好心"办坏事。这种情况下，您需要将生命延续的几大基本要素告知孩子：呼吸、食物、运动、繁殖与自由。

> 在求知欲的驱使下，儿童会不停地提问题。儿童的这些问题分为两大类：认知类与情感类。最初的时候，儿童会就周遭世界提出疑问。这一年龄段的儿童已经顺利地度过了身份认同阶段，他更想了解并征服外部世界。有时，儿童所提出的问题十分刁钻以至于父母根本不知从何说起。这种情况下，请您告诉他您已经知晓了他的问题，不过您现在无法作答，等您查询过后再告诉他。通过不断地提问，不断地获得答案，儿童最终能成功地培养起自己的科学思维。情感类问题往往涉及家庭秘密，如果父母总是语焉不详，会让孩子非常不满意。如果您选择回答孩子的问题，请勿有所隐瞒。别忘了，这一年龄段的儿童已经能够看穿成人的想法。如果孩子的问题涉及家中某段艰难时光的话，您可以选择不回答。因为此时的儿童尚不成熟，他的心理承受能力很低，此外，您自己也尚未做好心理准备。孩子并不会平白无故地提问，他一定是察觉到了什么，因此，就算您此刻不愿回答，他也会穷追不舍。

您可以质疑他的说辞，但一定不能将他视为骗子。有些儿童能够预测到父母的反应，他会大声地说："我刚才就是开个玩笑而已。"

这一年龄段儿童所说的谎言并不意在伤害他人，而且此时的他也尚未形成道德观念。因此，您需要及时与孩子进行沟通，以防他将来三番五次地撒谎。最后，请您以身作则，如果您自己被孩子发现撒谎的话，又怎么能强求孩子不撒谎呢？

虚拟朋友

儿童会虚构一位朋友，并且频繁地在父母面前提及，而这纯属正常现象。这位虚拟朋友能够令儿童在探索世界的过程中安心，令儿童感受到自己存在的价值。虚拟朋友是一位随时候命的信使。对于性格内向的儿童而言，虚拟朋友的存在能够缓解他与外部世界的情感张力。虚拟朋友拥有自己的名字与喜好，他／她是一个名副其实的小说主人公。在与这位朋友接触的过程中，儿童最终能够找寻到自己的定位，并构建起自己的人格。不过令人惊讶的是，这位虚拟朋友不仅来无影，而且去无踪。一般而言，一旦儿童拥有了一两位真实的朋友之后，这位虚拟朋友便会功成身退。他／她的主要功能在于帮助儿童顺利度过某段艰难时光，他能够令儿童吐露心声，而无须担心父母的介入。

十万个为什么

有时，孩子的某些问题会令您无比尴尬。儿童总是直截了当，甚至不合时宜地提出自己的问题。并且，这些问题或多或少会涉及一些社会敏感话题，比如：性、金钱、科学或生命存在的意义。回答这些问题其实并不难，难就难在如何把握尺度。回答的过程中，您必须确保答案准确、通俗易懂且不会造成孩子任何心理方面的不适。如果您草率地进行回答，很有可能会令孩子对相关领域产生偏见或陷入不安之中。

请不要假装没有听见孩子的问题，也请不要正面回避孩子的问题，更不要嘲笑他所提出的问题。不要草率回答问题，不要顾左右而言他，不要言语轻佻或解释过于详细。

4 岁

正面回答儿童提出的各种问题

您的孩子开始对周围的世界表现出越来越浓厚的兴趣，他不仅十分看重自己的父母，也非常在乎其他家人。一旦某位亲友生病或遭遇意外事故，他便会就人类的生老病死提出各种疑问。

请勿逃避

如果家中某位亲人身患重病或不幸去世，虽然您的孩子不会即刻提出疑问，但是您仍然需要主动告知他事情的大致经过，比如：您可以告诉孩子亲人所患疾病的名称以及对患者行为的影响。如果您选择沉默不语或隐瞒事情真相，只会让孩子胡思乱想，认为这位亲人的病情比想象中的更严重，从而导致孩子陷入深深的恐慌之中。当孩子提出疑问时，您的回答意味着您将他视作一个独立的对话者，他能从中感觉到被尊重。儿童明白家人不仅需要一起分享喜悦，还需要一起分担痛苦，因此当他身处困境时，只要一

想到父母会在背后默默地支持他，他便会从容应对。

（外）祖父母生病

如果有一天，曾经一直陪伴孩子玩耍嬉戏的（外）祖父或（外）祖母卧床不起，您的孩子一定能够感受到某些不同寻常的事情正在发生，因此，他会表现得十分担心，如果此时您也愁容满面的话，无疑会加剧孩子内心的不安。儿童对疾病的严重程度毫无概念，在他看来，生病就是身体不舒服。如果您此前曾和孩子提及生老病死这一话题，那么他很有可能会问您（外）祖父／（外）祖母最终会痊愈还是去世……作为父

母，您不应回避这一话题，因为孩子对死亡同样有着自己的理解，他认为死亡就是一觉不复醒。不过，有的时候，在孩子眼里，死亡是可逆的，他会问您逝者什么时候还会回来。这种情况下，您可以向他解释死亡是人生历程中的最后一站。除此之外，您还可以给孩子看一些逝者在世时所拍的照片，并强调逝者在世时一直都生活得很幸福，告诉孩子逝者永远活在所爱之人的记忆之中。

弟弟／妹妹去世

弟弟／妹妹的去世对于哥哥／姐姐而言无疑是一次沉重的打击。如果弟弟／妹妹刚出生便夭折了，哥哥／姐姐会产生一种负罪感，因为在他／她看来，一定是自己某一刻的"诅咒"（哥哥／姐姐有时会因为嫉妒而希望自己的竞争对手，即弟弟／妹妹死亡）才导致了弟弟／妹妹的死亡。如果哥哥／姐姐曾满怀欣

如果孩子为（外）祖父／（外）祖母的身体健康感到担忧，您可以让他画一幅画，然后帮他把这幅画交到（外）祖父／（外）祖母的手中。如果孩子想亲自去看望生病住院的（外）祖父／（外）祖母，请不要拒绝他的请求。这一年龄段的儿童很少会被医院的慌乱环境吓到，因为他头脑中满是重逢的喜悦。

> 您必须真诚地回答孩子所提出的每个问题，即使真相十分残酷。您应当根据孩子的年龄或多或少地让他与其他家庭成员共渡难关，根据孩子的理解能力为其讲述身边所发生的一切。只要您的经济状况不会影响到孩子的求学之路,您就应当告诉孩子您失业了,正在重新找工作。同理，您应当及时告知孩子（外）祖父/（外）祖母去世的消息以免他到时候猝不及防。不过，请不要和孩子谈论新闻媒体报道的绑架儿童事件或虐童事件，您只需要告诉孩子不要相信陌生人即可。如果孩子的父亲/母亲自杀身亡，建议亲友不要即刻将具体的情况告诉他，最好等到孩子年龄稍长之后再将父亲/母亲自杀的原因告诉他。

喜地期盼着弟弟/妹妹的到来，并与弟弟/妹妹建立了深厚的感情，当后者不幸去世时，哥哥/姐姐爱得多深，便会伤得多痛。一般而言，当弟弟/妹妹不幸去世以后，哥哥/姐姐会选择以攻击行为来表达内心的伤痛与自责，因此，如果孩子做出了某些攻击行为，请不要责骂他/她。相反，您应当多与他/她沟通交流,并给予他/她更多的关爱，这样，他/她内心的负罪感会有所减轻。当然，您也可以直接告诉孩子弟弟/妹妹死亡的真实原因。

车祸

如果您身边发生了车祸的话，您既不用告知孩子车祸的具体细节，也不用向他提及无关人员的受伤情况或死亡情况，因为孩子对此根本不会关心。只有自己的亲朋好友出事了，才会引起孩子的注意，因为他会将这类意外事故联想至自己身上。这种情况下，您必须告诉孩子意外事故纯属偶然，您已经采取了各种预防措施，因此他绝对不会出事。此外,在开车的过程中，您也可以告诉孩子只要系好安全带乖乖地坐在座位上，不超速，就绝对不会出车祸。

危险的成年人

一般情况下，儿童并不认为某些成人会对自己不利。请您不要在6岁以前教孩子辨别坏人，否则只会让孩子变得焦虑不安，认为您根本不想保护他。6岁以前，您必须时时刻刻地保护孩子，比如：您必须准时接孩子放学；必须在逛街的途中紧牵他的小手；必须在散步或在广场嬉戏的过程中，寸步不离地陪在他身旁。调查表明大部分伤害儿童的成人往往是他的亲朋好友，因此，请您不要过分信赖某位亲友。

父母失业

如果您不幸失业了，想必您应该很难开口向孩子解释这件事情，尤其是当失业重创了您的自信心时。其实您只需要简单明了地告诉孩子实情即可。请千万不要因此而产生羞愧感。如有可能，您可以带孩子去参观一下您曾经的办公场所，让他了解您此前的工作内容，您此前经历过的职场美好时光。此外，您还可以向孩子解释失业的原因。请不要因失业而感觉在孩子面前抬不起头。恰恰相反，在他的心目中，您永远都是一位坚强勇敢的父亲或母亲。您应当扫去内心的阴霾，重新振作起来，只有这样，才能为孩子创造一个美好的未来。如果您不想即刻将失业的缘由告知孩子，您可以先向他解释您现在的心情很乱，等心情平复以后再告诉他失业的前因后果。

儿童主要关心父母的失业是否会导致家庭社会地位发生改变，以及失业期间父母如何保证正常的家庭支出。

4
岁

单亲家庭

法国绝大多数的单亲家庭都是由母亲负责抚养子女。尽管独居一方的父亲会偶尔帮忙照顾孩子，但是单身母亲仍然十分辛苦。

父亲的缺失

单身母亲必须同时兼顾职场生活与家庭生活。她们除了要操心家庭琐事之外，还需要时刻担心孩子是否会因父亲的缺失而影响正常的生理发育和心理发育，毕竟心理学家时常提及此事。单亲家庭的儿童的确处境特殊，但是如果独居一方的父亲仍然经常来看望他们的话，他们并不会比那些生活在正常家庭却缺乏父亲关爱的儿童差。

恰恰相反，单亲环境能够让儿童变得更加早熟。不过，遗憾的是，单亲家庭的儿童在长大成人之后可能很难离开与其相依为命的父亲 / 母亲的怀抱。此外，心理学家认为单亲家庭的儿童，尤其是男孩，更容易缺乏自信，因为男孩是在模仿父亲的过程中不断成长的，然而身边的任何一位男性都取代不了父亲的位置。女孩则将感情全部寄托在抚养她的母亲身上以至于她会全心全意地模仿母亲而无法自拔。不过，研究表明对于儿童而言，父亲的缺失远没有痛苦的离婚过程更具伤害性。如果离婚过程极其不愉快，那么其中一方必定会在孩子面前诋毁另一方，更为甚者，某些获得了监护权的父母会将孩子视为自己的私人物品，从而令孩子无比痛苦。

> 大部分情况下，这一年龄段的儿童并不会因为父亲的缺失而变得孤僻。一般而言，只有当儿童进入青春期以后或离开母亲怀抱独立生活以后，他的性格才会因父亲的缺失而渐渐变得孤僻起来。最佳的解决办法就是单身母亲重新开始自己的感情生活。如果母亲能够拥有属于自己的感情生活，她与孩子之间的相处就会更加融洽。一旦母亲拥有了属于自己的新生活，孩子长大成人后便能毫无负罪感地离开她的怀抱。父母不能一直让孩子生活在单亲家庭中，更不能让他以为自己是阻碍父母再婚的绊脚石。单身母亲应与自己的亲朋好友多加往来以防孤立于世，此外，她还应当将自己的男朋友介绍给孩子认识。不过，需要注意的是，单身母亲最好不要将自己的每任男朋友都介绍给孩子，毕竟这些人中的绝大多数都可能只是她们母子俩生命中的匆匆过客。孩子可能会十分依赖其中某一位，一旦母亲与他分手，曾经那种痛失生父的感觉便会再次浮上心头。日积月累，这份悲伤之情便会将孩子压垮。

社会偏见

当今社会仍然对单亲家庭存在诸多偏见，比如：许多人会认为单亲家庭的孩子学习成绩差、犯罪率高、存在暴力倾向……总之，在大部分人眼里，单亲家庭的孩子更容易沦为问一般而言，对于一位收入有限的单身母亲来说，要想找到一个理想的栖身之所实在是难于登天。在法国，虽然她不能从房屋租赁市场中租到一栋满意的公寓，但是她可以寻求法国住宅与人道主义协会（La Fédération Habitat et Humanisme）的帮助。该协会旨在帮助单亲家庭找到一处租金低廉的房屋。这些房屋主要出租给那些收入虽然微薄，但经济仍然相对独立的单身母亲。经济条件极为困难的单身母亲则可以寻求社会机构的收留。此外，近两年还开始流行一种新型的跨代留宿形式，即单身母亲与年迈的房东生活在一起，并互帮互助。某些城市已经就这一社会问题制定了一系列帮扶措施。比如：巴黎单亲家庭住宿委员会（Paris Logement Familles Monoparentales）会为这类家庭提供帮助以便他们能够继续留在首都生活，甚至工作。如果单身母亲因照顾孩子而不能定期去上班，她可以向临时工社会救助基金管理局（FASTT）寻求帮助，该机构能够确保单身母亲在 3 年内无需支付任何租房费用。

己的孩子当作工作问题或情感问题的倾诉对象，那样只会让孩子徒增烦恼，甚至产生心理障碍。单身母亲也应尽量避免让孩子卷入夫妻之间的矛盾中，如有可能，请尽量维持前夫在孩子心目中的高大形象。如果单身母亲仍与孩子的父亲保持联系，且孩子父亲十分乐意承担自己的抚养义务，那么请让他定期来探视孩子。请注意一定要让他定期来探视，因为研究表明，无规律的探视会让孩子的身心受到伤害。

题少年。其实，单身父亲 / 母亲也十分看重子女的前途。不过，单亲家庭不利的社会地位以及不济的经济条件的确容易导致子女面临各种困境。

调查表明，法国仍有 34% 的单亲家庭生活在贫困线之下，却只有 5% 的正常家庭生活在贫困线之下。此外，1/3 的单亲家庭都未收到过男方应支付的生活抚养费。最后，单亲家庭中的父亲 / 母亲因需要抚养未成年子女以至于不能根据自己的心意挑选工作。

儿童身心的健康发展

独自抚养子女绝对是一项艰难的挑战，因为这意味着您必须拥有父亲般的威严以及母亲般的柔情。一般情况下，单身母亲会认为自己应当尽可能地让孩子感受到自己对他的爱意以至于忽视了对他的教育。单身母亲害怕自己一旦对孩子过于严厉会导致他认为自己不爱他。这也就解释了为什么单身母亲常常会在教育子女方面犯错。有些单身母亲甚至想让家族中的其他男性成员（比如：孩子的舅舅，孩子的外公）取代孩子父亲的位置，然而，这一做法只会导致儿童迷失自我，毕竟舅舅并不是自己的爸爸，而外公也仅仅是陪他玩要嬉戏的一个玩伴而已。

此外，单身母亲不应将自

为自己预留私人空间

单身母亲面临着一个巨大的问题，那就是她们永远没有属于自己的私人生活。对于她们而言，要想毫无负罪感地为自己预留一些私人空间简直比登天还难。她们总是殚精竭虑地为孩子处理各种事情，总是想尽办法去协调那些不可协调之事。现如今，有一部分单身母亲开始寻求邻里之间的互帮互助，比如她们会互相帮助照看孩子。有些单身母亲甚至会在筋疲力尽之时直接敲响邻居家或孩子同学家的大门以便向他们寻求帮助，这一点是封闭式的传统家庭所不能比拟的。即便如此，仍然有许多单身母亲抱怨自己的社交生活越来越贫乏。

4
岁

独生子女

随着家庭模式的转变以及女性生育年龄的推迟，独生子女的数量越来越多，而这也让现代社会对独生子女的态度要比以前更加包容。

为什么家里就我一个孩子

大约四五岁的时候，孩子会问父母"为什么家里就我一个孩子？"这种情况下，您只需要如实告诉他您当时决定只生养一个孩子的原因即可。儿童提出这个问题并不是因为他真的想要一个兄弟姐妹，而是因为他很想知道为什么自己家中的子女数量与同学家或（表）堂哥/弟家的子女数量不一样。此外，您同样可以告诉孩子作为独生子女的各种好处。

在抚养独生子女的过程中，父母会面临一些特殊且棘手的教育问题。独生子女最大的问题就是孤独。他上学的时间越晚，对孤独的感受就越强烈。不过上学后这种感受会得到缓解，因为他可以和同龄的伙伴一起玩游戏，一起分享喜怒哀乐。而在家中时，他则希望父母能够更长时间地陪伴自己。因此，独生子女需要父母花费更多的时间去陪伴。

获取独立

如果说与同龄伙伴一起玩耍嬉戏能够扫去独生子女内心的孤独，那么与成人一起从事某些活动同样能够令孩子忘却孤独。

孩子喜欢与父母一起做家务，因为这会让他产生一种成就感。摆放餐具、打扫后院中的落叶等都能起到消遣娱乐的作用，并让孩子学会与父母一起分担。独生子女的父母一心想为孩子创造美好的未来，因此，他们总是早早便教孩子读书识字，鼓励孩子成为人中龙凤，而忘了他们的子女还只是个孩子。独生子女的首要需求是能有一个快乐的童年。

独生子女的父母过于在意他们的孩子，难以接受孩子离开自己的怀抱，往往将孩子的独立看作是对自己情感上的一种遗弃。然而，独生子女需要独自一人不停地尝试各种新鲜事物，从而成熟起来。任何一位儿童要想长大成人，都必须下定决心脱离父母的怀抱。独生子女的父母不应该让孩子感觉自己与其他儿童"不同"。此外，独生子女也并不是每天都很快乐。他身上承载着父母的各种"雄心壮志"，往往会被父母的期许以及自己的愿望折磨得"体无完肤"。

> ❝独生子女往往会为自己创造一些虚拟的兄弟姐妹。独生子女的父母应该让孩子广交朋友，以便让他从朋友那获得兄弟/姐妹般的感情。
>
> 从家族层面来看，独生子女能从自己的（表）堂兄弟/姐妹那儿感受到家庭般的温暖。而在多子女的家庭中，虽然父母都会宣称自己对所有的子女一视同仁，但是由于每位孩子都各有特点，与父母的情感关系肯定会有所不同。❞

独生子女的父母应尽早帮助孩子与其他儿童培养感情，这样孩子才能从小学会分享，学会体谅他人。最重要的是，父母应当尽力让独生子女生活在一个有爱的"大家庭"中。有时，（表）堂兄弟姐妹能够代替亲兄弟姐妹陪伴在他身边。孩子也会喜欢与自己的（表）堂兄弟姐妹一起过周末，并且，在与他们相处的过程中，孩子能够产生一种家族归属感。

融入新家庭

如果独生子女之前一直生活在单亲家庭中，但是突然有一天与自己相依为命的爸爸／妈妈决定再婚，情况就会变得十分复杂。自此，儿童的情感定位会被颠覆，他或多或少地会产生一种被遗弃感。他的内心会百感交集：一方面他会因为自己的爸爸／妈妈重新找到了幸福而感到高兴，也为此前压抑的两人关系（即自己与爸爸／妈妈的关系）终于结束了而感到舒心；另一方面，他会担心自己与继父／继母是否能相处融洽，与自己妈妈／爸爸的关系是否会自此生疏起来。总之，独生子女会在父亲／母亲再婚后的几个月内变得焦躁不安。

如果父亲／母亲再婚后与继母／继父生育了弟弟妹妹，同样会令儿童陷入两难境地：

一方面，他十分开心能够与弟弟妹妹一起分享生活的喜悦；另一方面，他十分担心自己在父母心中的地位会动摇。

还有一种情况也会令儿童左右为难，即继父／继母与自己的前妻／前夫曾经生养过子女，并将这位子女一起带入了新家庭。自此，儿童不得不与这位陌生的成员分享他所拥有的一切。请注意，儿童需要一定的时间以及一定的适应能力才能成功地接受这一局面。大部分情况下，每位成员都能在重组家庭中找到属于自己的位置以及幸福。

渴望拥有兄弟姐妹

如果有一天您的独子／独女希望您为他生个弟弟或妹妹，您该如何应对呢？首先您需要等到孩子反复向您提出这一要求（因为有时孩子只是一时兴起）后，再与他／她进行沟通，然后询问他／她为什么想要个弟弟妹妹，并让他／她设想一下弟弟妹妹出生后的新生活。

当孩子的同学炫耀自己妈妈或亲戚怀有二胎时，最容易激发他渴望拥有兄弟姐妹的愿望。这一年龄段的儿童最喜欢与自己的小伙伴"一较高下"了。由于缺乏生活常识和社会经验，儿童对弟弟妹妹根本毫无概念。在他们看来，弟弟妹妹几乎与自己一般高，并且能陪自己做游戏。独生子女往往将弟弟妹妹看作自己的新玩具。有时，儿童之所以要求父母为自己生个弟弟妹妹，是为了探寻自己的"生命之源"：他想知道自己出生以前在哪儿生活，自己还是个婴儿的时候都做些什么。如果孩子向您提出这些问题，请明确地回答他。

有时候，我们也能从孩子的语言中感受到他的矛盾与担忧：他的（表）堂兄弟可能向他提及过自己刚出生的弟弟妹妹没日没夜地啼哭或者妈妈因为要照顾刚出生的弟弟妹妹，所以只能把自己送到奶奶／外婆家去住了。

最后，儿童之所以想要个弟弟妹妹，还有可能是因为他曾听见过父母讨论二胎计划。

4岁

多子女家庭

每位子女在家中的排行，或者每位子女对自己在家中排行的看法都会影响其性格以及人格的形成。然而，现实生活中，没有哪一种排行是所谓的最佳排行。

长子／长女——家中的风向标

长子／长女无疑是每个家庭中最另类的存在，父母往往会对长子／长女倾注更多的情感，因为他／她的出生标志着夫妻二人从此拥有了一个幸福完整的家庭。此外，长子／长女的照片会布满家中的大小角落。

我们发现长子／长女往往自尊心极强，因为父母会夸赞他／她的每一次成功。此外，长子／长女承载着父母的各种期许，他／她必须努力以免令父母失望，这也就解释了为什么长子／长女更顺从、更认真、更富有责任感。

大部分情况下，即使长子／长女十分不情愿，他／她也必须为自己的弟弟妹妹树立榜样，甚至必须做出一些退让。父母往往将长子／长女当作成人看待。长子／长女的内心深处则或多或少地会嫉妒那些打破了自己成为独生子女美梦的弟弟妹妹。有时，这份嫉妒之情会导致他／她对弟弟妹妹过分专制。

提出抗议的弟弟／妹妹

弟弟妹妹唯一的解决办法是抗议。如果家中只有两位子女，弟弟／妹妹的定位就不言而喻了：他／她希望自己能够与哥哥／姐姐有所不同。心理学家认为家中的弟弟／妹妹是一个社会性极强的角色，他／她不仅懂得与他人分享，还比哥哥／姐姐更加不羁。一般而言，弟弟／妹妹往往十分叛逆，几乎不会循规蹈矩。不过，他／她的哥哥／姐姐却不会任他／她为所欲为。

如果家中两位子女的性别不同，那么他们中的每个人都会不遗余力地守护自己的性别属性。此外，在相处的过程中，他们之间的关系与其说是敌对，倒不如说是互补。如果家中两位子女的性别相同，那么他们便会对对方既爱又恨。

如果同性子女分别数年之后再次重逢，弟弟／妹妹一定程度上会恨哥哥／姐姐，因为在他／她看来，无论自己如何努力，都无法改变后者"高高在上"的地位，也无法在家中与之"旗鼓相当"。因此，一般而言，弟弟／妹妹会早早地选择一条不同于哥哥／姐姐的人生道路。有的时候，弟弟／妹妹会认为

> 父母不仅需要意识到每位子女之间存在一定的差异，还需要根据每位子女的特点来帮助他们发展属于自己的个性。还存在一种特殊的情况，即独生子女在 12 岁或 13 岁的时候见证了弟弟妹妹的到来。不过，那时的他早已拥有了属于自己一人的童年回忆，因此他能够全心全意、毫无保留地去呵护自己的弟弟妹妹。

在多子女家庭中，总有一个孩子备受父亲、母亲或父母二人的宠爱，其中最后一种情况最易遭致诟病、最不能被其他子女所接受。兄弟姐妹能够一眼辨认出父母的"心头肉"，毕竟他们都极其擅长观察、对比家中的一举一动。儿童能快速找出那个最不受父母待见或最讨父母欢心的孩子。不过，有的时候，儿童会因为父母一个微小且毫无意义的细节而将某位子女误认为是父母的宠儿。父母必须时刻收敛自己的偏袒之心以防做出一些不公正的举动。

自己成长的速度仅仅是稍逊于哥哥／姐姐而已，这种想法既可能会激起他／她昂扬的斗志，也可能会令其灰心丧气。

在多子女家庭中，排行中间的那位子女或多或少地会心生郁闷，因为他／她不仅会羡慕哥哥／姐姐的老大地位，同时也会嫉妒弟弟／妹妹的吸睛能力。

备受宠爱的"老幺"

如果父母过分宠爱老幺的话，他／她很有可能会一直保持幼稚的心态。家中其他子女会时刻监视老幺的一举一动，并对他的言行举止进行指正或批评。老幺必须拥有极强的个性才能获得独立。

在多子女家庭中，很容易出现"拉帮结派"的现象：排行中间的几位子女往往容易惺惺相惜。一般而言，老二更愿意亲近老四，老三则必须承受上面两位哥哥姐姐的颐指气使。因此，老三的处境往往十分尴尬。由于两位哥哥姐姐的存在，所以老三需要使出浑身解数才能得到家人的认可。这种情况下，老三往往十分害怕成为父母眼中的弃儿。我们发现如果父母不厚此薄彼的话，老三往往更加容易意志坚定，自信满满且充满雄心壮志。

每个子女都是独一无二的

不论父母如何努力，都不可能对所有的孩子做到一视同仁，因为每位子女都是独一无二的个体，他们各自有着不同的情感需求。此外，父母自身也在不断地改变，他们不可能始终以同一种方式来抚养每位子女，并且他们的教育准则也在不断地与时俱进。父母如果想证明自己大公无私，只需要竭尽全力满足每位子女的情感需求即可。多子女家庭中如果只有一个女儿，且排行老幺的话，她很有可能会集万千宠爱于一身。

如果女儿排行老大的话，就远远没有这么幸福了，因为此时的她必须承担起长姐如母的责任以至于弟弟们会不断地"压迫剥削"她。此外，长女很难感受到自己特有的女性魅力。如果多子女家庭中只有一位儿子的话，那么他肩上的重担会极其沉重：他必须承载父母所有的期许与愿望。如果这位儿子不如自己的姐妹们有成就的话，那情况就会变得更为复杂，比如：他很难成功地培养起自己的男子气概。

双胞胎的"我们"

双胞胎姐妹／兄弟很难将自己视为一个独立的个体，不仅如此，外人同样也很难将他们／她们视为独立的个体。因此，我们很少听到双胞胎使用"我"这个主语，更常听到的反而是"我们"。双胞胎之间的依恋之情通常非常强烈，这种情况下，父母必须以一种温柔的方式将他们／她们二人分开。只有这样，他们／她们中的每个人才能成功地培养出自己的专属个性。

父母应当从襁褓期就开始培养双胞胎各自的特性。一般而言，三胞胎或四胞胎更容易快速地找到自己的个性，并与兄弟姐妹们培养正常的儿童之间的默契之情。

4岁

兄弟姐妹——相爱相杀

嫉妒心、年龄之间的差距、性别的不同或者对私人空间的需求都会导致同胞之间发生争吵。如果想要吵架的话，任何一件物品都能够成为兄弟姐妹之间的争夺焦点。此外，貌似每个家庭中总有那么一位子女特别喜欢挑事儿。

在争吵和默契之间

除了嫉妒心（之所以会产生嫉妒心，是因为每位子女都不愿与他人分享父母之爱）以外，生活中许多琐事都会成为兄弟姐妹之间争吵的根源。比如：哥哥会觉得弟弟故意在自己做作业的时候制造噪音；又或者弟弟不愿将别人送给自己的游戏机借给哥哥玩，哥哥却强行将游戏机夺走。

虽然兄弟姐妹之间时常爆发争吵，但这并不意味着他们就不能和谐相处了。如果孩子犯错了，他经常会选择将责任推至兄弟姐妹身上，最常见的借口莫过于"这不是我干的"。即便如此，在大事面前所有的子女都会选择一致对外。有时，哥哥姐姐甚至会为了保护弟弟妹妹而选择自己"背黑锅"。

嫉妒也是成长的动力

嫉妒心并非有百害而无一利，它是儿童童年期不可或缺的成长动力。不过需要注意的是，必须将儿童的嫉妒心控制在可接受范围之内。一般而言，儿童之所以会提出某些请求或选择与哥哥姐姐唱反调，是因为他想直接过渡至人生中的某一高级阶段。善于察言观色的父母往往懂得如何处理子女之间的矛盾。每位儿童都需要一个属于自己的情感空间，都需要父母能够抽空倾听自己的心声。最后，父母应当鼓励孩子培养自己的个性，毕竟每位孩子都应该拥有属于自己的朋友、休闲活动以及体育运动。

避免区别对待

多子女家庭需要秉持公平、尊重（尊重各自的私人空间、尊重各自的性格、尊重各自的性别）的原则来制定一系列共同生活的准则。男孩往往会因为女孩的"性别缺陷"（爱美、懦弱等）而鄙视她们。之所以

如果二胎是一对双胞胎，这对于此前一直深受父母独宠的老大而言将会是一场巨大的灾难。父母会将所有的时间与精力都花费在照顾二胎身上以至于他们会忽略老大的存在，而这无疑会令老大产生一种被遗弃感。一旦老大感觉自己被父母抛弃了，他便会在家中以及学校里表现出一定的攻击欲，因为他想以此来吸引父母的注意力。如果老大与二胎双胞胎的年龄相差无几的话，老大便会将双胞胎看作不可分割的独立个体，从而对他们产生深深的怨念。事实上，只要父母兼顾每位子女的感受，便能有效预防以上种种情况的发生。

父母都希望子女和睦相处，但兄弟姐妹之间的感情有时全凭感觉与天意。即便如此，父母至少能够要求子女之间相互尊重。如果子女年纪尚小，父母需要提醒长子／长女绝对不能殴打或言语攻击自己的弟弟妹妹。等到幼子／幼女长大后，同样需要告诫他／她必须遵守这条准则。兄弟姐妹的关系如何会影响每位儿童性格的形成。兄弟姐妹没有必要事事与他人分享。事实上，如果某位子女与其他兄弟姐妹的年龄相差悬殊，他几乎也不可能将自己的私人物品拱手于人。尊重对方的私人空间以及私人物品是维持兄弟姐妹之间和平的基础。

如此，是因为男孩想借此机会来炫耀自己的阳刚之气。作为父母，您必须及时纠正儿子的错误行为，否则只会助长他的大男子主义。有的时候，父母也会在不自知的情况下在某些日常琐事中表现出自己的区别对待态度，比如：将自己身边的座位预留给某位子女、只为长子／长女添置新衣等。

此外，父母对待自己兄弟姐妹的态度也极为重要。如果他们与自己的兄弟姐妹相处融洽，他们的子女便会明白原来兄弟姐妹之间也可以存在这样一种和谐的相处模式。

最后，共同的回忆也有助于兄弟姐妹之间情感的联系。比如：如果父母将老大曾使用过的物品传给老二，再传给老三，这件物品便会烙上每位子女的印记，勾起他们的回忆："我小的时候，这件东西是我的，不过现在是他的了。"儿童的回忆具有积极的推进作用，它意味着这件物品曾经的主人已然长大。

儿童之所以会出现嫉妒心，是因为他感觉自己并未受到足够的重视。如果儿童将自己的嫉妒之情表露于行，请不要惩罚他。治愈嫉妒的唯一良药是关爱，而非惩罚。

令其嫉妒的因素

和成人一样，儿童之所以会嫉妒，也是因为他感觉到自己即将失去某件心爱之物。对于儿童而言，最不能失去的便是父母之爱，尤其是母爱。一旦家中突生变故或者儿童曲解了成人的某些话语，他便会十分害怕失去父母的关爱。

大部分情况下，儿童的嫉妒心首次出现于二胎诞生时。长子／长女会认为这个刚出生的弟弟妹妹夺走了大家对自己的关爱。此外，儿童的嫉妒心还会出现在弟弟妹妹学会走路，并入侵自己的世界之时。需要注意的是，不仅长子／长女会对自己的弟弟妹妹产生嫉妒之情，幼子／幼女同样也会对自己的哥哥姐姐产生嫉妒之情，当哥哥姐姐独自一人去上学或者去度假的时候，弟弟妹妹便会心生怨念。

两位（及以上）子女

除了"老大与二胎的年龄相差15岁以上"这一特殊情况，我们发现老大与二胎的年龄差越小，他们之间的相处就越融洽。相差无几的年龄有助于兄弟姐妹学会在平和中与他人相处。此外，如果每位子女都已经入学了，微乎其微的年龄差则有助于他们快速地学会以公平、公正的原则对待他人。

出生于多子女家庭的兄弟姐妹往往相处得更为和谐。哥哥姐姐与弟弟妹妹之间会产生一种共鸣。哥哥姐姐通常会主动承担起保护弟弟妹妹的责任，而弟弟妹妹则会竭尽全力来证明自己完全能够比肩哥哥姐姐。

无论子女在家中排行如何，只要他／她能感受到父母以及身边亲友的关爱，他／她便会产生一种安全感。只要家中的每位子女都有安全感，整个家庭便会和和睦睦。

4
岁

与（外）祖父母共度假期

如果您希望孩子能够顺利长大成人，请让他与其他成人接触吧。大部分的儿童成年以后，只要一回忆起小时候与（外）祖父母相处的情景便会感慨万千。

强有力的情感纽带

儿童与（外）祖父母的情感联系仅次于他与父母的情感联系。与孩子的父母相比，（外）祖父母更清闲、更有耐心。老人总是喜欢和自己的（外）孙子／女相处，愿意花时间去聆听他／她的心声。与（外）祖父母相处时，儿童的生活更平静、更规律。不管怎样，（外）祖父母与孩子亲生父母所承担的责任并不一样。大部分奶奶／外婆，尤其是农村的奶奶／外婆退休以后仍会负责洗衣做饭，爷爷／外公则会负责园艺修剪以及家中的维修杂活。而这些家务恰恰是孩子们十分喜欢且乐意参与的一些活动，他们能够从中学到不少知识。这种跨代相处的关系能够让儿童明白何为"延续"。（外）祖父母会给孩子们讲述他们年轻时的往事或者家族往事。这些故事有助于加深儿童对"过去"这一概念的理解。此外，儿童还能从（外）祖父母的口中得知另一个版本的"父母"：他们小的时候也会做各种傻事，会和自己的爸爸妈妈产生矛盾。这些信息能增强儿童的自信心。自此，他们能够更好地理解自己的各种行为，能够更好地面对自己与父母之间的矛盾。此外，（外）祖父母并不在意（外）孙子／女的各种缺点与不足，因此，在与他们相处的过程中，孩子们并不会因为自己的某次挫败而感觉难堪。这也就是为什么相比于父母而言，（外）祖父母反而更容易在学业方面鼓励孩子进步。最后，关于孩子的未来，（外）祖父母与父母的担忧并不一致。

（外）祖父与（外）祖母的区别

（外）祖母总是会亲力亲为地去照顾自己的（外）孙子／女。通过与（外）孙子／女的接触，（外）祖母能够重新体验一回做母亲的感觉。她们喜欢将自己的（外）孙子／女放在膝盖上，然后轻抚他／她、照顾他／她、喂他／她喝奶。相比而言，（外）祖父则必须适应一个全新的角色。他们年轻的时候由于忙于事业，往往没有足够的时间与子女相处。此外，为了维护自己严父的形象，他们也几乎不会与子女进行心灵上的沟

如果您不希望孩子的（外）祖父母在照顾孩子的过程中手忙脚乱，请提前告知他们孩子的各种生活习惯。您应该将孩子的睡前仪式流程、最爱的书籍、惧怕之物／事、饮食习惯、作息时间等告诉他们。此外，别忘了，您的父母，即孩子的（外）祖父母，体力已大不如前了。因此，您可以建议他们在傍晚的时候稍微看看 DVD 休息一下。请为其准备好所需的物品：一台操作简便的 DVD 播放器以及一些老少皆宜的经典动画片光盘。

为了不影响您与父母，即孩子（外）祖父母的感情，请遵守以下几点：首先，您需要与父母就教育孩子的理念达成一致，并要求他们在与孩子相处的过程中，遵守这些理念。其次，如果您觉得您的父母过于溺爱孩子，请不要指责他们，因为这既是他们的职责，也是他们的幸福之源。如果您与父母分居两地，请让孩子定期给他们寄一些画作以及自制的手工艺品吧。此外，您还应当让孩子偶尔给（外）祖父母打电话以便他能够分享自己的秘密。您应当任由孩子与他的（外）祖父母建立一种私人的联系。最后，如果您与孩子处于冷战期，请让孩子去（外）祖父母家待几天吧。这一做法既有利于您恢复冷静，也有利于（外）祖父母用自己的语言和方法去开导孩子。大部分情况下，儿童在（外）祖父母家生活时反而不会尿床，或者阅读能力也能够得到明显的提升。

向孩子解释何为血脉相承，此外，您还可以向孩子讲述一些您的美好童年回忆以便让他感受一下您小时候与父母的温馨相处模式，并让他明白他所去之地其实是片"故土"。请您告诉他您会在他离家的这段时间继续工作，当然了，您也可以直接告诉孩子您其实是想过二人世界，想和爱人一起去看电影、吃饭或走亲访友。您没有必要为此而感到难为情，相反，孩子会很高兴听到您的这一理由，因为通过您的话语，他能够明白自己的父母十分恩爱。与孩子分别的那一天，请不要依依不舍：一个亲吻、一次轻抚足矣。最后，千万别忘了和孩子说"过两天见"。

孩子外出期间，请随时与他保持联系。儿童的性格不同，与父母分别后所表现出的态度也不同。那些承受能力、适应能力极强的孩子每晚都会迫不及待地给父母打电话以便与他们分享白天的所见所闻；那些因分别而"伤心欲绝"的孩子则喜欢通过书信的方式与父母保持联系，比如：邮寄明信片或者写电子邮件（电子邮件中往往会插入一张经过扫描处理的、由孩子亲手画的作品）……不管儿童选的是明信片还是电子邮件，如果他想"读"懂父母的回信，必须求助于（外）祖父母。

通。一旦（外）孙子/女具备了一定的行动能力，并且学会了说话时，（外）祖父母便会对其表现出极大的兴趣。任何一个家庭，往往都是由（外）祖父负责教孩子骑自行车，帮孩子修玩具或带他/她去钓鱼捕虾。下雨天的时候，（外）祖父则会陪孩子在家中做游戏。要想成为一名称职的（外）祖父，就必须摒弃曾经的严父形象以及"唯我独对"的想法 ["唯我独对"的教育理念会导致（外）祖父常说"想当年我……"]。一方面，"唯我独对"的想法会否定孩子父母的教育作用；另一方面，它会让儿童误以为只有（外）祖父所说的话才是真理，而这会让儿童深感不安，甚至将（外）祖父升格为"爸爸乙"

（亲生爸爸为"爸爸甲"）。既没有祖父也没有外祖父的孩子或多或少地会感觉孤单。（外）祖父的缺失就像一颗参天大树被截去了最粗壮的树枝。在儿童眼里，先于自己、自己父亲以及其他亲人出生的祖父无疑是整个家族的创立者。此外，儿童认为自己的祖父曾经经历过一段"黑暗"的时光，因为他口中的那个时代只有马车、蒸汽火车，却没有电视机。

准备充分的假期

一般而言，暑假的时候，儿童会在（外）祖父母家待很长一段时间。如果您准备将孩子送到父母家，请提前做好准备，尤其是如果孩子此前并没有怎么见过他们的话。出发之前，请您

4
岁

小小食客

这一年龄段的儿童俨然已经成为了一名小小的吃货。我们吃饼干的时候，是不是会有一种暖流流至心间的感觉？这就证明了食物能够唤醒人类内心的情感。

如何令孩子乖乖吃饭

这一年龄段的儿童正处于所谓的"恐新症"阶段，主要症状表现为他拒绝一切陌生的新食物。专家认为这是因为儿童在探索世界的过程中对陌生事物深感不安。

您最好不要在饮食方面为难孩子，请为他准备一些他熟悉的可口食物吧。您可能会因为只能让孩子吃土豆、面条、火腿或碎牛肉而感到自责，然而事实上这一切无关紧要。您最好不要强迫孩子吃饭，不要让事情恶化，更不要将餐桌变成战场。否则的话，只会让孩子对食物产生一种厌恶，甚至排斥之情。您必须尊重孩子的口味，因为这可能是唯一能够

预防"面条、薯条、番茄酱"食物综合征的有效方法。此外，请记住，食物的味道会影响儿童对自己生命起源以及身份的认知。因此，最好让孩子品尝一些家族招牌菜。

儿童的饮食偏好

这一年龄段的儿童可以开始建立属于自己的饮食偏好。味觉专家兼法国国家科学研究院感觉神经研究专家阿尼克·孚日雍（Annick Faurion）认为："儿童反抗得越激烈，越能顺利地构建属于自己的人格以及饮食宝库。"

儿童并不容易愚弄。一定不要强迫孩子吃您所厌恶的食物。因为过不了多久，孩子会

发现原来您从来不吃这种食物，此外，您的肢体语言以及面部表情同样出卖了您的内心。您对这种食物的种种抗拒会潜移默化地影响孩子的选择以至于他最后也会厌恶这种食物。同理，哥哥姐姐对某种食物的排斥也会引得弟弟妹妹们竞相模仿。与此相反，如果全家人都对某种食物频繁举筷，儿童过不了多久也会爱上它。

厌恶与排斥

儿童对某种食物的厌恶以及排斥程度因人而异。我们并不清楚儿童厌恶或排斥某种食物的实质性原因。一旦儿童厌恶或排斥某种食物，这道菜对他而言便难以下咽，有时，即使是品尝一口，他也会夸张到作呕。对于某些内心敏感的儿童而言，他所厌恶或排斥的食物承载着一种负面的感情，这有可能是因为他第一次接触这种食物的时候发生了一些不愉快的事情以至于他对这种食物

饮用水应该放在儿童方便拿取的位置，以便让他每日能饮用足量的水。不建议让儿童喝他们喜爱的刺激性碳酸饮料。对于儿童而言，最理想的饮料是牛奶，凉牛奶或热牛奶均可。

产生了恐惧之情。有些儿童的嗅觉以及味觉异常灵敏（通过医学检查能够测试出儿童嗅觉以及味觉的灵敏程度），他们往往无法忍受那些气味冲鼻的蔬菜（比如甘蓝类蔬菜）以及腥味十足的鱼虾。敏感的味蕾会放大儿童对某些味道的认知，以至于他最后会对这些味道产生厌恶或排斥之情。请您尽量鼓励孩子品尝一下他所厌恶或排斥的食物。有时，儿童之所以会厌恶或排斥某种食物，可能仅仅是因为您做得太稠或者添加的调料太多了。

一般而言，儿童对某种食物的厌恶或排斥只是暂时的。您会发现虽然儿童在家不愿吃某种食物，但当他去表亲家度假或在学校食堂与小伙伴们一起就餐时，他并不抗拒这种食物。因此，在儿童饮食方面，亲朋好友的介入能够起到积极的促进作用。

注重食物的外在美

如果孩子不愿吃某种食物，请不要强迫他，最好过段时间再让他品尝。或者，您还可以尝试着将这种食物"改头换面"：您可以将其碾成泥（千万不要切成块或丁），然后混入一些土豆泥，最后再做成一个漂亮的形状。如果以上两种方法

马蒂·齐瓦（Matty Chiva）曾经研究过 4~18 岁儿童以及青少年所喜恶的食物。她的这项研究表明儿童以及青少年最喜爱的食物依次为巧克力、冰激凌、酸奶、水果（比如：草莓、樱桃和覆盆子）、鸡肉、荷包蛋、薯条以及咸味饼干等。他们讨厌的食物则为猪脑、黑橄榄、胡椒、洋葱、菠菜、芥末、扁豆、酸醋沙司等。不过随着年龄的增长，儿童的口味会发生改变。

都无济于事，请不要过于执着，因为就算是成人也会厌恶、排斥某种食物，或对某种新食物保持观望态度。另外，请记住，儿童与成人一样，十分看重食物的外在美。您只需要在餐盘上额外摆放一些香芹丝、柠檬片或番茄片，便能瞬间让这道菜变美。此外，我敢打赌，如果您将花菜变成一颗小树，或者将小胡萝卜雕刻成花朵或蝴蝶，孩子一定不会再排斥这两种食物了。

食在他处

虽然儿童正处于好奇心萌芽阶段，但是他们宁愿吃单一的食物。目前，儿童的饮食已经多样化，大部分儿童能够接受所有的味道。如果有一天儿童不愿再吃熟悉的家常菜，可能意味着他想通过这种方式来表达自己对人身自由的渴求：他希望能够由自己决定所吃的食物。大部分情况下，随着时间的推移，儿童的这一举动会逐渐消失。儿童的固定饮食习惯形成

于 11~12 岁，在此之前，儿童会主动扩充自己的"饮食宝库"。不过，这一扩充行为往往发生在他处，而非家中。如果孩子的朋友邀请他去参加生日聚会或者邀请他到家中留宿（这种情况下，孩子自然而然必须在朋友家吃晚饭了），请把握住机会以便孩子能够在外界的压迫下改变自己的饮食习惯。事实上，在儿童眼里，别处的食物从来都未承载过任何感情。同理，常去食堂就餐也有利于儿童改善自己的不良饮食习惯。在食堂就餐的时候，儿童根本没有权利挑三拣四，他和其他同学一样，只能吃老师分发的食物。在模仿的作用下以及趋同心理的驱使下，儿童不得不拿起勺子吃饭。

学习外语

在全球化的大背景下，越来越多的父母希望自己的子女能够接受双语教育，以便将来可以拥有更强的竞争力。

特别有天赋

大脑使用得越频繁，发育得就越好，因此，父母完全不用担心外语习得会对儿童的母语学习造成什么不良影响。青春期以前，所有的儿童，无论大脑构造如何，都能够快速地学会一门，甚至两三门外语。事实上，儿童学习语言的时间越早，发音就会越纯正，他会根据身边亲友的发音来调整自己的发音，因此，儿童所处的语言环境就显得尤为重要了。

幼儿往往通过模仿来学习语言，并且幼儿的模仿能力极强。因此，幼儿能够轻而易举、毫无瑕疵地将所听到的发音一字不漏地复述出来。不过我们发现，6岁以上的儿童在复述发音方面存在一定的困难，至于为什么会出现这种现象，我们就不得而知了。有些专家认为这或许是因为6岁以上的儿童潜意识里想要保护自己的母语以至于他会不自觉地排斥外语。

除了发音之外，幼儿同样在语法方面极具天赋。貌似儿童能够通过某些听到的句子分析出一定的语法规则，并将这些规则运用到新的句子中。或许这一点能够在一定程度上证明儿童内在的语言天赋。毫无疑问，儿童目前在使用语法规则方面存在不少瑕疵，但是随着时间的推移，他必定能够将各种规则牢记于心。

学会了开口说话并不意味着就应该立即教其读书写字。大部分的教育学家建议家长等到儿童学会了用母语读书写字时，再教其用另一门外语读书写字。

完美的双语习得能力

事实上，和学习母语一样，儿童也是在开口说话的过程中逐渐学会了外语。在学习外语的过程中，儿童会不断地尝试组句，不断地改正自己的错误（如有必要）。此外，儿童学习外语词汇的方法与成人大相径庭。儿童从来不会尝试着在母语中寻找对等的词汇，每一个外语单词对他而言都是一个独立的个体。因此，相比于成人而言，儿童更容易成功地习得双语，甚至是三语。如果孩子是个混血儿，他成为双语者的几率就更大了。此外，他那来自两个不同国家的父母会帮助他顺利地融入两种不同的文化中。当然了，儿童的学习动机以及目标语言的社会地位也会影响他的学习积极性。

> 66 如果儿童能够在这一理想的年纪学习外语，是何其地幸运呀！同时学习两门语言对于儿童来说并没有任何危害。如果学校想要推广一门外语，我建议在幼儿园中班阶段进行推广。但是，请不要让患有语言障碍的儿童学习外语。 99

朵拉（美国动画片《爱探险的朵拉》中的女主人公）与她的朋友猴子 Boots 以及松鼠 Tico 一起在电视机里教孩子们学英语。几乎所有观看少儿节目的法国儿童都知道这位爱冒险的朵拉。这部动画片由美国的一个团队于 2000 年制作完成，且已经在全世界范围内家喻户晓。这部动画片旨在让小朋友们根据"地图"的指示避开沿途的陷阱。通过观看《爱探险的朵拉》，儿童能够学会一些简单的英语单词，比如：朵拉经常在电视机里重复的颜色词汇、数字、图形词汇、动词以及某些表达方式。在这部动画片中，朵拉讲英语，他的表哥迪亚哥则讲西班牙语。这部动画片的最终目的并不是要让儿童学会另一门语言，而是希望儿童能够明白这个世界上还有其他语言存在，并且认为学习这些语言是一件十分有趣的事情。

双语中的优势语言

双语机制中必定存在一门优势语言：一门在学校使用的优势语言（仅仅是因为课堂上只允许使用一种语言）或者一门对外交流时使用的优势语言。一般而言，在学校使用的优势语言要比在家中使用的优势语言更加丰富多变，因为后者涉及的日常生活场景往往千篇一律。

此外，与父母相处时，儿童往往更愿意使用学校规定的优势语言，因为他想通过这种方式来展示自己的"独立性"。这也就解释了为什么移民家庭的孩子会逐渐忘记家庭的原生语言。这类儿童往往只懂得家庭原生语言中最基本的几个单词。大部分移民家庭的孩子都不会流利地使用（说或写）家庭的原生语言。他们的父母也不

会强求他们去学习这门语言，相反，他们更希望孩子能够熟练地掌握移民国的语言以便更好地融入当地社会。然而，大部分情况下，即使孩子熟练地掌握了移民国的语言，他们说话的时候仍然会保留家庭原生语言的印记，比如：家庭原生语言会影响孩子说话时的语调与节奏。对于移民家庭的孩子而言，他们父母所使用的语言是一门只属于成人的语言，他们只需要聆听即可，而无须花时间学习。久而久之，这门语言便会被他们排斥在外。

有时，移民家庭的子女会倍感恐慌。如果父母出于某些原因（比如：害怕不能成功地融入当地社会，或者对故国的语言感到自卑，甚至羞愧）而不愿将故国的文化传承给孩子，孩子便会感觉自己与父母分属于两种不同的文化从

而产生焦虑感。不论移民家庭来自哪个国家，父母都应当让孩子学习故国的语言，因为这一做法有助于孩子更好地融入当地社会。

外语习得过程

两三岁的儿童在双语习得的过程中往往会出现语言能力发育缓慢的现象。之所以会出现这种情况，是因为儿童需要一定的时间才能成功地消化第二门语言，不过，请放心，这种情况并不会持续很长时间。同理，某些儿童则会将两门语言混用：他们要么会将两门语言中的单词或语法结构混用至同一句话中，要么会将两门语言中的单词切割成一半，然后拼接在一起组成一个新单词（这种情况令父母十分担忧）。事实上，儿童在说话的过程中，会直接选取最先出现在自己脑海中的那个单词，或者他认为最好听的那个单词，又或者最容易发音的那个单词。专家认为，一旦儿童能够自如地在两种语言中选择合适的单词，就意味着他的双语能力达到了平衡。4 岁或 5 岁的时候，儿童能够正确地使用两种语言来表述自己的观点。此外，他对这两种语言中任一种语言的动词以及近义词之间细微差别的掌握程度与单语者别无二致，不过，他掌握的可是两门语言呀！

时间概念

"一会儿、明天、今晚……"成人会不停地在儿童耳边提及有关时间的词语。这一年龄段的儿童必须先掌握空间概念，才能在之后的日子里轻松地理解时间概念。

密切相关的时间与空间

直到第 18 个月的时候，儿童才能明白即使他看不见某件物品或某个人，也并不意味着这件物品或这个人会就此永远消失。此时的他已然明白"一会儿"的含义，但是对"过去"以及"未来"这两个概念却一无所知。从现阶段开始，儿童能够借助新获取的运动技能为某些动作分配先后顺序以便能够得到他所想要的某件物品。儿童最先学会"时长"以及"进展"这两大概念。大约 3 岁的时候，儿童则会对"时长""先""后"（指的是时间概念中的"先"与"后"）这三大概念有进一步的认识。自此，儿童便知道必须等到特定的时间才能出门、吃饭、到家……儿童对时长以及时间间隔的理解来源于他对空间的理解。他认为"更久"意味着"更快、更远"。四五岁的时候，儿童会规划自己的未来，并将自己的规划详细地讲述给父母听。与此同时，他渐渐地明白时间会流逝，他在过去的一段时间内曾经是个婴儿。

富有意义的沮丧之情

大部分情况下，沮丧之情能够帮助儿童加深对"时长"的认识，比如：他不能出去玩，因为已经到了睡觉时间。这种情况下，儿童会说"我先睡，然后再出去"。事实上，这一年龄段的儿童会使用时间副词来表达自己的计划与愿望。

书籍以及游戏有助于儿童加深对"时间"的认识，比如需要儿童根据时间先后顺序进行排列的逻辑性游戏。过不了多久，儿童便能通过罗多游戏（一种摸子填格桌游）明白季节的交替。当然了，一旦儿童明白了季节的交替，便能明白四季风景、穿衣、播种以及生活习惯的变化。

"时间"的语法功能

语言研究揭示了儿童习得时间概念的整个过程。我们发现儿童 2 岁半的时候开始使用

> 儿童能在捉迷藏中习得时间概念。时间概念晚于空间概念。同理，速度概念晚于"快"与"慢"这两大概念。儿童能够清楚地意识到汽车飞快地朝自己驶来，但是他并不清楚汽车的速度如何。因此，我们必须在儿童放学回家的路上做好各种安全防护措施。空间概念不仅先于时间概念，而且还是时间概念的雏形。儿童对四季交替十分敏感，因为它意味着时令水果的种类也将发生变化。此外，儿童对假期也存在一定的认识，因为此时父母陪伴自己的时间明显更多。假期是儿童眼中最基本的时间参照点。难道您忘了？您小的时候，也是如此盼望假期的到来。

所有 4 岁儿童都能够准确地说出自己的年龄（女孩先于男孩），有些甚至能够说出自己的生日，不过这种情况很少见。此外，现阶段，您的孩子已经学会了最简单的算术。他可以一个接一个地将物品的数量数清：一块饼干、两块饼干、三块、四块……一旦儿童一字不漏地从 1 数到了 10，他便会十分自豪，不过有的时候，他也有可能会漏数一两个数字。数数其实是一件十分有节奏感的事情。您还可以让孩子掰着手指计算简单的加减法。

第一个时间副词"现在"。然而，对他而言，这个副词没有任何时间意义。他仅仅是想通过这个副词来表达自己强烈的愿望："现在，该我玩了。"这一年龄段的儿童还会使用过去时，用来表述一个他说话时就已经结束的动作。现在时则是为了表述一个他说话时正在进行的动作。在儿童眼里，将来时同样不具备任何时间意义，他使用将来时，仅仅是为了表达某种顺序，某种迫切的愿望，某件需要马上进行的事情。

我们发现儿童 3 岁的时候会使用某些时间参照点来指代过去或将来。每当儿童使用"今天"以及"现在"这两个单词时，仅仅是为了指代他正在说话的那个时间点，为了区别于他所不知道的其他时间点。儿童学会的第二个时间参照点是"昨天"，不过这个词的使用纯

粹是为了指代某个逝去的时间点或过去的某一天。对于这一年龄段的儿童而言，"明天"和"昨天"毫无区别。有时，儿童甚至会将某个时间副词与某个时态错误地搭配在一起。比如：他会在某个过去时的句中用上"明天"这个单词。现阶段，儿童还未正确掌握每一个时间点，因此，他还不能正确地将一连串动作进行排序。当他说"今天早上、今天下午、今天晚上、明天或后天"的时候，其实仅

仅是为了指代某个先于或晚于他说话时的时间点。4 岁左右，儿童能够掌握时间这一概念。但是，最初的时候，儿童会选用自己日常生活中某件事情发生的时间点来指代"小时""星期"以及"天"这三大概念。

掌握时间概念

有时，父母会惊讶地发现，自己的孩子居然能够恰如其分地使用含有"天"的各种词语搭配，比如：他经常使用的"有一天""另一天"和"每天"。他甚至还会尝试使用更为复杂的搭配，比如："有一次""平常""一个月前"。不过很明显，儿童有时还是会用错。

得益于幼儿园的学习生涯，儿童最终学会了季节这一概念。毫无疑问，儿童最喜欢的季节时间参照点莫过于各种节日。

成人经常使用的"分钟""月""星期"这三个时间副词同样被儿童收入了自己的词库。得益于幼儿园的规律生活，儿童最终能够顺利地将一天一分为二，即白天和晚上。当夜幕降临时，儿童能够正确地说出"今晚"或"明早"。时间参照点有助于儿童明白一天之内各种事情发生的先后顺序。

4
岁

中 班

中班貌似是儿童在幼儿园期间最美好的一段时光了，因为他已经结交了不少朋友，也不再害怕与父母分离，并且尚不用面临"高年级"的学习压力。中班的儿童喜欢学习、探索各种新鲜事物，并且，他们十分喜欢书写自己的名字。

良好的独立性

正常情况下，中班儿童的年龄为4岁以上。在法国，如果幼儿园学生人数过多的话，学校会将中班分为两种类型，一种为3岁半至4岁儿童就读的"小中班"，一种为4岁以上儿童就读的"大中班"。中班儿童的独立性更强，性格也更加开朗，因此，他们往往可以自己一个人去厕所，可以毫无窘迫之心地在教室里乱转。大部分中班儿童已经完全适应了校园生活以及班级教学进度。

适量的教学活动

中班老师可以根据自己的意愿随意安排教学内容。即便如此，大部分中班老师仍然会选择在早上的时候教授一些实质性的内容。儿童最为感兴趣的课程莫过于语言课，并且语言课对于儿童的成长发育极其重要。在语言课上，老师首先会要求儿童讲述前一天晚上在家中所做的事情。之后，为了丰富儿童的词汇量，老师会给出一个话题，并让全班学生畅所欲言。如果早上的时间有富余，老师则会带学生一起唱儿歌、念古诗等，这一系列的教学活动都有助于提高儿童的口头表达能力。下午的时候，老师则可以自由地为学生安排各种类型的创造性活动，不过唯一的标准就是必须劳逸结合，寓教于乐，因为这一年龄段的儿童不能从事持续时间过长的体力和脑力活动。此外，儿童下午的时候总是会比上午的时候更加兴奋，因此，让儿童以小组的形式参与到活动之中更有利于他们宣泄旺盛的精力。

丰富多彩的活动

这一年龄段的儿童上学时间更有规律，他们几乎每个工作日都会去上学，并且生病的次数越来越少。中班教室往往由学生自己动手布置，且布置得非常有童趣。中班儿童对颜色十分着迷，他们喜欢画画、涂色、裁剪，活动丰富多彩。儿童不仅可以使用各种颜色的涂料作画，还可以使用各种材料作画，比如：用海绵作画，用模板作画等。此外，儿童还喜欢将橡皮泥、纸浆，甚至是泥土揉搓成自己心仪的形状，送给爸爸妈妈。老师会合理规划活动内容以及时长以免儿童产生厌倦情绪。

> 幼儿园必须着重培养儿童的语言表达能力，因为只有语言能力得到了提高，儿童才能更好地学会阅读。

书写入门

在法国，中班阶段最重要的"手工活动"是书写。老师会中班儿童年龄尚小，因此每天早上上课时的第一个小时对他们而言无比痛苦。儿童年龄越小，快速进入学习状态的能力就越差。这种情况下，经验丰富的老师往往会带领学生一起做些热身活动（比如玩游戏）以便帮助他们顺利进入学习状态。一般而言，老师应在早上 10 点左右为学生安排一次课间休息，以便他们能够在静坐了 1 个半小时以后活动一下四肢。午饭时间则应安排在 11 点半左右。下午刚上课的时候，老师应安排一些轻松的活动，因为此时的儿童在褪黑激素以及睡眠激素的作用下往往很难集中注意力。之后，老师则应为学生安排一些艺术性活动，或者为学生讲故事，又或者让学生自己阅读小故事。

以游戏的形式引导儿童入门，并通过练习的方式教会儿童书写更为复杂的笔画，比如：教会儿童以一种更为精准的方式将弧形笔画闭合。此外，儿童必须学会在规定的区域内书写字母，且在书写的过程中严格遵守笔画顺序：从左往右，从上至下。书写是一种能够让铅笔游走于白纸之上的神奇魔法。儿童的手腕越灵活、握笔姿势越正确、对身体图式的了解越深刻，书写就越容易。换言之，儿童的书写能力与他的玩耍能力、身体协调能力息息相关。

法国幼儿园会在操场设立一条由一根根小木桩组成的"之"字形跑道。最初的时候，儿童可以沿着这些障碍物散步，等到熟悉了以后，则可以绕着这些障碍物跑步。渐渐地，儿童便能将操场上的蜿蜒行走路径转移至白纸上。之后，老师会在白纸上按照"之"字形的模样贴上多张彩色小片胶纸，并让儿童用笔在规定的间隔中穿行。此外，老师甚至会让儿童用这种波浪线作画，比如画一片大海。然后再让他们在海里画上一些带有鳞片的鱼，以便儿童能不停地练习相同的曲线姿势。等到学期末的时候，儿童就能书写自己的姓名了。他们不仅会将字一个接一个地"画"在纸上，并且还知道如何发音。书写姓名对他们而言意义非凡，因为这意味着他们几乎已经长大成人了。

课间休息万岁！

课间休息的时候，儿童最喜欢和自己的同学一起组队玩耍，因为只有这样，他们才不会感到害怕，才能肆意地放纵自己。这一年龄段的儿童喜欢在团队中寻找自己的定位。他们希望自己能够成为滑梯游戏或赛车游戏中速度最快、实力最强或反应最灵敏的那一位。目前为止，这些儿童已经能够熟练地控制自己的身体，并且也掌握了空间概念，因此，活力四射的他们十分享受这一课间休息时间。此外，4 岁的儿童需要学会迎难而上、不惧危险。这也就解释了为什么幼儿园的学生会出现斗殴行为，即使是女生也不例外。

4 岁

精神运动课程

首先，精神运动课程能够为"坐立不安"的儿童提供一次运动的机会；其次，这类课程具有一定的教育意义。出于以上两种原因，幼儿园一般会精心为学生安排几次精神运动课程。

调整姿势

从出生开始，身体便是儿童认识整个世界的首要媒介。他在学习过程中所依赖的听觉、嗅觉、触觉以及味觉都属于人体的生理机能。儿童所有的动作姿势都出自本能。他一定程度上能够自如地掌控自己的身体（对身体的自如掌控能够增强儿童的自信心）以便完成某一目标。此外，儿童的身体存在一定的记忆。一旦儿童意识到自己的行为会对他人产生影响，他便会不断地提高自己的各项技能。精神运动课程旨在帮助儿童提高自身的可塑性，并调整自身的动作姿势以实现某一目标。

有趣的体操

体能动作以及体能练习有助于儿童明白自己的潜力、极限以及对周围事物或人的影响力。这一年龄段的儿童仍需学习如何控制自己的肢体动作，如何寻找一个更为合适的空间位置。

儿童只能通过肢体动作来学会与这个世界交流。目前为止，他已经通过镜中的身影对自己的身体有了一定的认识。不过，他仍需借助体能练习以及感受空气对皮肤的动觉效应才能加深对自己身体的进一步认识。

对初学者的支持

法国官方文件中明确阐述了体操运动存在的理由："身体是儿童成长发育的条件与途径，因此，体能活动有助于儿童健康地长大成人。"上体操课的时候，儿童只需要一些简单的教辅工具（比如：铁环、长凳、地毯、小球）便能明白自己的整个身体图式以及各个身体部位的用途。此外，儿童还能对所处空间产生一定的认识，并学会"尺寸"与"形状"这两大概念。通过动作练习，儿童还将知晓"前、后、上、下、左、右"等概念。此外，某些

> ❝体育运动有助于儿童的心理发育以及智力发育。如果儿童的运动能力十分优秀，他的学习能力、与父母的沟通能力以及社交能力也会十分优秀。从一定程度来讲，运动其实就是做游戏。这一年龄段的儿童已经从自发性游戏阶段过渡至了集体运动或竞技运动阶段。这一转变标志着儿童象征机能的进步。儿童所从事的第一种运动往往由父母所决定。随着对各种运动的接触，儿童最终会摒弃儿时最初的运动，并改选小伙伴们所从事的运动。❞

身体动作还能促进儿童的全面发展，比如：挪步、起跳、奔跑或攀爬。一旦儿童成功地完成了某一个动作，他的自豪感便会油然而生。而这股自豪感有助于推动儿童去从事其他方面的练习，尤其是智力方面的练习。体能运动有助于儿童的智力发育。除了体操运动之外，老师有时还会为学生们设计一些简单的游戏，比如：沿着一条线走路，或者跟着音乐的节拍往前进或往后退。此外，在体操课上，儿童还需要学习如何使用圆球或如何转铁环。有时，老师会要求学生与他人比赛。体操课上所有的活动安排都有助于儿童今后的阅读训练以及书写训练。一般而言，课末最后几分钟往往是放松时间。老师会要求学生平躺在地毯上平复心情。

跟着音乐节拍做运动

精神运动课程需要一些教辅工具，比如：圆球、铁环、彩带、地毯、细绳、圆桶、长凳、梯子……在法国，不论小班、中班还是大班，每天都需要上半个小时的精神运动课。老师会根据实际情况来安排不同的教学内容，比如：跳舞、做游戏、平衡练习、跑步、蜿蜒行走……一般而言，刚上课的时候，老

法国教育部明确表示儿童必须学会用身体来表达自我。一般而言，精神运动课程会安排在早上，地点为学校操场，如果天气状况不允许，则会改至室内的公共区域。如果儿童希望自己能够更好地学习其他技能，就必须熟练地掌握"时间"以及"空间"这两大领域的相关概念。"上、下、中、前、后"等概念的理解有助于儿童今后的书写训练以及阅读训练。大部分儿童都十分喜欢这门课程，因为他们能够从中得到喘息。家长无须因这门课程而为孩子购买专门的用品，体操软底鞋除外。

师会要求学生根据自己的指令（比如：必须双手叉腰、踮着脚尖学鸭子走路）沿着某条既定的"之"字形路线蜿蜒前行。除此之外，老师还会让儿童做一些平衡练习以及起跳练习。通过这两种练习，儿童能够学习自如地控制自己的身体。当然了，老师还会让学生跟着音乐做一些动作，比如：跟着节奏拍手、跺脚。通过这种训练，儿童能够经由自己的身体明白时间的概念，因为节奏可以忽快忽慢。扔球以及转铁环则有助于儿童训练胳膊、肩膀、手腕以及手指的灵活性，而这无疑有助于儿童的书写训练。精神运动课程是幼儿园至关重要的一项教学内容。

从精神运动到体育运动

大班的精神运动课程与小班、中班的有所不同，因为5岁的儿童更加胆大，更加独立。他

们更喜欢高难度的动作，也更喜欢比赛。如果我们要求他得一个跑步比赛第一名或者要求他以最快的速度避开障碍物蜿蜒前行，他会欣然接受。随着儿童表现力的提升，我们会逐渐对蜿蜒前行这一活动进行调整。此外，5岁的儿童已经拥有了一定的团队意识以及规则意识。因此，我们可以让他们参加接力比赛或传球比赛。有些幼儿园甚至已经开始让大班学生接触真正的运动，比如：网球、游泳、滑冰、足球等。

4
岁

无所畏惧

儿童总是朝气蓬勃、充满活力，他们喜欢各种能够让自己移动身体的活动，这也就不难解释为什么儿童容易在游戏或运动过程中受伤。

活力四射

每位儿童的脾性不一样，他们的心理特点自然也就不一样。这一年龄段儿童的最大乐趣莫过于奔跑、跳跃或攀爬。此外，他们也喜欢自我挑战，喜欢尝试一些能够勾起他们强烈好奇心的新鲜事物。这一年龄段的儿童渴望长大，因此会在行动的过程中不计后果以至于经常将自己暴露于危险之中。儿童虽然极具冒险意识，但是大部分情况下，他并不能准确地判断某一动作的危险程度。此外，在行动的过程中，任何一个意想不到的小细节都能转移他的注意力以至于让他忘记危险的存在。一般而言，儿童只有在四五岁的时候才能从事真正意义上的运动，也正是从这一年龄段开始，儿童出事的几率大大提高。

玩耍过程中的意外事故

虽然广场上摆满了各种有趣的游戏设施，但这也意味着这块场地上充满了各种危险。危险是否会发生，取决于儿童玩耍时的状态、他们使用游戏设施的方法，当然了，还取决于其他玩伴的行为以及运气问题。有时，一架年久失修的秋千、一座饱受侵蚀的滑梯、一根磨损严重的跳绳或者其他状况不佳的游戏设施都有可能会酿成悲剧。只要儿童在排队玩滑梯的时候推搡一下或者在攀岩屋中嬉戏打闹一番，就很有可能发生坠落事故。此外，还有些"胆大过人"的儿童喜欢在玩滑梯的过程中背对着往下滑，或者在荡秋千的过程中站在秋千上晃……只有在出事之后，他们才知道自己到底错在哪儿了。事实上，只要将着地区域垫上厚厚的、软软的地毯便能让儿童的下坠力得到缓冲从而避免摔伤。

儿童很容易从自行车上跌落摔伤。大部分情况下，儿童会因为自己的粗心大意，或因为自行车的性能退化，甚至是因为自行车的大小与自己的体型不相符而重重地摔落在地。父母应在儿童骑行的过程中多加注意，避免儿童因重心不稳或举止笨拙而摔下来。当然了，儿童每次骑行之前，父母都应当仔细检查一下自行车的性能状态。

在为孩子购买自行车的过程中，父母须万分注意。首先，儿童自行车的大小必须与儿童的身高相符，这样儿童才能稳稳当当、轻轻松松地将自己的双脚放在踏板上。其次，自行车的重量必须与儿童的力气相符，以便儿童能轻松地握紧手刹。最后，必须每三年为孩子更换一辆新的自行车，因为儿童一天天地长大，他的身高与力气都在不断地变化。当然了，父母还需要定期检查儿童自行车的轮胎、刹车装置等。

法国卫生监察所（INVS）的一项研究表明，4~6岁男孩的意外事故发生率是同一年龄段女孩的2倍。最常见的儿童意外事故莫过于摔伤，大部分情况下，摔伤会导致儿童骨折或身体出现伤口。儿童摔伤的部位往往是头部，不过幸运的是，儿童很少因摔伤而住院。

道路上潜藏的危险

据统计，法国每年有500位5~15岁的未成年人在上学途中遭遇意外事故。为什么会出现这种情况呢？首先，儿童的视觉以及听觉不如成人灵敏，儿童年龄越小，视觉以及听觉的灵敏度就越差。成人的视力范围大于180度，儿童的视力范围却小于70度。其次，由于儿童身材矮小，处于临时停车状态的司机往往看不见车前经过的儿童以至于重新发动汽车的时候会误伤儿童。再次，儿童需要花费4秒钟的时间才能最终判断眼前的汽车是准备刹车还是继续行驶。最后，儿童不能正确地判断异常声音的来源处，因为一般而言，他们很容易受周围环境的影响，并且只能听到他们想听的声音。儿童同样不能正确地判断车距与车速。这一年龄段的儿童尚未学会一心二用，因此，他们很难将注意力同时集中在人行道、红绿灯与过往车辆上。还有一点需要注意，儿童有时会为了追赶上自己的朋友或气球而全然不顾周遭的环境是否危险。

有些胆大的儿童时常会让自己陷入危险境地，而正是这一经历造就了他们的冒险精神。不过，对于这类儿童，父母需要及时告知他们危险行为的严重后果以免他们在青少年时期做出更加出格的举动。父母可以让这类儿童从事某些具有一定风险的运动，比如：攀岩、格斗，以帮助他们更好地控制自己的冒险精神。此外，我们建议父母与孩子一起进行这些运动以便孩子能够正确地把握行为底线。

滑行运动

大部分儿童都很喜欢滑行运动，因为他们能够体验到前所未有的速度与激情。不过，可能也正是因为滑行运动如此受宠，以至于滑雪是造成5~14岁儿童受伤住院的最大"黑手"。事实上，大部分儿童在滑雪的过程中，都不会遵守相应的行为准则。他们更喜欢快速地直行下滑以便博取父母或小伙伴们的眼球。然而，儿童的视野范围要比成人小，他们很难预见前方的障碍物。儿童滑雪装备必须包含头盔、护肘、护膝与护腕。头盔必须符合儿童脑袋的大小，此外，在挑选头盔的过程中，切不可大意，因为法国16%的外科患者都是颅面受损。

滑雪鞋必须质地坚硬，且大小合适。至于儿童滑雪板上的固定器，70%都存在一定的调整问题。成人必须根据儿童的体重以及脚长来挑选固定器，这样当儿童摔倒或脚关节严重移位时滑雪板才能自动脱落。滑雪服必须拥有良好的御寒功能，且不能太沉，以免影响儿童的行动。准备登山滑雪的儿童不能携带任何细绳或佩戴腰带／围巾，以免在乘坐登山缆车的过程中出现意外扼颈事故。滑雪的过程中需要佩戴护目镜，以保护眼睛免受紫外线的侵害。只要儿童滑雪装备适当，且父母每次滑行前都会检查各项装备的安全性，儿童在滑雪的过程中就可以避免某些意外事故的发生。

儿童对老师的情感

在整个学习生涯中，学生都会与各个阶段的老师建立起一定的感情联系。其中，学生与幼儿园老师之间的关系很特别。

老师的魅力

老师需要想尽一切办法吸引儿童的注意力。她会喊他的名字、安慰他、抱他，如有必要，还会帮助他结识其他儿童。儿童对老师的情感是否深厚，直接影响着他的学习积极性。如果儿童感觉老师喜欢自己，他便会服从老师的命令。每天，老师不仅要组织课堂活动，规范课堂纪律，还要像妈妈一样帮助儿童解决因独立能力缺失而导致的各种不便，比如：系鞋带、讲故事、整理玩具。此外，老师还需要抽空与每位儿童谈心，以便能更加全面地了解每位学生。老师必须学会辨别儿童是否情绪低落、悲伤或身体不适，然后再及时地安慰他，让他安心。老师会面面俱到地照顾学生，从而让他忘却与父母短暂分离的痛苦。有时，学生对老师的依恋之情如此之深以至于他甚至会嫉妒老师的子女，又或者他会十分好奇老师不在校的时候都做些什么。几个月来，儿童还会发现如果自己在别处（家以外的地方）受欢迎，父母会更相信他的能力，他也能获得更大的自由。儿童同样十分在意老师与自己父母之间的关系。老师与自己父母往来越频繁，关系越好，儿童在学校的时候就会越自在，甚至会感觉就像在家一样。此外，通过与老师的接触，父母也会更加放心将自己的孩子留在学校。

当一切都不顺利的时候

请您不要在孩子面前负面评价他的老师，否则他很有可能会更加依赖您，从而不愿再去学校。

当然，有的时候，学生也会主动不喜欢自己的老师。这可能是因为老师教务繁重，没有给予他足够的关心与重视；也可能是因为老师不知道学生正处于低谷期或遭遇了家庭变故从而没有做出正确的回应；还有可能是因为老师与学生父母的关系不好而影响了学生对她的看法。遇到这种情况，老师应与学生、学生父母一起解决。

幼儿园园长需要负责整所幼儿园的运行情况。他/她不仅需要处理各种行政事务，比如：招生或将学区监察部门以及政府下达的文件传达给各位老师，还需要管理学校的预算，负责设备的采购以及场地的租赁。此外，园长还需要管辖学校的行政部门，与老师们一起制定学校的教学大纲。园长同样是该学校的法人代表，需要承担一切意外事故所导致的法律责任。大部分幼儿园园长仍然需要亲自上课，不过有些幼儿园的园长只在教师请假的时候临时代课。

如果情况毫无改观，则可以要求幼儿园园长或者家长委员会出面调停。如果仍无任何改善迹象，则可以让学生转班。

如果是位男老师……

学前教育系统中很少会有男老师。之所以绝大多数是女老师，原因之一是在幼儿园的办学宗旨中，有一条是希望学生能够得到"母亲般"的照顾。这一局面着实令人惋惜，因为无论从教学角度来看，还是从精神支持角度来看，男老师都有着得天独厚的优势，尤其对于那些与母亲相依为命的学生而言。一般学校不会让男老师任教小班，但有时会让他们任教中班或大班。我们发现在男性任教的班级中，学生更加自立，学习能力与领悟能力也更快。此外，男老师似乎不容易受学生的情绪感染。最后，男老师要比他的女同事们更加注重运动能力方面的培养（女老师更善于创造力的培养）。一般而言，学生们都十分希望能够拥有一位男老师。首先是因为男老师的存在能够令该班级变得与众不同，其次是因为学生们正处于俄狄浦斯期，因此小女生都十分渴望吸引异性的眼球，而小男生则渴望模仿这样一位既会做游戏又会讲故事的全能"爸爸"。

地方专业幼儿园服务员

在法国，地方专业幼儿园服务员（ATSEM）由政府聘请，她不仅要在课堂上为任课教师提供帮助，还需要在教室以外的场地看管学生们的一举一动。此外，她还要负责帮自理能力较差的幼儿穿衣服或脱衣服，帮助任课教师做好课堂活动准备，比如准备好绘画颜料或书写纸张。与任课教师一样，地方专业幼儿园服务员同样需要定期接受幼儿心理学培训以及幼儿教育学培训。最后，地方专业幼儿园服务员还需要承担起"奶妈"的责任，在食堂照顾学生们用餐。任课教师与地方专业幼儿园服务员会一起细心地为学生身上的小伤口抹药，默默地为他收拾因不讲卫生而导致的残局。学生会将内心的烦恼告诉她们，而她们则会及时地安慰他。学生们是如此熟悉她们、爱戴她们以至于他们会直呼二人的名字。

父母的参与

有些幼儿园为了拉近学校与家庭之间的距离，专门为每位学生制作了一本"校园生活备忘录"。这个本子里收录了儿童在学校完成的所有画作、拼贴作品、书写作品以及其他回忆。幼儿园无疑是学生家长最常出入的一个教学机构。家长们会在接送孩子的时候自然而然地与老师闲聊几句。此外，学校会定期邀请家长们参加学校活动。任课教师也欢迎家长参与到课堂活动中一展身手。当然了，家长也可以选择以一种更为正式的身份，即家长委员会成员，参与到学校的各大活动中。

4岁

如何安排课外时间

4 岁以上的儿童在周三下午（法国中小学周三下午不上课）、周末以及假期的时候可以做些什么呢？如果您既不希望孩子一直待在电视机前，又不希望他总是玩一些传统的游戏活动（比如画画），那么您可以参考下文的建议。

做好平衡

首先，课外时间是让儿童休息的，其次，儿童可以利用这一时间参与一些不同于学校活动的娱乐休闲项目。课外时间有益于儿童的身心健康，前提条件是父母不把它变得漫长而难熬。儿童需要一段能令其印象深刻的时光，因此，如果您的孩子已经参加了某个课外体育培训班或艺术培训班（这两种培训班的上课时间通常为 1 小时），请不要再为他安排其他兴趣班了。

如果您正好也不用上班，请抽出一点时间来陪孩子做游戏吧，最好每周都为孩子安排一些不同的游戏活动。如果某一周孩子所报的兴趣班课程与其他计划发生了冲突，请让孩子缺一次课吧，毕竟偶尔缺课并不会对他造成太大的损失。此外，如果您选择陪孩子一起做游戏，请提前进行规划，最好安排一些体力与脑力完美结合的游戏活动。请您尽量抽空陪陪孩子吧，您的陪伴是消除孩子烦恼的最佳利器。

课后托管班

在法国，政府会组织承办课后托管班，开放时间为周一至周五，托管地点为幼儿园内除班级教室以外的室内空间。家长可以自由选择托管时间，可以全日托、半日托，甚至是临时托，然而，不论是何种托管方式，都应提前在校长那里报名。托管的具体时段为学生下午放学以后至晚上 18 点 30 分，有时也可延长至 19 点。每个城镇托管班的开放时间都不一样。按照相关规定，每个托管班都应由一位年满 17 周岁的政府人员以及一位具备专业资格证的趣味老师负责。每位趣味老师根据班级类型负责看管 8~10 位 6 岁以下的儿童或者 12~14 位 6 岁以上的儿童。托管期间，趣味老师需要为学生们设计一些手工活动，或者为他们讲故事，表演木偶剧，又或者让他们听听

得益于幼儿园的学习生涯，儿童学会了集中注意力，而这意味着剧院以及电影院的大门已然为其敞开了。为了吸引年幼儿童的目光，大城市的某些剧院会在每周三或者周末的时候安排几场简短有趣的戏剧。儿童从 3 岁开始便能去电影院看电影了，不过仅限于传统影厅。至于 3 岁以下的儿童，则有一些协会组织会定期为他们放映电影。一般而言，这些协会会为儿童挑选一些众所周知的经典动画片。如果您想带孩子观看一些高票房的影片，建议您购买青少年场。此外，影片时长最好不要超过 1 小时。

音乐、做做游戏。一般而言，大部分课堂活动都是在操场上进行的，除非天气状况不允许。通过这种方式，儿童能够稍微放松、发泄一下。

私人开办的儿童娱乐中心以及露天活动中心同样也可以在周三下午以及假期的时候为儿童们举办上述活动。

体力活动

儿童最大的一个特点是好动，他们喜欢奔跑、跳跃等，换言之，他们喜欢消耗体力。城市儿童往往不能在露天之下尽情地嬉戏。因此，在为城市儿童设计周三下午以及周末日程的时候，请为其安排一些体力活动。去广场玩耍或者去乡下散步都能一定程度上满足城市儿童的运动需求，不过请注意，这两种活动安排的次数不能太多，持续的时间也不能太长，因为父母会很快厌倦广场之行，孩子则会很快因散步而步伐沉重。儿童更喜欢报名参加某些运动俱乐部。4 岁以下的儿童只能从事"婴幼儿运动"，

比如：婴幼儿体操、婴幼儿篮球、婴幼儿柔道。3~4 岁的儿童可以尝试学习游泳、跳舞以及滑冰。4 岁以上的儿童则可以尝试帆船、柔道、滑雪或者某些对抗运动。5 岁的儿童则可以学习打篮球、手球、网球或踢足球。

艺术启蒙

并不是所有的儿童都喜欢运动，有些儿童更喜欢艺术活动，比如：画铅笔画、油画或制模，不过前提是他们没有任何比赛压力。儿童艺术工坊的存在并不是为了教会儿童某种艺术技巧，而是希望儿童能够通过某些不同的器材以及非常规的素材彰显自己的个性。大部分 5~6 岁的儿童都希望学习一门乐器。这一年龄段的儿童可以学习绝大多数的乐器，最关键的是老师的教学方法以及他们自己的学习欲望。因此，最好让孩子自己选择学不学乐器以及学什么乐器。儿童可以通过各种途径学习乐器，比如：请家教、报名参加公立音乐学校或私立音乐培训机构。

无聊的好处

扪心自问一下，您是否将孩子的课外时间安排得太满以至于他从来不用自己操心下一步做什么？大部分的父母都特别讨厌听见孩子不停地说不知道接下来该做什么。您仔细想想，孩子小的时候有过无聊的时候吗？运动启蒙课程或智力开发课程无时无刻不在占据着孩子的生活以至于某些父母十分自责，他们感觉自己从来没有亲力亲为地为孩子做过任何事。毋庸置疑，在当今社会，儿童仅存的一点空闲时间也被电视机挤占了。

然而，心理学家以及教育学家认为父母的这些育儿方法都大错特错，任何一个年龄段的儿童都不应惧怕无聊。儿童一旦无聊，便会天马行空地想象、做梦、创造、思考或认识自我。此外，心理学家以及教育学家还认为儿童必须学会无聊，只有这样，他们才能在周围的环境中找到打发无聊的方法，才能创新。作为父母，您也需要对孩子有信心，并任由他自己找到充实自我的方法，实在找不到的话，大不了躺在床上休息。只有在玩具缺失的情况下，儿童才能想象到前所未有的新场景。

4
岁

父母分居

父母分居不仅对当事人双方是一种伤害，而且对于必须接受这一事实的孩子也是一种伤害。现如今，法国每年有超过 10 万对夫妻选择分居或离异。

当家庭战争爆发

每个家庭婚姻失败的原因都不一样，因此，每位当事人的承受能力也不尽相同。如果当事人双方同时选择结束这段婚姻关系，那是相对较好的结局。现实却往往比较残酷。大部分情况下，夫妻双方中必有一方不愿离婚或者在离婚的过程中未能如愿地获得足够多的利益。此外，近一半的离异夫妇都会将离婚的原因推至对方身上。离婚不仅会牵扯到当事人双方，也会影响到孩子。然而，由于夫妇二人都将注意力集中在离婚事宜上以至于他们往往很难顾及孩子的感受，从而忽视了离婚对孩子所带来的伤害。最明智的做法是夫妇二人能够心平气和地讨论离婚事宜以免孩子目睹激烈的争吵。

痛苦的孩子

如果父母离婚，孩子必须学会只和妈妈或只和爸爸生活。儿童的年龄不同，对父母离异的反应便会不同，请不要错误地认为儿童年龄越小，因离异而遭受的伤害就越小。离异家庭的孩子会变得越来越忧伤，越来越焦虑，有些本身就缺乏安全感的儿童甚至会出现严重的行为障碍或心理障碍，比如：自闭、情绪不稳、学习成绩下降等。现如今，父母离异往往发生在结婚后的第 4 年左右，换言之，一般发生在孩子学习独立或刚上幼儿园的那一阶段。儿童年龄越大，就越能明白离婚意味着什么。有时，儿童会因为父母的离异而产生一种羞耻感以及负罪感。不过随着时间的推移，这两种负面情绪会渐渐减轻。某些心理学家认为相比女孩而言，男孩更容易因为父母的离异而产生严重的心理障碍或行为障碍。这可能是因为监护权往往被判给母亲，以至于儿童长时间不能与父亲接触所致。

战胜忧伤

如果父母双方在离异之后仍然能够尽职尽责地（从精神上和物质上）照顾孩子，那么即使孩子最初的时候很忧伤，但是随着时间的推移，他必将能够重新面对生活。不过，很不幸的是，很多父亲／母亲会将孩子当作勒索前妻／前夫财

法国国家人口研究中心（INED）研究员阿诺·雷尼埃－卢瓦里耶（Arnaud Régnier-Loilier）曾就离异家庭中父子／父女关系（大部分情况下，父亲没有监护权）的演变进行过研究。阿诺发现如果父母离异时，儿童的年龄越小，那么他此后与父亲见面的机会就会越少：1/4 的 3 岁以下儿童在父母离异之后就几乎没见过生父。阿诺认为很大一部分原因是因为父亲重新组建了一个新家庭。此外，阿诺还发现父亲的居住地越远，父子／父女相见的机会就越少。

> 66 离异家庭的孩子往往会陷入两难境地：到底是应该忠于爸爸还是应该忠于妈妈？在父母争吵的过程中，孩子也不得不考虑站队的问题，到底是支持爸爸还是支持妈妈？有的时候，孩子或许可以借鉴（外）祖父母的中立立场。如果父母一方在孩子极其年幼的时候离他而去，那么孩子根本不可能对他／她存有任何记忆。如果父母一方在孩子年龄稍长，尤其是在孩子处于俄狄浦斯期时离他而去，那么孩子很有可能会出现"身份认同失败"这一问题。这种情况下，父母的再婚有助于儿童重新构建自己的身份，因为他能够在继父／继母的身上找到生父／生母的影子。如果父母一方在离婚之后一直单身，而另一方却早已组建了新家庭，孩子会非常痛苦，因为他潜意识里会想保护单身的那一方。因此，您必须学会从此前支离破碎的生活中解脱出来。此外，请不要向孩子询问前夫／前妻的近况，请让孩子保守自己的秘密吧！ 99

物或道德绑架前妻／前夫的一种工具。这种情况下，孩子往往会心生怨恨。如果父母离异之后总是相互诋毁，儿童的内心会十分矛盾，因为他必须背负着父亲对母亲的怨恨而与母亲生活在一起，或者必须背负母亲对父亲的怨恨而与父亲生活在一起。久而久之，他的内心会越来越受伤。

保持联系

有时，夫妻离异之后，便不再联系对方。一般而言，父母离异后的第2年，有将近一半的父亲会从孩子的生活中彻底消失或者偶尔履行一下探视权。由于父亲的"消失"，儿童不得不完完全全地与母亲生活在一起，然而，这种相依为命的关系往往会导致儿童丧失自己的子女身份而成为母亲的知己或代替离去的父亲成为母亲的伴侣。法国很多城市创建了离异家庭亲子之屋。这类亲子之屋旨在为未获取监护权的父亲或母亲创造一种更为轻松的相聚氛围以便帮助他们更好地行使自己的探视权，从而避免父子／母子关系的中断。

即使夫妻双方在离婚的过程中发生了不快，也应在离婚后恪守自己应尽的职责。此外，夫妻双方应将离婚这一决定如实、毫无隐瞒地告知孩子，因为孩子能够感觉到家庭气氛的改变，他知道自己的父母不会再像从前那样生活在一起了。

儿童的负罪感

儿童会认为如果自己再乖一点，再听话一点，再懂事一点，学习成绩再好一点，或许父母就不会离婚了。无论如何，必须让孩子明白他并不是导致父母失和的罪魁祸首。此外，还需要让孩子明白离婚并不会改变父母双方对他的爱。有时，离异家庭的孩子在面对正常家庭的孩子时会自惭形秽，这种情况下，他们往往会选择亲近同是离异家庭出生的孩子以找到惺惺相惜的感觉。

4
岁

父母离婚

不管父母最终以何种形式分居或离异，对于儿童而言，都是一种刻骨铭心的痛。只要父母一天没有正式宣告离婚，孩子便会一直将不安的情绪隐藏在内心深处。

害怕失去人生坐标

所有的儿童都会将父母的离婚决定视为洪水猛兽，即使某些儿童此前已经知晓父母严重失和（因为他们早已多次见识过父母的激烈争吵），但是，当他们听到父母离婚的消息时，仍然不敢相信自己的耳朵。

一旦父母决定离婚，就意味着曾经被儿童视为人生坐标的两人即将分道扬镳。父母离婚这一事实已经十分残酷了，更不用说它带给孩子的伤害了。一旦父母离婚，孩子会胡思乱想，他的脑海中会充斥着各种疯狂的吵架画面。久而久之，他会沉沦在这一无止尽的梦魇之中，却又不敢告诉父母或（外）祖父母。因此，如果父母决定离婚，最好其中一人或者两人一起与孩子进行交谈，并将这一消息告诉孩子，引导他说出内心的疑惑与担忧。这有助于儿童弄清自己内心的想法是正确还是错误。交谈的过程中，最重要的就是要让孩子明白离婚既不会影响到他的未来，也不会削弱父母双方对他的爱。

> 66 尽管社会学研究表明儿童同样能够在重组家庭中健康成长，但并不能抹去原生家庭分崩离析对他造成的伤害。当父母离婚时，儿童的悲伤之情不言而喻。他们都会明确地要求父母继续在一起生活。有些儿童会在未获得监护权的父亲／母亲探望自己时表现得十分生疏。有些儿童则会憎恨自己的新爸爸／新妈妈。父母离异很容易导致儿童口吃、遗尿、学习成绩下降或暴力倾向加重。儿童必须学会告别曾经的原生家庭生活，并学会以不同的方式来整理自己的情感世界。99

如果您无法接受与丈夫一起与孩子沟通，请您单独与孩子沟通，不过请尽量克制住自己对前任的怨恨。既不要让孩子去评判你们夫妻二人到底谁对谁错，也不要让他在你们两人之间进行选择。

寻求调解员的帮助

如果您自知无法在与孩子沟通的过程中保持冷静，建议您寻求第三方的帮助。在离婚这一微妙的时刻，不管是您的父母还是您丈夫的父母都不适合充当调解员，毕竟你们之间的关系太过亲密了。建议您寻求朋友、心理医生或家庭事务调解员的帮助。他们都十分善于使用恰当的言辞来安慰孩子。离婚的影响是如此深远以至于会使一些负面情绪在几周甚至几个月之内时时刻刻萦绕在孩子心头。您需要让孩子自己去理解、思考以及接受离婚这一事实。尽管您此前已经做足了相关的预防措施，但是孩子仍

> 轮流抚养对儿童也并非有百利而无一害。如果父亲 / 母亲离异后一直单身，且愁容满面的话，孩子便会感觉是自己抛弃并背叛了他 / 她。有些父母会选择仍让孩子生活在此前的公寓中，但是男女双方会轮流来此居住并照顾他，这样孩子便能继续生活在从前的世界中，既不需要换学校，也不会失去朋友。

然会在相当长的一段时间内沉浸在悲伤之中。对他而言，父母的离异不仅意味着失去，更意味着抛弃。即使您绘声绘色地为他描述了美好的明天，但是他知道一切都将不复从前。

一般而言，儿童需要将近一年的时间才能从父母离婚的事实中恢复过来。即便如此，在接下来的岁月里，他的内心深处仍会渴望父母复婚，以便让一切回到从前。尽管儿童的心灵早已千疮百孔，但是他的脑海中固执地保存着父母恩爱的画面，只有这样，他才能在潜意识中安慰自己。有时，儿童甚至会为父母开展一系列的复婚行动。

心理和身体都受到伤害

父母离异会导致儿童的生活发生翻天覆地的变化，比如：他很有可能会因搬家或转学而失去朋友，他不得不在周末以及假期的时候轮流与父母二人生活。因此，您必须详细且明确地向孩子解释新生活的安排。

您还应当让孩子参与到新生活的安排之中。此外，请不要想当然地认为过于包容的态度能够抚平孩子内心的伤痛。如果儿童不能很好地适应新生活，他很可能会变得阴晴不定、喜怒无常、攻击欲极强或出现退行行为；又或者他可能会对校园生活失去兴趣。有些儿童甚至会因此而出现心身疾病，比如：腹痛、生长痛、偏头痛、失眠或暴饮暴食……大部分情况下，这些异常表现都只是匆匆过客而已。只要儿童学会了接受现实、树立了新的行为标准或者发现新生活也并非有百害而无一利，这些异常表现便会自动消失。此外，如果儿童的亲生父母在离异之后仍能保持良好的交往，他就能更快、更好地接受新生活。

如果涉及多子女家庭，孩子们会担心自己可能会因为父母的离异而不得不与兄弟姐妹们分开。这种情况下，您必须及时安抚每位子女，并让他们相信每个人的未来都不会受到影响。

轮流抚养

近几年来，越来越多的父母要求轮流抚养（亦称"共同抚养"）孩子。只要夫妻二人选择在离婚之后共同照顾孩子，家庭事务法官便会判决他们轮流抚养孩子。轮流抚养的形式分为许多种：孩子可以在父亲家生活一周，再在母亲家生活一周；也可以在父亲家生活半年，再在母亲家生活半年；或者还可以在父亲家生活一学年，再在母亲家生活一学年。只要孩子的父母协商一致，就不必过于计较时间的公平性。然而，儿童并不容易，至少刚开始时不容易适应这种生活：他必须以两种不同的方式在两栋不同的房子里生活。尽管轮流抚养有助于男女双方与孩子维系感情，但仍会不可避免地导致儿童产生心理方面的问题。轮流抚养要求孩子必须在朝夕之间自如切换与父母的相处模式。因此，它貌似只适用于 3 岁以上的儿童。

5~6 岁

您

"我要告诉你一个秘密。我和其他妈妈一样将你穿过的第一双鞋一直保存至今。你曾经穿着这双鞋摩擦地板、蹒跚学步、踉跄失足、奔跑起跳。虽然这双鞋早已褪去了昔日的色彩，但是它见证过你人生中迈出的第一步。虽然时光已流逝多年，但你在我心中依然还只是一个婴儿，一个属于我的婴儿。

今年，你刚升入大班，你的老师告诉我你需要在这一年内学习一些基本的知识。换言之，你马上要开始识字了。幼儿园前两年的学习生涯令你改变了不少，但是上课的时候，你仍需安静、专注地听讲。

现在的我早已不再杞人忧天。然而，过去，我曾十分害怕你不会走路，害怕你不会说话，更害怕你不爱我。而现在，我也开始关心你的学业是否顺利。不过幸运的是，你在学校表现优秀，身心发育也十分健康，此外，你还有许多优点，这一切的一切都令我无比欣慰。我十分肯定你一定能够拥有一个璀璨的未来。我会一直陪伴在你左右，永远爱你。"

您的孩子

· 平均体重约为 18 千克，身高约为 105 厘米。

· 他的身体协调性很好，能够一步一级台阶地上下楼梯。

· 他学会了画圆、画平行线。他不仅能够正确地裁剪某一个形状，还能正确地涂色。

· 他明白如何对比物品的大小。

· 他充满了想象力，但不够耐心，此外，他十分任性。他喜欢说话，还喜欢去上学。

他长大了

儿童的身高虽然主要取决于遗传因素，但是一定程度上也受饮食、环境与自身情绪的影响。

由矮变高

在生长激素的作用下，儿童的骨骼变得越来越粗壮。人体的生长发育存在着一定的规律：头、手和脚这三大部位发育速度最快，除头部以外的上半身次之，胳膊和腿发育速度最慢。从出生到成年，儿童的头部体积会增加 2 倍，躯干长度会增加 3 倍，臂围会增加 4 倍，腿长则会增加 5 倍。7 岁以前，儿童的发育速度都十分固定，几乎每年会增高 6~7 厘米。此外，年龄不同，发育速度就不同。

一般而言，刚出生时以及刚进入青春期时，儿童的发育速度最快，剩余阶段的发育速度则较慢。不过，同龄儿童之间的发育速度则相差无几。

孩子的性别不同，父母对其身高的担忧也就不同：一般而言，父母十分担心男孩长得太矮，而女生长得太高。父母往往会为子女的矮小忧心忡忡，而为子女的高大洋洋得意。然而，有的时候，这种想法却是错误的。那些身高与其年龄极度不符的矮小儿童其实是可以被治愈的。

他们需要接受两次检查以确认体内生长激素的含量。矮小患者必须在青春期结束之前接受治疗，因为一旦青春期结束，生长激素便会停止分泌。一般而言，治疗周期为两年，不过具体周期还要视每日所注射的生长激素含量而定。

以什么作为参考

从孩子 3 岁开始至青春期结束之前，父母应每 6 个月将孩子的生长曲线图与生长曲线参考图进行对比，以判断孩子的生长发育是否正常。如果孩子的生长曲线与平均值曲线相差悬殊，或者孩子的生长曲线突然出现了断口，医生会为孩子测骨龄。一般而言，如果儿童的年龄为 3~4 岁，医生会拍摄他左手以及左手腕的 X 光片以确认其骨龄；如果儿童年满 4 岁，医生则会拍摄他肘部以及骨盆的 X 光片。如有必要，医生还会另行检测他体内生长激素的含量。

> " 事实上，要想准确地计算出这一年龄段儿童的实际身高是很困难的。因为儿童的身高不仅深受遗传因素的影响，而且一定程度上还受饮食、环境与自身情绪的影响。如果您觉得自己孩子的生长速度过慢或过快，请不要胡乱求医，否则只会徒增烦恼，毕竟孩子的生长进程是我们所不能左右的（注射生长激素除外）。不过，如果您发现孩子停止生长的话，请及时就医。引发这一异常现象的原因既有可能是生理性的，也有可能是心理性的。只有进行周密的医疗检查才能找到真正的根源。"

相比于 20 世纪而言，21 世纪人类的身高平均增长了 7 厘米。即便如此，婴儿出生时的平均身高与体重却并未随着时代的发展而变化。人类之所以会越长越高，得益于日臻完善的饮食条件、卫生条件以及生活条件。现如今，男性的标准身高为 175 厘米，而女性的标准身高则为 165 厘米。法国国家健康与医学研究院（INSERM）的一项最新研究表明人类的身高主要取决于腿长。在过去 30 年内，人类的平均腿长增加了 2~3 厘米。

标准值

儿童每一年龄段的身高是否存在一个精确的标准值呢？答案是否定的。平均值曲线上的所有数值都是根据法国所有学龄儿童的身高计算得出的结果。只要儿童的身高数值位于最大平均值曲线与最小平均值曲线中间，即为"正常身高"。如果儿童的身高数值高于最大平均值曲线，则证明他身高"过高"；如果儿童的身高数值低于最小平均值曲线，则证明他身高"过矮"。您只需要将孩子的身高曲线与生长曲线参考图进行对比即可。不过，医生并不仅仅关注儿童的某一身高值，他更看重儿童在某段时间内的所有身高值，因为只有这样他才能从动态的角度观察儿童的生长发育情况。因此，您应当定期在孩子的医疗本上为其绘制生长曲线图。

影响儿童生长发育的因素

影响儿童生长发育的因素有两种。首先，人体想要发育，就必须依靠维生素 D：维生素 D 有助于促进肠道对钙的吸收，促进钙向骨骼转移，从而达到强健骨骼的效果。维生素 D 的主要摄取源是动物肝脏。其次，由脑垂体所分泌的生长激素也是影响儿童生长发育的关键要素。生长激素分泌于睡梦中，因此，必须保证儿童充足的睡眠。生长激素有助于促进人体软骨连结的发育。而人之所以能长高，主要是依靠关节与下肢末梢。因此，10 岁以下儿童不应从事高强度的运动，那会给他的生长发育带来灾难性的后果。某些肌肉训练会阻碍软骨连结的发育从而导致儿童的身高停滞不前。对于儿童而言，运动只能是一种放松自我的娱乐休闲活动。

生长痛

澳大利亚的一项研究表明，37% 的 4~6 岁儿童在生长发育期间会出现身体疼痛现象。科研人员认为这是因为在生长的过程中，儿童的骨膜受到了一定的压力，且软骨、肌腱与韧带受到了一定牵引力。数据表明，大部分情况下，患有生长痛的儿童会时而抱怨左腿疼，时而抱怨右腿疼。生长痛往往出现于胫骨、腓骨与膝关节后侧。尽管生长痛有时会引起强烈的痛感，但是它并不会对儿童的健康造成任何不良影响，也不会给儿童的行动带来不便。似乎患有关节松弛症或多动症的儿童更易出现生长痛。有时，过度疲劳也会引起生长痛。如果儿童总是因疲劳而引发生长痛，则需及时就医。一般而言，这种生长痛会出现于晚上睡觉的时候或某天白天运动量过大的时候。

初 恋

儿童之间的 "爱情" 往往源于一次美丽的邂逅……他们之间纯真的爱恋与成人之间的一见钟情几乎毫无区别。儿童之间的爱恋取决于许多因素：对方的气味、皮肤的颜色、笑容、钟爱的游戏……

青梅竹马

上幼儿园后，有些儿童能够快速地与他人意气相投。他们之间会产生深厚的友谊，友谊越牢固，他们就越不能忍受对方做出一丝令其不快的举动。儿童与儿童之间的情感关系与儿童与父母之间的情感关系并不一样：在与同龄人相处的过程中，儿童能够体会到另一种情感。

在模仿成人伴侣关系的推动下，儿童开始成双结对。一般而言，幼儿园内会出现大批的 "小情侣"，他们的 "爱情" 虽然轰轰烈烈，却也只是昙花一现。这些 "小情侣" 们会手牵手一起走向操场，他们时时刻刻都想与对方肩并肩地坐在一起，此外，他们根本无法忍受周末短暂的别离。他们会毫无顾忌地对对方说 "我爱你"。毫无疑问，他们之间的爱情与成人之间的爱情相差无几。即使儿童选择了同性伴侣，也请不要大惊小怪。对同性的依恋并不预示着他将来的性取向，因为在交往的过程中，儿童仅仅是想从对方的身上找到自我，认识自我。

真实感受

90% 的儿童会在 5 岁时情窦初开。儿童精神病学家热内·苏莱若尔（René Soulayrol）认为恋爱意味着儿童的智力与心理发育得极其完美。因为如果儿童想与某人 "缔结良缘"，就必须顺利地摆脱俄狄浦斯期。儿童明白了自己不能与爸爸 / 妈妈结婚，她 / 他就会将情感寄托在同龄人身上。这样的话，父母在他生活中所扮演的角色便不言而喻了。在模仿成人伴侣关系的过程中，儿童能体会到真正的恋爱感觉。这些 "小情侣" 们喜欢触摸对方。小女孩喜欢牵着男孩的手，小男孩则喜欢亲吻对方。这一年龄段的儿童仍处于性别认同阶段，只有不断地探索自己的身体才能让他更详细地了解自己的身体。在抚摸伴侣的过程中，儿童能体验到一种愉悦感。在接触伴侣的过程中，儿童则能体验到一种类似母亲怀抱的感觉。

孩子分手的时候，父母该如何应对呢？首先，请不要嘲笑孩子的低落情绪。因为这份强烈且又真实的悲伤之情反映了他曾经深深的爱恋。最佳的应对之法便是和孩子谈谈心，不过前提条件是他愿意开口，否则请不要勉强他。您开导失恋儿童的方式完全可以和开导失恋成人的方式一致。您需要安慰他，令他宽心。此外，您还可以让孩子尽情倾吐他内心的苦楚，不过，别忘了告诉他失恋仅仅是生活中的偶然变数；这段痛苦的经历可以磨炼他的意志；即便恋人离他而去，还有身边的朋友会永远在他身边支持他。不久之后，您的孩子会遇见新的灵魂伴侣，他会和此前一样疯狂地迷恋这位新伴侣。

> **❝** 儿童会模仿成人恋爱，但他们之间不会发生实质性的性关系。因此，您完全可以毫无顾忌地让他们在一起睡觉或洗澡。事实上，儿童在恋爱中所做的一切行为都只是在模仿成人而已。过不了多久，这对 5 岁的"情侣"便会劳燕分飞，因为他们即将进入所谓的"潜伏期"。在潜伏期中，他们更喜欢与同性朋友一起玩耍。不过目前为止，男孩虽然穿衣打扮以及言行举止都十分男性化，但他只愿意和异性嬉戏。童年的爱情会对成年期以后的爱情产生深远的影响，因为当我们成年以后在谈恋爱的时候总是不经意地想起自己当年曾牵手过的小男孩或小女孩，那时的我们总是喜欢和对方一起躲在小木屋里。童年时的爱情是成年期性关系的雏形，因此，您应当尊重孩子的隐私。此外，请不要对孩子的恋爱关系指手画脚，也请不要指责他不知羞耻。让他们自己慢慢体会初恋的美好吧！当然了，您一定很好奇孩子的"择偶标准"吧？为什么他选择的女朋友长得一点儿都不像您或者为什么她男朋友的谈吐一点都不像您丈夫？请放心，您孩子牵手的那位小伴侣从来都不是您的竞争对手。您的孩子自始至终都爱慕着您，并希望有朝一日能与您结婚。**❞**

昙花一现的情感

在交往的过程中，某些儿童会因为自身性格的缘故而投入得更深。这类儿童往往会因分手而备受打击，毕竟大部分情况下，儿童之间的恋爱关系总是昙花一现。这类情感一般只会持续数周，最多不超过一学年。一旦分手，儿童爱得多深便会痛得多深。不过令人欣慰的是，这一年龄段的儿童尚不会因此而怨恨对方。对于儿童而言，痛苦是一种认清现实的捷径：虽然我们相爱，但是我们之间的爱并不对等。通过这段早已结束的恋爱关系，儿童不仅能够明白生活的残酷，还能明白人类情感关系的多变性。如果您的孩子并未出现早恋行为，也请不用过分担心，这只是个人性格问题，根本不会影响他日后的心理发育。

父母的态度

通常情况下，一旦父母发现孩子"坠入爱河"，便会坐立不安，因为他们根本就没有弄清楚性欲与生殖欲之间的区别。

儿童从出生开始便显现出了一定的性欲，并且性欲是推动他个性发展的基本动力之一。生殖欲则是性欲的一种表现，且出现于青春期之后。因此，幼儿的爱情中根本不存在生殖欲。父母之所以会坐立不安，仅仅是因为他们误以为幼儿的爱情与成人的爱情一样都存在生殖欲。此外，有些父母之所以反对，是因为他们的嫉妒心在作祟，毕竟初恋的出现意味着孩子成熟了，即将疏离父母了，而此时的父母却离不开自己的孩子，因此他们很难接受自己的孩子这么早独立。作为父母，您不应当过分干预孩子的感情生活，因为就算您强行干预，也只是徒劳无功，甚至有的时候会适得其反，比如：孩子可能会因此而提出更多关于爱情以及爱人的问题。此外，父母还应当为孩子的恋爱保守秘密，千万不要广而告之，否则的话，只会令孩子感觉自己受到了背叛。

性——一个无法回避的话题

如果儿童就自己的起源、出生以及男女之间不同性别特征提出疑问的话，实属正常。不管哪一个年龄段的儿童提出哪一个问题，父母都应该明确地为其答疑解惑。

合乎情理的好奇心

您会发现孩子总是会在某些场合不合时宜地提出关于性的疑问，比如：吃饭的时候、走亲访友的时候……儿童并不会无缘无故地提出这类问题，一定是某件事情或某句话勾起了萦绕其心头的困惑。因此，性是儿童脑海中挥之不去的一个未解之谜。不管怎样，您都应当如实简洁地回答孩子的问题。对于这一年龄段的儿童而言，您没有必要和盘托出。事实上，儿童提问越早，您的回答就能越简短，因为幼儿只是单纯地接收信息，他并不会将这些信息与电视机、电影屏幕或同学所提及的画面联系在一起。

简洁回答

儿童会在3岁或4岁的时候提出第一个和性有关的问题，即生命的来源，他会问"婴儿是从哪儿来的？"之后，他则会提出某些更为实际的问题，比如："婴儿是怎么形成的？"

紧接着，他会对人体的生理现象提出疑问，比如：卵子、精子……如果您能以一种平静的语气、一些简单的词汇为他答疑解惑，那么他一定不会被真相所震惊。如果孩子询问"受孕"一事的话，您可以选用最为经典的比喻来解释：爸爸和妈妈的肚子里分别藏着两颗种子，有一天这两颗种子相遇了，婴儿就出生了。

在此，我还想向您推荐一种从诗意的角度对生命起源所做的解释：某一天，小蓝人与小黄人相遇了，然后小绿人便出生了。在为孩子答疑解惑的过程中，请您既不要牵扯其他问题，也不要对他所提出的问

> 在俄狄浦斯期，儿童的性别意识十分模糊，他会认为自己既是男孩，又是女孩。进入潜伏期后，儿童则开始对自己的生理性别产生认同感，并会通过各种手段来增强这份认同感。比如：他会规定男孩只能和男孩玩，女孩只能和女孩玩。从3岁开始，儿童会就性欲以及繁衍提出疑问。从儿童提问的方式中，我们可以发现男孩与女孩对性欲与繁衍的认知并不相同。女孩一直都知道自己将来会为人母，她还知道婴儿会在自己的肚子里发育成长。而男孩则十分困惑自己怎么可能拥有繁衍能力。大部分儿童都对性行为一无所知，他们认为只要男孩与女孩拥抱在一起，便会孕育出下一代。不论怎样，儿童最大的兴趣点始终都是自己的生殖器官。他们会通过"手淫"来体验人生中的第一次"性快感"，然而过不了多久，他们便会因此而产生羞耻心。

大部分父母会因儿子的行为举止女性化而咨询医生。相比之下，父母对女儿穿衣风格以及言行举止的男性化容忍度更高。一般而言，儿子"阳刚之气的缺失"并不会令父亲倍感苦恼，但是儿子的"娘气"却会令母亲十分担忧。此外，如果儿童出现了早期的同性恋倾向，请不要将此视为一种心理疾病。

题进行过多的解释。最棘手的情况莫过于孩子所提出的问题您根本不知如何回答。这时候，您应当及时找出导致儿童提出该问题的原因。

每当孩子就性提出疑问时，您都应该及时抓住机会向其解释性关系中的唯一禁忌，即乱伦：我们绝对不可以和自己的父母或者兄弟姐妹结合。

生命起源问题

一般情况下，只有当儿童意识到男生与女生的身体构造存在差别时，他才会询问生命的起源。这种情况下，您没有必要再为其解释男女之间生理构造的差别，因为他已经用肉眼看到了。相反，您应当告诉他男女之间生理上的差别实为一种互补。男性代表着爸爸，女性代表着妈妈，男女结合便能生下婴儿。儿童甚至会提出一些笼统的问题，比如：避孕、流产、卖淫、同性恋……有时，儿童会一而再，再而三地（几

周之后，或者几个月之后）提及这些问题，好似他全然不记得父母曾经回答过。这种情况下，您没有必要惊慌。因为孩子年纪尚小以至于他根本没有能力将某些信息内化。此外，这种反复提及的态度证明了他对成人十分信任。

至于性行为这一话题，您需要让孩子知道他是父母相爱的结晶，而非传宗接代的产物。对父母之间爱情的了解有助于儿童人格的发展，对父母之间性行为的了解则有助于儿童性心理的发育。此外，父母还应当通过实际行动来对孩子进行性教育，因为孩子能够极其容易地感知到身边的性欲氛围。

如果您想成为一名合格的性教育者，就必须打破常规，打破禁忌。您没有必要在孩子面前遮遮掩掩，相反，您完全可以大大方方地在他面前秀恩爱，性交除外。对于五六岁的儿童而言，父母之间的恩爱行为无关乎性欲。

儿童眼中的生育繁殖

一项调查表明幼儿园中的绝大多数儿童都认为人类的生育繁殖类似于种子发芽、瓜熟蒂落。然而，有一半的受访儿童认为男性在人类的生育繁殖过程中毫无用途。对此，许多小男孩表示难以接受，他们不敢相信自己居然不能生孩子。

这项调查还表明在儿童眼中，受孕既无关乎情爱，也无关乎肢体接触。然而，几乎所有儿童都知道"做爱"这个词，并且，大部分情况下，他们只要一听到这个词，便会哄堂大笑，这表明"做爱"能够让其联想到某些场景。至于受孕的渠道与途径，儿童则认为存在各种可能性。所有的儿童都知道怀孕对于女性而言是一件幸福的事，但对胎儿而言，则意味着他需要光裸着身体生活在黑暗却温暖的肚子里。5岁的儿童会认为胎儿会从女性的肚子里出来。事实上，关于胎儿的出生途径，儿童存在三种看法：第一种看法认为胎儿和粪便一样，都是一种从肛门钻出来的"食物"；第二种看法则认为胎儿是从女性"撒尿"的地方钻出来的（因为这一年龄段的儿童尚不知何为阴道）；第三种看法则认为分娩时女性的肚皮会自动开裂，然后胎儿便会爬出来（这种看法类似于剖腹产手术）。

他仍然吮吸他的大拇指

直至现阶段，许多儿童依然保留了吮吸大拇指这一习惯。吮吸大拇指能够给儿童带来安全感。一般而言，儿童在 5 岁以前就养成了这一习惯。

尝试理解

吮吸大拇指或者橡胶奶嘴能够让儿童重新感受到在母亲怀中喝奶（母乳喂养或奶瓶喂养）时的那种温情。此外，这一行为还有助于儿童驱散心中若隐若现的孤独或忧伤。

吮吸大拇指或橡胶奶嘴是儿童幼时生活的一种标志。如果这一行为并不常见，且只出现于晚上临睡时，请不要进行干预。吮吸手指仅仅是儿童用于平复心情，进入梦乡的一种途径。

男孩比女孩更爱吮吸手指，这在一定程度上反映了他和父亲之间的情感障碍。有时，儿童在"戒瘾"之后会复发，换言之，他会在白天的时候重新吮吸自己的大拇指。之所以会复发，是因为儿童的心理出现了退行以至于他极度渴望重回婴儿状态。之所以会出现退行，则很有可能是因为家中突生变故或者他的心灵受到了或多或少的伤害，比如：搬家、入学、二胎出生等。这种情况下，某些儿童希望自己能够"与世隔绝"几分钟。

如果孩子出现退行行为，请您务必找到根源。此外，请不要阻挠孩子吮吸大拇指，因为即使您将孩子的拇指缠住，或在拇指上涂抹苦涩之物，也无济于事。您可以与孩子沟通，让他尽量将吮吸拇指的时间控制在晚上临睡时或情绪低落时。

儿童吮吸拇指或橡胶奶嘴是为了获取安全感，因此，每当出现这种行为时，您应当抽空倾听孩子的心声以便让他明白您对他的爱意。平时您只要对孩子表现出多一点的亲近、关怀、温柔与鼓励，他便会多一分安全感。最后，每当孩子学会一项新技能（比如：写字、骑车、画画等）的时候，请您不要吝啬您的赞美之词，因为您的夸赞能让他明白原来成长是一件快乐的事。

> 对于那些时至今日仍然习惯吮吸大拇指、橡胶奶嘴或奶瓶的儿童，我一直都持包容态度。作为父母，您应当尽力接受孩子的这一癖好。请不用担心，只要儿童发现自己身边的好友早已丢弃了奶瓶以及奶嘴，他也一定会将自己的这一习惯改掉。一般而言，儿童在七八岁以前会一直保留这一习惯，而后则会逐渐改掉；进入青春期以后，有时他会在遇到困难的情况下不自觉地恢复这一习惯。此外，所有的儿童都喜欢啃咬指甲。不过请放心，这一癖好并不会对他的生理以及心理发育造成任何不良影响，并且进入青春期以后，孩子会出于美观的原因而主动改掉这一癖好。

过去很长一段时间内，人们认为儿童喜欢啃咬指甲是因为父母不让他吮吸大拇指，所以他不得不转移阵地。然而，事实上，儿童这一癖好一般出现于 8 岁左右。研究人员认为它是儿童因自身生活作息的变化（比如上学）或家庭生活的变化（比如：父亲／母亲失业、父亲／母亲生病、弟弟／妹妹出生）而变得焦躁不安导致的。啃咬指甲这一习惯并不意味着儿童精神方面出现了问题，因此，根本找不到合适的药物进行治疗。您只能等待孩子自己将这份冲动压抑下去。不过，这对他而言比登天还难。迄今为止，仍有许多成人保留着啃咬指甲这一儿时习惯。

不会影响美观

如果孩子经常吮吸大拇指或橡胶奶嘴，请及时找到根源。也许他只是寂寞了，如果是这种情况，请让他忙碌起来，比如：您可以让他做些游戏或出去玩；也许只是因为家中的兄弟姐妹们令他心生焦虑或嫉妒了，如果是这种情况，请及时与他沟通。不论吮吸大拇指或橡胶奶嘴这一行为是由何种原因引起的，您都不应该强迫他去更改，更不应该惩罚、责骂他。否则在今后的日子里，孩子很有可能会将这一行为作为挑衅您的工具。此外，也请不要因此而嘲讽他，您的嘲讽只会令他自卑、难过，从而导致他内心极度缺乏安全感，而一旦他内心缺乏安全感，则会反过来加剧他对这一行为的依赖。一般而言，吮吸大拇指或橡胶奶嘴这一行为会持续至 6 岁左右。有时，这一行为会导致儿童发音时舌位不正从而引起严重的发音错误。此外，这一行为也有可能会导致儿童的牙齿错位，不过随着牙齿矫正技术的普及与发展，我们并不用担心牙齿的美观问题。5 岁儿童吮吸大拇指或橡胶奶嘴纯属正常现象，因此，您无须过分担心。弗洛伊德认为吮吸拇指是儿童性征的一种表现，吮吸拇指时间较长的儿童往往在成年之后更喜欢亲吻他人。

他需要他的毛绒玩具

吮吸毛绒玩具的布料／脚丫与吮吸拇指实为异曲同工。在很长一段时间内，儿童都必须在毛绒玩具的陪伴下才能安然入睡。毛绒玩具的柔软、气味以及手感都能给孩子带来极大的安全感从而帮助他从日间各种嘈杂的活动中解脱出来。一般而言，虽然每家每户都会为孩子准备一个毛绒玩具，但是中班以及大班的儿童不被允许将毛绒玩具带进教室。

告别仪式

终有一天，您的孩子会为了证明自己已经长大成人而下定决心改掉吮吸安抚奶嘴这一不良习惯。儿童能够做出这项决定，实属不易，毕竟这一习惯已经持续了数年之久，并且总是救他于水火之中。所有人都明白：仅仅将安抚奶嘴弃于垃圾桶中是远远不够的。您可以借助一种象征手法来引导孩子摆脱这一习惯，比如：将奶嘴放在竹筏上，然后让它随波逐流；或者为其举办一场埋葬仪式，将其掩埋在（外）祖母家那芳香四溢的花园中。不过请注意，您必须尊重孩子的意愿，让他来决定告别的方式。

他的画是真正的作品

这一年龄段的儿童不仅绘画技巧更为精湛，画作内容也十分富有创造力。他十分乐意将作品送给他人，当他看到自己的作品挂在墙上时，会感到很自豪。

真正有人物、有情节的画

这一年龄段的儿童已经懂得如何在一张白纸上将大量的笔墨聚焦在某一个主要人物身上。除了人物之外，儿童还会在纸上画上天空、大地与地平线。每当儿童画房屋的时候，他都会在门前画上一条小路，并且他所呈现的人物都处于动态之中。

房屋与花园

专家认为每位儿童都会以不同的方式将房屋呈现在纸上，并且每种呈现方式都能够一定程度上揭示创作者的内在人格。儿童所画的房屋有可能是茅草屋，也有可能是摩天大楼，还有可能是社会性建筑，比如教堂、磨坊、工厂等。如果儿童所画的房屋配有大量的门窗，且这些门窗都处于敞开状态，则意味着这位作画者性情随和。如果儿童所画的房屋矮小，且门窗狭窄，周围环境冷冷清清，则意味着这位作画者正饱受着情感障碍的折磨。一般而言，儿童画中的

窗户始终处于敞开状态，等到6岁时，儿童则习惯将窗户画于墙角处。这反映儿童内心深处害怕空虚。儿童画中始终会有一条小路。不过请注意，如果这条小路被画成了一条死胡同，或者被涂成了黑色，则意味着作画者内心焦虑或存在强烈的攻击欲。

树木与周遭环境

儿童画中常见的另一个主题是树木。一般而言，最初的时候，儿童所画的树干十分粗壮，且悬空而起。过不了几个月，儿童便会在树干下画上一片坚实的土地。此外，儿童还会沿着树干的线条往四面八方画一些树枝。大部分情况下，儿童会在树枝上

画一些小鸟或蝴蝶，圣诞节的时候则会画一些色彩缤纷的圆球。

简笔人物画

从现阶段开始，儿童所画的人物形象将会发生天翻地覆的变化：它从各个细节来看都将越来越接近于真实人物的形象。一般而言，儿童所画的大头人只有头和躯干，且这两大部位往往以重叠的圆形呈现在人们面前。有的时候，大头人可能还会有脖子、腿、脚、胳膊、手，甚至生殖器（作画者不同，这些身体部位的呈现方式就不同）。在某些儿童眼中，自己所画的大头人其实是透明的，我们能够"看到"他体内所隐藏的骨头

所有生理发育健康的儿童都能够画画，甚至画油画。即便如此，并不代表每位儿童都喜欢画画。如果您的孩子对其他创造性或艺术性活动（比如音乐）更为感兴趣，请尊重他的选择。此外，大部分情况下，儿童从这一年龄段开始都会主动要求学习一门乐器。

儿童画作上的色彩盛宴同样能够向世人展示他内心的世界，不过前提条件是他完全是按照自己的想法，而非写实的角度来挑选颜色。6岁以前，儿童十分喜欢红色，这一颜色的选择不仅意味着儿童的内心充满了攻击欲，还表明儿童的情绪控制能力很差。与此相反，蓝色则意味着儿童善于控制自己。绿色则表明儿童十分善于交际。大部分情况下，黄色会与红色同时出现，黄色意味着儿童十分依赖父母。棕色以及其他深色系的颜色表明儿童难以融入家庭生活。黑色是所有年龄段儿童都有可能会使用的一种颜色，它的出现意味着儿童的内心十分焦虑不安。不过，儿童并非总是依照自己的内心挑选颜色，美术知识的存在也会影响他的决定。一般而言，我们能够通过颜色的种类、数量来判断某一位儿童的性格：性格外向的儿童喜欢使用大量五彩缤纷的色彩；与此相反，性格内向的儿童往往只使用少数几种常见的颜色。

以及内脏器官；在另一些儿童眼中，自己所画的大头人穿着透明的衣服，因此，我们能够看见他裸露的四肢。大部分情况下，儿童一次性会画上好几个大头人。这些大头人会动，会抬脚跳舞。小女孩们最钟爱的大头人形象莫过于牵着孩子手的妈妈。

宇宙视角

从5岁开始，大部分儿童都会在画中画上一个大大的太阳。心理学家认为太阳的大小以及在空中的位置一定程度上能够反映作画者的内心世界。如果儿童与自己父亲相处融洽，他一般会画一个高悬于空中的美丽太阳。相比于太阳而言，月亮的象征意义更为复杂。月亮既可以代表神秘与不安，也可以代表浪漫。

人物登场顺序

大部分情况下，儿童喜欢一边画画，一边说话，他会将自己所画的内容陈述给他人听。作画过程中，人物的出场顺序极具意味。一般而言，与作画者情感关系最为复杂的人物会率先登场。对于这位人物，儿童既有可能是因为想要尽快摆脱他，也有可能是因为想要表达自己对他的深深爱意才选择让他率先出现。

儿童的画作在4~7岁会越来越接近现实。5岁的时候，这位画坛新手尚未学会写实，他只会将自己所理解的内容，而非所看见的内容，画在纸上。他既不懂透视，也不明白三维立体，更别提比例大小了。在作画的过程中，儿童会无限放

大各种细节，他还喜欢为画中的人或物涂色。

对他心理状态的反映

从您让孩子握住画笔那一刻起，就意味着您正在鼓励他丰富自己的人格、释放自己内心的敏感。孩子的画作有助于您了解他的生理以及心理的发育程度。儿童所画线条的形状、下笔力度以及画作的布局都能够表明他自身运动机能准确性的发育程度。如果儿童握笔十分僵硬，则表明他内心焦虑不安。如果儿童的画占满了整张白纸，则意味着他十分自信，并渴望长大。与此相反，如果放眼望去，儿童的画作几乎一片空白，则意味着他十分害羞与胆小。此外，正常情况下，自信的儿童会从白纸中间开始起笔，这一作画手法表明了儿童渴望身处世界中心。行云流水般的线条则意味着儿童渴望自由，与此相反，断断续续的线条则表明儿童不仅害怕表达自己，同样也恐惧他人对自己的评价。饱满的线条意味着儿童朝气蓬勃，富有生机，而浅浅的线条则表明儿童的内心十分敏感。此外，从智力层面来看，画画也是儿童发育过程中必不可少的一个重要环节，因为儿童能够以作画的形式来向他人表达自己的内心世界。

腼腆的儿童

在这一阶段，儿童十分在意他人对自己的评价。腼腆儿童总认为自己是所处环境乃至整个社会的关注焦点。因此，家人的教育方法就显得尤为重要了。

一种给自己设限的不适感

一旦儿童的腼腆性格开始作祟，就会妨碍他的表现。他会扭捏身体、面红耳赤、局促不安地躲在妈妈身后、不愿和他人打招呼。某些儿童甚至会浑身颤抖、大汗淋漓、口齿不清、神游他方，以至于无法看清对方的模样，听清对方的声音。为什么会这样呢? 换老师、搬家、初次就诊等情况都会导致儿童变得腼腆从而状况百出。虽然儿童的这种腼腆并非病态，却会令其在学校生活中身处劣势。儿童之所以会在初入校园时变得腼腆，很有可能是因为他内心缺乏安全感，毕竟他此前一直生活在父母的羽翼之下。

66 有时，儿童的腼腆表现意味着他正在压抑自己、封闭自己或对自己不自信。父母应当及时发现孩子的腼腆，并帮助他克服这一心理。因为在学校的时候，老师往往很难发现学生的腼腆，他们的视线总是被学生的打闹行为占据着。然而事实上，相比于打闹行为而言，儿童腼腆性格的危害更为深远。一旦儿童压抑自我，便意味着他会沉浸在自己的世界中，从而缺乏自信，而自信的缺乏又会导致儿童出现退行行为，甚至是发育缓慢。面对腼腆儿童的时候，我们可以鼓励他参与到一些娱乐性活动中，比如：画画或阅读。我们还可以尝试着一步一步地引导腼腆儿童参与团体运动，比如：踢足球和跳舞。请注意，有的儿童之所以会腼腆，是因为他在模仿自己腼腆的父亲／母亲。这种情况下，孩子的父亲／母亲应当努力改变自己的性格。最后，请记住，腼腆不会遗传，只会被模仿。99

产生原因

腼腆往往在儿童 6 岁的时候出现，换言之，也就是在儿童羞耻心萌芽时出现。您无须惊讶于腼腆性格与羞耻之心的关联性，毕竟它们产生的理由是相同的——儿童想将自己隐藏起来。内心极度敏感的儿童会经历腼腆期。这一观点同样得到了美国心理学研究员杰罗姆·凯根（Jerome Kagan）的论证。凯根挑选了一批从出生伊始便对外界刺激反应激烈的幼儿，并对他们进行了长达 4 年的跟踪调查。他发现这批儿童中有 46% 的人在 4 岁时便已十分腼腆、内向。某些儿童甚至会在朝夕之间性情大变，由外向转为内向。在探究缘由的过程中，凯根发现大部分儿童都经历过某些骇人的场面，比如：有的时候，大人（不一定是孩子的父母）会突然提高嗓门训斥他们。

虽然每位腼腆儿童的生活经历都不一样，但是他们都难以接受新局面的到来，并且十有些儿童难以融入班集体。因为相对于班级中早已互相认识的其他成员而言，他是一个全然陌生的面孔。这一情况往往发生在中班和大班。老师可以尽量制造机会，让儿童与班级中一两位同学建立友谊，父母也可以让孩子将同学邀请至家中玩耍。这样儿童便能与兴趣相投的同学组成属于他们的"朋友圈"。

分惧怕新局面所带来的不适感。不过，腼腆儿童与其他性格的儿童一样，好奇心重，且活力四射。他们喜欢探索未知世界，而这份求知欲恰恰能够推动他们敞开心扉从而忘却新局面所带来的不适感。腼腆儿童和其他儿童不同的一点就是他们几乎不会被愤怒冲昏头脑，因为他们认为愤怒会暴露自己的内在情绪。出于这种顾忌，腼腆儿童往往会将自己愤怒的情绪隐藏起来，不过有时，这种愤怒会转变为恐惧。

避免与世隔绝

想要治愈儿童的腼腆性格并非易事。最有效的方法或许就是让孩子多出去走动，多与熟识的儿童或成人接触。一旦孩子克服了心中的恐惧，他便能迈出人际交往的第一步。如果孩子不愿与他人相处，请不要勉强。您最好鼓励他、肯定他，而非指责他。父母的指责与嘲讽只会令他产生负罪感或羞耻感从

而更加封闭自我。在引导孩子的过程中，请不要使用负面词汇，以免孩子对自己的交际能力产生质疑。如有可能，您可以在某些场合让孩子明白其实成人也有惊慌失措的一面。强行命令孩子去与他人交际无济于事，因为腼腆是一种无意识表现。

此外，腼腆也是儿童自我保护的一种手段。敏感内向的儿童习惯安静地观察周围形形色色的陌生人以及他们的表现。观察结束之后，他便会选择性地与那些他所欣赏的人接触。事实上，腼腆儿童在家往往温顺听话，乐于帮助父母做家务。腼腆也会为儿童带来不少好处：他们喜欢那些需要独立思考的安静活动，因此，他们上课时往往心无旁骛，学习成绩往往也很好。

帮助他变得不那么腼腆

其实，只要父母多加关心自己的孩子，很多问题便能迎刃而解。首先，如果孩子成功地完成了某件事情，请您不吝

言辞地夸赞他、肯定他。一旦孩子感觉到自己的存在价值，他便不会再如此地抗拒社交活动。其次，您可以假装很忙，然后让孩子帮忙买些简单的生活用品。如果孩子被同学刁难的话，也请不要每次都安慰他、同情他。此外，您可以建议孩子去照顾比他年幼的儿童或正遭遇困境的儿童。您还可以让孩子邀请与他同样害羞的同学来家中玩耍。最后，您还可以建议孩子留意他自己的情绪，以帮助他辨认出那些令他不安的场景。渐渐地，您的孩子便能融入正常的社交生活中。

如果孩子愿意表演舞台剧的话，那么不论他选择哪一角色，哪怕他选择待在后台，您都应当全力支持他。此外，骑马也有利于改善孩子的性格。在骑马的过程中，儿童必须温柔地控制身下的小马，而这一技巧无疑能够增强他的自信心。

5～6岁

焦虑的儿童

焦虑是一种正常的情绪反应。无论是对父母而言，还是对儿童而言，最困难的莫过于不知道如何识别焦虑。儿童年龄越小，他表达焦虑的方式就越局限。

起初是一种心理冲突

成长过程中，儿童不得不承受来自外界的各种干扰与割舍。一方面，儿童必须离开妈妈的怀抱、适应学校的生活、忍受频繁更换的老师；另一方面，他必须忍受各种条条框框以及父母师长的威严。有时，儿童心生焦虑是因为他自身的需求与身边的禁令产生了冲突。

焦虑是一种莫名的恐惧。它会导致儿童体内的肾上腺素上升从而不能自如地控制情绪。焦虑最常见的表现莫过于身体发抖、肠绞痛以及腹痛。

这一年龄段的儿童经常会置身于一些陌生的场景中。此外，他开始争取独立，并承担起一定的责任。这些全新的体验会令他心生焦虑，不过，此时的焦虑感与此前幼时的焦虑感并不一样。从幼儿园大班或小学一年级起，儿童开始害怕学业失败。如果儿童觉得父母师长对自己的能力不看好，他内心的焦虑感便会无限增加。解决办法是让儿童相信无论他变成什么样子，父母都会一如既往地爱他、呵护他。此外，您还应当让孩子明白他与其他同学其实旗鼓相当。一旦孩子取得了学业上的成功，请不要吝啬您的赞美之词。有时，您还可以鼓励孩子发展一些个人专属技能，前提条件是您不应对这些课外活动抱有太高的期望值，一切顺其自然就好。

这一年龄段的儿童还害怕陌生人。由于此时的他更加独立了，父母减少了对他的监管力度，于是，他的内心开始蠢蠢欲动，毕竟他是如此地渴望完全独立。与此同时，父母开始不断地提醒孩子要提防马路上、广场上以及校门口的陌生人。在安全教育的过程中，父母需要把握好分寸以防孩子误以为所有陌生人都具有威胁性。

说出内心的焦虑

焦虑具有一定的传染性。如果父母焦虑，孩子也会变得焦虑不安。如果父母在生活中遇到了有关孩子的棘手事情（比如：孩子生病了、出意外了或者生长发育迟缓），请一定保持

> 只有学会了控制自己的恐惧，儿童才能顺利地成长与进步。焦虑情绪是恐惧之心的产物，只要在对抗恐惧的过程中，儿童处于下风，他便会心生焦虑。焦虑情绪的存在会阻碍儿童的成长与发育，比如：焦虑会导致儿童害怕与他人交往从而使得他不愿再与小伙伴们一起玩耍，不会再因高兴之事而开怀大笑。此外，儿童也会因焦虑而封闭自我。总之，焦虑情绪会摧毁儿童的正常生活。因此，一旦儿童出现了焦虑情绪，就必须及时进行心理干预，用语言化解他的不安。

一旦儿童产生了强烈的恐惧，他便会心生焦虑、大喊大叫、痛哭流涕，甚至拒绝吃饭、拒绝睡觉、拒绝离开父母的怀抱。此外，一旦儿童害怕的动物或物体频繁地出现在他面前，他此前短时的恐惧便会恶化为长期的恐怖症。恐怖症会造成其他不良影响，比如：儿童变得十分腼腆或喜欢攻击人。这种情况下，您应当及时咨询心理治疗师。

沉着冷静，因为儿童所需要的是一个无坚不摧、懂得临场应变的父母。只要儿童出现了焦虑情绪，就应当及时进行心理干预，比如：鼓励孩子将心中的苦恼说出来。

克服焦虑与恐惧

我们可以通过多种手段来帮助儿童战胜心中的焦虑。最简单的方法是静静地倾听他的心声，向他解释心生恐惧很正常。此外，要让儿童明白任何人都可以掌控自己内心的恐惧，他也不例外。如果儿童因恐惧而出现了退行行为，请不要强行干预，因为退行行为是他用于自我安慰的一种手段，而儿童从始至终都渴望长大，所以退行行为的持续时间并不会太长。当然了，您也可以尝试着和孩子聊聊您小时候害怕的东西，或者向他解释其实其他孩子也和他一样会心生恐惧。最后，每当孩子成功地战胜了心中的恐惧时，请适当夸赞他。

他人的理解是儿童战胜心中恐惧的制胜法宝。只有得到了家人的支持，儿童才能有足够的动力去战胜恐惧。此外，只有让儿童熟悉了自己所害怕的事物，才能消除他对该事物的恐惧。比如：儿童怕水，那就让他在戏水的过程中消除对水的恐惧；儿童怕黑，那就让他在开灯关灯的游戏中消除对黑暗的恐惧；儿童害怕躲藏在衣柜里或床下的怪物，那就让他牵着爸爸妈妈的手一起将柜门打开或将床单掀起。弗朗索瓦兹·多尔多（Francoise Dolto）认为画画也是儿童用于消除恐惧的一种方式。一旦儿童将所害怕的人／物画在纸上，就意味着他成功地控制了自己内心的恐惧。此外，她还建议父母去引导孩子随意更改所画之物的轮廓大小，通过这种方法，儿童便能明白原来他所惧怕的东西是无生命的，可以任意操纵的。这一方法还有助于儿童明白现实与虚幻之间的差别。

想象力在作祟

想象力丰富的儿童更容易陷入各种各样的恐惧之中。事实证明，当这类儿童长大以后，他们吓唬人的功力要比一般人强许多。有时，父母的不当言论也会导致儿童心生恐惧，比如："小心！狗会咬人""别爬梯子，你会摔下来的""如果你生病，就得打针"……

面部抽搐

有时，焦虑之情会导致儿童面部抽搐，比如：频繁眨眼、吸鼻、挤眉、收唇……当儿童十分焦虑、疲惫、激动或当儿童正处于学业困难期或家庭困难期时，最容易引发这一系列不自主的面部动作。不过请放心，只要儿童的身体得到了适当的休息，这些抽搐动作便会自然而然地消失在睡梦中。当然了，医学治疗也能够让面部肌肉停止抽搐。不过，在治疗之前，医生需要与孩子以及孩子的父母进行面谈以便找出病因（通常是心理因素）。

5～6岁

恐惧死亡

一旦儿童明白自己是一个区别于母亲而独立存在的个体时，死亡便会成为他心中挥之不去的阴影。和成人一样，儿童也十分惧怕死亡。

一件已知的事实

如果儿童身边出现了死亡事件，他便会产生深深的无助感。如果此时父母不对他进行安慰，他会陷入胡思乱想中。

事实上，儿童并不会在朝夕之间意识到死亡。不过在与动物接触的过程中，他能感知到死亡的存在。农村儿童甚至有可能经历过家中牲畜、路边刺猬或巢中幼鸟的意外死亡。此外，儿童清楚自己餐盘中的美味佳肴曾经也是一条鲜活的生命。书籍刊物以及电视画面中所呈现的人类死亡景象也在不断地提醒他。无论是好人，还是坏人，都逃脱不了这一宿命。

从游戏回归现实

对于这一年龄段的儿童而言，死亡更像是一种能够令其宣泄情感（比如：爱、恨）的游戏。不过，游戏与现实之间终究存在着一道巨大的鸿沟。当亲人或所爱之人去世时，儿童便不得不努力跨过这道鸿沟以面对现实。此时，父母应当简洁明了地向孩子解释亲人的逝去。如有必要，您还应当告知孩子亲人去世对于任何一个人而言都是一种残酷的考验，悲伤难过是最正常不过的反应。请不要试图向孩子隐瞒亲人去世的消息，因为这种做法只会令他越来越不安。在此，我们想向您展示一个反面教材以示警醒。曾经有一个 5 岁的小女孩，她病重的妈妈在医院去世了，但是家人却选择向小女孩隐瞒这一消息。有一天，当小女孩想去医院探望妈妈时才得知了这一噩耗。可想而知，当时的小女孩是何其地震惊。因此，不论现实多么残酷，您都应当将真相告知孩子。最后，请告诉孩子悲伤难过并不是罪，他无须隐藏自己的任何情绪。

> 66 五六岁之前，儿童一直以为死亡是可逆的。这会导致儿童有恃无恐地将自己置身于危险之中，因为在他看来，死亡是暂时的，等到一切修复好之后，生活便会重回正轨。然而，一旦他明白了死亡的真实意义之后，他便会因一些小事而焦虑不安，比如：他会因为肌肉抽搐或睡眠障碍而感觉自己要死了。如果您希望孩子能够战胜对死亡的恐惧，您必须开诚布公地与他探讨死亡。但是，如果孩子对死亡的恐惧到了无以复加的地步，请及时就医。99

谈谈感受

怎么向孩子解释死亡呢？信教父母可以告诉孩子世上的每一个人在经历了尘世生活之后，还需要去体验另一种未知生活；非信教父母则可以向孩子讲述一些能够影射死亡的亲儿童的恐惧之心显露于 3 岁左右。白天的时候，他的恐惧感不会十分强烈；到了晚上，却会突然爆发。新状况的出现以及紧张的家庭气氛都会令儿童的恐惧感愈加强烈。一旦儿童心生恐惧，就需要很长一段时间来平复心情。

身经历或他人经历，比如分别。此外，父母还可以告诉孩子亲人去世有一定的先后顺序：多数情况下是年长者先去世。

父母最好回答孩子所提出的每一个问题，不过回答时需要根据孩子的敏感程度、年龄以及成熟度来决定措辞。这样儿童才能用自己的方式来消化这一抽象问题。您应当让孩子明白死亡只意味着挚爱之人肉体的消失，有关他的点点滴滴都将鲜活地保留在亲人的记忆之中。

父母的恐惧之心

某些心理学家认为恐惧其实也是一种学习的结果。儿童的恐惧往往来源于成人。最初的时候，出于对孩子人身安全的考虑，父母会心生忧虑，会告诉孩子要时刻注意红绿灯、远离陌生动物、提防陌生人。之后，成人则会将自己对疾病或蜘蛛的恐惧"传染"给儿童。另外，父母在教育过程中所使用的虚假威胁也会导致儿童焦虑不安，比如："如果你不吃饭，我就把你关进小黑屋"或者"如果你不乖，我就把你扔在这儿"。

类似这样的威胁数不胜数，句句刺痛着孩子的神经。久而久之，儿童便会想当然地认为父母之所以选择用威胁的方式来保护自己，是因为这个世界上存在许多令人畏惧的事物。

宠物之死

对于儿童而言，宠物的死亡绝对是一次痛彻心扉的体验，毕竟宠物曾是他最亲密的玩伴与知己。一般而言，宠物的死亡是儿童人生中遇见的第一次生命消逝。即便儿童早已知晓宠物终有一天会离开自己，即便父母早已告知他小猫 / 小狗年事已高，即将寿终正寝，但是当死亡来临时，他仍然会震惊不已。

如果您不得不对宠物实施安乐死，请提前告诉孩子这只宠物十分痛苦，我们不能再自私地将它留在世间饱受病痛的折磨。当然了，也请别忘了告诉孩子兽医会让宠物在熟睡中安然离去。您必须使用适当的用语来将这一决定告诉孩子，即便您早已预料到他会痛哭流涕。一旦孩子悲伤得不能自已

时，请鼓励他将心中的不安说出来。如果他想亲手埋葬宠物，请不要拒绝他，因为这一做法有助于他更好地接受死亡。有些儿童会因为思念过度而频频前往宠物的墓地进行哀悼。这种情况下，您可以陪孩子一起看宠物的照片，与他一起回忆宠物在世时的美好时光。如有必要，您还可以将宠物的照片挂在孩子卧室的墙上。

对于宠物的离世，有些儿童会反应过激：他们会变得易怒、任性，甚至失眠。有些儿童则看似云淡风轻，实则将内心的苦楚隐藏了起来。如果您想用另一只全新的小狗 / 小猫来转移孩子的注意力，那么最好先静等一段时间以便让孩子看清楚自己对去世宠物的感情到底有多深。新宠物并不是去世宠物的替代品，相反，它将成为孩子另一个全新的玩伴与知己，因此，最好让孩子自己来挑选新宠物。

害怕消失

在培养卫生意识的过程中，儿童往往十分害怕自己身体的一部分会随着马桶的冲水声而消失不见。如果所住的楼房中有垃圾管道，那对儿童而言，同样是一个唯恐避之不及的无底洞。

亲人离世

某位亲人的离世迫使儿童不得不直面死亡。如果儿童因此而提出各种疑问，父母必须给出明确的答案，因为沉默往往只会给孩子带来无尽的伤痛。

在回忆的支撑下

如果儿童刚刚痛失父亲/母亲，那么您必须给予他无限的关爱。如果他的父亲/母亲在去世之前一直卧病在床，即便他内心的痛苦并不会因此而减少半分，但是至少他潜意识里早已做好了思想准备。在安慰儿童的过程中，您必须耐心地倾听他的心声，引导他吐露内心的苦楚，并任由他放声大哭。最重要的是，您必须给予他无限的关爱，您还应当告诉孩子他的父亲/母亲是世界上独一无二的个体，任何人都不可能取代他/她的位置。时间不仅能够冲淡儿童失去亲人的忧伤，还能美化逝世亲人在他脑海中的回忆，这份回忆能够在儿童发展自我的道路上照耀他前行。

兄弟姐妹去世

如果儿童的某一位兄弟姐妹不幸去世，他会悲痛万分：这意味着他不仅失去了一位游戏玩伴，同时也失去了一位默契好友，如果死者是他哥哥/姐姐，还意味着他失去了人生中的榜样。有时，他甚至会为自己的幸存而自责不已。此外，父母不能因为某一位子女的去世而调整家中其他子女的排行，毕竟，弟弟妹妹不可能在朝夕之间成为哥哥姐姐。弗朗索瓦兹·多尔多（Francoise Dolto）在其著作《孤独》中曾提到过："家中子女的排行绝对不能变动，因为只有这样，才能让所有的家人继续感受到逝者的存在，才能让逝者以一种无形的方式永存于家人的生活中。"如果您的孩子此前曾对逝世的兄弟姐妹产生过恶毒的想法，比如："如果他消失了，我该多高兴呀，那样的话，这个房间就是我一个人的了，妈妈也会只属于我一个人"，那么您也必须及时安慰他。因为儿童会感觉是自己将兄弟姐妹害死的。因此，他会强烈要求前往殡仪馆。他的这一要求一方面会让他直面死亡，并清楚地意识到死亡并没有自己想象的那么恐怖；另一方面，殡仪馆的这次经历会永存于他的记忆之中。至于殡仪馆的经历到底影响如何，则取决于儿童自身的敏感度、成熟度以及逝世子女的仪容。整个过程中，您只需要尊重孩子的意愿即可。

如果儿童的某位亲人死于慢性病，那么他会在漫长的岁月里见证疾病的演化过程。您不用因此而忧心忡忡，毕竟在一定程度上，亲人的慢性病能够增加儿童对这个世界的认知，并深化他的科学探索精神。您甚至可以借此机会来培养孩子照顾病患的能力，从而增加他的医学常识。与预料之中的死亡（如慢性疾病所引起的死亡）不同，突如其来的死亡（如意外事故导致的死亡）发生得毫无征兆以至于儿童有时会因此而感到自责。

> 家人的去世最能令儿童感受到死亡的真谛。自此，他开始担心自己的最终宿命。一般而言，儿童会就正常死亡（而非意外死亡）提出大量问题。不过，如果儿童是在某位亲人离世的情况下向父母提出疑问，会令本已十分忧伤的父母更加伤心难过，比如：向妈妈询问外婆的死因。此外，（外）祖父／母的去世会令儿童联想到自己父母终有一天也会弃自己而去，从而心生恐慌。最令儿童痛苦的莫过于自己的父亲／母亲自杀身亡，因为他会认为亡者是因为不爱自己，不愿再与自己生活在一起才选择了死亡。因此，请尽量不要让儿童参加葬礼或让他亲眼看到亲友去世。不过，葬礼过后，您可以陪同他前往墓地献花哀悼。相比成人而言，儿童能够更加快速地从亲友逝世的悲伤情绪中解脱。因此，如果您的孩子先于您恢复正常生活，请不要埋怨他。"

儿童是否应该出席葬礼

儿童到底应不应该出席葬礼往往取决于他与逝者的关系、他的性格、他内心的敏感程度以及他的年龄。如果儿童出席的话，父母应当提前将此消息告知孩子，并将葬礼上的各种细节解释给他听。出席葬礼时，亲人应当时刻陪伴在儿童身边以便及时倾听他的心声、抚慰他的情绪，毕竟在这样一个艰难的时刻，儿童很难一个人独自承受。某些专家认为庄重肃穆的哀悼仪式能够为儿童提供一种精神寄托，但是，下葬仪式却是儿童所不能承受之重。试想一下，父母此前一直让孩子与死亡这一概念绝缘，却在葬礼中突然将其置身于悲痛的人群之中，此情此景下，他的内心怎么可能不受到猛烈的冲击？

丧事与儿童的异常表现

一般而言，儿童要比成人更易接受亲人逝世这一消息，不过具体接受程度视年龄而定。语言表达能力较差的低龄儿童往往很难就亲人的逝世吐露只言片语，但是，他们会用身体来表达自己的悲伤，比如：在随后的日子里，他时而会生一场小病，时而夜不能寐，时而又食不知味。年龄稍长的儿童则会用语言来表达内心的痛苦，当然了，前提是父母愿意倾听他的心声。儿童与逝世亲人的感情越深，他内心的苦楚就越强烈。如果儿童不哭也不闹，那他很有可能在下意识地封闭自我。有时，低龄儿童不仅会因为亲人的逝世而食欲不振，还会因此而经常性地腹痛以及头痛。有些儿童则会突然变得嗜睡、嗜甜。每位儿童因亲人逝世而表现出的异常行为视年龄、性格以及父母的态度而定。不论在何种情况下，最重要的就是必须保证儿童能够吐露自己的心声，表达自己的困苦。此外，父母不能以保护孩子为由而故意隐瞒亲人逝世的消息。最后，在告知这一消息时，请不要强调亲人逝世的"突然性"，否则会令孩子产生一种强烈的被遗弃感。

儿童的顺从之心

只有遵从一定的行为准则，儿童才能为自己树立一个正面的形象从而成功地融入社会生活。一般来说，男孩比女孩更叛逆。

慈爱与威严并存

如果儿童做出某些叛逆行为，这属于正常现象，因为他需要以此向世人证明自己的存在感以及自己对周遭人物与事物的影响力。除此之外，他也想以此来测试他人对自己的容忍底线。作为父母，您需要为孩子设定某些行为准则，但是请注意，在任何情况下，都不能让孩子因为这些行为准则而质疑您对他的爱，因为只有在感受到爱意的情况下，孩子才能更加听话，更加遵守规则。

通过不断摸索，不断犯错，儿童最终能够成功地接受并适应父母所制定的各种行为准则。有的时候，您也应当学会向孩子妥协或与他一起分担，比如：和孩子一起整理玩具。需要强调的一点是，无论在教育孩子的过程中遇到何种情况，夫妻双方都应当秉持一致的态度。

> 66 如果您的孩子从来不违抗您的命令，您是否真的会因此而高兴不已？父母都既希望孩子能够听从自己的命令，又希望他们能够保持独立的认知能力与思考能力。任何一位儿童都是在挫折与肯定中不断成长。父母需要尽早向孩子说"不"，因为只有这样，才能让他意识到长辈权威的存在，毕竟儿童天生就狂妄自大，他们总是想当然地认为自己能够控制每一位家庭成员。当孩子犯错时，父母所做出的最严厉的惩罚莫过于家暴。家暴不但违法，而且也凸显父母在教育方面以及情感方面的无能。有时，经常遭受家暴的儿童会故意犯错以吸引父母继续对自己施暴，此外，他们本身也很有可能会患上暴力倾向。因此，当亲子关系出现裂痕或当父母对孩子拳脚相加时，需要第三者及时出面调解。 99

合理的规矩

如果您总是不断地对孩子说"不"，不断地否定他的所作所为，只会将他推向您的对立面，并让他极度缺乏安全感。儿童遵规守纪的时间总是很短暂，尤其是在青春期。因此，如果父母希望孩子听话，就应当合理地制定家规：家规的数量必须精简，语义必须明确。此外，正确的教育方法也有助于儿童遵规守纪。每位儿童都拥有属于自己的人格与性格。因此，父母在教育孩子的过程中应当尊重他。

体 罚

如果您的孩子惹您生气，您往往只需要改变一下说话语气、皱一皱眉头或者轻声呵斥一番即可。不过，如果您经常呵斥孩子，只会令他越来越不在乎您的态度。而反过来，他的漠然又很有可能会令您对他采取暴力行为。

万一您体罚了孩子，该如何面对他呢？您可以尝试着在心情平复以后，向孩子解释自己体罚所有的心理学家都一致认为，不论何种形式的体罚其实都是一种强者法则，根本不具备任何教育意义，只有语言解释才能够化解一切。此外，不论父母对孩子采取何种类型的惩罚，都应当有理有据，只有这样，才能令人信服。比如：父母勒令犯错的孩子回房间，不仅是为了惩罚孩子（因为返回房间意味着在短暂的时间内脱离了家庭生活），也是为了让孩子平复心情。之后，父母则可以前往孩子的卧室，向他解释自己的做法，并让他明白犯错了就要接受惩罚。

他的原因，并向他道歉。不过，即使您道歉了，也并不意味着能够得到孩子的谅解。在道歉的过程中，您应当再次让孩子明白您的容忍底线，并让他记住一旦他触犯了您的底线便会受到惩罚。此外，必须让孩子明白您希望他能够在任何情况下都遵守您制定的行为准则。父母需要牢记的一点是：不能对孩子进行过重的体罚，并且不能出现侮辱行为，因为过重的体罚只会令儿童产生质疑，而在质疑的驱使下，他会再次重复之前的"愚蠢"行为。

奖 励

每当父母想让孩子达到自己的某种要求时，最常说的便是："如果你乖的话，我就给你买……"孩子的表现不同，所获得的奖励便不同。不论是物质奖励还是精神奖励，从本质上而言都是一种情感绑架。此外，这种做法也十分危险，因为每位儿童都十分喜欢，甚至"沉迷"于这

种讨价还价的奖励制度，他们也都十分擅长利用这种奖励机制。

只有当父母为了庆祝孩子的成功，肯定他此前的付出与真心时，奖励机制才具有一定的教育意义。如果父母因孩子履行了他本该履行的义务而对他进行奖励，只会产生负面效应，比如：父母因孩子在超市购物的过程中安静听话而对他进行糖果奖励，或者因孩子勉强答应拥抱（外）祖父母而为他买礼物。大部分情况下，父母没有必要对孩子进行物质奖励，他们完全可以和孩子商量，然后得出一个折中的方案：只要孩子按照您的意愿行事，那么他可以在事情结束之后自由活动。比如：您可以先要求孩子陪您一起招待他的（外）祖父母，不过如果之后他觉得无聊，便可以看动画片。

建立规则

在某些专家的宣传下，父母权威又再次强势回归至大众

的视野中。这些专家一致认为，如果父母希望自己的孩子健康成长并获得他人的尊重，就必须为他制定一些行为准则。然而，在实践的过程中，父母却始终举步维艰，因为这些专家同时又告诫父母应当将孩子视为独立的个体，并尽量耐心地倾听孩子的心声、尊重孩子的想法。

一般而言，现实生活中存在着两种父母。第一种父母，也就是绝大多数父母，认为自己的权威有助于孩子的健康成长，因此，他们会在教育孩子的过程中充分施展自己的权威；另一种父母在孩子面前则很难彰显自己的威严，原因有三：要么是因为父母自身性格的缘故，要么是因为父母害怕自己的权威会阻碍孩子的个性发展，要么则是因为父母害怕自己的权威会令自己失去孩子的爱。

大部分情况下，父母在孩子面前都是"马后炮"，换言之，也就是说父母总是在事情发生以后才想到用自己的权威进行干预。如果父母的权威只能令孩子了解父母的心声，而非停止手中的动作，那么父母的权威便没有任何教育意义。只有当父母权威能够成功有效地阻止孩子的不当行为时，父母才能够成为一名合格的教育者以及孩子的人生"导师"。

5 ~ 6 岁

十足的话痨！

儿童对母语的掌握程度越来越高了。得益于幼儿园的学习经历，儿童开始使用正确的语法以及句法组句，因此，人们越来越容易理解他所说的话了。

词汇学习

这一年龄段的儿童发现语言中存在着集体概念，因此，他开始逐渐使用"我们"来代替"我"。此外，在学习童谣以及诗歌的过程中，老师开始引导儿童学习此前从未接触过的诗意语言。

多项研究表明，儿童在学习了新单词之后，会在接下来的一段时间内频繁使用，然而，过不了多久，他就会像失忆了一般将这些新单词遗忘在脑海深处。不过即便如此，当儿童某天想在某一场合使用这一单词时，他能迅速地将该单词从记忆角落中提取出来。此外，随着年龄的增长，儿童学会了使用更为复杂的方式进行组句。比如：他会使用连词（和、但是、或者）将两个短句组成并列复合句。这一年龄段的儿童也经常提出各种疑问，而问句的使用能够准确地反映出他们语言水平的提升。在提问的过程中，

儿童不再局限于使用"为什么"，相反，他们开始尝试着使用"怎么"以及"什么时候"。除此之外，他们也开始尝试着使用被动句以及虚拟句。对于儿童而言，语法课具有一定的必要性。不过他们除了能在语法课中学习正确组句以外，还能够通过观察他人的语言表达习惯总结出正确的组句顺序。儿童十分喜欢使用并列连词，因为并列连词有助于他们更加顺畅地表达自我。

从6岁起，儿童开始学习使用某些具有抽象意义的词汇，这些词汇不仅有助于儿童更好地进行口头表达，还有助于提升他的书面表达水平。

避免刻意教授语法

在学习语言的过程中，儿童根本没有必要刻意学习语法。对他而言，最重要的是大量听单词，听一些发音清晰、语义明确且便于记忆的词。儿童在说话的过程中，极有可能会犯各种语法错误，但是请不要去刻意纠正，因为您的正面干预会令他灰心丧气或封闭自我。如果您真心想帮助他的话，您只需在交谈的过程中自然而然地向他展示正确的用法／形式

如果儿童只是纯粹地复制、粘贴成人的话语，那么他们不可能学会说话。事实上，在聆听成人对话的过程中，儿童会总结出各种语法规律从而顺利地组织属于自己的语言。这也就解释了为什么儿童话语中总是会出现一些令人捉摸不透的错误。不过即便如此，这些错误的存在仍然证明了儿童已经成功地习得了最基本的语法知识。

由于儿童是依靠直觉以及类比法来学习语言的，因此，他经常会在广袤的语言世界发现各种惊喜。一般而言，儿童喜欢创造一些能够令自己以及长辈捧腹大笑的词语。这些词语往往会被父母牢记在脑海之中，甚至还有可能会成为家中的一种暗语。

即可，因为儿童很清楚自己尚处于语言学习阶段，他能够在发现错误之后及时进行更正。

这么多话要说

如果儿童获得了某些新信息，他必定会将这些信息告知他人，因为这一年龄段的儿童十分热衷于聊天，任何一个话题都能够激起他说话的欲望。儿童不仅喜欢和同学聊天，还喜欢和成人聊天。在学校的时候，儿童经常与同学进行交谈。如同成人一样，儿童之间也能够就某一主题交流信息、表达观点。一般而言，在交谈的过程中，儿童喜欢穿插一些众所周知的日常现象，比如：天空中漂浮着云朵、天黑了……此外，儿童还经常直白地向他人表达自己的情感，比如：他会十分真诚地向他人说"我爱你"。对于这一点，成人往往会感到惊诧不已。每当儿童十分恼火或者语速不足以将他内心全部的想法表达出来时，他便会口吃，甚至是生闷气。

有些困难

儿童从来不可能依靠一己之力学会说话。我们发现某些学龄儿童居然仍然不能够清楚地表达自己的想法。法国索邦大学研究员劳伦斯·伦廷（Laurence Lentin）认为，儿童要想学会说话，就必须先大量聆听语法正确的句子，因为只有这样，儿童才能够总结出语法规律。

6岁以下的儿童十分渴望与他人进行交谈，十分渴望表达自己的内心情感与日常生活。如果儿童在说话的过程中犯了语音或语法方面的错误，请不要刻意纠正，因为这种做法只会令他感觉您根本不在乎他所说的内容。儿童真正期盼的是父母的鼓励，而非指责。在儿童看来，刻意的纠正往往意味着刁难与侮辱。久而久之，您会发现您的纠正非但不能帮助孩子进步，反而令他愈加沉默。儿童之所以会发音错误，往往是因为他的发声器官尚未发育完全。而他之所以会出现语法错误，则是因为他尚处于学习阶段。父母需要运用语法正确的语言与孩子交谈，给他讲故事。

康复训练

如果您在日常生活中发现孩子的语句中存在过多问题，或者老师提醒过您孩子存在一定的语言障碍，那么您需要及时咨询正音科医生。这位语音康复专家会根据儿科医生、全科医生、儿童精神科医生、神经科医生或耳鼻喉科医生的诊断结果对孩子进行治疗。在治疗的每一阶段，正音科医生都会对儿童进行语言能力评估。该评估有助于帮助医生了解儿童的理解能力以及表达能力。治疗过程中，医生不但会专门纠正儿童的舌位以及错误发音，还会陪同他一起做游戏或看书，以便训练儿童的语言表达能力、注意力以及记忆力。

记忆的构建

人类从事任何一项智力活动都离不开记忆力的支持。请注意，记忆力并不等同于智力。它只是将某些相互依存却又各自独立的大脑程序结合在一起而已。迄今为止，记忆力的形成机制仍是个未解之谜。

记忆的选择性

目前为止，我们只知道记忆由一系列复杂的机制所操控。它就像一个宝盒一样，藏在大脑中的某些区域（而非某一个区域）。这些区域主要用于储存各种信息，而这些信息在储存之前早已被大脑转化成了不同的"代码"。此外，有某种说法认为儿童的记忆力要比父母的记忆力更胜一筹（因为儿童的记忆宝库一片空白），不过，这种说法仍然有待考证。最令人惊诧不已的一种现象莫过于不论是成人还是儿童都不可能将自己的亲身体验毫无保留地存放在脑海之中，相反，他们的记忆会对信息进行筛选。西格蒙德·弗洛伊德（Sigmund Freud）认为记忆是有选择性的，人的大脑只会记住有用的信息以及令人身心愉悦的信息。无意识论则认为儿童期的各种情感都隐藏在记忆的最深处。每个人都拥有属于自己的记忆，并且按照自己的意愿选择性记忆。记忆不仅是心灵创伤的承载者，同样也是无尽美好往事的承载者。在记忆的推动下，人类会不断地塑造自我、改造自我。大脑生理学家认为人的记忆必须具有选择性，因为大脑的储存容量是有限的。

记忆的形成

儿童是如何将某一信息转化为记忆的呢？首先，儿童必须对这一信息感兴趣；其次，该信息必须令人印象深刻。一般而言，人类很难保存四五岁之前的记忆。四五岁之后，儿童的记忆往往建立在不断的尝试、重复与犯错之上。

事实上，某些儿童之所以记不住书中的课文或父母的指令，并不是因为他们患有精神障碍或大脑存在缺陷，而仅仅是因为他们对这些事情丝毫不感兴趣。此外，过于严厉的教育方法也会令儿童丧失记忆兴趣或产生排斥反应。有时，儿童之所以不能成功地接收某一信息，很有可能是因为他患有隐藏的视觉障碍或听觉障碍。

无论是成人的记忆力，还是儿童的记忆力，都跟他的睡

儿童记忆力之好，往往令成人叹服。然而，事实上，这一现象并不值得大惊小怪，神经科医生甚至指出幼儿的大脑尚未发育完全，只有等至 15 岁时才能看到一个人真正的记忆能力，毕竟每个人的记忆都需要经过岁月的沉淀以及不断的刺激才能够达到最佳状态。但是为什么儿童给人的感觉就是天生拥有惊人的记忆力呢？这是因为他们占据着年龄的优势，他们在学习以及推理的过程中总是能够让人眼前一亮，相比而言，成人从 25 岁开始便会出现记忆力衰退。不过，儿童的短时记忆能力远不如成人。

> 儿童会将早年的事情忘得一干二净，之后，他的大脑会形成一个记忆重建画板，在这个画板上，儿童可以恣意地根据现有的经历为自己编造一个美好的过去。然而，不幸的是，"童年失忆症"并不能抹去当事人在童年时所遭受过的巨大心灵创伤。此外，我们对童年的每一段回忆都会随着时间的流逝而发生些许变化，因此，我们所记住的回忆并不像摄像机记录下来的那么真实。此外，每个人对一件事情的记忆都不尽相同，因为每段回忆都注入了当事人的私人情感。所以别人讲述您小时候的趣事时，您可能会觉得很无趣，因为您的记忆与他的记忆存在出入。

眠质量有关，尤其是快波睡眠的质量。这也就解释了为什么睡前背诵的记忆更为牢固。所有儿童在出生伊始都拥有同样的记忆能力，而后天之所以会出现差异，则和所接受的训练有关。只有当儿童的语言表达能力日渐成熟以后，我们才能判断他的记忆力如何。人的记忆力需要不断地锻炼，锻炼得越频繁，记忆力便会越好。

记忆的分类

记忆力发育的程度如何主要取决于大脑神经元系统的发育程度。一般而言，神经元系统最终形成于青春期末期。除此之外，记忆力的发育程度还取决于当事人的"内心情感"，也就是说取决于当事人对某一信息是否感兴趣。因此，儿童

的记忆力一般是在游戏的过程中逐渐培养形成的。如果您希望孩子牢记某一信息，您就必须让他对此产生兴趣，之后，再不断地让他反复接触这一信息。幼儿园的教学模式便参考了这一流程。此外，专家将人类的记忆分为了以下几大类。

• 推理记忆：推理记忆最典型的表现莫过于心算。这种类型的记忆有一定的局限性，因为我们根本不可能在不计算个位数的情况下，就直接计算十位数（及以上）。然而，这种类型的记忆却又潜能无限，因为一旦我们熟记了九九乘法表，我们便能下意识地进行一些简单的心算。

• 长时记忆：长时记忆是人类在书写与阅读过程中最常使用的一种记忆。

• 视觉记忆、味觉记忆与

听觉记忆：有些人视觉记忆比较强，有些人味觉记忆比较强，还有些人则是听觉记忆比较强。视觉、味觉以及听觉的冲击感越强，相关的记忆就越牢靠。

• 自传体记忆：自传体记忆是指当事人能够准确地想起过去几乎每一天所发生的事情。

童年失忆症

一般而言，人类不能想起三四岁以前所发生的事情，专家将此现象称为"童年失忆症"。有些专家认为这是因为儿童大脑中用于储存情景记忆（情景记忆与学习记忆不同，情景记忆主要涉及事情发生的经过、地点以及人物面孔）的海马区尚未发育完全。然而，事实上，我们根本就不知道低龄儿童的脑海中到底储存着怎样的记忆。不过，有一点可以确定，那就是儿童始终能够记住和生存以及成长相关的一切信息。

从疲劳到抑郁

儿童也会感觉疲惫，并因此表现出食欲下降、脸色苍白以及黑眼圈等现象。每当出现这种状况时，父母最先想到的解决办法便是带孩子就医，因为他们认为只要医生给孩子开一些维生素和强壮剂，孩子便能重新"活蹦乱跳"。

突感乏力

一般而言，临近中午或者傍晚的时候，某些儿童会头晕目眩。出现这种现象很有可能是因为儿童低血糖。大部分情况下，儿童的头晕目眩都是由营养失衡所造成的。另一些儿童的不适症状则没有这么明显，他们更多地表现为有气无力。当他们回到家以后，往往瘫在沙发上一动不动。此时的他们对周遭一切的事物都不感兴趣：既不想做游戏，也不想画画。小学生最容易"泄气"的时间一般为早上 10 点 30 分至 11 点，因为此时的他们已经将早餐消化殆尽了。儿童还会在其他时间出现此

现象，比如：长假后、初春的时候以及 11 月中旬的时候。之所以会在初春以及 11 月中旬的时候感觉乏力，很有可能是因为季节更替的缘故。长假后之所以会感觉乏力，则往往是因为儿童在假期生活作息完全被打乱。如果孩子向您喊累，并且一心只想睡觉，请相信他，他是真的累了。

疾病的症状

有时，疲劳也有可能是隐藏疾病或确诊疾病的一种症状。肝炎、肾功能衰竭、呼吸衰竭、传染性单核粒细胞增多症、重感冒以及寄生虫病都会导致儿童精疲力尽。鼻咽炎、耳

炎以及胃肠炎的反复发作则会累及儿童的某些器官，从而消耗他体内的营养，并最终破坏他的免疫力。此外，贫血以及缺铁也是引起儿童疲劳的主要原因。因此，如果孩子出现疲劳症状，您应当及时带他去医院做一次全面的健康检查以及血常规检查，尤其是铁蛋白含量的检查。如果儿童确诊为体内缺铁，那么医生可能会为他开一些药，还会建议儿童在日常生活中多吃一些铁含量丰富的菜（比如：红肉、鱼肉和内脏）以及富含维生素 C、矿物质的水果。

不合理的生活作息

紧张的生活节奏也会导致儿童身体疲劳。首先，儿童体内的生物钟几乎不能完美地适应学校的作息时间，而这会导致他身体极度疲惫。这也就是为什么我们经常会发现有些幼儿园学生即使到了放学的时候仍然会摆出一副无精打采的模

这一年龄段的儿童也会出现心理性疲劳。儿童的内心比成人更敏感，这也导致了他有时很难接受生活中的某些变化，比如：在学校受到了不公的惩罚、和好朋友吵架……除此之外，某些生活中的变化甚至会令儿童伤心不已，比如：和父母分别、亲人逝世、因搬家而失去朋友……大部分情况下，儿童都是一个人在默默地承受着。如果父母或其他家庭成员不能成功地帮助孩子摆脱忧伤，最好带他去看心理医生。

样。每一位儿童都需要午休，然而，在幼儿园上学期间，他们会因各种各样的原因而无法午休，比如：学校没有安排这一环节，或有些儿童因上午活动过多而在中午的时候无法真正入睡。不管怎样，如果儿童出现身体疲劳，应当引起父母的警惕，因为身体的疲劳会导致心理的抑郁，比如：儿童有时会因为学习以及家庭的问题而心生抑郁。这种情况下，他往往会食欲不振、失眠，甚至对任何游戏都提不起兴趣。不过，值得庆幸的是，只要让他休息几天，这种抑郁状态便会逐渐消失。

一旦儿童心生抑郁，他便会十分低落，对周遭的一切都无感，甚至会因为一丁点小事而否定自己存在的价值。抑郁的儿童有时会表现得麻木不仁，有时会表现得焦虑不安，有时则会暴跳如雷。除此之外，抑郁儿童的身体也会出现异常的表现，比如：头痛、腹痛、食欲过盛或食欲下降。这种情况下，您应当及时带孩子就医。

如何预防与识别

要想预防儿童身体出现疲劳感，其实很简单，您只需让他养成良好的作息规律即可：准点睡觉吃饭，家庭气氛和谐、放松。

> 越来越多的父母以孩子因大量校园活动而疲惫不堪为理由攻击学校新推出的作息时间。对此，我并不赞同，因为我在日常生活中看到的将他人折磨得筋疲力尽的儿童远比自身疲惫不堪的儿童要多。然而，儿童之所以会因校园活动而心生疲惫，其实完全是他身体的一种假象，因为他的父母反对学校新推出的作息时间，那么作为父母的拥护者，他自然也不甘落后，但是由于自身能力的限制，他只能选择通过身体来表达自己的立场。如果父母认为学校的某些活动组织不当从而导致自己孩子疲惫不堪，那么当孩子回到家以后，父母不应在他面前说一些消极，甚至含贬义的话语。这样只会让孩子焦虑不安，缺乏自信，甚至抑郁。儿科医生曾说过，父母的情绪能够感染孩子。

早上请尽量为孩子准备一顿丰富的早餐，并让他安安静静地享用，最好不要让孩子一边吃饭一边看电视。至于午餐和晚餐，则需要保证营养均衡。另外，您必须为孩子安排一些体力运动，不能总是让他静坐不动。如果儿童出现嗜睡、食欲下降、易怒以及注意力不集中等现象，就意味着他身体出现了疲惫感，作为父母，此时您应当提高警惕。

护 理

"抗疲劳"维生素是否真的能够消除儿童身体的疲惫感呢？事实上，只有维生素 C 能够勉强帮助儿童恢复少许精神，不过请注意，如果是在晚上服用维生素 C，很有可能会导致失眠。

有时，医生也会建议儿童服用维生素 D，因为维生素 D 有助于 5 岁以下儿童的生长发育，尤其是在阳光不足的季节。此外，如果孩子出现身体疲劳，父母应当给予高度重视并及时找出根源。首先，您应当观察孩子除了疲劳症状，是否还存在其他症状，以便确认该疲劳症状是否是由医学疾病所导致的。其次，您应当仔细观察孩子的生活作息时间，尤其是睡眠时间。如果孩子的身体疲劳是由心理因素引起的，您应当引导他将内心的忧虑说出来（比如：他是否和某一位家庭成员产生了矛盾，是否和老师或同学相处得不愉快），毕竟孩子一直都需要他人的倾听与关心。

多动症

某些儿童的精力出人意料地旺盛。他们的行为毫无章法，总是到处乱跑，并且在乱跑的过程中，总会撞到家具。此外，在玩游戏时，他们总是不能坚持到最后，换言之，他们总在中途放弃转而开始另一项新游戏……他们永远不知疲倦，总是焦虑不安，甚至暴躁易怒。

多动症儿童的表现

现实生活中，虽然我们仅凭父母的描述很难判断儿童到底是多动还是好动。但是，我们仍然能够通过某些迹象来判断儿童是否患有多动症。多动症儿童往往运动过度（他总是在不停地活动）；他很难集中注意力；大部分情况下，他总是表现冲动，做事不顾及后果，凭一时兴趣行事；他的情绪极其不稳定，他会笑着笑着突然大哭起来；多动症儿童还往往比较好斗。经过统计，我们发现法国大约有 3%~10% 的儿童患有多动症，并且男孩的数量要比女孩多。

寻找原因

目前为止，我们尚不清楚多动症的形成原因。有些医生认为糖分与食品着色剂是导致多动症的罪魁祸首；有些医生则认为母亲在婴儿出生伊始时所表现出的冷漠（比如产后抑郁症）是导致儿童在日后患上多动症的根本原因；还有些医生认为之所以会出现多动症，是因为儿童的大脑尚未发育完全，因此儿童还不能正确地消化儿童期的各种焦虑；还有些专家认为多动症的出现与儿童长时间地观看电视有关。

如果您想与多动症儿童和谐相处的话，您需要保持耐心、精简家规（以免烦琐的家规令他感到困惑）。此外，您还需要时刻开导多动症儿童，让他拥

> 现如今，多动症俨然成了一种"流行病"。在儿童的生长发育过程中，父母往往不易察觉多动症的存在，但是，它会让儿童变得吵闹不安。研究人员对多动症的病因持不同看法，有些人认为多动症是由大脑的细微病变而导致的，但是目前的医学技术尚不能检测出这一细微病变。一般而言，为了帮助多动症儿童集中注意力、重归平静，医生会为他开具安非他命。法国政府规定，只有经过医生确诊的 6 岁以上患病儿童才能服用安非他命。有时，多动症会导致儿童出现人格障碍以及语言障碍。比如：多动症儿童难以将注意力集中在某一物品上，因此，他总是走马观花地扫视身边的物品，以至于到最后他根本说不出这些物品的名称。这种情况下，儿童必须接受精神运动康复治疗，并且最好由家人陪同他一起参加。多动症儿童身边的亲友应尽力将他的多动变成可控的好动，帮助他重回正常生活。

要想确定您的孩子是否患有多动症，您需要回答以下几个问题：在您看来，他从什么时候开始变得过于好动？他一般什么情况下比较好动，是某些外人在场的情况下吗？他是否能够有条不紊地从事某些体育活动？我们必须考虑到是不是仅仅因为孩子比较好动，就被认为有多动症，并因此让孩子承受了痛苦。要知道，确诊多动症是需要多学科来支持的。

有坦然的心态。惩罚对于多动症儿童而言毫无用途，相反，他会因此而认为自己是个"彻头彻尾的坏人"，并且不愿改正自己的言行举止。

规律生活的重要性

规律的家庭生活，比如：按时吃饭、按时睡觉，有助于稳定多动症儿童的情绪。此外，阅读以及玩耍也能够平复他的心情。一般而言，多动症儿童经受不了外界的任何刺激，因此，最好不要轻易改变他们的生活作息规律。如果您想在家中与他人聚会庆祝的话，请提前将整个安排详细地叙述给孩子听，以便他做好心理准备。

您应当夸赞甚至奖励多动症儿童的每一次尝试（比如：尝试着集中注意力，尝试着坐 / 站着不动），因为夸赞与奖励能够成为他前进的动力。此外，如果多动症儿童在场的话，父母最好不要一次性做许多事情。

医学治疗

多动症儿童可以服用一种名为哌醋甲酯的药物。不管是在美国还是在法国，这种药物都受到了不少医生的推崇。事实上，哌醋甲酯是一种精神刺激药物，它与安非他命的功效相近。很多精神科医生都一致认为我们很难通过医学手段来判断 4 岁以下儿童是否真正患有多动症。此外，他们还认为哌醋甲酯只能治标，不能治本。还有一些专家表现得更加悲观，在他们看来，让儿童服用哌醋甲酯无疑是一种疯狂之举，因为这种药物会影响儿童大脑中神经细胞的正常发育。

哌醋甲酯的拥护者认为该类药物的功效取决于儿童的服药时间，服药时间越早，药效就越好。另外，他们还强调哌醋甲酯的最初定位并不在于治愈儿童的多动症，而是旨在缓解多动症带给他们的痛苦，以免他们因此受到更大伤害。反对者则认为唯有精神疗法能够

治愈儿童的多动症。所谓精神疗法，就是先让儿童在父母的陪同下接受智力、语言能力以及精神运动发育状况的评估。然后医生根据最终评估结果，为儿童以及父母创建一套属于他们的专属相处模式。有时，医生还会建议儿童接受精神运动康复训练以及语言矫正训练。如果儿童被确诊为患上了多动症，那么他需要立刻接受治疗，因为多动症会随着年龄的增长而变得越来越严重。

适当的教育

面对一位多动症儿童，我们该怎么办呢？正确的做法是让他从事一些简单却又能感受到自身存在价值的家庭活动，这些活动不仅有助于他释放过剩的精力，还有助于他获得成就感从而回归平静。此外，面对儿童的每一个正确动作以及每一份不懈努力，父母都应不吝夸奖。如有可能，父母须教会儿童自我放松的方法，以便他能在艰难时刻平复自己的心情。等到儿童年龄稍长的时候，父母可以采取轻惩措施以防儿童越界。有时，您也可以将孩子托付给朋友或他的（外）祖父母，以便获取一段时间的安宁。不管怎样，多动症儿童都需要接受医生的治疗。

小小患者

一旦孩子生病，您就必须给予他更多的关心与关爱。病中的他需要您时刻陪伴在身边，因为只有这样，他才能感到安心从而加快痊愈的步伐。此外，孩子生病期间，您还可以陪他一起做游戏以便让他心情愉悦。

悉心照顾

请放心，不管您在孩子生病期间如何宠溺他，都不会有悖于您此前的教育原则。您甚至可以满足孩子的愿望，让他睡到您的房间。

如果孩子发烧，他很有可能会食欲不振。这种情况下，您应当任由他自己决定所吃食物的种类与分量，即使这一决定并不能满足他一天的营养所需。在此期间，您的主要职责是督促孩子多喝水，而且最好是喝白开水。

这一年龄段的儿童已经拥有了足够的认知，他们知道药物的作用，因此即使某些药十分苦涩，他们仍会主动服用，您无须强迫他们。如果儿童服用的是药片，且药片体积较小，那么他可以一口咽下；如果药片体积过大，请您将其分割成四份，再让孩子服用。如果儿童服用的是胶囊，您可以将胶囊与少量果酱或果蔬泥混合在一起。如果儿童服用的是口味古怪的糖浆，在服用前一两分钟，您可以让他嚼一小块冰块，这样的话，糖浆便不会显得如此难以下咽。如果孩子生病期间伴有呕吐或身体疼痛等症状，请尽量减轻他的痛苦。如若不然，很有可能会导致儿童产生某些负面的身心反应。

是否需要卧床静养

如果孩子生病了，请不要强迫他卧床静养。相反，您应当让他自己决定到底哪种姿势最为舒服。如果孩子发烧，稍微做些运动强度不大的活动或游戏并不会导致他的体温上升。如果您强迫孩子卧床休息，只会适得其反，因为他在床上会百无聊赖、躁动不安，以至于在深夜的时候很有可能会失眠。此外，如果孩子发烧了，切勿将他裹得严严实实：他睡觉时，您只需像往常一样给他穿上睡衣再盖上被子即可；他睡醒起床之后，您只需给他穿一件薄

腹痛是最为常见的一种小儿不适症状。腹痛往往出现于儿童早晨上学前的一段时间。由于这种腹痛并不会伴随发热现象，因此它既非肠胃不适所致，也非病毒感染所致。然而，这并不意味着儿童在说谎，他可能是真的腹痛。研究人员认为由于这一年龄段的幼儿缺乏良好的语言表达能力，因此，他们往往借助身体语言来表达自己内心的不适。这样他便能让身边亲友明白自己的焦虑与忧愁。并非只有上学会导致儿童心理性腹痛，凡是能够引起母子分别的举动都会导致他身体不适。如果父母想要彻底治愈孩子的这种心身反应，他们不仅需要倾听孩子的心声，取得孩子的信任，还需要在孩子的情感绑架面前坚定不移地保持自己的立场。

衣服；如果他说冷，您再给他添一件背心即可。如果儿童因发烧而大量出汗，请及时为他更换衣物。当然，您还可以帮他洗一个热水澡，因为温水能够让他身心放松。发烧期间，儿童卧室的室温应保持在20℃左右。此外，别忘了定期开窗通风。

儿童生病期间，往往无精打采，对任何事物都提不起兴趣，这种情况下，请尽量多给孩子休息时间。孩子生病期间，请您尽量守护在他身旁，如果您无暇分身，请让其他亲近的家人陪在他身边。毕竟，儿童最不能忍受的便是寂寞。

> "医护人员为儿童看病的时候，不要仅仅局限于他当下的病状，还应当关注他过去的经历以及他的兴趣爱好。儿童十分害怕外来物入侵自己的身体，比如医生所使用的注射器。因此，医护人员在为儿童进行治疗之前，应当为他讲解相关治疗流程以及将会使用到的医疗器械。另外，也请别忘了告诉孩子他可能需要承受的疼痛级别。如果您不希望孩子对打针产生抗拒心理，那么请告诉他疫苗的功效。实践证明，如果医护人员在治疗过程中陪儿童做游戏，有助于他放松警惕。您可以换位思考一下，如果您是孩子，您希望医生面无表情地为您进行治疗吗？医护人员冷漠的表情会令儿童心生恐惧，令他联想到童话故事中正在做坏事的坏人。因此，所有医生都应当在治疗儿童的过程中保持耐心与友善。"

看病

看病时，儿童最害怕的莫过于在医护人员面前脱衣服，因为在他看来，这一举动意味着有陌生人侵入自己的私人世界。此外，儿童十分担心医生在检查的过程中会发现自己"隐藏的疾病"从而导致他不得不接受痛苦的"治疗"。因为大部分儿童都在接种疫苗的过程中体会了注射所带来的痛苦或不适感。

牙齿检查

在检查牙齿的过程中，牙医会触碰到儿童身体中至关重要的一个部位——口腔。也正是得益于这一部位的存在，儿童才能够顺利地呼吸、吃饭、说话。口腔科诊所对儿童来说是一个全然陌生的场所：在他看来，诊所中的检查设备是一个只会制造噪音的庞然大物，座椅是一个禁锢他的牢笼，灯光则会令他头晕目眩。因此，您最好事先让他熟悉一下环境，以便消除他内心的不安。有些牙医甚至会详细地向儿童解释他们的每一步操作，并在操作台上放置一面镜子以便儿童能够观察自己的动作。当然，父母也可以选择一间能够提供集体服务的口腔科诊所，这样孩子便能与其他儿童在同一间操作室中接受牙齿检查。

第一次牙齿检查往往旨在帮助儿童预防蛀牙。医生会详细地向孩子讲解一切相关知识，比如：刷牙的正确方式、牙科设备的运行方式、龋齿的形成原因以及治疗方法。如果孩子在牙医面前表现得惊恐万分，您可以让他将自己心目中的牙医形象画在纸上。之后，会有一名心理学家就这幅图像进行分析，以便帮助孩子找出应对之法。

5 ～ 6 岁

乳　牙

幼儿拥有 20 颗乳牙，这些牙一般能够完好无损地保留至 6 岁。父母应当教会孩子像保护恒牙一样保护乳牙。一旦儿童乳牙龋坏，请及时让他接受治疗。

脆弱的乳牙

儿童的出牙顺序依次为上下两对乳中切牙、乳侧切牙、乳磨牙、乳尖牙以及第二乳磨牙。牙齿不仅便于儿童咀嚼食物，还有助于他学习说话。

幼儿常见的牙齿病变莫过于蛀牙：由于乳牙的厚度相对而言比较薄（乳牙的厚度为 1 毫米，恒牙的厚度则为 3~4 毫米），所以乳牙上的牙釉质十分脆弱。此外，牙齿上附着的牙菌斑以及口腔中的大量细菌无时无刻不在侵蚀着儿童的牙齿。

及时治疗蛀牙

虽然儿童日后一定会换牙，但是如果他长有蛀牙，也请及时让他接受治疗。因为蛀牙不仅会引起痛感，还会影响今后恒牙的质量。比如：如果儿童某颗蛀牙因细菌感染而不得不拔除，势必会改变其下方恒牙牙胚的发育状况。如果乳牙因龋坏而早失，会使邻牙发生移位，导致恒牙因间隙不足而出现位置异常、萌出困难等。此外，蛀牙的存在也会影响儿童颌骨的正常发育。

日常生活中，您可以通过简单的举措来保护孩子稚嫩的乳牙。氟元素是预防蛀牙的一大法宝，建议给儿童适量使用含氟牙膏来刷牙。请注意：某些药物会改变牙釉质的颜色，比如四环素会导致牙齿变黄。

正确刷牙

牙菌斑与残留在口腔中的高糖分食物会产生化学反应，形成一种腐蚀牙釉质的酸性物质，从而引发蛀牙。因此，父母最好限制孩子的食糖量，尤其是在晚上的时候。此外，父母还可以采取某些专家极为推崇的预防措施，比如：让牙医将儿童易留食物残渣的牙缝堵住。某些儿童出现蛀牙有可能与遗传因素有关，如牙釉质天生脆弱。

从 5 岁开始，儿童应学会如何正确刷牙。这一年龄段的儿童十分在意牙刷的形状与颜色。儿童应养成每天至少刷牙两次的好习惯，此外，父母应当教会孩子如何正确地漱口与吐水。法国口腔医学会（UFSBD）建议儿童早晚各刷一次牙，且每次刷牙时间不应少于两分钟。

如果您孩子牙齿（尤其是门牙）之间的间距过大，或者牙齿的排列稍微参差不齐，请不要过于担心。一般而言，只要舌头在牙弓内摆放位置正确，牙齿便会重新回归原位。长时间地吮吸大拇指或安抚奶嘴会导致上腭变形从而影响舌头在口腔内的摆放位置，有时甚至会导致儿童的牙齿微微前凸。大部分情况下，这些症状都会随着恒牙的萌出而逐渐消失。

请教会孩子正确地刷牙。一般而言，儿童会将刷牙视为一件趣事。不过，令人遗憾的是他的刷牙时长并不达标。如果您希望孩子能够严格遵守刷牙流程，请为他悉心准备好一切刷牙器具：一管符合孩子口味的牙膏以及一把手柄能够发光且能计算刷牙时长的牙刷。如果这些努力都收效甚微，请让他"和考拉 Ben 一起刷牙"吧！这是一款手机 App，在音乐的伴奏下，Ben 会向儿童演示如何正确地完成长达 2 分钟的刷牙流程。儿童只需要观看手机画面，重复 Ben 所做的动作即可。这款手机软件由法国非营利性组织 Signes de sens 开发，安卓系统以及 IOS 系统均能免费下载。

牙齿健康检查

从现阶段开始，您应当每年为孩子安排一次牙齿健康检查。您可以将孩子的牙齿健康检查与您自己的牙齿健康检查安排在一起。这样的话，在看到了您接受检查之后，孩子便会将此行为视为正常现象而不至于产生恐惧心理。此外，这次检查有助于您了解孩子是否需要额外补充氟元素，或者孩子吮吸大拇指／安抚奶嘴的习惯是否对他的牙齿造成了不良影响。如果您担心孩子的牙齿日后会因为家族遗传因素而参差不齐，请及时咨询医生。医生不会立刻对孩子的牙齿进行矫正，但是会采取一些预防措施。

恒 牙

恒牙的萌生不会对儿童造成任何不适。在恒牙萌生的过程中，恒牙的牙冠会接触乳牙牙根，使乳牙牙根吸收，之后，随着恒牙的生长，乳牙的牙根会在后继恒牙牙胚的压迫之下不断吸收直至松动脱落，而恒牙则会在乳牙脱落的位置上萌出。所有的恒牙都是在乳牙脱落之后才萌出，"六龄齿"除外。六龄齿，亦称第一恒磨牙，是在第二乳磨牙后面萌出的牙。六龄齿的地位举足轻重，因为它所承担的咬合力和咀嚼功能要比其他恒牙大。不过，也正是因为这一点才导致了它极易龋坏。

儿童的换牙顺序基本是一致：从 6 岁开始，最先脱落的是乳中切牙，之后分别为乳侧切牙、第一乳磨牙、乳尖牙与第二乳磨牙。换牙意味着儿童正在不断地成长。

断 齿

儿童的牙齿经常会遭遇一些小事故。如果牙齿（不论乳牙或恒牙）部分受损或部分断裂，请及时就医。医生会在第一时间为患者的口腔拍片以便确认牙齿状况。如果孩子牙齿出现了移位、翻转或脱槽，请您尽快用手指将牙齿复位。这样的话，牙齿才能继续受到唾液的保护（请放心，唾液不会对牙齿造成任何痛感），处于潮湿的环境中。之后，请您尽快带孩子就医。如果牙齿因外力而完全脱落，则需视实际情况而定：如果脱落的是恒牙，应当及时将恒牙复位；如果脱落的是乳牙，医生会为孩子植入一颗临时性假牙。这颗假牙会一直嵌在儿童的牙龈中直至恒牙萌生。如果牙齿部分断裂，且断裂部分得到了正确处理，那么断裂部分完全可以重新粘合在原齿上。只要牙齿因外力而受损，就必须仔细检查以便确认它是否脱离了牙槽，因为如果牙齿脱离了牙槽，便会引起剧烈痛感并坏死。

大　班

从 5 岁开始，您的孩子已经学会了向各种规则妥协。此外，他已经具备了一定的责任感，因此，学习对于他而言已经成为了一件令人兴奋的事。心智的成熟令他开始反思自己的各种行为。所有的儿童都会为自己能够顺利地进入大班学习而感到自豪，毕竟大班是他们在幼儿园学习的最后一年。

稳步前进

相比于小班、中班而言，大班意味着儿童的学习能力更上一层楼。学校会对大班的作息时间进行调整以便学生们能够尽可能长时间地专注于学习。因此，课前的热身时间会大大缩减。不过即便如此，大班仍秉承"寓教于玩"的理念。课堂中的游戏活动旨在强化儿童的语言表达能力、书写能力与拼读能力。

此外，老师还会进一步培养儿童的独立能力与协作能力。一般而言，学年末的时候，所有大班儿童都能够掌握教学目标中所规定的各种能力。这些能力的掌握有助于儿童轻松自如地应付未来一年级的课程。

充实的早晨

由于大班儿童的注意力与专注力得到了明显的提升，因此学校根据这一情况对他们的作息时间进行了些许调整。一般而言，早晨的时候，学校会为他们安排阅读课、书写课与数学课。这三门课程都采用游戏教学的方法，并且都与儿童的日常生活息息相关。在启蒙的过程中，老师则会带领儿童一起观察各种生活物品、动植物与自然现象。启蒙活动有助于满足这一年龄段儿童对环境与生命的好奇心。一切的教学活动都旨在培养儿童的逻辑推理能力、丰富他们的词汇量。学生能够根据老师书写在黑板上的关键词编撰一个小故事。此外，他们还能够准确地读出自己的名字、说出当天的日期。至于数学方面，儿童则开始接触对称性这一概念。这一年龄段的儿童对数字以及字母十分感兴趣，他们会乐此不疲地在日常生活中寻找各个数字与字母的身影。

充满创造力的下午

下午的课堂活动较为"随意"，且富有创造性。这一时间段中，儿童所使用的学习工具十

如果孩子不愿去上学，父母需要好好思考其中的原因了。一般而言，儿童并不会无缘无故不愿去学校，这其中必定隐藏着某种原因。有可能是因为孩子忍受不了学校的作息时间，也有可能是因为他与老师相处得并不愉快，比如：他觉得老师不够关心自己。当然，还有可能是因为孩子时刻记挂着家中的事情：当他在学校上课时，他会十分想知道家中正在发生什么事情。这种情况往往发生在二胎家庭以及分居家庭。

很多幼儿园大班的老师每天会任命一名儿童当班长。这种做法能够令儿童产生自豪感，因为当班长就意味着可以离老师更近，可以打理班级事务，并且可以让其他同学"臣服"于自己。一般而言，班长需要将当天日期以及天气情况写在黑板上，此外，他还需要帮助老师分发作业以及下午茶点心。如果班里饲养了动物，班长还需要负责给动物喂食。

分丰富，有粉笔、镂空刷字模板、绘画专用木炭棒以及墨水。这一年龄段的儿童懂得如何调配颜色，此外，他们还会秉承写实主义，将自己脑海中所知晓的事物原原本本地画出来。不过，儿童更喜欢画侧面图，因此，他所画的动物与人往往都只有一只眼睛。当然了，下午的课堂活动同样安排了游戏，不过这些游戏十分考验儿童的智力，比如：拼图类游戏、建构类游戏、逻辑推理游戏以及需要遵从一定规则的集体性游戏。这些游戏活动都有助于培养儿童的思维能力，并且在游戏的过程中，儿童可以自由选择搭档。

学校记录的开始

大班与中班、小班之间还存在着一个区别，那就是老师会对大班学生的作业进行评分，并将评分后的作业存档保存，这份档案会一直陪伴着儿童直至他小学毕业。之所以要为儿童的作业建档，主要是便于老师发现

他的学习难点。现如今，法国政府将幼儿园大班、小学一年级以及二年级这三年命名为"基础学习阶段"。虽然大班隶属于这一学习阶段，但是大班学生无须过早地学会读书识字，他们只要能够学会适应教学节奏即可。至于读书识字这一环节，则需等至小学一年级。即便如此，从大班的第二个学期开始，学生仍然需要稍微接触一下阅读与书写。

阅读与书写的准备期

我们必须要让学生爱上字母、爱上单词、爱上句子，而这也正是小班与中班一直的目标。不过即便如此，儿童到目前为止仍未真正地学过阅读与书写。他只是在不停地临摹而已。物品的文字标签也有助于儿童书写能力的提升。因为物品的文字标签可以出现在任何一个地方，这使得儿童能够经常用肉眼看到物品的名称从而将该单词牢记于心。儿童还可以通过记录生活中所发生的日

常琐事来提高自己的书写能力。最后，有些班主任会为学生寻找合适的笔友以提升他的书写能力。

孜孜不倦

虽然幼儿园并不属于义务教育范畴，但是学生仍然应当严格遵守它的教学时间，此外，学校同样也不希望看到任何一位学生迟到早退。然而，现实生活中，有些大班的儿童存在旷课现象。虽然幼儿园没有真正意义上的课程表，但是老师们仍然希望学生能够像自己父母准时上下班那样准时上下学，毕竟频繁旷课会导致儿童难以融入班集体，甚至还有可能会导致他产生一种被遗弃感（尤其是当他一次又一次地错过了重要的班集体活动时）。因此，请尽量不要让孩子迟到早退以及旷课。如果他因不可抗力而缺课几天，请尝试着让老师帮他补补课。

5～6岁

入学体检

孩子想成功升入小学，不仅需要年满 6 周岁，还需要顺利通过体检。一般而言，法国政府会在幼儿园大班的第二个学期为所有儿童安排一次体检。

生活状况调查

儿童的入学体检必须由父母陪同。入学体检不仅包括身体健康检查，还包括生活状况调查。这样的话，老师便能更加深入地了解学生的生活模式，理解他在校期间所出现的行为障碍。调查的过程中，主要会提出以下一些问题，比如：儿童是否与父母一起生活？是否独自拥有属于自己的房间？几点睡觉？是否经常看电视？是否是独生子女？……如果儿童因为行程安排问题而未在大班期间及时参加生活状况调查，那么学校会在一年级的第一个学期为他重新安排。

身体健康检查

生活状况调查结束以后，校医院会为学生安排一次身体健康检查。在此过程中，校医

晚上的时候，您的孩子是否会双眼发红、头疼、畏光？他是否能够一气呵成地画出一条直线？是否能够准确无误地画出一个圆形以及正方形？如果不能，证明他存在一定的视觉障碍。研究表明，20% 6 岁以下的儿童都患有一定的视觉障碍。某些视觉障碍会在幼儿期逐渐恶化却无人察觉。因此，儿童有必要在小学入学之前进行一次全面的体检以便能够及时查出潜在的视觉障碍，毕竟 80% 的学习活动都需要依靠良好的视力才能完成。一般而言，人类的视力在 6 岁时便发育完毕，如果视觉障碍在此之前未得到良好医治，会严重影响今后的治疗效果。

会检查学生的生长情况，尤其是生长曲线，也就是检查儿童的身高发育节奏。此外，通过查询儿童医疗本上的医疗记录，校医能够获悉儿童的疫苗注射情况。之后，校医会检查儿童的骨骼（以确认是否存在发育畸形，比如：弓形腿，扁平足等）、心跳以及牙齿（以确认是否存在龋齿以及咬合障碍，比如：牙齿排列参差不齐或口齿不清）。

当然了，校医还会测试儿童的听觉，毕竟听力是否正常直接影响到儿童日后的阅读与写作。此外，校医也会仔细地测试儿童的视力及其对色彩的灵敏度。最后，校医会快速地检测儿童的尿蛋白。

检查报告

校医会将儿童的体检结果详细地记录下来，并将最终的检查报告副本交给孩子父母。如果校医在检查的过程中发现

老师需要为大班学生做好充分的升学准备。首先，老师应当为大班学生寻找一个对口的一年级班级，然后让这两个年级的学生相互通信或互寄明信片。当然了，如果这两个班级拥有各自的班级通讯录就更好了，这样学生便能以班为单位和对方班级进行交流。有时，一年级的班主任会带着学生来看望大班的学生；有时，这两个年级的班主任则会组织学生一起外出活动或野餐。最后一个学期的时候，大班学生还会跟着一年级学生上几次课。需要注意的是，这两个年级的学生必须轮流发起某一项活动，以免其中一方因被动而产生自卑感。当然了，大班学生之所以能与一年级学生维持如此之好的友谊关系，完全是因为老师们在活动之前进行过多次沟通。

儿童生理或心理存在某些问题，则会建议孩子父母带孩子前往专科医院、儿科医院或心理诊所进行复诊。此外，请注意，校医无权为儿童开具药方。

体检报告和生活状况调查报告将伴随儿童的整个小学时期。校医院会严密保存这两份报告，即使校长也无权查看。任何人都不得以这两份报告中的任何一项数据来攻击诋毁儿童。

跳 级

大部分老师并不赞成跳级。他们认为从幼儿园大班升入小学一年级这个阶段，其实是儿童人生中的一个急转弯，在经过这一急转弯的时候，我们既不能太急，也不能过早，总之，我们必须谨慎对待这一学年。

如果儿童想要跳级，首先必须对他的心理发育成熟度以及智力水平进行测试，因为这两大因素直接影响着他在一年级的各种表现。然而现实生活中，即使是天赋异禀的儿童，其心理发育成熟度也不足以支撑他跳级。需要注意的是，我们在此处所提到的成熟度不仅包括儿童的情感发育成熟度，还包括他的人际交往能力成熟度。小学一年级的校园生活十分漫长，学生既要学会承受文化课的强度，又要学会接受体育课的艰辛。我们并不知道跳级儿童是否能够得心应手地处理一切危机。

儿童跳级先要通知幼儿园的班主任。之后，学校会为他准备一份材料。接着，儿童需要接受一系列的心理测试。最后，由班主任、心理医生等进行商讨。

补充检查

在幼儿园生涯即将结束的时候，学生可能需要再次接受体检。补充体检有助于准确地预测儿童在小学一年级的学习能力及表现。

在心理测试的过程中，医生会要求儿童进行简单的数学计算或要求他看图说话。在与儿童交谈的过程中，心理医生最终能够判断他的性格。如果心理医生认为儿童因家庭原因而情感能力发育不健全，他会建议父母带孩子去相关机构进行咨询。如果补充体检结果显示儿童现阶段并不适合直升小学一年级，那么我们会建议家长让孩子多读一年大班或入读学前班。然而，不论老师以及医生的建议如何，最终决定权仍在父母手里。

初入小学

在入读小学之前，您的孩子是否已经做好了万全的准备？毕竟，从入学第一天开始，他的校园生活便会发生天翻地覆的变化，他会发现小学生活与此前的幼儿园生活完全不一样。

自 信

入读小学之后，儿童会发现所有的桌椅都整齐地朝向黑板摆放。不过，最令他难以忍受的是他必须安安静静、规规矩矩地坐在座位上听老师讲课。

即使您的孩子此前十分渴望长大成人，即使他此前迫不及待地想上一年级，但是面对幼升小这一过渡阶段的种种变化，他仍会表现得难以适从。这些变化无时无刻不在冲击着他的内心，迫使他日益成长。儿童是否能够快速地适应小学生活主要取决于他的自信心。不过，值得庆幸的是，这一年龄段中的大部分儿童都早已做好了探索世界的准备。他们总是喜欢乐此不疲地提出心中的"十万个为什么"。

一年级的时候，儿童需要掌握最基本的阅读与书写技能。只有学会了这两项技能，他才能轻松自如地学习各门学科。此外，从一年级开始，老师往往会选择以书面（而非口头）的形式来表达自己对学生的要求。父母必须高度重视这一学年。您的陪伴将会是孩子强有力的后盾。您可以帮助他击败恐惧、学会遵守规矩。

个性化的教学进度

幼儿园以及小学的教育目标早已深深地"镌刻"在政府纲要的基石中。儿童初级教育可分为三个阶段。第一阶段，亦称"初级学习阶段"，涵盖了整个幼儿园时期。第二阶段，亦称"基础学习阶段"，旨在帮助 6~7 岁的儿童学习最为基础的阅读与书写技能。第三阶段，亦称"深入学习阶段"，囊括了整个剩余的小学时光。学校会根据学生的表现来决定他们每一学习阶段需要持续的时间，短则 2 年，长则 5 年。

不同的教学法

如果您希望自己的孩子能够接受某种与众不同的教学法，那么从现在开始，您可以稍作了解，因为大部分的教学法都是针对初级教育。一般情况下，在学习阶段划分方面，新式教学法与传统教学法的划分标准并不一样，此外，新式教学法会在初级教育阶段为学生增设一些全新的科目。以下为您介绍几种常见的新式教学法。

孩子上一年级的那一年，请您每天晚上预留出一部分空闲时间陪他一起读书识字。一般而言，您需要每天晚上帮他复习一下白天在学校所学的知识。复习的过程中，您应当努力引导孩子开口说话，因为如果您的孩子想成功地学会阅读，他就必须先学会开口说话。此外，复习的过程中，请一定保持耐心。因为您一旦不耐烦，便会让孩子心生焦虑，而一旦他心生焦虑，便会对自己不自信。

儿童的阅读习惯是在频繁阅读的过程中逐渐形成的。不管您的孩子能不能独自一人阅读，您都可以为其朗读童话故事以便向他揭示每段文字背后所隐藏的魔法与仙境。这种家长式阅读法备受各位阅读专家的推崇。

• 弗雷奈（Freinet）教学法：旨在培养儿童早期的独立能力与责任感。弗雷奈教学法倡导儿童在自我摸索中获取知识。该教学法并未给儿童设置专门的课程，而是引导儿童将自己在日常生活中所获取的知识运用在课堂之中。班级日志是弗雷奈教学法最基本的教学工具。老师会让学生们一起写班级日志，然后插入图画，最后编排成页。

• 德可乐利（Decroly）教学法：法国教育部推崇的一种试验性教学法。该教学法认为日常生活以及社交生活中的一切事物是任何一种教学法所倚仗的基础。此外，该教学法还认为儿童在学习过程中，必须经历以下三个阶段：观察、联想与表达。在德可乐利看来，在教学的过程中，教师不应当为学生准备任何教材，一切教学活动都应当以学生的"兴趣"为主。德可乐利还将学校生活比作社区生活，认为儿童在学校生活时应当如同在社区生活时那样互帮互助、自我约束。最后，德可乐利认为在学习读书识字的过程中，首先应当学会看，其次再学会听。

• 玛利亚·蒙台梭利（Maria Montessori）教学法：强调老师应当及时把握儿童学习的"敏感期"，并给予儿童恰当的引导。此外，该教学法所倚仗的教学工具是儿童的感官能力，因为蒙台梭利认为儿童是依靠感官来学习的，我们提供给他的良好刺激越多，他的内在潜能就越能被激发出来。这也就是为什么在学习读书识字的过程中，该教学法强调先让儿童看，再让儿童摸。

学习阅读

一年级的学习生涯对于孩子来说无疑是一场艰难的冒险。现今社会出现了许多不同的教育方法，而此时的您肯定和大多数家长一样正在纠结该挑选哪种教育法最为合适。事实上，您只需要将这一选择权交给老师即可。以下是目前法国公立学校普遍采用的几种教学方法。

• 拼读式教学法：即 B+A=BA 教学法。该教学法要求儿童必须先学会 26 个字母，然后再将某些字母合并成音节，之后再将音节合并成单词，最后将单词拼凑成句子。从前几年开始，该教学法已经强势回归至课堂中。

• 看图式教学法：该教学法要求儿童记住每个单词的形状，然后再通过形状找出指定的单词。请注意，老师需要根据情感意义来选择单词，而非难易程度。

• 混合式教学法：顾名思义，混合式教学法是上面两种教学法（即拼读式教学法与看图式教学法）的结合。该教学法强调儿童的理解能力。此外，该教学法还认为识字与写字是密不可分的两个环节。首先，儿童需要通过观察单词的整体形状来将其记住（不仅要记住单词的形状，还要记住它的含义）。之后，儿童需要学会拆分单词以便找出该单词与其他单词的相同部分（相同部分既可以是写法相同，也可以是发音相同）。

5～6岁

残疾儿童的就学问题

残疾儿童的父母生活负担十分沉重。他们不仅需要无微不至地照顾孩子的生活起居、努力寻找最为合适的看顾方式，还需要担心孩子是否能成功地融入校园生活。

个性化的校园服务

如果残疾儿童能够跟上教学进度，并且能够参与到课堂活动之中的话，最好让他入读普通的幼儿园以及小学。

有些法国学校会根据儿童的残疾性质以及残疾程度为其提供一定的帮助，但是该项服务纯属自愿，法律并未对此做出强制要求。如有需要，学校会为残疾学生改造教室，更换合适的学习辅助工具，并为其配备一名生活辅助人员。一般而言，由法国残疾人自主和权益委员会（CDAPH）决定到底应该为残疾学生提供何种帮助。除此之外，该委员会还会与学生家长以及多学科评估团队一起为残疾儿童制订一份专门的学习计划（PPS）。

融入正常的校园生活

在法国，大部分遗传学家以及儿科医生都认为在所有残障儿童中，患有先天性智力障碍、视觉障碍以及听觉障碍的儿童是正常校园生活的最大受益者，不过前提条件是任课老师必须全盘接受由残疾人自主和权益委员会（CDAPH）为儿童量身定制的学习计划。2006年1月1日法国颁布了一项法令，该法令明确了残疾儿童的受教育权以及教学机构为残疾儿童提供教育的义务。残疾儿童和正常儿童一样，都必须如期接受九年义务教育。不过，残疾儿童所接受的义务教育可以"私人订制"，也就是说他可以选择上全天课，也可以选择上半天课，如有需要，还可以选择让生活辅助人员陪同上课。让残疾儿童入读普通全日制班级是上上之选。不过，也存在其他解决方案，比如：可以入读普通学校为残疾儿童特意改造的班级，即"就学融合班级"（CLIS）。在这类班级中，所有学生都患有同一种残疾。任何一家普通的教学机构都会根据实际情况为残疾学生开设此类班级，一般而言，该类班级中的学生人数不会超

> 66 从某一角度来看，子女的残疾能够促使父母花费更多的时间去了解孩子的需求与内心世界。虽然子女的残疾打破了父母对未来美好的憧憬（尤其是对于后天残疾儿童的家庭而言），并令他们痛苦不堪，但是，随着时间的流逝，他们最终会接受孩子身体的缺陷，并帮助他一次又一次地克服困难。不过，请注意，千万不要让残疾儿童做一些力所不能及的事情，尤其是在学习方面。另外，在陪同残疾子女做游戏的过程中，父母既不应该让孩子做一些远低于其能力的动作，也不应该让他做一些远高于其能力的动作。总而言之，只要父母拿捏得当，残疾子女的生活最终一定能够渐入正轨。 99

过 12 人，并且会配备一位熟知特殊教育的专业老师。

专门机构

重度失聪儿童的入学问题一直困扰着大众。我们到底应该让其就读普通学校，还是特殊学校？在过去很长一段时间内，人们都极力鼓吹让失聪儿童融入正常的校园生活，这一观点也让一部分家长如释重负，然而事实上，他们却从未考虑过失聪儿童的感受，毕竟失聪儿童的身体异于常人，他们需要专业人士的特殊照顾与倾听。在特殊学校中，经验丰富的老师会为残疾儿童制订更为合理的教学计划，并激发他们的内在潜能。设立特殊学校并非是要刻意突出学生的特殊性，而是从现实的角度真心接纳每位学生的缺陷。

在法国，如果残疾儿童因为身体原因而无法入读普通学校以及特殊学校，他可以选择直接在家接受法国远程教学中心（CNED）所提供的远程教学服务。有时，政府也会为其提供免费家教服务。

家庭生活

如果残疾儿童拥有兄弟姐妹，且兄弟姐妹都是正常人的话，那么请家长不要对其他子女隐瞒他的实际情况，因为所有儿童从小就已经对疾病以及残疾有了一定的认识。除此之外，父母还应当培养其他子女的责任感，让他们成为哥哥/姐姐/弟弟/妹妹的守护者。这样的话，他们才能无微不至地照顾他/她，关心他/她。对于其他子女而言，拥有一位身患残疾的哥哥/姐姐/弟弟/妹妹并不值得羞耻。不过，请不要因为子女的残疾而过分关注他/她，您应当对所有孩子都一视同仁，这样家庭生活才能温馨和谐。

他如何意识到自己的不同

精神分析学家认为残疾儿童很早便意识到自己的身体异于常人。一旦残疾儿童意识到这一残酷的现实，他便会心生沮丧，并被迫一次又一次地忍受因身体缺陷而导致的失败。他会不自觉地将自己与正常儿童进行对比。他会暗自衡量自己到底应该付出多少努力才能达到自己的目标，完成父母的期望。这一系列举动无疑会令父母十分难过，毕竟他们更希望自己的子女对残疾一无所知。然而，大量的证据表明父母对残疾子女的担心是多余的，因为虽然儿童早已意识到自己身体的"不正常"以及"不完整"，但是他从来没有真正放弃过自我。

如果父母去世

残疾儿童的父母最常思考的一个问题便是他们去世以后，子女该如何独自生活。1975年，法国政府颁布了一项法令，该法令明确规定任何一位残疾人，尤其是生活完全无法自理的残疾人绝对不能被家人以及社会所遗弃。也就是说残疾人一生都会有人负责监护，监护人可以是他的父母、某位亲人，也可以是法官或福利机构。即便如此，最好的解决办法仍是为其指定一位法院认可的监护人。这样的话，如果残疾儿童的父母不幸去世，该监护人便能及时承担起照料的责任。

在法国，不管儿童就读几年级，只要他因病而长期不能去学校或因故而暂时不能去学校，他就有权向法国居家教育援助中心（SAPAD）申请上门教学服务。该援助中心由教育部设立，有助于儿童在志愿者教师的指导下继续学习。如果父母想为孩子申请这项服务，可以咨询孩子所在学校的校医或所在学区的法国居家教育援助中心（SAPAD）。

5～6岁

集体游戏

过去很长一段时间内，儿童和其他小朋友玩游戏时，他们之间并无交流。自从进入幼儿园以后，儿童开始感受到了多人互动游戏的乐趣。

频繁变换的团队玩伴

在学校的时候，儿童极度渴望与他人互动以至于他十分害怕落单。每当发现了"新大陆"，他便会迫不及待地与小伙伴们分享。即便如此，也并不意味着儿童能够自如地掌控自己的社交生活，比如：我们经常会发现五六岁以下的儿童在进行团队活动时，身边的队友总是在不停地变换。

领导者和追随者

最初能够让同龄儿童聚集在一起的游戏是他们自己发起的家庭模仿游戏，毕竟要想完成这一游戏，就必须有两人参与，一人扮演爸爸，一人扮演妈妈。之后则是由老师或父母发起的集体游戏，因为如果儿童想玩火车游戏或追逐游戏，就必须有好几个人参加。

几周之后，儿童便会爱上这些集体游戏。过不了多久，我们便会发现在游戏（即使是双人游戏）的过程中，儿童之间会出现一种明显的等级关系，即领导者与追随者。领导者总是扮演成人的角色，而追随者则总是扮演婴幼儿的角色。在儿童学会三人（及以上）游戏之前，最好只让他玩双人游戏。因为研究表明在玩双人游戏的过程中，儿童能够与对方建立起一种真正的对话与协作关系。此外，双人游戏过程中的对话能够丰富游戏双方的词汇，并让他们感知到新的语法形式。如果是三人游戏的话，儿童之间很容易发生争执。

胜利者与失败者

在游戏的过程中，儿童会互相交换意见，并解释一些稍显抽象的概念。从 6 岁开始，儿童所参与的游戏几乎都是集体游戏，而集体游戏往往需要一位领导者主持大局，任何一位游戏成员都可以通过自己的聪明才智或"拳头"成为领导者。集体游戏有利于培养儿童的奋斗意识、坚韧不拔的精神、团队意识、互助精神以及竞争意识。此外，集体游戏还能让儿童意识到胜利者与失败者这两大概念。

互动是集体游戏的精髓。互动环节有助于培养儿童的沟通能力，甚至是迷惑对手的能力。不过，目前为止，儿童仍然不懂得在游戏中采取策略。他一直都认为自己之所以能够"笑到最后"，完全凭的是运气。此外，这一年龄段的儿童还喜欢玩类似赶鹅的追逐游戏。儿童在玩集体游戏的过程中，必须有至少一名成人在场。请注意，现阶段的儿童早已学会了作弊，有的时候，他还会因失利而大发脾气。

有时，对于5岁的儿童而言，失败是件令人难以接受的事情，尤其是当对手与其同龄的时候。即便如此，您仍然应当让孩子明白这个世界并不会因为他的一次失败而轰然倒塌，他之后依然有机会扭转乾坤。儿童害怕在游戏中失利不仅是一种正常现象，还侧面反映了儿童的心理发育处于正常状态。儿童必须学会接受游戏的规则。

结交朋友

即便儿童并非独生子女，拥有属于自己的兄弟姐妹，但是他依然热衷于结交同龄朋友，因为和同龄人在一起的时候，他能感受到平等。除此之外，结交同龄朋友有助于他学习如何缔结社交关系从而摆脱以自我为中心的思想。但是，儿童从什么时候开始可以结交朋友呢？最理想的年纪大约为3岁或4岁，因为此时的他们能够与其他儿童肩并肩地坐在一起安安静静地玩耍，并模仿对方的言行举止，也就是说他们会竭尽全力地复制对方所做过的所有事情，比如：对方的神情与对方的动作。在模仿的过程中，双方儿童都能够从中获益。对于儿童而言，最佳玩伴是那些与其兴趣相投的同龄儿童。即便如此，在相处的过程

相比男孩而言，女孩涉足社交生活的时间更早，能力也更强。女孩喜欢三三两两地聚在一起，叽叽喳喳地聊天。她们的行为举止总是自带母性光辉。男孩则更喜欢和成人一起做游戏，游戏时的行为举止更富有攻击性，比如：他们会互相推搡，怒目而视或大声喧闹，他们还喜欢做鬼脸。1岁半或2岁以前，男孩和女孩所做的肢体动作或面部表情是一样的。2岁以后，儿童的身体语言便烙上了十分强烈的性别色彩。

中，他们依然会爆发争吵，甚至是肢体冲突。不过，请不用担心，绝大多数情况下，这些暴力手段反而能够巩固真正的友谊。兄弟姐妹从来都不可能代替朋友的位置，因为朋友既不是孩子的领导者，也不是他的追随者。友谊最可贵的地方便在于双方是处于平等的地位。

在任何一段情感关系中，既会出现美好的事情，也会出现不愉快的经历。不过，就算是不愉快的经历，比如争吵，同样有助于感情的升华。此外，儿童能够在不愉快的经历中学会如何在不影响友谊的前提下寻找解决方案。随着年龄的增长，儿童在结交朋友的过程中，眼光不再局限于兴趣相投这一个方面了，与此相反，他更愿意结交一些与其个性相反的竞争对手。

假装游戏

假装做饭、假装修东西、

假装成医生为人看病、假装成爸爸……在"假装游戏"中，儿童可以扮演任何一种不同的角色，但是，一般情况下，他更愿意将自己设想成一位权力无限的成人。

我们发现在现实生活中，男孩在玩"假装游戏"时所需要的活动空间要比女孩的大，比如：男孩常常会为自己开辟一个车库，并将各种各样的玩具车辆摆满一地；相比之下，女孩则只需要占用餐桌的一角来摆放餐具，或者用摇篮的一端来安置洋娃娃即可。如果儿童与其他玩伴一起玩游戏，且玩伴能够及时回应他的信息，那么他便能从游戏中获得更大的乐趣。大约6岁，儿童所玩的"假装游戏"便会升级为剧情更紧凑、持续时间更长的独幕剧。对于现阶段的儿童而言，他们已经能够游刃有余地进行各种"假装游戏"了。

5 ₂ 6 岁

建构自我的游戏

做游戏有助于培养儿童的各种能力。即便如此，在陪孩子做游戏的过程中，也请不要抱有太强的功利心，我们仍然应当将视线聚焦在游戏最本质的特征上，即娱乐性。

游戏的启蒙作用

这一年龄段的儿童十分喜欢那些能令其幻想成大人的玩具。此外，对于现阶段的他而言，发展自己的运动能力仍属重中之重。一般而言，运动玩具能够调动儿童的全身，并帮助他掌握平衡，协调肢体以及锻炼手部的灵活性。在一次又一次的进步中，儿童渐渐会对自己产生信心。虽然儿童早已拥有了许多"装备"，比如：自行车、旱冰鞋、足球和风筝等，但是他仍然需要一些能够触及其内心柔软之地的玩具，比如洋娃娃。在这些玩具的陪伴下，儿童才能天马行空地为自己构建各种冒险旅程。此外，这一年龄段的儿童十分富有创造精神，他喜欢画画、捏橡皮泥以及组装。儿童总是在不断的尝试中体会到各种全新的感觉。渐渐地，他的性格也开始鲜明地显露于人前。5岁的时候，儿童的校园生活能够令其认知能力得到大幅提升：他学会了探索、观察、识别、推理以及分析。这些全新的能力最终能令他开启拼图之旅、简单的机械组装之旅以及纸牌之旅，比如：记忆翻牌游戏、多米诺骨牌游戏以及盖牌游戏。如果儿童想玩这些益智类游戏，就必须寻求一位搭档的帮助。不论是游戏还是玩具，都有助于儿童与他人进行交流从而找准自己在交往关系中的位置。此外，儿童必须学会接受他人所制定的游戏规则。

日渐自信

每当儿童取得进步的时候，他都希望得到赞美，尤其

很遗憾，几乎没有儿童会在做完游戏之后将玩具放回原位。然而，将玩具放回原位意味着将玩具分门别类，而这一技能恰恰是他们将来上学时所需要用到的。此外，儿童总喜欢在除了自己卧室以外的地方玩耍，而这无疑会引发家庭冲突。儿童很难理解并接受父母为家中每个房间所规定的用途。只要他愿意，任何一个地方都能够成为他的游戏天堂。此外，儿童让玩具散落在地而不收起的行为其实是在向他人宣示自己对这一片区域的主权，这一点和自然界的动物别无二致。如果您希望孩子能够轻而易举地找到某一件玩具，请为其准备一个玩具柜或玩具架，配备一个收纳槽或收纳盒，这样那些小玩具或零件才不至于经常丢失。当然了，您还可以将孩子的玩具都挂起来，尤其是洋娃娃和毛绒玩具，这样孩子便能一眼搜寻到自己想要的玩具。在3~5岁这两年，儿童会根据类别精心挑选玩具，您可以趁机培养孩子分类的习惯。

尽管芭比娃娃受追捧的程度早已大不如前，但是它曾经的辉煌仍然值得我们深思。一般而言，洋娃娃的存在旨在让小女孩扮演贴心妈妈的角色。但是，芭比娃娃和她的男朋友 Ken 并未起到这一作用。与此相反，芭比娃娃将小女孩们引向了成人女性的世界，在这个世界里，每一位女性都懂得如何顺应潮流地打扮自己。您看，芭比娃娃总是能够以不同的身份闪亮登场：她时而是歌星，时而是空姐，时而是健美操运动员、滑雪运动员或轮滑运动员。

是来自父母的赞美。儿童十分清楚哪些赞美之词是合情合理的，哪些是不切实际的，并且他十分厌恶那些用于安慰自己失败的话语。父母必须对自己的孩子充满信心，这样才能消除儿童对自己的种种疑虑。

洋娃娃

洋娃娃有助于儿童的情感发育与心理发育。洋娃娃是一种优秀的"过渡性客体"，它能够帮助儿童克服因睡觉而产生的焦虑感（因为睡觉意味着必须与父母短暂分别）。此外，洋娃娃还有助于儿童将平日与父母之间产生的矛盾发泄出来，比如：只要洋娃娃"做错一丁点儿事"，便会被打屁股。

男孩和女孩一样，都需要玩洋娃娃，需要通过洋娃娃来表达自己的关心与爱护。即使男孩经常与洋娃娃为伴，也并不会影响他将来的男子气概。此外，在玩洋娃娃的过程中，男

孩与女孩的方式并不相同。5 岁左右的女孩在玩洋娃娃的过程中，更多地是在照顾她；而同龄男孩则更多地是在表现自己的气概与"拳头"。这也就是为什么男孩总是会挑选男性洋娃娃，比如芭比娃娃的男朋友 Ken。

有性别的洋娃娃

波尔多大学的两名研究人员阿兰·拉弗拉奇耶尔（Alain Laflaquière）和加布里埃尔·皮·拉各斯（Gabriela Pig Lagos）曾做过一个实验，在这个实验中，他们让儿童自己挑选不同性别的洋娃娃。最终结果表明，在

挑选的过程中，儿童十分在意娃娃的性别，所有人都曾仔细检查过娃娃的身体构造。3 岁的时候，绝大部分女孩和男孩一样都会选择男洋娃娃。随着年龄的增长，男孩依然选择同性洋娃娃，而女孩则两性皆可。男孩与女孩的年龄越大，对自我性别的认同度就越高，在洋娃娃性别选择上的差异也就越明显。因此，五六岁的男孩一般会选择男洋娃娃，而同龄女孩则会选择女洋娃娃。

实验结果还表明，几乎每位拥有洋娃娃的儿童都会精心照料自己的"孩子"，其中，女孩照顾得更为细致。此外，2/3 的儿童会不断地研究洋娃娃的身体构造，比如：他们会用眼睛去看，用手触摸或用手摆弄等。其中 60% 的儿童还会绞尽脑汁地让洋娃娃动起来，比如：让它走路、跳跃、做体操等。1/4 的儿童则会好奇地研究洋娃娃的生殖器官。

故事的价值

真是令人难以置信！在这样一个拥有超音速飞机以及有线电视的时代，最能令儿童"不寒而栗"的居然是童话故事。童话之所以如此引人入胜，无疑是因为它的故事情节远比真实发生过的事情更加跌宕起伏。

万古长青的童话故事

毫无疑问，《小红帽》《拇指姑娘》是一代又一代人心中的经典，在这些童话故事中，主人公们都面临着人生中的第一次挑战。童话故事中的情节越是能够激发儿童的想象力，它的启蒙作用就越大。美国精神分析学家布鲁诺·贝特尔海姆（Bruno Bettelheim）认为，成人需要以一种象征的方式来引导儿童学习如何解决实际生活中可能会遇到的生存问题。童话故事能够简化日常生活中的各种场景，并将各种人物以鲜明的特征呈现在儿童眼前。在听故事的过程中，儿童很容易被自己所认同的主人公所吸引，并追随着对方的脚步，陪其历经千辛万苦。故事中的人物形象越简单越美好，儿童便越能产生认同感。此外，圆满结局有助于让儿童明白只要有爱在，就一定能够战胜万水千山的阻隔。

一个充满恐惧与梦想的世界

布鲁诺·贝特尔海姆在他的著作《童话的魅力》中阐述了童话故事在所谓的"现代社会"中的主要作用。现如今的儿童要比过去时代的儿童更加孤独，能够守护他的家人数量也远比过去儿童的要少。他们就像童话故事中的主人公一样，不仅孑然一身，无所依靠，还必须踏入一个自己知之甚少的世界。他认为童话故事之所以要比其他文学作品更能打动儿童，是因为它触及了儿童内心的恐惧与梦想。首先，童话故事会为儿童创造一个一切皆有可能的世界，一个好人总能战胜坏人的世界，一个小孩能够战胜成人的世界以及一个弱者能够战胜强者的世界。其次，在童话故事中，胜利者总是运用善良、智慧以及计谋来战胜一切困难，而这些法宝无疑能够令儿童对现实中的未来充满希望。童话故事会将儿童内心的恐惧有形化，比如：在童话故事中，我们总是会刻意安排恶狼、巫婆以及吃人妖魔登场。再次，童话故事还

> ❝ 故事读物是儿童启蒙教育中最基本的工具，这一点是 DVD 播放器以及动画片所无法比拟的。给孩子讲故事有助于激发他读书识字的欲望。有时，童话故事是否能够引人入胜，往往取决于朗读者的嗓音（是否甜美）、与听众的关系（是否亲密）以及肢体动作（是否戏剧化）。每当妈妈在讲述《小红帽》或爸爸在讲述《匹诺曹历险记》时，孩子便会追随着故事的情节展开自己的想象，他会身临其境般感受到主人公的恐惧与害怕。❞

子在他的愿望清单中进行选择。此外，让孩子给圣诞老人写信同样有助于彰显这个节日的象征意义。如果您的孩子尚不会写字，您可以让他画张画，或者剪个图案，然后父母或哥哥／姐姐再帮他写上几句话。您再让孩子亲自将这封信寄出去。

培养儿童的无私精神

一般而言，儿童能够在圣诞节以及生日的时候收到众多礼物。当孩子在圣诞节收到礼物的时候，您应当趁机告诉他圣诞节是天下所有儿童的共同节日，是一个分享的节日。此外，您还应当在这一天让孩子学会享受分享的乐趣，比如：您可以让他将自己的画作或手工制品送给他人，通过这一方式，儿童会感到满足，并且明白原来他也可以找到一种途径来证明自己对心爱之人的浓烈情感。

父母可以利用所有的家庭节日来培养孩子的无私精神。渐渐地，儿童便能明白"给予"与"得到"。儿童因"给予"而获得的满足感与因"得到"而获得的满足感相差无异。"给予"这一概念对于现阶段仍以自我为中心的儿童而言十分重要，因为这一概念有助于他更好地融入社交生活。

积极参与

这一年龄段的儿童喜欢参与每一个节日。您可以利用他的这一心理带他去感受一下街上热闹的气氛，欣赏一下商店喜庆的装扮。每当节日的时候，儿童都喜欢帮助家人一起布置房屋，在装饰圣诞树的过程中，儿童会表现得尤为专注。从现在起，您可以尝试着在节日的时候和孩子一起翻阅礼品手册或浏览礼品网站。在这一过程中，您很有可能会意外地发现孩子其他的兴趣爱好。您甚至还可以在为其他家庭成员挑选礼物的时候，咨询孩子的意见。

别忘了，在圣诞节的时候，儿童很有可能会因为礼物而心生嫉妒或生气，这种情况下，您可以让他独自一个人待上 15 分钟以便平复心情。

电视机——一种教育工具

如果您此前认为看电视会降低儿童智商，那就错了。也请不要错误地认为儿童在电视机前处于完全被动的地位。事实上，他们对画质以及音质十分敏感，并且看电视能够激发儿童大脑的某些潜能，而这些潜能是书籍以及音乐所无法触及的。

信息的来源

电视机既能吸引儿童的视觉注意力，又能吸引他的听觉注意力。一档电视节目是否能够吸引儿童的视觉注意力，取决于它的内容是否易于理解。此外，如果这档电视节目有声，它的听觉效果也会影响儿童的视觉注意力，毕竟人的听觉和视觉之间存在着紧密相连的关系。不过，即便如此，相比于听觉所带来的信息而言，儿童更容易接收由视觉所带来的信息。在听

和看的过程中，儿童会对电视画面所带来的信息进行思考与分析。因此，从4岁开始，儿童便能耐心地观看那些连续的画面镜头，不过目前为止，他注意力集中的时间不会超过7分钟（请放心，随着年龄的增长，他注意力集中的时间会越来越长）。

如果电视节目中的内容能够以一种梦幻的方式呈现在儿童眼前，则更有助于他记忆与理解，这也就是儿童更喜欢动画片而非纪实电影的原

因。如果电视画面配有人物对话，则更有助于吸引儿童的视线，尤其是当该对话十分押韵或不停地被重复时。最初的时候，儿童完全是凭借自己的兴趣爱好来决定所看的电视节目。

成人世界的天窗

大量研究表明，如果儿童能够明白自己所看电视节目的内容，电视便会成为他窥探成人世界的天窗。电视能够令儿童接触到他从未体验过的事物。6岁的儿童观众对电视节目的挑剔程度十分高，并且他能够对节目内容做出合理的评价。尽管电视中的少儿频道在不断地增加，但是研究表明，在3~12岁儿童所观看的节目中，有80%的节目并不属于少儿节目。如果某个电视画面会对儿童造成情感冲击，或令孩子摸不着头脑，又或会给他带来玩乐也无法消除的压力感，这一画面便会使他的心灵受到创伤。

虽然电视频道在不断增加，但是人们观看电视的时间并未延长。现在的儿童也更加挑剔，电视机对他们的吸引力远没有对过去时代儿童的吸引力大。大量研究表明电视节目有助于开发幼儿的理解能力，1~5岁的儿童对电视画面十分感兴趣。电视节目的内容越是浅显易懂，儿童的注意力就越集中。研究人员还发现如果父母能够陪孩子一起看电视，并和他一起讨论画面中的内容，儿童在看电视时的注意力就会更加集中。那么6岁以下的儿童到底对什么类型的电视节目最感兴趣呢？答案就是动画片。

看电视不应局限于看，还应当在关闭电视以后和孩子一起讨论刚刚看过的内容。您可以和孩子交流一下节目中所看到的各种信息，比如：发生时间、出场人物、场面背景以及寓意。这有助于培养儿童的思考能力以及逻辑能力，而这些能力是他将来学习生涯中不可或缺的支柱。

此外，暴力镜头会对儿童的行为产生一定的影响。斯坦福大学的一项研究表明，在某一段时间内，部分儿童会模仿他们在电视节目中所看到的动作。这一模仿欲望大约会持续 24 个小时。

儿童观众的特征

调查表明，欧洲人每天平均会花费超过 2 个小时的时间看电视。在大部分工业国家里，3 岁以上的儿童每天都会看电视，并且学龄前儿童每天花费在电视机前的时间在不断增长。不过，季节不同，儿童看电视的时长也就不同，一般而言，寒暑假是儿童看电视的高峰期。

电视机的正确使用方式

看电视的时候，应当由全家人一起决定看哪档节目，因为我们看的从来都不是"电视"，而是电视节目的内容。父母应当陪同孩子一起看电视，然后和他一起讨论节目中的内容以培养他的批判精神。

如果您和孩子此前都认为"看电视是治愈无聊的一剂良药"或"电视机是免费的育儿保姆"，那么从现在开始，请摒弃这一错误的思想。当您感觉无聊或者想放松时，一定不要坐在电视机前，您应当选择别的休闲方式以便为孩子树立正确的榜样。

此外，我们到底该将电视机放在哪里最为合适？电视机既不能放在孩子的卧室里（否则儿童很有可能会一天 24 小时地开着电视），也不能放在父母的卧室里（毕竟父母需要属于自己的私密空间），更不能放在餐厅（以免影响家人在吃饭时的交流时间）。最好的办法就是将电视机放在客厅或者放在一个大家都可以随意进入的闲置房间。

友好约定看电视的时间

电视能够令儿童深陷其中

而无法自拔。电视只要发出亮光，现出画面，便能吸引儿童的眼球。对于刚从学校归来的儿童而言，看电视是一种放松自我的方式，一种减压的方式，毕竟在学校的时候，他的大脑总是处于高度紧张状态。大部分专家，比如精神分析学家及精神科医生赛尔热·蒂斯龙（Serge Tisseron），认为儿童每天观看电视的时间不应超过 1 小时。如果父母也希望将孩子看电视的时间控制在 1 小时之内，就必须为他安排好每天看电视的时间。如果他不听话或者想和您讨价还价，您就应当拿出自己的威严来。一定不要任由孩子为所欲为。

大部分心理学家以及精神科医生都不建议儿童在早上看动画片，然而，现实生活中，儿童只要一睁开眼，便会迫不及待地想要看电视。此外，专家也不建议儿童在睡前看电视，因为画面中的绚丽色彩以及喧闹声都会令儿童的大脑处于兴奋状态从而影响睡眠。因此，儿童看电视的最佳时间为 16：30－18：00，具体看电视时间视儿童心仪节目的播放时间而定。赛尔热·蒂斯龙认为父母和孩子应当一起遵守这一约定，因为只有这样，他们才能一起从事其他富有创造性的趣味游戏。

电脑与儿童早教机

"键盘产品"（即电脑）与"屏幕产品"（即儿童早教机）早已走进了千家万户，并成为了儿童常用的学习工具与娱乐工具。我们发现，儿童从三四岁开始便能自如地运用这两种产品，并且深陷其中不能自拔。

能够快速掌握使用方法

电脑的使用不仅有助于对儿童进行启蒙教育，还能够促进他某些运动机能的发育，比如：操作鼠标能够锻炼儿童手指的灵活性，提高他的注意力。此外，在玩电脑的过程中，儿童需要遵守一系列既定的规则，而这无疑会促使儿童在做决定之前仔细思考。刚开始接触电脑的时候，儿童需要父母或老师在一旁进行指导。父母或老师会告诉他在敲击键盘的时候不能用力过猛；操作鼠标的时候，手指要灵活。此外，还需要遵照页面的各种提示进行操作。过不了多久，只要您帮孩子将电脑打开，他便能独自一人毫无障碍地进行各种操作，因为毕竟他早已将整个操作流程熟记于心了，而且他也想通过这一行为来证明自己已然长大。

18% 的儿童从三四岁开始便拥有了属于自己的电脑。相比于女孩而言，男孩更喜欢玩电脑以及其他新出的新媒体产品，毕竟女孩对所有的"机器"产品都不太感兴趣。

与众不同的电脑游戏

3 岁儿童所玩的电脑游戏必须趣味性极强，并且最好能够以全新的形式将儿童所熟悉的生活游戏呈现出来，比如：上色、组装以及简单的逻辑推理。五六岁儿童所玩的电脑游戏则必须能够让他学会简单的识字与数数。一款电脑游戏是否制作优良，主要取决于它是否能够完美地契合儿童用户的精神运动发育进程。

电脑游戏还有助于儿童了解不同的空间概念，比如：向上、向下、往左、往右、中间。除此之外，游戏软件还有助于提高儿童的阅读能力以及书写能力。3 岁以上的儿童能够在有声图片的帮助下熟悉 26 个字母：每当儿童点击电脑屏幕上的图片或字母时，电脑便会准确地将这幅图片的名字或这个字母的音读出来。一般而言，一款识字软件大约包含 1000 个单词。5 岁的儿童则可以尝试着玩一款归类

> 66 无可否认，在玩电脑游戏这方面，6 岁的儿童远比我们这帮成人要厉害得多。电脑游戏有助于巩固儿童的视觉记忆能力。因此，作为父母，您应当引导孩子去接触这一全新的认知媒介以帮助孩子进入一片更为广袤的信息世界。有时，电脑还能够为孩子答疑解惑，让他心中的"十万个为什么"得到解答。即便如此，也请注意，儿童所接触的任何一款电脑游戏都应当有助于他提升阅读能力，毕竟阅读能力是儿童获得学业成功的基本保障。99

软件，这类软件旨在引导儿童正确地将字母以及数字进行归类，此外，归类软件也有助于锻炼儿童的鼠标操作能力。六七岁的儿童则完全可以独自一人操作电脑，他甚至还会在玩游戏的过程中选择困难级别或对垒模式。

儿童早教机

儿童早教机的功能十分丰富，儿童在里面既可以找到冒险类游戏，也可以找到仿真类游戏，还可以找到教育类游戏。

早教机亦称"家庭学习电脑"。目前为止，40%的家庭已经配备了至少一台早教机。生产商们为各个年龄段的儿童都设计了合适的早教机，甚至3岁儿童都能够找到适合自己的那一款。当然，市面上销量最大的早教机仍然以6~12岁儿童为主。教育学家一向反对让儿童接触电子游戏机，但他们却从未质疑过早教机的启蒙作用。事实上，大部分的早教机都秉持着寓教于乐的理念。此外，心理学家同样也肯定了早教机的正面作用，认为它的存在有助于促进父母与子女之间的沟通。毕竟现实生活中，有些父母与子女之间存在着一定的交流障碍，有些机构甚至为这类父母开设了沟通技巧学习班。早教机的功能十分多样化，它能为不同年龄段的儿童提供不同

事实上，电子游戏并不像大多数父母所想的那样十恶不赦。由于电子游戏的操作难度较大，所以对儿童的智力来说十分具有挑战性。此外，在玩电子游戏的过程中，儿童的注意力、坚持不懈的精神、分析能力以及反应能力都能够得到大幅提升。如果儿童想赢下一局游戏，他就必须同时发挥自己的想象力与记忆力，除此之外，儿童还必须学会在游戏的过程中运用此前所学过的各种知识并制定合适的操作策略。当然，游戏中难以预测的各种剧情也会令儿童兴奋不已。儿童游戏分为许多种，有动作类游戏、冒险类游戏、仿真类游戏、策略型游戏以及教育类游戏（教育类游戏旨在提升儿童的词汇量，锻炼他的拼写能力，甚至是绘画能力）。儿童最喜欢的游戏莫过于那些故事情节发生在外太空，出场人物为怪兽或异形的游戏。此外，字体效果以及音乐效果也十分影响儿童对某一款游戏的钟爱程度。如果儿童喜欢单人作战，那他可以选择玩手机游戏，如果儿童喜欢双人作战，那他可以选择将电子游戏机连接到电视上。当然，有些电子游戏机也适合多人作战。

的娱乐休闲活动。此外，早教机的售卖价格也相当吸引人，它只比普通的玩具要稍微贵一点点。

教育工具

只有移动的画面和悦耳的音乐（有时也可能是出人意料的声响或搞怪的声音）才能吸引儿童的注意力。目前为止，市面上存在着大量以幼教为目的的娱乐消遣产品。这些产品有助于儿童学习简单的阅读与算术。有些产品甚至能够提升儿童的语言表达能力。从娱乐角度来看，带有揭秘性质的冒险类游戏更能获得那些好奇心重且逻辑推理能力和综合分析能力极强的儿童的青睐。如果

儿童在学校学习了如何使用电子产品，那么他一定会希望能够在家中继续从事这一活动。此外，需要注意的是，父母应当控制儿童玩电脑的时间，就像控制他看电视或玩平板电脑的时间一样。最后，儿童早教机还拥有一个其他电子产品所不具备的优势，那就是父母能够设定儿童所玩的内容。这样的话，无论儿童玩什么，其实都是在父母的掌控之下。

是否允许儿童使用平板电脑

平板电脑是否真如生产商所宣传的那样有益于儿童的智力发育呢？它会不会对儿童的生理健康造成危害呢？

内容丰富

近几年来，触屏平板电脑正在逐渐成为成人送给儿童的首选产品。触屏技术的革新使得儿童能够在幼年时期便自如地使用平板电脑。我们只需使用一根或两根手指触摸屏幕便可以操控平板电脑。由于平板电脑体积小，儿童可以将其拿在手中到处跑。有些制造商甚至为 18 个月大的幼儿推出了专用的平板电脑。即便如此，大部分的制造商主要为 4~9 岁或 12 岁左右的儿童设计一些以娱乐功能或教育功能为主的平板电脑。这些平板电脑中的免费益智类应用软件基本大同小异，都旨在阅读、算术、生活科学方面为儿童提供寓教于乐的启蒙性游戏。型号不一样，平板电脑中的动画形象

便不一样，有些平板电脑中的动画形象是制造商原创的，有些平板电脑制造商则直接借用书中或动画片中早已为人所知的经典人物形象，比如：小企鹅褚比（法国的一部经典动画片）、唯唯（法国的一部经典动画片）、小红帽、金发姑娘与三只小熊、仙女、王子和公主等。

除了最基本的应用软件之外，我们还可以从制造商的在线商店、官方网站上下载其他应用软件。当然，市面上还存在一些功能更为简单的儿童平板电脑，这类电脑不能接入网络，它只提供一些益智类应用软件：游戏软件、听故事软件、音乐软件以及视频软件。大部分的儿童平板电脑都配备照相设备、视频录像系统以及音乐播放器。

平板电脑的益处

益普索（Ipsos）公司联合法国商业联合会（CGI）进行的一项调查表明，84% 的父母认为平板电脑以及学习机上的互动读

物以及益智类游戏有益于儿童的智力发育。他们甚至相信这些游戏能够让儿童体会到学习的乐趣。然而，并不是所有人都赞同这一观点，某些专家认为这类电子产品只会造就一种肤浅的思维方式，并会导致儿童注意力不集中。简言之，平板电脑输出的是一种"频繁变更"文化（即和看电视时频繁换台一样，由于选择过多从而导致儿童频繁变更，最终难以持久地将注意力集中在某一件事物上）。支持幼儿使用数码产品的科技协会就幼儿使用数码产品这一行为提出了某些建议。该协会认为成人应当严格限制儿童使用平板电脑、台式电脑以及游戏机的时间。这些数码产品只能是儿童生活中的一味临时性调料，因为从 4 岁开始，儿童必须学会自娱自乐，否则会影响他未来的身心发育。

父母并不一定非要为孩子购买儿童平板电脑，成人所使用的平板电脑也适用于儿童，只是别忘了在里面安装适合他

> 既然这些全新的数码产品能够吸引所有幼儿的目光，那么我相信它们的确存在一定的使用价值。只要我们能够通过试验证明这些数码产品可以在课堂上发挥积极的辅导作用（比如：可以告诉我们儿童在学习阅读之前，是否需要先学会写字），那么它们很有可能会成为未来新一代的教育工具。我认为平板电脑有助于书写障碍或拼写障碍儿童的学习。此外，我还注意到相比于其他电子产品而言，平板电脑更能够让那些坐立难安的儿童安坐于某一处。儿童往往容易被各种图片的表象迷惑，因此，平板电脑中的图片需慎重挑选。最后，这些数码工具还能令所有儿童都拥有一片浩瀚无边的知识海洋。

的应用程序，比如：写字软件、涂色软件。精神分析学家赛尔热·蒂斯龙（Serge Tisseron）肯定了平板电脑对儿童直觉能力以及假言推理能力的启蒙作用。这两种能力相辅相成，前者可以让儿童在不断的尝试与失败中获得真理；后者则能激发儿童潜在的想象力，开发儿童对过往经验的借鉴能力。

无线网络有危险吗

众多儿童平板电脑都需要依靠无线网络才能运行，因此，儿童一定会暴露在电磁波中。由于在接听移动电话以及智能手机的过程中，电磁波会近距离地干扰人类的耳朵与大脑，因此，近几年来，科学家们一直在普及移动电话和智能手机的

正确使用方法。目前为止，需要连接无线网络才能运行的电子设备（比如平板电脑）是否会对儿童的健康造成损害，我们不得而知。我们唯一知晓的是：儿童对电磁波尤其敏感，因为无论是他们的大脑，还是他们的脑颅都尚未发育完全。法国国家食品、环境及劳动卫生署（ANSES）认为，儿童的大脑可以比成人的大脑多吸收 50% 的

电波。虽然还没有任何实质性的证据表明电磁波会对人类大脑产生不良影响，但是出于安全考虑，法国国家食品、环境及劳动卫生署仍然建议尽量不要让儿童暴露在电磁波之中。其他研究则表明如果儿童过度暴露在手机电磁波之中的话，他很有可能会出现学习障碍、情感障碍以及多动倾向。目前为止，政府几乎没有就移动设备的使用制定明确的法律法规。然而，我们有必要在此指出，制造商们不应对 14 岁以下儿童所使用的专属平板电脑进行任何广告宣传。此外，手机制造商们应当根据所生产手机的特定吸收率数值在外包装上清晰地标明该产品的暴露等级。在家中时，父母应当将儿童每日使用平板电脑的时间控制在 10 分钟以内，此外，父母应当将无线路由器放置在远离孩子卧室的地方，只有这样，才能减少儿童暴露在电磁波之中的时间。

所有儿童平板电脑都配备了父母监控系统，该系统有助于父母检查那些即将安装在电脑上的应用程序。此外，该系统还能够限定网络连接时间或直接禁止连接网络。虽然平板电脑的包装上都会提到"安全浏览"这几个字，但现实并非如此，某些平板电脑可接入一些并未对"成人可浏览内容"与"儿童可浏览内容"进行任何区分的搜索引擎。最好的解决方法便是父母在儿童独自一人玩平板电脑的时候将无线网络关掉。

5 ~ 6 岁

警惕暴力画面

　　所有的电视节目都有可能会播放暴力画面。如果您的孩子不满 10 周岁，请慎重为他选择观看的节目，毕竟某些成人节目并不适合儿童。您需要铭记一条准则：绝对不要让孩子独自一人观看电视。

新闻画面

　　法国一家收视率监测公司 Mé-diamétrie 曾在 2014 年做过一项问卷调查，调查表明，数十万 4~10 岁儿童每天晚上都会和父母一起观看电视新闻。所观看的电视新闻画面涉及战争、种族屠杀、自然灾害、抓捕犯人以及政治抨击等。然而，法国最高视听委员会（CSA）认为，8 岁以下儿童只适合观看青少类节目。

　　一般而言，电视新闻往往会呈现出社会以及世界的某些阴暗面。晚上的时候，某些父母允许自己的孩子一边吃晚饭，一边看电视，这种做法虽然有助于孩子安安静静地将眼前的饭吃完，但也可能会让孩子看到某些阴暗的画面。如果孩子当时是独自一人看电视，这些画面会对他的心灵造成巨大的冲击。如果当时父母陪着他一起看，并且耐心地向孩子讲解画面中的内容，那么相对而言，这些画面所带来的冲击力会减小许多。

> 　　现如今，大量儿童在晚间都会与父母一同观看电视新闻。为了减轻电视新闻可能会对儿童造成的不良影响，我建议各位父母在看完新闻之后关掉电视，然后询问孩子"在看新闻的过程中，你明白了什么？哪些内容最吸引你？哪些画面最令你感动？"只要父母能够做到这一点，儿童便能与他们一同观看任何画面，当然了，色情画面除外。请不要让儿童一边吮吸"过渡性客体"，一边看电视，因为"过渡性客体"的存在只会令儿童在看电视的过程中心不在焉。此外，儿童有时会在电视上看到一些干扰他身份认同的画面，比如：一个小孩孤零零地游荡在市中心的废墟之中，或一个小孩浑身是血地躺在医院病床上。遇到这种情况，父母应当向孩子解释何为战争，并让孩子明白他不能过分沉浸在电视画面中，而应回归到属于自己的正常生活中。如果父母不做任何正确引导的话，孩子便会浮想联翩以至于到最后心生恐惧。因此，父母应当向孩子解释生活中的各种现象，而非掩饰。只有敢于坦陈内心恐惧的人才能无所畏惧。我从来不赞同父母在孩子面前粉饰太平。

如何应对

　　首先，请尽量不要在吃饭的时候开电视。现如今，许多时政频道提供回放功能，因此，父母完全可以挑选某个孩子不在场的时段观看此前的新闻内容。

　　赛尔热·蒂斯龙（Serge Tisseron）认为，让 6 岁以下儿童观看新闻虽然能够一定程度上激发他对世界的认知，但总体而言，却是弊大于利。因为幼儿如果不能将所有的暴力画面清除，至少要让那些最为血腥残忍的画面远离孩子的世界。此外，最为重要的一点是绝对不要让孩子独自一人看电视，因为一个人独处时，儿童的内心会变得极度脆弱。只要儿童能够用语言表达内心的恐惧，就画面内容向成人提问或与成人进行交流，那么暴力画面对他心灵所造成的冲击便会减轻。色情画面的危害最为严重，因为它直观地向儿童展示了他目前所不能内置化的性欲。此外，色情画面还会让儿童对自己此前所想象出的性欲定义产生质疑。

尚不能很好地消化那些令人不安的画面，这些画面会一直停留在孩子脑海中。此外，由于儿童的语言表达能力欠缺，因此他不能够很好地将自己的情感表达出来以至于他的内心久久得不到平复。而这种不安全感则会导致一系列的后果，比如会导致儿童每晚做噩梦。如果儿童年满6周岁，情况便会有所不同：这一年龄段的儿童不仅能够自如地用语言来表达自己内心的想法，甚至还能在课间休息的时候与同学一起讨论当下的热门话题。

电影、电视剧与真人秀

法国一家收视率监测公司Médiamétrie曾在2011年做过一项调查，该项调查表明，3~12岁儿童所观看的电视节目中有80%的节目并非儿童专属节目。这些节目中很有可能会出现一些少儿不宜的暴力画面。

长期观看暴力画面的儿童，内心往往波涛汹涌。儿童对暴力画面的反应取决于他的年龄与性格，不过，这一反应几乎不会即刻显现，以至于会给旁人一种假象，让人误以为他什么都没有看见。然而，过不了多长时间，有些儿童便会出现明显的"后遗症"，比如：睡眠障碍、夜夜噩梦、尿床或突然变得怕黑。更为甚者，这一后遗症还有可能会影响到儿童与身边亲友或老师的亲密关系。暴力画面所带来的心灵冲击还会导致儿童对学习丧失兴趣，或在学习过程中注意力不集中。

在观看同一档电视节目的过程中，儿童与成人所感知到的内容并不相同。并非只有那些显而易见的暴力画面才会惊吓到儿童，某些令人浮想联翩的画面同样会冲击儿童脆弱的心灵。某个在成人眼里不足为惧的细节有时也可能会对儿童造成深深的困扰。3~6岁的儿童永远只会跟着自己的感觉走。他们根本分辨不出广告与电视节目、虚假与现实之间的区别。因此，他们很有可能会将任意一一个骇人镜头误以为是真实存在的。

某些影响深远的危害

专家将儿童对暴力画面的反应进行了分类。根据神经系统学以及认知学的研究，我们发现暴力画面会在儿童不自知的情况下慢慢侵蚀他的内心。菲利普·让迈（Philippe Jeammet）教授认为，由于儿童不能用语言详细地表达自己内心的恐惧，因此，暴力画面有时会潜移默化地重塑儿童的人格以至于到最后会阻碍他的健康成长。饱受暴力画面侵害的儿童会逐渐不信任父母，而这一变化会导致儿童在认同过程中出现障碍。有时，儿童还会十分排斥成人的世界，并出现严重的学习障碍。

生活实用指南

日常护理

在日常生活中，孩子有可能会遭遇摔倒、烧伤或夹指等意外事故，这就要求父母能够迅速作出反应，采取正确的急救措施。面对因为遭遇意外事故而疼得大哭或者害怕得大哭的孩子，父母应保持冷静。如果孩子觉得特别疼，请及时让他服用布洛芬。另外，处理孩子伤口之前，请认真清洗自己的双手。

水疱：水疱一般因皮肤长时间受到摩擦而导致。如果水疱早已因摩擦而破裂，请将创可贴（药店有水疱专用创可贴）贴于伤口处。如果水疱过大，请不要将它戳破，进行简单的包扎即可。

淤青：淤青是撞击作用导致毛细血管破裂而引起的。撞击类型不同，淤青的程度也就不同：如果身体部位碰撞的是某个平面，则为浅层淤青；如果碰撞的是某个凹凸面，则为深度淤青。淤青一般需要几天时间来慢慢消退。

在处理淤青的过程中，首先，应用冰块外敷受伤部位以减轻痛感；其次，应涂抹山金车药膏以消肿（山金车药膏对眼部以及鼻部的淤青更为有效）。如果在受伤之后立即对淤青部位进行处理，效果会更好。最后，如果您孩子身上总是莫名其妙地出现一些淤青，请及时就医。

肿块：儿童头部最容易出现肿块。摔倒、磕碰家具、与别的孩子相撞都会导致肿块的出现。肿块是由于人体在碰撞的过程中，皮肤挤压到了骨头而导致的。

出现肿块之后，应先使用冰块外敷以缓解痛感，然后再涂抹山金车药膏以消肿。肿块可能会在数小时之内自行消失，也可能会在数天之内消失。如果受伤部位泛紫且痛感剧烈，或者如果儿童在碰撞之后失去了意识或出现了呕吐现象，请及时就医。

大部分肿块不会导致不良后果。然而，如果肿块出现在头部，并且呈现扩大的趋势，或者肿块导致儿童昏厥或引发了其他神经功能障碍，请及时就医。

烧/烫伤：许多物质都能导致儿童烧/烫伤，比如：水、火、电、化学物或过热的物体。烧/烫伤面积是衡量烧/烫伤程度的一个重要指标。如果烧/烫伤面积占人体表面积的10%以上，则后果比较严重。此外，烧/烫伤部位也是衡量烧/烫伤程度的一个重要指标。如果烧/烫伤部位为脸部、手部以及生殖器部位的话，后果则不堪设想。最后，还需要考虑烧/烫伤类型，如果是被电伤的话，结果往往不太乐观。您还需要记住：年龄越小的儿童越脆弱。另外，请不要听信所谓的"民间偏方"，也绝对不要在伤口处涂抹橄榄油或醋。

我们将烧/烫伤分为以下三个等级。

● 一度烧/烫伤：仅伤及表皮，局部呈现红肿却无水疱。烧/烫伤部位可以暴露在空气中，不过请注意，请勿让受伤部位接触温水或其他热源，以免痛感加剧。

•二度烧/烫伤：伤及真皮，且通常会产生水疱。如果受伤面积不大的话，使用无菌纱布进行包扎，然后等待皮肤自行修复即可。

•三度烧/烫伤：伤及皮肤全层，甚至可深达血管、肌肉、神经等。三度烧/烫伤需要医生及时进行处理。就医前，需要根据不同的情况进行不同的处理。

如果是被火烧伤，请不要脱掉伤者破碎的衣服，也不要在伤口处涂抹任何物品。请用干净的纯棉衣物遮挡伤口以免感染。然后立即送医。

如果是被水蒸气或化学物品烫/灼伤，那些残留在儿童衣物上的水蒸气或化学物品会继续烫/灼伤他的身体，因此，请将其衣服脱掉，然后立即送往最近的医院。

如果是被酸性物质或碱性物质灼伤，请用大量温水对伤口进行10~20分钟的冲洗，然后再将儿童送往医院。

如果化学物品溅至儿童眼里，请用温水对眼睛进行10~20分钟的冲洗，然后再将儿童送往眼科诊所或医院。

喉咙中的异物：见第613

页的急救措施。

鼻腔中的异物：如果外物的一部分进入鼻道中的话，可以使用拔毛钳将其取出。但是，如果外物完全进入鼻腔，请不要尝试着用拔毛钳将其取出，因为您的这一做法有可能会将异物推至鼻腔的更深处或者直接伤害到鼻腔黏膜。

如果儿童年龄尚小并且还不懂得"吸气"与"呼气"的区别，那么最好将他送往医院。

如果儿童年龄稍长的话，先让他低下头，然后大口地用嘴吸气。之后，再将那只无异物的鼻孔堵住，让他用力地呼气。如此反复多次直至异物排出。

眼中的异物：大部分情况下，眼中的异物为灰尘、沙子或土，有时也可能是小飞虫。当儿童眼睛进入异物时，请不要让他用手揉眼睛，因为这一动作会导致眼睛受到刺激或受伤。但是，如何将滑到眼皮下的灰尘弄出来呢？您可以用生理盐水滴入孩子的眼中，以便将异物冲洗出来。

如果异物隐藏在上眼睑下面，那么您可以先让孩子往下看，然后轻轻地将上眼睑往上翻，最后再用干净手帕或湿润的棉签将异物擦出。

如果异物进入了眼角膜，那么需要立刻就医。就医之前，您需要让孩子轻轻地将眼睛闭上以确保眼珠不会再转动。

耳中的异物：耳中的异物只能由医生取出。在取出的过程中，医生首先会对耳朵进行冲洗，然后再借助专门的医疗工具取出异物。

割伤：如果伤口较小，请先对伤口进行消毒，然后再包扎以防感染。如果伤口较大、较深且出血，请先用一块干净的手帕或纱布压住伤口10分钟左右。如果纱布湿透了，请不要将其撤走，而应在它的上面覆盖另一块新的纱布。

当出血速度放缓时，请对伤口进行压迫性包扎，比如：可以先将几块手帕或一盒纱布叠在一起，然后压在伤口处，最后再用条状物系好。不过请不要系太紧以防阻碍血液循环。包扎完毕之后，请将受伤的胳膊/腿轻轻抬高。如果出血时间过长，请及时就医。儿童年龄越小，受伤出血的后果就越严重，因为他的总血量比成人的要少。

落齿：最脆弱的牙齿莫过于乳牙以及切牙。如果牙齿没有完全掉下来，仍在原本位置上的话，请不要让儿童触碰，并且请立即将儿童送往急救中心。如果牙齿掉下来了，请先用冷水或生理盐水进行冲洗，然后再将其重新放回儿童的牙槽中，最后将儿童送往牙科诊所或急救中心。

牙齿掉落与重新植入之间的时间间隔最好不要超过20分钟。如果您无法将落齿放回牙槽的话，可以将其放在一块干净的湿手帕中。

夹指： 门、窗、护窗板都有可能让儿童的手指受伤。如果夹伤程度不严重，可以直接在伤口处涂抹一些山金车药膏。如果伤口痛感十分剧烈，请用纱布或毛巾包住冰块进行冷敷。如果手指泛紫且指甲受损严重，请将孩子送往最近的医院。

刺： 最好立即将刺取出以防感染，因为伤口一旦感染，则会增加痛感。先将儿童带至明亮处，然后用火焰对针进行消毒，将皮肤挑开，之后再用事先已经经过了酒精消毒的拔毛钳将刺夹出，最后从伤口处挤出一滴血，再用灭菌剂对伤口进行消毒。

擦伤： 擦伤是最常见的一种外伤，虽然擦伤一般不会导致什么严重后果，但是仍然需要温柔对待。

在处理儿童的擦伤伤口前，请您仔细地将自己的双手洗干净，然后用生理盐水对儿童的伤口进行消毒，最后再用清水进行冲洗即可。几个小时之后您还需要重新查看一下伤口以确认是否有感染的迹象。请注意，如果擦伤部位为唇部或鼻部，请保持警惕。

扭伤： 摔倒以及姿势不正都会导致脚踝、手腕或膝盖扭伤。扭伤之后，儿童便不能移动自己的四肢，又或者他可能会因为四肢的微微一动而痛苦万分。关节扭伤处往往会出现红肿迹象。最好将儿童送往医院以确认他是否骨折。

医生会在扭伤处涂抹一些药膏，然后用绷带固定受伤关节。

窒息： 气球、糖果、一小块吞咽失误的食物或一口水都会导致儿童呼吸困难，甚至窒息。这种情况下，要想将异物排出，可以采取以下措施：如果儿童年龄尚小，让他脸朝地面，趴在您的前臂或者大腿上；然后，用另一只手在他背部的肩胛骨之间进行较有力的击打。如果儿童呼吸困难，请直接将手伸入儿童的口腔以寻找引发他窒息的异物。呕吐同样有助于异物的排出。如果儿童被异物堵得既不能说话、也不能咳嗽、还不能呼吸，请采取海姆立克（Heimlich）急救法。

另外，塑料袋也会导致儿童窒息。生性爱玩的儿童会把塑料袋套在自己的头上，然后在吸气的作用下，塑料袋会紧贴儿童的脸庞导致他暂时性地不能呼吸，而这一状况又会令儿童惶恐不安从而影响他做出正确的判断。因此，我建议您不要让儿童玩塑料袋。

骨折： 骨折可分为多种类型。如果情况较为简单，那么可能只是一根骨头发生了完全断裂或部分断裂，不过断裂的碎片不会移位。如果情况较为复杂，那么可能是一根骨头出现了多处断裂或几根骨头同时断裂。最后，开放性骨折会导致骨头出现裂缝，皮肤出现伤口。一般而言，儿童在摔倒之后易出现骨折现象，这种情况下，他会喊疼，并且无法挪动受伤的肢体。

此外，受伤处还可能出现变形、血肿或肿胀等异常现象。如果受伤肢体没有接受固定处理，一定不能让儿童挪动该肢体。到底该如何固定受伤的肢体呢？您必须在不挪动受伤肢体的情况下，将骨折处关节的上下两端用夹板固定。简单固定之后，请立即将儿童送往医院。另外，在送医途中，请不要让儿童吃喝东西，因为他有可能需要接受外科手术。

被猫抓伤：被猫抓伤以后，可能会患上所谓的"猫抓病"。该疾病往往表现为区域淋巴结肿大。因此，被猫抓伤以后，需要立即对伤口进行消毒。如果伤口较多、较深，且出现了伤口疼痛、腋窝或腹股沟肿胀等症状，请及时就医。

伤口感染：为了防止伤口感染，需要先对伤口进行清洗，再用无菌纱布进行包扎。请注意，如果伤口疼痛，且伴有肿胀、发炎迹象，那就意味着伤口受到了感染。

如果伤口周围出现了红丝，或伤口周围的皮肤出现了紧绷感，又或者伤口出现了针刺一般的持续痛感，请及时就医。

中毒：中毒可分为以下几种类型。

• 食物中毒：食物中毒的症状表现为呕吐、恶心、腹痛、腹泻、发烧或神经障碍。如果呕吐时间超过半小时，腹痛时间超过 2 小时，请及时就医。如果中毒后儿童的身体基本状况发生了变化，那么必须找出原因。食物中毒之后，应让儿童平躺在床上，让他补充水分以免脱水，至于是否进食，则看儿童的个人意愿。

• 药物中毒：儿童之所以会药物中毒，要么是因为所服用剂量不对，要么是因为父母自行给他用药，要么是因为他误服了不属于他的药。

这种情况下，请给急救中心打电话。然后，请将儿童所服用药物的外包装找出以便确认药物的成分，如有可能，最好再将医生所开的处方找出。

• 家庭清洁物品中毒：大部分家庭清洁物品对儿童来说都是潜在的危险。比如：次氯酸钠消毒水（高浓度的更具杀伤力）、软水剂、洗洁精、除锈剂、洗发水等。某些家庭清洁物品甚至含有剧毒，比如：杀虫剂、灭鼠药。

所吞服物品的类型不同、剂量不同，儿童所受到的伤害也就不同。有些物品可能会导致儿童恶心、呕吐、多涎、腹泻、流泪、咳嗽，有些则会导致儿童的血液循环出现障碍（灭鼠药）、肾功能出现障碍（杀虫剂）、肺功能出现障碍（去污剂、汽油）以及神经系统出现障碍（去污剂、杀虫剂）。

儿童中毒后，请不要惊慌失措。您应当迅速确定儿童中毒的原因，然后立即将他送往最近的医院。通常情况下，不要让他喝水，也不要试图让他将毒物吐出，尤其是当所吞物品为去污剂或腐蚀性物品时。如果儿童误服了次氯酸钠消毒水，请让他大量喝水，一定不要喝牛奶，因为牛奶会加速有毒物质在体内的扩散。然后在最短的时间内将他送往急救中心。

被狗咬伤：如果只是被狗蹭了一下，只需要对伤口进行消毒，然后再涂抹一些山金车药膏即可。

如果是被狗咬伤了的话，则需要先用水冲洗伤口，然后再涂抹一些灭菌药，最后再将儿童送往医院。请不要忘记携带儿童的疫苗注射本（以确认他是否对破伤风免疫）以及狗的疫苗注射本（以确认它是否注射过狂犬疫苗）。如果咬伤部位是脸部的话，则需要住院治疗。

被蛇咬伤：一旦被毒蛇咬伤，伤口会剧烈疼痛、迅速肿胀，人体也会出现不良反应，比如：头晕目眩、心慌、呼吸困难……这种情况下，您首先需要让孩子保持冷静，并让他保持不动以免血液循环加速。然后再拨打救助电话（电话号码为 120）

或直接将孩子送往医院。千万不要压迫到儿童的伤口。

如果您想对伤口进行消毒，也请不要使用酒精或乙醚，以免加速毒液的扩散。在解毒的过程中，医生一般不建议使用阿斯匹弗宁（Aspivenin），而会选择使用抗蛇毒血清。

阴茎被夹：这种意外状况往往发生在小男孩身上。有时，儿童在拉裤子拉链的时候过于急切便会导致这一惨剧的发生。这种情况下，您不要试图将儿童的阴茎强行抽出，因为这一做法只会加剧他的痛感。您应当立即将他送往医院，医生会对他实施局部麻醉。

昆虫叮咬：蜜蜂、胡蜂、黄蜂的叮咬会对人体造成伤害。不过，人体的受损程度要视叮咬昆虫的数量以及叮咬部位而定。在叮咬的过程中，蜜蜂、胡蜂以及黄蜂会依靠自己那长有倒生刺的螯针将毒液注入人体。之后，被蜇部位便会红肿并伴随剧烈痛感。

• 如果只被一只蜜蜂蜇，并且螯针仍残留在体内的话，请用一根经过了火焰消毒的针将螯针挑出。不过请注意，在取出的过程中，千万不要将末端的毒囊弄破。之后，再为儿童涂

抹一些抗组胺药膏。为了避免伤口发炎，您还可以再为儿童涂抹几滴酒精、氨水或醋（仅限极端情况）。如果儿童身体出现了不良反应，请将他平放在床上／地上，然后再打电话通知医生。

• 如果叮咬部位为唇部的话，则十分危险，因为有可能会引起儿童呼吸困难。这种情况下，请立即将儿童送往医院。

• 如果是被数只蜜蜂蜇的话，则十分危险，因为进入体内的毒液较多。这种情况下，请将儿童平放在床上／地上，然后再打电话通知医生。

• 如果是被蚊子叮咬的话，则几乎不会对身体造成任何伤害。蚊子之所以会叮咬人类，完全是为了填饱肚子。在吸血的过程中，蚊子会通过螯针释放微量的毒液。蚊子的唾液中含有防止血液凝固的抗凝剂、保持血管通畅的血管扩张剂，以及防止宿主感知蚊子的麻醉剂等化学物质。被咬之后，伤口会红肿发痒，这使得儿童忍不住想去挠，这一举动无疑会雪上加霜。

植物刺伤：如果是被植物，尤其是被荨麻刺伤，请用清水冲洗伤口，然后再涂抹一些抗组胺药膏以缓解伤口的疼痛感。另外，请确认儿童注射的破伤风疫苗是否还有效。有些儿童

被植物刺伤之后，可能会出现过敏反应。这种情况下，请让他服用一些抗过敏药物。

流鼻血：当儿童发生碰撞或摔落事故的时候，很有可能会鼻子流血。这种情况下，请让儿童低下头以免鼻血流入喉咙。然后再用手指压住流血的那一侧鼻腔或直接捏住儿童的整只鼻子（让儿童用嘴呼吸）直至血液凝固。之后的一个小时内，请不要让儿童咳嗽或擤鼻子。如果流血现象得不到缓解，请将蘸有止血药或双氧水的纱布卷成条状，然后塞入流血的那一侧鼻腔中，别忘了留一段纱布在鼻腔外。

中暑也会导致鼻子流血，并且这一症状往往发生在低龄儿童身上。这种情况下，请先将湿毛巾敷在儿童的额头以及颈部，然后将其送往医院。

如果是由于头部受到了撞击或其他严重事故而引起的鼻子出血，则需要让儿童蜷着双腿侧躺，将头微微往后仰以免呼吸道堵塞，此外，儿童的嘴以及鼻子须朝向地面方向。之后，再让儿童保持这一姿势不动，然后将其送往医院。

一般而言，鼻子受伤之后，流血现象会在一天之内反复出现2~3次，并持续数天。如果超过这一频率，请及时就医。

急救措施：适用于3岁以下儿童

儿童不小心吞服了异物或者异物不小心卡在了儿童的喉咙里时

如果儿童不满3岁，让他脸朝地面，趴在您的前臂或者大腿上，然后，用另一只手在宝宝背部的肩胛骨之间进行5次较为有力的击打。

如果儿童已年满3岁（含3岁），可采用海姆立克（Heimlich）急救法：从背后用双臂环绕孩子的腰部，左手握拳，

右手从前方握住左手手腕，使左拳虎口贴在孩子胸部下方、肚脐上方的上腹部中央，然后用力收紧双臂，进行从前往后、从下往上的挤压动作，以便将肺部空气清空，进而排出异物。

儿童所穿衣物着火时

请迅速将他放倒在地以避免火势蔓延，然后再用非合成材料制成的厚衣物或被子将火扑灭。之后，用冷水对伤口进行冲洗（冲洗过程中请勿触碰伤口处的衣物）。最后再将孩子送往医院或者拨打救助热线。

儿童发生撞击事故导致休克时

请让其蜷着双腿侧躺，然后将一个软垫垫在他的头部下方，并让他将头部微微往后仰。最后，让儿童保持这一姿势不动。

常用药品必备

为了避免发生意外事故时惊慌失措，请您在家中准备一些常用药品。

新生儿必备

· 用于治疗皮肤过敏的药物。

· 一瓶婴儿油。

· 用于清洗眼睛以及鼻腔的专用生理盐水。

· 用于缓解尿布疹的润肤霜。

· 退烧药。

· 用于缓解婴儿长牙时疼痛的牙龈舒缓凝胶。

· 一根体温计或耳温计。

注意事项

· 医药箱应上锁，且放置于婴儿的接触范围之外。

· 药品的有效日期一般印在纸盒包装上，请在有效期内服用药物。

· 使用眼药水以及糖浆时，应仔细阅读说明书，了解开封后的最佳使用期限。请定期检查药品的有效期。

· 将婴儿专用药品与成人专用药品分开放置。将栓剂类药品置于冰箱冷藏。

· 在医药箱内放置一张写有各种急救电话的卡片。

儿童必备

· 处理各种伤口必备：不刺激的医用消毒液或消毒喷雾（最好使用消毒喷雾）、胶布、浓度为75%的医用酒精、无菌纱布。

· 摔伤、夹指必备：酊剂、吸水性强的医用棉花、长度中等的弹力绷带、纱布绷带。

· 身体不适（感冒、腹泻等）必备：扑热息痛胶囊／药片（使用之前请仔细阅读说明书，使用剂量请遵医嘱）、止咳糖浆。

· 烧伤必备：油纱布、舒缓药膏。

· 蚊虫叮咬必备：舒缓药膏。

· 体温计：一般可以选购前额式温度计或肛门测温计。不过，耳温计只需要3秒便能获取结果，唯一的缺点就是价格比较高。

· 所有年龄段儿童的必备品：一把小剪刀、一把拔毛钳、几颗安全别针。

适宜6岁以下儿童的运动

所有的低龄儿童几乎都不知道自己到底对何种运动感兴趣。因此,作为父母,您为何不让他在年幼的时候体验各种不同的运动以便他能在 6 岁左右的时候找到真正感兴趣的运动呢? 我们在下文中为您罗列了常见的儿童运动。

● 适宜 2~3 岁儿童

·**骑自行车**:从 2~3 岁开始,儿童便能骑自行车。6 岁左右,他便能报名参加自行车俱乐部。骑自行车不仅有助于儿童精神运动能力的发育、平衡能力的发育,还有助于培养他的身体协调性。

● 适宜 3 岁儿童

·**滑冰**:儿童从 3 岁开始便可以穿上特制的滑冰鞋开启他的滑冰之旅。5 岁的时候,则可以穿上正常大小的滑冰鞋滑冰。由于滑冰场地温度低、空气潮湿,因此,哮喘儿童最好不要从事该项运动。

● 适宜 3~4 岁儿童

·**游泳**:游泳是法国小学的必修课,并且许多幼儿园都已经开设了这门课程。任何一位儿童,无论高矮胖瘦,都可以学习游泳。

·**滑雪**:3~4 岁的儿童可以在家人的陪同下体验在雪道上下滑的乐趣。滑雪培训班一般只接收 6 岁以上的儿童。

● 适宜 4 岁儿童

·**跳舞**:从 4 岁开始,儿童便可以系统地学习跳舞。跳舞有助于儿童培养身体的协调性与节奏感。

·**柔道**:从 4 岁开始,儿童便幻想着穿上柔道服将教练击败。他的终极目标便是成为黑段。

● 适宜 5 岁儿童

·**篮球**:5 岁儿童可以尝试一下打篮球。这项运动有助于锻炼儿童的精神运动能力、起跳能力、奔跑能力以及投掷能力。此外,篮球也是一项不错的集体运动。

·**手球**:5 岁儿童还可以尝试一下打手球。手球有助于锻炼儿童的奔跑能力、起跳能力以及投掷能力。此外,手球同样也是一项不错的集体运动。

● 适宜 5~6 岁儿童

·**马术**:儿童从 5~6 岁开始便能登上一匹体型矮小的普通马或果下马了。儿童需要学习如何端坐在马鞍上,如何驾驭身下的小马。在骑马的过程中,他能体验到前所未有的快乐。不过骑马的唯一弊端就是会造成儿童背疼。

● 适宜 6 岁儿童

·**击剑**:儿童从 6 岁开始便能学习击剑。击剑有助于儿童明白姿势、纪律以及尊重对手的重要性。

·**足球**:我们建议 6 岁儿童学习踢足球。足球是一项需要某些特定技巧(比如:传球、停球)的团队运动。不过,我们不建议 12 岁以下儿童去参加任何足球比赛。足球队员并不需要有多么强健的体魄,但他一定要有快速的反应能力与身体弹跳能力。

·**网球**:从 6 岁半开始,儿童可以学习打网球。但是,在正式学习之前,教练会要求儿童将身体锻炼强壮。

医学词汇汇总

A

阿司匹林：阿司匹林的医学名称为乙酰水杨酸，它具有消炎、镇痛的功效。阿司匹林的服用剂量需根据患者的实际年龄而定，6 岁以下的孩子不建议用阿司匹林。因此，服药之前，最好询问医生或仔细阅读药品说明书。

艾滋病：孕妇妊娠期时，可以借助多种疗法来预防艾滋病的母婴传播。现如今，艾滋病病毒的母婴传播率已经从 1997 年的 20% 降至了 1% 以下，母乳传播率则为 6%。一般而言，医生会在婴儿出生后的第 3 天、第 1 个月、第 3 个月以及第 6 个月对他进行艾滋病检测。15% 的感染儿童会出现严重的发育障碍。

B

百日咳：百日咳是一种传染性疾病，潜伏期为 8~15 天。新生儿、幼儿，甚至是已经注射过百日咳疫苗的儿童都有可能会感染该疾病。

新生儿一旦患上百日咳，处境会变得十分危险，因为剧烈的咳嗽有时会导致儿童的呼吸道堵塞，从而威胁生命安全。

发病初期，儿童会出现鼻咽炎症状，之后则会轻微咳嗽，紧接着，轻咳会慢慢演变成阵发性、痉挛性咳嗽。阵咳的时候一般会咳出痰液或吐出胃内容物。百日咳的临床症状一般会持续 4~6 周，在恢复期，儿童仍会咳嗽一段时间。百日咳不会导致儿童发热。

如果儿童患有百日咳，请将他隔离起来。如果患病儿童所接触的亲朋好友（无论年纪大小）中有人未曾接种过百日咳疫苗，请及时通知医生，医生会教他们做好预防措施。

包茎：包茎其实是一种包皮萎缩现象，它会导致包皮不能上翻露出阴茎头。这种情况下，需要进行手术治疗。包皮环切术只能在儿童年满 5 周岁以后进行。包茎容易导致龟头感染，此外，它还会影响成人的性生活。

包皮环切术：包皮环切术是指将阴茎处的多余包皮切除以使龟头外露。

包皮环切术同样适用于治疗包茎（包茎是指包皮口过小以至于不能上翻露出龟头）这一非正常生理现象。

鼻窦炎：之所以会出现鼻窦炎，是因为鼻窦受到了感染。婴儿一般不会患上该疾病，因为他的窦道尚未形成。年龄稍长的儿童有时会因为感冒而引发鼻窦炎。鼻窦炎的临床表现为眼睑红肿、流脓涕、高烧等。因此，当儿童患上鼻窦炎时，应及时就医。

当然，鼻窦炎最常见的临床表现为头痛。一般而言，这种情况下，医生会开一些镇痛药。

鼻炎：鼻炎分为细菌性鼻炎以及过敏性鼻炎。患上鼻炎后，儿童会打喷嚏、流鼻涕、双眼发红以及流泪。这种情况下，只需要对儿童进行脱敏治疗即可。

鼻咽炎：感冒意味着鼻腔发炎。如果发炎现象蔓延至后鼻腔或咽部，则会引发鼻咽炎。鼻咽炎对于某些儿童而言，无疑是一场灾难，因为它会引起咳嗽与发热现象（发热现象会在 48 小时后消失）。一般而言，

6个月以下的婴儿不会受到鼻咽炎的侵害，但是如果婴儿经常与大龄儿童相处的话，则会增加他患鼻咽炎的概率。秋末、隆冬以及初春是鼻咽炎的高发期。鼻咽炎对婴儿的影响要比对大龄儿童的影响更为严重，因为婴儿总是躺着，所以鼻咽炎产生的黏液很容易导致婴儿呕吐。此外，细菌感染有可能会蔓延至婴儿的耳部或肺部。鼻咽炎的治愈周期因人而异。

为了避免让儿童患上鼻咽炎，请做好预防措施，比如：尽量不要让儿童接触患病人群；当您感冒时，请及时佩戴医用口罩以遮挡口部与鼻腔；当儿童感冒时，请及时就医，医生会告知治疗方法以及注意事项；如果感冒引起了其他并发症，也请立刻带孩子去看病。

如果您想缓解鼻咽炎带给孩子的不适感，请用生理盐水清洗他的鼻腔。如果儿童鼻子周围以及上唇周围的皮肤出现了红肿现象，请涂抹一些甘油软膏。此外，请让儿童服用糖浆以便清理淤积在他们喉部的黏液，最后，若孩子发热超过38.5℃，别忘了让孩子服用扑热息痛以退热。

扁桃体：扁桃体位于口腔后端、小舌两侧。它的上半部分能够为肉眼所见，下半部分则被腭舌弓遮盖。目前为止，我们尚不清楚扁桃体的具体作用。不过，我们发现扁桃体能够分泌一种有助于保护上呼吸道的抗体。虽然大多数情况下，病毒性或细菌性的咽峡炎或扁桃体炎不会导致任何严重后果，但是，如果咽峡炎或扁桃体炎频发的话，最好听从医生建议，必要时切除扁桃体。

扁桃体切除手术只适用于4岁以上的儿童。一般而言，手术前，医生会对患者进行全身麻醉。手术后，患者只需要住院观察1天即可，有时，患者也可当天出院。伤口愈合需要8~10天，因此，在这段时间内，儿童只能吃冷食以减小伤口出血的概率。

便秘：如果儿童大便干燥并且大便次数过少，那就意味着他便秘了。有时，儿童会因排便痛苦而拒绝排便。儿童之所以会便秘，可能是因为消化不良（比如喝奶粉不吸收），也可能是因为固体辅食，还可能是因为饮食过于单一化。除此之外，儿童便秘也可能是由某些心理因素造成的，比如：在培养卫生意识这一阶段中，儿童会因为害怕家中的马桶或集体场所（比如幼儿园）的公厕而拒绝排便。当然了，便秘甚至有可能是因为儿童的肠道畸形，不过，这种情况比较罕见。如果儿童便秘，可以让他空腹喝无糖橙汁，多吃蔬菜水果，或者使用甘油栓剂。如果这些方法都无效的话，请及时就医。

病毒性肝炎：病毒性肝炎分为甲型病毒性肝炎和乙型病毒性肝炎。发病初期，患者会出现发热、疲劳等症状，之后，则会出现黄疸、肝区疼痛等症状。在接受治疗2周之后，所有的不适症状都会逐渐消失。甲型肝炎是良性疾病，乙型肝炎有时会导致某些并发症。

甲型病毒性肝炎能够通过各种污染物品（即被患者接触过或使用过的物品）进行传播。乙型病毒性肝炎则是通过血液进行传播，尤其是通过输血传播，比如：胎儿能够通过胎盘感染乙肝病毒，而这只能在其出生后的第2个月检测出来。

丙酮：在过去，儿科医生会建议让儿童喝几小勺糖水以便增加体内的丙酮含量，因为丙酮匮乏会导致儿童呕吐，舌苔厚白。一般而言，丙酮匮乏常见于1~6岁儿童，因为这一年龄段儿童的肝功能尚未发育完全。此外，鼻咽炎以及中耳炎也会导致儿童体内的丙酮含量下降，并让儿童产生疲惫感。这种情况下，需要及时就医，并且尽量避免让儿童食用蛋类以及油脂类食物。此外，您还需要让儿童多多补充糖分，因此，您可以让儿童饮用少许可乐，因为可乐中含有某些抗吐物质以及有助于人体肌张力恢复的物质。

C

肠道寄生虫：儿童体内最常见的肠道寄生虫莫过于蛲虫、蛔虫、绦虫以及鞭毛虫。请不要在毫无医嘱的情况下自行服用驱虫药，因为如果您选错了药品或服用剂量不准，很有可能出现药效不济或药物中毒这两种情况。只要遵照医生所建议的剂量，市面上的驱虫药就都能发挥驱虫的效果。勤洗手有助于预防寄生虫进入体内。

● 蛲虫：蛲虫是一种长5~10毫米的白色蠕形动物。蛲虫的虫卵可通过口腔进入人体。成年蛲虫会在人体的大肠内进行交尾。雌性蛲虫则会在人体的肛门区域产卵。人类感染蛲虫后所表现出的症状并不明显，偶尔会出现肛门发痒、消化不畅、恶心想吐、食欲不振、腹痛腹泻、神经衰弱、情绪低落、心烦意乱、失眠多梦等情况。

感染蛲虫后，需口服驱虫药。

● 蛔虫：蛔虫身体呈圆柱形，中段较粗，两端逐渐变细，身长15~20厘米，粗4~5毫米。食用或饮用遭受了农肥或粪尿污染的未熟蔬菜或液体，便会导致其中的蛔虫虫卵通过消化道进入人体内部。幼虫会穿过小肠内壁，先到达心脏部位，而后再游向肺部，之后抵达呼吸道，最后在人类吞咽的作用下，进入消化道。

部分雌性蛔虫所产的虫卵会通过人类的粪便排出体外，有些成年蛔虫可以游至人体的口腔部位，之后在人类剧烈呕吐的作用下被排出体外。和蛲虫一样，蛔虫的存在往往不易被察觉。不过，从症状上来看，人类感染蛔虫后，可能会咳嗽、消化不良、恶心、腹泻、呕吐、腹痛、大便带血、肛门发痒或神经衰弱。医生会为儿童开具驱虫药，然后在服药数周后，对儿童的粪便进行检查，以确认蛔虫是否已经完全被清除。

为了防止儿童感染蛔虫，请确保其所食用的水果或蔬菜是已清洗干净的，并勤给儿童洗手。另外，负责儿童饮食的成人也应该经常洗手。最后，建议您及时清理家中其他小孩所排出的粪便。

● 绦虫：绦虫为一种扁平

的带状扁形动物，身长4~10米。绦虫由节片组成，尾节隐藏着虫卵，头节则依靠吸盘紧紧地依附在人体的消化道上。如果儿童食用了生肉或未完全熟透的家畜肉（通常为猪肉或牛肉），则很容易感染绦虫。一般情况下，绦虫的存在不易察觉，只有在粪便中或内裤上发现了脱落的节片，才能发现它的存在。感染绦虫有时会引发以下不良症状，比如：常感疲惫、常感饥饿、头晕目眩、心悸以及腹痛。发现自己感染绦虫后，请及时就医。

● 鞭毛虫：鞭毛虫是一种十分细小的寄生虫，只有在显微镜下才能看清它的身形。如果食用或饮用了不干净的食物或液体，则很有可能会感染鞭毛虫。鞭毛虫寄生在人体的小肠内，会导致消化障碍。

肠梗阻：新生儿之所以会出现肠梗阻，是因为疝气或消化道畸形。一旦出现肠梗阻，儿童会焦虑不安、呕吐、脸色突然变得苍白、不停啼哭等。此外，由于儿童的肠道消化不畅，他会拒绝进食。这种情况下，需及时住院治疗。

肠绞痛：肠绞痛是一种常见的小儿症状。一旦肠绞痛，婴儿便会毫无预兆地号啕大哭，而这一现象往往发生在傍晚时分。不过，幸运的是，大部分情况下，幼儿肠绞痛会在第3个月左右自行消失。有时，幼儿之所以肠绞痛，是因为他们的神经控制系统尚未发育完全，从而导致了肠道气体淤积不散。有时则是因为他们所吃的食物不易消化，或者受了风寒，又或者是因为心情不畅。此外，请注意，有时半成品的冷冻面团也会导致儿童肠绞痛。

一般情况下，您无须为幼儿肠绞痛感到担忧。但是，如果肠绞痛过于频繁，且持续时间长，甚至出现了呕吐现象，那么您需要及时将儿童送医治疗。另外，您还可以将幼儿竖抱，或让他平趴在床上，然后轻轻地为他按摩，以缓解疼痛。

肠胃炎：肠胃炎是指胃与肠道同时发炎，一般表现为腹部疼痛、呕吐、腹泻。一旦儿童出现肠胃炎，需立即接受治疗，因为肠胃炎有可能会导致儿童严重脱水。

由病毒、沙门氏菌或葡萄球菌引起的病毒性肠道感染或细菌性肠道感染会导致儿童严重腹泻。此外，有的时候，肠胃炎也会导致其他并发症，比如耳炎。一旦患上肠胃炎，儿童便会变得苍白无力、萎靡不

振。此外，儿童会不停地哭泣。这种情况下，您应当立即将孩子送往医院接受治疗。

传染性疾病：幼儿可能会感染麻疹、流行性腮腺炎、百日咳、猩红热、水痘和风疹等疾病。一旦患上这些传染性疾病，儿童就必须接受隔离治疗以至于不能再继续上学了。这些疾病在潜伏期末期以及发病初期的传染性最强。每种疾病的潜伏期都不一样（详见词条"潜伏期"）。不过，随着疫苗注射的普及，麻疹、流行性腮腺炎、风疹以及百日咳这四种传染性疾病几乎已经在法国绝迹了。

D

打嗝：打嗝是因为膈肌不由自主地收缩，空气被迅速吸进肺内，两条声带之中的裂隙骤然收窄，从而引发了奇怪的声响。打嗝常见于吸气过程中的中间阶段或收尾阶段。

大部分情况下，儿童之所以会打嗝，往往是因为他吃饭过快、过饱从而导致胃部膨胀。有时，不良情绪也会导致儿童打嗝。打嗝不会对人体造成任何实质性的伤害。

带状疱疹：带状疱疹十分

容易诊断，因为患上该疾病后，人体的感觉神经通道、胸部、耳廓、前额或眼皮处都会冒出水疱。

引发带状疱疹的病毒与引发水痘的病毒为同一种。水疱在出现后的10天内会自动干瘪并结痂。似乎带状疱疹带给成人的痛感要比带给儿童的更为强烈。

蛋白尿：如果人体尿液每日所排出的蛋白含量较少，则无须过分担心。但是，如果人体尿液每日所排出的蛋白含量超过了150毫克，则意味着"蛋白尿"的出现。蛋白尿往往由高烧引起，并且一定程度上反映了肾脏功能的异常。不过有时，即使儿童没有生病发烧，他尿液中的蛋白含量依然居高不下。这种情况下，最好做一个详细的尿液检查。

癫痫：癫痫主要表现为无任何发热症状的痉挛抽搐。癫痫可能由脑损伤引起，然而，大多数情况下，我们并不能找到癫痫真正的发病原因，为此，医生将其称为原发性癫痫。发病过程中，儿童首先会突然丧失意识、跌倒、身体僵硬紧张，随后四肢痉挛抽搐、两眼翻白、呼吸受阻、脸颊发紫。发病过程会持续几分钟，随后儿童会

慢慢放松并进入睡眠状态。当他醒来时，什么也想不起来。癫痫也可能只是部分性发作，比如：有的时候只是简单地肌肉紧缩、眼神不定或脸部僵硬几秒钟。

癫痫患者应接受实时监控治疗。只有接受治疗，才有可能最终治愈该疾病。此外，癫痫患者必须要有规律的生活，尤其是保证良好的睡眠质量和充足的睡眠时间。不建议癫痫患者玩视频游戏，因为视频游戏可能会导致疲劳加重，从而引起癫痫发作。此外，有些视频图像可能会导致患者神经元受到过度刺激，从而引起癫痫发作。

冻疮：冻疮是人体对寒气的一种异常反应，主要表现为皮肤会出现红肿性斑块或硬结。最初的时候，皮肤表面光滑亮泽，之后则会变成紫色。在潮湿寒冷和强烈阳光的刺激下，冻疮处会出现极度瘙痒感。不过，只要接受治疗，冻疮一般会在2~3周内痊愈。为了避免儿童患上冻疮，请尽量为他选择一些宽松的衣服，以便湿气能够顺利地排出体内。此外，请给孩子多穿几件衣服，以便隔绝冷空气，形成保护层。冬天时，需要给您的孩子穿戴上温暖的袜子和手套。

E

鹅口疮：鹅口疮由口腔黏膜处的真菌引起。一旦患上鹅口疮，您的孩子便会拒绝喝奶，此外，他还会出现呕吐症状。患者的口腔黏膜会变红，舌头表面会变滑，甚至发光。一段时间之后，患者的口腔内会布满白色的小颗粒。随后，这些针头大的小颗粒会慢慢变大变多，最终汇合成群，变成浅黄色。一旦患上鹅口疮，必须及时就医。医生会用含有小苏打的溶液对患者的口腔进行清洗，有时，甚至需要用蘸有抗真菌溶液的敷料对口腔内部进行治疗。

耳痛：如果婴儿耳痛，那么他躺在枕头上时便会不停地左右摇晃脑袋，但怎么都找不到一个舒服的睡姿。此外，他会用手不停地揉耳朵。如果儿童会说话，那么他便会通过语言来表达自己身体的不适。

毫无疑问，婴幼儿耳痛多半是由耳炎所引起的。不过，您同样需要确认一下儿童的耳道中是否存有异物。此外，湿疹、脓疱病同样也会造成耳朵疼痛。如果儿童耳痛，请先对他的鼻子进行消毒，因为细菌往往是通过鼻子进入耳朵的，或者您可以直接将孩子送往医院接受治疗。

耳炎：耳炎分三种情况。

• **外耳炎**：外耳炎表现为外耳听道发炎，它可能是由湿疹、耳道疖、耳道挠伤所致。一旦患上外耳炎，听道会非常难受。有时，患者还会发热。

• **中耳炎**：感冒、鼻咽炎或感染其他疾病都可能引起中耳炎。一旦患上中耳炎，儿童会抱怨耳朵疼。此外，儿童会明显感觉到自己的听觉灵敏度变低了。如果婴儿患有中耳炎，往往不易被人察觉。如果您的孩子感冒3~4天了，请提高警惕。一旦患上中耳炎，孩子便会寝食难安、毫无理由地整夜哭喊、唉声叹气、发烧、不停地左右摇晃脑袋或揉耳朵。

• **急性化脓性中耳炎**：有的时候，您会偶然发现孩子的耳朵流脓，这意味着您的孩子患上了急性化脓性中耳炎，这种情况下，请及时就医。

F

发绀：发绀是指皮肤在寒气的作用下或心力衰竭、呼吸衰竭的情况下呈青紫色。嘴唇以及指尖最易发绀。如果新生儿在出生后的前几天内出现了指尖轻微发绀的症状，请不用担心，因为这属于正常现象。

如果发绀面积过大，且持

续时间较长，那很有可能意味着儿童的心脏发育不全。当然了，发绀也有可能是由呼吸不畅而引起的，比如窒息。

发烧：人体正常体温为37℃左右。如果儿童的体温超过了37.8℃，那就意味着他发烧了。发烧是身体机能为了保护自己免受感染或炎症侵害而出现的一种症状。不过，发烧的具体度数并不能说明疾病的严重程度。

儿童发烧时的症状表现异于成人。他们只是略微脸红、呼吸加快或大量出汗，有时甚至会抽搐。如果儿童发烧，您应当及时为他退烧。室内温度不要太高（约19℃即可）。此外，您需要脱掉孩子身上多余的衣服，并让孩子大量饮水。请不要为了退烧而让孩子洗冷水澡或进行冰敷。如果孩子持续发热，请及时就医。对乙酰氨基酚和布洛芬是现今最佳的退烧药。

肥胖症：肥胖症是指由于大量的脂肪聚集在皮下组织导致体重过度超标。导致肥胖的主要原因有饮食过度（换言之，肥胖症患者所吃的食物数量过多，营养过剩）、缺少运动、家族中有肥胖基因、家族饮食不健康。数据统计表明超重的成

人中，有35%的人童年期体重便已超标，其中11%的人童年期已经位于肥胖行列。如果一位儿童的体重已经超过了理论体重的20%~30%，他便患有肥胖症。所谓理论体重，就是根据同一年龄段人群的具体年龄和身高而计算出的平均值。此外，我们在这里要推翻一个陈旧的观念，即内分泌失常会导致肥胖。然而，事实并非如此，只有5%~10%的肥胖是由内分泌功能紊乱而引起的。

儿童肥胖会影响他的外在形象。如果不及时治疗肥胖症，那么儿童将来长大成人后会面临诸多问题（比如：血管阻塞、内分泌腺功能减弱、风湿病等）。大部分情况下，要想成功减肥，不仅要保证饮食均衡，还要保证多做运动。

肺炎：包括支气管肺炎及大叶性肺炎，是一种严重的呼吸道疾病。4岁以下儿童为肺炎高发人群。那么如何辨别肺炎呢？最初的时候，儿童可能会突然发高烧，烧至39~40℃，之后儿童会变得焦躁不安、呼吸困难，并且会长时间地干咳。这种情况下，请及时就医。肺炎是由于肺叶中最脆弱的支气管和肺泡遭到了病原微生物感染所引发的炎症。

腹痛：腹痛是最为常见的一种小儿疾病。大多数情况下，我们根本找不出儿童腹痛的病理根源。一般而言，儿童之所以会腹痛，往往与他的心身状况有关。腹痛的症状真实存在，但这并不意味着儿童就真的生病了。他肚子疼、膝盖疼、肘关节疼……总之，他的整个灵魂都疼。通常情况下，儿童的身体疼痛往往与学业问题息息相关，比如：他受够了学校制定的规章制度，他与老师发生了冲突，他在学校找不到自己的一席之地等。由于儿童无法找到解决这些问题的合适方法，因此，他会选择将这份焦虑之情转移至自身的肉体上。

学业问题不仅会导致儿童腹痛，还会导致反复性鼻炎、咽峡炎、腹泻、便秘或呕吐等。这种情况下，儿童所需要的并不是药物治疗，而是父母的关心。只有父母的关心才能让堵塞在其喉部以及压迫在其胃部的"异物"消失。儿童之所以最容易出现腹痛，而非其他症状，是因为人体的结肠对心情的变化最为敏感。此类精神疾病最终有可能转化为生理疾病，因为众所周知，大脑神经系统以及心理因素在人体免疫机制中占据着举足轻重的地位。一旦儿童"垂头丧气"，他的免疫

能力便会下降，细菌便会趁虚而入。

因此，如果儿童偶然出现心理性腹痛，父母应当及时与其进行沟通，并给予他适当的关心，以便他能够将内心的不适用语言表达出来。但是，如果儿童反复出现心理性腹痛，则应及时咨询心理医生。医生会让儿童用语言或图画将内心的困扰表达出来。有些家庭的儿童比其他人更易遭受心理性腹痛的折磨，比如：如果儿童的家中有人患有偏头痛，那么他很容易因为家庭中的紧张气氛或生活的骤变而出现心理性腹痛或偏头痛。此外，母子冲突也会导致儿童出现结肠炎或消化不良。

儿童心理性腹痛发作的时间十分固定，一般为上学前、上床睡觉前或上桌吃饭前。腹痛区域往往集中在肚脐四周，并且腹痛往往伴随着失眠、食欲下降等现象一起出现。

幼儿园老师早已对儿童的心理性腹痛司空见惯。当儿童刚到教室准备上课、刚到食堂准备吃饭或刚到休息室准备午休时，便会腹痛。这种情况下，老师必须及时安慰腹痛的学生以便让他们的心情恢复平静。有些老师甚至会在进入食堂之前主动与学生进行交流，或带他们唱歌跳舞以缓解紧张的气氛。

请注意，儿童腹痛有一半情况是心理性腹痛，另一半情况则是病理性腹痛。因此，您必须咨询医生才能知道孩子到底属于哪种情况。此外，有的时候，儿童腹痛是由阑尾炎所引起，这种情况下，必须及时将孩子送往医院治疗，否则会出现生命危险。

- 如果肠胃受到感染，便会导致痉挛抽搐，从而引起腹痛。痉挛的发作时间一般为1分钟，然后消失几分钟，之后又继续发作，如此循环往复。痉挛往往也会引起呕吐、腹泻。如果痛感剧烈以至于不能行动，或者发作时间超过1个小时，必须及时就医。

- 如果腹痛期间，出现了尿频和尿痛这两种症状，那就意味着儿童尿路感染。

- 如果腹痛时间过长或影响了儿童的正常生活，则需要及时送医治疗。如果您想确定儿童的腹痛区域，可以对其腹部进行按压测试。但是，如果您的触碰让儿童浑身战栗，则需及时送医治疗。此外，如果腹痛导致儿童无法入睡或导致他半夜痛醒，同样需要将他送往医院接受治疗。

- 儿童之所以会消化不良，往往是因为饮食不当或药物所致。当然了，也有可能是因为卫生状况太差从而导致寄生虫进入了人体。

腹泻：注意！请不要认为所有的稀软大便都是由腹泻造成的。如果婴儿是母乳喂养，且每次喝奶之后都会排便至少1次；或者如果婴儿是奶粉喂养，且每天排便次数超过4次，那就意味着他可能腹泻了。

腹泻是由细菌感染、病毒感染、食物中毒或乳糖不耐受（乳糖不耐受是指人体无法消化牛奶中的乳糖）所引起的。不管哪一年龄段的儿童腹泻，都应及时补充体内的水分。如果腹泻不止，请及时就医，因为儿童很有可能会出现脱水症状。

G

肝功能消化不良：从医学角度来看，儿童绝对不会出现真正的消化不良。此外，貌似只有法国使用"肝功能消化不良"这一术语。详见词条"丙酮"。

睾丸：最常见的睾丸困扰莫过于阴囊中少了一个或两个睾丸。另外一个常见的困扰则是一侧大，可能为睾丸鞘膜积液或者疝气。

睾丸扭转则表现为阴囊肿大，且伴有剧烈痛感。这种情况下，需及时就医。

睾丸鞘膜积液：顾名思义，睾丸鞘膜积液是指睾丸鞘膜腔内积攒的液体。一旦积液过多，睾丸便会变得异常粗大且柔软。睾丸鞘膜积液是睾丸周围的黏膜分泌异常而导致的。一般而言，睾丸鞘膜积液会自动消失。

割伤：割伤是指切割伤口触及了表皮组织以及皮下组织。割伤是否会对儿童造成巨大的伤害往往要视伤口的深度而定。如果伤口较小，您只需对伤口进行消毒，然后贴上创可贴即可。如果伤口较深，且出血量较大，请先用医用纱布或者干净的布料压住伤口，然后再将孩子送往医院治疗。最后，请时刻牢记儿童注射破伤风疫苗的日期。

弓形虫：如果孕妇在妊娠期感染了弓形虫，却没有被检测出来，可能会导致胎儿畸形。如果婴儿或幼儿感染了弓形虫，则会表现出以下症状：发烧、淋巴结肿大、肌肉酸痛或发疹等。

佝偻病：人体组织，尤其是人体骨骼的健康发育离不开维生素 D 的支持。维生素 D 有助于调节钙元素的新陈代谢。然而，人类却很难从食物中摄取足够的维生素 D。阳光能够为人体带来一定的维生素 D，但是所带来的数量却远远不能满足人体的需求，因此，儿童从出生开始便需要及时补充维生素 D。

佝偻病主要表现为人体骨骼组织较为柔软以至于囟门闭合速度缓慢、手腕关节以及脚关节异常粗大、胸廓发育不全、学会走路的时间推迟、小腿弓形等。请注意，皮肤黝黑者更需要及时补充维生素 D。

骨折：骨折是指骨头突然断裂。骨折可能是直接性骨折，即骨头受到了直接性的打击而折断；也可能是间接性骨折，即身体的某一动作（比如：拉伸、弯曲、扭转）导致骨头断裂。儿童最常见的骨折称为"青枝骨折"（亦称不完整骨折），也就是说骨头会像青枝一样折而不断。儿童会因骨折而痛苦不堪。此外，一旦骨折，儿童便不能再自如地使用那只因挫伤而红肿疼痛的肢体了。只有照 X 光才能确定儿童骨折的程度。一旦骨折，必须立即将孩子送往医院，此外，送医之前，必须避免让儿童用受伤的肢体进行大幅度的运动。

如果儿童摔倒在地之后不能重新站立，请让他以一个舒服的姿势继续躺在地上，在专业人员或医护人员到达之前，请勿挪动。如果是开放性骨折（即骨折部位的皮肤以及皮下软组织出现了损伤破裂的骨折），在送医之前，请先用无菌纱布擦拭伤口。此外，送医之前，请不要让儿童吃东西或喝水，因为他很有可能需要接受全身麻醉。儿童骨折后的康复速度往往十分惊人。

关节脱位：关节脱位是指关节腔的骨头发生了错位。最常见的莫过于肩部关节错位与颌骨错位。关节一旦脱位，须及时就医。

龟头炎：包皮过紧会导致包皮以及龟头发炎。这种情况下，患者的阴茎会产生疼痛感，龟头会红肿。此时，我们需要用达金氏液对儿童的龟头进行清洗。

过渡性客体：过渡性客体这一术语由唐纳德·温尼科特（Donald Winnicott）所创造，指的是儿童对某一物品怀有特殊的情结，比如：被角、手帕或毛绒玩具等。过渡性客体有助于儿童，尤其是幼儿入睡。当儿童需要与母亲短暂分别时，过渡性客体是他用于替代母亲这一角色的首选物品。

过敏：过敏意味着某种外界物质进入人体后导致人体的部分免疫系统出现了"异常"反应。一般而言，大部分人群并不会出现过敏反应。过敏现象可以随时出现，即使这个人此前从未出现过这一症状。现实生活中，70% 的过敏现象都与遗传有关，只不过每代人的过敏反应并不一样。外界的自然环境以及患者本身的情绪，比如焦虑，都会导致过敏现象的出现。

过敏会导致呼吸障碍（比如：哮喘、鼻炎）、皮疹（比如：湿疹、荨麻疹、水肿）、消化障碍（尤其是对牛奶蛋白过敏的婴儿）或眼部疾病（比如结膜炎）。

人类一出生便被各种各样的过敏原所包围，而过敏原是引发过敏反应的罪魁祸首。常见的过敏原有以下几类：植物性过敏原（花粉，尤其是女贞树与椴树的花粉，以及禾本科植物）、饮食性过敏原（鸡蛋、甲壳类动物、草莓以及花生，花生是当今社会第一大饮食性过敏原）、接触性过敏原（人类的皮肤、呼吸道以及食物接触

了某些化学物质以及金属物质后，会出现过敏反应）以及动物性过敏原（鸟毛以及猫毛最容易导致人体过敏）。虽然我们无法完全消除过敏原，但是我们可以尽量不去接触它。

需要注意的是，灰尘是生活中最常见的接触性过敏原。对于过敏体质的儿童而言，他的房间内不能出现厚重帷幔、窗帘、地毯以及由毛料制成的被子，因为这些物品容易积攒灰尘，而灰尘是滋生螨虫（螨虫是一种以人类皮屑为食的生物）的温床，螨虫则又是诱发鼻炎、哮喘以及支气管炎的主要原因。综上所述，我们必须将儿童房间内的厚重帷幔与地毯撤走，并将他的寝具更换为由合成纤维制成的、有助于减少过敏原数量的寝具。除此之外，您还可以选择购买防螨的床罩以及被罩。

有些儿童则对羽毛或羊毛过敏。因此，这两种材料制成的物品应远离他的卧室。当然了，您还需要时刻关注加湿器的卫生状况，因为加湿器容易滋生真菌，而真菌有时会成为过敏原。最后，家中常备的某些清洁物品、护理用品以及药品都有可能会成为过敏原。

如果您想知道儿童对何种过敏原过敏，需要平时留心观

察，必要时带他去医院进行过敏原检测。如果您希望根治儿童的过敏反应，请先让其远离过敏原，然后再对他进行脱敏治疗。

过敏性紫癜：过敏性紫癜是一种类似过敏的良性疾病。主要临床症状表现为小腿皮肤会因为毛细血管炎症而出现大面积的红疹。儿童会抱怨膝盖以及脚踝部的关节疼，此外，还会产生腹痛感。过敏性紫癜还会引起一种并发症：患者有 10% 的概率患上肾衰竭。一旦儿童患上过敏性紫癜，需要使用镇定剂来抑制痛感以及炎症。此外，必须让患者卧床静养。

H

红斑：婴儿的肌肤十分脆弱。即使是最轻微的刺激都有可能引起或多或少的红斑。臀部红斑产生的原因有很多种，比如：皮肤长期接触合成纤维防水裤上的尿液，或使用洗涤剂／柔顺剂后衣物漂洗不充分。红斑往往为直径 1~2 厘米的微微凸起的红色小斑点。红斑常见于身体的褶皱处，不过有的时候也会出现在腹部下方以及大腿上方。一旦儿童患上红斑，

坐姿会让孩子臀部发热、痛苦不堪。因此，建议您时不时地让孩子更换姿势。

为了避免儿童的肌肤受到尿液的浸泡，请使用酸性香皂或石灰搽剂为他擦拭身体；在为孩子更换座位之前请先擦拭座椅，尤其是座椅褶皱处；尽可能让儿童的臀部长时间地接触空气；请先用伊红涂抹儿童的后背以及皮肤褶皱处，然后再涂上一层药膏以便形成保护层。

喉炎：感冒之后，病毒往往会趁机侵入人体的咽喉与气管。喉炎时常会导致扁桃体炎与支气管炎这两种并发症。一旦患上喉炎，儿童便会在醒着的时候剧烈且痛苦地咳嗽。喉炎所引起的咳嗽一般为"犬吠样咳嗽"。患病之后，儿童的嗓音会变得沙哑。这种情况下，您应当想办法让孩子平静下来，因为恐慌会导致他呼吸不顺。之后，请带孩子去浴室，打开水龙头，不断地放热水以便为孩子创造一个湿润的环境。请注意，如果孩子呼吸困难且伴有高烧，或是声音低沉、唾液增多，可能与会厌炎有关，这种情况下，请立即送医治疗。

黄疸（新生儿生理性黄疸）：许多新生儿和早产儿在出生的前 3 天内会出现黄疸，不过正常情况下，黄疸很快就会消失。新生儿或早产儿之所以会出现黄疸，完全是因为肝功能发育缓慢或血型与母体不相容。大多数情况下，我们无须对黄疸采取治疗。不过，如果早产儿出现了黄疸，往往需对其进行光疗（一般而言，我们很少对患有黄疸的早产儿进行换血治疗，除非情况十分危急）。婴幼儿很少因其他原因而患上黄疸，尤其不会因传染性肝炎而患上黄疸（不过，任何形式的感染或肝脏畸形都会导致人体出现黄疸）。

昏厥：引起昏厥的原因有很多种——可能是因为身体的偶尔不适，也可能是因为身体出现了重大疾病。此外，昏厥的程度也分为很多种，或轻或重——可能仅仅是短时间地失去意识，也可能是长时间地失去意识，还有可能呼吸骤停、心跳骤停（如果用手触摸患者的颈动脉，您会发现根本感受不到他的脉搏）。

具体的急救措施要视儿童的昏迷程度而定。如果儿童呼吸仍然正常，且意识清醒，那么您需要将孩子平放在地上，头偏向一侧，然后拨打急救热线。如果儿童尚有呼吸，但失去了意识（也就是说他既不能张口说话，也听不见他人的声音，并且如果我们按压他的某一处身体部位，他并不会做出任何回应；或者如果我们将他的胳膊抬起，然后松手的话，他的胳膊会自然垂落在地），则需要让孩子侧躺在地上，然后拨打急救热线。

肌病：肌病是一种遗传性疾病，其表现形式千变万化，严重程度也轻重不一。最严重的肌病莫过于假肥大性肌营养不良症（DMD）。假肥大性肌营养不良症患者会因骨骼肌不断退化出现肌肉无力或萎缩，以至于行走不便。该疾病主要发生在男孩身上，女孩发病概率微乎其微，因为女孩体内携带的缺陷基因不足以为该疾病提供"温床"。或许只有基因疗法才能治愈此病。

虮子（和虱子）：虮子是虱子的虫卵。它寄生在人体毛发处，尤其是后颈部的毛发处。恶劣的卫生条件会促使虱子扩散，因此，儿童须勤洗头。一旦您发现儿童头部出现了虮子的踪迹，请一定采取相应的措施，比如，您可以使用一些具有预防效果的特殊洗发水。

脊柱侧弯：脊柱侧弯意味着人体的脊柱发生了侧向弯曲。如果您的孩子脊柱侧弯，请及时就医，以免将来出现并发症。儿童两三岁或走路的时候，最容易观察出他是否脊柱侧弯。根据侧弯的程度，医生一般会建议儿童接受矫正手术或肌肉康复训练。

脊柱裂：脊柱裂是一种常见的先天畸形。不过，随着孕妇产前检查的推广，饱受脊柱裂之苦的婴儿数量在逐年下降。脊柱裂最常见的临床表现为脊髓脊膜膨出，即脊髓、脊膜通过椎板缺损处向椎管外膨出。脊柱裂会导致下肢瘫痪以及括约肌功能障碍。

结核菌素：结核菌素测试有助于确认儿童在注射了卡介苗之后，是否对结核病免疫。结核菌素是从死亡的结核杆菌中提炼制成的，测试过程中，我们会观察儿童皮肤在接触了结核菌素后的反应。

结核菌素测试亦称芒图试验。芒图试验既是法国唯一现行的，也是世界卫生组织唯一认可的结核菌素测试方法。在芒图试验中，医生会将结核菌素注入皮肤。如果数天之后，皮肤没有任何反应，则证明测试结果为阴性；如果皮肤上出现了红点，则证明测试结果为阳性。

结膜炎：结膜炎是一种常见的幼儿疾病。如果儿童经常感冒，并且经常与同龄人接触的话，那么他患结膜炎的概率会更大。结膜炎是指覆盖在上、下眼睑内和眼球前端的黏膜出现了炎症。结膜之所以会发炎，可能是因为它感染了病毒或细菌，也可能是因为它对某种微生物过敏，还可能是因为它在异物入侵的作用下发生了病变。

患上结膜炎之后，儿童眼睛会产生灼伤感，发红发痒，并不自主地流泪。每天早上，他都会因为前一天晚上眼内所分泌的黏着物而睁不开眼。

如果儿童流泪不止的话，请及时就医，以便确认他的鼻泪管是否发生了堵塞，因为一旦泪管堵塞，很有可能会导致结膜炎反复发作。虽然结膜炎不会对儿童的健康造成严重的伤害，但是我们仍然不能掉以轻心。如果您想让他睁开因黏着物而紧闭的双眼，请用蘸有生理盐水的湿纱布由内向外（即从内眼角至外眼角）地轻擦儿童的眼睛（请注意：一块纱布只能用于清理一只眼睛）。最后，请不要在毫无医嘱的情况下自行使用洗眼剂。

疥疮：疥疮是一种由疥螨导致的皮肤病。疥螨会将虫卵以及粪便排在人体皮肤上而导致皮肤凸起、瘙痒。疥螨最喜欢的地方莫过于人体肌肤的褶皱处，比如：腹股沟或指（趾）间。当虫卵孵化完成后，螨虫便会感染其他人。疥疮可以通过口服药物进行治疗。此外，一旦家中有人患上疥疮，那么全家都应接受治疗，并用50℃温水清洗床上用品，之后再将洗净的床上用品放在室外晾晒。

疖子：人体的每一根毛发都是通过一个细小导管，即毛囊皮脂腺，而附着在人体皮肤上的。毛囊炎是指毛囊受到了轻微感染；疖子则是指毛囊受到了深度感染从而造成了细胞坏死。大部分毛囊感染都是由金黄色葡萄球菌引起的。一旦患上疖子，患处首先会表现为红肿胀热，然后正中间出现一个白色的小脓包。脓包成熟之后会破裂，脓液随之溢出。等脓液流尽之后，则会形成一个伤疤。请注意，疖子具有一定的传染性，它可在全身任何一个部位扩散。

一旦患上疖子，首先需要用灭菌剂清洁患处周围的皮肤，然后再用无菌纱布将疖子遮盖严实。如果疖子出现在臀部、腋下、鼻翼或耳道等位置，请及时就医。任何情况下，都不能对疖子进行挤压。

近视：一旦儿童患有近视，他们想看清图像内容，就不得不眯着眼睛。此外，写字或阅读的时候，他们喜欢凑近书本。所谓近视指的是图像成形于视网膜之前。眼睛的近视程度会在几年之内有规律地增加，然后趋于稳定。近视患者需佩戴近视镜（凹透镜）。

K

咳嗽：儿童咳嗽是一件十分平常的事情。咳嗽并非一种疾病，而是呼吸道抵御外界侵害的一种生理表现。婴幼儿咳嗽的常见原因有：支气管受到了细菌或病毒感染（这种现象往往由鼻咽炎引起）或患上了儿童期疾病，比如：麻疹或百日咳。

干咳为短暂、短促、反复的阵咳。痰咳则不如干咳猛烈，并且痰咳所发出的声音更加多变，更加重浊有力。咳嗽的类型与频率不同（当然了，也需

要看看咳嗽是否引起了发烧症状），接受的治疗也就不同。另外，请注意，长期受二手烟困扰的儿童很容易患上慢性咳嗽。

口吃：口吃是一种发音障碍，主要表现为患者不停地重复某个词，却难以说出下一个词。任一年龄段的人都有可能会出现口吃。如果幼儿口吃，您无须过分担心，毕竟他尚处于语言学习阶段，想说却不知如何表达这一情况时常发生。但是，如果大龄儿童口吃，则需要提高警惕了。大龄儿童之所以会口吃，往往与他内心的焦虑有关，比如：害怕上学、害怕二胎的出生。

一般而言，儿童内心的紧张会加剧口吃的程度。有时，口吃甚至会导致儿童呼吸困难、运动机能发育缓慢，甚至尿床。口吃儿童需要及时接受医生的帮助，医生会教他自我放松的技巧。此外，对于口吃儿童，父母需要给予更多的关心与理解。

口腔溃疡：口腔溃疡是指口腔黏膜、舌头、牙龈以及嘴唇发生了病变。有时，儿童在食用了某种食物或服用了某种药物之后，会出现口腔溃疡，比如：奶酪、生水果或水果干。这时，儿童的嘴部会产生疼痛

感，口腔内部会出现针头大小的透明色糜烂伤口，并且咀嚼困难。更严重的是，有些儿童会因此而患上疱疹性龈口炎。一旦整个口腔溃烂，儿童便会出现发热以及颈部淋巴结肿大、疼痛等现象。另外，需要时刻警惕新生儿的口腔溃疡症状。如果出现口腔溃疡，须对整个口腔进行清洗或涂抹凝胶。

哭泣痉挛：6个月至3岁的儿童有时会因为哭泣而发生痉挛，因为大哭的过程中，儿童会越来越难以掌控自己的呼吸节奏以至于最终突然喘不上气。一旦呼吸停止，儿童会脸色发青，甚至会昏厥一段时间（最多不超过15分钟）。虽然儿童哭昏之后会自动苏醒，但是我们仍需要采取一些急救措施：请先将儿童放平；然后用手轻拍他的脸颊；最后再将一块湿润纱布敷在他的额头上以帮助他恢复呼吸。

髋关节滑膜炎：髋关节滑膜炎是一种急性滑膜炎，常见于2~7岁儿童。髋关节滑膜炎不会带来严重后果，并且它只会发生在儿童身体的某一侧。髋关节滑膜炎往往由感冒或鼻咽炎引起，它会导致儿童疼痛性跛行。要想确认儿童是否患

上髋关节滑膜炎并非一件易事，一般而言，我们只能通过排查法来确认。当儿童患上髋关节滑膜炎后，医生会固定他那只跛行的腿，并且开一些消炎药。然而有时，儿童的疼痛感会过于剧烈以至于他不得不接受住院治疗。

L

莱内氏（Leiners）病：亦称婴儿脱屑性红皮病，是尿布皮炎的并发症，常见于患者的大腿褶皱处、臀部褶皱处、生殖器官、腹部、头皮、眉毛，甚至全身。在治疗的过程中，您需要时刻关注儿童的卫生状况，并为其涂抹舒缓膏。莱内氏病不会对人体造成任何实质性的伤害，只要患者接受几个月的局部治疗便能痊愈。

阑尾炎：阑尾位于腹部右下方，盲肠与回肠之间，它的主要功能在于能够一定程度上保护人体的肠道免受细菌与病菌的侵害。一般而言，2 岁以下的儿童几乎不会患阑尾炎，然而，3~4 岁以及 10~12 岁的儿童却是阑尾炎的高发人群。儿童经常动不动地抱怨自己肚子疼，我们很难依据腹痛这一症状来判断儿童是否患有阑尾炎，不过，

请不用担心，超声波检查可以帮助我们进行排查。如果儿童突然右下腹剧痛，并且伴有恶心、呕吐、发热（一般为 38~38.5℃）等现象，那他很有可能是患上了急性阑尾炎，这种情况下，应立即就医。阑尾切除手术很简单，一般只会持续 15~20 分钟。手术之后，儿童需住院观察 1 周左右。出院之后，则需在家卧床休息 1 个月。近年来，越来越多的医生推崇使用腹腔镜技术来切除阑尾，因为这一方法不易留疤。

如果阑尾炎没有得到及时治疗，很有可能会引起腹膜炎。一旦出现了腹膜炎，患者的整个腹部都会持续性地剧烈疼痛，并且还会出现持续呕吐现象。此外，患者会脸色发白（有时甚至会面如死灰），不停出汗，并发热（这种情况下，体温一般会达到 39~40℃）。如果儿童患有腹膜炎，且疼痛难忍，请立即送医治疗。

淋巴结：淋巴结形如球状，大小不一，小的犹如米粒，大的好似榛仁。淋巴结位于颈部、腋下及腹股沟。淋巴结并非腺体，而是具有防御功能的大片细胞。

人体中存在大量的淋巴结。颈部、腋下及腹股沟的淋巴结

有助于人们判断身体是否发生了病变。一般而言，如果儿童不满 2 岁，我们只能感知到其颈部以及腋下淋巴结的存在，前提是儿童的体重并未超标。

一旦人体受到感染或发生病变，淋巴结便会肿胀。事实上，只要有一处淋巴结发生了肿胀，便意味着人体某处发生了病变。我们发现，如果人体出现了牙齿肿胀、鼻咽炎、耳部感染、喉头炎等现象，便会造成颈部淋巴结肿大；如果腿部受伤，则会造成腹股沟处淋巴结肿大；如果双臂或双手受伤，则会导致腋下淋巴结肿大。此外，风疹和弓形虫病也会导致淋巴结肿大。

流鼻血：异物进入鼻腔会导致鼻腔出血。您可以通过鼻血颜色的深浅来判断儿童鼻腔感染的严重程度。当儿童流鼻血时，请及时就医。

当儿童感冒或鼻黏膜血管脆弱时，也可能会鼻腔出血。最常见的鼻腔出血是由猛烈撞击引起的。当然了，中暑也会导致流鼻血。如果是因为中暑而流鼻血的话，请用湿毛巾擦拭儿童的头部与颈部，然后立刻将其送往医院。

流行性感冒：流行性感冒

是一种传染性极强的感染性疾病。此外，请不要将流行性感冒与普通鼻咽炎混为一谈。大多数情况下，流行性感冒并不会对人体造成实质性的伤害，但是它会导致患者，尤其是婴幼儿患者出现某些并发症，比如：耳炎、支气管炎、支气管肺炎等。

一般而言，流行性感冒发病初期，患者会突感疲劳，腰酸背痛。此外，还会出现发热现象。儿童会抱怨头痛、肌肉酸痛。此外，儿童还有可能会出现咳嗽、消化功能紊乱等现象。正常情况下，流行性感冒在发病几天之后便会逐渐好转，但是康复时间很长。如果流行性感冒导致了其他并发症，比如：耳痛、呼吸困难、抽搐等，则应当立即打电话咨询医生。患病期间，尤其是发热期间，应当让孩子卧床休息，休息有助于康复。

患病期间，请尽量让孩子食用一些清淡的饮食。如果并未出现腹泻症状，请让孩子大量饮水，尤其是果汁以及矿泉水。

流行性腮腺炎：学龄期儿童经常感染此疾病。2岁以下的幼儿则很少患上此病。一般而言，流行性腮腺炎并不会对人体造成实质性的伤害，它也

几乎不会引起以下并发症。

睾丸炎：男孩容易出现睾丸炎（症状主要表现为睾丸发炎、肿胀，极度痛苦）。睾丸炎也有可能导致不孕不育。

卵巢炎：小女孩基本不会出现卵巢炎。

胰腺炎：腹部疼痛，伴有呕吐。

如何识别您的孩子是否患有流行性腮腺炎呢？一旦患上流行性腮腺炎，儿童会发热（或低或高）、头痛、嘴痛、吞咽困难。此外，如果您仔细观察的话，您会发现孩子的唾液腺肿大。一般而言，肿胀感会持续2~5天，之后会快速地自动消失。一旦患上流行性腮腺炎，您必须让孩子卧床静养，并想办法为他退烧。当然了，您也可以及时将他送往医院治疗。8~10天后，一切都会恢复正常。此外，儿童发病后的9天内，请不要让他参加集体活动。

M

麻疹：麻疹为一种传染性疾病，潜伏期为8~14天。任何年龄段的儿童都有可能会患上麻疹。对于儿童而言，麻疹是一种十分折磨身心的疾病。

如果儿童患上了麻疹，可能会出现以下症状：持续发烧、

咳嗽、耳疼、头疼、流泪、流涕等。患病期间，咳嗽会越来越频繁，越来越剧烈，体温也会升至39℃（或以上）。之后，儿童的口腔黏膜、脸部、耳后、颈部、胸部以及四肢会出现红疹，在接下来的24~48小时内，这些红疹会遍布儿童全身。不过，这些红疹并不痒。

发疹后的第2天或第3天，儿童的体温会逐渐恢复正常，红疹与咳嗽也会逐渐消失。发疹后的第8天，所有并发症都会消失。如果儿童患上了麻疹，请及时就医。此外，生病后的前3天，请让儿童卧床休息，并让他大量饮水。

请注意，麻疹可能会导致儿童出现呼吸道或神经方面的障碍，这也就是为什么我们建议儿童接种麻疹疫苗。最后，儿童出疹后的前5天，不要让他上学。

麦粒肿：麦粒肿指的是眼睑处所长的疖子。临床症状表现为上下眼睑周围肿大且呈浅红色。一旦患上麦粒肿，您孩子的眼睛可能会发肿、发红、疼痛。此外，您的孩子还会抱怨眼睑处有灼烧感。麦粒肿会慢慢发育直至成熟，最后，您会发现红肿中心处有一个黄色的小点。一旦患上麦粒肿，请

及时就医。

毛细支气管炎：毛细支气管炎常见于 2 岁以下的儿童。发病初期，其症状与病毒性鼻咽炎无异，不过之后，儿童会出现咳嗽、呼吸困难、喘憋等症状。一般而言，毛细支气管炎的高发期为 11 月中旬至次年 4 月。如果患者不足 3 个月，那么他需要立即住院治疗。如果患者为 3~6 个月大的婴儿（80% 的情况），只有当他呼吸极度困难的时候，才需要接受住院治疗。此外，需要注意的是，在喝奶的过程中，患病儿童的呼吸会变得更加艰难。如果儿童选择在家休养，那么您不仅需要定期为他清洗呼吸道，还需要为他做好其他预防措施，比如：在卧室放置加湿器；在他睡觉的过程中，将他的头部抬高。最后，适当地做些体疗运动也有利于疏通儿童阻塞的呼吸道，并且效果十分显著。您可以让儿童在体疗室做运动，也可以让他在家中做运动。

玫瑰疹（幼儿急疹）：玫瑰疹是由病毒感染而引起的。患上玫瑰疹以后，儿童会莫名地发 3 天高烧，并且任何常规治疗都无济于事。之后，全身会布满玫瑰色的皮疹。要想治愈玫瑰疹，其实很简单，只需要将患者的体温恢复正常即可。玫瑰疹的潜伏期为 5~15 天。患上玫瑰疹后，请不要让儿童上学或参加集体活动。

泌尿系统感染：泌尿系统感染是指肾脏、膀胱或尿道感染。泌尿系统感染是一种十分常见的疾病，其危害程度或轻或重。该疾病可能是由细菌感染所导致，也可能是由器官畸形所导致。如果婴幼儿泌尿系统受到了感染，其临床表现为体重异常和发热。年龄稍长的儿童则会抱怨腹痛、小便刺痛（膀胱炎），并可能会有尿频症状。如果泌尿系统反复受到感染，则很有可能是因为泌尿系统畸形，这种情况下，须及时接受手术治疗。普通的泌尿系统感染则只需服用抗生素即可。

N

脑膜炎：脑膜炎是一种令人害怕的疾病。其主要临床症状表现为头痛、呕吐、发热、颈部僵直疼痛等。如果年龄稍长的幼儿患有脑膜炎，则比较容易辨认；如果刚出生的婴儿患有脑膜炎，则很难辨认，因为婴儿不会用语言表达自己的不适，他只会大声啼哭。不过，如果婴儿患有脑膜炎，他囟门处的皮肤会异常紧绷。诊断过程中，必须借助腰椎穿刺术来分析脑脊髓液，才能判断患者是病毒性脑膜炎还是化脓性脑膜炎。

鼻咽炎可能会引发脑膜炎，因为会有大量微生物入侵人体。不管是何种脑膜炎，都应立即接受治疗。病毒性脑膜炎对人体的伤害相对来说小一点，而且此类脑膜炎很少发生在儿童身上。治疗脑膜炎的过程中，最主要的任务就是缓解患者的痛感，并及时退烧。如果脑膜炎是由疱疹病毒所致，则需立即住院治疗。

如果患者患有细菌性脑膜炎，则必须争分夺秒地进行治疗抢救。细菌性脑膜炎的临床症状主要表现为发热、下肢出现类似瘀斑的痕迹等。脑膜炎双球菌具有高度传染性，任何与患者接触过的人都必须立即接受隔离观察。

脑损伤：头部突然受到猛烈撞击可能会导致脑损伤。婴儿往往容易从尿布台上摔下来以至于撞击到头部。

如果儿童在撞击后出现了昏厥现象，即使是极其短暂的昏厥，或者儿童在撞击后，出现了呕吐现象，那么请及时将其送往医院，一般医生会建议住院治疗。

有时，在头部撞击发生后的几秒或几周之内，可能会引发颅内出血。

扭伤：扭伤是指韧带损伤导致关节脱位，多发于踝关节部位。扭伤极少数发生在幼儿身上。一旦扭伤，应当立即接受治疗，以防受伤关节变得越来越脆弱。在治疗的过程中，需将膝盖至脚踝处的受伤关节固定住。

脓疱疮：脓疱疮是指人体皮肤表面受到了链球菌或葡萄球菌的感染。一般而言，脓疱以浅黄色痂皮的溃疡形式出现。不过，新生儿身上的脓疱则往往以小水疱的形式出现。脓疱常见于患者的脸部，尤其是鼻翼以及嘴唇四周。此外，脓疱也会出现在患者的手指间、膝盖处甚至是全身。脓疱疮具有接触传染的特点，因此，一旦家中有一人患有脓疱疮，全家都必须接受治疗。治疗过程中，首先须用灭菌剂仔细地对患处进行局部消毒，然后再用抗生素进行深层治疗以防脓疱复发。

O

呕吐：请不要将呕吐与反胃弄混。引起呕吐的原因有很多种。大部分情况下，儿童会出现食物性呕吐现象，偶尔也可能是水性呕吐，但是基本不可能出现胆汁性呕吐。呕吐可能会引发其他不良症状，比如消化困难。如果新生儿或幼儿在呕吐的过程中出现了发烧症状，那往往是因为他患上了急性传染病。如果出现了剧烈头痛的症状，则很有可能意味着他患上了脑膜炎。在下文中，我们只为您罗列了因消化原因而引起的呕吐症状。儿童年龄不同，表现出的呕吐症状也就不同。

新生儿：如果新生儿每次进食后都会出现呕吐现象，并且他的体重急剧下降，则意味着他的消化道发育不良（最常见的莫过于幽门狭窄）或胆道发育不良（这种情况下，会吐出绿色胆汁）。

婴儿：如果婴儿每次进食后都会出现呕吐现象，则证明他的胃消化功能出现了障碍。这种情况下，您需要根据医生的建议更改婴儿的食谱。医生一般会建议您在前几个月内只喂婴儿喝母乳，之后，则需要食用添加特殊营养物质的奶粉。

幼儿：幼儿的膳食十分多样化，因此，如果他出现了呕吐现象，往往是因为您所选择的食物有误。

P

疱疹：疱疹是由病毒所引起的一种疾病，常见于人体口腔黏膜和嘴唇周围。疱疹具有一定的传染性。那么到底该如何辨别疱疹呢？如果您的孩子患有疱疹，他会吞咽困难（甚至流口水）、口臭。此外，他的牙龈、脸颊内侧、舌头表面以及后咽部会出现类似口腔溃疡的病变症状。疱疹还经常长在扁桃体以及嘴唇上。这就是我们所说的"单纯疱疹"，亦称"热疮"。

您会发现，每当孩子开始发热或感到疲劳时，这些疱疹便会源源不断地涌现出来。疱疹虽是一种良性疾病，但是仍需接受医生的治疗。一般而言，医生会在患处涂抹一些灭菌剂和镇静剂。如果儿童是初次感染疱疹，那么症状可能不会特别明显：先是嘴角会长一些小水疱，然后慢慢脱落变成红色斑块，最后自动消失。

疱疹病毒会深入患者的神经节，并最终转变为潜伏状态。这种情况下，只要儿童心情稍微不畅、晒太阳的时间稍微过长或者不小心摄取了某些食物，处于潜伏状态的疱疹病毒便会被激活，从而导致同一身体部位的疱疹复发。8~10天后，这些疱疹都会自动消失。

如果母亲在妊娠初期感染疱疹病毒，生殖器疱疹病毒可以通过胎盘传染给胎儿，会引起胎儿畸形、胎死宫内；在妊娠中晚期感染疱疹病毒，则易导致流产、早产。另外，新生儿经阴道分娩时，很可能会被疱疹病毒感染，引起新生儿播散性病毒感染。幸运的是，如果孕妇感染了生殖器疱疹病毒，她可以在产前接受相应的治疗。

疲劳：孩子可能会抱怨说自己太累了，父母也可能会主动察觉到这一点。年龄小一点的孩子往往会在感觉疲惫时自然入睡（不分时间段）；年龄较大的孩子则会在感觉疲惫时变得行动迟缓。导致疲劳的原因有许多种，比如：生活节奏太紧张、体力消耗过大、脑力劳动过多、心理方面或情感方面存在一定的困扰。疲劳可能会导致儿童感冒，患上肝炎或弓形虫病。

大部分儿童往往因为睡眠不足而感到疲惫。为了适应父母的生活节奏，他们不得不晚睡早起。然而，这一生活节奏并不适合他们这一年纪。此外，别忘了，儿童在刚刚进入幼儿园学习之初，会因为嘈杂的环境以及生活节奏的改变而过度疲劳。

偏头痛：我们很难区分偏头痛与普通头痛。偏头痛会导致儿童太阳穴以及耳后处疼痛，此外，它还会导致儿童呕吐。有些孩子甚至会因为偏头痛而视力受阻（无法正确看清五颜六色的几何图形，或者所看到的物体大小与实际不符）。偏头痛具有复发性，只要出现了第一次，就会出现第二次。如果您的孩子偶尔会感到偏头痛，且发作时间较短，那么您无须过分担心，这仅仅是因为儿童疲劳过度所致，并无大碍。如果头痛剧烈且持续时间较长，那么我们需要根据其他症状来判断儿童的病情，比如：发烧、消化不良、过敏、睡眠不足、呕吐、畏光、窦道感染、视力低下等。

如果儿童头痛，您应当将他带到一个安静的、半明半暗的环境中，让他好好休息。如果头痛难当或发作时间较长，则需及时就医。

贫血：贫血的儿童总是四肢无力、面色苍白、气促等。要想确定儿童是否贫血，只需要进行血液分析即可。一般而言，贫血的儿童，其血液中的血红蛋白以及铁元素含量都较低。贫血会导致人体眼睑、嘴唇以及口腔内的黏膜呈现苍白色。

儿童之所以会贫血，往往是因为他的膳食结构不合理，比如：他所吃的食物缺乏铁元素以及各种维生素。除此之外，贫血也可能是由传染性疾病所导致。不管是何种原因引起的贫血都应接受医生的治疗，医生一般会建议您更改儿童的饮食结构，并让儿童服用一些补充药物。

破伤风：现如今，得益于疫苗的注射，破伤风这一疾病几乎消失了。不过，请牢记儿童连续接种破伤风疫苗的时间。如果您希望疫苗能够最大限度地发挥作用，那么儿童最后一次接种破伤风疫苗的时间不应超过5岁。

一般而言，连续接种破伤风疫苗的时间分别为：第2个月、第4个月、第11个月、6岁以及11岁。

Q

脐带：婴儿出生后，医护人员会用手术钳将脐带夹住，并在靠近婴儿的一端将脐带剪断，留下一段脐带残端。该残端会在肚脐雏形形成后自动脱落，脱落时间一般为出生后的第5天或第6天。请注意，肚脐真正的形成时间为出生后的第12天或第15天，因此，在此之前，请用消毒液对该部位进行清洗，还应在此处粘贴无菌纱布以防感染。如果肚脐处出现了渗血、化脓以及红肿等异常现象，请及时就医。最初的时候，肚脐往往呈外凸状，但是大部分情况下，它会在人类成年之前自动凹陷。

潜伏期：潜伏期指病原体侵入人体至最早出现临床症状的这段时间。儿童主要疾病的潜伏期如下。

- 百日咳：8~15天；
- 腮腺炎：12~25天；
- 麻疹：8~14天；
- 风疹：14~21天；
- 猩红热：1~5天；
- 水痘：10~14天。

铅中毒：出现铅中毒往往是因为儿童误食了某些由古老工艺制成的颜料或油漆。居住在旧房子或卫生条件较差公寓中的儿童最容易铅中毒。

龋齿（蛀牙）：不论是乳牙还是恒牙，只要变成了龋齿，就应立即治疗。从第18个月开

始，我们便能轻易地判断儿童的某颗牙是否出现了龋洞。一般而言，60%的4岁儿童，其牙齿都长有龋洞。之所以会出现龋洞，是因为牙齿上的牙釉质被酸性物质侵蚀了；而之所以会有酸性物质的存在，是因为儿童的口腔内含有某些天然的微生物以及致龋细菌。这些致龋细菌往往是由余留在牙缝中的食物残渣所带来的。儿童龋齿的恶化速度要比成人的快许多。

要想预防龋齿的出现，不仅需要做好口腔护理，还需要控制儿童的食糖（比如：糖果、甜点等）量。儿童是否需要使用含氟牙膏，取决于医生的判断。

R

热气疱（热痱）：热气疱是一种白色的小疱，常见于太阳穴、颈部以及肩部。不过，有时也会遍及全身。热气疱往往是由汗液所引发的，之所以会出现汗液，是因为儿童所穿衣物过多，加之室内温度过高。如果儿童身上长有热气疱，您需要先将儿童身体擦干，然后再涂抹一些药粉。另外，请注意，尽量让儿童穿棉质衣物。

热性惊厥：热性惊厥发作

时，儿童首先会四肢僵硬，双眼翻白，呼吸暂时性停止；之后则会出现脸部扭曲、唇齿相碰以及剧烈抽搐（抽搐过程可能会持续几分钟）等现象；最后，儿童会出现暂时性的意识丧失。95%的情况下，儿童会在病毒性疾病发作后、高烧后以及晒伤后的第1天出现热性惊厥，其中6个月至6岁的儿童是热性惊厥的高发人群。

如果儿童出现了热性惊厥，请不要惊慌失措，虽然这一症状的发作情形极具视觉冲击力，但是它并不会对儿童造成实质性的伤害。如果儿童年龄尚小，您首先需要让他平趴在您的膝盖上；如果儿童年龄稍大，您需要让他口部朝下地侧躺。之后，请解开儿童身上的衣物以便让他顺畅地呼吸。最后，您可以根据医嘱让他服用适量的退烧药。

相比于其他人而言，某些儿童更易出现热性惊厥。此外，如果涉及的是反复性、复杂性热性惊厥，儿童必须接受抗惊厥治疗。有时，热性惊厥会引发癫痫。

日射病：如果儿童长时间在太阳底下暴晒，那么他会脸色发白、身体出汗。此外，他还会抱怨头痛、恶心、体温也

会超过38℃！这种情况下，必须要将儿童转移至阴凉处，并除去其身上的衣物，让他喝一点盐水（每升水加1小勺盐）。此外，您必须每半个小时为他量一次体温。如果体温没有恢复至正常值，需立即就医。

乳痂：乳痂是指婴儿的头皮，甚至是眉毛处出现的一些厚厚的黄白色黏稠物质。儿童皮肤上的油脂越多，就越容易出现乳痂。乳痂往往出现于婴儿出生后的前几个月。

要想去除这些影响美观的乳痂，您只需要将凡士林或杏仁油涂抹在婴儿的头皮上，然后轻轻地揉擦即可。

乳腺炎：乳腺炎是新生儿常见的一种疾病，它是指婴儿体内母体激素过多从而导致乳房增大。一旦婴儿患有乳腺炎，请不要让他的乳房受到挤压。如果乳房发炎，请使用镇定敷料进行治疗。如果乳房出现了感染症状，则需要采用抗生素进行治疗。

S

疝病：一般分为两种。

• **脐疝**：脐疝是一种较常见的轻微疾病，它会随着儿童年龄的增长而自行消失。正常情况下，脐环应当在婴儿出生以后自动闭合，但是有的时候，在某些因素的作用下，未闭合脐环会增宽从而引发脐疝。脐疝的临床症状一般表现为肚脐周围肿大。如果脐疝没有自行消失，可以让孩子在三四岁的时候接受外科手术治疗。

• **腹股沟疝**：腹股沟疝同样也是一种较为常见的良性疾病。腹股沟疝是指腹腔内脏器通过腹股沟区的缺损向体表凸出所形成的疝。这种疝存在于腹股沟内。腹股沟疝可能会一直存在，也可能会时而突然出现，时而自行消失。只有等到第8个月的时候，我们才能判断腹股沟疝是否会自行消失。如果腹股沟疝不会自行消失，则需要让孩子接受外科手术治疗。

腹股沟疝只会引起一种并发症，即绞窄性疝。绞窄性疝的出现意味着疝气无法进入人体腹部，从而会导致儿童呕吐、疼痛难当。

晒伤：晒伤是指皮肤在紫外线的暴晒之下而产生的一种急性炎症。儿童的皮肤极为娇嫩，因此，一旦晒伤面积过大，程度过深，后果将不堪设想。有时，晒伤甚至会导致日射病、湿疹、荨麻疹或色素沉着等。

与烧伤一样，晒伤也分为不同的等级。一般而言，皮肤在烈日之下暴晒3~4个小时便会导致一度晒伤。一度晒伤所引起的皮肤炎症会在2~7天内自动消退。即便如此，您仍需在晒伤处涂抹一些镇静药膏。

如果涉及其他级别晒伤的话，请及时就医。

生长痛：生长痛一般是指儿童的膝关节周围或小腿前侧疼痛。很多儿童在生长发育的过程中都会出现生长痛。您可以让儿童洗热水澡来缓解痛苦。如果生长痛持续时间较长，且伴有发热现象的话，请及时就医。

生长障碍：造成儿童出现生长障碍的原因有很多种。

• 妊娠期时发育异常。2.5%的儿童因妊娠期发育异常导致了出生时身材矮小。但是，他们中的大部分人能够在一年之内弥补这一缺陷。另一些人则需要再等两三年。不过请注意，此类儿童并不能依靠自己的生理机制来弥补这一缺陷，他们需要注射生长激素。

• 情感关系的缺失。我们发现如果一位儿童被自己的父母所遗弃，那么他的发育速度会放缓。

• 早产。早产儿要比正常出生的婴儿少发育几个月。

• 慢性疾病（比如：麸质不耐受、胰腺功能不足、肾功能不足、甲状腺功能不足以及垂体功能不足）以及长时间的医学治疗。这两种情况都会抑制儿童的正常发育。如果儿童严重缺乏生长激素，则会出现以下症状：小手、小脚、皮肤薄、肌肉系统脆弱、脸部皱纹多等。根据最终的诊断结果，医生可能会要求儿童再进行一些其他的医学检查，比如：小肠检查（以便确认小肠的食物吸收功能是否良好）、染色体组型检查（以便检测是否存在基因病，尤其是是否存在先天性卵巢发育不全综合征，因为该疾病虽然不会影响生长激素的正常分泌，但是最终会影响女性的身高，导致小女孩成年后的身高为 145 厘米左右）。

• 身材过于高大的儿童。此处所讲的身材过于高大的儿童是指因父母的缘故出生时就已经比一般人高大，在 3~5 岁期间，发育速度又异常"迅猛"的儿童。这类儿童虽然长高速度十分快，但是他们的骨骼发育速度却比常人要慢。这种情况下，必须为其注射激素抑制剂（比如：雌激素、生长抑素）以便抑制其体内生长激素的分泌。如果此类儿童在 10 岁以前接受治疗，效果会更好。治疗成功的话，儿童成年期的实际身高将会比预期身高矮 6 厘米。

食欲过盛（暴食症）： 食欲过盛是一种不正常的饮食行为，主要表现为儿童会不知饥饱地、偷偷地大口吞咽食物，直至呕吐。青少年是食欲过盛的高发人群。如果您的孩子食欲过盛，请及时咨询心理医生。

湿疹： 湿疹是指人体皮肤上出现了连片由无数小泡组成的红斑。如果您用手摸的话，会感觉患有湿疹的肌肤十分干燥，且凹凸不平。此外，湿疹会产生一种令人难以承受的瘙痒感。婴儿在 3 个月大的时候，很可能会患上湿疹，不过此时，湿疹往往出现在脸部。2 岁的时候，湿疹则会蔓延至肘弯处以及膝弯处。湿疹有可能因过敏而引起，也有可能是毫无缘由爆发的。不过值得庆幸的是，湿疹往往会在四五岁的时候自动消失。

• 过敏性湿疹：过敏性湿疹是一种遗传性过敏皮炎，其临床症状表现如下。儿童患病期间会出现湿疹、哮喘、结膜炎和过敏性鼻炎四大症状。如果儿童的家族有遗传过敏性皮炎史，那么他患上过敏性湿疹的概率就更大。过敏性湿疹高发人群的年龄不一（在 3 个月至 2 岁之间）。患病初期，儿童的颈部、肘部和膝弯处会出现红斑，皮肤会非常干燥，且出现龟裂现象，有时甚至会出现糜烂现象。儿童常因湿疹导致的剧痒而睡眠不足，渐渐地，他会变得暴躁不安。

面对该疾病，医生往往会采取局部疗法，即医生会建议父母在红斑爆发初期往儿童的身上涂抹一些皮质类固醇软膏，以防红斑扩散。此外，抗组胺药有助于减轻瘙痒感，从而能够帮助儿童恢复睡眠。即使过敏性湿疹治愈之后，儿童的皮肤仍会长时间干燥。因此，您需要为他涂抹一些软膏或身体乳，以便为他的皮肤增加一层保护屏障，降低湿疹复发频率。我们发现患有过敏性湿疹的儿童对许多过敏原过敏，因此，脱敏治疗的效果并不会十分显著。先天性过敏性湿疹往往会在后天发生许多变化，比如：它可能会在 2~3 岁或 6~7 岁的时候自动痊愈。为了避免儿童患上湿疹，请一定不要让他贴身穿紧身羊毛衫。

最后，请不要将过敏性湿疹和接触性湿疹混为一谈，因为接触性湿疹仅仅是人体对某种物质过敏的一种异常反应。

• 婴儿湿疹：一般来说，我们可以从家族病史中找到婴儿湿疹的痕迹。对于婴儿湿疹，医学治疗只能起到以下几种作用：减少出疹数量、止痒以及防止湿疹复发。大多数情况下，只要湿疹能够得到有效的治疗，它便不会继续在人体皮肤上扩散。但是，有的时候，湿疹无处不在，它经常出现在人体的颈部、肘部以及膝盖处。从外表上来看，患有湿疹的地方会出现些许褶皱以及红肿的痕迹。这类湿疹往往由过敏引起。

医生会对患者进行局部灭菌以防出现感染，然后进行局部治疗或全身治疗。使用皮质类固醇软膏进行治疗之前，医生会对患者进行一次过敏测试。最后，在患病期间，患者不能用热水洗澡，也不能随意使用洗浴产品。

嗜血杆菌：流感嗜血杆菌是一种常见的细菌，它会导致儿童患上鼻咽炎、支气管炎、咽喉炎、耳炎或脑膜炎。目前，医学上已经成功地研制了相应的对抗疫苗。

虱子：当我们在儿童身上抓到虱子的时候，其实就证明它们已在儿童身上安营扎寨许久了！雌性虱子会在头发根部下蛋产卵（虱卵）。8天后虫卵便会孵化成功，然后侵占儿童及其身边亲友的整个头皮。

我们可以使用具有预防功能的活性洗发水来杀死这些头虱。不过，光靠洗发水远远不足以杀死所有的头虱，您还需要及时清理儿童衣物以及枕头上的虱子。

手足口病：手足口病是由病毒感染所导致的。具体表现为患者的手部、脚部以及口腔处突然长水疱。手足口病爆发1周后，病症会消失。

摔伤：摔伤是儿童最易出现的一种意外事故，尤其是在孩子蹒跚学步的时候。不过，请放心，大部分情况下，摔伤不会对儿童造成实质性的伤害。

如果摔倒之后，儿童出现了呕吐、鼻腔出血、耳部出血、昏厥或四肢无法动弹等症状，则往往意味着他韧带严重拉伤，甚至是骨折了。

此外，如果在摔倒的过程中发生了头部碰撞，那么在接下来的几天之内，您需要时刻观察儿童的反应。一旦出现了异常情况，请立即就医。

水痘：水痘是一种传染病，其潜伏期为10~14天。2岁以上的幼儿最容易出水痘。出水痘时，患者会感觉奇痒无比，但是，父母必须阻止儿童抓挠水疱或抠除痂皮以防皮肤感染

或留疤。水痘一般出现得比较突然，其症状往往表现为发烧（高烧或低烧）。最初的时候，患者身上会出现红点，之后则会演变成水疱。

紧接着，水疱会慢慢干瘪结痂，如果儿童不抓挠的话，痂皮在成形的10天后会自动消失且不留疤。水痘一般出现在患者的脸部、腹部、背部、手部、脚掌以及头皮上。

当儿童患有水痘时，请及时就医，并尽量不要让他抓挠皮肤。现如今，人类已经研发出了一款水痘疫苗，这款疫苗有助于抵抗力较差的儿童免受水痘的侵害。请注意，如果水痘不小心被擦破了，有可能会引发某些不可治愈的病变，不过，这些病变对身体的影响视儿童的年龄而定，年龄越大，影响越小。

粟粒疹：儿童鼻子上或额头上的白色／黄色小点即为粟粒疹。之所以会出现粟粒疹，是因为儿童的分泌腺尚未发育完全。粟粒疹会自行消失，因此无须接受任何治疗。

T

糖尿病：糖尿病是由于人体不能吸收糖分而引起的，它

是一种遗传性疾病。一般而言，我们能够通过尿常规检查中的尿糖值来判断对方是否患有糖尿病。儿童一旦患有糖尿病，后果将十分严重，并且只能通过控制饮食或注射胰岛素来调节血糖。

糖尿病是一种终身疾病，不能被彻底治愈，因此患者需要时刻注意自己的血糖。

体温下降：一般情况下，体温低于正常水平的儿童会表现得十分躁动不安。此外，他的呼吸也会变得急促，四肢会变得很凉。不过只要我们将他安放在一个温暖的地方，他便能立刻安静下来。

如果儿童体温异常低，他会表现得十分安静与沉默，并且他胸部的皮肤会变得特别凉。此时，仅仅为他添衣盖被是远远不够的，您还需要将他安置在一个温暖的房间中，并让他喝些热牛奶。

听力障碍：事实上，生活中有很多小细节能够帮助我们判断儿童是否患有听力障碍。比如：如果新生儿不会将头部转至声源侧，如果他对母亲的温言软语毫无反应，如果他对音乐玩具毫无兴趣，那就证明他很有可能出现了听力障碍。

这种情况下，您需要及时咨询耳科医生以便确认孩子的听觉灵敏度以及对各种音的辨识度。

如果儿童患有听力障碍，建议他从第 6 个月开始佩戴助听器，以免将来造成心理与智力发育缓慢。至于新生儿的听力筛查，则往往会借助耳声发射这一检测技术。目前，8000 位儿童中，只有 1 位双耳失聪。听力障碍儿童佩戴助听器的时间越早，他回归主流社会的概率就越大。

头痛：头痛是一种常见的幼儿疾病。3 岁以下的儿童根本无法具体说出自己到底哪个部位疼。

兔唇：兔唇也叫"唇裂"，是一种先天性面部畸形，主要表现为唇部与腭部发生断裂。唇裂可分为单侧唇裂与双侧唇裂。超声波检查可用于检测腹中的胎儿是否患有唇裂。如果儿童患有唇裂的话，需要接受两次外科修复手术，第一次为出生后，第二次视实际情况而定。唇裂儿童在学习发音的过程中，需要接受正音科医生的帮助以便及时纠正某些错误的发音。

脱皮性皮疹：脱皮性皮疹类似于湿疹，是一种圆形的散

在性皮疹。

脱水：脱水是指人体极度缺水。它会导致婴儿面临生命危险。如果儿童出现了腹泻、呕吐或因高烧／高温天气而大量排汗等情况，则需警惕他的身体脱水。

儿童的年龄越小，脱水对他的伤害就越大。一旦儿童脱水，他便会丧失行动能力，面露焦虑之色，发出低微的呼喊声。此外，他的脸色会显得十分苍白。

一旦儿童脱水，要想再为他补水并非一件易事，因为他一喝水，便会吐。因此，在补水的过程中，必须循序渐进，您应该让他小口小口地喝水。此外，如果儿童的体重因脱水而下降 10%，则需要输液。

外阴口闭合：如果小阴唇粘连在一起，则会导致小女孩的外阴口闭合。一旦外阴口完全闭合且引起了尿道感染以及生殖器感染，则需要进行脱离手术。不过，大部分情况下，外阴口闭合根本无须手术干预，因为它会在儿童期自动消失。

外阴炎：小女孩经常出现外

生活实用指南

阴发炎这一症状。之所以会外阴发炎，往往是由一种叫作蛲虫的肠道寄生虫所引起。只要蛲虫消失，发炎现象会自然消退。

维生素：儿童主要依靠食物来摄取各种维生素。不过，新生儿需要口服维生素 D 直至第 18 个月。

• 维生素 A：黄油、奶酪、动物肝脏、鱼肉、菠菜、橙子以及草莓等富含维生素 A。

• 维生素 C：柑橘类水果、杏、洋葱以及香芹等富含维生素 C。维生素 C 有助于增强人体的免疫力。当儿童体内缺乏维生素 C 时，需要让他服用一些维生素 C 片。适量地让正常儿童补充一些维生素 C 不会对身体造成任何伤害。

• 维生素 B_1：面包、鸡蛋以及香蕉等富含维生素 B_1。当人体缺乏维生素 B_1 时，心血管系统以及神经系统会出现不良反应。

• 维生素 B_2：牛奶、奶酪、家禽肉、鱼肉以及蔬菜等富含维生素 B_2。维生素 B_2 有助于儿童的生长发育。

• 维生素 D：橄榄油、牛奶、黄油以及奶酪等富含维生素 D。维生素 D 是儿童生长发育中必不可少的一种物质。阳光的照射有助于皮肤合成维生素 D。

• 维生素 H（生物素）：动物肝脏、蛋黄、谷物以及蔬菜等富含维生素 H。维生素 H 有助于保护皮肤，并能将血红蛋白的数量维持在正常范围内。

• 维生素 K：花菜、菠菜、西红柿以及草莓等富含维生素 K。维生素 K 能够增强人体的凝血功能。

• 维生素 B_5（烟酸）：家禽肉以及谷物等富含维生素 B_5。维生素 B_5 有助于保护皮肤，并能促进儿童的生长发育。

• 维生素 B_6：家禽肉以及鱼肉等富含维生素 B_6。维生素 B_6 和维生素 B_5 的作用几乎无异。

• 维生素 B_{12}：蛋黄以及贝类等富含维生素 B_{12}。维生素 B_{12} 能够预防贫血。

胃食管反流：患有胃食管反流的婴儿一般吮吸困难，因此，在喝奶的过程中，他会时不时地停止吮吸，然后挥舞四肢，大哭起来。此类儿童会在进食后的 $1\sim1.5$ 小时内呕吐。如果他的体重并没有因此下降，医生可能只会建议您更改他的膳食结构，如有必要，医生也会建议您购买一些抗反流的奶粉。如果这一治疗方法无效，或者婴儿的体重开始下降，那么婴儿需要接受内窥镜检查。大部分情况下，之所以会出现胃食管反流这一现象，

是因为婴儿的贲门还未发育完全。一般而言，胃食管反流会在婴儿出生后的 6~9 个月消失。

X

发育性髋关节脱位：发育性髋关节脱位意味着一个或两个股骨头在盆腔中不能正常地与髋臼相连接，或者盆腔中没有足够的位置容纳股骨头。之所以会出现发育性髋关节脱位，要么是遗传原因，要么是胎儿在子宫内时发生了错误拉伸。女孩要比男孩更容易发生此脱位。

现如今，医生会在婴儿出生时或出生后的前几个月内对其进行体检以便确认他是否患有发育性髋关节脱位。发现得越早，治疗得越早，效果也就越好。治疗的过程中，医生会用蛙式支架固定住儿童的双腿以便帮助其髋关节恢复正常形态。

黏多糖病：黏多糖病是较为常见的一种遗传性疾病。之所以会出现该疾病，是因为人体内的 △ F508 基因畸形。主要临床症状表现为呼吸困难，之所以会呼吸困难，是因为腺体所产生的稠厚黏液堵塞了支

气管、肺泡、胰脏通道和肝脏通道。黏多糖病患者的胰脏系统和肝脏系统功能紊乱，因此，不能很好地消化蛋白质和脂类食品。目前的医疗手段只能缓解黏多糖病的临床症状，但无法根治。不过，未来或许可以利用基因疗法来治愈该疾病。

腺样体：腺样体和扁桃体一样，都有助于人体抵抗外界的侵害。腺样体附着于鼻咽的顶壁与后壁交界处，两侧咽隐窝之间。幼儿的腺样体发育速度过快，只有等至六七岁的时候，它的体积才会开始变小。有时，腺样体肥大会给儿童带来不便，比如：鼻塞流涕、张口呼吸、入睡打鼾，有时还会导致儿童进食困难或发音不准。

医生一般会建议 6 岁以上的患者切除腺样体。如果接受手术的患者是新生儿，耳鼻喉科医生一般会为其注射镇静剂；如果是年龄稍大的幼儿，则会为其注射麻醉药。然而，切除手术并不能消除腺样体肥大所带来的所有不良影响，比如反复性中耳炎。

哮喘：哮喘是儿童群体中最为常见的一种慢性病。有时，哮喘也是呼吸道过敏的一种反应。哮喘发作后，患者的支气管会暂时性地缩小，从而导致呼吸困难。80% 的儿童在 2 岁以前都曾患有哮喘，此外，婴儿期长有湿疹的儿童长大后更易患上哮喘。

为了避免哮喘反复发作，您需要时刻注意儿童身边的过敏原，比如：家中的灰尘、花粉、动物毛发、寝具中的绒毛……如果您不能正确分辨过敏原的话，可以咨询过敏病专家。此外，儿童的情绪、身体素质以及所处的外在环境（比如污染）都与哮喘的发作息息相关。

哮喘发作时，儿童首先会咳嗽、流鼻涕，然后呼吸困难：呼气的时间变得越来越长，动作变得越来越沉重。此外，需要注意的是，哮喘发作不仅会给儿童带来生理上的痛苦，而且会造成心理上的恐慌。哮喘发作持续的时间不一，有时只会持续几分钟，有时却长达数小时。如果儿童开始咳嗽，那就意味着哮喘发作即将结束。因此，我们可以说哮喘发作始于咳嗽，又终于咳嗽。

哮喘发作的频率与力度决定了患者所接受治疗的类型。一般而言，患者需要先接受雾化治疗，然后再接受长达数月，甚至数年的深层次治疗。治疗越早，患者回归正常生活的几率就越大，其哮喘发作的间隔也就会越长。

斜颈：斜颈出现的原因有很多种。

外伤性斜颈往往由脖子错误的弯曲或扭曲动作导致。这种情况下，只需要固定住脖子的位置，便能治愈。

感染性斜颈则是由咽峡炎引起的，之所以会出现咽峡炎，则是因为分隔咽部与颈椎的胖胝体发炎了。

先天性斜颈在婴儿出生后的前几个月内便能被诊断出来。患有先天性斜颈的儿童，其脖颈一直向某一侧倾斜，并且脖颈处的肌肉十分僵硬，因为他其中一块胸锁乳突肌收缩了。患有先天性斜颈的儿童需要接受为期几个月的康复训练。

斜视：请注意，新生儿斜视属于正常现象，但是如果儿童年满 2 周岁以后，仍然斜视，则不正常。根据斜视的方向，我们可以将斜视分为内斜视（向内）与外斜视（向外）。斜视的后果在于视力会逐渐下降，因为斜视眼所看见的影像落在视网膜中心凹以外的地方。斜视眼如果得不到及时治疗，那它日后终将会停止工作以至于完全失去视力。如果儿童患有斜视，即使是轻微斜视，也应立即带他就医。

囟门：囟门是指颅骨接合不紧所形成的骨间隙。囟门一般位于头顶。虽然囟门表面覆盖着一层结实的皮肤，但是它仍然十分脆弱，因为我们发现囟门下方存有间隙。正常情况下，囟门处的皮肤一直处于紧绷状态，如果该处皮肤出现了松弛迹象，则意味着儿童的身体轻微脱水。此外，囟门隆起也往往意味着儿童生病了。

随着年龄的增长，囟门会渐渐闭合。后囟门闭合的速度十分快（2~3周），前囟门则由于体积过大，会在出生后第12~18个月时闭合。

新生儿：这个术语用于定义从脐带结扎到出生后28天内的婴儿。

新生儿头颅血肿：之所以会出现血液肿块，是因为婴儿出生时，其头颅在经过母亲骨盆时受到了轻微挤压。这类头皮肿块往往会伴有轻微的渗血。不过请不用担心，它对婴儿的健康毫无影响，且会在数日之后自行消退。

猩红热：猩红热是一种传染病，其潜伏期为3~5天。猩红热由链球菌感染而引起，需要及时治疗以免将来出现并发症。患上猩红热后，儿童的体温会突然攀升至39℃（或以上）。此外，儿童还会头痛、咽痛、呕吐。在接下来的24~48小时内，儿童的胸部、下腹、腰部、大腿、手部以及足部会密密麻麻地布满触感粗糙的红疹。此外，儿童的皮肤会产生灼烧感，舌头边缘会变红，舌头中间部位则变白。退疹后1周内会开始脱皮。

当儿童患上猩红热后，请及时就医，并且不要让他的兄弟姐妹和他接触。此外，发病后的15天之内，请不要让儿童上学。15天之后，医生能借助某些医疗检测手段来确认猩红热是否会导致儿童产生并发症。

血管瘤：血管瘤分为以下几种类型。

● 扁平状血管瘤：扁平状血管瘤由血管扩张所引起，外表呈红色，边缘处棱角分明且平滑。扁平状血管瘤不仅不会随着时间的推移而扩大，相反，会慢慢地自行消失。该血管瘤一般出现在脖颈处、眼睑内侧以及双眉之间。当儿童大声哭喊或者十分愤怒时，血管瘤的颜色会变深。扁平状血管瘤可通过激光治疗去除，并且治疗的时间越早，痊愈的概率就越大。

● 草莓状血管瘤：多在出生后的数周内出现，并迅速扩张。表面隆起，呈深红色。80%的草莓状血管瘤会在儿童6~7岁的时候自行消失。即便如此，如果该血管瘤严重影响了婴儿或儿童的外表，可以尽早接受治疗。

● 海绵状血管瘤：比草莓状血管瘤更为严重，需要借助外科手术才能去除。

血友病：血友病是由于体内凝血因子稀缺而导致的一种遗传性疾病。血友病分为好几种类型，程度或轻或重。血友病由母体进行传播，但只会传给男孩。一般而言，只有在患者因受伤而出现了血肿现象后才能偶然发现血友病的存在。

治疗过程中，医生会通过静脉通道向人体注射稀缺的凝血因子以便帮助患者恢复正常的凝血功能。现如今，医疗机构会对需要注射的凝血因子进行冻干加热处理，以防止某些病毒（比如：艾滋病病毒或丙型肝炎病毒）通过血液进行传播。医疗机构应对血友病患儿进行实时跟踪。

荨麻疹：一旦患上荨麻疹，患者身体会突然出现直径为2~3厘米的鲜红色或苍白色小水疱或斑块。这些小水疱或斑块会在 24 小时或 48 小时后自然消退。荨麻疹会令人产生一种刺痛感与瘙痒感。之所以会患上荨麻疹，往往是因为食物过敏（比如：患者有可能连续食用了大量的鸡蛋、草莓或鱼肉等）或药物过敏。

在治疗的过程中，首先必须弄清引起荨麻疹的过敏原，然后再在患处涂抹一些具有镇定效果的药膏以便缓解皮肤的瘙痒感。如果荨麻疹导致了其他并发症，则需及时就医。

Y

咽峡炎：咽峡炎往往由细菌或病毒所引起，具有一定的传染性，常见于 1 岁以上儿童。有时，咽峡炎也是其他急性传染病的前期症状，比如：麻疹、流感以及猩红热。在就诊之前，您应当仔细检查儿童的皮肤以便确认是否有出疹迹象。

患上咽峡炎后，儿童会头疼、脖酸（有时，脖颈处的淋巴会肿大）、体温升高（39~40℃）、吞咽困难等。此时，如果您让儿童张大嘴巴、压平舌头，然后再用手电筒照他咽喉部位，您会发现他的扁桃体已经红肿，并且红肿面积有扩大的倾向。

不管是细菌性咽峡炎还是病毒性咽峡炎，都应及时接受专科医生的治疗。现如今，在欧洲大陆，咽峡炎病菌已经不会再诱发风湿性关节炎以及心脏或肾脏病变。

正常情况下，咽峡炎能够在几天之内治愈，不过有些儿童会反复感染咽峡炎。如果儿童扁桃体过大、食欲下降、消化困难、情绪不稳定（比如暴躁易怒），请考虑切除扁桃体。从 9 岁开始，儿童反复感染咽峡炎的几率会下降。如果儿童因咽峡炎而痛苦万分，那么您可以让他服用一些具有镇静作用的糖片以及一些止痛药（所服用的剂量必须谨遵医嘱）。如果儿童因咽峡炎而发热，您还可以给他使用一些栓剂。请注意给孩子保暖，不过也不能让他穿太多，毕竟他正在发烧。尽量让孩子多喝水，如果他不愿意喝热水的话，就让他喝些添加了蜂蜜或新鲜柠檬汁的矿泉水吧（矿泉水的水温应与室温相当）！

厌食症：神经性厌食症一般表现为没有任何生理缘由地抗拒所有食物。一旦儿童患上厌食症，他的体重会迅速下降，并出现反射性呕吐。有时，这一心理疾病是由潜在的母子／女冲突或母亲投射至子女身上的焦虑而引起的。

出生后 4~18 个月以及青少年期是厌食症的两大高发期。要想治疗儿童的厌食症，首先需查明病因（往往比较难查），然后再对其进行漫长而精细的心理疏导。此外，需要注意的是，偶尔的拒食并不意味着儿童患上了厌食症，因为儿童有时肯定会因为某种莫名的原因而食欲下降。只要他／她的体重曲线正常，那就无须过分担心。

眼痛：只要眼睛发红，便意味着结膜受到了刺激或发炎了。结膜是一层覆盖在眼球和眼睑内侧的透明薄膜。眼痛时眼睛之所以会流泪，是因为眼中的分泌物过多或是因为通向鼻腔的管道被堵住了。一般而言，早晨睡醒的时候上下眼皮往往会粘在一起，因为上下眼皮整晚都没有分开过，导致眼泪无法从眼睛内排出，以至于眼泪干涸之后将上下眼皮粘合在一起了。

一旦上下眼皮粘合在一起，儿童便会感到一股瘙痒感或灼伤感。如果儿童眼痛的话，请仔细检查一下他的眼中是不是有灰尘或睫毛，又或者是不是眼周围长了麦粒肿。

如果儿童上下眼皮紧粘在一起分不开，您可以用蘸有洋甘菊、矢车菊、生理盐水或温开水的布团轻轻地从内眼角擦拭至外眼角。

痒疹：儿童一旦患上痒疹，便会浑身瘙痒、失眠、腹泻或便秘。此外，他的四肢会出现直径约为 1 毫米的红疹。红疹的面积会不断变大，颜色也会不断加深，中间则会形成一个水疱，不过几天之后，这个水疱便会结痂。一般而言，这些可恶的水疱会在 8~10 天后消失。

痒疹是一种过敏症状。一般而言，医生会建议使用某种洗液清理患处以避免细菌感染。

夜间恐惧：夜间恐惧是噩梦的终极表现。出现夜间恐惧后，儿童看似已经醒了，实则处于半梦半醒状态。这种情况下，儿童会十分惊恐，并且很难平复心情。如果儿童的夜间恐惧是由日间焦虑所引起的，并且时常出现，那么请及时咨询医生。

疫苗接种：

以下是法国各疫苗建议接种时间（表 5）以及旅居国外时需要接种的疫苗（表 6），仅供参考。

您需要提前咨询旅居国的常见疾病。您可以在法国国家卫生监督研究所（INVS）的网站上查询到入境国需要接种的

疫苗，该疫苗清单每年都会更新一次。

有时，在接种疫苗后的 24 小时内，儿童会出现轻微发热以及局部发红等症状。注射的疫苗越纯正有效，这些症状的表现就越不明显。现如今，

市面上的疫苗有 20 多种，然而，并不是每种疫苗都需要接种，具体情况视居住或出行的国家而定。这些疫苗主要用于预防结核病、白喉、破伤风、百日咳、脊髓灰质炎、伤寒、麻疹、水痘、黄热、霍乱以及天花等。当然了，

表 5：法国疫苗接种时间表

疫苗名称	建议接种时间
卡介苗	在 0~15 岁这段时间内接种，用于预防结核病
白喉－破伤风－脊髓灰质炎三联疫苗	第 2 个月、第 4 个月、第 11 个月、6 岁以及 11~13 岁的时候进行连续接种
百日咳疫苗	在第 2 个月、第 4 个月、第 11 个月、6 岁以及 11~13 岁的时候进行连续接种
B 型流行性感冒嗜血杆菌疫苗	在第 2 个月、第 4 个月、第 11 个月的时候进行连续接种
乙型肝炎疫苗	在第 2 个月、第 4 个月、第 11 个月的时候进行连续接种
肺炎球菌疫苗	在第 2 个月、第 4 个月、第 11 个月的时候进行连续接种
C 型脑膜炎疫苗	在第 12 个月进行接种
麻疹－腮腺炎－风疹三联疫苗	在第 12 个月、第 16~18 个月的时候进行连续接种
黄热疫苗	9 个月以上的人群均可以接种

表 6：旅居国（法国）外需要接种的疫苗

儿童年龄	建议接种疫苗
4~6 个月的儿童	白喉－破伤风－脊髓灰质炎三联疫苗、百日咳疫苗以及卡介苗
12~18 个月的儿童	麻疹－腮腺炎－风疹三联疫苗
18 个月以上的儿童	C 型脑膜炎疫苗
1 岁以上的儿童	黄热疫苗

还存在一些用于预防细菌性脑膜炎、肺炎球菌以及病毒性肝炎的疫苗。儿童需要接种的疫苗为上述疫苗中的 10 种左右。有些疫苗必须接种，有些则根据个人情况而定。

遗尿：一般而言，遗尿是指三四岁儿童熟睡时"在床上小便"的行为，不过事实上，遗尿也可指代任何不受人类大脑思维控制的小便行为。因此，从医学角度来看，我们通常所说的遗尿实际是指尚未形成卫生意识的三四岁儿童在夜间尿床的行为。如果儿童每晚都尿床，则称为原发性遗尿。如果儿童在某段时间内没有尿床，却突然复发的话，则称为继发性遗尿。儿童继发性遗尿基本上都是由心理因素造成的。但是，在治疗（如果儿童 5 岁以后仍尿床，则需接受治疗）之前，最好检查一下他是否存在身体机能方面的问题。

尿床是一种由情感引发的症状，责骂、惩罚、训斥并不能阻止儿童尿床，我们必须找到诱发该行为的深层原因。限制液体摄入量以及药物治疗并不能真正解决儿童的尿床行为。在治疗的过程中，必须让儿童对自己充满信心，并让他积极配合治疗。此外，须让儿童在上厕所的过程中进行控制排尿训练。

溢奶：对于婴儿而言，溢奶是一种正常现象，它具体表现为婴儿进食后会出现轻微吐奶现象。此外，溢奶的过程中往往伴随着打嗝现象。如果婴儿呕吐出来的乳汁略有酸气，且呈现凝固状，这属于正常现象，因为婴儿的消化速度很快。

如果您不想让孩子出现溢奶现象，请尽量不要在他喝完奶之后频繁地挪动他或立即将他平放在床上（最好等上 15 分钟）。有些儿童会因为肠胃功能尚未发育完全而剧烈呕吐（详见词条"胃食管反流"）。

饮水癖：饮水癖指的是儿童饮水过多。一般而言，饮水癖是由儿童的行为障碍或人格障碍所致。

婴儿：这个术语用于定义从出生到不满 1 周岁的孩子。

婴儿猝死综合征：在工业化国家中，每 500 位婴儿中就有 1 位患有婴儿猝死综合征。婴儿出生后的第 1~5 个月期间是该疾病的高发期。世界各地的科研人员都试图找出该疾病的病发原因，却总是一无所获。目前为止，虽然科研人员尚未发现诱发该疾病的决定性因素，但发现了一些重要性因素，比如：儿童的年龄、儿童呼吸系统与心脏系统的不完全发育、早产、产妇吸烟或产妇生活不规律。

如今，唯一有效的预防措施便是为婴儿营造一个安全舒适的睡眠环境：婴儿应该在一个无烟且空气凉爽（19℃）的环境下，既不枕枕头，也不盖被子地平躺或侧躺在硬板床上。这些简单的措施在 5 年内已经有效地将新生儿死亡率降低了将近 70%。一些婴儿猝死概率较大的家庭或者此前已有婴儿不幸猝死的家庭，应当在家中安装一个监视器以便在婴儿出生后的前 6 个月内密切监视他的一举一动。

疣：疣一般由病毒所引起，它的表现症状并不一样。

● 寻常疣：所谓的寻常疣是一些圆形赘生物，这些赘生物的大小不一，小的犹如针尖，大的犹如青豆。表面泛黄或泛灰，硬实粗糙，且不产生任何痛感。

如果患上寻常疣，需及时就医。医生可能会采取保守传统的局部疗法，该疗法周期比较漫长，大约 1 个月左右。当然了，医生也可以采取冷冻疗法、刮除法或电凝法以便快速地去除赘生物。

● 扁平疣：该疾病所引起的丘疹扁平，稍微隆起于皮肤之上，直径约为 3 毫米，且棱角分明。一般情况下，扁平疣会出现在人体的前额、下巴、脸颊、后背、双手以及膝盖处。此外，扁平疣极具传染性，且痛感剧烈。因此，最好及时就医，医生会根据实际情况来决定治疗方法，可以采用局部治疗法，也可以采取快速去除法。

幼儿疾病：儿童在童年期易患的疾病统称为幼儿疾病。一旦儿童开始接触集体生活，那么他感染幼儿疾病的几率就会更大。大多数情况下，某些幼儿疾病只会出现一次，之后儿童便终生免疫。不过，也有很多疾病因为疫苗注射的缘故而逐渐绝迹。

大部分幼儿疾病都具有一定的传染性。因此，一旦儿童患病，需在家或在医院接受隔离治疗，直到完全痊愈后才能重回学校。每种传染性疾病的潜伏期都不一样，所谓潜伏期，指的是病原体侵入人体至最早出现临床症状的这段时间。各种研究表明每种疾病都会在一年之中某个特定的时间段爆发，比如：水痘和流行性腮腺炎更倾向在冬天爆发，风疹和麻疹则倾向于每年 5 月的时候在学校大面积爆发。

不过，随着疫苗注射的普及，我们越来越难以获取各种传染性疾病爆发时间的数据了。自从接种了百白破疫苗（DTP），百日咳出现的几率越来越小了。目前，只有猩红热还在负隅顽抗。在法国，尽管麻腮风三联疫苗（MMR）并非强制性疫苗，但是现在越来越多的人选择主动接种该疫苗。免疫力较差的成人以及有严重健康问题的儿童需要接种水痘疫苗。

幽门狭窄：幽门狭窄是消化道畸形的一种表现。幽门是胃和十二指肠的连接口，如果幽门肥厚的话，会影响胃内容物的正常排出。这种情况下，患者需要接受外科手术。

远视：远视是指眼睛所见的影像形成于视网膜之后。远视是由视觉系统中某些部位发育异常而导致的。这一年龄段的儿童可以通过矫正手术来消除远视所带来的不便。如果远视程度不深，双眼视力差距不大的话，则无须过分担心儿童的远视问题。

晕动病：婴儿很少会因为坐飞机、坐汽车或坐轮船而感到身体不适，反而是年纪稍长的幼儿会对此反应过激。儿童之所以在乘坐交通工具的过程中会突感不适，可能是因为行进中的交通工具使他运动感觉不协调，也可能是因为他的紧张、激动，甚至恐惧心理，以及出行中的无聊气氛。当汽车拐弯、船舶摇摆不定、飞机遭遇气流颠簸时，早已"想吐"的孩子便会抱怨恶心、反胃。如果行进中的交通工具急速改变行驶方向（横向改变或纵向改变），儿童便会在一阵眩晕之后呕吐，因为现阶段的他尚未形成良好的前庭平衡感。此外，儿童还会脸色苍白、头昏脑涨、冷汗直冒。

为了避免儿童在出行的过程中出现晕动病，请尽量不要让他吃太多，此外，让他穿一些应季的宽松衣物。出行的过程中，请合理安排休息时间以便让孩子能够有机会喘息。当然了，也别忘了让孩子及时补充水分。最后，您可以根据医嘱在出发前半个小时让孩子服用适量的晕车药。

Z

真菌病：之所以会出现真菌病，是因为真菌侵入了人体的皮肤，尤其是指甲处的皮肤或头皮。真菌会导致头皮上出现一块块棱角分明的红色斑块，并且这些斑块会脱皮。真菌病不会令人产生瘙痒感，但是会通过直接或间接的方式传染给他人，例如：鞋子、枕头套、梳子、游泳池周边地面上的细沙。一旦患上真菌病，可以在患处涂抹一些药膏。

直肠脱垂：直肠脱垂表现为肛门外出现红色赘肉，然而事实上，这些红色赘肉是直肠的一部分。当儿童排便、咳嗽或哭喊时，直肠的这部分便会跑到体外。之所以会直肠脱垂，是因为儿童长期便秘。幼儿直肠脱垂可以自愈，也可以通过手术治疗后痊愈。

支气管炎：支气管炎是指支气管出现了炎症。6个月以下的婴儿因为自身免疫系统的不足，所以非常容易受到病菌以及细菌的攻击。支气管炎往往是鼻咽炎、流感、麻疹以及百日咳的一种并发症。除此之外，支气管炎也有可能是由过敏所引起。

一旦支气管发炎，儿童会不停地干咳或湿咳。一般而言，支气管炎会导致患者发热（往往为低烧）、气急或哮鸣。这种情况下，需要让儿童注意保暖防风（不过，也请不要让他穿过多）。

中暑：中暑往往是儿童过度暴露在太阳或人工热源之下而导致的。中暑对新生儿以及婴儿的伤害尤为严重。一旦中暑，汗腺便不能再继续调节人体的温度。这种情况下，儿童的身体便会发烫变干。除此之外，他还会感到头疼、眩晕以及恶心。情况严重的话，甚至会出现抽搐以及晕厥等现象。

那么我们到底该如何避免儿童中暑呢？首先，绝对不能让婴儿暴晒于烈日之下，即使帐篷、太阳伞或婴儿推车上的顶篷已经将婴儿遮挡严实也不行。其次，不能让儿童长时间地待在烈日暴晒下的汽车内。最后，在靠近热源的地方，一定不能让儿童穿太多的衣服，尤其是当他发烧的时候。

如果儿童不幸中暑的话，我们又该如何应对呢？首先需要将儿童带离热源处，然后将他平放于床上或地上，之后解开他的衣服，最后再将凉水浸湿的毛巾或纱布冷敷在他的额头上。如果儿童始终处于清醒状态，您还需要喂他喝些凉水，并让他轻抬头部，保持半坐的姿势。当然，最有效的解决办法就是及时送医治疗。

肘关节脱位：又称肘内旋，它往往是儿童的双手受到了外界的剧烈拉扯而导致的。在拉扯的作用下，儿童的桡骨小头偏离了原本的位置。这种情况下，请及时就医，以便让医生将偏离原位的桡骨小头恢复原状。

生活实用指南

家庭危险区域

　　拿着下面这两幅图，对照您自己家中的格局，您将会发现家中的危险区域比想象中的要多。

室 内

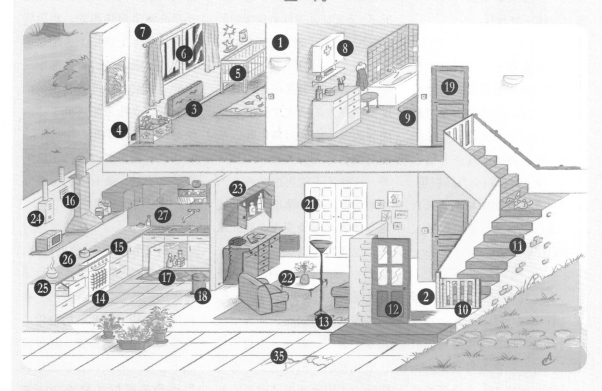

1 确保走廊处的照明设施正常运行。
2 不要在门口铺放脚垫。
3 请将暖气片遮好。
4 请为插座安装保护盖。
5 请购买围栏式婴儿床。
6 请安装防盗窗。
7 窗户横梁上方请勿悬挂画像。
8 医药箱请锁好并置于高处。
9 请在浴缸前铺放防滑垫，并在浴缸旁放置一把安全椅。
10 上下楼梯口请安装栅栏式安全门。
11 请在楼梯上铺放地毯。
12 门上的玻璃应为夹层玻璃。
13 请勿使用接线板。
14 要确保炉灶以及烤箱的表面低温。

15 平底锅摆放区域应设置栏杆。
16 确保厨房通风设施性能良好。
17 请锁好橱柜。
18 请购买带盖的垃圾桶。
19 门把手应尽量设置在高处。
20 窗户处请安装钩锁。
21 请将门上的各种缝隙填满以免儿童的手指被夹。
22 请在桌椅的四角粘贴防撞条。
23 请将酒精性饮料放于高处。
24 微波炉加热食物后，请先检查一下是否过烫，再食用。
25 小心被电陶炉烫伤。
26 平底锅的手柄最好不要超出炉灶的范围。
27 水温不要超过 60℃。

室 外

㉘ 大门一定要锁好。

㉙ 后院里的垃圾桶一定要盖紧。

㉚ 用于清洁后院的物品应放于儿童接触不到的地方。

㉛ 池塘四周应设置栅栏，泳池则应该配有安全报警系统。

㉜ 园艺工具一旦使用完毕应立即收好。

㉝ 一定不能出现碎玻璃。

㉞ 车库门应配有安全报警系统。

㉟ 门前的石板和台阶一旦受损应立即进行修补。

㊱ 如果要在后院生火焚烧物品，请使用铁皮桶。

㊲ 不要让儿童靠近烧烤架。

㊳ 要定期检查秋千及其他游戏设施是否安全。

㊴ 儿童游戏槽中的沙子应每年更换一次。

㊵ 后院的储藏室应锁好。

生活实用指南

危险植物

有些植物尽管外表令人赏心悦目，但是它的果实、花朵以及叶子却隐藏着一定的危险。因此，以防万一，请避免让儿童接触这些植物。

• **花园内的危险植物**

如果您想在家中开辟一片天地用于种植植物的话，请尽量挑选一些无害的花草树木；如果您新购置／租住的房屋（包括度假屋）本来就自带花园，请仔细检查一下四周的植物。以下是一份花园常见危险植物的清单，希望能够对您有所帮助。请注意，每种植物的毒性都不一样。

- **夹竹桃**：所有部位均有毒。
- **忍冬**：只有果实有毒。
- **女贞树**：秋天所结的黑果会引起胃部不适。
- **卫矛**：紫红色的花果会引起剧烈腹泻。
- **红豆杉**：其果实会导致呼吸困难。
- **栗树**：生板栗可能会引起消化不良。
- **报春**：抚弄其花朵会引起皮炎。
- **常春藤**：果实有毒，会引起各种身体不适，包括呼吸困难。
- **绣球花**：有些绣球花的叶子含有氢氰酸，会导致呕吐及腹泻。
- **火棘（或枸子属）**：叶子以及果实都会导致消化不良。

夹竹桃

红豆杉

火棘

- **杜鹃花**：果实有毒，会导致消化不良以及呼吸困难。
- **风信子、水仙花**：球茎有毒，会导致肠胃不适。
- **香豌豆**：种子有毒，会导致心脏不适。
- **曼陀罗**：常生长于岩石旁，其果实带刺，是令人望而却步的一种植物。
- **土豆(或马铃薯)**：白色花朵结出的果实毒性较大，剩余部分毒性较小。
- **桃叶珊瑚**：这种灌木是花园里的一种常见植物，其浆果有毒。
- **大黄**：茎可以食用，但是叶子中所含的草酸氧化物则会导致出血以及肾功能失调。
- **黄杨**：根茎会严重损害人体的肠胃。
- **洋金花**：叶子有毒。
- **雪果**：雪白的果实会严重刺激人体内的黏膜，进而导致消化不良。

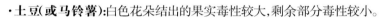

曼陀罗

桃叶珊瑚

洋金花

● 室内危险植物

　　室内危险植物无时无刻不在诱惑着儿童，可能最终导致儿童无意识地吞下 / 口含一片叶子，或者吮吸根茎。这些危险植物往往会引起皮肤瘙痒、结膜炎、消化不良甚至会损害神经。

- **喜林芋**：会导致嘴唇、喉咙或者舌头发炎。
- **万年青**：根茎部的汁液会损害眼睛。

· **安祖花、杯芋、千年芋、紫珠**：这四种植物应远离儿童，放置于儿童接触不到的地方。

· **600种左右的大戟科植物**：其汁液都对人体有极强的刺激性。

· **风信子的球茎、一品红的叶子、水仙花、秋海棠**：都能引起嘴部灼伤。如果不小心将它们吞服入肚，则会引起腹泻、呕吐、舌头肿大甚至是呼吸困难。

· 有些植物的种子十分危险，如**蓖麻**：5~6颗蓖麻种子便能致命。

● 树林及路边的植物

当您带孩子外出散步或野餐时，孩子有可能会触摸一些危险植物，一旦不小心吞服入肚，则会引起严重的后果。

· **海芋**：其果实足以致命。

· **槲寄生属植物**：吞服10~20颗果实便能致命。

· **冬青**：其鲜红色的果实会导致肠胃不适。

· **毒芹**：种子有毒，会导致消化不良，损害神经系统及呼吸系统。

毒芹　　　　　　　　　　　　海芋

- **欧白英**：吞服 10 颗左右果实便能致命。
- **乌头**：汁液有毒，会导致多种身体机能紊乱。
- **泻根**：果实有毒。
- **柏树**：各种柏树的果实都有毒。
- **山毛榉**：其果实会引起肝部不适。
- **瑞香**：其红色的果实会引起消化不良，甚至可能会致死。
- **毛地黄**：其根茎部以及花朵上的汁液会引起心脏不适。
- **颠茄**：其类似樱桃的黑色果实有毒。
- **秋水仙**：秋天开花，在花期即将结束的时候，会长出一些有毒的种子。
- **还有些植物**即使无毒，但是对于儿童而言，也存在一定的危险性，如蔷薇科植物以及部分带刺的、装饰性的小灌木。

欧白英

毛地黄

乌头

颠茄

秋水仙

均衡饮食

　　尽管肥胖儿童的数量与日俱增，但是 6 岁之前请尽量不要让您的孩子节食。只要日常生活中能遵守以下几点建议，儿童的体重便不会大幅上升。

　　首先，请定期测量孩子的身高与体重，如有任何异常或疑问，请及时就医。虽然小孩体型有点圆，但是这并不意味着他需要节食，相反，他可以吃任何食物。不过，请一定要控制孩子食用薯条、甜酥面包以及糖果的数量。

　　其次，请严格控制甜饮的数量，如果他就餐期间想喝东西，可以给他喝一些白开水／矿泉水。请为孩子准备儿童餐的份量，切勿将孩子当成大人对待。另外，不要强迫孩子把碗中的食物都吃完，但是一定要让他坐着吃饭（千万不要让他坐在电视机前吃）。

　　最后，不能让孩子总是坐着不动。您可以让他做做运动或者漫无目的地走走路。

食物中的蛋白质含量（可食用部分）

动物制品		蔬菜制品	
·奶酪	24%	·脱水蔬菜	24%
·猪肉	22%	·坚果（杏仁）	15.5%
·鸡鸭鹅肉（瘦肉）	20%	·面条	13%
·鱼肉（瘦肉）	16%	·面粉	11%
·鸡蛋	12%	·面包	7%
·牛奶	3.5%	·土豆	2%

每天应摄取的蛋白质数量

- ·1~3 岁的儿童 ....22~40 克 *
- ·4~6 岁的儿童 ....55 克
- ·7~9 岁的儿童 ....66 克

* 视实际年龄而定

（儿童每天应摄取蛋白质数量的）正常浮动范围

- ·4~6 岁的儿童 ....50~60 克
- ·7~9 岁的儿童 ....59~73 克

摄取蛋白质

只能从含有蛋白质的营养食物中摄取蛋白质。

请记住，实际上，100 克红肉可以提供 18~20 克蛋白质，同等分量的蛋白质也可由以下食物提供：

· 100 克内脏、鱼肉或家禽肉；

· 2 个鸡蛋；

· 500 毫升牛奶；

· 4 罐酸奶；

· 70 克埃曼塔奶酪；

· 90 克卡门贝奶酪；

· 180 克软奶酪。

建 议

· 30 克肉末 = 20 克熟肉。

· 白鱼最好。

· 食物中最好不含脂肪。蔬菜中放入核桃般大的黄油块即可。

· 少放盐。

· 水果必须熟透。

· 9 个月以下婴儿的食物最好现吃现做。

· 瓶装果蔬泥能够满足婴幼儿对蔬菜以及水果的需求。

喝牛奶

法国乳制品文献及信息中心（CIDIL）建议个人每日摄取的奶制品份额可参考以下表格：

牛 奶	奶 酪	黄 油
2~15 岁 ....500 毫升	2~5 岁 ....20~25 克 6~11 岁 ....25~30 克 12~15 岁 ....30~40 克	2~5 岁 ....20 克 6~11 岁 ....20~25 克 12~15 岁 ....20~25 克

在没有天平的情况下称重

	1 咖啡勺平勺（代表）	1 汤勺平勺（代表）	1 咖啡杯（代表）	1 玻璃杯（代表）
液 体	5 毫升	15 毫升	150 毫升	200 毫升
面 粉	3 克	10 克	210 克	250 克
白砂糖	6 克	12 克	75 克	200 克
食用油	4 克	13 克	120 克	160 克
粗面粉	4 克	12 克	135 克	160 克
生 米	7 克	18 克	135 克	160 克

法国儿童食谱
（适用于8~12个月的婴儿）

周　四

早　餐 .... 口味略甜的酸奶
午　餐 .... 碎肉牛排
.... 蒸土豆
.... 新鲜水果
下午茶 .... 巧克力牛奶、饼干
晚　餐 .... 香芹奶油
.... 布丁

周　一

早　餐 .... 牛奶
午　餐 .... 火腿
.... 蔬菜泥（土豆、青豆）
.... 新鲜水果
下午茶 .... 牛奶、饼干
晚　餐 .... 汤（葱、土豆）
.... 酸奶

周　五

早　餐 .... 牛奶
午　餐 .... 西红柿青豆配鸡肉
.... 果泥
下午茶 .... 鲜奶酪、1片面包
晚　餐 .... 蔬菜泥（土豆、西葫芦）
.... 奶酪

周　二

早　餐 .... 碎状食物
午　餐 .... 小牛肉
.... 胡萝卜泥
.... 水果泥
下午茶 .... 鲜奶酪、1片面包
晚　餐 .... 汤（土豆、青豆）
.... 奶酪

周　六

早　餐 .... 玉米片配牛奶
午　餐 .... 羔羊肉
.... 西葫芦米饭
.... 新鲜水果
下午茶 .... 蜂蜜牛奶、1块饼干
晚　餐 .... 汤（胡萝卜、芹菜、土豆）
.... 鲜奶酪

周　三

早　餐 .... 牛奶
午　餐 .... 猪肉
.... 洋蓟泥
.... 1小罐混合水果泥
下午茶 .... 布丁、饼干
晚　餐 .... 蔬菜汤（西葫芦、小萝卜、西红柿、葱）
.... 酸奶

周　日

早　餐 .... 水果牛奶
午　餐 .... 鱼
.... 菠菜或蒸土豆
.... 甜点
下午茶 .... 酸奶、干面包片
晚　餐 .... 蔬菜布丁（西葫芦、胡萝卜）
.... 熟奶酪

法国儿童食谱
（适用于12~24个月的幼儿）

周　一

早　餐	牛奶
上午茶	橙汁
午　餐	1片火腿
	30克小贝克面
	新鲜水果泥（配些许白糖）
下午茶	150毫升甜牛奶（配1块方糖）
	1块饼干
	1个新鲜水果
晚　餐	蔬菜泥（葱、土豆）

周　二

早　餐	牛奶、蜂蜜
上午茶	柠檬胡萝卜汁
午　餐	羊排、酸奶、香蕉
下午茶	2片抹有鲜奶酪的干面包片
	1杯果汁
晚　餐	胡萝卜意大利面
	软奶酪
	苹果泥

周　三

早　餐	牛奶
上午茶	红色水果汁
午　餐	鳎鱼排（30~50克）
	洋蓟
	1罐异国水果泥
下午茶	焦糖奶油、3片长饼干
晚　餐	混合沙拉
	格鲁耶尔奶酪
	熟水果

周　四

早　餐	牛奶、蜂蜜玉米片
上午茶	苹果汁
午　餐	碎肉牛排、蔬菜泥（土豆、青豆）
	苹果片
下午茶	150毫升巧克力牛奶
	2块饼干
晚　餐	芹菜奶油、布丁、新鲜水果

周　五

早　餐	牛奶、黄油果酱面包片
上午茶	柚子汁
午　餐	胡萝卜丝、鸡肉
	西红柿配青豆、杏泥
下午茶	2块鲜奶酪、1块玛德琳蛋糕
晚　餐	牛奶、葡萄干配粗粉
	奶酪、水果

周　六

早　餐	牛奶、黄油果酱面包片
上午茶	葡萄汁
午　餐	小牛肉片（30~50克）
	胡萝卜、粗面蛋糕
下午茶	2块鲜奶酪、1块四合糕
晚　餐	汤（土豆、青豆）
	抹有果酱的软奶酪

周　日

早　餐	酸奶、烤面包、果酱
上午茶	菠萝汁
午　餐	溏心蛋、菠菜、巧克力甜点
下午茶	50毫升蜂蜜牛奶
	1块饼干、1个苹果
晚　餐	蔬菜布丁（西葫芦、芹菜、胡萝卜）
	熟奶酪、水果

生活实用指南

法国儿童食谱
（适用于2岁以上儿童）

学校一般没有必要为学生们准备上午茶（10 点），但如果要准备的话，至少应安排在午餐前 2 个小时，并且最好准备一些水果及奶制品。

周 四

早 餐	牛奶、蜂蜜玉米片
上午茶	几块水果干
午 餐	碎肉牛排、炸苹果条
	鲜奶酪、糖浆杏仁
下午茶	香蕉、黄油烤面包片
晚 餐	芹菜奶油、奶酪拼盘
	红色水果拼盘

周 一

早 餐	牛奶、混合麦片、果汁
上午茶	苹果泥 / 梨泥，几块长饼干
午 餐	鸡肉肠、西蓝花、猕猴桃
下午茶	2 块鲜奶酪、香料面包
晚 餐	奶酪煨饭、巧克力奶油

周 五

早 餐	焦糖牛奶、牛角面包
上午茶	时令水果、1 块饼干
午 餐	1 片烤牛肉、小贝克面
	胡萝卜丝配酸奶、新鲜水果
下午茶	加糖（1 块方糖）牛奶、巧克力面包
晚 餐	炒蛋、青豆或菠菜
	新鲜水果

周 二

早 餐	牛奶、黄油果酱面包片
上午茶	柚子汁、1 块油酥饼
午 餐	2 块炖牛肉、米饭、胡萝卜
	酸奶
下午茶	2 块鲜奶酪、2 块四合糕
晚 餐	西葫芦 - 山羊奶酪馅饼
	西红柿汤、苹果泥

周 六

早 餐	溏心蛋、酸奶
上午茶	时令水果
午 餐	炒饭、软奶酪
	水果蛋糕
下午茶	香蕉、酸奶
晚 餐	什锦菜汤（时令蔬菜）
	溏心蛋、新鲜水果沙拉

周 三

早 餐	鸡蛋饼、牛奶、果汁
上午茶	菠萝、1 小块四合糕
午 餐	鲜黄油水煮鱼
	罗勒 - 西红柿米饭
	苦苣沙拉、酸奶、梨
下午茶	150 毫升加糖牛奶
	巧克力夹心饼干
晚 餐	蔬菜泥：西葫芦、胡萝卜、土豆
	奶酪、水果酸奶

周 日

早 餐	巧克力牛奶配谷物
上午茶	红色水果汁
午 餐	烤鱼排、孜然胡萝卜
	卡门贝奶酪
下午茶	牛奶、苹果奶油馅饼
晚 餐	小贝克面
	什锦沙拉、水果

身体质量指数/年龄百分位标准曲线图

身体质量指数/年龄百分位标准曲线图能够准确反应儿童的身体发育状况，且易于观察。

判断儿童是否过重，往往会参考三个指标：身高（身长）、头围（以厘米为单位）和体重。之后，医生会计算儿童的身体质量指数（BMI）。该指数可以计算出人体内的脂肪总量，并且有助于预测儿童未来体重的发展趋势。婴儿出生第 1 年，其身体质量指数会迅速增长，之后会逐年下降直至 6 岁，6 岁过后，该指数又重新恢复增长趋势。如果 6 岁以下儿童的身体质量指数呈现逐年增长迹象，表明他未来的体重很有可能会超出正常范围。如果 6 岁以后，儿童身体质量指数出现异常增长，家长也应当给予重视。

父母应从孩子 2 岁的时候开始观察他的体重变化。婴儿因为体内积聚了大量的脂肪，所以总是一副圆乎乎的形象。不过只要他学会了走路，随着运动量的增加，多余的脂肪会被自然消耗。

根据世界卫生组织的标准，一旦儿童的身体质量指数高于第 97 百分位，就意味着他步入了肥胖行列。

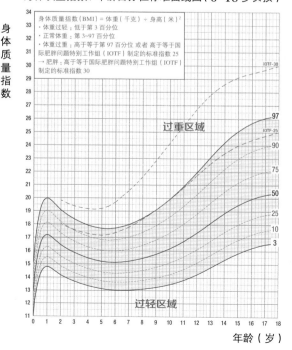

身体质量指数/年龄百分位标准曲线图（0~18 岁女孩）

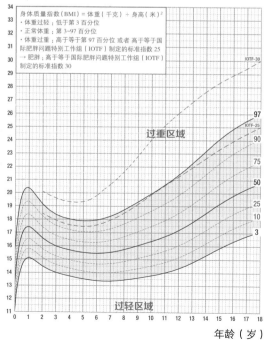

身体质量指数/年龄百分位标准曲线图（0~18 岁男孩）

如何评估儿童的睡眠质量

当孩子睡眠不足或者睡眠质量不高时，父母总会忧心忡忡。此外，如果婴儿入睡困难或经常夜醒，则会导致父母身心俱疲。

要想正确评估儿童的睡眠质量，并非一件易事，因为儿童的年龄、所处的发育阶段、父母的照料手法以及家庭的气氛都会在一定程度上影响儿童的睡眠质量。

因此，为了能够更加客观地评估您孩子的睡眠质量，我们建议您使用下页的睡眠监测表，这也是儿科医生以及专业医疗机构所推崇的一种做法。

首先，您应该就孩子的睡眠状况进行为期一周的观察，然后在相对应的睡觉状态栏或苏醒状态栏进行勾选。为了能够一目了然地看清孩子的睡眠状况，勾选时请使用不同颜色的记号笔。这种做法同样有利于医生快速地计算儿童一天内的睡眠时间，并且有助于判断儿童的某一苏醒状态是否正常。每个睡眠监测表下方都画有一根横线，您可以在这根横线上填写您对孩子睡眠质量的评估结果以及在孩子睡眠过程中，您所观察到的各种细节。

如果您的孩子睡得不安稳，很有可能是因为他缺乏安全感。不过需要指出的一点是，6个月以下的婴儿还不懂得如何调节自身的生物钟以适应全家的生活节奏，比如:何时睡觉、何时吃饭、何时玩耍等。

此外，母亲的情绪（比如：紧张、轻度抑郁）能够直接影响婴儿的情绪。他不明白为什么妈妈今天不笑了、为什么她今天的语气变了、为什么她不再像平时那样抱自己了。于是，孩子开始害怕妈妈会离他而去，渐渐地，睡眠质量也就受到了影响。

如果您感觉孩子近两天的睡眠质量不如从前，请不要过于担心。首先，您必须确保他的作息时间规律；其次，您要比以往更加关心爱护他。如果儿童近10天的睡眠质量都很差，请及时咨询医生。

一周睡眠

周一	上午						下午					傍晚				深夜						
时间	7	8	9	10	11	12	13	14	15	16	17	18	19	20	21	22	23	24	1	2	3	4	5	6
睡觉状态																						
苏醒状态																						

评价：..

周二	上午						下午					傍晚				深夜						
时间	7	8	9	10	11	12	13	14	15	16	17	18	19	20	21	22	23	24	1	2	3	4	5	6
睡觉状态																						
苏醒状态																						

评价：..

周三	上午						下午					傍晚				深夜						
时间	7	8	9	10	11	12	13	14	15	16	17	18	19	20	21	22	23	24	1	2	3	4	5	6
睡觉状态																						
苏醒状态																						

评价：..

周四	上午						下午					傍晚				深夜						
时间	7	8	9	10	11	12	13	14	15	16	17	18	19	20	21	22	23	24	1	2	3	4	5	6
睡觉状态																						
苏醒状态																						

评价：..

周五	上午						下午					傍晚				深夜						
时间	7	8	9	10	11	12	13	14	15	16	17	18	19	20	21	22	23	24	1	2	3	4	5	6
睡觉状态																						
苏醒状态																						

评价：..

周六	上午						下午					傍晚				深夜						
时间	7	8	9	10	11	12	13	14	15	16	17	18	19	20	21	22	23	24	1	2	3	4	5	6
睡觉状态																						
苏醒状态																						

评价：..

周日	上午						下午					傍晚				深夜						
时间	7	8	9	10	11	12	13	14	15	16	17	18	19	20	21	22	23	24	1	2	3	4	5	6
睡觉状态																						
苏醒状态																						

评价：..

著名儿童心理学家及儿科学家

儿童心理学及儿科学是两门新兴学科，以下将会向您介绍这两个领域中的佼佼者。

一些精神病学家、心理学家以及精神分析家致力于研究儿童的人格发展，以下是其中的代表人物。

布鲁诺·贝特尔海姆
（Bruno Bettelheim，1903-1990）

美国心理学家，曾创办了一所旨在帮助患有精神障碍的儿童，尤其是孤独症儿童的矫正学校。此外，布鲁诺·贝特尔海姆还致力于研究童话故事的象征意义及其对儿童成长发育的影响。

约翰·鲍比
（John Bowlby）

英国儿科学家及精神分析家，著名的依恋理论便是由他率先提出的。此外，他还致力于研究分离对儿童成长发育的影响。

贝特朗·克莱默
（Bertrand Cramer）

瑞士儿科学家，他致力于从心理治疗以及精神分析这两个角度来分析儿童与父母之间的关系。

勒内·戴肯
（René Diatkine，1998年逝世）

法国著名的儿童精神分析家。他主要研究儿童在性潜伏期阶段的各种行为举止。他主张让父母参与到儿童的心理治疗过程中。此外，他还研究童话故事对儿童成长发育的影响，并且他会将童话故事作为治疗儿童精神障碍的一种手段。

弗朗索瓦兹·多尔多
（Francoise Dolto，1908-1988）

法国著名的儿科医生以及儿童精神分析家。在她的著作中，她无时无刻不在强调家庭，尤其是母亲对儿童心理发育的影响。

迪迪埃-雅克·杜榭
（Didier-Jacques Duché）

法国婴幼儿精神病学科的奠基者。他在大学刊物上发表过多篇文章。他曾经研究过"婴幼儿精神病的发展史"（并曾以此为名，发表过一篇文章）。

西格蒙德·弗洛伊德
（Sigmund Freud，1856-1939）

奥地利精神病医师、心理学家、精神分析学派创始人。他曾将儿童的发育过程分为了以下几个阶段：口欲期（从出生至第18个月）、肛欲期（第18个月至4岁）以及生殖器期（从4岁开始）。

安娜·弗洛伊德
（Anna Freud，1895-1982）

奥地利医生、研究员以及教育学家。此外，她也是运用精神分析方法研究儿童发展的创始人之一。安娜认为父母以及周围的环境会直接影响儿童的心理发育。她反对梅兰妮·克莱因（Melanie Klein）的理论。

阿诺德·格塞尔
（Arnold Gesell，1880-1961）

美国心理学家，耶鲁儿童发展诊所的创办人。格塞尔曾使用追踪法、量表法以及电影拍摄法来观察幼儿以及新生儿的各种行为表现。此外，他还发明了著名的"幼儿发育图"以便帮助父母正确地测量子女的成长发育进程。

梅兰妮·克莱因
（Melanie Klein，1882－1960）

英国心理学家，运用精神分析方法研究儿童发展的创始人之一。她通过游戏活动来观察分析儿童的行为：通过研究儿童对某一物品所做出的动作，克莱因能够重塑儿童脑海中的虚拟世界。此外，克莱因还致力于研究母子之间的冲突。

雅克·拉康
（Jacques Lacan，1901－1981）

法国精神分析学家。在拉康看来，儿童之所以会出现心理方面的差异，完全是由他们从6个月开始的认同行为而造成的。此外，他提出了著名的"镜像理论"。拉康是一位名副其实的"结构主义者"，他总是试图将隐藏在背后的事物布局、联系与逻辑弄清楚。

瑟杰·乐伯维奇
（Serge Lebovici）

法国著名的婴幼儿精神病

学科大师。他主要研究儿童早期的行为能力与互动能力，他所有的著作以及言论都具有一定的指导意义。

玛戈蕾丝·马勒
（Magareth Mahler，1900－1985）

著名的精神病学家以及精神分析家。她曾先后在奥地利、美国从事过儿童精神病研究以及情感心理研究。她曾率先提出了"分离－个体化"这一概念。

玛利亚·蒙台梭利
（Maria Montessori，1870－1952）

意大利著名的医生以及教育学家。她曾在罗马大学的精神病诊所工作过一段时间，正是这段经历让她有机会接触到智力发育迟缓的儿童，从而最终成功地发现游戏以及手工活动在儿童智力以及心理发育过程中的重要性。从1900年开始，玛利亚·蒙台梭利全身心地投入至儿童教育事业中。为了帮助贫困家庭的父母照看、教育子女，她创办了"儿童之家"，而这间"儿童之家"正是当今社会成千上万所蒙台梭利学校的前身。如今，蒙台梭利教育法被众多幼儿园采用。

让·皮亚杰
（Jean Pigeat，1896－1981）

瑞士著名心理学家，日内瓦"发生认识论国际研究中心"创始人。他的主要贡献在于提出了儿童认知发展理论。他将儿童0~2岁这段时间称为认知发展的第一阶段，即"感知运动阶段"。之后，则进入"前运算阶段"，在这一阶段中，儿童开始以符号作为中介来描述外部世界。

米歇尔·苏雷（Michel Soulé）

著名的儿童精神分析家，他与儿科医生莱昂·克莱斯勒（Léon Kleisler）、米歇尔·范（Michel Fain）合著了《儿童与身体》（PUF出版社），在这本著作中，他研究了儿童心身发展的历程。米歇尔·苏雷同样还研究婴儿、胎儿的世界与超声波检查的作用。

丹尼尔·斯特恩（Daniel Stern）

美国著名的儿童精神病科医生与精神分析家，他长期在瑞士与美国研究儿童早期的情感互动与精神生活的萌芽。他明确了"母子情感关系"在儿童成长过程中的重要作用。

雷诺·史必兹
（René Spitz，1887－1974）

美国著名的心理学家兼精神分析家，主要研究 2 岁以下儿童的情感心理活动。他明确了"母子交流"在儿童情感发育方面的重要作用。

亨利·瓦隆
（Henry Wallon，1879－1962）

著名的精神病科医生，巴黎高等研究实践学校儿童心理实验室的创始人。他主要研究儿童的各大成长阶段。此外，他明确指出了社会环境对儿童的影响。他率先将"危机"这一概念引入儿童心理学。

唐纳德·温尼科特
（Donald Winnicott,1897－1971）

英国儿科医生兼精神分析家。通过直接观察母子之间的情感关系，他最终成功地创建了儿童情感发育时间表。温尼科特认为母亲天生就知道什么对自己的孩子最好，而孩子在母亲恰当行为的推动之下能够健康快乐地成长。

雷诺·扎左
（René Zazzo，1910－1995）

法国著名的心理学家，他主要研究双胞胎的行为举止。

著名的当代儿科医生

丹尼尔·阿拉里（Daniel Allagil）

倡导法国医疗体系改革的先驱者之一，他提倡为幼儿患者提供人性化服务。丹尼尔·阿拉里率先提出将儿童游戏活动引入医院。多亏了他，幼儿患者的父母以及兄弟姐妹才能够在医院日夜陪伴儿童。

托马斯·贝利·布雷泽尔顿
（T. Berry Brazelton）

主要研究儿童早期的行为举止，他对前人所提出的婴幼儿成长发育历程进行了调整。

罗贝尔·德勃雷
（Robert Debré，1882－1978）

主要研究外在环境对儿童成长发育的影响。此外，他还研究儿童常见的消化障碍与睡眠障碍。他最突出的一点便是能够平等看待生理性疾病以及情感问题、精神运动问题对儿童成长发育的影响。

弗里茨伯格·道森
（Fritzburg Dodson）

他认为教育必须从娃娃抓起，要想培养一名"天才"，就必须从襁褓教育开始。

亚历山大·闵可夫斯基
（Alexandre Minkowski）

世界著名的早产儿研究专家。多亏了他的治疗方法，更多的早产儿才得以存活于世，新生儿科学才得以继续向前发展。

本杰明·斯波克
（Benjamin Spock）

知名的育儿专家，他所编著的育儿教材备受父母的推崇，不过以目前的眼光来看，他的育儿方法有些过时了。

伯顿·怀特（Burton L. White）

美国哈佛大学学前教育项目组的组长。他认为"3 岁看大"，因此，在儿童出生后的前三年，父母的教育方法能够直接左右他的未来。